Mathematische Methoden in der Technik

Band 1: **Törnig/Gipser/Kaspar, Numerische Lösung von partiellen Differentialgleichungen der Technik**
183 Seiten. DM 36,—

Band 2: **Dutter, Geostatistik**
159 Seiten. DM 34,—

Band 3: **Spellucci/Törnig, Eigenwertberechnung in den Ingenieurwissenschaften**
196 Seiten. DM 36,—

Band 4: **Buchberger/Kutzler/Feilmeier/Kratz/Kulisch/Rump, Rechnerorientierte Verfahren**
281 Seiten. DM 48,—

Band 5: **Babovsky/Beth/Neunzert/Schulz-Reese, Mathematische Methoden in der Systemtheorie: Fourieranalysis**
173 Seiten. DM 36,—

Band 8: **Weiß, Stochastische Modelle für Anwender**
192 Seiten. DM 36,—

Band 9: **Antes, Anwendungen der Methode der Randelemente in der Elastodynamik und der Fluiddynamik**
196 Seiten. DM 36,—

Band 10: Vogt, **Methoden der Statistischen Qualitätskontrolle**
295 Seiten. DM 48,—

In Vorbereitung

Band 6: **Krüger/Scheiba, Mathematische Methoden in der Systemtheorie: Stochastische Prozesse**

Preisänderungen vorbehalten

 Springer Fachmedien Wiesbaden GmbH

Mathematische Methoden
in der Technik   10

H. Vogt
Methoden der Statistischen
Qualitätskontrolle

Mathematische Methoden in der Technik

Herausgegeben von

Prof. Dr. rer. nat. Jürgen Lehn, Technische Hochschule Darmstadt
Prof. Dr. rer. nat. Helmut Neunzert, Universität Kaiserslautern
o. Univ.Prof. Dr. rer. nat. Hansjörg Wacker, Universität Linz

Band 10

Die Texte dieser Reihe sollen die Anwender der Mathematik — insbesondere die Ingenieure und Naturwissenschaftler in den Forschungs- und Entwicklungsabteilungen und die Wirtschaftswissenschaftler in den Planungsabteilungen der Industrie — über die für sie relevanten Methoden und Modelle der modernen Mathematik informieren. Es ist nicht beabsichtigt, geschlossene Theorien vollständig darzustellen. Ziel ist vielmehr die Aufbereitung mathematischer Forschungsergebnisse und darauf aufbauender Methoden in einer für den Anwender geeigneten Form: Erläuterung der Begriffe und Ergebnisse mit möglichst elementaren Mitteln; Beweise mathematischer Sätze, die bei der Herleitung und Begründung von Methoden benötigt werden, nur dann, wenn sie zum Verständnis unbedingt notwendig sind; ausführliche Literaturhinweise; typische und praxisnahe Anwendungsbeispiele; Hinweise auf verschiedene Anwendungsbereiche; übersichtliche Gliederung, die ein „Springen in den Text" erleichtert. Die Texte sollen Brücken schlagen von der mathematischen Forschung an den Hochschulen zur mathematischen Arbeit in der Wirtschaft und durch geeignete Interpretationen den Transfer mathematischer Forschungsergebnisse in der Praxis erleichtern. Es soll auch versucht werden, den in der Hochschulforschung Tätigen die Wahrnehmung und Würdigung mathematischer Leistungen der Praxis zu ermöglichen.

Methoden der Statistischen Qualitätskontrolle

Von Prof. Dr. rer. nat. habil Herbert Vogt
Universität Würzburg

Springer Fachmedien
Wiesbaden GmbH 1988

apl. Prof. Dr. rer. nat. habil Herbert Vogt

Studium der Mathematik, Physik und Wirtschaftswissenschaft von 1959 bis 1965 in Würzburg, Promotion 1968 und Habilitation 1979. Akademischer Direktor und apl. Prof. am Institut für Angewandte Mathematik und Statistik der Universität Würzburg. Vorlesungen über Stochastische Prozesse, Statistik der Naturwissenschaftler und Sozialwissenschaftler, Mathematik für Biologen.

CIP-Titelaufnahme der Deutschen Bibliothek

Vogt, Herbert:
Methoden der Statistischen Qualitätskontrolle/
von Herbert Vogt. – Stuttgart : Teubner, 1988
  (Mathematische Methoden in der Technik ; Bd. 10)
  ISBN 978-3-519-02627-3   ISBN 978-3-322-96691-9 (eBook)
  DOI 10.1007/978-3-322-96691-9
NE: GT

© Springer Fachmedien Wiesbaden 1988
Ursprünglich erschienen bei B.G. Teubner Stuttgart 1988

Gesamtherstellung: Präzis-Druck GmbH, Karlsruhe
Umschlaggestaltung: M. Koch, Reutlingen

... und als der Turm zu Babel schon sehr hoch war, da sagten einige
von den Schreibern zueinander: "lasset uns den Dingen kürzere
Namen geben, auf daß wir Arbeit sparen und beim Volke, welches
diese Namen nicht verstehen wird, großes Ansehen erlangen! Für
einen Ziegelstein im Normalmaß wollen wir BST 08/15 schreiben,
für Leichtbauträger-Profildichtung aber LTPD und für assyrische
Ornamentalquader AOQ." So taten sie und zeugten immer neue Abkürzungen und diese zeugten wiederum neue Abkürzungen, bis am
Ende keiner mehr den anderen verstehen konnte. Der Turm wurde
schief und stürzte ein. Die Bauleute aber ergrimmten und nahmen
die Kinnbacken von umherliegenden Eselsgerippen, um damit auf
die Schreiber einzuschlagen. Diese aber flohen und zerstreuten
sich heulend und zähneknirschend unter alle Völker ...

Supplement zu 1. Mose 11: 4-9

VORWORT

Statistische Qualitätskontrolle ermöglicht sinnvolle Entscheidungen über
eine Gesamtheit aufgrund von Beobachtungen an einer Teilgesamtheit.
Fassen wir den Begriff so weit, dann können wir sagen, daß Statistische
Qualitätskontrolle schon von jeher und überall betrieben wurde, denn dann
gehören auch ganz alltägliche Beispiele dazu. Wenn jemand ein Buch kauft,
weil ihm beim Durchblättern einige Seiten gut gefallen haben, oder wenn er
einen Wein meidet, der ihm schon mehrmals Kopfschmerzen verursacht
hat, dann kann man solche Verhaltensweisen als Resultat einer Statistischen Qualitätskontrolle deuten.
Derartige Entscheidungen gründen zwar auf Erfahrung, sind aber meist
nicht die Folge eines statistischen Verfahrens. Bei einem solchen ist nämlich schon vo r den Beobachtungen für jedes mögliche Beobachtungsergeb-
nis festzulegen, welche Konsequenzen es auslösen wird. Gewöhnlich wird
nur eine Teilgesamtheit beobachtet, und deshalb hängt es nicht nur von der
Qualität der Gesamtheit, sondern auch vom Zufall ab, welche Beobachtungen man erhält und was man dann tun wird. Daher ist es der Wahrschein-
lichkeitsbegriff, der den "Evolutionsschritt" von Epimetheus zu Prome-
theus ermöglicht (vom Hernachdenker, der induktive und intuitive Schlüs-
se aus Erfahrungen zieht, die er weder nach Art noch nach ihrem Umfang
geplant hat, zum Vorausdenker, der schon vorher alle Möglichkeiten des
Geschehens überblickt und weiß, wie er sich jeweils verhalten wird).

Wahrscheinlichkeitsrechnung und Mathematische Statistik wurden erst in
unserem Jahrhundert für die Qualitätskontrolle herangezogen. Zunächst
entwickelte man Verfahren, die vorgegebenen statistischen Forderungen
genügten. Typisch hierfür ist etwa ein Prüfplan, bei dem eine gegebene
Warenpartie mit einer Wahrscheinlichkeit von mindestens 0, 90 angenommen wird, falls sie nicht mehr als 1% Ausschuß enthält, bei dem sie aber
andererseits nur mit einer Wahrscheinlichkeit von höchstens 0, 05 angenommen wird, falls sie mehr als 4% Ausschuß enthält. Solche Forderungen werden extern vorgegeben und beruhen auf mehr oder weniger vagen
ökonomischen Überlegungen und Erfahrungswerten. Die Aufgabe des Sta-
tistikers ist es gewöhnlich, diese Forderungen mit möglichst wenig Prüfaufwand zu erfüllen. Wir werden im 2. und im 3. Kapitel Verfahren kennenlernen, die in diese Stufe der Entwicklung einzuordnen sind und auch
heute noch häufig verwendet werden.
Etwa ab 1950 erschienen in der Literatur die ersten sog. kostenoptimalen
Verfahren. Dabei versucht man, alle wirtschaftlichen Größen zu erfassen,
auf die sich das statistische Verfahren auswirkt. Die Parameter des Verfahrens werden so bestimmt, daß seine wirtschaftlichen Konsequenzen in
einem genau definierten Sinn optimiert werden. Einige dieser Verfahren
werden im 4. Kapitel geschildert.
Die Statistische Qualitätskontrolle hat in den letzten Jahrzehnten eine be-
ständige theoretische Weiterentwicklung durchlaufen. Dabei sind auch von
deutscher Seite nicht unerhebliche Beiträge geleistet worden. Die Praxis
übernimmt aber gerade in Deutschland die neueren Methoden nur zögernd.

Ein Grund dafür ist vielleicht auch, daß es zu wenige elementare Einführungen in deutscher Sprache gibt. Daher hoffe ich, mit diesem Buch einen Beitrag zur weiteren Verbreitung und Erprobung nützlicher Verfahren zu leisten.

Meinem verehrten Lehrer W. Uhlmann habe ich in mehrfacher Hinsicht zu danken. Seine Vorlesungen führten mich schon vor vielen Jahren ein in die Statistische Qualitätskontrolle und sein bekanntes Lehrbuch zu diesem Thema war mir in mancher Hinsicht ein Vorbild. Er hat mich mehrmals nachdrücklich zu diesem Buch ermutigt, er hat das Manuskript kritisch durchgesehen und mehrere Verbesserungen veranlaßt.

Auch meinem lieben Kollegen E. v. Collani danke ich für interessante Diskussionen und Hinweise auf die neuere Literatur, die er in den letzten Jahren intensiver verfolgt hat als ich. Zwei Abschnitte des letzten Kapitels beruhen auf Ergebnissen, die er erzielt hat.

Herr R. Günsche hat die Lösungen der Übungsaufgaben überprüft und ich verdanke ihm darüber hinaus auch manchen Hinweis auf Schreibfehler.

Dem Herausgeber, Herrn Prof. Dr. J. Lehn, dem B. G. Teubner Verlag und dort insbesondere Herrn Dr. Spuhler gilt mein herzlicher Dank für die gute Zusammenarbeit.

Würzburg, im September 1988   Herbert Vogt

INHALT

Seite

9

1 EINFÜHRENDE BEISPIELE

Dieses erste Kapitel führt anhand von Beispielen an typische Fragen der Statistischen Qualitätskontrolle heran. Es soll aber auch die im folgenden benötigten Grundbegriffe aus der Wahrscheinlichkeitsrechnung und der Statistik bereitstellen. Bei dem geplanten Umfang des Buches kann es freilich eine eigenständige Einführung in diese Gebiete nicht ersetzen; wer sich näher mit den mathematischen Grundlagen der Qualitätskontrolle befassen möchte, sei auf die ersten beiden Kapitel in UHLMANN [1982] oder auf eine allgemeine Einführung in die Stochastik verwiesen, wie sie etwa die Bücher von BASLER [1986] oder LEHN/WEGMANN [1985] bieten.

1.1 ZUFÄLLIGE EREIGNISSE UND WAHRSCHEINLICHKEIT

Beispiel 1 : Von 9 Transistoren sind 2 defekt. Wird einer davon zufällig ausgewählt, dann ist er mit Wahrscheinlichkeit 2/9 defekt und mit Wahrscheinlichkeit 7/9 nicht defekt.

Schon an diesem einfachen Beispiel können wir einige Grundbegriffe der Wahrscheinlichkeitsrechnung wiederholen:
Zufällige Auswahl soll immer bedeuten, daß jede mögliche Auswahl mit derselben Wahrscheinlichkeit zustande kommt. Daher wird jeder der 9 Transistoren mit Wahrscheinlichkeit 1/9 genommen. Die 9 verschiedenen Auswahlmöglichkeiten werden als die Menge Ω der möglichen Ergebnisse eines Zufallsexperiments aufgefaßt. Eine solche Menge bezeichnet man als einen Stichprobenraum Ω , ihre Elemente ω als Elementarereignisse. Denken wir uns die Transistoren numeriert und bezeichnen wir mit ω_i das Elementarereignis "Transistor Nr. i wird ausgewählt", dann ist $\Omega = \{\omega_1, \omega_2, \ldots, \omega_9\}$.

Nehmen wir nun an, daß die Transistoren Nr. 3 und Nr. 7 defekt sind. Wenn uns nur interessiert, ob der auszuwählende Transistor defekt sein wird oder nicht, dann fragen wir uns, ob ein Elementarereignis aus der Teilmenge

$$A = \{\omega_3, \omega_7\} \quad \text{oder aus deren Komplement } \overline{A}$$

zustandekommt. Da das Komplement $\overline{A}$ einer beliebigen Teilmenge A von Ω aus den nicht in A liegenden Elementen besteht, ist in unserem Beispiel
$\overline{A} = \{\omega_1, \omega_2, \omega_4, \omega_5, \omega_6, \omega_8, \omega_9\}$.

Es ist sinnvoll, alle Teilmengen eines aus endlich vielen Elementarereignissen bestehenden Stichprobenraums Ω als zufällige Ereignisse zu bezeichnen. Wir sagen, daß ein zufälliges Ereignis A eintritt, wenn das Ergebnis des Zufallsexperiments ein in A enthaltenes ω ist. Auch Ω selbst und die leere Menge $\emptyset = \overline{\Omega}$ sind zufällige Ereignisse. Ω hat immer die Wahrscheinlichkeit 1 und heißt auch das "sichere Ereignis", $\emptyset$ hat immer die Wahrscheinlichkeit 0 und heißt auch das "unmögliche Ereignis".

Oft kann man davon ausgehen, daß alle Elementarereignisse in Ω dieselbe Wahrscheinlichkeit besitzen. So wird man zum Beispiel bei einem Wurf mit einem gut gearbeiteten Würfel annehmen, daß die dabei möglichen 6 Elementarereignisse mit derselben Wahrscheinlichkeit eintreten. Bei unserem Bei-

spiel war die Forderung der zufälligen Auswahl gleichbedeutend mit der Gleich-
wahrscheinlichkeit der 9 Elementarereignisse. In solchen Fällen berechnet
man die Wahrscheinlichkeit $W(A)$ für das Eintreten eines zufälligen Ereignisses A nach der Formel von Laplace[+]:

$$W(A) = \frac{|A|}{|\Omega|} \quad , \text{ wobei } |A| = \text{Anzahl der } \omega \text{ in A und} \qquad (1)$$
$$|\Omega| = \text{Anzahl der } \omega \text{ in } \Omega \ .$$

$\frac{1}{|\Omega|}$ ist dann die Wahrscheinlichkeit eines jeden Elementarereignisses ω.

Die Laplace'sche Formel kann nur auf endliche Ω angewendet werden. Man
kann ihr aber drei Eigenschaften entnehmen, die als Axiome für eine jede
auf einem System von Teilmengen definierte Wahrscheinlichkeit gelten sollen,
und zwar auch dann, wenn die Elementarereignisse nicht gleichwahrscheinlich
sind und wenn es davon unendlich viele gibt. Die beiden ersten dieser Eigenschaften sind

I) $\quad W(A) \geq 0$ für jedes zufällige Ereignis A

II) $\quad W(\Omega) = 1$.

Wie üblich bezeichnen wir mit $A \cap B$ den Durchschnitt von A und B , d.h.

$$A \cap B = \{\omega | \omega \text{ ist in A und in B}\} \ ,$$

mit $A \cup B$ die Vereinigung von A und B , d.h.

$$A \cup B = \{\omega | \omega \text{ ist in wenigstens einer der beiden Mengen A und B}\}.$$

Für zufällige Ereignisse A und B ist also $W(A \cap B)$ die Wahrscheinlichkeit dafür, daß beide eintreten. $W(A \cup B)$ ist die Wahrscheinlichkeit dafür, daß wenigstens eines von beiden eintritt. Mit diesen Bezeichnungen lautet die dritte Eigenschaft:

III) $\quad$ Wenn $A \cap B = \emptyset$, dann ist $W(A \cup B) = W(A) + W(B)$.

Aus diesen drei Eigenschaften folgert man viele weitere, z.B. folgt aus II) und
III) wegen $\Omega \cap \emptyset = \emptyset$, daß $1 = W(\Omega) = W(\Omega \cup \emptyset) = W(\Omega) + W(\emptyset) = 1 + W(\emptyset)$,
also

$$W(\emptyset) = 0 \ . \qquad (2)$$

Ähnlich folgt wegen $A \cap \overline{A} = \emptyset$ und $1 = W(\Omega) = W(A \cup \overline{A}) = W(A) + W(\overline{A})$
die oft benutzte Regel für die Wahrscheinlichkeit des Komplements:

$$W(\overline{A}) = 1 - W(A) \ . \qquad (3)$$

Durchschnitt und Vereinigung kann man auch mit mehr als zwei Mengen bilden.
Es ist

$$\bigcap_{i=1}^{k} A_i = \{\omega | \omega \text{ ist in allen } A_i \ , \ i = 1, 2, \ldots, k\}$$

der Durchschnitt der Mengen $A_1, A_2, \ldots, A_k$ und

$$\bigcup_{i=1}^{k} A_i = \{\omega | \omega \text{ ist in wenigstens einer der Mengen } A_1, A_2, \ldots, A_k\}$$

ist die Vereinigung der Mengen $A_1, A_2, \ldots, A_k$.

Für abzählbar unendlich viele Mengen $A_1, A_2, \ldots$ ist der Durchschnitt

[+] P.S. Laplace, 1749-1827

$$\bigcap_{i=1}^{\infty} A_i = \{\omega \mid \omega \text{ ist in allen } A_i \, , \; i=1,2,\dots \}\, , \text{ die Vereinigung ist}$$

$$\bigcup_{i=1}^{\infty} A_i = \{\omega \mid \omega \text{ ist in mindestens einem der } A_i \, , \; i=1,2,\dots \}\, .$$

Endlich viele Mengen $A_1, A_2, \dots, A_k$ oder abzählbar unendlich viele Mengen $A_1, A_2, \dots$ heißen **paarweise punktfremd**, wenn für alle Indexpaare i,j mit $i \neq j$ der Durchschnitt $A_i \cap A_j$ gleich der leeren Menge $\emptyset$ ist. Für paarweise punktfremde $A_1, A_2, \dots A_k$ folgt aus III) ohne weiteres

$$W\!\left(\bigcup_{i=1}^{k} A_i \right) = \sum_{i=1}^{k} W(A_k)$$

(man beweist das leicht durch vollständige Induktion nach k), aber aus wichtigen Gründen sollte eine Wahrscheinlichkeit diese Eigenschaft der **Additivität** auch im Fall von abzählbar unendlich vielen paarweise punktfremden Mengen haben und daher fordert man:

$$\text{III}^*) \qquad \text{Für paarweise punktfremde Mengen } A_i \text{ gilt } \; W\!\left(\bigcup_i A_i \right) = \sum_i W(A_i)$$

wenn i von 1 bis k, aber auch, wenn i von 1 bis ∞ läuft.

Wir werden auch künftig die Symbole $\bigcup_i$, $\bigcap_i$ und $\sum_i$ schreiben, wenn die betreffende Aussage sowohl für $i = 1,2,\dots,k$ als auch für $i = 1,2,\dots$ gilt.

I), II) und III*) bilden das **Axiomensystem** der Wahrscheinlichkeitsrechnung, d.h. man setzt diese drei Eigenschaften für eine jede Wahrscheinlichkeit voraus. Damit die Durchschnitte und Vereinigungen zufälliger Ereignisse wieder zufällige Ereignisse sind, d.h. Teilmengen von Ω , für die die Wahrscheinlichkeit definiert ist, muß das Teilmengensystem der zufälligen Ereignisse eine sog. σ-Algebra sein. Eine σ-Algebra ist ein System von Teilmengen, das mit einer Menge A stets auch deren Komplement $\overline{A}$ und mit abzählbar vielen A_i stets auch $\bigcap_i A_i$ und $\bigcup_i A_i$ enthält.

Eine **Wahrscheinlichkeit** W auf Ω ist also eine Mengenfunktion, die einer jeden Teilmenge A aus der σ-Algebra der zufälligen Ereignisse eine reelle Zahl $W(A)$ zuordnet und den Axiomen I), II) und III*) genügt. Man nennt W dann auch ein **Wahrscheinlichkeitsmaß**; mit $\mathcal{T}$ wird häufig die σ-Algebra der zufälligen Ereignisse bezeichnet. Das Tripel $(\Omega, \mathcal{T}, W)$ nennt man dann den **Wahrscheinlichkeitsraum**.

<u>Beispiel 2</u>: Robert möchte bei einer Feier mit Blitzlicht fotografieren. Für sein veraltetes Gerät braucht er Birnchen, die nach einmaliger Benutzung zerstört sind. Er findet noch 10 solcher Birnchen, zweifelt aber, ob sie noch alle funktionieren. Daher wählt er drei davon zufällig aus und prüft, ob sie versagen. Wenn zwei oder auch alle drei versagen, dann wirft er auch die restlichen 7 Birnchen weg. Versagt höchstens eines, dann nimmt er die restlichen 7 Birnchen mit. Es sei

M die unbekannte Anzahl der defekten unter den 10 vorhandenen Birnchen,

X die Anzahl der funktionierenden unter den restlichen 7 Birnchen.

In Abhängigkeit von M wollen wir berechnen:

a) die Wahrscheinlichkeit für das Mitnehmen der restlichen 7 Birnchen,

b) die Wahrscheinlichkeiten für $X = k$, $\; k = 1,2,\dots,7$.

Bemerkung: Robert geht nach einem sogenannten Prüfplan n, c vor, dessen Vorschrift lautet:

Eine Warenpartie wird angenommen (hier: die Birnchen werden mitgenommen), falls unter n zufällig ausgewählten Stücken nicht mehr als c defekte sind; andernfalls wird die Partie abgelehnt (hier: weggeworfen). Im Beispiel ist n = 3 und c = 1; allgemein ist $n \geq 1$ und $0 \leq c \leq n-1$ für jeden solchen Prüfplan. Das Zufallsexperiment ist jetzt die Auswahl von drei aus zehn Birnchen. Denken wir uns die Birnchen numeriert, dann könnten wir die möglichen Ergebnisse durch die Menge aller Tripel (r , s , t) beschreiben, deren Komponenten r, s, t aus $\{1, 2, \ldots, 10\}$ stammen und alle drei verschieden sind. Der Stichprobenraum Ω hätte dann $10 \cdot 9 \cdot 8 = 720$ Elementarereignisse, denn für r haben wir 10, für s nach gewähltem r jeweils noch 9 und für t nach Wahl von r und s jeweils noch 8 Möglichkeiten.

Für Robert's Entscheidung kommt es aber nur darauf an, welche Birnchen geprüft werden und nicht auf die Reihenfolge ihrer Auswahl. Da sich aus drei verschiedenen Ziffern 6 Tripel bilden lassen (z. B. aus 2, 4, 7 die Tripel (2, 4, 7), (2, 7, 4), (4, 2, 7), (4, 7, 2), (7, 2, 4), (7, 4, 2)), ist $720/6 = 120$ die Anzahl der Auswahlmöglichkeiten für 3 aus 10 Objekten, wenn die Reihenfolge der Auswahl nicht berücksichtigt wird. Als Stichprobenraum wählen wir die Menge dieser 120 Möglichkeiten; weil zufällig ausgewählt wird, sind sie alle gleichwahrscheinlich. Daher sehen wir eine jede aus 3 Elementen bestehende Teilmenge von $\{1, 2, \ldots, 10\}$ als ein Elementarereignis mit der Wahrscheinlichkeit 1/120 an.

Hätten wir als Stichprobenraum Ω die Menge der 720 Möglichkeiten gewählt, die sich bei Berücksichtigung der Auswahlreihenfolge ergeben, dann hätte jedes Elementarereignis die Wahrscheinlichkeit 1/720 .

Wir sehen also, daß der Stichprobenraum Ω , dessen Elemente uns die möglichen Resultate eines Zufallsexperiments verkörpern sollen, nicht automatisch durch das Experiment gegeben ist. Auch bei Beispiel 1 hätten wir ein anderes Ω wählen können, z. B. $\Omega = \{\omega, \bar{\omega}\}$, mit der Vereinbarung, daß ω das Funktionieren des ausgewählten Transistors bedeutet und $\bar{\omega}$ das Gegenteil. Diese beiden Elementarereignisse wären aber bei zufälliger Auswahl nicht gleichwahrscheinlich.

Die weiteren Überlegungen für die im Beispiel gestellten Aufgaben führen wir nun gleich allgemein durch. Mit dem Symbol

$$\binom{N}{n} \text{, gelesen: N über n ,}$$

bezeichnen wir die Anzahl der aus n Elementen bestehenden Teilmengen einer Menge von N Objekten, also die Anzahl der Möglichkeiten, n aus N Objekten (ohne Berücksichtigung der Auswahlreihenfolge) auszuwählen. Wie bei dem schon betrachteten Fall $N = 10$, $n = 3$ schließen wir, daß

$$\binom{N}{n} = \frac{N(N-1) \cdot \ldots \cdot (N-n+1)}{n!} \tag{4}$$

ist, wobei $n! = n(n-1) \cdot \ldots \cdot 2 \cdot 1$ (gelesen: n Fakultät) die Anzahl der verschiedenen Reihenfolgen ist, in die man n verschiedene Objekte bringen kann (man hat n Möglichkeiten für die erste Stelle, dann jeweils noch n-1 für die zweite Stelle usw.). Man beachte, daß der Bruch in (4) sowohl im Zähler, als auch im Nenner n Faktoren hat. Der Zähler ist gleich $N!/(N-n)!$, daher können wir $\binom{N}{n}$ auch in der Form $\quad \binom{N}{n} = \dfrac{N!}{n!\,(N-n)!}$ (5)

schreiben. Daraus ist die

Symmetrie-Eigenschaft $\quad \binom{N}{n} = \binom{N}{N-n}$ (6)

leicht zu erkennen. Sie muß auch deshalb gelten, weil ja die Auswahl von n aus N Objekten gleichzeitig die Bestimmung von N-n Objekten bedeutet, die nicht genommen werden und somit als "ausgewählt" für den Restbestand gelten können.

Aus (4) folgt $\binom{N}{N} = 1$ und damit dies auch bei der Berechnung nach (5) so bleibt, vereinbaren wir $0! = 1$. Damit ist dann auch $\binom{N}{0} = 1$ und in der Tat gibt es ja sowohl bei n = N wie n = 0 nur eine Möglichkeit: alle nehmen oder alle liegenlassen. Wir vereinbaren auch noch

$$\binom{N}{n} = 0 \text{ , falls } n > N \text{ oder } n < 0 \text{ ,} \tag{7}$$

da man von N Objekten nicht mehr als N und auch keine negative Anzahl nehmen kann.

Die Symbole $\binom{N}{n}$ heißen B i n o m i a l k o e f f i z i e n t e n ; nach dem sog.

B i n o m i s c h e n   S a t z   läßt sich jedes B i n o m , also jeder Ausdruck der Form $(a + b)^N$ nach der Formel

$$(a+b)^N = \sum_{n=0}^{N} \binom{N}{n} a^n b^{N-n} \tag{8}$$

ausmultiplizieren.

Wir nehmen nun an, daß M der N Objekte defekt sind bzw. eine sonstige interessierende Eigenschaft besitzen. Wie groß sind dann die Wahrscheinlichkeiten für die zufälligen Ereignisse

A_k = "unter den n zufällig ausgewählten Objekten sind genau k defekt"?

Zunächst nehmen wir $0 < k < n \leqq M$ an; dann gehören zu A_k genau die n-elementigen Teilmengen der N Objekte, in denen sich k defekte Objekte befinden. Letztere stammen aus den M vorhandenen defekten Objekten und dafür gibt es $\binom{M}{k}$ Möglichkeiten; zu jeder dieser $\binom{M}{k}$ Möglichkeiten gibt es aber jeweils $\binom{N-M}{n-k}$ Möglichkeiten für die Bestimmung der n-k nicht defekten Objekte in der Auswahl, da letztere ja der Menge der N-M nicht defekten Objekte entnommen werden müssen.

Somit gehören zu A_k genau $\binom{M}{k}\binom{N-M}{n-k}$ Elementarereignisse. Alle $\binom{N}{n}$ Elementarereignisse sind wegen der zufälligen Auswahl gleichwahrscheinlich und damit erhalten wir nach der Laplace'schen Formel (1)

$$W(A_k) = \frac{\binom{M}{k}\binom{N-M}{n-k}}{\binom{N}{n}} \quad \text{für } k = 0, 1, \ldots, n \text{ .} \tag{9}$$

Hergeleitet haben wir diese Formel zwar nur für $0 < k < n \leqq M$, man sieht aber sofort, daß sie auch für k = 0 und k = n richtig bleibt.

Sie bleibt auch dann richtig, wenn k> M oder N-M<n-k gelten sollte, denn wegen (7) wäre dann einer der beiden Faktoren des Zählers gleich 0 . Wir setzen daher nur noch $0 \leq M \leq N$ und $0 \leq n \leq N$ voraus; Formel (9) ist dann wegen (7) eigentlich für jede ganze Zahl k richtig, kann aber höchstens für k-Werte aus $\{0, 1, \ldots, n\}$ einen positiven Wert ergeben.

Nun können wir die in Beispiel 2 gestellte Aufgabe a) lösen: Robert nimmt die restlichen Birnchen mit, wenn das Ereignis $A_0 \cup A_1$ eintritt. Weil A_0 und A_1 punktfremd sind, ist wegen des Axioms III)

$$W(A_0 \cup A_1) = W(A_0) + W(A_1) = \frac{\binom{M}{0}\binom{10-M}{3}}{\binom{10}{3}} + \frac{\binom{M}{1}\binom{10-M}{2}}{\binom{10}{3}} \quad .$$

Sind z. B. M = 4 defekte Birnchen vorhanden, dann ist diese Wahrscheinlichkeit 20/120 + 60/120 = 2/3 , ist M = 6 , dann ist sie nur 4/120 +36/120 = 1/3 .

Wir verallgemeinern dieses Resultat zu dem

SATZ 1.1 : W i r d   e i n e   W a r e n p a r t i e   v o n   N   S t ü c k   g e n a u   d a n n   a n -
g e n o m m e n ,   w e n n   i n   e i n e r   z u f ä l l i g e n   A u s w a h l   v o n   n
S t ü c k e n   h ö c h s t e n s   c   d e f e k t e   S t ü c k e   s i n d , d a n n w i r d
d i e   P a r t i e , f a l l s   s i e   M   d e f e k t e   S t ü c k e   e n t h ä l t , m i t
d e r   W a h r s c h e i n l i c h k e i t

$$L_{N,\,n,\,c}\left(\frac{M}{N}\right) = \sum_{k=0}^{c} \frac{\binom{M}{k}\binom{N-M}{n-k}}{\binom{N}{n}} \tag{10}$$

a n g e n o m m e n.

n ist der S t i c h p r o b e n u m f a n g , c die A n n a h m e z a h l des Prüfplans n , c .
Die Schreibweise $L_{N,\,n,\,c}\left(\frac{M}{N}\right)$ für diese A n n a h m e w a h r s c h e i n l i c h k e i t
macht deutlich, daß sie von den Parametern N, n, c abhängt und als Funktion des A u s s c h u ß a n t e i l s M/N behandelt wird. Gewöhnlich bezeichnet man den Ausschußanteil mit p ; in unserem Fall kann p nur die Werte

$$0\,,\ \frac{1}{N}\,,\ \frac{2}{N}\,,\ \ldots\,,\ \frac{N}{N}$$

annehmen; daher besteht der Graph der Funktion $L_{N,\,n,\,c}(p)$, welche man auch O p e r a t i o n s c h a r a k t e r i s t i k oder OC-K u r v e nennt, nur aus N+1 Punkten.

Figur 1 stellt die zu N =10, n= 3 , c= 1 gehörende Operationscharakteristik $L_{10,\,3,\,1}(p)$ dar.

Die Formel (9) heißt die Formel der H y p e r g e o m e t r i s c h e n V e r t e i -
l u n g . Sie gibt an, wie sich die Gesamtwahrscheinlichkeit 1 auf die zufälligen Ereignisse A_k verteilt. Daher heißt $L_{N,\,n,\,c}(p)$ die h y p e r g e o m e t r i s c h e

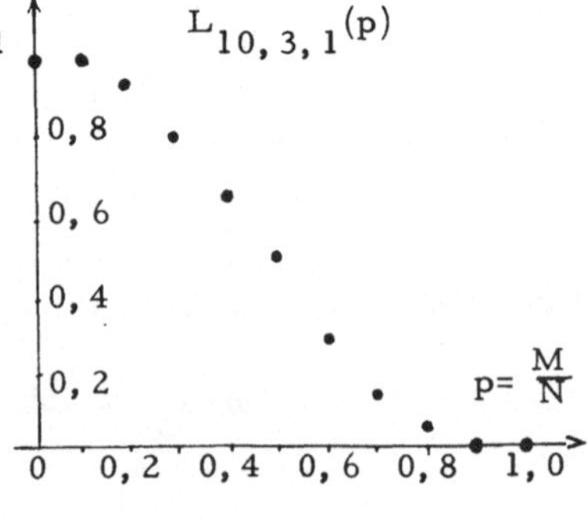

Figur 1

OC-K u r v e . Die Verteilung selbst wird auch mit H(N, M, n) bezeichnet.

Nun lösen wir auch Aufgabe b) von Beispiel 2. Sei also wieder

X = Anzahl der funktionierenden unter den restlichen 7 Birnchen.

Daneben betrachten wir die ebenfalls zufällige Anzahl

Z = Anzahl der defekten unter den drei geprüften Birnchen.

Zunächst sind M defekte und daher 10-M funktionierende Birnchen da; bei der Kontrolle werden davon 3-Z zerstört, also gilt der Zusammenhang

$$X = (10 - M) - (3 - Z) = Z + 7 - M \quad \text{oder} \quad Z = X + M - 7.$$

X und Z sind zufällige Variable. Eine zufällige Variable Y auf einem Stichprobenraum Ω ist dadurch gegeben, daß jedem ω von Ω ein Wert $Y(\omega)$ zugeordnet wird. $Y(\omega)$ ist eine reelle Zahl und heißt der Wert, den Y annimmt, wenn das Elementarereignis ω zustandekommt. Man schreibt

$$W(Y = k) \quad \text{als Abkürzung für} \quad W(\{\omega \mid Y(\omega) = k\}) \tag{11}$$

d.h. $W(Y = k)$ ist die Wahrscheinlichkeit des zufälligen Ereignisses $\{\omega \mid Y(\omega) = k\}$, welches als Teilmenge von Ω durch die Bedingung $Y = k$ festgelegt ist.

Unser Z ordnet jedem ω als Zahlenwert $Z(\omega)$ die Anzahl der defekten Birnchen zu, die zu ω gehören (jedes ω ist eine der 120 Auswahlmöglichkeiten für drei aus den 10 vorhandenen Birnchen); daher ist

$$W(Z = k) = W(\{\omega \mid Z(\omega) = k\}) = W(A_k)$$

und kann daher bei gegebenem M mit Hilfe von (9) berechnet werden:

$$W(Z = k) = \binom{M}{k}\binom{10 - M}{3 - k} / \binom{10}{3}, \quad \text{für } k = 0, 1, 2, 3.$$

Da nun aber nach obigem stets $X = Z + 7 - M$ gilt, d.h.

$$Z(\omega) = k \quad \text{gilt genau dann, wenn } X(\omega) = k + 7 - M,$$

folgt

$$W(Z = k) = W(X = k + 7 - M) \quad \text{für } k = 0, 1, 2, 3.$$

Wir können also die zu X gehörenden Wahrscheinlichkeiten mit Hilfe der Wahrscheinlichkeiten $W(Z = k)$ ausdrücken.

Wenn Z die Werte $k = 0, 1, 2, 3$ annehmen kann, hat X die möglichen Werte $7-M$, $8-M$, $9-M$ und $10-M$. Wenn z.B. $M = 6$ defekte Birnchen am Anfang vorhanden sind, dann ist

$$W(X = 1) = W(Z = 0) = \frac{\binom{6}{0}\binom{4}{3}}{120} = \frac{4}{120},$$

$$W(X = 2) = W(Z = 1) = \frac{\binom{6}{1}\binom{4}{2}}{120} = \frac{36}{120}$$

und die beiden restlichen gesuchten Wahrscheinlichkeiten erhält man ganz analog zu $W(X = 3) = 60/120$ und $W(X = 4) = 20/120$. Man beachte, daß sich die vier Wahrscheinlichkeiten zu $W(\Omega) = 1$ ergänzen!

Aufgaben

1) Die Menge $\{\omega \mid \omega$ in A, aber nicht in B$\}$ wird mit A-B bezeichnet; es gilt A-B = A$\cap\overline{B}$. Zeigen Sie, daß A$\cup$B gleich der Vereinigung aus den paarweise punktfremden Mengen A-B, B-A und A$\cap$B ist! (Zwei Mengen U und V sind genau dann gleich, wenn jedes Element aus U auch in V ist und umgekehrt jedes Element aus V auch in U.)

2) Wenn A in B enthalten ist, schreibt man A$\subset$B ; zeigen Sie, daß aus A$\subset$B die Ungleichung $W(A) \leqq W(B)$ folgt!

3) Zeigen Sie die Richtigkeit der Formeln

$$A \cup \left(\bigcap_i B_i \right) = \bigcap_i \left(A \cup B_i \right) \quad \text{und} \quad A \cap \left(\bigcup_i B_i \right) = \bigcup_i \left(A \cap B_i \right) .$$

4) Die Eigenschaft, daß für endlich viele paarweise punktfremde zufällige Ereignisse $A_1, A_2, \ldots, A_n$ stets

$$W\left(\bigcup_{i=1}^{n} A_i \right) = \sum_{i=1}^{n} W(A_i)$$

gilt, wird als die **endliche Additivität** des Wahrscheinlichkeitsmaßes bezeichnet (die in Axiom III* geforderte Eigenschaft heißt σ-Additivität). Zeigen Sie die Äquivalenz von III) mit der endlichen Additivität!

5) Zeigen Sie folgende Eigenschaft der Binomialkoeffizienten:

$$\binom{M}{m} + \binom{M}{m-1} = \binom{M+1}{m} \quad \text{für } m = 0, 1, \ldots, M \text{ und } M = 1, 2, \ldots \quad ;$$

(es sei daran erinnert, daß nach Vereinbarung $\binom{M}{-1} = 0$ ist.)

6) Zeigen Sie, daß jede Operationscharakteristik $L_{N,n,c}(p)$ monoton in p fällt, d.h. daß für $M = 0, 1, \ldots, N$ gilt:

$$L_{N,n,c}\left(\frac{M+1}{N} \right) \leq L_{N,n,c}\left(\frac{M}{N} \right)$$

<u>Hinweis</u>: Diese Aussage ist einleuchtend, weil die Chancen für die Annahme einer Partie bei wachsendem Ausschußanteil nicht steigen werden. Man zeige

$$L_{N,n,c}\left(\frac{M}{N} \right) - L_{N,n,c}\left(\frac{M+1}{N} \right) = \frac{\binom{M}{c}\binom{N-M-1}{n-c-1}}{\binom{N}{n}} \quad ;$$

dabei kann man die Aussage von Aufgabe 5 benutzen.

7) In vier von 25 Geräten, die in zufälliger Reihenfolge gestapelt sind, ist ein verkehrtes Bauteil eingebaut worden. Robert prüft ein Gerät nach dem anderen, bis er alle vier Geräte mit dem falschen Bauteil entdeckt hat. Die Anzahl der Geräte, die er dazu prüfen muß, ist eine zufällige Variable X . Berechnen Sie W(X=k) für $k = 4, 5, \ldots, 25$. Robert versäumt eine Verabredung, wenn er mehr als 20 Geräte prüfen muß. Wie groß ist die Wahrscheinlichkeit dafür?

1. 2 BEDINGTE WAHRSCHEINLICHKEIT UND UNABHÄNGIGKEIT

Bei vielen Anwendungen fragt man sich nach der Wahrscheinlichkeit eines
zufälligen Ereignisses A für den Fall, daß ein anderes zufälliges Ereignis B
eintritt. Diese Wahrscheinlichkeit nennt man b e d i n g t und sie ist im allgemeinen von W(A) verschieden. Zum Beispiel wird man die Wahrscheinlichkeit für die Aufklärung eines Bankraubs nach einem Jahr für geringer halten als unmittelbar nach der Tat, falls man noch immer keinen Hinweis auf
die Täter hat. Oder, wenn jemand mitteilt, daß er eine von 6 verschiedene
Zahl gewürfelt hat, dann nehmen wir nicht mehr an, daß sie mit Wahrscheinlichkeit 1/2 ungerade ist, sondern wir erraten intuitiv, daß die bedingte
Wahrscheinlichkeit für "ungerade" bei einem gut gearbeiteten Würfel nun
gleich 3/5 ist.

Beispiel 3 : In Figur 2 sei Ω die Menge
aller Punkte im Einheits-
Quadrat. Jede Teilfigur wird als zufälliges Ereignis interpretiert, dessen
Wahrscheinlichkeit gleich seinem Flächeninhalt ist. Es sei A das Dreieck
mit den Ecken (0;0), (1;0) und (1;1) und
B der skizzierte Halbkreis. Also ist

$$W(A) = \frac{1}{2} \quad , \quad W(B) = \frac{\pi}{8} \quad .$$

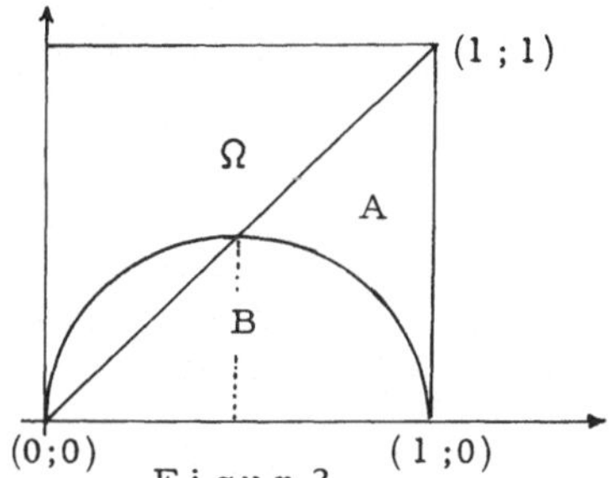

Figur 2

Für die bedingte Wahrscheinlichkeit von A unter der Bedingung B schreiben
wir W(A|B) und setzen sie gleich

$$W(A|B) = W(A \cap B): W(B) = (\frac{\pi}{16} + \frac{1}{8}):(\frac{\pi}{8}) = \frac{1}{2} + \frac{1}{\pi} \quad .$$

Denn auch innerhalb von B haben ja Teilflächen gleichen Inhalts dieselbe
Wahrscheinlichkeit und von daher erscheint es als sinnvoll, W(A|B) durch
das obige Verhältnis zu definieren. Ebenso verfährt man allgemein:

D e f i n i t i o n : Ist B ein zufälliges Ereignis mit W(B) > 0, dann ist für jedes
zufällige Ereignis A die b e d i n g t e W a h r s c h e i n l i c h -
k e i t f ü r A u n t e r d e r B e d i n g u n g B gleich

$$W(A \mid B) = \frac{W(A \cap B)}{W(B)} \quad . \tag{12}$$

Aus der Definition folgen sofort die Eigenschaften I), II) und III[*]) für die be-
dingte Wahrscheinlichkeit. Denn offensichtlich ist W(A|B) $\geq$ 0 für alle A und
W(Ω|B) = 1 . Ist ferner A = $\underset{i}{\cup}$ A_i mit paarweise punktfremden A_i , dann ist
(s. Aufgabe 3)
$$A \cap B = \underset{i}{\cup} (A_i \cap B) \text{ mit paarweise punktfremden } A_i \cap B ;$$

setzen wir dies in (12) ein und wenden Axiom III[*]) auf W an, dann erhalten
wir
$$W(A \mid B) = \sum_i W(A_i \mid B) \quad ,$$

d. h. das Axiom III[*]) gilt für die bedingte Wahrscheinlichkeit auch. Also ist
die bedingte Wahrscheinlichkeit wie W selbst ein Wahrscheinlichkeitsmaß,
und sie ist auf demselben Teilmengesystem wie W definiert. Sie ordnet ei-
ner jeden zu B punktfremden Menge A die Wahrscheinlichkeit W(A|B) = 0
zu und einer jeden Menge A, für die die Relation B$\subset$A gilt, die Wahrschein-

lichkeit $W(A|B) = 1$. Mit den Axiomen gelten dann auch alle Folgerungen daraus wie etwa die Regel $W(\overline{A}|B) = 1 - W(A|B)$.

<u>Beispiel 4</u>: Wir würfeln zweimal mit einem Würfel und bezeichnen mit X die Anzahl der Augen beim 1. Wurf, mit Z die Summe der Augenzahlen beider Würfe. Die Menge Ω aller Elementarereignisse sei durch $\{\omega_{i,j} \mid i \text{ und } j \text{ aus } \{1, 2, \ldots, 6\}\}$ gegeben und alle 36 $\omega_{i,j}$ seien gleichwahrscheinlich. X und Z sind dann durch die Zuordnungen $\omega_{i,j} \longrightarrow i$ bzw. $\omega_{i,j} \longrightarrow i+j$ gegeben.

Wir berechnen einige bedingte Wahrscheinlichkeiten; dabei schreiben wir kürzer

$$W(Z = 7 \mid X = 2) \text{ statt } W(\{\omega|Z(\omega) = 7\} \mid \{\omega|X(\omega) = 2\})$$

und

$$W(Z \geq 7 \mid X \leq 2) \text{ statt } W(\{\omega|Z(\omega) \geq 7\} \mid \{\omega|X(\omega) \leq 2\}) \quad \text{usw.} \;;$$

diese kürzere Schreibweise werden wir auch künftig in analogen Fällen verwenden.

Man errät sofort $W(Z = 7 \mid X = 2) = 1/6$, da man ja 5 beim 2. Wurf würfeln muß, wenn X = 2 ist und Z gleich 7 werden soll. In der Tat folgt dies auch gemäß der Definition (12) aus

$$W(\{\omega|Z(\omega) = 7\} \cap \{\omega|X(\omega) = 2\}) = W(\omega_{2,7}) = \frac{1}{36}$$

und

$$W(\{\omega|X(\omega) = 2\}) = W(\{\omega_{2,1}, \omega_{2,2}, \ldots, \omega_{2,6}\}) = \frac{1}{6} \; .$$

Die beiden Bedingungen $Z \geq 7$ und $X \leq 2$ werden nur von $\omega_{2,5}$, $\omega_{2,6}$ und $\omega_{1,6}$ erfüllt. Daher ist

$$W(Z \geq 7 \mid X \leq 2) = W(\{\omega_{2,5}, \omega_{2,6}, \omega_{1,6}\}) : W(X \leq 2) = \frac{3}{36} : \frac{1}{3} = \frac{1}{4} \; .$$

Unmittelbar aus der Definition der bedingten Wahrscheinlichkeit folgt

$$W(A \cap B) = W(B) W(A|B) \text{ und ebenso } W(A \cap B) = W(A) W(B|A), \qquad (13a)$$

falls nicht nur $W(B) > 0$, sondern auch $W(A) > 0$.

Aus $\quad W(A \cap B \cap C) = \dfrac{W(A) W(A \cap B) W(A \cap B \cap C)}{W(A) W(A \cap B)} \quad$ folgt weiter

$$W(A \cap B \cap C) = W(A) W(B|A) W(C|A \cap B) \qquad (13b)$$

und analog folgert man allgemein für $k \geq 3$

$$W\left(\bigcap_{i=1}^{k} A_i\right) = W(A_1) W(A_2|A_1) \cdot \ldots \cdot W(A_k|A_1 \cap A_2 \cap \ldots \cap A_{k-1}) \qquad (13c)$$

Bei (13b) ist $W(A \cap B) > 0$, bei (13c) ist $W(A_1 \cap A_2 \cap \ldots \cap A_{k-1}) > 0$ vorauszusetzen, damit die bedingten Wahrscheinlichkeiten alle definiert sind.

<u>Beispiel 5</u>: Nach (13b) ist die Wahrscheinlichkeit dafür, daß man bei vier Würfen mit einem Würfel vier verschiedene Augenzahlen erhält, gleich $\dfrac{5}{6} \cdot \dfrac{4}{6} \cdot \dfrac{3}{6} = \dfrac{5}{18}$. Dabei setzt man A für das Ereignis, daß beim 2. Wurf eine andere Zahl als beim 1. Wurf kommt, B für das Ereignis, daß der 3. Wurf anders als die beiden ersten Würfe ausfällt und C bedeute schließlich, daß der 4. Wurf keine der schon gewürfelten Zahlen ergibt.

<u>Definition</u>: Eine Menge von endlich oder abzählbar unendlich vielen zufälligen Ereignissen B_i heißt eine Z e r l e g u n g von Ω, wenn die B_i paarweise punktfremd sind und $\bigcup\limits_i B_i = \Omega$ ist.

Wegen $A = A \cap \Omega = A \cap (\bigcup\limits_i B_i) = \bigcup\limits_i (A \cap B_i)$ (siehe Aufgabe 3 !) kann man daher jedes zufällige Ereignis A mit Hilfe der Zerlegung als Vereinigung von paarweise punktfremden Mengen schreiben und aus Axiom III[*]) folgt dann der SATZ VON DER TOTALEN WAHRSCHEINLICHKEIT:

W e n n d i e z u f ä l l i g e n E r e i g n i s s e B_i e i n e Z e r l e g u n g v o n Ω s i n d , d a n n g i l t f ü r j e d e s z u f ä l l i g e E r e i g n i s A

$$W(A) = \sum_i W(A \cap B_i) = \sum_i W(B_i) W(A|B_i) \ . \tag{14}$$

Zunächst dürfen wir das letzte Gleichheitszeichen nur setzen, wenn alle $W(B_i)$ positiv sind; wir sehen aber, daß es auch dann richtig bleibt, wenn wir für die Indizes i mit $W(B_i) = 0$, d.h. wenn $W(A|B_i)$ nicht definiert ist, den Term $W(B_i) W(A|B_i)$ durch 0 ersetzen.

<u>Beispiel 6</u>: Ein Kunde kommt mit seinem Wagen in die Werkstatt, weil er vom Werk einen Rückruf wegen der Bremsschläuche erhalten hat. Die Wagen des betreffenden Typs sind zu 20% mit den Bremsschläuchen der Firma A, zu 50 % mit denen der Firma B und zu 30% mit denen der Firma C ausgestattet. Die Schläuche von Firma A sind alle in Ordnung, die der Firma B sind zu einem Drittel und die der Firma C zur Hälfte defekt und müssen daher ausgetauscht werden. Mit welcher Wahrscheinlichkeit müssen die Bremsschläuche des Wagens ausgetauscht werden?

Das Zufallsexperiment hat hier bereits stattgefunden und es steht schon fest, ob der Wagen defekte Bremsschläuche hat oder nicht. Für den Kunden, der nicht weiß, von welcher Firma die Bremsschläuche an seinem Wagen stammen, gibt es dennoch eine (subjektive) Wahrscheinlichkeit für die Notwendigkeit des Austauschs; ganz ähnlich ist es nach einem Wurf mit einem Würfel, wenn der Würfel noch mit dem Würfelbecher bedeckt ist - das Ergebnis steht schon fest und doch hat ein jedes für den Beobachter die Wahrscheinlichkeit 1/6 .
Wenn wir mit W(A), W(B) und W(C) die Wahrscheinlichkeiten für die Herkunft der Schläuche von den drei Firmen bezeichnen, dann ist die gesuchte Wahrscheinlichkeit nach (14) gleich

$$W(A) \cdot 0 + W(B) \cdot \frac{1}{3} + W(C) \cdot \frac{1}{2} = \frac{0,5}{3} + \frac{0,3}{2} = 0,3166 \cdots \ .$$

Dabei sind $0 , \frac{1}{3}$ und $\frac{1}{2}$ die bedingten Wahrscheinlichkeiten $W(S|A)$, $W(S|B)$ und $W(S|C)$, wenn wir mit S das zufällige Ereignis bezeichnen, daß die Schläuche schadhaft sind.
Wenn es viele Kunden gibt, die diesen Wagentyp fahren, dann wird die berechnete Wahrscheinlichkeit dem relativen Anteil der Kunden entsprechen, bei deren Wagen der Austausch nötig ist, d.h. dieser relative Anteil wird etwa 0, 317 oder 31, 7 % betragen.

Es kommt vor, daß eine bedingte Wahrscheinlichkeit $W(A|B)$ gleich $W(A)$ ist, d.h. A ist unter der Bedingung B ebenso wahrscheinlich wie ohne Bedingung. Aus $W(A) = W(A|B) = W(A \cap B)/W(B)$ folgt dann

$$W(A \cap B) = W(A)W(B) \qquad\qquad (15)$$

und daraus folgt weiter, daß auch $W(B) = W(B|A)$ gilt, falls $W(B|A)$ defi-
niert ist, d.h. falls $W(A) > 0$ ist. Gleichung (15) ist jedoch auch dann immer
erfüllt, wenn A oder B die Wahrscheinlichkeit 0 hat. Sie definiert eine wech-
selseitige Beziehung zwischen zwei zufälligen Ereignissen.

Definition: Zwei zufällige Ereignisse A und B heißen unabhängig ,
wenn
$$W(A \cap B) = W(A)W(B)$$
gilt. Zufällige Ereignisse A_i heißen paarweise unabhängig, wenn für alle Indexpaare i, j mit $i \neq j$ stets

$$W(A_i \cap A_j) = W(A_i)W(A_j)$$
gilt.

Beispiel 7: Ω sei das in Figur 3 skizzierte Quadrat
und jede der Teilflächen D_1, D_2, D_3, D_4
sei ein zufälliges Ereignis mit Wahrscheinlichkeit $\frac{1}{4}$.
Wenn nun $A = D_1 \cup D_2$, $B = D_1 \cup D_4$ und $C = D_1 \cup D_3$, dann
ist
$$W(A) = W(B) = W(C) = 1/2$$
und
$$W(A \cap B) = W(A \cap C) = W(B \cap C) = 1/4 ,$$

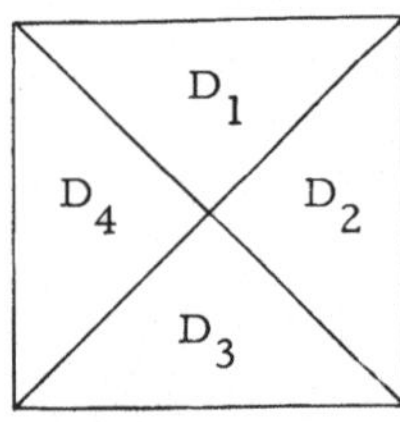

Figur 3

d.h. A, B und C sind paarweise unabhängig. Trotzdem werden wir sie nicht
schlechthin als unabhängig bezeichnen, weil z.B. wegen $A \cap B \cap C = A \cap B$
folgt, daß $W(C | A \cap B) = 1$, d.h. die Bedingung $A \cap B$ hat C mit Sicherheit zur
Folge. Paarweise Unabhängigkeit verhindert also nicht, daß C von $A \cap B$ abhängig ist. Bei mehr als zwei Ereignissen müssen wir also die Unabhängigkeit durch eine stärkere Bedingung definieren als es die paarweise Unabhängigkeit ist.

Definition: Zufällige Ereignisse A_i heißen unabhängig, wenn für jede
beliebige Auswahl von mindestens zwei verschiedenen Elementen $A_{i_1}, \ldots, A_{i_k}$ aus der Menge aller A_i stets gilt:

$$W\left(\bigcap_{j=1}^{k} A_{i_j} \right) = \prod_{j=1}^{k} W(A_{i_j}) \qquad\qquad (16)$$

($\prod$ ist das sog. Produktzeichen; z.B. bedeutet $\prod\limits_{j=1}^{k} a_j$ das Produkt $a_1 \cdot \ldots \cdot a_k$)

Beispiel 8 : Bei mehreren Würfen mit einem Würfel nimmt man an, daß sich
die einzelnen Würfe nicht beeinflussen können. Daher sind zufäll-
lige Ereignisse, die durch Bedingungen über je einen Wurf festgelegt sind,
unabhängig, falls es sich dabei um lauter verschiedene Würfe handelt. Sind
etwa p und 1-p die Wahrscheinlichkeiten für "Sechs" bzw. "keine Sechs" bei
jedem einzelnen Wurf, dann ist $(1-p)^{k-1} \cdot p$ nach (16) die Wahrscheinlichkeit
dafür, daß man erstmals beim k-ten Wurf die Sechs erhält. Bei einem idealen Würfel ist $p = 1/6$. Wir können dann auch z.B. die Wahrscheinlichkeit
dafür ausrechnen, daß man bei 6 Würfen höchstens einmal die Sechs erhält;
sie ist
$$\left(\frac{5}{6}\right)^6 + 6 \cdot \left(\frac{5}{6}\right)^5 \cdot \frac{1}{6} = 0,7368 ,$$

denn man erhält höchstens einmal die Sechs, wenn man entweder sechsmal
keine Sechs, oder die Sechs nur beim 1.Mal bzw. nur beim 2.Mal usw. erhält.

Aufgaben

8) In einer Gesamtheit von N Objekten haben M_1 einen Fehler vom Typ 1 und M_2 haben einen Fehler vom Typ 2. A und B seien die zufälligen Ereignisse, die darin bestehen, daß ein zufällig ausgewähltes Objekt den Fehler vom Typ 1 bzw. den Fehler vom Typ 2 aufweist. Unter welcher zusätzlichen Bedingung sind A und B unabhängig ?

9) Aus N Objekten, unter denen sich M defekte befinden, werden n zufällig ausgewählt. Z_m sei die Anzahl der defekten Objekte, die man unter den ersten m untersuchten Objekten findet, wenn man die n Objekte der Stichprobe der Reihe nach untersucht. Z_r sei die Anzahl der defekten Objekte unter den n-m noch nicht untersuchten Objekten der Stichprobe. Geben Sie eine Formel für $W(Z_r = k \mid Z_m = h)$ an!

1.3 DISKRETE ZUFÄLLIGE VARIABLE

Im Zusammenhang mit Beispiel 2 haben wir bereits zufällige Variable kennengelernt und uns gemerkt, daß eine jede durch eine Abbildung von Ω in die Menge der reellen Zahlen gegeben ist. Jedem ω aus Ω wird also durch eine zufällige Variable X ein Wert $X(\omega)$ zugeordnet. Ist etwa ω eine mögliche Auswahl von n aus N Objekten und $Z(\omega)$ die Anzahl der zu ω gehörenden defekten Objekte, dann ist damit eine zufällige Variable Z gegeben, die nur Werte aus $\{0, 1, \ldots, n\}$ annehmen kann. Die Wahrscheinlichkeiten, mit denen Z diese Werte annimmt, sind offenbar durch die Formel (9) gegeben, wenn die Auswahl zufällig erfolgt, d.h. $W(Z = k) = W(\{\omega \mid Z(\omega) = k\}) = W(A_k)$ (s. (9)) für $k = 0, 1, \ldots, n$.
Formel (9) gibt an, wie sich in diesem Fall die Gesamtwahrscheinlichkeit 1 auf die einzelnen möglichen Werte von Z verteilt und wir sagen daher, sie gibt die V e r t e i l u n g von Z an. Z ist eine zufällige Variable vom d i s k r e t e n   T y p , welcher wie folgt definiert wird:

<u>D e f i n i t i o n</u>: Eine zufällige Variable X heißt diskret, wenn sie nur abzählbar viele Werte annehmen kann.

Eine solche zufällige Variable X hat also entweder nur endlich viele Werte, die wir mit x_i , $i = 1, 2, \ldots, k$ bezeichnen, oder abzählbar unendlich viele. Für die Wahrscheinlichkeit des zufälligen Ereignisses $\{\omega \mid X(\omega) = x_i\}$ schreiben wir $W(X = x_i)$ oder einfach p_i .

Aus den Axiomen I), II) und III[*]) folgt dann sofort

$$p_i \geqq 0 \text{ für alle } i \text{ und } \sum_i p_i = 1 \ . \tag{17}$$

<u>Beispiel 9</u>: (Z i e h e n   m i t   Z u r ü c k l e g e n)
     In einer Urne liegen N Kugeln, davon sind M schwarz und N-M weiß. Zieht man eine Kugel zufällig, dann ist sie mit Wahrscheinlichkeit M/N schwarz, mit Wahrscheinlichkeit 1 -M/N weiß. Legt man sie dann zu-

rück und schüttelt die Urne, dann kann man den Versuch "unter denselben Bedingungen" wiederholen und wieder wird die gezogene Kugel mit Wahrscheinlichkeit M/N schwarz und mit Wahrscheinlichkeit 1 -M/N weiß. Legt man jedesmal die gezogene Kugel zurück und schüttelt die Urne, dann kann man das zufällige Ziehen einer Kugel beliebig oft wiederholen und hat dabei stets dieselbe Urne mit derselben Zusammensetzung ihres Inhalts. Bei diesem Ziehen mit Zurücklegen kann es sein, daß gewisse Kugeln mehrfach gezogen werden; dagegen sind bei zufälliger Auswahl von n aus N Objekten die n ausgewählten Objekte alle verschieden. Eine solche zufällige Auswahl von n Kugeln aus der Urne könnten wir durch Z i e h e n   o h n e   Z u r ü c k l e g e n bewirken, indem wir nacheinander n Kugeln zufällig aus der Urne holen, wobei die gezogenen Kugeln nicht mehr zurückgelegt werden.

Das Ziehen mit Zurücklegen ist ein Beispiel für ein sog. B e r n o u l l i - s c h e m a ; so nennt man[+] ein aus n Einzelversuchen bestehendes Zufallsexperiment, wenn ein gewisses Ereignis S bei jedem Einzelversuch mit derselben Wahrscheinlichkeit p eintritt und wenn die Einzelversuche im folgenden Sinn unabhängig voneinander sind:
Die Wahrscheinlichkeit dafür, daß S bei k bestimmten Einzelversuchen und $\bar{S}$ bei m bestimmten anderen Einzelversuchen eintritt, ist $p^k(1-p)^m$.

Beschreiben wir daher die möglichen Resultate des gesamten Zufallsexperiments, also die Menge Ω, durch die Menge aller 2^n n-tupel, die man mit den Komponenten S und $\bar{S}$ erzeugen kann, dann ist die Wahrscheinlichkeit für ein solches Elementarereignis ω gleich

$$W(\omega) = p^k(1-p)^{n-k} \text{ , falls k Komponenten des n-tupels } \omega \text{ gleich S und}$$
$$\text{n-k Komponenten gleich } \bar{S} \text{ sind.}$$

Wir sehen, daß diese Elementarereignisse nur im Sonderfall $p = \frac{1}{2}$ alle dieselbe Wahrscheinlichkeit (nämlich $1/2^n$) haben. Betrachten wir als Beispiel drei Würfe mit einem Würfel, wobei S das Ereignis sei, daß eine Sechs gewürfelt wird. Bei einem idealen Würfel hat dann das Elementarereignis $(S, S, S) = $"dreimal die Sechs" nur die Wahrscheinlichkeit $(1/6)^3$, während $(\bar{S}, \bar{S}, \bar{S}) = $" dreimal keine Sechs" die Wahrscheinlichkeit $(5/6)^3$ besitzt.

Sei nun ein beliebiges Bernoulli-Schema mit n Einzelversuchen und der Wahrscheinlichkeit p für S bei jedem Einzelversuch gegeben. Man nennt p oft auch "Treffer-" oder "Erfolgswahrscheinlichkeit", weil es viele Beispiele gibt, bei denen S etwas derartiges bedeutet. Jedem n-tupel ω ordnen wir nun die Anzahl seiner S-Komponenten zu und erhalten so eine zufällige Variable X. Beim Urnenmodell für das Ziehen mit Zurücklegen ist X die Anzahl der gezogenen schwarzen Kugeln, bei n-maligem Würfeln mit einem Würfel kann X die Anzahl der gewürfelten Sechsen bedeuten usw.. Bei einem abstrakten Bernoulli-Schema, welches bereits durch die Angabe von n und p gegeben ist, bezeichnen wir X als die "Trefferanzahl".
X kann die Werte $0, 1, \ldots, n$ annehmen. Schreiben wir wie schon öfter

$$W(X = k) \text{ für } W(\{\omega | X(\omega) = k \}) ,$$

dann sehen wir sofort, daß $W(X = 0) = (1-p)^n$ und $W(X = n) = p^n$ gilt, denn

[+] nach Jakob Bernoulli, 1654-1705

es ist $X(\omega) = 0$ nur für das eine n-tupel, welches lauter $\overline{S}$- Komponenten hat, während $X(\omega) = n$ nur für das ω gilt, welches nur S-Komponenten hat.

Allgemein ist $\binom{n}{k}$ die Anzahl der n-tupel mit genau k S-Komponenten, denn man kann aus den n vorhandenen Positionen für die Komponenten des n-tupels auf genau $\binom{n}{k}$ verschiedene Weisen k Positionen für die S-Komponenten bestimmen (vgl. (4)). Damit ist

$$W(X=k) = \binom{n}{k} p^{k}(1-p)^{n-k} \quad \text{für } k = 0, 1, \ldots, n \; . \tag{17}$$

Dies ist die wichtige Formel für die **Binomialverteilung** mit den Parametern n, p , die wir künftig mit Bi(n, p) abkürzen werden. Wie bei jeder Verteilung einer diskreten zufälligen Variablen muß die Summe der in (17) gegebenen Wahrscheinlichkeiten gleich 1 sein. Dies erkennt man hier leicht aus dem Binomischen Satz (vgl. (8)) denn

$$1 = 1^{n} = (p +(1-p))^{n} = \sum_{k=0}^{n} \binom{n}{k} p^{k}(1-p)^{n-k} \; .$$

<u>Beispiel 10</u>:(Produktionsprozeß unter statistischer Kontrolle)
Ein Artikel wird unter gleichbleibenden Bedingungen in Serie produziert. An der Produktionsanlage sind keine behebbaren Mängel feststellbar und doch wird ein jedes Stück mit einer (meist kleinen) Wahrscheinlichkeit p defekt sein. Ursachen dafür sind z. B. vorübergehende Materialfehler, Unachtsamkeit oder andere nicht vorhersehbare Störungen. Wir sprechen von einem Produktionsprozeß unter statistischer Kontrolle, wenn p konstant bleibt und wenn die Stücke unabhängig voneinander defekt oder nicht defekt werden; letzteres soll heißen, daß n produzierte Stücke für beliebiges n das Resultat eines Bernoulli-Schemas mit n Einzelversuchen und der Trefferwahrscheinlichkeit p sein werden. Es ist dabei unerheblich, ob die n Stücke nacheinander in fortlaufender Reihenfolge produziert werden oder nicht. Die Zahl X der defekten Stücke unter den n Stücken ist also nach Bi(n, p) verteilt, d. h. $W(X=k)$ ist für $k = 0, 1, .., n$ durch (17) gegeben.

Dasselbe gilt aber auch dann, wenn die n Stücke zufällig einem bereits vorhandenen Vorrat von N Stücken entnommen werden, falls man von diesen nur weiß, daß sie aus einem Prozeß unter statistischer Kontrolle stammen. Denn da wir die Anzahl M der defekten Stücke im Vorrat nicht kennen, müssen wir sie als Bi(N, p)-verteilte zufällige Variable ansehen und können dann $W(X=k)$ nach dem Satz von der totalen Wahrscheinlichkeit (vgl. (14)) in der Form

$$W(X=k) = \sum_{i=0}^{N} W(M=i)W(X=k \mid M=i) \tag{18}$$

berechnen. Dabei sind die $W(M=i)$ die Wahrscheinlichkeiten von Bi(N, p) und die $W(X=k \mid M=i)$ sind die hypergeometrischen Wahrscheinlichkeiten für $X=k$ im Fall $M=i$. (Letztere sind 0 für $i < k$). Nach unserer Behauptung muß die rechte Seite von (18) identisch sein mit $\binom{n}{k} p^{k}(1-p)^{n-k}$. Den leicht zu führenden Nachweis überlassen wir dem Leser als Aufgabe Nr. 10 .

Beispiel 9 war das Urnenmodell für das Ziehen mit Zurücklegen. Dabei folgt für die Anzahl X der gezogenen schwarzen Kugeln die Binomialverteilung mit den Parametern n und $p = M/N$. Beim Ziehen einer Stichprobe kann man natürlich defekte Stücke als schwarze Kugeln deuten. In der Regel legt man aber bei der Entnahme einer Stichprobe die gezogenen Stücke nicht zurück und hat daher am Ende einer Gesamtheit von N Stücken n verschiedene Stücke entnommen. Die Entnahme nannten wir zufällig, wenn sich dabei alle $\binom{N}{n}$ möglichen Stichproben mit derselben Wahrscheinlichkeit ergeben. Letzteres kann man auf verschiedene Weise erreichen, z.B. kann man vorgehen wie bei dem

U r n e n m o d e l l   f ü r   d a s   Z i e h e n   o h n e   Z u r ü c k l e g e n : Dabei werden einer Urne mit M schwarzen und N-M weißen Kugeln nacheinander n Kugeln entnommen; entnommene Kugeln werden nicht zurückgelegt und jede der zu entnehmenden Kugeln ist so zu ziehen, daß dabei alle zu diesem Zeitpunkt noch in der Urne vorhandenen Kugeln mit derselben Wahrscheinlichkeit gezogen werden.

Es läßt sich leicht nachweisen, daß bei diesem Verfahren alle $\binom{N}{n}$ möglichen Stichproben gleichwahrscheinlich sind und daher erhalten wir für die Anzahl X der defekten Stücke in der Stichprobe wieder die Hypergeometrische Verteilung . $W(X=k)$ ist also identisch mit $W(A_k)$ von (9) für $k = 0, 1, \ldots, n$.

Wenn die Anzahl n der zu ziehenden Kugeln klein ist im Vergleich zur Anzahl N aller Kugeln in der Urne, dann werden die Wahrscheinlichkeiten $W(X=k)$ beim Ziehen mit Zurücklegen ungefähr dieselben sein wie beim Ziehen ohne Zurücklegen, denn dann wird die Entnahme einiger Kugeln den Inhalt und insbesondere das Verhältnis von schwarzen zu weißen Kugeln in der Regel nur wenig ändern. In der Tat kann man die folgende Faustregel bestätigen:

$$\text{Ist } n < \frac{N}{10} \text{ und } p = \frac{M}{N} \text{ , dann gilt } \binom{n}{k}p^k(1-p)^{n-k} \approx \frac{\binom{M}{k}\binom{N-M}{n-k}}{\binom{N}{n}} , \qquad (19)$$

$$\text{für } k = 0, 1, \ldots, n .$$

Man kann dann also die bequemer zu berechnenden binomialen Wahrscheinlichkeiten als Näherungen für die entsprechenden hypergeometrischen Wahrscheinlichkeiten benutzen. Um die Genauigkeit der Näherung in einem Beispiel zu bestätigen, stellen wir in der Tabelle rechts den Wahrscheinlichkeiten von $Bi(4 ; 0, 1)$ die entsprechenden Wahrscheinlichkeiten der Hypergeometrischen Verteilung mit $N = 50$, $M = 5$ und $n = 4$ gegenüber. Da $p = M/N = 0,10$ und $n = 4 < N/10 = 5$, ist die obige Faustregel anwendbar.

k	$W(X=k)$ nach $Bi(4 ; 0, 10)$	$W(X=k)$ nach $H(50, 5, 4)$
0	0,6561	0,6470
1	0,2916	0,3081
2	0,0486	0,0430
3	0,0036	0,00195
4	0,0001	0,000022

Wir sehen, daß die relative Abweichung bei $k = 3$ und $k = 4$ zwar groß ist, aber der absolute Fehler, den man bei der Ersetzung der hypergeometrischen durch die entsprechende binomiale Wahrscheinlichkeit begeht, ist hier in allen 5 Fällen sehr gering.

Das nächste Beispiel führt auf einen Grenzübergang, mit dem man aus der Binomialverteilung einen weiteren wichtigen Verteilungstyp, nämlich die Poissonverteilung[+] gewinnt.

Beispiel 11 : In einem Material von großem Volumen V sind n Fremdkörper zufällig verteilt (z.B. Fremdatome in einem Kristall, Teilchen in einer Emulsion etc.). Entnimmt man dem Material eine Probe mit dem Vo-

[+] benannt nach S. D. Poisson, 1781 -1840

lumen v, dann ist die Anzahl X der Fremdkörper in der Probe eine zufällige Variable. Wir interpretieren die "zufällige" Verteilung der Fremdkörper so, daß jeder mit Wahrscheinlichkeit v/V in die Probe gelangt; ferner sollen sie unabhängig voneinander in die Probe kommen bzw. nicht in die Probe kommen (damit das gelten kann, müssen die Fremdkörper klein im Verhältnis zu v sein und dürfen sich weder abstoßen, noch aneinander kleben). Unter diesen Voraussetzungen können wir X als Trefferanzahl bei einem Bernoulli-Schema deuten, das bei n Einzelversuchen jedesmal mit Wahrscheinlichkeit p = v/V einen "Treffer" liefert. Ein "Treffer" beim i-ten Einzelversuch ist hier die Anwesenheit des i-ten Fremdkörpers in der Probe. Also ist

$$W(X=k) = \binom{n}{k}\left(\frac{v}{V}\right)^k\left(1-\frac{v}{V}\right)^{n-k}, \quad k = 0,1,\ldots,n.$$

Wir halten nun das Verhältnis n/V, also die durchschnittliche Anzahl der Fremdkörper pro Volumeneinheit, fest und nennen es die **Fremdkörperdichte d**. Damit wird n = dV und

$$W(X=k) = \frac{dV(dV-1)\cdots(dV-k+1)}{k!\,V^k}\,v^k\left(1-\frac{dv}{n}\right)^{n-k}.$$

Läßt man nun V und n so gegen ∞ gehen, daß d = n/V konstant bleibt, dann konvergiert $W(X=k)$ offensichtlich gegen

$$\frac{(dv)^k}{k!}\cdot e^{-dv}.$$

Setzen wir also $dv = \lambda$, dann gilt bei hinreichend großem V und großem n

$$W(X=k) \approx \frac{\lambda^k}{k!}\,e^{-\lambda} \quad \text{mit } \lambda = dv = n\,\frac{v}{V} = np \text{ und } k=0,1,2,\ldots \tag{20}$$

Diese Näherungen für $W(X=k)$ bilden aber selbst eine Wahrscheinlichkeitsverteilung, wobei sich die Wahrscheinlichkeit nun auf die **abzählbar unendlich vielen** Werte k = 0, 1, 2, ... verteilt. Für jedes $\lambda > 0$ ist nämlich

$$\sum_{k=0}^{\infty} \frac{\lambda^k}{k!}\,e^{-\lambda} = e^{-\lambda}\sum_{k=0}^{\infty}\frac{\lambda^k}{k!} = e^{-\lambda}\,e^{\lambda} = 1.$$

<u>Definition:</u> Eine zufällige Variable Y heißt **Poisson-verteilt** mit dem **Parameter** $\lambda > 0$, wenn sie die Werte k = 0, 1, 2, ... mit den Wahrscheinlichkeiten

$$W(Y=k) = \frac{\lambda^k}{k!}\,e^{-\lambda} \tag{21}$$

annimmt.

Wir haben die Poisson-Verteilung als Näherung für eine Binomialverteilung hergeleitet. Bei obigem Grenzübergang ist v fest, während n und V gegen ∞ streben. Also geht dabei p = v/V gegen 0.

Es ist daher anzunehmen, daß die Poisson-Wahrscheinlichkeiten (21) mit $\lambda = np$ umso bessere Näherungen für die entsprechenden Wahrscheinlichkeiten von Bi(n, p) sind, je kleiner p und je größer n ist. Um dies für ein Beispiel zu bestätigen, haben wir in der nebenstehenden Tabelle die ersten fünf Wahrscheinlichkeiten von Bi(50; 0,03) den entsprechenden Wahrscheinlichkeiten der Poisson-Verteilung mit dem Parameter $\lambda = np = 50\cdot 0,03 = 1,5$ gegenübergestellt.

k	$\binom{50}{k}0,03^k\cdot 0,97^{50-k}$	$\dfrac{1,5^k}{k!}\,e^{-1,5}$
0	0,218	0,223
1	0,337	0,335
2	0,256	0,251
3	0,126	0,126
4	0,046	0,047

Vergleich von Bi(50;0,03) mit der Poissonverteilung zu $\lambda = 1,5$.

Bei beiden Verteilungen gehen die Wahrscheinlichkeiten für $k \geq 5$ rasch gegen 0 und es ist für Anwendungen unerheblich, daß die binomialen Wahrscheinlichkeiten für $k > 50$ exakt gleich 0 sind, während die Poisson'schen Wahrscheinlichkeiten für alle k positiv sind.
Für die Poisson-Verteilung mit Parameter λ verwenden wir künftig die Abkürzung $Po(\lambda)$.

Aus den vorigen Beispielen ergibt sich eine Nutzanwendung für die Qualitätskontrolle: Wir betrachten eine aus N Stücken bestehende Warenpartie, über die aufgrund eines Prüfplans n, c entschieden wird. Sie wird also genau dann angenommen, wenn eine zufällig ausgewählte Stichprobe von n Stück nicht mehr als c defekte Stücke enthält. Nach Satz 1.1 ist die Annahmewahrscheinlichkeit $L_{N,n,c}(p)$ mit $p = M/N$, wobei M die Anzahl der defekten Stücke in der Partie ist. Vorausgesetzt ist dabei, daß die Stichprobe ohne Zurücklegen gezogen wird. Würde man die Stichprobe mit Zurücklegen ziehen (in der Praxis kommt dies kaum vor), dann müßte man die in $L_{N,n,c}(p)$ auftretenden hypergeometrischen Wahrscheinlichkeiten durch die entsprechenden binomialen Wahrscheinlichkeiten ersetzen; letztere können auch als gute Näherung für die ersteren dienen, wenn die Faustregel $n < 0,1\,N$ erfüllt ist. Für kleine p-Werte (die in der Praxis vorkommenden Ausschußanteile liegen gewöhnlich unter 0,05) und nicht zu kleine n darf man schließlich die binomialen durch Poisson'sche Wahrscheinlichkeiten approximieren, wobei $\lambda = np$ zu setzen ist.
Der Wichtigkeit wegen formulieren wir diesen Sachverhalt als Satz, obwohl es sich hier nicht um quantitative, sondern nur um qualitative Aussagen handelt.

<u>SATZ 1.2</u> : Man kann die in Satz 1.1 (s. Abschnitt 1.1) gegebene

Annahmewahrscheinlichkeit $L_{N,n,c}\left(\dfrac{M}{N}\right)$ annähern

$$\text{durch } L_{n,c}(p) = \sum_{k=0}^{c} \binom{n}{k} p^{k}(1-p)^{n-k} \quad \text{mit } p = \frac{M}{N}\,, \tag{22}$$

falls $n < \dfrac{N}{10}$. Wird die Stichprobe mit Zurücklegen gezogen, dann ist (22) die exakte Annahmewahrscheinlichkeit. Für kleine p-Werte und hinreichend große n kann $L_{n,c}(p)$ seinerseits durch

$$L_{n,c}^{*}(p) = \sum_{k=0}^{c} \frac{(np)^{k}}{k!}\, e^{-np} \tag{23}$$

angenähert werden.

Die Annäherung von $L_{n,c}(p)$ durch $L_{n,c}^{*}(p)$ ist gewöhnlich genau genug, wenn $p < 0,10$ und $n > 10$ ist; für sehr kleine p darf n auch kleiner als 10 sein und für Stichprobenumfänge n, die wesentlich größer als 10 sind, darf p auch 0,10 überschreiten.
Die in Satz 1.2 eingeführten Funktionen $L_{n,c}(p)$ und $L_{n,c}^{*}(p)$ nennt man gewöhnlich die auf der Binomialverteilung bzw. die auf der Poisson-Verteilung beruhende Operationscharakteristik. Wir werden sie kürzer auch als die OC-Kurve bei Binomialverteilung bzw. OC-Kurve bei Poissonverteilung bezeichnen oder noch einfacher die binomiale OC-Kurve bzw. die Poisson'sche OC-Kurve nennen.

Beide Funktionen sind für alle p mit $0 \leq p \leq 1$ definiert, obwohl sie als Näherungen für $L_{N,n,c}(p)$ nur an den Stellen $p = M/N$, $M = 0, 1, \ldots, N$ benötigt werden.

Wir werden in Kapitel 2 noch ausführlich auf die Ziele eingehen, die man mit einem Prüfplan n, c verfolgt. Neben der Einsparung von Prüfkosten (die z.B. bei einer Totalkontrolle sehr erheblich sein können) bezweckt man natürlich eine geringe Annahmewahrscheinlichkeit für große M und eine hohe Annahmewahrscheinlichkeit für kleine M. Daß die Annahmewahrscheinlichkeit mit zunehmendem M monoton fällt, sollte in Aufgabe 5 gezeigt werden; dieselbe Monotonie können wir für die binomiale und die Poisson'sche OC-Kurve leicht zeigen, indem wir beide Funktionen nach p differenzieren:

$$L'_{n,c}(p) = \sum_{k=0}^{c} k \binom{n}{k} p^{k-1}(1-p)^{n-k} - \sum_{k=0}^{c} (n-k)\binom{n}{k} p^{k}(1-p)^{n-1-k}$$

$$= \sum_{k=1}^{c} n \binom{n-1}{k-1} p^{k-1}(1-p)^{n-1-(k-1)} - \sum_{k=0}^{c} n\binom{n-1}{k}p^{k}(1-p)^{n-1-k}$$

$$= -n \binom{n-1}{c} p^{c}(1-p)^{n-c-1} \; ; \tag{24}$$

$$L^{*'}_{n,c}(p) = \sum_{k=0}^{c} kn \frac{(np)^{k-1}}{k!} e^{-np} - n \sum_{k=0}^{c} \frac{(np)^{k}}{k!} e^{-np}$$

$$= n \sum_{k=1}^{c} \frac{(np)^{k-1}}{(k-1)!} e^{-np} - n \sum_{k=0}^{c} \frac{(np)^{k}}{k!} e^{-np} = -n \frac{(np)^{c}}{c!} e^{-np} \; ; \tag{25}$$

beide Ableitungen sind offensichtlich negativ für alle p mit $0<p<1$. Die binomiale und die Poisson'sche OC-Kurve fallen im Intervall $[0,1]$ also sogar streng monoton, während für die hypergeometrische OC-Kurve im allgemeinen nur die gewöhnliche (schwache) Monotonie gilt (vgl. Figur 1); letztere ist nämlich trivialerweise gleich 1 für alle $p = M/N$ mit $M \leq c$ und sie ist gleich 0 für alle $p = M/N$ mit $M > N-n+c$.

Daß für jeden Prüfplan n, c die Bedingungen $n \geq 1$ und $0 \leq c < n$ vorauszusetzen sind, haben wir schon erwähnt (s. Beispiel 2); wäre c = n , dann würde man unabhängig von p mit Wahrscheinlichkeit 1 annehmen und die Ableitung (24) ergäbe dann folgerichtig den Wert 0 .

Wenn die N Stücke der Partie aus einem Produktionsprozeß unter statistischer Kontrolle stammen, bei dem jedes Stück mit Wahrscheinlichkeit p defekt wird, dann ist die Anzahl M der defekten Stücke in der Partie nach Bi(N, p) verteilt. In Beispiel 10 haben wir uns überlegt (s. auch Aufgabe 10), daß dann die Anzahl der defekten Stücke in der Stichprobe auch binomialverteilt ist, und zwar nach Bi(n, p), obwohl die Stichprobe ohne Zurücklegen gezogen wird! Dies könnte im Hinblick auf Satz 1.1 Verwirrung stiften; man beachte deshalb, daß jetzt M eine zufällige Variable ist, d.h. das Zufallsexperiment umfaßt auch die Lieferung der N Stücke und p ist jetzt nicht gleich M/N , sondern p ist die Defektwahrscheinlichkeit des Produktionsprozesses. Der folgende Satz beantwortet daher die Frage des Produzenten nach der Wahrscheinlichkeit, mit der ihm Partien mit der Stückzahl N abgenommen werden, wenn sie beim Abnehmer nach einem Prüfplan n, c geprüft werden.

SATZ 1.3 Eine Warenpartie von N Stück werde einem Produktionsprozeß unter statistischer Kontrolle entnommen, bei dem die Stücke mit Wahrscheinlichkeit p defekt werden; wird sie dann nach einem Prüfplan n, c kontrolliert, dann wird sie mit Wahrscheinlichkeit

$$L_{n,c}(p) = \sum_{k=0}^{c} \binom{n}{k} p^k (1-p)^{n-k}$$

angenommen.

Wie bisher setzen wir hier und auch künftig voraus, daß die bei einem Prüfplan n, c zu ziehenden n Elemente der Stichprobe ohne Zurücklegen gezogen werden, wenn es nicht ausdrücklich anders vermerkt ist.

Zu den praktischen Aufgaben der Qualitätskontrolle gehört auch die Prüfung von Lieferungen, die nicht aus Stücken bzw. einzelnen Einheiten, sondern aus einem Volumen V einer Flüssigkeit oder eines Pulvers bestehen. Auch hier können wir nach einem Prüfplan vorgehen, indem wir festsetzen, daß das Volumen V genau dann angenommen wird, wenn in einer Probe vom Volumen v nicht mehr als c Fremdkörper sind. "Fremdkörper" können Bakterien, Fremdatome, Schadstellen o. ä. sein. Beispiel 11 zeigte, daß die Anzahl X der Fremdkörper in der Probe unter gewissen Voraussetzungen in guter Näherung Poisson-verteilt ist. Aus dem dort durchgeführten Grenzübergang folgt

SATZ 1.4: Ein Material mit Volumen V wird aufgrund eines Prüfplans v, c in guter Näherung mit der Wahrscheinlichkeit

$$L^*_{v,c}(d) = \sum_{k=0}^{c} \frac{(dv)^k}{k!} e^{-dv} \quad \text{mit } d = \frac{n}{V}$$

angenommen, wenn folgende Voraussetzungen erfüllt sind:
a) das Probevolumen v ist klein gegen V ;
b) die Anzahl n der Fremdkörper in V ist groß genug
c) alle Fremdkörper gelangen unabhängig voneinander mit der Wahrscheinlichkeit v/V in die Probe.

Man kann das Probevolumen v auch aus mehreren Teilvolumina $v_1, \ldots, v_m$ zusammensetzen. Die Anzahl X der Fremdkörper in v ist dann gleich der Summe $X_1 + X_2 + \ldots + X_m$, wobei X_i =Anzahl der Fremdkörper in v_i. Dies wirft die Frage nach der Verteilung einer Summe von zufälligen Variablen auf. Wenn die Voraussetzungen a) und c) für v erfüllt sind, dann werden sie im allgemeinen auch für die v_i erfüllt sein und die X_i sind dann hinreichend genau nach $Po(dv_i)$ verteilt, während für X in guter Näherung $Po(dv)$ gilt. Da $v = v_1 + \ldots + v_m$, ist zu vermuten, daß die Summe von Poisson-verteilten zufälligen Variablen unter gewissen Bedingungen wieder Poisson-verteilt ist, wobei der Parameter für die Summe gleich der Summe der Parameter der Summanden ist.

Zunächst müssen wir aber allgemein klären, wie die Verteilung einer Summe von diskreten zufälligen Variablen zu bestimmen ist. Es seien daher X und Y diskrete zufällige Variable auf Ω. X nehme die Werte x_i mit den Wahrscheinlichkeiten p_i, Y die Werte y_j mit den Wahrscheinlichkeiten q_j an. Ferner sei

$$w_{ij} = W(X = x_i, Y = y_j) = W(\{\omega | X(\omega) = x_i\} \cap \{\omega | Y(\omega) = y_j\}).$$

Die p_i und q_j sind durch die w_{ij} festgelegt, denn aus Axiom III[*]) folgt

$$p_i = \sum_j w_{ij} \quad , \quad q_j = \sum_i w_{ij} \quad \text{für beliebiges i bzw. beliebiges j.}$$

Dagegen sind die w_{ij} im allgemeinen nicht durch die p_i und q_j festgelegt. Ausnahme davon ist der Fall, in dem X und Y unabhängig sind.

<u>Definition</u>: Diskrete zufällige Variable X, Y, Z, ... heißen **unabhängig**,
wenn die zufälligen Ereignisse $\{\omega|X(\omega) = x\}$, $\{\omega|Y(\omega)=y\}$,
$\{\omega|Z(\omega)= z\}$, ... bei beliebiger Wahl von x, y, z, ... unabhängig
sind.

Daraus folgt, daß X und Y genau dann unabhängig sind, wenn $w_{ij} = p_i q_j$ für alle i, j gilt.

Nun sei Z = X + Y die zufällige Variable, die den Elementarereignissen ω die Werte $Z(\omega) = X(\omega) + Y(\omega)$ zuordnet. Für beliebiges z gilt nun

$$W(Z = z) = W(\{\omega|X(\omega)+Y(\omega) = z\}) = \sum_i W(X = x_i, Y=z-x_i) = \sum_j W(X=z-y_j, Y=y_j),$$

wobei in den beiden Summen höchstens die Summanden von 0 verschieden sind, bei denen $z-x_i$ bzw. $z-y_j$ ein möglicher Wert von Y bzw. von X ist.
Bei Unabhängigkeit von X und Y reduzieren sich die Summen zu

$$W(Z = z) = \sum_i p_i \, W(Y=z-x_i) = \sum_j q_j \, W(X = z-y_j) \ . \qquad (26)$$

Zum Beispiel sei X die Augenzahl beim 1. Wurf, Y die Augenzahl beim 2. Wurf mit einem Würfel und Z = X + Y die Augensumme. Ω sei die Menge der ω_{ij} mit i und j aus $\{1, 2, \ldots, 6\}$, wobei ω_{ij} bedeute, daß i Augen beim 1. Wurf, j Augen beim 2. Wurf erzielt werden.
Wir nehmen an, daß die 36 Elementarereignisse gleichwahrscheinlich sind.
Daraus folgt dann die Unabhängigkeit der Variablen X und Y, denn für jedes i, j mit ω_{ij} aus Ω folgt dann

$$W(X=i, Y = j) = \frac{1}{36} = W(X = i) W(Y = j) = \frac{1}{6} \cdot \frac{1}{6} \ ;$$

wenn aber i und j nicht beide aus $\{1, 2, \ldots, 6\}$ sind, dann gilt ebenfalls

$$W(X=i, Y = j) = W(X = i) W(Y = j) \ ,$$

da dann beide Seiten gleich 0 sind.

Z = X + Y nimmt nur die Werte 2, 3, ..., 12 mit positiven Wahrscheinlichkeiten an und man sieht mühelos, daß

$$W(Z = 2) = W(Z = 12) = \frac{1}{36} \ , \quad W(Z=3)=W(Z=11) = \frac{2}{36} \ \text{usw.},$$

wobei wir etwa nach (26) verfahren oder die durch die Bedingung Z = z in Ω festgelegte Teilmenge direkt bestimmen können. Nach (26) ist z. B.

$$W(Z = 5) = \sum_{i=1}^{6} W(X = i) W(Y = 5-i) = \sum_{i=1}^{4} \frac{1}{6} W(Y=5-i) = \frac{4}{36} \ .$$

An diesem einfachen Beispiel wird etwas Wichtiges deutlich: X und Y sind gleichverteilt, d. h. jeder mögliche Wert hat dieselbe Wahrscheinlichkeit, aber Z = X + Y ist nicht gleichverteilt! Wir folgern daraus:
Summen von zufälligen Variablen desselben Verteilungstyps gehören im allgemeinen zu einem anderen Verteilungstyp als die Summanden.
Bei unabhängigen Summanden bleibt der Verteilungstyp in wenigen Ausnahmefällen erhalten. Dazu gehören die noch zu besprechende Normalverteilung und die Poissonverteilung, für die wir etwas derartiges bereits vermutet haben.

<u>SATZ 1.5</u>: **Sind die zufälligen Variablen** $Y_1, Y_2, \ldots, Y_m$ **unabhängig und nach Poissonverteilungen** $Po(\lambda_i)$, **i=1,...,m**

$$\text{v e r t e i l t, \quad d a n n \quad i s t} \quad Z = Y_1 + Y_2 + \ldots + Y_m \quad \text{P o i s s o n -}$$

$$\text{v e r t e i l t \quad m i t \quad d e m \quad P a r a m e t e r} \quad \lambda = \lambda_1 + \lambda_2 + \ldots + \lambda_m \; .$$

Wir zeigen die Richtigkeit dieser Aussage nur für $m = 2$; für alle $m \geq 2$ folgt sie durch vollständige Induktion nach m.

Sei also $Z = X + Y$, wobei X und Y unabhängig und nach $Po(\mu)$ bzw. $Po(\varrho)$ verteilt sind. Dann gilt nach (26)

$$W(\,Z = k\,) = \sum_{i=0}^{\infty} W(X=i)W(Y=k-i) \;=\; \sum_{i=0}^{k} W(X=i)W(Y=k-i)\,,$$

denn Y kann nur nichtnegative Werte annehmen. Also ist

$$W(Z=k) = \sum_{i=0}^{k} \frac{\mu^i}{i!} e^{-\mu} \frac{\varrho^{k-i}}{(k-i)!} \; e^{-\varrho} = e^{-(\mu+\varrho)} \cdot \frac{1}{k!} \sum_{i=0}^{k} \binom{k}{i} \mu^i \cdot \varrho^{k-i}$$

und die letzte Summe ist nach dem Binomischen Satz (s. (8)) gleich $(\mu+\varrho)^k$, also folgt

$$W(Z=k) \;=\; \frac{(\mu+\varrho)^k}{k!} e^{-(\mu+\varrho)} \; \text{für alle } k = 0, 1, \ldots,$$

d. h. Z ist nach $Po(\mu+\varrho)$ verteilt.

Aufgaben

10) Peter kauft N Lose einer Lotterie, bei der 10% der Lose Gewinne sind. Man nehme an, daß N sehr klein gegen die Anzahl aller Lose der Lotterie ist. Paul kauft Peter n Lose ab. Rechnen Sie nach (s. Formel (18)), daß die Anzahl X der Gewinne unter Pauls Losen - wie wohl jeder vermuten wird - nach $Bi(n; 0,10)$ verteilt ist.

11) Eine Lieferung von 500 Stück soll genau dann angenommen werden, wenn man in einer zufällig und ohne Zurücklegen entnommenen Stichprobe von 12 Stücken höchstens ein defektes findet. Für $M=20$, $M=50$ und $M=80$ defekte Stücke in der Lieferung berechne man jeweils die Annahmewahrscheinlichkeit exakt und nach den möglichen Näherungen.

12) Von 80 Stücken kommen 50 aus einem Produktionsprozeß unter statistischer Kontrolle, bei dem jedes Stück mit Wahrscheinlichkeit 0,02 mißlingt; die anderen 30 Stücke kommen aus einem Prozeß unter statistischer Kontrolle, bei dem diese Wahrscheinlichkeit 0,06 ist. Die Anzahlen X und Y der mißlungenen Stücke unter den 50 bzw. den 30 Stücken sind unabhängig. Man vergleiche die exakte Wahrscheinlichkeit $W(X+Y=k)$ für einige k-Werte mit der Näherung, die man viel bequemer berechnet, indem man die Binomialverteilungen von X und Y durch Poisson-Verteilungen annähert.

13) Eine keramische Masse enthält k Fremdkörper, die beim Brennen Fehler verursachen. Für eine Vase wird ein Teilvolumen v des gut durchmischten Gesamtvolumens V verwendet. Mit welcher Wahrscheinlichkeit wird sie dann fehlerhaft sein? Wie ist die Anzahl X der nach v gelangenden Fremdkörper verteilt, wenn k nicht gegeben, sondern zufällig ist und einer Poisson-Verteilung mit Parameter λ gehorcht?

1.4 STETIGE ZUFÄLLIGE VARIABLE

Es gibt zufällige Variable, die einen jeden festen Wert nur mit Wahrscheinlichkeit 0 annehmen. So ist etwa die Wahrscheinlichkeit dafür, daß die Nutzungsdauer einer Glühbirne exakt x Stunden betragen wird, für jedes x gleich
0. Die Wahrscheinlichkeit dafür, daß sie in einem Intervall [a, b]liegt, kann
jedoch positiv sein. Man kann sich vorstellen, daß die Wahrscheinlichkeit eine "Masse" ist, die bei diskreten zufälligen Variablen auf einzelne Punkte
der Zahlengeraden konzentriert ist, während sie bei den jetzt zu betrachtenden zufälligen Variablen verschieden "dicht" auf der Zahlengeraden "ver-
schmiert" ist. Deshalb wird man die auf ein Intervall entfallende Wahrscheinlichkeit als Integral berechnen müssen.

<u>Definition</u>: Eine zufällige Variable X heißt s t e t i g bzw. vom s t e t i g e n
T y p, wenn $W(a \leq X \leq b)$ für jedes Intervall [a,b]als Integral
$\int_a^b f(u)\,du$ über eine Funktion $f(u)$ berechnet werden kann.

Man nennt $f(u)$ dann e i n e D i c h t e von X (sie ist nicht völlig eindeutig bestimmt, weil man $f(u)$ an einigen Stellen willkürlich ändern könnte, ohne
daß sich eines der obigen Integrale ändern würde); wegen $W(-\infty < X < \infty) = W(\Omega)$
folgt
$$\int_{-\infty}^{\infty} f(u)\,du = 1 \;.$$

Umgekehrt kann man jede nichtnegative Funktion $f(u)$ mit dieser Eigenschaft
als Dichte einer zufälligen Variablen auffassen.

Ein Stichprobenraum Ω, auf dem eine zufällige Variable X vom stetigen Typ
definiert ist, hat mehr als abzählbar viele Elementarereignisse. Hätte er nur
abzählbar viele ω_i, $i = 1, 2, \ldots$, dann gäbe es mindestens ein ω_i mit $W(\omega_i) > 0$
und wenn dann $a = X(\omega_i)$, dann wäre $W(X = a) > 0$. Andererseits folgt aber
aus der obigen Definition, daß
$$W(X = a) = \int_a^a f(u)\,du = 0 \quad \text{für jedes } a$$
gilt und aus diesem Widerspruch folgt die Behauptung.

Die Abbildung $X(\omega)$ von Ω, durch die eine zufällige Variable X definiert ist,
muß immer so beschaffen sein, daß $W(X \leq x)$ für jedes reelle x definiert ist,
d. h. $\{\omega \,|X(\omega) \leq x\}$ muß für alle x zur σ-Algebra der zufälligen Ereignisse
gehören. Daraus folgt, daß die Funktion
$$F(x) = W(X \leq x)\,, \text{ die sogenannte V e r t e i l u n g s f u n k t i o n}$$
von X, für alle x definiert ist. Für ein stetiges X mit Dichte $f(u)$ ist
$$F(x) = \int_{-\infty}^{x} f(u)\,du\,, \text{ für ein diskretes X gilt } F(x) = \sum_{\substack{\text{alle } i \\ \text{mit } x_i \leq x}} p_i \,,$$
wenn $p_i = W(X = x_i)$, d. h. man summiert über die Wahrscheinlichkeiten aller
möglichen Werte, die nicht größer als x sind. Letzteres folgt direkt aus dem
Axiom III[*]), da $W(X \leq x) = W(\{\omega \,|X(\omega) \leq x\}) = W(\bigcup_i \{\omega | X(\omega) = x_i\,, x_i \leq x\})$,
wobei rechts eine Vereinigung von paarweise punktfremden Mengen steht.

In Figur 4a ist die Verteilungsfunktion einer diskreten zufälligen Variablen
skizziert, die nach der Binomialverteilung Bi(6; 0,4) verteilt ist. Figur 4 b

zeigt die Dichte $f(u) = \begin{cases} 1/u^2 & \text{für } u \geqslant 1 \\ 0 & \text{für } u < 1 \end{cases}$ und $F(x) = \int\limits_{-\infty}^{x} f(u)\,du = \begin{cases} 0 & \text{für } x < 1 \\ 1 - 1/x & \text{für } x \geqslant 1 \end{cases}$

als zugehörige Verteilungsfunktion, nach der eine zufällige Variable X vom stetigen Typ verteilt sein könnte.

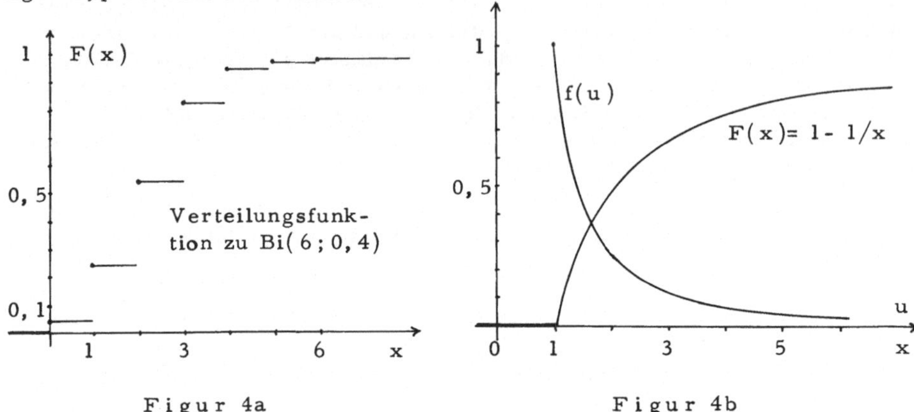

Figur 4a   Figur 4b

Wir sehen, daß die Verteilungsfunktion einer diskreten zufälligen Variablen eine sog. Treppenfunktion ist, die zwischen benachbarten Sprungstellen konstant bleibt. Sprungstellen sind die möglichen Werte x_i , Sprunghöhen sind die Wahrscheinlichkeiten $p_i = W(X = x_i)$. In Figur 4a haben wir deshalb die Sprungstellen $0, 1, \ldots, 6$ und die Sprunghöhen $p_i = W(X = i)$, $i = 0, 1, \ldots, 6$, die man der Reihe nach zu $0{,}0467$, $0{,}1866$, $0{,}3110$, $0{,}2765$, $0{,}1382$, $0{,}0369$ und $0{,}0041$ berechnet.

Aus den Axiomen folgt, daß jede Verteilungsfunktion folgende Eigenschaften besitzt; umgekehrt kann jede Funktion mit diesen Eigenschaften als Verteilungsfunktion einer zufälligen Variablen aufgefaßt werden:

a) rechtsseitige Stetigkeit, d.h. für alle x ist $\lim\limits_{h \downarrow 0} F(x+h) = F(x)$,

b) Monotonie: aus $x_1 < x_2$ folgt $F(x_1) \leqslant F(x_2)$, d.h. jede Verteilungsfunktion ist monoton wachsend;

c) die Grenzwerte $\lim\limits_{x \to \infty} F(x) = 1$ und $\lim\limits_{x \to -\infty} F(x) = 0$.

Für jedes Intervall $[a, b]$ gilt

$$W(a \leqslant X \leqslant b) = W(X \leqslant b) - W(X < a) = W(X \leqslant b) - W(X \leqslant a) + W(X = a) = F(b) - F(a) + W(X = a);$$

wenn X von stetigem Typ ist, dann ist $W(X = a) = 0$ und deshalb

$$W(a \leqslant X \leqslant b) = F(b) - F(a) = \int\limits_{a}^{b} f(u)\,du \tag{29}$$

<u>Beispiel 12:</u> Eine stetige zufällige Variable heißt gleichverteilt in einem Intervall $[a, b]$, wenn sie folgende Dichte besitzt:
$$f(u) = \begin{cases} 1/(b-a) & \text{für } a \leqslant u \leqslant b \\ 0 & \text{für alle } u \text{ außerhalb von } [a, b] \end{cases}.$$

Wenn also X gleichverteilt in $[a, b]$ ist, dann nimmt X mit Sicherheit einen

Wert im Intervall an, bevorzugt dort jedoch keinen Teilbereich. In jedem Teil-intervall $[c,d]$ von $[a,b]$ liegt X dann mit der Wahrscheinlichkeit

$$W(c \leq X \leq d) = \int_c^d \frac{1}{b-a}\, du = \frac{d-c}{b-a}\ .$$

Zur Dichte $f(u)$ gehört hier die Verteilungsfunktion $F(x) = \begin{cases} 0 \text{ für } x < a, \\ (x-a)/(b-a), x \in [a,b] \\ 1 \text{ für } x > b \end{cases}$

Hält man ein rechteckiges Blatt Papier, auf dem ein x,y-Koordinatensystem ge-geben ist, in den Regen, dann wird für den Mittelpunkt der ersten benetzten Stelle vermutlich eine Gleichverteilung sowohl hinsichtlich seiner x-Koordina-te X als auch hinsichtlich seiner y-Koordinate Y gelten. Denken wir uns die Oberfläche des Blatts durch die Punktmenge $\{(x,y) \mid 0 \leq x \leq a\ ;\ 0 \leq y \leq b\}$ gegeben, dann wäre also X gleichverteilt in $[0,a]$ und Y gleichverteilt in $[0,b]$.

Immer wenn man mehrere zufällige Variable gleichzeitig betrachtet, fordert man die Existenz eines Stichprobenraums Ω, auf dem alle definiert sind. Bei X und Y auf dem Blatt kann man als Ω die Menge aller Punkte auf der dem Re-gen zugewandten Seite des Blatts wählen; $X(\omega)$ ist dann die x-Koordinate, $Y(\omega)$ die y-Koordinate des Punktes ω.

Ein n-tupel $(X_1, X_2, \ldots, X_n)$ von zufälligen Variablen bezeichnet man auch als zufälligen Vektor.
Die Unabhängigkeit von diskreten zufälligen Variablen haben wir in 1.3 bereits über die Unabhängigkeit von zufälligen Ereignissen definiert. Ähnlich verfährt man bei der Definition der Unabhängigkeit im allgemeinen Fall.

<u>Definition:</u> Zufällige Variable $X_1, X_2, \ldots, X_n$ heißen unabhängig, wenn

die zufälligen Ereignisse $X_i \leq x_i$ (gemeint sind damit die Ω-Teil-

mengen $\{\omega \mid X_i(\omega) \leq x_i\}$, $i = 1, 2, \ldots, n$) für jedes reelle Werte-

n-tupel $(x_1, x_2, \ldots, x_n)$ unabhängig sind.

Für diskrete zufällige Variable ist diese Definition äquivalent mit der in 1.3 .

Sowohl für diskrete, als auch für stetige X_i folgt also für jedes n-tupel von reellen Zahlen $(x_1, x_2, \ldots, x_n)$, daß

$$W(X_1 \leq x_1,\ X_2 \leq x_2,\ \ldots, X_n \leq x_n) = F_1(x_1) F_2(x_2) \cdot \ldots \cdot F_n(x_n), \tag{30}$$

wenn die X_i unabhängig sind und die Verteilungsfunktionen $F_i(x)$, $i = 1, 2, \ldots, n$ besitzen.
Die von $(x_1, x_2, \ldots, x_n)$ abhängende Wahrscheinlichkeit
$W(X_1 \leq x_1,\ X_2 \leq x_2,\ \ldots, X_n \leq x_n)$ wird als die gemeinsame Verteilungs-funktion der zufälligen Variablen $X_1, X_2, \ldots, X_n$ bezeichnet und man be-nutzt für diese Funktion von $x_1, x_2, \ldots, x_n$ die Schreibweise $G(x_1, x_2, \ldots, x_n)$.

Unabhängigkeit von $X_1, X_2, \ldots, X_n$ heißt also, daß $G(x_1, x_2, \ldots, x_n)$ für alle $(x_1, x_2, \ldots, x_n)$ gleich dem Produkt der Verteilungsfunktionen $F_i(x_i)$ der X_i ist.

Wenn alle X_i vom stetigen Typ sind, dann kann man $G(x_1, x_2, \ldots, x_n)$ über eine gemeinsame Dichte $g(u_1, u_2, \ldots, u_n)$ in der Form

$$G(x_1, \ldots, x_n) = \int_{-\infty}^{x_n} \int_{-\infty}^{x_{n-1}} \cdots \int_{-\infty}^{x_1} g(u_1, \ldots, u_n)\, du_1\, du_2 \cdots du_n$$

berechnen und umgekehrt ist die gemeinsame Dichte gewöhnlich die n-fache
partielle Ableitung von G nach allen Variablen:

$$g(x_1, \ldots, x_n) = \frac{\partial^n G(x_1, \ldots, x_n)}{\partial x_1 \, \partial x_2 \ldots \partial x_n} \quad .$$

Bei unabhängigen X_i erkennt man aus $G(x_1, \ldots, x_n) = \prod_{i=1}^{n} F_i(x_i)$ \hfill (31)

sofort, daß

$$g(x_1, \ldots, x_n) = \prod_{i=1} f_i(x_i) \tag{32}$$

wobei die $f_i(x)$ Dichten zu $F_i(x)$ sind.

Ein n-faches Integral über $g(u_1, \ldots, u_n)$ über einen Bereich B des n-dimensio-
nalen Raums R^n ist die Wahrscheinlichkeit dafür, daß der zufällige Vektor
$(X_1, \ldots, X_n)$ als Wert ein n-tupel aus B annimmt, d.h.

$$W((X_1, \ldots, X_n) \in B) = \underset{B}{\int \int \ldots \int} g(u_1, \ldots, u_n) du_1 du_2 \ldots du_n . \tag{33}$$

Die Berechnung solcher Integrale ist gewöhnlich einfacher, wenn die Variablen unabhängig sind und die gemeinsame Dichte daher von der Form (32) ist.

Beispiel 13 (E x p o n e n t i a l v e r t e i l u n g)

Es sei T die Lebensdauer eines Geräts. Darunter verstehen wir die gesamte
Nutzungsdauer bis zum Eintreten des ersten Defekts. Für T soll zunächst gel-
ten: $$W(T \le t+\Delta \mid T \ge t) = h\Delta + o(\Delta) \, , \text{ für alle } t \ge 0 \text{ und alle } \Delta > 0, \tag{34}$$
wobei h eine vom Gerät abhängende positive Konstante ist.
Diese Annahme bedeutet, daß das Gerät, sofern es eine Nutzungsdauer von t
Zeiteinheiten bereits heil überstanden hat, während des Zeitintervalls $[t, t+\Delta]$
mit einer Wahrscheinlichkeit defekt wird, die bis auf ein $o(\Delta)$ proportional
zur Länge Δ des Zeitintervalls ist. Wie üblich, bedeutet $o(\Delta)$ eine Größe, die
für $\Delta \longrightarrow 0$ stärker gegen 0 geht als Δ selbst, d.h. $\lim_{\Delta \to 0}(o(\Delta)/\Delta) = 0$.
Da $W(T \le t+\Delta \mid T \ge t)$ nach (34) nicht von t abhängt, bedeutet diese Annahme, daß
unser Gerät nicht altert. In der Praxis dürfte das bedeuten, daß es nicht durch
Abnutzung, sondern eher durch zufällige Einwirkungen zugrundegeht (wie z. B.
ein Maßkrug). Da T von stetigem Typ ist, können wir (34) umformen zu

$$\frac{W(t \le T \le t+\Delta)}{W(T \ge t)} = \frac{F(t+\Delta) - F(t)}{1 - F(t)} = h\Delta + o(\Delta) \tag{35}$$

wobei $F(t)$ die Verteilungsfunktion von T ist. Setzen wir noch voraus, daß die
Dichte $f(t)$ von T für alle $t > 0$ stetig ist, dann erhalten wir durch Division von
(35) mit Δ und den Grenzübergang $\Delta \downarrow 0$ die Gleichung

$$\frac{f(t)}{1 - F(t)} = h \, , \text{ für } t > 0 . \tag{36}$$

Die Ableitung von $- \ln(1-F(t))$ ergibt die linke Seite von (36), also folgt durch
Integration $\quad \ln(1 - F(t)) = -ht + c \text{ oder } F(t) = 1 - e^c \cdot e^{-ht} \text{ für } t > 0 .$

Wenn wir noch zusätzlich annehmen, daß $F(0) = 0$ ist, d.h. daß das Gerät zunächst einmal funktioniert und nicht von Anfang an defekt ist, dann folgt aus

der rechtsseitigen Stetigkeit der Verteilungsfunktion, daß $\lim_{t \to 0} F(t) = 0$ ist und deshalb muß die Integrationskonstante c gleich 0 sein.
Also ist

$$F(t) = \begin{cases} 1 - e^{-ht} & \text{für } t \geq 0 \\ 0 & \text{für } t < 0 \end{cases} \; ; \; \text{dazu gehört} \;\; f(t) = \begin{cases} h\,e^{-ht} & \text{für } t > 0 \\ 0 & \text{für } t < 0 \end{cases} \tag{37}$$

als Dichte. An der Stelle $t = 0$ ist $F(t)$ nicht differenzierbar und $f(t)$ zunächst nicht definiert. Wir können $f(0)$ aber beliebig wählen, z. B. $f(0) = h$ oder auch einfach $f(0) = 0$ setzen. Wir benötigen $f(t)$ ja nur zur Berechnung von Wahrscheinlichkeiten; diese sind Integrale über $f(t)$ und ändern sich nicht, wenn man $f(t)$ an einzelnen Stellen abändert.

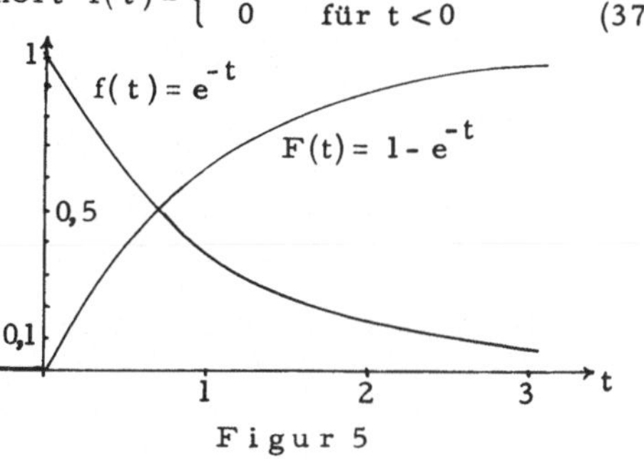

Figur 5

Verteilungsfunktion und Dichte in (37) gehören zum Typ der Exponentialverteilung. Wenn unsere Annahmen richtig sind, dann muß T nach diesem Typ verteilt sein und dann ist nur noch der Parameter h unbekannt. Figur 5 zeigt Dichte und Verteilungsfunktion der Exponentialverteilung mit dem Parameter $h = 1$.

Ersetzen wir die Konstante h in (34) durch eine Funktion $h(t)$, dann können wir auch Lebensdauerverteilungen herleiten, bei denen eine Alterung mitspielt; wächst $h(t)$ mit t , dann wird ein älteres Gerät im selben Zeitraum leichter defekt als ein neues. Theoretisch ist aber auch der Fall einer monoton abnehmenden Funktion $h(t)$ denkbar; das würde bedeuten, daß ein Gerät umso unverwüstlicher wird, je länger es erprobt und heil geblieben ist.

Dieselbe Herleitung wie eben ergibt für $h(t)$ die Verteilungsfunktion

$$F(t) = \begin{cases} 1 - e^{-\int_0^t h(s)ds} & \text{für } t \geq 0 \\ 0 & \text{für } t < 0 \end{cases} \quad \text{und} \quad f(t) = \begin{cases} h(t)\,e^{-\int_0^t h(s)ds} & \text{für } t > 0 \\ 0 & \text{für } t < 0 \end{cases} \tag{38}$$

als Dichte. Die Integrale über h sollen alle existieren, aber damit $F(t)$ die allen Verteilungsfunktionen gemeinsame Eigenschaft $\lim_{t \to \infty} F(t) = 1$ hat, darf das uneigentliche Integral über $h(s)$ nicht existieren, d. h. es muß gelten:
$$\int_0^t h(s)ds \to \infty \;\; \text{für } t \to \infty .$$

Für $h(t) = b\,t^a$ mit $b > 0$, $a > -1$, $t \geq 0$ erhält man den Typ der sog. Weibull-Verteilungen mit

$$F(t) = \begin{cases} 1 - e^{-\frac{b\,t^{a+1}}{a+1}} & \text{für } t \geq 0 \\ 0 & \text{für } t < 0 \end{cases} \quad \text{und} \quad f(t) = \begin{cases} b\,t^a\,e^{-\frac{b\,t^{a+1}}{a+1}} & \text{für } t > 0 \\ 0 & \text{für } t < 0 \end{cases} .$$

Mehr über diesen Verteilungstyp, der sich auch noch aus anderen Modell-Annahmen herleiten läßt (als sog. Extremwertverteilung) findet man bei UHLMANN [1982] und [1967].
Manchmal nimmt man an, daß es eine positive Mindestlebensdauer t_o gibt und somit $F(t) = 0$ für alle $t \leq t_o$ gilt. In diesem Fall beginnt unsere Herleitung im Zeitpunkt t_o ; ist also x die tatsächlich erreichte Lebensdauer, dann ist $t = x - t_o$. Ersetzen wir also in den obigen Verteilungsfunktionen und Dich-

ten t jeweils durch $x - t_o$, dann erhalten wir so modifizierte Verteilungsfunktionen und Dichten, die zusätzlich noch von dem Parameter t_o abhängen. Bei der Exponentialverteilung gehen $F(t)$ und $f(t)$ dadurch über in

$$F(x) = \begin{cases} 1 - e^{-h(x-t_o)} & \text{für } x \geq t_o \\ 0 & \text{für } x < t_o \end{cases}, \qquad f(x) = \begin{cases} h\, e^{-h(x-t_o)} & \text{für } x \geq t_o \\ 0 & \text{für } x < t_o \end{cases}.$$

Bemerkung: Wenn die Lebensdauer eines Geräts exponentialverteilt ist und wenn das Gerät zu einem Zeitpunkt t_1 noch intakt ist, dann ist die "Restlebensdauer" $T - t_1$ ebenso verteilt wie die Lebensdauer T selbst. Für beliebiges $t_1 \geq 0$ und $t_2 \geq t_1$ ist nämlich

$$W(T \geq t_2 \mid T \geq t_1) = \frac{W(T \geq t_2,\ T \geq t_1)}{W(T \geq t_1)} = \frac{W(T \geq t_2)}{W(T \geq t_1)} = \frac{1 - F(t_2)}{1 - F(t_1)} = \frac{e^{-ht_2}}{e^{-ht_1}} = e^{-h(t_2 - t_1)},$$

also $W(T \leq t_2 \mid T \geq t_1) = W(T - t_1 \leq t_2 - t_1 \mid T \geq t_1) = 1 - e^{-h(t_2 - t_1)}$.

Diese Eigenschaft der Exponentialverteilung wird häufig auch als "Gedächtnislosigkeit" bezeichnet; sie hängt natürlich damit zusammen, daß wir bei der Herleitung von einem nicht "alternden" Gerät ausgingen.

Beispiel 14 (Normalverteilung)

Viele statistische Verfahren beruhen auf der Annahme, daß die betrachteten zufälligen Variablen normalverteilt sind. Wie die Exponentialverteilung kann auch die Normalverteilung aus Modell-Annahmen abgeleitet werden. Man kann z. B. zeigen, daß Summe und Differenz von zwei unabhängigen, identisch verteilten zufälligen Variablen nur dann unabhängig und vom selben Verteilungstyp wie X und Y sind, wenn X und Y einer Normalverteilung gehorchen (siehe z. B. RÉNYI [1970], S. 323). Schon Gauß [+] leitete die Dichte der Normalverteilung aus solchen Annahmen über Meßfehler her, weshalb man diese auch als Gauß'sche Glockenkurve bezeichnet. Ihre hervorragende Rolle in der Statistik verdankt die Normalverteilung jedoch dem Zentralen Grenzwertsatz, von dem wir einen Spezialfall als Satz 1.16 kennenlernen werden.

Definition: Eine stetige zufällige Variable heißt normalverteilt nach der Normalverteilung $N(\mu, \sigma^2)$, wenn sie die Dichte

$$f(u) = \frac{1}{\sqrt{2\pi}\,\sigma}\, e^{-(u-\mu)^2/(2\sigma^2)}, \qquad -\infty < u < \infty, \qquad (39)$$

besitzt. σ ist positiv, μ ist beliebig.

In Figur 6 sind die Dichten von $N(0, 1)$ und $N(3;\ 0{,}25)$ skizziert.

Offensichtlich ist $f(\mu) = 1/\sqrt{2\pi}\,\sigma$ das absolute Maximum von $f(u)$ und auch die Symmetrie $f(\mu + x) = f(\mu - x)$ für alle x ist sofort erkennbar. Da das Maximum umso größer wird, je kleiner σ ist, wird man auch gleich vermuten, daß die zufällige Variable mit großer Wahrscheinlichkeit einen Wert dicht bei μ annehmen wird, falls σ sehr klein ist.

[+] Carl Friedrich Gauß, 1777 - 1855

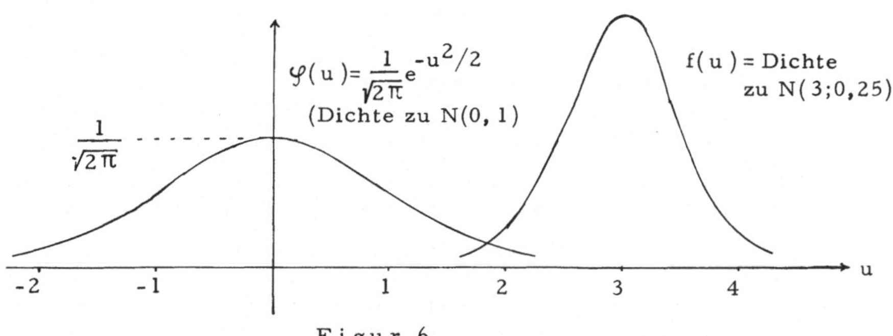

Figur 6

<u>Bezeichnung</u>: N(0,1) wird als Standard-Normalverteilung bezeich-
net, die zugehörige Verteilungsfunktion wird $\Phi(x)$ geschrieben.

$\Phi(x) = \displaystyle\int_{-\infty}^{x} \dfrac{1}{\sqrt{2\pi}} e^{-u^2/2}\,du$ läßt sich durch gebräuchliche Funktionstypen nicht
ausdrücken und wird daher tabelliert. Wir geben im
folgenden einen kleinen Tabellenauszug an; umfangreichere Tabellen von
$\Phi(x)$ findet man fast in jedem Lehrbuch der Statistik oder in Tabellenwerken. Dort ist häufig auch die zu $\Phi(x)$ gehörende Dichte $\varphi(x)$ tabelliert.

x	$\Phi(x)$	x	$\Phi(x)$	x	$\Phi(x)$
0	0,5000	1,0	0,8413	1,8	0,9641
0,1	0,5398	1,1	0,8643	1,9	0,9713
0,2	0,5793	1,2	0,8849	1,96	0,975
0,3	0,6179	1,2816	0,900	2,0	0,9773
0,4	0,6554	1,3	0,9032	2,2	0,9861
0,5	0,6915	1,4	0,9192	2,326	0,990
0,6	0,7257	1,5	0,9332	2,4	0,9918
0,7	0,7580	1,6	0,9452	2,576	0,995
0,8	0,7881	1,645	0,950	2,6	0,9953
0,9	0,8159	1,7	0,9554	3,0	0,99865

(Tab.1)

Wegen der Nullsymmetrie der Dichte $\varphi(x)$ folgt $\Phi(-x) = 1 - \Phi(x)$ für
alle x. So ist z.B. $\Phi(-0,7) = 1 - \Phi(0,7) = 1 - 0,7580 = 0,2420$. Daher
kann man sich bei der Tabellierung auf positive x-Werte beschränken.

Wenn X nach $N(\mu,\sigma^2)$ verteilt ist, dann nennen wir $Y = \dfrac{X-\mu}{\sigma}$ die normierte oder auch die standardisierte Variable zu X. Die standardi-
sierte Variable Y ist dann nach N(0,1) verteilt, denn

$$W(Y \le y) = W\left(\dfrac{X-\mu}{\sigma} \le y\right) = W(X \le \mu+\sigma y) = \int_{-\infty}^{\mu+\sigma y} \dfrac{1}{\sqrt{2\pi}\,\sigma}\, e^{-(u-\mu)^2/2\sigma^2}\,du$$

geht durch die Substitution $x = (u-\mu)/\sigma$ der Integrationsvariablen über in

$$\Phi(y) = \int_{-\infty}^{y} \dfrac{1}{\sqrt{2\pi}}\, e^{-x^2/2}\,dx \ .$$

Aufgaben

14) Die "Sterbe-Intensität" $h(t) = f(t)/(1-F(t))$ (vgl. (36)) für die Lebensdauer T eines Geräts sei eine lineare Funktion $h(t) = a + bt$ der Zeit t
mit $a > 0$, $b > 0$, für $t \geq 0$. Wie lautet die Verteilungsfunktion $F(t)$ der
Lebensdauer? (Man setze $F(0)$ gleich 0 !)

15) Der Radius eines Kreiszylinders sei in guter Näherung nach $N(\mu, \sigma^2)$ verteilt. Wie ist dann der Flächeninhalt des Querschnitts verteilt?

16) Die Voraussetzung von Aufgabe 15) gelte für zylindrische Werkstücke,
die maschinell gefertigt werden. Sie sind unbrauchbar, wenn der Radius größer als 5,06 cm oder kleiner als 4,96 cm ist. Wieviele % Ausschuß werden gefertigt, wenn $\mu = 5,00$ cm und $\sigma = 0,03$ cm ist?

1.5 ERWARTUNGSWERT, VARIANZ UND STREUUNG

Wir gehen von einer diskreten zufälligen Variablen X aus, die ihre möglichen Werte x_i mit den Wahrscheinlichkeiten p_i annimmt. Wir nehmen an,
daß wir ein Zufallsexperiment beliebig oft wiederholen und dabei jedesmal
eine zufällige Variable X_k beobachten können, die wie X verteilt ist, d. h. es
gilt für alle $k = 1, 2, \ldots$ und alle x_i

$$W(X_k = x_i) = p_i .$$

Sei nun n_i = Anzahl der X_k für $k = 1, 2, \ldots, n$, die den Wert x_i annehmen,
also $\dfrac{n_i}{n}$ = relative Häufigkeit von x_i unter den n beobachteten Werten.
Wir vermuten, daß n_i/n ungefähr gleich p_i wird, wenn n groß genug ist;
in der Tat haben schon viele Experimente, bei denen man die p_i als bekannt annehmen durfte (wie etwa beim Werfen einer Münze oder beim Würfeln mit genau gearbeiteten Würfeln), gezeigt, daß n_i/n für große n im allgemeinen recht gut mit p_i übereinstimmt.

Für den Durchschnitt $\dfrac{1}{n} \sum_i n_i x_i$ aller beobachteten Werte gilt dann

$$\frac{1}{n} \sum_i n_i x_i \approx \sum_i p_i x_i \tag{40}$$

und dies veranlaßt folgende

<u>Definition</u>: Der Erwartungswert einer diskreten zufälligen Variab-
len X, die ihre möglichen Werte x_i mit den Wahrscheinlichkeiten p_i annimmt, ist

$$E[X] = \sum_i x_i p_i . \tag{41}$$

Hat X abzählbar unendlich viele mögliche Werte, dann ist
der Erwartungswert $E[X]$ durch (41) nur dann definiert,
wenn die Reihe $\sum_{i=1}^{\infty} x_i p_i$ absolut konvergiert, d. h. wenn $\sum_{i=1}^{\infty} |x_i| p_i$
konvergiert.

Die Forderung der absoluten Konvergenz ist nötig. Es kann nämlich sein, daß die Reihe $\sum_{i=1}^{\infty} x_i p_i$ nicht konvergiert (z.B. für $x_i = 2^i$, wenn diese Werte mit den Wahrscheinlichkeiten $p_i = 2^{-i}$, $i = 1, 2, \ldots$ angenommen werden)
und wenn sie konvergent, aber nicht absolut konvergent wäre, dann könnte man durch eine andere Reihenfolge der Summation, also durch bloßes Umnumerieren der möglichen Werte, den Wert der Reihe ändern, d.h. $E[X]$ wäre dann nicht eindeutig definiert.

Nach der obigen Überlegung, mit der die Definition motiviert wurde, darf man den Erwartungswert als Durchschnittswert bei häufiger Wiederholung eines zufälligen Vorgangs auffassen. Da er nur von der Verteilung von X abhängt, nennt man ihn einen Verteilungsparameter. Für $E[X]$ sind auch die Bezeichnungen "Mittelwert von X" oder "mathematische Erwartung von X" üblich. Als Symbol setzt man statt $E[X]$ häufig auch μ_x oder einfach μ, wenn keine Verwechslung möglich ist.

Beispiel 15 : (Erwartungswert der Binomialverteilung)

X sei die Anzahl der "Treffer" bei einem Bernoulli-Schema mit n Einzelversuchen und "Treffer"-Wahrscheinlichkeit p. Bei großem n wird wohl jeder vermuten, daß X ungefähr np sein wird. Sonst wäre nämlich X/n stark verschieden von p und dann würde man zweifeln, ob die "Treffer"-wahrscheinlichkeit wirklich gleich p ist. Wir erraten daher

$$E[X] = np \quad , \text{ wenn X verteilt nach Bi}(n, p) \tag{42}$$

und bestätigen das, indem wir $E[X]$ gemäß (41) berechnen:

$$E[X] = \sum_{i=0}^{n} i \binom{n}{i} p^i (1-p)^{n-i} = np \sum_{i=1}^{n} \binom{n-1}{i-1} p^{i-1} (1-p)^{n-1-(i-1)} = np ,$$

denn die letzte Summe besteht aus allen Wahrscheinlichkeiten von Bi(n-1,p), ist also gleich 1 .

Beispiel 16 (Erwartungswert der Hypergeometrischen Verteilung)

Eine nach H(N,M, n) verteilte zufällige Variable X nimmt ihre Werte mit den in (9) gegebenen Wahrscheinlichkeiten $W(A_k)$, $k = 0, 1, \ldots, n$ an. Also ist

$$E[X] = \sum_{k=0}^{n} k \frac{\binom{M}{k}\binom{N-M}{n-k}}{\binom{N}{n}} = n \frac{M}{N} \sum_{k=1}^{n} \frac{\binom{M-1}{k-1}\binom{N-1-(M-1)}{n-1-(k-1)}}{\binom{N-1}{n-1}} = n \frac{M}{N} \tag{43}$$

denn die letzte Summe ist die Summe aller Wahrscheinlichkeiten der Verteilung H(N-1, M-1, n-1), hat also den Wert 1 .

Stichproben, die ohne Zurücklegen aus Gesamtheiten mit einem Ausschußanteil $p = M/N$ gezogen werden, enthalten also im Durchschnitt ebenfalls diesen Ausschußanteil. Für einzelne Stichproben ist dieser Ausschußanteil p oft gar nicht möglich, z.B. wenn $n = 5$ und $p = 0,30$ ist, da dann der Ausschußanteil in der Stichprobe nur die Werte 0 , 0,2 , 0,4 , 0,6 , 0,8 und 1 annehmen kann.

Beispiel 17 :(Erwartungswert der Poisson-Verteilung)

Auch diesen Erwartungswert kann man erraten: Da wir für kleine p und

große n die Verteilung Bi(n , p) durch die Poisson-Verteilung Po(np) annähern können, also durch die Poisson-Verteilung mit dem Parameter $\lambda=np$,
vermuten wir λ als Erwartungswert der Poisson-Verteilung, weil np der
Erwartungswert von Bi(n , p) ist. In der Tat berechnet man für eine nach
Po(λ) verteilte zufällige Variable X den Erwartungswert nach (41) zu

$$E[X] = \sum_{k=0}^{\infty} k \, \frac{\lambda^k}{k!} \, e^{-\lambda} = \lambda \sum_{k=1}^{\infty} \frac{\lambda^{k-1}}{(k-1)!} \, e^{-\lambda} = \lambda \, e^{-\lambda} e^{\lambda} = \lambda \; . \tag{44}$$

<u>Beispiel 18 (Der mittlere Durchschlupf)</u>

Eine aus vielen Stücken bestehende Gesamtheit wird mit Hilfe eines Stichprobenverfahrens überprüft und angenommen, wenn die Stichprobe "gut genug" ausfällt. Die Wahrscheinlichkeit für die Annahme sei eine Funktion
L(p) des Ausschußanteils p in der Gesamtheit. (L(p) könnte z. B. eine der
Operationscharakteristiken sein, die wir in (10) oder auch in (22) kennengelernt haben.) Mit Wahrscheinlichkeit 1-L(p) fällt dann die Stichprobe
nicht "gut genug" aus und dann soll eine Totalkontrolle durchgeführt werden,
bei der sämtliche defekten Stücke entdeckt und repariert werden. Der nach
den Kontrollmaßnahmen noch verbleibende Ausschußanteil $\hat{p}$ ist daher mit
Wahrscheinlichkeit L(p) gleich p und mit Wahrscheinlichkeit 1- L(p) ist er
gleich 0. Wir nehmen dabei an, daß die in der Stichprobe gefundenen defekten Stücke im Fall der Annahme ungeändert mit übernommen werden, oder
daß der Umfang der Stichprobe relativ zur Gesamtheit so klein ist, daß es
für den Ausschußanteil p der Gesamtheit keine Rolle spielt, was mit den
defekten Stücken in der Stichprobe geschieht.
Da der verbleibende Ausschußanteil $\hat{p}$ nur die beiden Werte p oder 0 annimmt, ist sein Erwartungswert leicht zu berechnen. Er ist

$$E[\hat{p}] = p\, L(p) + 0\,(1- L(p)) = p\, L(p) \tag{45}$$

und wird als der m i t t l e r e   D u r c h s c h l u p f oder AOQ (=average outgoing quality) bezeichnet. Mit dieser Bezeichnung interpretiert man den
Erwartungswert wieder als langfristigen Durchschnitt; würde man oft Lieferungen mit dem Ausschußanteil p nach diesem Kontrollverfahren behandeln, dann würde man "auf lange Sicht" den Ausschußanteil p L(p) übernehmen. Der Sinn des Verfahrens ist es natürlich, sich vor der Übernahme hoher Ausschußanteile zu schützen. Wenn p groß ist, dann wird im allgemeinen L(p) sehr klein sein, d.h. eine Lieferung mit hohem Ausschußanteil führt fast sicher zur Totalkontrolle.

<u>Beispiel 19 (Die mittlere Lauflänge)</u>

Bei der laufenden Überwachung eines Produktionsprozesses wird dieser so
lange fortgesetzt, bis durch ein Kontrollergebnis ein Stop ausgelöst wird,
um gewisse Teile der Anlage durchsehen und nötigenfalls reparieren bzw.
neu einstellen zu können. Die Anzahl R der Stichprobenkontrollen, die von
einem Stop bis zum nächsten erfolgen, ist eine zufällige Variable, die von
den technischen Gegebenheiten des Prozesses und vom verwendeten Stichprobenverfahren abhängt. R sollte möglichst groß sein, wenn der Prozeß

zufriedenstellend arbeitet, denn man möchte unnötige Stop's vermeiden; hat
sich aber aufgrund einer Störung die Qualität drastisch verringert, dann
sollte R möglichst klein sein.
Der Erwartungswert $E[R]$ wird als die mittlere Lauflänge oder als
ARL (= average run length) des Stichprobenverfahrens bezeichnet.

Als einfachstes Beispiel betrachten wir den Fall, bei dem in regelmäßigen
Abständen nur ein Stück der Produktion entnommen und geprüft wird. Ist
es defekt, dann wird der Prozeß gestoppt und sonst läuft er weiter. Wenn
der Prozeß mit der Defektwahrscheinlichkeit p unter statistischer Kontrolle
ist (vgl. Beispiel 10), dann ist die ARL dieses Verfahrens gleich

$$E[R] = \sum_{i=1}^{\infty} i(1-p)^{i-1} p = p \sum_{i=1}^{\infty} i(1-p)^{i-1} = \frac{1}{p} \; ,$$

denn R nimmt die Werte $i = 1, 2, \ldots$ mit den Wahrscheinlichkeiten
$p, (1-p)p, (1-p)^2 p, \ldots$ an.

Für stetige zufällige Variable ist $E[X]$ wie folgt definiert:

<u>Definition:</u> Ist für die Dichte $f(x)$ einer stetigen zufälligen Variablen X

$$\text{das Integral} \quad \int_{-\infty}^{\infty} |x| f(x) \, dx \quad \text{endlich, dann ist} \quad E[X] = \int_{-\infty}^{\infty} x f(x) dx.$$

Diese Definition ist analog zu der Definition des Erwartungswerts bei diskreten zufälligen Variablen. Man kann das erkennen, indem man das Integral durch Riemann'sche Summen approximiert; auf diese Weise kann man
$E[X]$ als Grenzwert von Erwartungswerten diskreter zufälliger Variabler
darstellen. Man beachte, daß $E[X]$ auch für stetige zufällige Variable nicht
immer existiert. Wenn X z. B. nach der Dichte

$$f(x) = \begin{cases} 1/x^2 & \text{für } x \geq 1 \\ 0 & \text{für } x < 1 \end{cases}$$

verteilt ist, dann existiert das Integral $\int_{-\infty}^{\infty} x f(x) dx = \int_{1}^{\infty} (1/x) \, dx$ nicht und daher existiert auch $E[X]$ nicht.

Wenn $f(x)$ bezüglich eines x-Werts μ symmetrisch ist, dann ist $E[X] = \mu$,
falls $E[X]$ existiert. Wir weisen das durch eine kleine Rechnung nach:

$$\int_{-\infty}^{\infty} x f(x) \, dx = \int_{-\infty}^{\infty} (\mu + x - \mu) f(x) \, dx = \mu \int_{-\infty}^{\infty} f(x) \, dx + \int_{-\infty}^{\infty} (x-\mu) f(x) \, dx =$$

$$= \mu + \int_{-\infty}^{\mu} (x-\mu) f(x) \, dx + \int_{\mu}^{\infty} (x-\mu) f(x) \, dx \; ;$$

substituieren wir $z = \mu - x$ im vorletzten, $z = x - \mu$ im letzten Integral, dann
erhalten wir die für beliebiges μ gültige Zerlegung

$$E[X] = \mu + \int_{\infty}^{0} z f(\mu - z) \, dz + \int_{0}^{\infty} z f(\mu + z) \, dz \; ; \tag{46}$$

ist nun $f(x)$ symmetrisch bezüglich μ, dann gilt $f(\mu - z) = f(\mu + z)$ für alle z
und deshalb heben sich die beiden letzten Integrale auf.

Daraus folgt unter anderem, daß der zu einer Normalverteilung $N(\mu, \sigma^2)$ gehörende Erwartungswert gleich μ ist, daß zu einer Gleichverteilung über

einem Intervall $[a, b]$ der Erwartungswert $(a+b)/2$, d. h. die Intervallmitte, gehört usw..

Wenn X exponentialverteilt ist nach der Dichte $f(x) = \begin{cases} h\,e^{-hx} & \text{für } x \geqq 0 \\ 0 & \text{für } x < 0 \end{cases}$,

dann ist $E[X] = \int\limits_0^\infty x\,h\,e^{-hx}\,dx$; durch die Substitution $hx = t$ wird daraus

$$\frac{1}{h} \int\limits_0^\infty t\,e^{-t}\,dt \text{ und daraus durch partielle Integration } E[X] = \frac{1}{h} \ . \quad (47)$$

Oft braucht man den Erwartungswert einer zufälligen Variablen Z , die eine
Funktion einer anderen zufälligen Variablen X ist. Der folgende Satz sagt,
daß man $E[Z]$ nicht unbedingt über die Verteilung von Z berechnen muß,
sondern in der Regel auch über die Verteilung von X erhalten kann.

SATZ 1.6 : Wenn Z eine beliebige Funktion g(X) einer diskreten zufälligen Variablen X ist, dann ist Z auch
eine diskrete zufällige Variable und der Erwartungswert $E[Z]$ kann, falls er existiert, auch
nach der Formel

$$E[Z] = \sum_i g(x_i)\,p_i \quad (48)$$

berechnet werden; dabei sind die x_i die möglichen Werte von X und die p_i die Wahrscheinlichkeiten $W(X = x_i)$.

Ist X eine stetige zufällige Variable mit der
Dichte $f(x)$ und $g(x)$ eine stetige Funktion, dann
ist $Z = g(X)$ auch eine stetige zufällige Variable
und der Erwartungswert $E[Z]$ kann, falls er existiert, auch nach der Formel

$$E[Z] = \int\limits_{-\infty}^{\infty} g(x)f(x)\,dx \quad (49)$$

berechnet werden.

Wir beweisen diesen Satz nicht (der erste Teil ist leicht zu zeigen), sondern
erläutern seine Anwendung an zwei Beispielen.

Beispiel 20 : Ein defektes Stück kann drei verschiedene Fehler haben und
es können dabei folgende Fälle eintreten:
Fall 1: Es hat nur den Fehler 1 , dessen Behebung 5, 00 DM kostet;
Fall 2 : es hat nur den Fehler 2, dessen Behebung 8, 50 DM kostet;
Fall 3 : es hat nur den Fehler 3, dessen Behebung 5, 00 DM kostet;
Fall 4 : es hat die Fehler 1 und 3 ; die Behebung beider Fehler kostet so
viel wie die des Fehlers 2 , nämlich 8, 50 DM
Fall 5 : es hat die Fehler 1 und 2 und die Behebung beider Fehler verur-
sacht die Kosten 12,00 DM.
Wie groß ist der Erwartungswert der Reparaturkosten für ein defektes
Stück, wenn bei 30% aller defekten Stücke Fall 1 , bei 25 % der Fall 2 , bei
30% der Fall 3 , bei 9% der Fall 4 und bei 6 % der Fall 5 vorliegt?

Es seien Z die Reparaturkosten eines defekten Stücks und X die Nummer
des Falls, der bei diesem Stück vorliegt. Wir nehmen an, daß das defekte

Stück zufällig aus den defekten Stücken ausgewählt ist; dann sind die Wahrscheinlichkeiten $p_i = W(X = i)$ für die Nummer i des vorliegenden Falls durch die relativen Häufigkeiten 0,30 , 0,25 , 0,30 , 0,09 und 0,06 der fünf Fälle gegeben.

Offensichtlich sind die Reparaturkosten Z eine Funktion von X und daher können wir $E[Z]$ nach (48) wie folgt berechnen:

$$E[Z] = 5,0 \cdot 0,30 + 8,5 \cdot 0,25 + 5,0 \cdot 0,30 + 8,5 \cdot 0,09 + 12,0 \cdot 0,06 ;$$

klammern wir hier die möglichen Werte von Z aus, dann wird

$$E[Z] = 5,0(0,60) + 8,5(0,34) + 12,0(0,06) = 6,61 \text{ DM}$$

und in den Klammern stehen die Wahrscheinlichkeiten für die möglichen Z-Werte 5,0 , 8,5 und 12,0. Die letztere Summe entspricht also der Definitionsgleichung (41). Nicht ganz so trivial ist das folgende

Beispiel 21 : Der Radius X von Kreis-Scheiben sei im Intervall von 8 mm bis 10 mm gleichverteilt. Wie ist dann der Flächeninhalt des Kreises mit dem Radius X verteilt und wie groß ist der Erwartungswert für den Flächeninhalt?

Es sei $Z = \pi X^2$; nach Satz 1.6 können wir $E[Z]$ über die Dichte $f(x)$ von X berechnen und weil $f(x) = 0,5$ für $8 \leq x \leq 10$, $f(x) = 0$ für $x \notin [8, 10]$, ist nach (49)

$$E[Z] = \int_8^{10} \pi x^2 \, 0,5 \, dx = \frac{\pi}{6} x^3 \Big|_8^{10} = \frac{\pi}{6}(1000 - 512) = 255,5 \ (\text{mm})^2.$$

Wäre auch Z gleichverteilt, dann müßte $E[Z]$ das arithmetische Mittel aus dem kleinstmöglichen Wert 64π und dem größtmöglichen Wert 100π von Z sein; dies ist aber nicht der Fall und daher kann Z nicht gleichverteilt sein.

Die Verteilungsfunktion von Z sei $H(z) = W(Z \leq z)$. Wegen

$$W(Z \leq z) = W(\pi X^2 \leq z) = W(X \leq \sqrt{z/\pi})$$

folgt $\qquad H(z) = 0$ für $\sqrt{z/\pi} \leq 8$ oder $z \leq \pi 64$,

$\qquad\qquad H(z) = 1$ für $\sqrt{z/\pi} \geq 10$ oder $z \geq \pi 100$,

$$H(z) = W(X \leq \sqrt{z/\pi}) = \int_8^{\sqrt{z/\pi}} 0,5 \, dx = \frac{1}{2}\sqrt{\frac{z}{\pi}} - 4 \quad \text{für} \quad \pi 64 \leq z \leq \pi 100 .$$

Daher ist die Funktion $\quad h(z) = \begin{cases} 1/(4\sqrt{z\pi}) = H'(z) \text{ für } \pi 64 \leq z \leq \pi 100 \\ 0 \text{ sonst} \end{cases}$

eine Dichte für Z. Nun können wir $E[Z]$ auch nach der Definitionsgleichung in der Form

$$E[Z] = \int_{-\infty}^{\infty} z\, h(z)\, dz = \int_{\pi 64}^{\pi 100} (z/(4\sqrt{\pi z}))\, dz = \frac{1}{4\sqrt{\pi}} \cdot \frac{2}{3} z^{3/2} \Big|_{\pi 64}^{\pi 100}$$

berechnen und erhalten dasselbe Resultat wie oben, nämlich $\dfrac{488\pi}{6} = 255,5$.

Es ist durchaus möglich, daß für $Z = g(X)$ der Erwartungswert nicht existiert, obwohl $E[X]$ existiert und auch der umgekehrte Fall kann eintreten. Zum Beispiel existiert $E[X]$ nicht, wenn X nach der Dichte $f(x) = \begin{cases} 1/x^2 , x \geq 1 \\ 0 \text{ für } x < 1 \end{cases}$ verteilt ist. Dagegen existiert $E[Z]$ für $Z = \sqrt{X}$, denn nach (49) ist $E[Z] = \int\limits_{-\infty}^{\infty} \sqrt{x}\, f(x)\,dx = \int\limits_{1}^{\infty} (\sqrt{x}/x^2)\,dx = \int\limits_{1}^{\infty} x^{-1,5}\,dx = 2$.

Wir betrachten nun den wichtigen Spezialfall $Z = (X - \mu)^2$, wobei $\mu = E[X]$.

<u>Definition</u>: Wenn der Erwartungswert $E[(X-\mu)^2]$ existiert, dann nennt man ihn die V a r i a n z von X. Dabei ist $\mu = E[X]$. Die positive Quadratwurzel aus der Varianz heißt die S t r e u u n g v o n X .

Für die Varianz verwendet man die Symbole $V[X]$, σ_x^2 oder einfach σ^2 , für die Streuung schreibt man σ_x oder einfach σ.

Die Bezeichnungen "Varianz" und "Streuung" deuten beide darauf hin, daß es sich hierbei um Verteilungsparameter handelt, die davon abhängen, wie weit sich die von X angenommenen Werte im allgemeinen vom Erwartungswert entfernen, wenn X oft beobachtet wird. Dabei ist die Varianz als Erwartungswert der quadratischen Abweichung $(X-\mu)^2$ vom Mittelwert leichter anschaulich zu deuten als die Streuung; diese ist nämlich nicht, wie Anfänger manchmal glauben, der Erwartungswert von $|X-\mu|$, sondern in der Regel nur ungefähr gleich $E[|X-\mu|]$.

Mit Hilfe der Varianz läßt sich die Wahrscheinlichkeit dafür, daß $|X-\mu|$ eine beliebige Schranke k übertrifft, nach oben abschätzen; es gilt nämlich für jede zufällige Variable X , deren Varianz σ^2 existiert, die

<u>U n g l e i c h u n g v o n T s c h e b y s c h e w</u>: $W(|X-\mu| \geqslant k) \leqslant \dfrac{\sigma^2}{k^2}$ für jedes reelle k>0.

<u>Beweis</u>: Für eine stetige zufällige Variable X mit der Dichte $f(x)$ folgt

$$\sigma^2 = \int\limits_{-\infty}^{\infty} (x-\mu)^2 f(x)\,dx \geqslant \int\limits_{-\infty}^{\mu-k} (x-\mu)^2 f(x)\,dx + \int\limits_{\mu+k}^{\infty} (x-\mu)^2 f(x)\,dx ,$$

denn der Integrand ist überall nichtnegativ. Da er in den beiden letzten Integralen überall auf den Integrationswegen mindestens so groß wie $k^2 f(x)$ ist, folgt

$$\sigma^2 \geqslant k^2 \left(\int\limits_{-\infty}^{\mu-k} f(x)\,dx + \int\limits_{\mu+k}^{\infty} f(x)\,dx \right) = k^2\, W(|X-\mu| \geqslant k)$$

und daraus folgt die Ungleichung von Tschebyschew; für diskretes X wird sie analog bewiesen, man muß dazu nur die Integralzeichen durch Summenzeichen ersetzen.

Erwartungswerte sind Summen bzw. unendliche R e i h e n, oder Integrale; man kann daher die Rechenregeln für Summen und Integrale auf Erwartungswerte anwenden. So gilt z. B.

$$E[aX+b] = a\,E[X]+b \quad \text{für beliebige a und b} , \tag{50}$$

denn $\int (ax+b)f(x)\,dx = a \int x f(x)\,dx + b \int f(x)\,dx$ und für eine Summe gilt das Entsprechende.

Wenn also $E[X] = \mu$, dann hat $Y = aX+b$ den Erwartungswert $E[Y] = a\mu+b$; wenn σ^2 die Varianz von X ist, dann existiert auch die Varianz von Y und ist

$$V[Y] = a^2 \sigma^2 , \tag{51}$$

denn $V[Y] = E[(aX+b-a\mu-b)^2] = E[a^2(X-\mu)^2] = a^2 \sigma^2$.

Wählen wir speziell $a = 1/6$, $b = -\mu/6$, dann folgt

<u>SATZ 1.7</u> : Wenn eine zufällige Variable X den Erwartungs-
wert μ und die Varianz 6^2 besitzt, dann hat die
zufällige Variable $Y=(X-\mu)/6$ den Erwartungs -
wert $E[Y] = 0$ und die Varianz $V[Y] = 1$.

Y ist die zu X gehörende s t a n d a r d i s i e r t e Variable, manchmal wird
sie auch als die n o r m i e r t e Variable bezeichnet. Für den Spezialfall der
Normalverteilung hatten wir bereits durch eine Integraltransformation gezeigt, daß Y nach $N(0, 1)$ verteilt ist, wenn X nach $N(\mu, 6^2)$ verteilt ist.
Die Parameter μ und 6^2 von $N(\mu, 6^2)$ sind natürlich Erwartungswert und Varianz dieser Verteilung ($E[X] = \mu$ ist schon klar wegen der μ-Symmetrie
der Dichte und daß $V[X] = 6^2$ ist, möge der Leser als Aufgabe 19 nachweisen).

Bei der Berechnung von Varianzen benutzt man häufig die Formel

$$V[X] = E[X^2] - \mu^2 \quad (\text{mit } \mu = E[X]) , \qquad (52)$$

denn $E[(X-\mu)^2] = E[X^2 - 2X\mu + \mu^2] = E[X^2] - 2\mu E[X] + \mu^2 = E[X^2] - \mu^2$.

Im folgenden geben wir die Varianz für einige Verteilungstypen an.

<u>a) Varianz der Binomialverteilung</u> :

Wenn X nach $Bi(n, p)$ verteilt ist, kann man ähnlich wie $E[X] = np$ (s. Beispiel 15) auch

$$E[X(X-1)] = \sum_{k=0}^{n} k(k-1)\binom{n}{k} p^k (1-p)^{n-k} = n(n-1)p^2 \sum_{k=2}^{n} \binom{n-2}{k-2} p^{k-2} (1-p)^{n-k}$$

berechnen. Wegen $n-k = n-2 -(k-2)$ erkennt man nämlich, daß die letzte
Summe aus allen Wahrscheinlichkeiten von $Bi(n-2, p)$ besteht und deshalb
gleich 1 ist.
Damit haben wir $E[X(X-1)] = E[X^2] - E[X] = n(n-1)p^2$ und somit

$$V[X] = E[X^2] - (np)^2 = n(n-1)p^2 + np - (np)^2 = np(1-p) \qquad (53)$$

<u>b) Varianz der Hypergeometrischen Verteilung:</u>

Die Varianz einer Hypergeometrischen Verteilung $H(N, M, n)$ wird ganz ähnlich wie die einer Binomialverteilung berechnet. Man erhält

$$V[X] = n\frac{M}{N}\left(1 - \frac{M}{N}\right)\frac{N-n}{N-1} = np(1-p)\frac{N-n}{N-1} \quad (\text{mit } p = M/N) \qquad (54)$$

wenn X nach $H(N, M, n)$ verteilt ist. Schon in der Überlegung vor Beispiel 11
kamen wir darauf, daß die Wahrscheinlichkeiten von $H(N, M, n)$ ungefähr
gleich denen von $Bi(n, p)$ mit $p = M/N$ sein müssen, wenn n klein gegen N
ist. Daher ist es nicht verwunderlich, daß sich die Varianzen der beiden
Verteilungen nur um den Faktor $(N-n)/(N-1)$ unterscheiden, der ungefähr
gleich 1 ist, wenn n klein gegen N ist. Er ist 1 für $n=1$, denn dann sind
die beiden Verteilungen gleich ; die Werte 0 und 1 werden dann in beiden
Verteilungen mit den Wahrscheinlichkeiten $1-p$ und p angenommen und es
ist natürlich bei $n=1$ auch kein Unterschied zwischen dem Ziehen mit und
dem Ziehen ohne Zurücklegen.

<u>c) Varianz der Poisson-Verteilung</u>:

Für eine nach $Po(\lambda)$ verteilte zufällige Variable X gilt $E[X] = \lambda$ (s. das Beispiel 17) und

$$E[X(X-1)] = \sum_{k=0}^{\infty} k(k-1)\,\frac{\lambda^k}{k!}\,e^{-\lambda} = \lambda^2 \sum_{k=2}^{\infty} \frac{\lambda^{k-2}}{(k-2)!}\,e^{-\lambda} = \lambda^2 \,,$$

also

$$E[X^2] = \lambda^2 + \lambda \quad \text{und somit} \quad V[X] = E[X^2] - \lambda^2 = \lambda \,. \tag{55}$$

<u>d) Varianz der Gleichverteilung</u>:

Wenn X gleichverteilt über $[a, b]$ ist, dann ist $E[X] = \dfrac{a+b}{2}$, was wir bereits aus der Symmetrie der Dichte bezüglich der Intervallmitte $\dfrac{a+b}{2}$ geschlossen haben. Die Varianz ist also

$$V[X] = \int_{a}^{b} (x - \frac{a+b}{2})^2 \cdot \frac{1}{b-a}\,dx = \frac{1}{3}(x - \frac{a+b}{2})^3 \cdot \frac{1}{b-a}\Big|_{x=a}^{x=b} = \frac{(b-a)^2}{12}\,. \tag{56}$$

<u>Bemerkung</u>: Da Erwartungswerte als Durchschnitte "auf lange Sicht" gedeutet werden können, haben sie stets dieselbe Dimension wie die betreffende zufällige Variable. Ist etwa X eine Länge in cm, dann ist $E[X]$ ebenfalls eine Länge in cm , während $V[X] = E[(X - E[X])^2]$ die Dimension einer Fläche in cm^2 besitzt.
Die Streuung $\sigma_X = \sqrt{V[X]}$ hat stets dieselbe Dimension wie X , ist also bei unserem Beispiel auch eine Länge in cm .

A u f g a b e n

17) Eine Maschine fertigt eine größere Anzahl von Stücken, bei denen ein gewisses Merkmal X normalverteilt mit dem Mittelwert 51, 5 und der Streuung 1, 4 ist. Ein Stück ist nur dann brauchbar, wenn sein X-Wert zwischen 47, 0 und 54, 0 liegt. Wie groß ist dann der relative Anteil p bzw. der Prozentsatz $100\,p\,\%$ der unbrauchbaren Stücke ?
Wenn eine zufällig entnommene Stichprobe von n = 20 Stück mehr als zwei unbrauchbare Stücke enthält, wird eine Totalkontrolle durchgeführt und dabei wird jedes unbrauchbare Stück durch ein gutes ersetzt. Findet man nicht mehr als zwei unbrauchbare Stücke in der Stichprobe, dann werden alle gefertigten Stücke ohne weitere Kontrolle ausgeliefert. Wie groß ist der AOQ , d.h. der mittlere Durchschlupf, bei diesem Verfahren?

18) Bei einem Produktionsprozeß unter statistischer Kontrolle wird jedes Stück mit Wahrscheinlichkeit p defekt. Die Stücke seien numeriert und man prüft die Stücke mit den Nummern k , 2k , 3k , ... so lange, bis man zum zweiten Mal ein defektes Stück entdeckt. Wie groß ist die ARL , d.h. die mittlere Lauflänge, bei diesem Verfahren?

19) Berechnen Sie die Varianz einer Exponentialverteilung mit der Dichte
$f(t) = \begin{cases} h\,e^{-ht} & \text{für } t \geq 0 \\ 0 & \text{für } t < 0 \end{cases}$ und rechnen Sie nach, daß eine Normalverteilung mit der Dichte $g(x) = \dfrac{1}{\sqrt{2\pi}\,\sigma}\,e^{-(x-\mu)^2/(2\sigma^2)}$ die Varianz σ^2 hat.

20) Der Weg Z zur nächstliegenden Notrufsäule, den man bei einer Panne auf
der Autobahn laufen muß, ist eine Funktion des Abstands X von der zu-
letzt passierten Säule bis zu der Stelle, an der das Auto stehen bleibt.
Die Säulen folgen in Abständen von je 2 km aufeinander und X ist gleichverteilt in $[0, 2]$. Gesucht ist $E[Z]$ und eine Dichte für Z .

21) Am Beispiel der Gleichverteilung über $[0, 1]$ überzeuge man sich, daß
die Streuung im allgemeinen nicht gleich $E[|X - \mu|]$ ist.

22) Schätzen Sie $W(|X - \mu| \geq 3\sigma)$ mit Hilfe der Ungleichung von Tschebyschew
nach oben ab und berechnen Sie dann diese Wahrscheinlichkeit für ein
normalverteiltes X ! Man erkennt daraus, daß die Abschätzung recht
grob sein kann; dafür ist sie aber auch für beliebige zufällige Variable
gültig, deren Varianz existiert.

23) Ein Punkt P $=(X, Y)$ heißt g l e i c h v e r t e i l t a u f d e m E i n h e i t s -
k r e i s , wenn für beliebige Teilbogen B des Kreises mit der Bogenlän-
ge b stets gilt: $W(P \text{ auf } B) = b/2\pi$. Geben Sie Verteilungsfunktion und
Dichte für die x-Koordinate X von P an und bestätigen Sie damit die
Vermutung, daß $E[X] = 0$ gelten wird!
Bemerkung: zufällige Richtungen in einer Ebene kann man mit Punkten
          auf dem Einheitskreis identifizieren.

24) Ein Punkt (X, Y) heißt g l e i c h v e r t e i l t i m I n n e r n d e s E i n h e i t s -
k r e i s e s , wenn für beliebige Teilflächen A des Kreises mit dem Flächeninhalt a stets gilt: $W(P \text{ in } A) = a/\pi$. Man bestimme für die zufälligen Variablen X und R jeweils Verteilungsfunktion, Dichte und Erwartungswert! Dabei ist $R = \sqrt{X^2 + Y^2}$ der Abstand von P zum Kreismittel-
punkt.

25) Ein Punkt (X, Y, Z) heißt g l e i c h v e r t e i l t a u f d e r O b e r f l ä c h e
d e r E i n h e i t s k u g e l , wenn für jede beliebige Teilfläche U der Kugeloberfläche mit beliebigem Flächeninhalt u gilt: $W(P \text{ in } U) = u/4\pi$.
Man kann jeden Punkt P auf der Kugeloberfläche auch durch die beiden
Winkel ϑ , ψ mit $0 \leq \vartheta \leq 2\pi$, $-\frac{\pi}{2} \leq \psi \leq \frac{\pi}{2}$ angeben, wobei ϑ der "geographischen Länge" und ψ der "geographischen Breite" entspricht.
Zeigen Sie, daß bei einer Gleichverteilung von P auf der Kugeloberflä-
che zwar ϑ , nicht aber ψ gleichverteilt ist!
Bemerkung: Die Punkte auf der Oberfläche der Einheitskugel lassen
          sich auch als Richtungen im Raum deuten!

1.6 SUMMEN ZUFÄLLIGER VARIABLER , SCHÄTZFUNKTIONEN

Wir gehen aus von einer Menge mit N Elementen, die bezüglich eines gewissen Merkmals die Werte $m_1, m_2, \ldots, m_N$ aufweisen. Entnehmen wir
ein Element zufällig, so ist sein Merkmalswert X eine zufällige Variable
mit dem Erwartungswert

$$\mu = E[X] = \sum_{k=1}^{N} m_k \cdot \frac{1}{N} = \text{Durchschnitt aller N Merkmalswerte,}$$

denn jedes Element wird mit Wahrscheinlichkeit $1/N$ genommen.

Oft ist μ nicht bekannt, weil es zu kostspielig oder zeitraubend wäre, alle Merkmalswerte $m_1, \ldots, m_N$ zu messen. Man begnügt sich dann oft mit einer Schätzung für μ, indem man n Elemente zufällig entnimmt und deren Merkmalswerte $X_1, \ldots, X_n$ mittelt, d.h. man bildet die

$$\text{Schätzfunktion} \quad \overline{X} = \frac{1}{n} \sum_{i=1}^{n} X_i \; ; \tag{57}$$

Wie die Summanden X_i ist auch $\overline{X}$ eine zufällige Variable. Um zu erkennen, welche Vorteile das arithmetische Mittel $\overline{X}$ gegenüber den einzelnen Beobachtungen X_i bietet, befassen wir uns noch einmal mit Summen von zufälligen Variablen.
Wenn die n Elemente ohne Zurücklegen zufällig entnommen werden, dann sind die X_i identisch verteilt, aber i.a. abhängig. Ersteres folgt daraus, daß man ebensoviele n-tupel mit einem gewissen m_k an der Stelle i bilden kann wie n-tupel mit diesem m_k an einer anderen Stelle j und weil alle möglichen n-tupel, die man überhaupt mit den Werten $m_1, \ldots, m_N$ bilden kann, wegen der zufälligen Auswahl gleichwahrscheinlich sind. Es gilt also

$$W(X_i = m_k) = W(X_j = m_k) \text{ für alle } j = 1, \ldots, n \; .$$

Sind die Werte $m_1, \ldots, m_N$ alle verschieden, dann ist

$$W(X_i = m_k) = \frac{(N-1)(N-2)\cdot \ldots \cdot (N-n+1)}{N(N-1)(N-2)\cdot \ldots \cdot (N-n+1)} = \frac{1}{N}$$

für $k = 1, 2, \ldots, N$ und $i = 1, 2, \ldots, n$, denn $N(N-1)(N-2)\cdot \ldots \cdot (N-n+1)$ ist die Anzahl aller möglichen n-tupel aus den N verschiedenen Werten und die Anzahl derjenigen, bei denen ein bestimmtes m_k an i-ter Stelle steht, ist $(N-1)(N-2)\cdot \ldots \cdot (N-n+1)$. Wenn nun ein Wert m_k nur einmal vorhanden ist, dann ist offenbar $W(X_i = m_k, X_j = m_k) = 0$, wenn $i \neq j$, während bei Unabhängigkeit von X_i und X_j gelten müßte: $W(X_i = m_k, X_j = m_k) = W(X_i = m_k) W(X_j = m_k)$ und das wäre größer als 0. Also sind die zufälligen Variablen $X_1, \ldots, X_n$ bei Ziehen ohne Zurücklegen im allgemeinen abhängig.

Bezeichnung: Eine Stichprobe ist für uns künftig ein n-tupel von identisch verteilten zufälligen Variablen $X_1, \ldots, X_n$, die wir die Stichprobenvariablen nennen. Ihre Anzahl n ist der Stichprobenumfang. Hat man alle X_i, $i = 1, 2, \ldots, n$, beobachtet (im obigen Fall also alle Merkmalswerte der n entnommenen Elemente gemessen), dann liegt das Stichprobenresultat $(x_1, \ldots, x_n)$ vor, wobei x_i natürlich der Wert ist, den X_i angenommen hat. Als Stichprobenraum Ω wählt man die Menge aller möglichen Stichprobenresultate.

Ziehen wir die Stichprobe mit Zurücklegen, dann sind die Stichprobenvariablen X_i nicht nur identisch verteilt, sondern zudem unabhängig, und dann gilt für $i \neq j$ und beliebige m_h, m_k aus $m_1, \ldots, m_N$, daß

$$W(X_i = m_h, X_j = m_k) = W(X_i = m_h) W(X_j = m_k);$$

die beiden letzten Wahrscheinlichkeiten sind beide gleich $1/N$, wenn die Merkmalswerte $m_1, \ldots, m_N$ alle verschieden sind. Kommt m_h als Wert z_h-mal und m_k z_k-mal vor, dann ist $W(X_i = m_h) = z_h/N$ und $W(X_j = m_k) = z_k/N$.

Der Satz 1.6 im vorigen Abschnitt besagte, daß der Erwartungswert $E[Z]$ einer zufälligen Variablen der Form $Z = g(X)$ auch über die Verteilung von X berechnet werden kann. Entsprechendes gilt auch, wenn Z Funktion von mehreren zufälligen Variablen ist.

SATZ 1.8a: Der Erwartungswert einer zufälligen Variablen Z, die eine Funktion $h(X, Y, \ldots, U)$ von diskreten zufälligen Variablen $X, Y, \ldots, U$ ist, kann auch nach der Formel

$$E[Z] = \sum h(x_i, y_j, \ldots, u_k) \, p(x_i, y_j, \ldots, u_k) \qquad (58)$$

berechnet werden, falls er existiert.

Dabei ist $p(x_i, y_j, \ldots, u_k) = W(X = x_i, Y = y_j, \ldots, U = u_k)$ und zu summieren ist über alle Tupel $(x_i, y_j, \ldots, u_k)$, die der zufällige Vektor $(X, Y, \ldots, U)$ annehmen kann.

Der Satz folgt direkt aus der Definition des Erwartungswerts für diskrete zufällige Variable (vgl. (41)); $h(x_i, y_j, \ldots, u_k)$ durchläuft nämlich bei der Summation alle möglichen Werte von Z. Treten dabei mögliche Werte mehrfach auf, dann kann man sie ausklammern und dann wird jeder mögliche Wert von Z mit der Summe aller $p(x_i, y_j, \ldots, u_k)$ multipliziert, die zu denjenigen Tupeln $(x_i, y_j, \ldots, u_k)$ gehören, für die $h(x_i, y_j, \ldots, u_k)$ diesen möglichen Wert ergibt. Das bedeutet aber, daß jeder mögliche Wert von Z mit seiner Wahrscheinlichkeit multipliziert wird und somit ist (58) dann äquivalent mit der Berechnung des Erwartungswerts nach (41), d.h. nach der Definition des Erwartungswerts einer diskreten zufälligen Variablen.

Ein analoger Satz gilt für stetige zufällige Variable:

SATZ 1.8b: Der Erwartungswert einer zufälligen Variablen Z, die eine stetige Funktion von zufälligen Variablen $X, Y, \ldots, U$ des stetigen Typs ist, kann auch nach der Formel

$$E[Z] = \int\limits_{-\infty}^{\infty} \int\limits_{-\infty}^{\infty} \cdots \int\limits_{-\infty}^{\infty} h(x, y, \ldots, u) \, g(x, y, \ldots, u) \, dx \, dy \cdots du \qquad (59)$$

berechnet werden, falls er existiert; dabei ist $g(x, y, \ldots, u)$ gemeinsame Dichte von $(X, Y, \ldots, U)$.

Aus den Sätzen 1.8a und 1.8b folgt der wichtige

SATZ 1.9: Die Summe $Z = X + Y + \ldots + U$ von endlich vielen zufälligen Variablen, deren Erwartungswerte alle existieren, hat den Erwartungswert

$$E[Z] = E[X] + E[Y] + \ldots + E[U].$$

Der Erwartungswert einer Summe ist also stets gleich der Summe der Erwartungswerte. Man beachte, daß Satz 1.9 für abhängige wie für unabhängige zufällige Variable gilt und daß $X, Y, \ldots, U$ vom diskreten wie vom stetigen Typ sein können. Wir beweisen den Satz 1.9 für $Z = X + Y$; durch Iteration des Beweisverfahrens und Induktion folgt er dann für eine beliebige Anzahl von Summanden.

<u>Beweis:</u> X und Y seien zunächst vom diskreten Typ und der zufällige Vektor (X, Y) soll gewisse Punkte (x_i, y_j) der x, y-Ebene mit den Wahrscheinlichkeiten

$$p_{ij} = p(x_i, y_j) = W(X = x_i, Y = y_j)$$

annehmen.

Dann ist $E[Z]$ für $Z = X + Y$ nach Satz 1.8 a gleich

$$E[X+Y] = \sum_{i,j} (x_i + y_j) p_{ij} = \sum_{i,j} x_i p_{ij} + \sum_{i,j} y_j p_{ij} = \sum_i x_i \sum_j p_{ij} + \sum_j y_j \sum_i p_{ij} \quad ;$$

Nun ist aber $\sum_j p_{ij} = W(X = x_i)$ und $\sum_i p_{ij} = W(Y = y_j)$ und daraus folgt schon

$$E[X+Y] = E[X] + E[Y] .$$

Wenn X und Y vom stetigen Typ sind, dann haben sie eine gemeinsame Dichte $g(x, y)$ und nach Satz 1.8 b ist

$$E[X+Y] = \int_{-\infty}^{\infty} \int_{-\infty}^{\infty} (x+y) g(x, y) dx\, dy = \int_{-\infty}^{\infty} \int_{-\infty}^{\infty} x\, g(x, y) dx\, dy + \int_{-\infty}^{\infty} \int_{-\infty}^{\infty} y\, g(x, y) dx\, dy$$

$$= \int_{-\infty}^{\infty} x \left(\int_{-\infty}^{\infty} g(x, y) dy \right) dx + \int_{-\infty}^{\infty} y \left(\int_{-\infty}^{\infty} g(x, y) dx \right) dy .$$

So wie $\sum_j p_{ij}$ im diskreten Fall für jedes i die Wahrscheinlichkeit $W(X = x_i)$ ergibt, so ist $\int_{-\infty}^{\infty} g(x, y) dy$ als Funktion von x eine Dichte $f(x)$ von X und $\int_{-\infty}^{\infty} g(x, y) dx$ ist als Funktion von y eine Dichte $h(y)$ von Y. Daraus erhalten wir wieder

$$E[X+Y] = E[X] + E[Y] . \qquad \llcorner$$

<u>SATZ 1.10 :</u> Sind X und Y unabhängige zufällige Variable, deren Erwartungswerte existieren, dann existiert auch der Erwartungswert von $Z = XY$ und

$$E[XY] = E[X] \cdot E[Y] . \qquad (60)$$

<u>Beweis:</u> Für unabhängige zufällige Variable X, Y vom diskreten Typ ist

$$p_{ij} = W(X = x_i, Y = y_j) = p_i q_j , \text{ wobei } p_i = W(X = x_i) , \quad q_j = W(Y = y_j)$$

für alle (x_i, y_j). Daher gilt nach Satz 1.8 a

$$E[XY] = \sum_{i,j} x_i y_j p_i q_j = \sum_i x_i p_i \sum_j y_j q_j = E[X] \cdot E[Y] .$$

Für unabhängige zufällige Variable X, Y vom stetigen Typ ist eine gemeinsame Dichte $g(x, y)$ durch $g(x, y) = f(x) k(y)$ gegeben, wobei $f(x)$ Dichte von X und $k(y)$ Dichte von Y ist. Also ist nach Satz 1.8 b

$$E[XY] = \int_{-\infty}^{\infty} \int_{-\infty}^{\infty} xy\, f(x) k(y) dx\, dy = \int_{-\infty}^{\infty} x f(x) \left(\int_{-\infty}^{\infty} y k(y) dy \right) dx = E[X] \cdot E[Y] . \qquad \llcorner$$

Der Satz gilt auch dann, wenn nicht beide Variable vom selben Typ sind und er ist selbst dann richtig, wenn man die zufälligen Variablen weder dem stetigen, noch dem diskreten Typ zuordnen kann (auch solche zufällige Variable gibt es, aber sie sind kaum von Bedeutung für die Anwendungen).

Auch der Satz 1.9 gilt uneingeschränkt für zufällige Variable beliebigen Typs und die einzelnen zufälligen Variablen können dabei verschiedenen Typen angehören, sofern nur die einzelnen Erwartungswerte existieren. Wir haben also die letzten beiden Sätze nicht vollständig bewiesen, sondern den Beweis auf die praktisch wichtigen Fälle beschränkt.

Kehren wir nun zurück zu unserer Schätzfunktion $\overline{X} = \frac{1}{n} \sum_{i=1}^{n} X_i$, mit der wir den gemeinsamen Erwartungswert μ der identisch verteilten Stichprobenvariablen schätzen wollen! Man nennt $\overline{X}$ das **S t i c h p r o b e n m i t t e l** oder auch den **e m p i r i s c h e n   M i t t e l w e r t**. Für $\overline{X}$ gilt der

<u>SATZ 1.11</u> : **W e n n   d i e   S t i c h p r o b e n v a r i a b l e n X_i , $i = 1, 2, \ldots, n$ den Erwartungswert μ haben, dann hat auch $\overline{X}$ den Erwartungswert μ .**

Denn nach Satz 1.9 hat die Summe der X_i den Erwartungswert $n\mu$ und wegen Formel (50), die wir mit $a = 1/n$ und $b = 0$ auf diese Summe anwenden, folgt $E[\overline{X}] = \mu$.

Die Schätzfunktion $\overline{X}$ hat also die Eigenschaft, daß ihr Erwartungswert gleich dem zu schätzenden Parameter ist. Diese Eigenschaft nennt man **E r - w a r t u n g s t r e u e** und der Satz 1.11 besagt also, daß $\overline{X}$ eine **e r w a r - t u n g s t r e u e   S c h ä t z f u n k t i o n** für μ ist. Dasselbe läßt sich allerdings auch von jeder einzelnen der Stichprobenvariablen X_i sagen; der Vorteil von $\overline{X}$ liegt darin, daß die Varianz von $\overline{X}$ umso kleiner wird, je größer n wird. Die Varianz von $\overline{X}$ ist

$$E[(\overline{X}-\mu)^2] = E\left[\left(\frac{1}{n}\sum_{i=1}^{n}(X_i-\mu)\right)^2\right] = \frac{1}{n^2} E\left[\left(\sum_{i=1}^{n}(X_i-\mu)\right)^2\right] =$$

$$= \frac{1}{n^2}\left\{\sum_{i=1}^{n} E[(X_i-\mu)^2] + 2\sum_{i<j} E[(X_i-\mu)(X_j-\mu)]\right\},$$

wobei das letzte Gleichheitszeichen wieder wegen Satz 1.9 folgt. Die X_i haben als Stichprobenvariable alle dieselbe Verteilung, also nicht nur denselben Erwartungswert μ sondern auch dieselbe Varianz $\sigma^2 = E[(X_i-\mu)^2]$ für $i = 1, 2, \ldots, n$, falls die Varianz dieser Verteilung existiert. Also ist

$$V[\overline{X}] = E[(\overline{X}-\mu)^2] = \frac{1}{n^2}\left\{n\sigma^2 + \sum_{i\neq j} E[(X_i-\mu)(X_j-\mu)]\right\} ; \qquad (61)$$

setzen wir nun noch die Unabhängigkeit der X_i voraus, dann sind für $i \neq j$ auch $X_i - \mu$ und $X_j - \mu$ unabhängig und es folgt $E[(X_i-\mu)(X_j-\mu)] = 0$ wegen Satz 1.10, da

$$E[(X_i-\mu)(X_j-\mu)] = E[(X_i-\mu)] \cdot E[(X_j-\mu)] = 0 \cdot 0 = 0 .$$

Also gilt der

<u>SATZ 1.12</u> : **Das Stichprobenmittel $\overline{X}$ aus n unabhängigen Stichprobenvariablen $X_1, \ldots, X_n$ hat die Varianz $\frac{\sigma^2}{n}$ wenn die X_i , $i = 1, \ldots, n$, die Varianz σ^2 haben. Die Summe $X_1 + \ldots + X_n$ hat die Varianz $n\sigma^2$.**

Die erste Aussage des Satzes haben wir eben bewiesen, die zweite folgt unmittelbar aus (51), wenn wir diese Formel auf $Y = n\overline{X}$ anwenden.

Wir betrachten nochmals kurz den Fall, daß die Stichprobe zufällig und -wie üblich- ohne Zurücklegen einer Gesamtheit von N Elementen entnommen wird, wobei jedes X_i einen der N Merkmalswerte $m_1, \ldots, m_N$ der N Elemente annimmt. Die Varianz der X_i ist dann

$$\sigma^2 = \sum_{k=1}^{N} (m_k - \mu)^2 \cdot \frac{1}{N} \ , \ \text{wobei} \ \mu = \frac{1}{N} \sum_{k=1}^{N} m_k \ .$$

Satz 1.12 ist hier nicht anwendbar, weil die X_i im allgemeinen abhängig sind. Die Varianz $V[\overline{X}]$ kann aber in diesem Fall nie größer als σ^2/n werden, wie aus folgender Rechnung klar wird:

Beim Ziehen ohne Zurücklegen ist die Wahrscheinlichkeit dafür, daß das Ereignis $X_i = m_k$, $X_j = m_h$ beobachtet wird, für $i \neq j$ und $k \neq h$ gleich $\frac{1}{N(N-1)}$ und deshalb ist ein jeder der in (61) vorkommenden Erwartungswerte $E[(X_i - \mu)(X_j - \mu)]$ mit $i \neq j$ gleich

$$\sum_{k=1}^{N} \sum_{\substack{h=1 \\ h \neq k}}^{N} (m_k - \mu)(m_h - \mu) \frac{1}{N(N-1)} = \frac{1}{N(N-1)} \sum_{k=1}^{N} (m_k - \mu)(\mu - m_k) = -\frac{\sigma^2}{N-1} \ ,$$

weil $\displaystyle \sum_{\substack{h=1 \\ h \neq k}}^{N} (m_h - \mu) = \sum_{h=1}^{N} m_h - (N-1)\mu - m_k = N\mu - (N-1)\mu - m_k = \mu - m_k$.

Die $n(n-1)$ in (61) vorkommenden Erwartungswerte $E[(X_i - \mu)(X_j - \mu)]$ für $i \neq j$ sind also sämtlich gleich $-\sigma^2/(N-1)$ und daraus folgt:

Die Varianz von $\overline{X}$ ist beim Ziehen ohne Zurücklegen aus einer endlichen Gesamtheit vom Umfang N gleich

$$V[\overline{X}] = \frac{\sigma^2}{n} - \frac{\sigma^2 (n-1)}{(N-1)n} = \frac{\sigma^2}{n} \left(1 - \frac{n-1}{N-1} \right) \ , \tag{62}$$

wenn σ^2 die Varianz der einzelnen X_i ist.

Für $n = 1$ ergibt sich nach (62) gerade σ^2, für $n = N$ erhalten wir 0 und beides muß natürlich so sein (letzteres, weil für $n = N$ mit Sicherheit $\overline{X} = \mu$ gilt und $\overline{X}$ gar keine Möglichkeit für eine zufällige Abweichung von μ hat).

Wenn $\overline{X}$ die Varianz σ^2/n hat, folgt aus der Ungleichung von Tschebyschew

$$W(|\overline{X} - \mu| \geq \varepsilon) \leq \frac{\sigma^2}{n \cdot \varepsilon^2} \ \text{für jedes} \ \varepsilon > 0 \ ;$$

dies gilt erst recht, wenn die Varianz von $\overline{X}$ noch kleiner als σ^2/n ist. Für jedes beliebig kleine $\varepsilon > 0$ ist daher

$$\lim_{n \to \infty} W(|\overline{X} - \mu| \geq \varepsilon) = 0 \ ; \tag{63}$$

die letzte Aussage wird als das schwache Gesetz der großen Zahl bezeichnet; es bedeutet, daß die Schätzfunktion $\overline{X}$ mit beliebig hoher Wahrscheinlichkeit beliebig dicht bei dem zu schätzenden Parameter μ liegt, wenn man nur n groß genug wählt. Schätzfunktionen mit dieser Eigenschaft nennt man konsistent.

Falls wir die Stichprobe aus einer endlichen Gesamtheit ohne Zurücklegen ziehen, kann n höchstens gleich N werden, also nicht gegen ∞ gehen. Da $\overline{X}$ für $n = N$ mit Sicherheit gleich μ ist, könnte man sagen, daß $\overline{X}$ in diesem Fall sogar mehr als konsistent ist, weil mit endlichem n erreicht werden kann, was sonst nur für $n \to \infty$ möglich ist.

55

Wenn n klein gegen N ist, dann sind die X_i auch beim Ziehen ohne Zurücklegen praktisch unabhängig und man darf ebenso wie beim Beweis von
Satz 1.12 schließen. Auch die Formel (62) zeigt ja, daß $V[X] \approx \sigma^2/n$, wenn
$n \ll N$.
Falls wir mit Zurücklegen ziehen, sind die Stichprobenvariablen X_i alle
unabhängig und n kann beliebig groß werden. Satz 1.12 und die Aussage (63)
gelten dann ohne Einschränkung.

Eine Stichprobe $X_1, \ldots, X_n$ wird oft auch erhoben, um die Varianz σ^2 bzw.
die Streuung σ der zugrundeliegenden Verteilung zu schätzen. Kennt man
den Erwartungswert μ der Verteilung bereits, dann ist

$$S_\mu^2 = \frac{1}{n} \sum_{i=1}^{n} (X_i - \mu)^2 \tag{64}$$

eine erwartungstreue Schätzfunktion für σ^2, da $E[(X_i - \mu)^2] = \sigma^2$ für alle i
und die letzte Summe deshalb nach Satz 1.9 den Erwartungswert $n\sigma^2$ hat.

In den meisten Fällen kennt man μ aber nicht bzw. nicht genau genug und ersetzt μ daher durch die Schätzfunktion $\overline{X}$. Da alle X_i wie X_1 verteilt sind,
folgt

$$E[\sum_{i=1}^{n} (X_i - \overline{X})^2] = n\, E[(X_1 - \overline{X})^2];$$

es gilt aber

$$E[(X_1 - \overline{X})^2] = E[X_1^2] + E[\overline{X}^2] - 2\,E[X_1\,\overline{X}] =$$

$$= \sigma^2 + \mu^2 + \sigma^2/n + \mu^2 - 2\frac{1}{n}\sum_{i=1}^{n} E[X_1\,X_i] \,.$$

Sind die X_i unabhängig, dann ist $E[X_1\,X_i] = E[X_1]\,E[X_i] = \mu^2$ nach dem
Satz 1.10 für $i = 2, 3, \ldots, n$. Daher ist

$$E[(X_1 - \overline{X})^2] = \sigma^2 + \mu^2 + \sigma^2/n + \mu^2 - \frac{2}{n}(\sigma^2 + \mu^2) - \frac{2(n-1)}{n}\mu^2 = \sigma^2\frac{n-1}{n} \,.$$

Somit gilt

$$E[\sum_{i=1}^{n} (X_i - \overline{X})^2] = (n-1)\sigma^2$$

und daraus folgt:

$$S^2 = \frac{1}{n-1} \sum_{i=1}^{n} (X_i - \overline{X})^2 \tag{65}$$

ist im Fall von unabhängigen Stichprobenvariablen X_i
eine erwartungstreue Schätzfunktion für σ^2.

Als Schätzfunktionen für die Streuung σ verwendet man die positiven Quadratwurzeln aus S^2 bzw. S_μ^2 , also

$$S = \sqrt{\frac{1}{n-1} \sum_{i=1}^{n} (X_i - \overline{X})^2}, \text{wenn } \mu \text{ unbekannt, } S_\mu = \sqrt{\frac{1}{n} \sum_{i=1}^{n} (X_i - \mu)^2} \,, \tag{66}$$

wenn μ bekannt ist. Aus der Erwartungstreue von S^2 und S_μ^2 folgt aber keineswegs, daß auch S und S_μ erwartungstreu wären! So gilt z.B. für normalverteilte und unabhängige X_i , daß

$$E[S] = \gamma_n \sigma \quad \text{mit einem von n abhängenden Faktor } \gamma_n ; \tag{67}$$

wir werden später auf diesen Faktor γ_n zurückkommen und bemerken

daher zunächst nur, daß $\gamma_n < 1$ für alle n und für n >10 nahezu gleich 1 ist.
Eine erwartungstreue Schätzfunktion für 6 ist also S/γ_n .

Man kann zeigen, daß S^2 und S_μ^2 konsistente Schätzfunktionen für eine unbekannte Varianz 6^2 sind; die Konsistenz von S und S_μ für 6 folgt daraus dann
unmittelbar.
Eine wichtige Erweiterung der 2. Aussage von Satz 1.12 ist

<u>SATZ 1.13</u> : Sind die Variablen $X_1, \ldots, X_n$ unabhängig und exi-
stieren die Varianzen σ_i^2 , $i = 1, \ldots, n$, dann hat
die Summe $Z = X_1 + X_2 + \ldots + X_n$ die Varianz $V[Z] = \sum_{i=1}^{n} \sigma_i^2$.

Der Beweis ist ganz ähnlich wie bei Satz 1.12 .

Es gelten also für Erwartungswert und Varianz einer Summe von zufälligen
Variablen einfache Gesetze, insbesondere dann, wenn die Summanden unabhängig sind. Bei der Herleitung war es nicht nötig, die Verteilung einer sol-
schen Summe zu bestimmen. Mit der Verteilung einer Summe von diskreten
zufälligen Variablen haben wir uns bereits befaßt (vgl. (26)); nun wollen wir
uns überlegen, wie man Verteilungsfunktion und Dichte für $Z = X + Y$ berechnen kann, wenn X und Y vom stetigen Typ sind und den Dichten $f(x)$ bzw.
$h(y)$ gehorchen. Der Einfachheit halber nehmen wir an, daß X und Y unabhängig sind, so daß eine gemeinsame Dichte für (X, Y) durch $f(x) h(y)$ gegeben ist. Die Verteilungsfunktion $G(z)$ für $Z = X + Y$ kann dann in der Form

$$G(z) = W(X + Y \le z) = \int_{-\infty}^{\infty} \int_{-\infty}^{z-x} f(x) h(y) dy \, dx = \int_{-\infty}^{\infty} f(x) H(z-x) dx \qquad (68)$$

berechnet werden, wobei $H(z-x)$ der Wert der Verteilungsfunktion $H(y)$ von Y
an der Stelle z-x ist; wie man sieht, erstreckt sich das Doppelintegral gerade über den Bereich der x, y-Ebene, für dessen Punkte (x, y) die Ungleichung $x+y \le z$ erfüllt ist. Wenn die Dichten $f(x)$ und $h(y)$ stetig sind, dann
ist $G(z)$ differenzierbar und

$$G'(z) = g(z) = \int_{-\infty}^{\infty} f(x) h(z-x) \, dx \text{ ist Dichte von } Z = X + Y \ . \qquad (69)$$

Man bezeichnet die Integrale in (68) und (69) als Faltungsintegrale
und $g(z)$ auch als die Faltungsdichte. Wenn man im Bereich der Halb-
ebene $\{(x, y) \mid x+y \le z$ zuerst nach dx und dann nach dy integriert, dann erhält man $G(z)$ in der Form

$$G(z) = \int_{-\infty}^{\infty} h(y) F(z-y) \, dy , \qquad (68')$$

wobei $F(z-y)$ die Verteilungsfunktion von X an der Stelle z-y ist. Als Um-
formungen desselben zweidimensionalen Integrals ergeben (68) und (68') für
jedes z natürlich denselben Wert. Die Dichte $g(z)$ kann man dann auch in
der Form

$$g(z) = \int_{-\infty}^{\infty} h(y) f(z-y) \, dy \qquad (69')$$

berechnen. Sind X und Y nicht nur unabhängig, sondern auch identisch verteilt, d.h. $f(x) = h(x)$, dann ist die Faltungsdichte

$$g(z) = \int_{-\infty}^{\infty} f(x) f(z-x) \, dx \ ; \qquad (70)$$

diese Faltungsdichte gehört in der Regel zu einem a n d e r e n Verteilungstyp als $f(x)$. Eine der wenigen Ausnahmen ist die Dichte der Normalverteilung; für sie gilt

SATZ 1.14 : Wenn unabhängige zufällige Variable $X_1, \ldots, X_n$
nach Normalverteilungen $N(\mu_i, \sigma_i^2)$ verteilt sind,
dann ist ihre Summe $Z = X_1 + \ldots + X_n$ auch normalverteilt.

Der Erwartungswert $E[Z] = \sum\limits_{i=1}^{n} \mu_i$ und die Varianz $V[Z] = \sum\limits_{i=1}^{n} \sigma_i^2$ ergeben

sich aus Satz 1.9 bzw. Satz 1.13.

Für den Spezialfall unabhängiger und identisch nach $N(\mu, \sigma^2)$ verteilter X_i
folgt also $E[Z] = n\mu$ und $V[Z] = n\sigma^2$. Multiplizieren wir Z mit dem Faktor $\frac{1}{n}$,
dann ändert das den Verteilungstyp nicht und mit (50) und (51) folgt

SATZ 1.15: Wenn unabhängige zufällige Variable $X_1, \ldots, X_n$
identisch nach der Normalverteilung $N(\mu, \sigma^2)$
verteilt sind, dann ist das Stichprobenmittel $\overline{X}$
nach $N(\mu, \sigma^2/n)$ verteilt.

Den Beweis von Satz 1.14 überlassen wir dem Leser als Aufgabe Nr. 26; er
ist ein Anwendungsbeispiel für die Faltungsformel (69).

Beispiel 22 (Gamma - Verteilung)

Ein Satellit wird mit zwei Sendern ausgestattet. Der zweite wird erst in Betrieb genommen, wenn der erste ausfällt. Die Nutzungsdauern X und Y der
beiden Sender sind unabhängig und beide mit dem Parameter h exponentialverteilt. Wie ist die Nutzungsdauer $Z = X + Y$ des Satelliten verteilt?

Den Erwartungswert $1/h$ der Exponentialverteilung mit Parameter h haben
wir bereits berechnet (s. (47)); die Varianz erhält man mühelos zu $1/h^2$,
wie wir in Aufgabe 19 nachgewiesen haben. Nach Satz 1.9 hat Z also den Erwartungswert $2/h$ und die Varianz $2/h^2$ folgt aus Satz 1.13. Daraus folgt
schon, daß Z n i c h t exponentialverteilt sein kann, denn sonst müßte $V[Z]$
das Quadrat von $E[Z]$ sein! Mit Hilfe von (70) erhalten wir für Z die Dichte

$$g(z) = \int\limits_{-\infty}^{\infty} f(x)f(z-x)dx = 0 \text{ für } z < 0 \text{ , da } f(x) = 0 \text{ für } x < 0 ;$$

$$\text{für } z \geq 0 \text{ ist } g(z) = \int\limits_{0}^{z} f(x)f(z-x)dx = \int\limits_{0}^{z} h\, e^{-hx} \cdot h\, e^{-h(z-x)} dx = h^2 z\, e^{-hz} .$$

Dies ist die Dichte einer sog. G a m m a - V e r t e i l u n g. Man kann durch
vollständige Induktion zeigen (s. Aufgabe Nr. 28), daß die Summe von n unabhängigen und mit Parameter h exponentialverteilten zufälligen Variablen
die Dichte

$$g_n(z) = 0 \text{ für } z < 0 \text{ , } \quad g_n(z) = \frac{h^n}{(n-1)!} z^{n-1} e^{-hz} \text{ für } z \geq 0 \tag{71}$$

hat. Dies ist die Dichte einer G a m m a - V e r t e i l u n g m i t d e m F r e i -
h e i t s g r a d n . Für $n = 1$ ist sie offenbar identisch mit der Exponentialverteilung, von der wir ausgingen. In der folgenden Figur 7 sind $g_1(z)$,
$g_2(z)$ und $g_5(z)$ skizziert, wobei $h = 1$ gesetzt wurde.

Während $g_1(z)$ an der Stelle 0 unstetig ist und danach monoton fällt, sind die Gamma-Dichten $g_n(z)$ ab $n = 2$ überall stetig und haben genau ein relatives Maximum im Bereich $z > 0$.

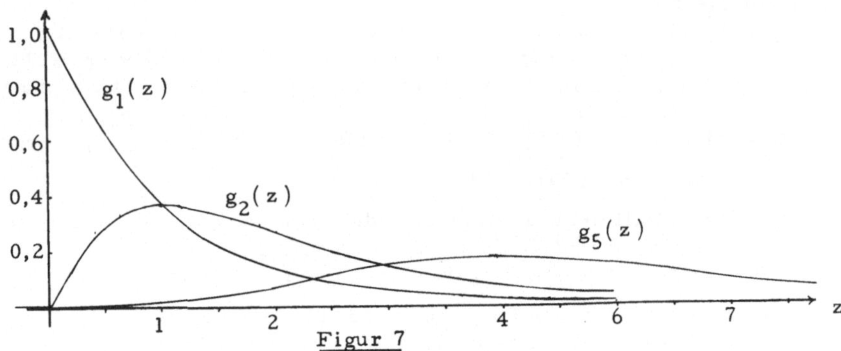

Figur 7

$g_5(z)$ sieht fast so aus wie eine Dichte einer Normalverteilung. Das liegt an dem berühmten Z e n t r a l e n G r e n z w e r t s a t z. Er besagt, daß die Summe von n unabhängigen zufälligen Variablen unter sehr allgemeinen Bedingungen eine Verteilung hat, die für hinreichend große n recht gut durch eine Normalverteilung approximiert werden kann. Welche n allerdings hinreichend groß sind, hängt von den Verteilungen der einzelnen Summanden und natürlich auch von der benötigten Genauigkeit der Approximation ab. Der Zentrale Grenzwertsatz gilt unter anderem für unabhängige und identisch verteilte X_i , wenn $E[X_i] = \mu$ und $V[X_i] = \sigma^2$ existieren. $Z = X_1 + \ldots + X_n$ ist dann ungefähr nach $N(n\mu, n\sigma^2)$ verteilt; für die s t a n d a r d i s i e r t e S u m m e

$$Y_n = \frac{Z - E[Z]}{\sqrt{V[Z]}} = \frac{n\bar{X} - n\mu}{\sqrt{n\sigma^2}} = \frac{(\bar{X} - \mu)\sqrt{n}}{\sigma} \tag{72}$$

gilt dann in etwa die $N(0 , 1)$-Verteilung, genauer gesagt folgt

<u>SATZ 1.16</u> (ein Spezialfall des Zentralen Grenzwertsatzes):

> I s t $X_1, X_2, \ldots$ e i n e F o l g e v o n u n a b h ä n g i g e n, i d e n -
> t i s c h v e r t e i l t e n z u f ä l l i g e n V a r i a b l e n m i t $E[X_i] = \mu$,
> $V[X_i] = \sigma^2$ f ü r a l l e $i = 1, 2, \ldots$, d a n n g i l t f ü r d i e s t a n -
> d a r d i s i e r t e n S u m m e n
>
> $Y_n = (\bar{X} - \mu)\sqrt{n}/\sigma$, d a ß $\lim\limits_{n \to \infty} W(Y_n \le y) = \Phi(y) = \int\limits_{-\infty}^{y} \frac{1}{\sqrt{2\pi}} e^{-x^2/2} dx$ f ü r
> a l l e y.

<u>Beispiel 23</u> (Gestutzte Normalverteilung):

Eine Sortieranlage sortiert eine Gesamtheit von sehr vielen Stücken nach Gewichtsklassen. Nach Klasse A kommen alle Stücke mit einem Gewicht von mindestens 68 Gramm. In der Gesamtheit ist das Gewicht nach der Normalverteilung $N(60 ; 8^2)$ verteilt. Es interessieren folgende Fragen:

a) Wieviel % der gesamten Stückzahl kommen nach A ?
b) Wie ist das Gewicht innerhalb von A verteilt?
c) Welcher Prozentsatz des Gesamtgewichts kommt nach A ?
d) Wie ist das Netto-Gewicht einer Packung verteilt, die 10 (zufällig ausge-

59

wählte Stücke der Klasse A enthält?

Zu a): Der relative Anteil der nach A kommenden Stücke an der gesamten Stückzahl ist $W(X \geq 68)$, wobei X das Gewicht eines zufällig aus der Gesamtheit herausgegriffenen Stückes in Gramm ist. Durch Standardisieren wird

$$W(X \geq 68) = W\left(\frac{X-60}{8} \geq \frac{68-60}{8}\right) = W(Y \geq 1) = 1 - \Phi(1) = 1 - 0,84135 = 0,15865$$

denn $Y = (X-60)/8$ ist ja nach $N(0,1)$ verteilt und $\Phi(1)$ ist laut Tabelle 1 gleich $0,84135$. Es kommen also etwa $15,9\,\%$ aller Stücke nach A.

Zu b): Die Verteilungsfunktion $G(x)$ für das Gewicht X eines aus A zufällig gewählten Stücks ist $W(X \leq x \mid X \geq 68)$; daher ist $G(x) = 0$ für $x < 68$. Nach Formel (12) für die bedingte Wahrscheinlichkeit ist

$$G(x) = \frac{W(68 \leq X \leq x)}{W(X \geq 68)} = \frac{1}{0,15865}(F(x) - F(68)) \quad \text{für } x \geq 68, \text{ wobei } F(x)$$

die zu $N(60; 8^2)$ gehörende Verteilungsfunktion ist. Die Ableitung $G'(x) = g(x)$ existiert überall außer für $x = 68$ und ist eine Dichte für die Gewichtsverteilung in A. Offenbar ist

$$g(x) = \begin{cases} 0 & \text{für } x < 68 \\ \dfrac{1}{0,15865} \cdot \dfrac{1}{8 \cdot \sqrt{2\pi}}\, e^{-(x-60)^2/128} & \text{für } x > 68. \end{cases}$$

In Figur 8 sind $g(x)$ und die Dichte von $N(60; 8^2)$ skizziert. Natürlich ist $g(x)$ n i c h t Dichte einer Normalverteilung; man nennt $g(x)$ die Dichte einer g e s t u t z t e n N o r m a l v e r t e i l u n g.

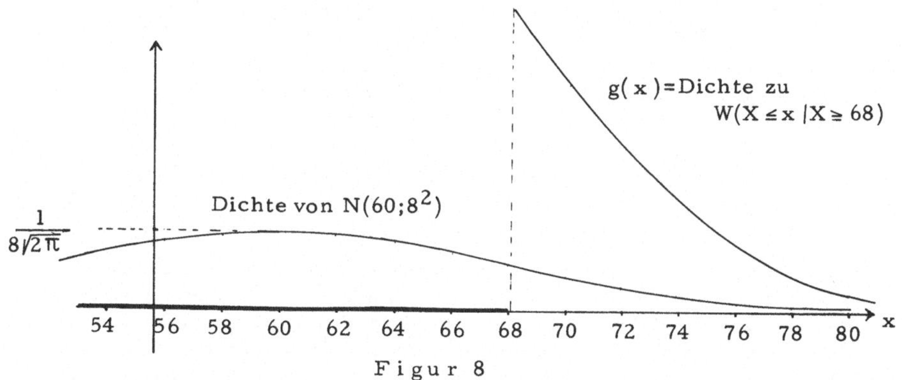

F i g u r 8

Wir berechnen noch den Erwartungswert, d. h. das durchschnittliche Gewicht und die Varianz des Gewichts innerhalb von A :

$$E[X] = \int_{68}^{\infty} x\, g(x)\,dx = \int_{68}^{\infty}(x-60)g(x)\,dx + 60\int_{68}^{\infty} g(x)\,dx = \int_{68}^{\infty}(x-60)g(x)\,dx + 60 =$$

$$= 60 + \int_{68}^{\infty} \frac{x-60}{0,15865\,\sqrt{2\pi}\,8}\, e^{-(x-60)^2/128}\,dx \; ; \text{ substituiert man } u = \frac{x-60}{8},$$

dann geht dies über in

$$E[X] = 60 + \int_{1}^{\infty} \frac{8u}{\sqrt{2\pi}\,0,15865}\, e^{-u^2/2}\,du = 60 + \frac{8\,e^{-0,5}}{0,15865\,\sqrt{2\pi}},$$

und dies ergibt schließlich 72,201 . Das durchschnittliche Gewicht der
Stücke in A ist daher 72,201 Gramm. Hier sei darauf hingewiesen, daß ein
Merkmal in einer endlichen Gesamtheit nie exakt normalverteilt sein kann;
deshalb sind unsere Rechenergebnisse nur Näherungen, die man gezwunge-
nermaßen verwendet, weil die tatsächliche diskrete Verteilung bei großen
Gesamtheiten viel zu unhandlich wäre.

Ähnlich wie eben bestimmen wir die Varianz des Merkmals X in A; sie ist
wesentlich geringer als die Varianz $64 = 8^2$ von X in der Gesamtheit, weil
wir die Variabilität durch das "Stutzen" einengen. Zunächst berechnen wir

$$E[X^2] = \int_{68}^{\infty} x^2 g(x)dx = \int_{68}^{\infty} ((x-60)^2 + 120x - 3600)g(x)dx = \int_{68}^{\infty} (x-60)^2 g(x)dx + 120E[X] - 3600;$$

substituieren wir wieder $u = (x-60)/8$ und setzen den bereits bekannten Wert
von $E[X]$ ein, dann bekommen wir

$$E[X^2] = 120 \cdot 72,201 - 3600 + \int_1^{\infty} \frac{64 u^2}{0,15865 \sqrt{2\pi}} e^{-u^2/2} du \; ;$$

durch partielles Integrieren wird das letzte Integral zu

$$\frac{-64 u e^{-u^2/2}}{0,15865 \sqrt{2\pi}} \Big|_1^{\infty} + \frac{64}{0,15865} \int_1^{\infty} \frac{1}{\sqrt{2\pi}} e^{-u^2/2} du = \frac{64 e^{-0,5}}{0,15865 \sqrt{2\pi}} + 64 = 161,612.$$

Also ist $E[X^2] = 161,609 + 120 \cdot 72,201 - 3600 = 5225,73$ und damit ist die
Varianz $V[X] = E[X^2] - (E[X])^2 = 5225,73 - (72,201)^2 = 12,75$ (Gramm^2)
und die Streuung von X in A ist folglich gleich $\sqrt{12,75} = 3,57$ Gramm.

Zu c): Die Stücke der Gesamtheit wiegen im Durchschnitt 60 Gramm. Wenn
N die Anzahl aller Stücke ist, dann wiegen diese zusammen 60 N .
In A sind 0,15865 N Stücke und deren Durchschnittsgewicht ist 72,201 ;
die Stücke in A wiegen zusammen also 0,15865 N· 72,201 und dies entspricht
dem relativen Gewichtsanteil von 0,15865· 72,201/60 = 0,1909 .
Während also der prozentuale Anteil der Klasse A an der Stückzahl 15,9 %
ist, hat die Klasse A den Gewichtsanteil von 19,1 % am Gesamtgewicht.

Zu d): Es wäre mühsam, die exakte Verteilung der Summe von zehn nach
g(x) verteilten Summanden auszurechnen. Als unabhängig sehen wir
die Gewichte der 10 Stücke in der Packung an, weil auch A sehr viele Stük-
ke enthält. Der Erwartungswert und die Varianz der Summe sind uns daher
nach Satz 1.9 und Satz 1.13 bekannt: Das Nettogewicht der Packung mit den
10 Stücken hat den Erwartungswert 10· 72,201 = 722,01 Gramm und die
Varianz 10· 12,75 = 127,5 (Gramm^2).
Nach dem Zentralen Grenzwertsatz (Satz 1.16) wird man die exakte Verteilung des Nettogewichts durch die Normalverteilung N(722 ; 127,5) annähern
können; die Näherung wäre wohl besser, wenn es mehr als 10 Stücke wären.
Andererseits zeigt die Dichte $g_5(z)$ in Figur 7 , daß schon eine Summe von
nur 5 Summanden fast normalverteilt sein kann, selbst wenn die Dichte der
einzelnen Summanden (dort war dies die Dichte einer Exponentialverteilung)
stark von der Glockenform der Normalverteilungsdichte abweicht!

Aufgaben

26) X und Y seien unabhängig und normalverteilt, X nach $N(\mu, \sigma^2)$, Y nach $N(\nu, \tau^2)$. Zeigen Sie, daß $Z = X+Y$ nach $N(\mu+\nu, \sigma^2+\tau^2)$ verteilt ist. Durch Iteration und vollständige Induktion folgt dann Satz 1.14 .

27) Berechnen Sie die Varianz von $|X|$, wenn X nach $N(0, 1)$ verteilt ist!

28) Zeigen Sie durch vollständige Induktion, daß $Z = X_1 + \ldots + X_n$ für alle n nach der Dichte $g_n(z)$ (vgl. (71)) der Gamma-Verteilung mit dem Freiheitsgrad n verteilt ist, wenn die X_i unabhängig und mit dem Parameter h exponentialverteilt sind!

29) Bestimmen Sie die Dichte für $Z = X + Y$, wenn X und Y unabhängig und gleichverteilt in $[0, 1]$ sind!

30) Ein Merkmal X sei in einer ersten Gesamtheit nach der Verteilungsfunktion $F(x)$ verteilt, in einer zweiten nach der Verteilungsfunktion $G(x)$. In der ersten Gesamtheit seien k-mal so viele Elemente wie in der zweiten. Wenn man nun beide Gesamtheiten vereinigt und gut durchmischt, wie ist dann das Merkmal X in der neuen Gesamtheit verteilt? (Die neue Verteilungsfunktion gehört zu einer sog. Mischverteilung!) Für den Fall, daß zu $F(x)$ und $G(x)$ Dichten $f(x)$ und $g(x)$ gehören, gebe man auch die Dichte der Mischverteilung an.

31) Zeigen Sie, daß jedes gewichtete arithmetische Mittel von beliebig vielen Verteilungsfunktionen $F_1(x), \ldots, F_n(x)$ wieder eine Verteilungsfunktion ist und daß jedes gewichtete arithmetische Mittel von beliebig vielen Dichtefunktionen $f_1(x), \ldots, f_n(x)$ wieder eine Dichtefunktion ist. (Gewichtete arithmetische Mittel sind konvexe Linearkombinationen und sind hier also von der Form $\sum\limits_{i=1}^{n} c_i F_i(x)$ bzw. $\sum\limits_{i=1}^{n} c_i f_i(x)$, wobei die "Gewichte" c_i alle ≥ 0 sind und die Summe 1 ergeben.)

32) Die Spannung fabrikneuer Batterien sei normalverteilt mit $\mu = 1,50$ Volt und $\sigma = 0,02$ Volt . Nach 6 Monaten Lagerung gelte stattdessen die Normalverteilung $N(1,44 ; 0,02^2)$. X sei die Spannung einer Batterie, die einem Vorrat zufällig entnommen wurde, welcher zu 70% aus fabrikneuen und zu 30% aus 6 Monate lang gelagerten Batterien besteht. Geben Sie Verteilungsfunktion, Erwartungswert und Streuung von X an und skizzieren Sie eine Dichte von X. Lösen Sie dieselbe Aufgabe auch für den Fall, daß die Spannung der gelagerten Batterien nach der Normalverteilung $N(1,46; 0,02^2)$ verteilt ist und vergleichen Sie die beiden Dichten!

33) Zu den Dichten $f(x)$ und $g(x)$ sollen die Erwartungswerte μ_1 bzw. μ_2 und die Varianzen σ_1^2 bzw. σ_2^2 gehören. Man zeige, daß zur Mischverteilungsdichte
$$h(x) = p\,f(x) + (1-p)\,g(x) \quad \text{mit } 0 < p < 1$$
der Erwartungswert $p\mu_1 + (1-p)\mu_2$ und die Varianz
$$p\,\sigma_1^2 + (1-p)\sigma_2^2 + (\mu_2 - \mu_1)^2 p(1-p) \quad \text{gehören.}$$

34) Ein Werk, das Stoßdämpfer produziert, prüft einen jeden mit einem Gerät, bei dem auf einer Skala ein Wert abgelesen wird, der proportional
zur Energieaufnahme des Stoßdämpfers bei einem experimentell genau
festgelegten Stoß ist. Alle Stoßdämpfer, bei denen dieser Wert X kleiner
als 28 oder größer als 40 ist, werden zurückgewiesen und kommen nicht
in den Versand. Wieviel % der Produktion wird man auf lange Sicht zu-
rückweisen, wenn der Produktionsprozeß so arbeitet, daß die X-Werte
der Stoßdämpfer unabhängig voneinander nach $N(36;9)$ verteilt sind?
Wieviel % sind das noch, wenn der Prozeß so geändert wird, daß statt
$N(36;9)$ die Normalverteilung $N(34;9)$ für die X-Werte gilt? Für den
letzteren Fall gebe man eine Dichte, den Erwartungswert und die Varianz für die Stücke an, die in den Versand kommen, d.h. für diejenigen,
bei denen $28 \leqq X \leqq 40$ gilt.

1.7 RANGGRÖSSEN

Es seien $X_1, \ldots, X_n$ zufällige Variable auf einem Stichprobenraum Ω. Für
jedes ω aus Ω sind also die Werte $X_1(\omega), \ldots, X_n(\omega)$ definiert und lassen
sich so umordnen, daß sie der Größe nach angeordnet sind. Ist dann

$$X_{r_1}(\omega) \leq X_{r_2}(\omega) \leq \ldots \leq X_{r_n}(\omega)$$

für eine gewisse Permutation $(r_1, r_2, \ldots, r_n)$ von $(1, 2, \ldots, n)$, dann setzen wir

$$\xi_1(\omega) = X_{r_1}(\omega), \quad \xi_2(\omega) = X_{r_2}(\omega), \ldots, \xi_n(\omega) = X_{r_n}(\omega)$$

und haben so für jedes ω aus Ω die Werte der sog. Ranggrößen $\xi_1, \ldots, \xi_n$
definiert.

Für gegebenes ω aus Ω ist also $\xi_1(\omega)$ der kleinste, $\xi_2(\omega)$ der zweitkleinste
$\ldots$, $\xi_n(\omega)$ der größte der Werte $X_i(\omega)$, $i = 1, 2, \ldots, n$. Es kann vorkommen, daß einige der Werte $X_i(\omega)$ gleich sind; dann sind die Werte der in
Frage kommenden Ranggrößen ebenfalls gleich, und somit sind die $\xi_i(\omega)$
für alle ω und $i = 1, 2, \ldots, n$ definiert.

Zunächst bemerken wir, daß die zufälligen Variablen $\xi_1, \ldots, \xi_n$ im allgemeinen abhängig sind, auch wenn die X_i unabhängig sein sollten. Denn es
ist ja z.B. für jedes reelle a stets $W(\xi_1 > a, \xi_2 < a) = 0$, auch wenn die
Wahrscheinlichkeiten $W(\xi_1 > a)$ und $W(\xi_2 < a)$ beide positiv sind. Bei Unabhängigkeit von ξ_1 und ξ_2 müßte jedoch $W(\xi_1 > a, \xi_2 < a) = W(\xi_1 > a)W(\xi_2 < a)$
gelten.

Wenn die zufälligen Variablen $X_1, \ldots, X_n$ unabhängig sind und alle nach derselben Verteilungsfunktion $F(x)$ verteilt sind, wie man das meistens für
Stichprobenvariable voraussetzt, dann kann man die Verteilungsfunktionen
der Ranggrößen auf einfache Weise bestimmen. Für die Verteilungsfunktion
$G_i(x)$ der i-ten Ranggröße ξ_i gilt nämlich dann

$$G_i(x) = W(\xi_i \leq x) = \sum_{k=i}^{n} W(\text{genau k der X-Werte sind} \leq x),$$

also

$$G_i(x) = \sum_{k=i}^{n} \binom{n}{k} F(x)^k (1-F(x))^{n-k}, \quad i = 1, \ldots, n. \tag{73}$$

denn dann ist F(x) die "Treffer"-Wahrscheinlichkeit bei einem Bernoulli-Schema mit n Einzelversuchen, d.h. die Anzahl derjenigen unter den Stichprobenvariablen $X_1, \ldots, X_n$, die nicht größer als x ausfallen, ist nach der Binomialverteilung mit den Parametern n und F(x) verteilt.

Besonders einfach werden die Verteilungsfunktionen für ξ_n und ξ_1 ; in Übereinstimmung mit (73) ist

$$G_n(x) = W(\xi_n \leq x) = W(\text{alle } X_i \text{ sind} \leq x) = F(x)^n ,$$

$G_1(x)$ aber kann man auch einfacher als mit der Summe in (73) mit Hilfe des Komplements von $\xi_1 \leq x$ in folgender Form schreiben:

$$G_1(x) = W(\xi_1 \leq x) = 1 - W(\xi_1 > x) = 1 - W(\text{alle } X_i \text{ sind} > x)$$

und damit

$$G_1(x) = 1 - (1 - F(x))^n .$$

Wenn $f(x) = F'(x)$ eine zu F(x) gehörende Dichte ist, dann erhält man aus den Verteilungsfunktionen $G_i(x)$ die Dichten $g_i(x) = G_i'(x)$ für alle Ranggrößen, indem man die Summe in (73) differenziert:

$$g_i(x) = \sum_{k=i}^{n}\left\{k\binom{n}{k}f(x)F(x)^{k-1}(1-F(x))^{n-k} - f(x)\binom{n}{k}(n-k)F(x)^{k}(1-F(x))^{n-k-1}\right\}$$

$$= f(x)\sum_{k=i}^{n}\left\{k\binom{n}{k}F(x)^{k-1}(1-F(x))^{n-k} - (k+1)\binom{n}{k+1}F(x)^{k}(1-F(x))^{n-(k+1)}\right\}$$

und da sich alle Summanden bis auf den ersten gegenseitig aufheben, folgt

$$g_i(x) = i\binom{n}{i}f(x)\,F(x)^{i-1}(1-F(x))^{n-i} \quad \text{als Dichte für } \xi_i , \quad i=1,\ldots,n. \quad (74)$$

Mit Hilfe der Dichten $g_i(x)$ kann man die Erwartungswerte $E[\xi_i]$ der Ranggrößen berechnen, indem man die rechte Seite von (74) in das Integral

$$E[\xi_i] = \int_{-\infty}^{\infty} x\,g_i(x)\,dx \tag{75}$$

einsetzt. Man sieht auch sofort, daß die Erwartungswerte $E[\xi_i]$ alle existieren, wenn der Erwartungswert der Stichprobenvariablen, also

$$E[X_i] = \int_{-\infty}^{\infty} x\,f(x)\,dx$$

existiert.
Denn offenbar sind die Faktoren $F(x)^{i-1}(1-F(x))^{n-i}$ in $g_i(x)$ nicht größer als 1 und nichtnegativ (ihre Integrierbarkeit folgt aus der von f(x)).

Wichtiger noch als die Erwartungswerte $E[\xi_i]$ sind für die Anwendungen die Erwartungswerte $E[F(\xi_i)]$.

$E[F(\xi_i)]$ ist, wie aus der Bezeichnung hervorgeht, der Erwartungswert für den Wert von F(x) an der Stelle ξ_i und kann daher wie folgt interpretiert werden: Würde man oft Stichproben vom Umfang n aus einer nach F(x) verteilten Gesamtheit ziehen, dann wäre der relative Anteil der Elemente in der Gesamtheit, deren Merkmalswert die i-te Ranggröße ξ_i nicht übertrifft, im Durchschnitt gleich $E[F(\xi_i)]$.
Der nun folgende Satz besagt, daß diese Erwartungswerte bei stetigen zufäl-

ligen Variablen gar nicht davon abhängen, nach welcher Verteilungsfunktion
$F(x)$ die X_i verteilt sind und zudem nach einer überraschend einfachen Formel berechnet werden.

SATZ 1.17 : $\xi_1, \ldots, \xi_n$ seien die Ranggrößen von unabhängigen zufälligen Variablen $X_1, \ldots, X_n$, die alle nach
einer Verteilungsfunktion $F(x)$ mit Dichte $f(x)$
verteilt sind; dann ist stets

$$E[F(\xi_i)] = \frac{i}{n+1} \quad \text{für } i = 1, \ldots, n \; . \tag{76}$$

Beweis: $E[F(\xi_i)] = \int\limits_{-\infty}^{\infty} F(x) g_i(x)dx = \int\limits_{-\infty}^{\infty} i\binom{n}{i} f(x) F(x)^i (1-F(x))^{n-i}dx \quad$ (s. (74))

$$= \frac{i}{n+1} \int\limits_{-\infty}^{\infty} \binom{n+1}{i+1}(i+1) f(x) F(x)^i (1-F(x))^{n+1-(i+1)}dx \; ;$$

Da nun aber unter dem letzten Integral die Dichte der $(i+1)$-ten Ranggröße
aus einer Stichprobe vom Umfang n+1 steht, folgt die Behauptung. ⌐

Beispiel 24 : Von 19 gleichzeitig eingeschalteten Glühbirnen desselben Typs
wird die erste nach einer Brenndauer von 23, 4 h defekt. Da-
mit haben wir den Wert der Ranggröße ξ_1 von $X_1, \ldots, X_{19}$ beobachtet, wobei X_i, $i = 1, 2, \ldots, 19$ die Lebensdauer der i-ten Birne ist. Man darf annehmen, daß diese X_i unabhängig und vom stetigen Typ sind. Daher schätzen
wir nach Satz 1.17 den Anteil der Birnen in der Gesamtproduktion dieses
Typs, die eine Lebensdauer von nicht mehr als 23, 4 Betriebsstunden haben
werden, auf $1/(19+1) = 0, 05$ oder 5 % . Wenn die fünfte Birne nach 187,0
Betriebsstunden defekt wird, dann schätzen wir den Anteil der Produktion,
bei dem die Lebensdauer nicht länger als 187, 0 h ist, auf $5/20 = 25\%$ usw.

Bemerkung: Die Schätzwerte $i/(n+1)$ für $F(\xi_i)$ sind nicht als Werte von
Schätzfunktionen aufzufassen, weil diese Werte ja feststehen,
während Schätzfunktionen zufällige Variable sind, die je nach Ausgang des
Zufallsexperiments i.a. verschiedene Werte annehmen können. Schätzfunktionen sind hier die Ranggrößen ξ_i selbst, und zwar schätzt man mit ξ_i den
sog. $100\frac{i}{n+1}$ % -Punkt von $F(x)$. Prozentpunkte definiert man allgemein
so:
Definition: Wenn $F(x)$ einen Wert a mit $0 < a < 1$ an einer einzigen Stelle
x_a annimmt, dann ist x_a der $100a\%$-Punkt von $F(x)$;
gibt es mehrere oder keinen x-Wert x' mit $F(x') = a$, dann
ist $x_a = \min\{x \mid F(x) \geq a\}$ der $100a$ % - Punkt von $F(x)$.

Statt $100a$ % -Punkt sagt man auch Quantil zur Ordnung a . Eine be-
sondere Rolle spielt das Quantil zur Ordnung $1/2$, der sog. Median bzw.
50 % -Punkt. Bei ungeradem Stichprobenumfang n können wir den Median
mit Hilfe der Ranggröße $\xi_{(n+1)/2}$ schätzen.

Bei unserem Beispiel wäre also ξ_{10} , d.h. die Lebensdauer der Birne, die

als zehnte defekt wird, eine Schätzung für den Median der Lebensdauerver-
teilung, die durch die unbekannte Verteilungsfunktion $F(x)$ gegeben ist.
Weiteres über Ranggrößen als Schätzfunktionen s. bei UHLMANN [1963].

2 ANNAHMEKONTROLLE

In diesem Kapitel werden wir uns ständig mit der Situation befassen, in der
eine Entscheidung über eine bereits gegebene Menge aufgrund einer oder
mehrerer Stichproben getroffen wird. Die betrachtete Menge besteht in der
Regel aus einer Anzahl N von Stücken bzw. Einheiten einer Ware, biswei-
len auch aus einem gegebenen Volumen V eines flüssigen oder körnigen Gutes. Die Elemente bzw. Teilvolumina, die der Menge entnommen werden
und in die Stichprobe gelangen, werden geprüft. Wir nehmen an, daß diese
Prüfung stets so sorgfältig erfolgt, daß hernach keine Zweifel mehr hinsichtlich der Qualität der geprüften Elemente bzw. Teilvolumina bestehen.
Gewöhnlich ist es aber zu teuer oder zu zeitraubend, eine sog. Totalkontrolle durchzuführen, d.h. alle Elemente der gegebenen Menge bzw. das
ganze Volumen zu prüfen. Unsinnig wäre eine Totalkontrolle natürlich auch
dann, wenn die Kontrolle zerstörend ist, wie bei den Blitzlichtbirnchen von
Beispiel 2 in Kap. 1 . Daher wird die Stichprobe nur einen gewissen Anteil
der gegebenen Menge umfassen, häufig sogar nur einen geringen Anteil.

Die zu treffende Entscheidung kann darin bestehen, daß ein Konsument die
ihm gelieferte Ware akzeptiert oder zurückweist; sie kann auch von einem
Produzenten getroffen werden, der darüber befindet, ob die betreffende
Menge ausgeliefert wird (etwa an einen Konsumenten oder auch zur Weiterverarbeitung im eigenen Betrieb) oder nicht. Im letzteren Fall spricht man
auch von Endkontrolle , im ersteren von Eingangskontrolle. Wir
wollen es hier stets als Annahme der Partie bezeichnen, wenn die
Menge aufgrund der Prüfung der Stichprobe ohne weitere Maßnahmen (wie
etwa Totalkontrolle oder Rücksendung an den Lieferanten) ihrem Zweck zugeführt wird. Jedes andere Verhalten wollen wir als Ablehnung der
Partie bezeichnen.
Diese Sprechweise erinnert an die Testtheorie der Statistik und man kann
in der Tat Entscheidungsprozesse der Qualitätskontrolle auch als sogenannte Alternativtests formulieren. Dies werden wir hier nicht tun, verweisen aber auf UHLMANN [1982] , wo dieser Zusammenhang ausführlich
dargestellt ist.

2.1 PRÜFPLÄNE FÜR GUT - SCHLECHT -PRÜFUNG

Ob ein zu prüfendes Stück den Qualitätsanforderungen genügt, kann von quantitativen Merkmalen (wie Länge, Gewicht etc.) und qualitativen Merkmalen
(wie Farbe, Funktionstüchtigkeit, Ähnlichkeit mit einer Vorlage etc.) abhängen. Wenn die Prüfung nur feststellt, ob ein Stück aufgrund aller seiner
für die Qualität relevanten Merkmale zu den "guten" d.h. den brauchbaren,
oder zu den "schlechten", d.h. den unbrauchbaren Stücken gehört, dann
spricht man von Gut-Schlecht-Prüfung . Hält man jedoch die Meßwerte eines quantitativen Merkmals für alle Stichprobenelemente fest und
hängt die Entscheidung über die Partie explizit von diesen Meßwerten ab,
dann spricht man von Messender Prüfung .
Wir wollen uns zunächst mit der Gut-Schlecht-Prüfung befassen; bei rein
qualitativen Merkmalen hat man häufig keine andere Wahl, aber auch bei

quantitativen Merkmalen kann man die Stücke nach "guten" und "schlechten"
sortieren je nachdem, ob ihre Meßwerte in einem erwünschten Bereich liegen oder nicht. Neben der Einteilung in "gute" und "schlechte" Stücke gibt
es natürlich auch die Möglichkeit, mehr als zwei Güteklassen einzuführen,
etwa "1. Wahl", "2. Wahl", "Ausschuß" oder ähnlich, doch damit wollen wir
uns hier nicht näher beschäftigen.

2.1.1 Operationscharakteristiken bei Gut-Schlecht-Prüfung

Allgemein bezeichnet man eine Funktion $L(p)$, welche die Wahrscheinlichkeit für die Annahme einer Warenpartie aufgrund einer Stichprobe in Abhängigkeit von dem in der Partie vorhandenen Ausschußanteil p angibt, als eine Operationscharakteristik bzw. OC-Kurve ; auch die deutsche
Bezeichnung "Annahmekennlinie" ist üblich. Ein einfacher Prüfplan n, c
führt zur Annahme der Partie genau dann, wenn in einer zufällig zu entnehmenden Stichprobe vom Umfang n nicht mehr als c "schlechte" Stücke gefunden werden. Übrigens werden wir die Stücke, die den Anforderungen
nicht genügen, häufig statt "schlecht" auch "defekt" nennen.
Im Fall des einfachen Prüfplans kann $L(p)$ zu einem der drei Typen von
Operationscharakteristiken gehören, die wir in den Sätzen 1.1 , 1.2 und 1.3
kennengelernt haben. Dort wurden auch Bedingungen angegeben, unter denen solche OC-Kurven die Annahmewahrscheinlichkeit exakt oder genähert
angeben. Wir verwenden als Operationscharakteristik $L(p)$ also eine

$$\text{hypergeometrische OC-Kurve } L_{N,\,n,\,c}(p) = \sum_{k=0}^{c} \frac{\binom{M}{k}\binom{N-M}{n-k}}{\binom{N}{n}} \quad (\text{mit } p = \frac{M}{N})$$

$$\text{oder eine binomiale OC-Kurve } L_{n,c}(p) = \sum_{k=0}^{c} \binom{n}{k} p^{k}(1-p)^{n-k},$$

$$\text{zuweilen auch eine Poisson'sche OC-Kurve } L_{n,\,c}^{*}(p) = \sum_{k=0}^{c} \frac{(np)^{k}}{k!} e^{-np}.$$

Figur 9 zeigt zu jedem der drei
Typen ein Beispiel, nämlich die
zum Prüfplan $n = 5$, $c = 2$ gehörenden OC-Kurven
$L_{12,5,2}(p)$ mit $p = \frac{M}{12}$ und
$M = 0, 1, \ldots, 12$, sowie

$L_{5,2}(p)$ und $L_{5,2}^{*}(p)$.

Da $N = 12$ wesentlich kleiner als
das Zehnfache von $n = 5$ ist, gibt
es p-Werte, für die $L_{12,5,2}(p)$
und $L_{5,2}(p)$ nicht besonders gut
übereinstimmen und weil $n = 5$ ein
relativ kleiner Stichprobenumfang

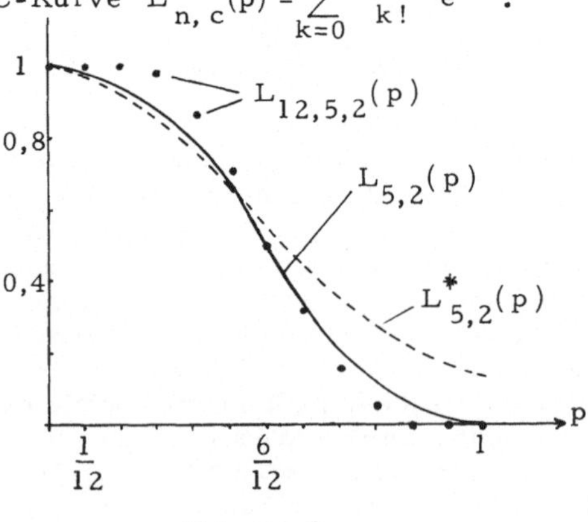

Figur 9

ist, weicht $L^{*}_{5,2}(p)$ vor allem für die größeren p-Werte stark von $L_{5,2}(p)$ ab.

Bei jedem einfachen Prüfplan wird $0 \leq c < n$ vorausgesetzt; unabhängig davon, welchem der drei genannten Typen die Operationscharakteristik $L(p)$ angehört, gelten dann die folgenden vier Eigenschaften:

a) $L(0) = 1$, fehlerfreie Ware wird also mit Sicherheit angenommen;

b) aus $p_1 \leq p_2$ folgt $L(p_1) \geq L(p_2)$, d. h. die Annahmewahrscheinlichkeit fällt monoton in p ;

c) bei festem c und p fällt $L(p)$ monoton, wenn der Stichprobenumfang n vergrößert wird;

d) bei festem n und p wächst $L(p)$ monoton, wenn man die Annahmezahl c vergrößert.

Eigenschaft a) folgt direkt aus den Formeln für die drei Typen, b) haben wir für $L_{n,c}(p)$ und $L^{*}_{n,c}(p)$ durch Differenzieren nach p bereits nachgewiesen (vgl. (24) und (25) in Kap. 1), wobei sich herausstellte, daß diese OC-Kurven sogar streng monoton in p fallen; für die hypergeometrische OC-Kurve sollte b) in Aufgabe 5 nachgewiesen werden. Die Eigenschaften c) und d) sind sehr plausibel und leicht nachweisbar, wobei d) trivial ist, weil beim Übergang von c nach c+1 lediglich ein nichtnegativer Summand hinzukommt, ohne daß sich die anderen Summanden ändern.
Schließlich ist noch festzustellen, daß $L_{N,n,c}(1) = L_{n,c}(1) = 0$ gilt, während $L^{*}_{n,c}(1)$ immer positiv ist; allerdings wird $L^{*}_{n,c}(1)$ für wachsende n immer kleiner und ist z. B. bei c = 2 schon ab n = 10 kleiner als 0,003, so daß also $L^{*}_{n,c}(p)$ für große n auch im Bereich großer p-Werte als Näherung für die beiden anderen Typen verwendbar ist.

2.1.2 Bestimmung einfacher Prüfpläne durch Vorgabe zweier Punkte für die Operationscharakteristik

Jeder Abnehmer von Warenlieferungen hat den Wunsch, möglichst keinen Ausschuß zu bekommen. Der Ausschußanteil p = 0 ist jedoch bei großen Stückzahlen häufig nicht oder nur über einen nicht vertretbaren Aufwand erreichbar, etwa durch zeitraubende und kostspielige Totalkontrolle. Es ist dann vernünftig, einen gewissen positiven Ausschußanteil zu tolerieren, wenn er nicht zu hoch ist. Spätere Garantieleistungen des Lieferanten sind damit keineswegs ausgeschlossen; wir wollen uns hier aber nicht damit befassen, was später mit den defekten Stücken geschieht, sondern es geht uns nur um "Annahme" oder "Ablehnung" im Sinne der einleitenden Bemerkungen zu diesem Kapitel.
Für einen Abnehmer, der sich entscheidet, eine Partie anzunehmen, falls ihr Ausschußanteil p eine obere Schranke p_o nicht übertrifft, wäre ein Prüfplan mit der Operationscharakteristik

$$L(p) = \begin{cases} 1 & \text{für } p \leq p_o \\ 0 & \text{für } p > p_o \end{cases} \qquad \text{(s. Figur 10)}$$

in gewissem Sinn "ideal". Man erkennt
aber leicht, daß eine solche "ideale"
OC-Kurve in der Regel nur durch sehr
großen Prüfaufwand erreicht werden
könnte. Möchte man z. B. eine Partie
von N = 500 Stück nur annehmen, wenn
p nicht größer als $p_o = 0,04$ ist, dann
könnte man die "ideale" OC-Kurve mit
Hilfe der Totalkontrolle erreichen, indem man n = N = 500 und c = 20 setzt.
Allerdings hätte man die "ideale"OC-

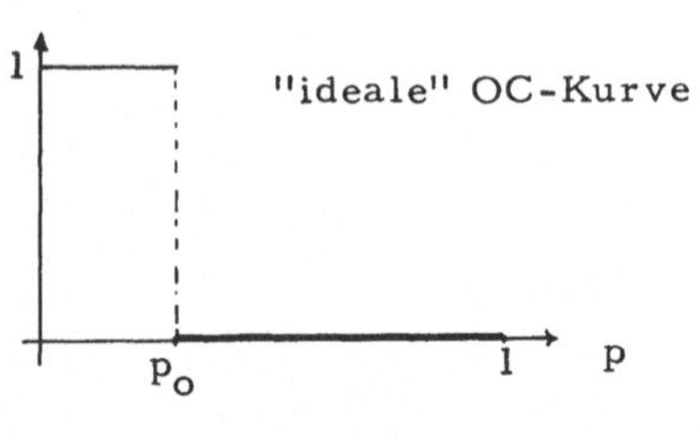

F i g u r 10

Kurve auch, wenn man nur so lange prüfen würde, bis man entweder 480
gute oder das 21. defekte Stück gefunden hat. (Das letztere Verfahren wäre
kein einfacher Prüfplan, denn bei einem solchen ist die Anzahl n der zu prüfenden Stücke fest vorgegeben, während sie hier zufallsabhängig ist. L(p)
wäre bei diesem Zahlenbeispiel für für die p-Werte M/500 , M=0,1,.., 500
gegeben.) Jedenfalls müßte man in der Regel einen großen Anteil der betreffenden Partie prüfen, wenn man eine "ideale" Operationscharakteristik
haben möchte.

Hinzu kommt, daß eine solche OC-Kurve in Wahrheit gar nicht ideal, sondern unvernünftig ist. Warum sollte jemand, der eine Partie unbedingt haben möchte, so lange p kleiner oder auch exakt gleich p_o ist, seine Ansicht
bei einer ganz geringfügigen Überschreitung von p_o so abrupt ändern, daß
er die Partie nun absolut nicht mehr haben will? Er verspricht sich doch
offenbar selbst bei einem Ausschußanteil von p_o noch einen befriedigenden
Profit von der Annahme; man muß daher kein levantinischer Händler sein,
um zu vermuten, daß er auch eine geringfügige Schmälerung dieses Pro-
fits noch hinnehmen würde.

Es ist daher sinnvoll, statt der " 1 oder 0"-Strategie, wie sie durch eine
"ideale" OC-Kurve ausgedrückt wird, für g u t e Q u a l i t ä t e i n e g r o ß e,
f ü r s c h l e c h t e Q u a l i t ä t e i n e k l e i n e A n n a h m e w a h r s c h e i n-
l i c h k e i t zu fordern.
Man kann keine allgemeine Regel dafür angeben, bis zu welcher Grenze für
den Ausschußanteil p eine Warenpartie von guter Qualität bzw. ab welcher
Grenze sie von schlechter Qualität ist. Darüber ist im Einzelfall aufgrund
der wirtschaftlichen Konsequenzen defekter Stücke und unter Berücksichtigung der technischen Möglichkeiten zu entscheiden. Dabei können auch
Überlegungen eine Rolle spielen, die quantitativ kaum ausdrückbar sind,
wie etwa der Ruf oder die Konkurrenz-Situation des Unternehmens. Dennoch wird man in der Regel ohne allzu große subjektive Willkür zwei Gren-
zen p_α und p_β mit $p_\alpha < p_\beta$ angeben und sagen können, daß $p \le p_\alpha$ eine gute,
$p \ge p_\beta$ aber eine schlechte Qualität bedeutet. α bedeutet eine hohe Wahrscheinlichkeit, mit der gute Qualität m i n d e s t e n s anzunehmen ist, β bedeutet eine kleine Wahrscheinlichkeit, mit der schlechte Qualität h ö c h-
s t e n s angenommen werden darf. Wir präzisieren also jetzt unsere Forderung zu der Bedingung

$$L(p) \ge \alpha \text{ für alle } p \le p_\alpha \ , \quad L(p) \le \beta \text{ für alle } p \ge p_\beta \ ; \tag{1}$$

da jede Operationscharakteristik monoton in p fällt, ist (1) äquivalent mit der

$$2\text{-Punkte-Bedingung}\quad L(p_\alpha) \geq \alpha, \quad L(p_\beta) \leq \beta, \tag{2}$$

vorausgesetzt, daß $L(p)$ an den Stellen p_α und p_β definiert ist. Wir nennen diese Bedingung so, weil sie bedeutet, daß $L(p)$ nicht unterhalb des Punktes (p_α, α) und nicht oberhalb des Punktes (p_β, β) verlaufen soll.

Die in Figur 11 gezeichnete OC-Kurve erfüllt die 2-Punkte-Bedingung z. B. für die Punkte $(p_\alpha, \alpha) = (0,02; 0,90)$ und $(p_\beta, \beta) = (0,05; 0,10)$.

Für die beiden Punkte einer jeden 2-Punkte-Bedingung setzen wir

$$0 < p_\alpha < p_\beta < 1 \text{ und } 0 < \beta < \alpha < 1$$

voraus; wenn $L(p)$ vom Typ $L_{N,n,c}(p)$ ist, kann p nur die Werte $\frac{M}{N}$, $M=0,1,\ldots,N$

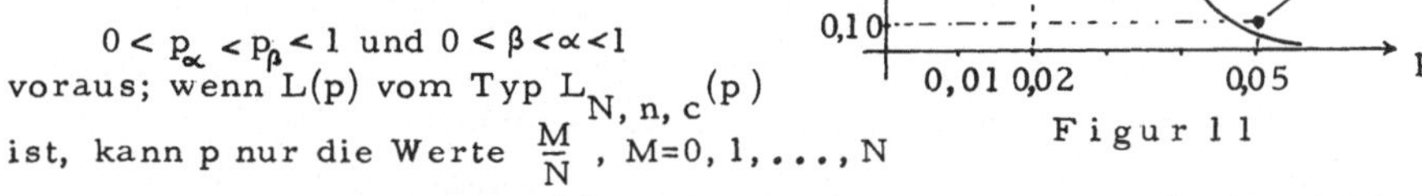

annehmen und damit die in (2) genannten Funktionswerte $L(p_\alpha)$ und $L(p_\beta)$ definiert sind, setzen wir in diesem Fall auch p_α und p_β als ganzzahlige Vielfache von $1/N$ voraus.

Man nennt p_α die Annahmegrenze oder Gutgrenze, auch die Bezeichnung AQL (= acceptable quality level) ist üblich.

p_β nennt man die Ablehngrenze oder Schlechtgrenze; in Prozent ausgedrückt, also in der Form $100\,p_\beta\,\%$, nennt man diesen Ausschußanteil auch LTPD (= lot tolerance percent defective).

Die Wahrscheinlichkeit $1-\alpha$ wird das Produzentenrisiko, β wird das Konsumentenrisiko genannt. Aus (1) geht indessen hervor, daß es sich dabei nur um obere Schranken für die Wahrscheinlichkeiten handelt, mit denen gute Qualität abgelehnt bzw. schlechte Qualität angenommen wird.

Bei der Wahl von α und β beschränkt man sich in der Praxis auf einige wenige Standardwerte; am häufigsten setzt man $\alpha = 0,90$ und $\beta = 0,10$, aber auch $\alpha = 0,95$, $\beta = 0,05$ oder andere Werte werden gewählt. Da man ja die Abszissen p_α und p_β der beiden Punkte im Bereich $0 < p_\alpha < p_\beta < 1$ frei wählen kann, ist man so immer noch flexibel genug.

Wir fragen uns zunächst, ob man zu jeder beliebigen 2-Punkte-Bedingung einen einfachen Prüfplan n, c angeben kann, dessen OC-Kurve der 2-Punkte-Bedingung genügt. Im Normalfall des Ziehens ohne Zurücklegen aus einer gegebenen Partie von N Stück gehört zu einem Prüfplan n, c eine hypergeometrische OC-Kurve $L_{N,n,c}(p)$ und für diesen Typ ist (2) auf triviale Weise erreichbar, indem wir $n = N$ und $c = Np_\alpha$ setzen (Np_α ist nach obiger Voraussetzung eine positive ganze Zahl). Offenbar erfüllt dann die Operationscharakteristik $L_{N,N,Np_\alpha}(p)$ die 2-Punktebedingung (2) und damit auch (1) für die möglichen p-Werte M/N, $M=0,1,\ldots,N$.

Aber auch für die binomiale OC-Kurve $L_{n,c}(p)$ und die Poisson'sche OC-Kurve $L^{*}_{n,c}(p)$ kann man leicht ein n und ein c finden, so daß eine beliebige 2-Punkte-Bedingung erfüllt ist. Man muß dazu nur n groß genug wählen und c gleich der zu $n(p_\alpha + p_\beta)/2$ nächstgelegenen ganzen Zahl setzen; dies folgt aus der nachstehenden einfachen Überlegung:

Für jede mit dem Parameter np Poisson-verteilte zufällige Variable X ist

$$L^{*}_{n,\,c}(p) = W(X \leq c) \quad \text{und} \quad E[X] = V[X] = np \;,$$

also ist $1 - L^{*}_{n,\,c}(p) = W(X > c) = W(X - np > c - np)\;;$

wenn nun $c > np$ ist, dann ist $W(X - np > c - np) \leq W(|X - np| > |c - np|)$ und dies ist nach der Tschebyschew'schen Ungleichung nicht größer als

$$V[X]/(c - np)^{2} = np/(c - np)^{2}. \quad \text{(vgl. Abschnitt 1.5)}$$

Für große n können wir nun c bis auf einen geringen relativen Fehler gleich $n(p_{\alpha} + p_{\beta})/2$ setzen und erhalten nun mit $p = p_{\alpha}$

$$1 - L^{*}_{n,\,c}(p_{\alpha}) \leq np \;/(c - np_{\alpha})^{2} \approx 4p_{\alpha}/n(p_{\beta} - p_{\alpha})^{2}$$

und weil letzteres durch hinreichend große Wahl von n beliebig klein wird, kann man auch erreichen, daß $L^{*}_{n,\,c}(p_{\alpha})$ beliebig dicht bei 1 liegt.

Analog zeigt man, daß $L^{*}_{n,\,c}(p_{\beta})$ für hinreichend große n und $c \approx n(p_{\alpha} + p_{\beta})/2$ beliebig nahe bei 0 liegt.

Für eine nach der Binomialverteilung Bi(n, p) verteilte zufällige Variable Y gilt $L_{n,\,c}(p) = W(Y \leq c)$ und für eine nach der hypergeometrischen Verteilung H(N, M, n) mit M = Np verteilte zufällige Variable Z ist $L_{N,\,n,\,c}(p) = W(Z \leq c)$.

Die Varianz $np(1-p)$ von Y ist aber kleiner als die Varianz np von X und noch kleiner ist die Varianz $np(1-p)(N-n)/(N-1)$ von Z . Wenn wir also nach der obigen Methode einen Prüfplan n, c gefunden haben, für den $L^{*}_{n,\,c}(p)$ eine gegebene 2-Punkte-Bedingung erfüllt, dann wird diese 2-Punkte-Bedingung erst recht von $L_{n,\,c}(p)$ erfüllt. Wenn das so bestimmte n nicht größer als N ist, dann erfüllt mit diesem n und c auch $L_{N,\,n,\,c}(p)$ die 2-Punkte-Bedingung, vorausgesetzt, daß p_{α} und p_{β} ganzzahlige Vielfache von 1/N sind.

Das wichtigste Resultat dieser Überlegung halten wir fest als

SATZ 2.1 : Man kann die Parameter n und c eines einfachen Prüfplans immer so wählen, daß seine Operationscharakteristik L(p) eine beliebig vorgegebene 2-Punkte-Bedingung der Form $L(p_{\alpha}) \geq \alpha$, $L(p_{\beta}) \leq \beta$ erfüllt. Dies gilt unabhängig davon, ob L(p) vom hypergeometrischen Typ $L_{N,\,n,\,c}(p)$, vom binomialen Typ $L_{n,\,c}(p)$ oder vom Poisson'schen Typ $L^{*}_{n,\,c}(p)$ ist.

Im allgemeinen gibt es viele einfache Prüfpläne, deren OC-Kurven eine gegebene 2-Punkte-Bedingung erfüllen; aus der obigen Überlegung folgt ohne weiteres, daß es sogar unendlich viele solche Prüfpläne gibt, wenn die zugehörigen OC-Kurven vom binomialen oder Poisson'schen Typ sind. Es soll unser Ziel sein, 2-Punkte-Bedingungen mit minimalem n, also mit geringstem Prüfaufwand zu erfüllen. Dazu eignet sich die obige, auf der groben Abschätzung nach Tschebyschew beruhende Methode allerdings nicht. Immerhin bringt sie uns aber auf die Vermutung, daß eine 2-Punkte-Bedingung, die von $L^{*}_{n,\,c}(p)$ erfüllt wird, bei gleichen Parametern n und c in der Regel wohl auch von $L_{n,\,c}(p)$ und von $L_{N,\,n,\,c}(p)$ erfüllt werden wird.

Wir werden später diese Vermutung bestätigen und das genannte Ziel daher zuerst für Poisson'sche OC-Kurven verfolgen. Daß es erreichbar ist , folgt aus Satz 2.1 , denn wenn es überhaupt einen Prüfplan n,c gibt, mit dem eine 2-Punkte-Bedingung erfüllt ist, dann gibt es ja nur endlich viele Prüfpläne mit kleinerem Stichprobenumfang. Es folgt also sofort der

SATZ 2.2: Es gibt stets einen einfachen Prüfplan n^*, c^*, der eine gegebene 2-Punkte-Bedingung $L(p_\alpha) \geq \alpha$, $L(p_\beta) \leq \beta$ mit minimalem Stichprobenumfang erfüllt.

Bei jedem anderen Prüfplan n,c , dessen OC-Kurve L(p) die 2-Punkte-Bedingung ebenfalls erfüllt, ist also $n \geq n^*$. Der Typ von L(p) bleibt dabei natürlich festgelegt. Satz 2.2 gilt wie Satz 2.1 unabhängig davon, ob zu den Prüfplänen OC-Kurven vom hypergeometrischen, binomialen oder Poisson'schen Typ gehören. Der folgende Satz zeigt, wie man mit einem (vorläufig noch zu mühsamen) Suchverfahren einen solchen Prüfplan n^*, c^* suchen könnte, und er gilt auch unabhängig davon, zu welchem der drei Typen L(p) gehört.

SATZ 2.3: Es sei $\hat{n}(c)$ für c=0,1,2,... jeweils das kleinste n, mit dem die Ungleichung $L(p_\beta) \leq \beta$ einer 2-Punkte-Bedingung erfüllt ist und c^* das kleinste c, bei dem mit $\hat{n}(c)$ auch die andere Ungleichung $L(p_\alpha) \geq \alpha$ erfüllt ist. Dann ist mit $n^* = \hat{n}(c^*)$ und c^* ein Prüfplan gefunden, der die 2-Punkte-Bedingung mit minimalem Stichprobenumfang erfüllt.

Beweis: $\hat{n}(c)$ existiert für alle c, da man $L(p_\beta)$ mit hinreichend großem n beliebig klein machen kann; ist dann $L(p_\alpha) \geq \alpha$ für $\hat{n}(c)$, c nicht erfüllt, dann kann man mit diesem c nicht beide Ungleichungen der 2-Punkte-Bedingung erfüllen; denn wegen der Monotonie-Eigenschaft c) der Operationscharakteristiken (vgl. 2.1.1) wird $L(p_\alpha)$ noch kleiner, wenn man n größer als $\hat{n}(c)$ wählt und kleiner als $\hat{n}(c)$ darf man n wegen der Bedingung für $L(p_\beta)$ nicht wählen. Nach Satz 2.1 existiert aber stets ein Prüfplan n,c , für den die 2-Punkte-Bedingung erfüllt ist. Diese ist dann erst recht für $\hat{n}(c)$, c erfüllt, weil $L(p_\alpha)$ für $\hat{n}(c)$, c wegen der Monotonie-Eigenschaft c) und der Minimaleigenschaft von $\hat{n}(c)$ nicht kleiner sein kann als für n, c . Wenn nun c^* das kleinste c ist, bei dem mit $\hat{n}(c)$, c beide Ungleichungen der 2-Punkte-Bedingung erfüllt sind, dann muß für $c > c^*$ immer $\hat{n}(c) > \hat{n}(c^*)$ gelten; denn wegen der Monotonie-Eigenschaft d) (vgl. 2.1.1) der Operationscharakteristiken wächst $L(p_\beta)$, wenn man c vergrößert. Würde man dann n kleiner als $\hat{n}(c^*)$ wählen, dann wäre $L(p_\beta) \leq \beta$ nicht mehr erfüllt, denn auch bei Verringerung von n wird $L(p_\beta)$ nicht kleiner und $\hat{n}(c^*)$ ist ja schon für c^* der kleinstmögliche Stichprobenumfang, mit dem $L(p_\beta) \leq \beta$ gerade noch erfüllt ist. Damit ist der Satz bewiesen. Wir schließen aus dem Beweis, daß mit n^*, c^* die Ungleichungen $L(p_\alpha) \geq \alpha$, $L(p_\beta) \leq \beta$ nur "knapp" erfüllt sein werden.

2.1.3 Lösung für OC-Kurven vom Poisson'schen Typ

Die Aufgabe, einen Prüfplan n,c zu bestimmen, der eine gegebene 2-Punkte-Bedingung $L(p_\alpha) \geq \alpha$, $L(p_\beta) \leq \beta$ für OC-Kurven des Poisson'schen Typs $L^*_{n,c}(p)$ mit minimalem n erfüllt, wird wesentlich erleichtert durch den folgenden Zusammenhang zwischen der Poisson-Verteilung und der sogenannten χ^2-Verteilung (das Zeichen χ^2 wird "chi-Quadrat" gelesen):

Es gilt

$$\sum_{k=0}^{c} \frac{t^k}{k!}\, e^{-t} = 1 - \int_0^{2t} \frac{1}{2^{c+1}\, c!}\, x^c\, e^{-x/2}\, dx \quad \text{für } c=0,1,2,\dots \quad \text{und alle } t \geq 0. \tag{3}$$

Unter dem Integral steht die Dichte der χ^2-Verteilung mit dem Freiheitsgrad $2(c+1)$. Man kann in jedem Lehrbuch der Mathematischen Statistik nachlesen, daß die Summe $X_1^2 + X_2^2 + \dots + X_n^2$ der Dichte

$$g_n(x) = \begin{cases} \dfrac{1}{2^{n/2}\, \Gamma(n/2)}\, x^{-1+n/2}\, e^{-x/2} & \text{für } x > 0 \\[2mm] 0 & \text{für } x \leq 0 \end{cases} \tag{4}$$

gehorcht, wenn die $X_1, X_2, \dots, X_n$ unabhängig und nach $N(0,1)$ verteilt sind.

Dabei ist Γ die sogenannte Gamma-Funktion, die für ganzzahlige Argumente $m = 1, 2, \dots$ die Funktionswerte $\Gamma(m) = (m-1)!$ annimmt. $g_n(x)$ nennt man die Dichte der χ^2-Verteilung mit Freiheitsgrad n und daraus ergibt sich, daß unter dem Integral in (3) gerade $g_{2(c+1)}(x)$ steht.

Der behauptete Zusammenhang läßt sich ganz einfach dadurch beweisen, daß man die Übereinstimmung der beiden Seiten von Gleichung (3) für $t=0$ zeigt und dann nachweist, daß die Ableitungen der beiden Seiten nach t für alle $t>0$ gleich sind. Für $t=0$ sind beide Seiten gleich 1 und die Ableitung der linken Seite nach t ist

$$\frac{d}{dt} \sum_{k=0}^{c} \frac{t^k}{k!}\, e^{-t} = \sum_{k=1}^{c} \frac{t^{k-1}}{(k-1)!}\, e^{-t} - \sum_{k=0}^{c} \frac{t^k}{k!}\, e^{-t} = -\frac{t^c}{c!}\, e^{-t} \, ;$$

dies ist aber ersichtlich auch die Ableitung der rechten Seite von (3) nach t.

Dieser überraschende Zusammenhang zwischen Verteilungen des diskreten und des stetigen Typs ist kein Zufall und läßt sich auch über ein Modell mit Wartezeiten herleiten. Im Augenblick begnügen wir uns jedoch mit dem soeben geführten rein rechnerischen Nachweis und zeigen, wie dieser Zusammenhang genutzt werden kann.

Wegen ihrer Wichtigkeit für viele Testverfahren sind die χ^2-Verteilungen für viele Freiheitsgrade ausführlich tabelliert worden. Setzen wir $t = np$, dann folgt aus (3) sofort die Äquivalenz

$$L^*_{n,c}(p_\alpha) = \sum_{k=0}^{c} \frac{(np_\alpha)^k}{k!}\, e^{-np_\alpha} \geq \alpha \Longleftrightarrow \int_0^{2np_\alpha} g_{2(c+1)}(x)\, dx \leq 1 - \alpha$$

und

$$L^*_{n,c}(p_\beta) = \sum_{k=0}^{c} \frac{(np_\beta)^k}{k!}\, e^{-np_\beta} \leq \beta \Longleftrightarrow \int_0^{2np_\beta} g_{2(c+1)}(x)\, dx \geq 1 - \beta \, . \tag{5}$$

Wir bezeichnen mit

$\chi^2(1-\alpha, 2(c+1))$ und $\chi^2(1-\beta, 2(c+1))$ die Quantile von $g_{2(c+1)}(x)$

zu $1-\alpha$ bzw. $1-\beta$. Aus (5) folgt nun, daß die 2-Punkte-Bedingung von $L^*_{n,c}(p)$ genau dann erfüllt wird, wenn die beiden Ungleichungen

$$2np_\alpha \leq \chi^2(1-\alpha, 2(c+1)) \quad \text{und} \quad 2np_\beta \geq \chi^2(1-\beta, 2(c+1)) \tag{6}$$

erfüllt sind. Daraus ergibt sich nun der

<u>SATZ 2.4</u> : Eine Operationscharakteristik vom Typ

$$L^{*}_{n,c}(p) = \sum_{k=0}^{c} \frac{(np)^{k}}{k!}\, e^{-np} \quad \text{erfüllt eine 2-Punkte-Bedin-}$$

gung $L^{*}_{n,c}(p_{\alpha}) \geq \alpha$, $L^{*}_{n,c}(p_{\beta}) \leq \beta$ genau dann, wenn für n und c die Ungleichungen

$$\frac{X^{2}(1-\beta,\, 2(c+1))}{2p_{\beta}} \leq n \leq \frac{X^{2}(1-\alpha,\, 2(c+1))}{2p_{\alpha}} \tag{7}$$

gelten.

Die beiden Quantile entnimmt man einer Tabelle der X^{2}-Verteilung (z. B. Tabelle 3.1 in OWEN [1962]). Beide Quantile wachsen mit zunehmendem Freiheitsgrad $2(c+1)$. Daher wird man das kleinste c wählen, für das der linke Quotient in (7) kleiner ist als der rechte und für das mindestens eine ganze Zahl, die größer als c ist, in dem von den beiden Quotienten als Endpunkten bestimmten abgeschlossenen Intervall liegt. Daß es solche Annahmezahlen c geben muß, folgt aus Satz 2.1 . Liegen mehrere ganze Zahlen, die größer als c sind, in dem abgeschlossenen Intervall, dann wählt man davon die kleinste als Stichprobenumfang n. Dieses n und das betreffende c sind dann offensichtlich ein Prüfplan n^{*}, c^{*} , mit dem die 2-Punkte-Bedingung mit minimalem Stichprobenumfang erfüllt ist.

<u>Beispiel 1</u> : Eine Operationscharakteristik $L^{*}_{n,c}(p)$ soll für $0 \leq p \leq p_{\alpha} = 0,015$ Funktionswerte von mindestens $\alpha = 0,95$ haben, für $p \geq p_{\beta} = 0,06$ aber Werte annehmen, die nicht größer als $\beta = 0,10$ sind.

Damit äquivalent ist die 2-Punkte-Bedingung $L^{*}_{n,c}(0,015) \geq 0,95$ und $L^{*}_{n,c}(0,06) \leq 0,10$. Die benötigten Quantile

$$X^{2}(1-\beta,\, 2(c+1)) = X^{2}(0,90\,;\, 2(c+1)) \quad \text{und} \quad X^{2}(1-\alpha,\, 2(c+1)) = X^{2}(0,05\,;\, 2(c+1))$$

holen wir uns der Reihe nach für $c = 0, 1, \ldots$ aus einer Tabelle und dividieren sie durch $2p_{\beta} = 0,12$ bzw. durch $2p_{\alpha} = 0,03$. Wir erhalten so das folgende Zahlenschema:

c	$X^{2}(0,90\,;\,2(c+1))$	$X^{2}(0,05\,;\,2(c+1))$	$\dfrac{X^{2}(0,90\,;\,2(c+1))}{0,12}$	$\dfrac{X^{2}(0,05\,;\,2(c+1))}{0,03}$
0	4,605	0,103	38,37	3,43
1	7,779	0,711	64,83	23,7
2	10,645	1,635	88,71	54,50
3	13,362	2,733	111,35	91,10
4	15,987	3,940	133,225	131,33
5	18,549	5,226	154,57	174,20

$c = 5$ ist also das kleinste c, für das der linke Quotient in (7) erstmals kleiner ist als der rechte. Das kleinste n zwischen den beiden Quotienten ist 155. Also ist $n^{*} = 155$, $c^{*} = 5$ der Prüfplan mit minimalem Stichprobenumfang, für den die OC-Kurve $L^{*}_{n,c}(p)$ die gegebene 2-Punkte-Bedingung erfüllt.

Wir können das Resultat überprüfen, indem wir $L^{*}_{155,5}(p)$ an den beiden Stellen $p = 0,015$ und $p = 0,06$ berechnen.

Die beiden Funktionswerte sind $L^{*}_{155,5}(0,015) = 0,9687$, $L^{*}_{155,5}(0,06) = 0,0986$

und wir bemerken, daß $L(p_\beta) \le \beta$ "knapper" als $L(p_\alpha) \ge \alpha$ erfüllt ist. Dies liegt daran, daß wir als n die kleinste zwischen $154,57$ und $174,20$ liegende ganze Zahl gewählt und damit auch die zu $L(p_\beta) \le \beta$ äquivalente Bedingung

$$\frac{\chi^2(1-\beta,\, 2(c+1))}{2p_\beta} \le n \quad \text{in } (7) \text{ nur "knapp" erfüllt haben.}$$

Mathematisch interessierten Lesern soll nun der bereits bewiesene Zusammenhang (3) nochmals aus einem Wartezeit-Modell hergeleitet werden, weil dieses eine bedeutsame Verknüpfung von diskreten und stetigen zufälligen Variablen aufzeigt. Wir gehen aus von unabhängigen und mit $h = 1$ exponentialverteilten zufälligen Variablen $T_1, T_2, \ldots$ und stellen uns vor, daß T_1 die Zeit vom Beginn einer Produktion bis zum Auftreten des 1. Defekts ist, T_2 die Zeit von T_1 bis zum Auftreten des 2. Defekts usw.. Nach (71) in Kap. 1 ist dann die Summe $T_1 + \ldots + T_n$ für $n = 1, 2, \ldots$ nach der Dichte

$$g_n(z) = \begin{cases} \dfrac{z^{n-1}}{(n-1)!}\, e^{-z} & \text{für } z > 0 \\[2mm] 0 & \text{für } z \le 0 \end{cases} \tag{8}$$

der Gamma-Verteilung mit dem Freiheitsgrad n und $h = 1$ verteilt. Nun sei

$$X_t = \text{Anzahl der Defekte, die bis zur Zeit t auftreten;}$$

für $n = 1, 2, \ldots$ sind die beiden Aussagen

$$\text{"}X_t = n\text{"} \quad \text{und} \quad \text{"}T_1 + \ldots + T_n \le t, \text{ aber } T_1 + \ldots + T_{n+1} > t\text{"}$$

äquivalente Beschreibungen für ein und dasselbe zufällige Ereignis. Weil ferner das zu "$T_1 + \ldots + T_n \le t$" komplementäre Ereignis "$T_1 + \ldots + T_n > t$" im Ereignis "$T_1 + \ldots + T_{n+1} > t$" enthalten ist, folgt

$$W(X_t = n) = W(T_1 + \ldots + T_{n+1} > t) - W(T_1 + \ldots + T_n > t) = \int_t^\infty \frac{z^n}{n!}\, e^{-z}\, dz - \int_t^\infty \frac{z^{n-1}}{(n-1)!}\, e^{-z}\, dz.$$

Durch partielles Integrieren wird das letzte Integral zu

$$\int_t^\infty \frac{z^{n-1}}{(n-1)!}\, e^{-z}\, dz = \frac{z^n}{n!}\, e^{-z}\, \Big|_t^\infty + \int_t^\infty \frac{z^n}{n!}\, e^{-z}\, dz \; ,$$

so daß sich das erste Integral weghebt und damit folgt

$$W(X_t = n) = \frac{t^n}{n!}\, e^{-t} \quad \text{für } n = 1, 2, \ldots \; ; \tag{9}$$

wegen $W(X_t = 0) = W(T_1 > t) = e^{-t}$ gilt (9) aber auch für $n = 0$.

Wenn also die Wartezeiten zwischen gewissen Vorkommnissen unabhängig und mit $h = 1$ exponentialverteilt sind, dann ist die Anzahl dieser Vorkommnisse, die sich bis zu einer beliebigen Zeit $t \ge 0$ ereignen, nach der Poisson-Verteilung $Po(t)$ verteilt. (Sie wäre, wie man leicht nachrechnet, nach der Poisson-Verteilung $Po(ht)$ verteilt, wenn wir als Parameter der Exponentialverteilung ein beliebiges $h > 0$ gewählt hätten!) Nun gilt aber auch

$$W(X_t \le c) = \sum_{k=0}^{c} \frac{t^k}{k!}\, e^{-t} = W(T_1 + \ldots + T_{c+1} > t) = \int_t^\infty \frac{z^c}{c!}\, e^{-z}\, dz = 1 - \int_0^t \frac{z^c}{c!}\, e^{-z}\, dz$$

und mit der Substitution $z = \frac{x}{2}$ wird das letzte Integral zu $\displaystyle\int_0^{2t} \frac{x^c}{2^{c+1}\, c!}\, e^{-x/2}\, dx$, woraus sich wieder der Zusammenhang (3) ergibt.

Nebenbei erkennen wir, daß die Summe von unabhängigen, mit dem Parameter h = 1 exponentialverteilten zufälligen Variablen dieselbe Verteilung besitzt wie die Summe der Quadrate von doppelt so vielen unabhängigen und nach $N(0,1)$ verteilten zufälligen Variablen. Die χ^2-Verteilungen sind also spezielle Gamma-Verteilungen; da man die Tabellen für die χ^2-Verteilungen in fast jedem Tafelwerk findet, wurde der Zusammenhang (3) gleich mit Hilfe einer χ^2-Dichte formuliert.

Lösung für OC-Kurven vom Typ $L^{*}_{v,c}(d)$

Die Prüfpläne v, c , bei denen ein Volumen V eines flüssigen oder körnigen Gutes genau dann angenommen wird, wenn ein zufällig entnommenes Probevolumen v nicht mehr als c "Fremdkörper" enthält, haben wir schon in Abschnitt 1.3 kennengelernt. Sie gehören auch in den Bereich der Gut-Schlecht-Prüfung, obwohl man dabei nicht für einzelne Stücke feststellt, ob sie gut oder defekt sind, sondern die Anzahl der Defekte bzw. "Fremdkörper" in einem Teilvolumen ermittelt. In Satz 1.4 haben wir die zu einem solchen Prüfplan v, c gehörende OC-Kurve

$$L^{*}_{v,c}(d) = \sum_{k=0}^{c} \frac{(dv)^k}{k!}\, e^{-dv}$$

bereits kennengelernt und dort wurde auch auf die Voraussetzungen hingewiesen, unter denen diese OC-Kurve die tatsächliche Annahmewahrscheinlichkeit hinreichend genau wiedergibt. Dabei ist d die "Fremdkörperdichte", also die durchschnittliche Anzahl der Fremdkörper pro Volumeneinheit.

Eine 2-Punkte-Bedingung für $L^{*}_{v,c}(d)$ lautet nun: $L^{*}_{v,c}(d_\alpha) \geqq \alpha$, $L^{*}_{v,c}(d_\beta) \leqq \beta$, mit $0 < d_\alpha < d_\beta$ und $0 < \beta < \alpha < 1$.

Das Volumen V soll also mindestens mit Wahrscheinlichkeit α angenommen werden, falls seine Fremdkörperdichte d nicht größer als d_α ist; es soll dagegen höchstens mit einer Wahrscheinlichkeit β angenommen werden, wenn $d \geqq d_\beta$ ist. Wir können nun wieder den Zusammenhang (3) benutzen, da auch $L^{*}_{v,c}(d)$ eine OC-Kurve vom Poisson'schen Typ ist. Für t ist jetzt in (3) vd statt np einzusetzen und im folgenden spielt v die Rolle von n und d die Rolle von p . Völlig analog zu (7) erhalten wir daher die mit der 2-Punkte-Bedingung äquivalente Bedingung

$$\frac{\chi^2(1-\beta,\,2(c+1))}{2d_\beta} \leqq v \leqq \frac{\chi^2(1-\alpha,\,2(c+1))}{2d_\alpha} \ . \tag{10}$$

<u>Beispiel 2</u> : Eine Ladung Getreide soll mit einer Wahrscheinlichkeit von mindestens $\alpha = 0,95$ angenommen werden, wenn sie im Durchschnitt pro dm^3 nicht mehr als 15 Unkrautsamenkörner enthält. Enthält sie aber im Durchschnitt 60 oder mehr solcher Fremdkörper pro dm^3, dann soll sie höchstens noch mit einer Wahrscheinlichkeit von $\beta = 0,10$ angenommen werden. Wir setzen voraus, daß die Unkrautsamen zufällig und einigermaßen gleichmäßig über das ganze Volumen V der Ladung verteilt sind.

Wählen wir $1\ cm^3$ als Volumeneinheit, dann ist also $d_\alpha = 0,015$, $d_\beta = 0,060$ und damit entspricht dieses Beispiel völlig dem vorigen, wenn wir davon absehen, daß v nicht wie n ganzzahlig sein muß. Mit derselben Tabelle wie in Beispiel 1 erhalten wir jetzt wieder c = 5 und als Probevolumen v können

wir ein beliebiges Volumen zwischen $154,57\,\text{cm}^3$ und $174,20\,\text{cm}^3$ wählen.
Wenn wir die 2-Punkte-Bedingung mit geringstem Prüfaufwand erfüllen wollen, dann wählen wir v dicht bei der unteren Grenze, also etwa $155\,\text{cm}^3$. Die Ladung wird dann angenommen, falls im Probevolumen von $155\,\text{cm}^3$ nicht mehr als 5 Unkrautsamen sind.

OC-Kurven des Poisson'schen Typs sind meist nur Näherungen für die wahren Operationscharakteristiken. Wir vermuteten aber bereits, daß eine von $L^{*}_{n,c}(p)$ erfüllte 2-Punkte-Bedingung gewöhnlich auch von der zu denselben Parametern n, c gehörenden binomialen OC-Kurve $L_{n,c}(p)$ und von der hypergeometrischen OC-Kurve $L_{N,n,c}(p)$ erfüllt werden wird. Der folgende Satz, den wir in etwas vereinfachter Version und ohne Beweis von HALD (s. HALD [1981], S. 214 f) übernehmen, wird uns die Bestätigung dieser Vermutung für Prüfpläne mit $c \geq 1$ ermöglichen.

SATZ 2.5: Wenn $1 \leq c \leq n-2$, dann ist

(a) $\quad L_{n,c}(p) > L^{*}_{n,c}(p)$ für $0 < p < \frac{c}{n}$ und $L_{n,c}(p) < L^{*}_{n,c}(p)$ für $\frac{c}{n}(1+\frac{1}{n}) < p \leq 1$;

(b) $\quad L_{N,n,c}(p) > L_{n,c}(p)$ für $0 < p < \frac{c}{n-1}(1 - \frac{1}{N+1})$ und

$\quad\quad L_{N,n,c}(p) < L_{n,c}(p)$ für $\frac{c}{n-1}(1 - \frac{1}{N+1}) + \frac{1}{N+1} < p < 1$;

für $c = 0$ und $n > 1$ gilt

(c) $\quad L^{*}_{n,0}(p) > L_{n,0}(p) > L_{N,n,0}(p)$ für $0 < p < 1$.

Beim Vergleich mit $L_{N,n,c}(p)$ hat man sich natürlich jeweils auf die möglichen p-Werte, d.h. auf die Werte M/N, $M = 0, 1, \ldots, N$ zu beschränken und $N > n$ vorauszusetzen.
Die Aussage (a) wurde von ANDERSON & SAMUELS [1967] bewiesen (s. auch HALD [1981]), (b) wurde von UHLMANN [1966] bewiesen und (c) ist äquivalent mit den leicht zu beweisenden Ungleichungen

$$e^{-np} > (1-p)^n > \binom{N-M}{n} / \binom{N}{n} \quad \text{für } 0 < p < 1 \text{ bzw. } p = \frac{1}{N}, \frac{2}{N}, \ldots, \frac{N-1}{N}.$$

Für jeden Ausschußanteil p ist der Erwartungswert für die Anzahl X der defekten Stücke in einer Stichprobe vom Umfang n gleich np, unabhängig davon, ob wir für X die Poisson-Verteilung Po(np), die Binomialverteilung Bi(n,p) oder die Hypergeometrische Verteilung H(N, M, n) mit $p = M/N$ zugrundelegen.
Wenn diese Verteilungen stetig wären und Dichten hätten, die bezüglich np symmetrisch wären, dann würde

$$W(X \leq np) = \frac{1}{2} \quad \text{und für } c > 0 \text{ also } W(X \leq c) = \frac{1}{2} \text{ an der Stelle } p = \frac{c}{n}$$

gelten, d.h. für die OC-Kurve würde $L(\frac{c}{n}) = \frac{1}{2}$ gelten. Für jeden Prüfplan n, c mit $c \geq 1$ wäre dann der p-Wert c/n der sogenannte 50%-Punkt.

Allgemein bezeichnen wir einen p-Wert, für den eine OC-Kurve den Wert 0,50 annimmt, als den 50%-Punkt oder auch den Indifferenzpunkt $p_{0,50}$ der Operationscharakteristik.
Da die drei genannten möglichen Verteilungen von X nicht stetig und im all-

gemeinen auch nicht bezüglich des Erwartungswerts np symmetrisch sind,
liegt der 50%-Punkt der Operationscharakteristik gewöhnlich nicht exakt
bei $p = c/n$, er ist aber in den meisten Fällen auch nicht weit davon entfernt. So gilt z. B. für $L^*_{n,c}(p)$ die Näherung (vgl. UHLMANN[1982],S.124)

$$P_{50\%} \approx (c + 0,67)/n \ .$$

Gewöhnlich ist α mindestens 0,90 und β höchstens 0,10 ; daher kann man
im Fall $c \geq 1$ davon ausgehen, daß für einen Prüfplan n , c mit $L^*_{n,c}(p_\alpha) \geq \alpha$,
$L^*_{n,c}(p_\beta) \leq \beta$ das gegebene p_α so weit links von c/n liegt, daß die Differenzen $L_{n,c}(p_\alpha) - L^*_{n,c}(p_\alpha)$ und $L_{N,n,c}(p_\alpha) - L_{n,c}(p_\alpha)$ nach Satz 2.5 positiv
sind. Dagegen wird dann p_β gewöhnlich so weit rechts von c/n liegen, daß
diese Differenzen an der Stelle p_β negativ sind. Denn nach Satz 2.5 liegen
die "Schnittstellen" der Operationscharakteristiken in der Nähe von $p = c/n$.

Hat man also einen Prüfplan n , c bestimmt, der eine 2-Punkte-Bedingung
$L(p_\alpha) \geq \alpha$, $L(p_\beta) \leq \beta$ für $L^*_{n,c}(p)$ erfüllt, dann wird im Fall $c \geq 1$ in aller Regel
$$L_{N,n,c}(p_\alpha) > L_{n,c}(p_\alpha) > L^*_{n,c}(p_\alpha) \text{ und } L_{N,n,c}(p_\beta) < L_{n,c}(p_\beta) < L^*_{n,c}(p_\beta)$$

gelten, d.h. in Wahrheit wird gute Qualität mit noch größerer Wahrscheinlichkeit angenommen und schlechte Qualität mit noch geringerer Wahrscheinlichkeit angenommen, als es nach der ja nur näherungsweise geltenden OC-Kurve $L^*_{n,c}(p)$ der Fall wäre! Ob diese Ungleichungen für einen
vorliegenden Prüfplan n , c tatsächlich gelten, kann man stets mit Hilfe von
Satz 2.5 nachprüfen.

<u>Beispiel 3</u> : In Beispiel 1 wurde der Prüfplan $n^* = 155$, $c^* = 5$ bestimmt, bei
        dem die 2-Punkte-Bedingung $L(0,015) \geq 0,95$, $L(0,06) \leq 0,10$
für OC-Kurven des Poisson'schen Typs $L^*_{n,c}(p)$ mit minimalem Stichprobenumfang erfüllt ist. Wir nehmen jetzt an, daß es sich um eine Lieferung
von 4000 Stück handelt. Man erkennt nun sofort, daß nach Satz 2.5 die obigen Ungleichungen gelten, denn für $c = 5$ und $n = 155$ ist
$$p_\alpha = 0,015 < c/n \text{ und auch } p_\alpha = 0,015 < \frac{c}{n-1}(1 - \frac{1}{N+1})$$
ist mit $N = 4000$ erfüllt. Damit folgt
$$L_{4000,155,5}(0,015) > L_{155,5}(0,015) > L^*_{155,5}(0,015) \geq 0,95 \ ;$$
wegen
$$p_\beta = 0,06 > \frac{c}{n}(1 + \frac{1}{n}) \text{ und } p_\beta = 0,06 > \frac{c}{n-1}(1 - \frac{1}{N+1}) + \frac{1}{N+1}$$
folgt auch
$$L_{4000,155,5}(0,06) < L_{155,5}(0,06) < L^*_{155,5}(0,06) \leq 0,10$$

Also erfüllen hier die OC-Kurven $L_{N,n,c}(p)$ und $L_{n,c}(p)$ die gegebene
2-Punkte-Bedingung sogar "besser", d.h. weniger knapp als $L^*_{n,c}(p)$.

Wir sehen aber auch aus Satz 2.5 , daß man im wichtigen Spezialfall $c = 0$
nicht so schließen kann. Ferner ist zu vermuten, daß man eine geforderte
2-Punkte-Bedingung mit noch weniger Prüfaufwand erfüllen kann, wenn
man statt $L^*_{n,c}(p)$ die binomiale OC-Kurve $L_{n,c}(p)$ oder die in den meisten Fällen tatsächlich zutreffende hypergeometrische OC-Kurve zugrundelegt.
Wir beschreiben daher noch ein Verfahren, mit dem man eine 2-Punkte-
Bedingung für OC-Kurven des binomialen Typs mit minimalem n erfüllen

kann. Man benutzt dabei einen Zusammenhang zwischen der Binomial-Verteilung und der sog. F-Verteilung, der dabei eine ähnliche Rolle spielt wie der Zusammenhang zwischen Poisson- und χ^2-Verteilung für Satz 2.4 .

<u>2.1.4 Lösung für OC-Kurven vom binomialen Typ</u>

Man kann den benötigten Zusammenhang aus folgendem Modell herleiten:
Es seien $X_1, \ldots, X_n$ unabhängige, im Intervall $[0;1]$ gleichverteilte zufällige Variable und $\xi_1, \ldots, \xi_n$ ihre Ranggrößen (vgl. Abschnitt 1.7). Dann ist also Dichte und Verteilungsfunktion der X_i durch

$$f(x) = \begin{cases} 1 & \text{für } 0 \le x \le 1 \\ 0 & \text{sonst} \end{cases} \quad \text{und } F(x) = \begin{cases} 0 & \text{für } x < 0 \\ x & \text{für } 0 \le x \le 1 \\ 1 & \text{für } x > 1 \end{cases}$$

gegeben.
Eine Dichte $g_i(x)$ für die i-te Ranggröße ξ_i ist nach Formel (74) in Abschnitt 1.7 durch

$$g_i(x) = \begin{cases} \binom{n}{i} i\, x^{i-1}(1-x)^{n-i} & \text{für } 0 \le x \le 1 \\ 0 & \text{sonst} \end{cases}$$

für $i = 1, \ldots, n$ gegeben. In ein Teilintervall $[0, p]$ von $[0, 1]$ fallen genau dann nicht mehr als c der Variablen $X_1, \ldots, X_n$, wenn $\xi_{c+1} > p$ ist. Daher sind die Wahrscheinlichkeiten für diese beiden Ereignisse gleich und weil $W(X_i \le p) = p$ ist und die X_i unabhängig sind, folgt

$$L_{n,c}(p) = \sum_{k=0}^{c} \binom{n}{k} p^k (1-p)^{n-k} = 1 - \int_0^p \binom{n}{c+1}(c+1) x^c (1-x)^{n-c-1}\, dx. \tag{11}$$

Man kann das leicht überprüfen, indem man zeigt, daß beide Seiten der letzten Gleichung für $p = 0$ den Wert 1 ergeben und für $p > 0$ dieselbe Ableitung nach p haben. Unter dem Integral steht eine Dichte für eine sogenannte Beta-Verteilung. Durch Umformung des Integrals erreichen wir, daß unter dem Integralzeichen eine Dichte der sogenannten F-Verteilung erscheint. Das Integral wird dadurch nicht einfacher, aber wir können dann die reichlich zur Verfügung stehenden Tabellen der F-Verteilung benutzen, die wegen ihrer Wichtigkeit in anderen Bereichen (besonders in der Varianzanalyse) ausführlich tabelliert worden ist.

Die Substitution $x = \dfrac{2(c+1)y}{2(n-c)+2(c+1)y}$ führt das obige Integral über in

$$\int_0^{\frac{n-c}{c+1}\cdot\frac{p}{1-p}} \binom{n}{c}(n-c)\,[2(c+1)]^{c+1}\,[2(n-c)]^{n-c}\, y^c\,[2(n-c)+2(c+1)y]^{-n-1}\, dy\;;$$

mit den Bezeichnungen $m_1 = 2(c+1)$, $m_2 = 2(n-c)$ kann man

$$\binom{n}{c}(n-c) = \frac{n!}{c!(n-c-1)!} = \frac{\Gamma(n+1)}{\Gamma(c+1)\,\Gamma(n-c)} \quad \text{auch in der Form} \quad \frac{\Gamma(\frac{m_1+m_2}{2})}{\Gamma(\frac{m_1}{2})\cdot\Gamma(\frac{m_2}{2})}$$

schreiben und damit wird der letzte Integrand zu

$$g_{m_1,m_2}(y) = \frac{\Gamma(\frac{m_1+m_2}{2})}{\Gamma(\frac{m_1}{2})\Gamma(\frac{m_2}{2})}\cdot m_1^{m_1/2}\cdot m_2^{m_2/2}\cdot y^{\frac{m_1}{2}-1}\cdot[m_2+m_1 y]^{-\frac{m_1+m_2}{2}}$$

und dies ist die übliche Schreibweise für eine Dichte der F-Verteilung mit m_1 Freiheitsgraden des Zählers und m_2 Freiheitsgraden des Nenners.

Man lernt in der Mathematischen Statistik, daß ein Quotient Xm_2/Ym_1 diese Dichte besitzt, wenn X und Y unabhängig sind und dabei X nach der χ^2-Verteilung mit m_1 Freiheitsgraden, Y nach der χ^2-Verteilung mit m_2 Freiheitsgraden verteilt ist.

Die 2-Punkte-Bedingung $L_{n,\,c}(p_\alpha) \geq \alpha$, $L_{n,\,c}(p_\beta) \leq \beta$ ist daher äquivalent mit

$$\int_0^{\frac{n-c}{c+1}\cdot\frac{p_\alpha}{1-p_\alpha}} g_{2(c+1),\,2(n-c)}(y)\,dy \leq 1-\alpha, \qquad \int_0^{\frac{n-c}{c+1}\cdot\frac{p_\beta}{1-p_\beta}} g_{2(c+1),\,2(n-c)}(y)\,dy \geq 1-\beta.$$

Bezeichnen wir die Quantile der Dichte $g_{2(c+1),\,2(n-c)}(y)$ zu $1-\alpha$ und $1-\beta$ mit

$$F^{-1}(1-\alpha,\,2(c+1),\,2(n-c)) \quad \text{und} \quad F^{-1}(1-\beta,\,2(c+1),\,2(n-c)),$$

dann sind die beiden letzten Ungleichungen ihrerseits äquivalent zu

$$\frac{n-c}{c+1}\cdot\frac{p_\alpha}{1-p_\alpha} \leq F^{-1}(1-\alpha,\,2(c+1),\,2(n-c)), \quad \frac{n-c}{c+1}\cdot\frac{p_\beta}{1-p_\beta} \geq F^{-1}(1-\beta,\,2(c+1),\,2(n-c))$$

und dies läßt sich nun umformen zu Ungleichungen für p_α und p_β, nämlich

$$p_\alpha \leq \frac{(c+1)F^{-1}(1-\alpha,\,2(c+1),\,2(n-c))}{n-c+(c+1)F^{-1}(1-\alpha,\,2(c+1),\,2(n-c))}, \quad p_\beta \geq \frac{(c+1)F^{-1}(1-\beta,\,2(c+1),\,2(n-c))}{n-c+(c+1)F^{-1}(1-\beta,\,2(c+1),\,2(n-c))};$$

Die Quantile F^{-1} findet man in vielen Tabellenwerken (z.B. bei OWEN [1962] Tab. 4.1), doch oft nur für große Wahrscheinlichkeiten. $1-\alpha$ ist aber eine kleine Wahrscheinlichkeit. Zum Glück kann man jedoch die Quantile von $g_{m_1,\,m_2}(y)$ zu $1-\alpha$ durch die Quantile von $g_{m_2,\,m_1}(y)$ zu α ausdrücken, wie die folgende Überlegung zeigt:

Für einen Quotienten U/V von positiven und stetigen zufälligen Variablen ist

$$W\left(\frac{U}{V} \leq x\right) = W\left(\frac{V}{U} \geq \frac{1}{x}\right) = 1 - W\left(\frac{V}{U} \leq \frac{1}{x}\right) \text{ für alle } x > 0.$$

Ist also x das Quantil zu $1-\alpha$ für die Dichte von U/V, dann ist $1/x$ das Quantil zu α für die Dichte von V/U. In unserem Fall ist die Dichte von $U/V = Xm_2/Ym_1$ (s. oben) gleich $g_{m_1,\,m_2}(y)$, die von V/U ist daher $g_{m_2,\,m_1}(y)$. Daraus folgt

$$F^{-1}(1-\alpha,\,2(c+1),\,2(n-c)) = \frac{1}{F^{-1}(\alpha,\,2(n-c),\,2(c+1))}$$

und wenn wir dies in die obige Ungleichung für p_α einsetzen, dann erhalten wir als äquivalente Ungleichung

$$p_\alpha \leq \frac{c+1}{c+1+(n-c)F^{-1}(\alpha,\,2(n-c),\,2(c+1))};$$

zusammenfassend haben wir nun also den

<u>SATZ 2.6</u> : Für die OC-Kurve $L_{n,c}(p)$ des binomialen Typs gilt

$$L_{n,\,c}(p_\alpha) \geq \alpha \iff p_\alpha \leq \frac{c+1}{c+1+(n-c)F^{-1}(\alpha,\,2(n-c),\,2(c+1))}, \tag{12a}$$

$$L_{n,c}(p_\beta) \le \beta \iff p_\beta \ge \frac{(c+1)F^{-1}(1-\beta, 2(c+1), 2(n-c))}{n-c+(c+1)F^{-1}(1-\beta, 2(c+1), 2(n-c))} \quad . \quad (12b)$$

Mit Hilfe dieser Äquivalenzen kann man ohne großen Rechenaufwand prüfen, ob bei einem vorliegenden Prüfplan n, c eine gegebene 2-Punkte-Bedingung von der binomialen OC-Kurve $L_{n,c}(p)$ erfüllt wird. Jetzt läßt sich auch das nach Satz 2.3 mögliche Suchverfahren bequemer durchführen und wir sind daher in der Lage, auch für den Fall der binomialen OC-Kurve einen Prüfplan n^*, c^* zu bestimmen, bei dem eine 2-Punkte-Bedingung mit minimalem Stichprobenumfang erfüllt wird. Als erste Näherung hierfür wird man den Prüfplan benutzen, der die 2-Punkte-Bedingung im Fall der Poisson'schen OC-Kurve $L^*_{n,c}(p)$ mit minimalem Stichprobenumfang erfüllt; dieser wird wie bei Beispiel 1 bestimmt. Wir erläutern das Vorgehen am folgenden

Beispiel 4 : In Beispiel 1 war 155, 5 der Prüfplan, bei dem die 2-Punkte-Bedingung $L^*_{n,c}(0,015) \ge 0,95$, $L^*_{n,c}(0,06) \le 0,10$ mit minimalem n erfüllt ist.
Wir schreiben jetzt $\bar{n} = 155$, $\bar{c} = 5$, weil wir die Bezeichnung n^*, c^* nun für einen Prüfplan reservieren, bei dem dieselbe 2-Punkte-Bedingung von $L_{n,c}(p)$ mit minimalem n erfüllt wird. Da

$$p_\alpha = 0,015 < \frac{\bar{c}}{\bar{n}} = \frac{5}{155} \quad \text{und} \quad p_\beta = 0,06 > \frac{\bar{c}}{\bar{n}}\left(1 + \frac{1}{\bar{n}}\right) = \frac{5}{155}\left(1 + \frac{1}{155}\right) ,$$

ist nach Satz 2.5 klar, daß die 2-Punkte-Bedingung auch von $L_{155,5}(p)$ erfüllt ist, vermutlich aber noch nicht mit minimalem n.

Zunächst prüfen wir nun, ob sich $\bar{c} = 5$ um 1 verringern läßt. Für $c = 4$ erhält man, nachdem man die Ungleichung für p_β in (12b) für einige n-Werte bestätigt oder widerlegt hat, $\hat{n}(4) = 132$ als kleinsten n-Wert, mit dem diese Ungleichung und damit auch $L_{n,4}(0,06) \le 0,10$ gerade noch erfüllt ist. Wir führen diese Rechnung für $c = 4$ und $\hat{n}(4) = 132$ vor:

Um (12b) zu bestätigen, müssen wir das Quantil $F^{-1}(0,90; 10; 256)$ berechnen. Als Tabellenwerte finden wir (z.B. bei OWEN [1962], Tab. 4.1)

$$F^{-1}(0,90; 10; 120) = 1,6524 \quad \text{und} \quad F^{-1}(0,90; 10; \infty) = 1,5987 ;$$

wir müssen also für den Freiheitsgrad $m_2 = 256$ zwischen 120 und ∞ interpolieren. Dazu setzen wir $z = 1/256$ und interpolieren zwischen $1/\infty = 0$ und $1/120$; so erhalten wir

$$F^{-1}(0,90; 10; 256) \approx 1,5987 + \frac{120}{256}(1,6524 - 1,5987) = 1,6239 .$$

Dies setzen wir ein in (12b) und sehen, daß

$$p_\beta = 0,06 > \frac{5 \cdot 1,6239}{128 + 5 \cdot 1,6239} = 0,0596 .$$

Für $n = 131$ und somit für alle $n < 132$ ist dann die Ungleichung für p_β in (12b) nicht mehr erfüllt.
Nun ist zu prüfen, ob mit $\hat{n}(4) = 132$ und $c = 4$ auch (12a) erfüllt ist. Dazu brauchen wir $F^{-1}(0,95; 256; 10)$ und auch dafür müssen wir interpolieren. Den z-Werten 0 und $1/120$ entsprechen die Tabellenwerte

$$F^{-1}(0,95; \infty; 10) = 2,5379 \quad \text{bzw.} \quad F^{-1}(0,95; 120; 10) = 2,5801$$

und wir interpolieren den Tabellenwert für $z = 1/256$ in der Form

$$F^{-1}(0,95\,;256\,;10) \approx 2,5379 + \frac{120}{256}(2,5801-2,5379) = 2,5577\;;$$

dies setzen wir ein in (12a) und bemerken, daß

$$p_\alpha = 0,015 < \frac{5}{5+128\cdot2,5577} = 0,01504\;.$$

Also ist bei $n = 132$, $c = 4$ die Ungleichung $L(p_\alpha) \geqslant \alpha$ auch erfüllt.

Es ist nicht anzunehmen, daß c noch weiter verringert werden kann (denn sonst wäre $L^*_{n,c}(p)$ keine gute Näherung für $L_{n,c}(p)$) aber wir prüfen doch noch, ob etwa auch bei $c = 3$ beide Ungleichungen der 2-Punkte-Bedingung erfüllt sein können. Nach einigem Suchen mit Hilfe von (12b) erhalten wir $\hat n(3) = 110$ als kleinsten n-Wert, mit dem (12b) gerade noch erfüllt ist. Zu prüfen ist nun, ob auch $L_{110,3}(0,015) \geq 0,95$ bzw. die damit äquivalente Ungleichung für p_α in (12a) erfüllt ist. Dazu brauchen wir das Quantil $F^{-1}(0,95\,;214\,;8)$, das wir analog wie oben aus den Tabellenwerten

$$F^{-1}(0,95\,;\infty;8) = 2,9276 \quad \text{und} \quad F^{-1}(0,95\,;120;8) = 2,9669$$

zu $F^{-1}(0,95\,;214\,;8) \approx 2,9496$ interpolieren. Dies setzen wir in (12a) ein und bemerken, daß

$$p_\alpha = 0,015 > \frac{4}{4+107\cdot2,9496} = 0,0125$$

und damit die Ungleichung für p_α in (12a) verletzt ist. Daher gibt es (s. den Beweis von Satz 2.3) überhaupt kein n , mit dem bei $c = 3$ beide Ungleichungen der 2-Punkte-Bedingung erfüllt sind. Somit ist $n^* = 132$, $c^* = 4$ der Prüfplan, der die 2-Punkte-Bedingung mit minimalem Stichprobenumfang erfüllt, wenn diese für die binomiale OC-Kurve gefordert ist.

Das Beispiel zeigt, daß man bei Verwendung von $L_{n,c}(p)$ statt der Näherung $L^*_{n,c}(p)$ unter Umständen den Prüfaufwand erheblich reduzieren kann; allerdings stellt man oft auch fest, daß $c^* = \bar c$, d.h. daß der für OC-Kurven vom Typ $L_{n,c}(p)$ "günstigste" Prüfplan n^*, c^* dieselbe Annahmezahl hat wie der für OC-Kurven des Typs $L^*_{n,c}(p)$ "günstigste" Prüfplan $\bar n, \bar c$. Dann ist gewöhnlich auch n^* nicht viel kleiner als $\bar n$ oder sogar gleich.

Für die Hypergeometrische Verteilung ist leider kein ähnlicher Zusammenhang mit stetigen Verteilungen bekannt wie für die Poisson- und Binomial-Verteilung. Da die in $L_{N,n,c}(p)$ auftretenden Wahrscheinlichkeiten mühsam zu berechnen sind, begnügt man sich meist mit $L_{n,c}(p)$ oder $L^*_{n,c}(p)$ als Näherung für $L_{N,n,c}(p)$. Daß dabei in der Regel $L_{n,c}(p)$ die bessere Näherung als $L^*_{n,c}(p)$ ist, geht auch aus Satz 2.5 hervor.

Mit Hilfe eines Rechners könnte man jedoch das nach Satz 2.3 mögliche Suchverfahren auch auf $L_{N,n,c}(p)$ anwenden und damit einen Prüfplan $\bar n, \bar c$ bestimmen, bei dem die 2-Punkte-Bedingung für $L_{N,n,c}(p)$ mit minimalem Stichprobenumfang erfüllt ist. $\bar n$ wäre dann gewöhnlich noch etwas kleiner als das n^* des "günstigsten" Prüfplans im Fall der binomialen OC-Kurve. Der Unterschied wird aber gering sein oder sogar gleich 0 , wenn die resultierenden Stichprobenumfänge sehr klein im Vergleich zu N sind. Bei sehr großen Stückzahlen N lohnt sich dieser zusätzliche Rechenaufwand daher nicht.

Da die Bestimmung des "günstigsten" Prüfplans n^*, c^* für den Fall der binomialen OC-Kurven doch ein wenig mühsam ist, haben einige Autoren Nomogramme angefertigt, mit deren Hilfe man graphisch recht bequem und schnell eine Näherung für n^*, c^* bestimmen kann. Figur 12 zeigt ein solches Nomogramm[+] , bei dem in Miniatur vorgeführt wird, wie man graphisch n und c bestimmt. Man muß dazu den Punkt p_α in der linken p_α, p_β -Skala mit dem Punkt α in der rechten α, β -Skala durch eine Gerade verbinden. Dann verbindet man den Punkt p_β der linken Skala mit dem Punkt β der rechten Skala ebenfalls durch eine Gerade. n und c ergeben sich dann als Koordinaten des Schnittpunkts der beiden Geraden im Netz des Nomogramms. Bei dem in Miniatur vorgeführten Beispiel liest man so für $p_\alpha = 0,02$, $\alpha = 0,95$, $p_\beta = 0,08$ und $\beta = 0,10$ ab, daß n = 98 und c = 4 eine Näherung für den "günstigsten" Prüfplan n^*, c^* ist.

Für unser Beispiel, bei dem $p_\alpha = 0,015$, $\alpha = 0,95$, $p_\beta = 0,06$ und $\beta = 0,10$ gegeben war, würden wir etwa n = 120 , c = 4 ablesen, während die exakte Berechnung $n^* = 132$, $c^* = 4$ gezeigt hat.

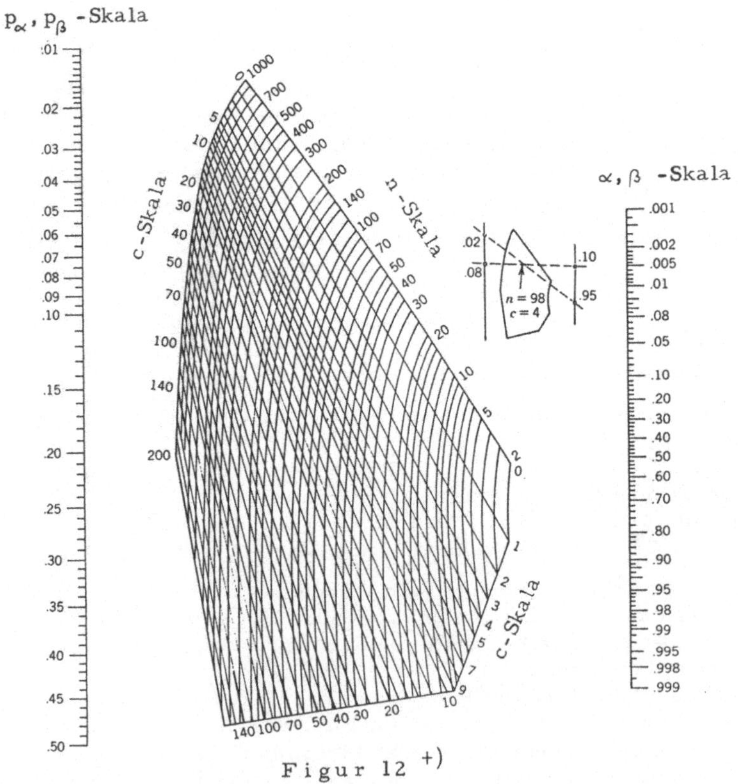

F i g u r 12 [+]

[+] übernommen aus MONTGOMERY [1985] mit freundlicher Erlaubnis des Verlags JOHN WILEY & SONS INC. , Copyright by John Wiley & Sons. Inc. New York .

<u>A u f g a b e n</u>

35) Eine Lieferung von N = 50 000 Stück soll mindestens mit Wahrscheinlichkeit α = 0, 90 angenommen werden, wenn sie nicht mehr als 200 defekte Stücke enthält. Sie soll höchstens mit der Wahrscheinlichkeit β = 0,10 angenommen werden, wenn sie 2 000 oder mehr defekte Stücke enthält. Bestimmen Sie den Prüfplan $\bar{n}, \bar{c}$, der diese Forderungen für $L^{*}_{n, c}(p)$ mit minimalem n erfüllt. Zeigen Sie dann, daß mit $\bar{n}, \bar{c}$ diese Forderungen auch von der binomialen und von der hypergeometrischen OC-Kurve erfüllt werden! Um wieviel läßt sich der Stichprobenumfang noch verringern, wenn man anstelle von $\bar{n}, \bar{c}$ den Prüfplan n^{*}, c^{*} benutzt, welcher die gegebene 2-Punkte-Bedingung für $L_{n, c}(p)$ mit minimalem n erfüllt? Ist die 2-Punkte-Bedingung dann auch für die eigentlich geltende OC-Kurve $L_{50\,000, n, c}(p)$ erfüllt, wenn n = n^{*}, c = c^{*} gesetzt wird?

36) Eine überholte Produktionsanlage läuft probeweise an und soll wieder gestoppt werden, wenn sie im Durchschnitt mehr als 5 % Ausschuß liefert. Es wird angenommen, daß die einzelnen Stücke unabhängig voneinander mit einer unbekannten Wahrscheinlichkeit p defekt werden. Man **stoppt** die Anlage, falls unter den ersten n produzierten Stücken mehr als c defekte sind. Man bestimme n und c so, daß die Anlage mit einer Wahrscheinlichkeit von mindestens 0, 95 gestoppt wird, falls $p \geq 0, 05$ ist, während sie bei $p \leq 0, 01$ höchstens mit Wahrscheinlichkeit 0, 10 gestoppt wird. Dabei soll n minimal sein. Welcher Typ von OC-Kurve gibt hier die exakte Annahmewahrscheinlichkeit (d. h. die Wahrscheinlichkeit dafür, daß nicht gestoppt wird) an ?

2.1.5 R e d u z i e r u n g   d e s   P r ü f a u f w a n d s   b e i   a b b r e c h e n d e r   K o n t r o l l e

Bei der Durchführung eines Prüfplans n, c kann man die weitere Kontrolle abbrechen, sobald man c+1 defekte Stücke gefunden hat, denn dann wird ohnehin abgelehnt. Geprüft wird dann eine vom Zufall abhängige Anzahl Y von Stücken und Y kann die Werte c+1 , c+2 , ... , n annehmen. Bei hohem Ausschußanteil p wird sich so im allgemeinen eine bedeutende Ersparnis an Prüfaufwand ergeben. Man könnte die Kontrolle auch abbrechen, sobald die Annahme feststeht, also wenn die Anzahl der noch nicht geprüften Stücke nicht mehr größer ist als c minus die Anzahl der bereits gefundenen defekten Stücke. Doch dabei erspart man sich im Höchstfall die Kontrolle von c Stücken und weil c gewöhnlich viel kleiner ist als die im Fall des Abbruchs wegen Überschreitung von c eingesparte Anzahl, wollen wir diese Möglichkeit nicht weiter verfolgen.

Y sei also die Anzahl der zu prüfenden Stücke, falls man im Fall der Ablehnung das (c+1)-te defekte Stück als letztes kontrolliert. Da der Erwartungswert von Y vom Ausschußanteil p abhängt, bezeichnen wir ihn mit $E[Y]_{p}$ und bezeichnen ihn als den **d u r c h s c h n i t t l i c h e n P r ü f u m f a n g** bei abbrechender Kontrolle. X sei die Anzahl der defekten Stücke in der noch zu ziehenden Stichprobe vom Umfang n. Dann kann $E[Y]_{p}$ in der Form

$$E[Y]_{p} = n \cdot W(X \leq c) + \sum_{j=c+1}^{n} E[Y \mid X = j] W(X = j) \tag{13}$$

berechnet werden. $E[Y\mid X=j]$ ist dabei der Erwartungswert von Y unter
der Bedingung, daß in der Stichprobe j defekte Stücke sind; im Gegensatz zu
$W(X=j)$ hängt er nicht von p ab und wir werden ihn mit Hilfe eines kombina-
torischen Lemmas berechnen. $W(X\leq c)$ ist natürlich die Wahrscheinlichkeit
für die Annahme, also gleich $L(p)$, wenn L die zugrundeliegende OC-Kurve ist.

LEMMA 1: Es sei i_m für $m=1,2,\ldots,j$ die m-te Ranggröße von j Zahlen,
die aus $\{1,2,\ldots,n\}$ so auszuwählen sind, daß jede Teilmenge der Mächtigkeit j mit derselben Wahrscheinlichkeit $1/\binom{n}{j}$
gewählt wird. Dann gilt

$$W(i_m = k) = \frac{\binom{k-1}{m-1}\binom{n-k}{j-m}}{\binom{n}{j}} \quad \text{und} \quad E[i_m] = m\,\frac{n+1}{j+1} \tag{14}$$

für $m=1,2,\ldots,j$; $j=1,2,\ldots,n$ und $k=1,2,\ldots,n$.

Beweis: Die Formel für $W(i_m=k)$ folgt daraus, daß $i_m=k$ bedeutet, daß
$m-1$ der ausgewählten Zahlen aus der Menge $\{1,2,\ldots,k-1\}$ kommen, während $j-m$ der ausgewählten Zahlen aus $\{k+1,k+2,\ldots,n\}$ stammen.

Da die Summe dieser Wahrscheinlichkeiten den Wert 1 ergeben muß, folgt

$$\sum_{k=1}^{n} \binom{k-1}{m-1}\binom{n-k}{j-m} = \binom{n}{j} \quad \text{für } m\leq j\leq n , \tag{15}$$

wobei man beachte, daß Binomialkoeffizienten gleich 0 sind, wenn die untere Zahl größer als die obere ist.

Erhöhen wir n , m und j um 1, dann folgt aus (15) die analoge Formel

$$\sum_{k=1}^{n+1} \binom{k-1}{m}\binom{n+1-k}{j+1-(m+1)} = \sum_{\tilde{k}=1}^{n} \binom{\tilde{k}}{m}\binom{n-\tilde{k}}{j-m} = \binom{n+1}{j+1} \quad (\text{mit } \tilde{k}=k-1)$$

und dies benutzen wir zur Berechnung von $E[i_m]$:

$$E[i_m] = \sum_{k=1}^{n} k\,\frac{\binom{k-1}{m-1}\binom{n-k}{j-m}}{\binom{n}{j}} = \frac{1}{\binom{n}{j}}\sum_{k=1}^{n} \binom{k}{m} m \binom{n-k}{j-m} = m\,\frac{\binom{n+1}{j+1}}{\binom{n}{j}} = m\,\frac{n+1}{j+1} \quad .$$

Wenn nun $X=j$ mit $j>c$ gilt und wir die Stücke der Stichprobe in der Reihenfolge numerieren, in der wir sie kontrollieren, dann ist offenbar Y gleich
der Nummer des $(c+1)$-ten defekten Stücks und die Nummern der defekten
Stücke erfüllen die Voraussetzung des Lemmas. Es gilt dann also

$$E[Y\mid X=j] = (c+1)\frac{n+1}{j+1} \quad \text{und} \quad E[Y]_p = n\,W(X\leq c) + \sum_{j=c+1}^{n} (c+1)\frac{n+1}{j+1}\,W(X=j) .$$

Diese Formeln gelten unabhängig vom Typ der Operationscharakteristik.
Gehen wir davon aus, daß sie vom binomialen Typ $L_{n,c}(p)$ ist, dann ist

$$E[Y]_p = n\,L_{n,c}(p) + \sum_{j=c+1}^{n} (c+1)\frac{n+1}{j+1}\binom{n}{j}p^j(1-p)^{n-j} ; \quad \text{für } 0<p\leq 1 \text{ ist das gleich}$$

$$n\,L_{n,c}(p) + \sum_{j=c+1}^{n} \frac{c+1}{p}\binom{n+1}{j+1}p^{j+1}(1-p)^{n+1-(j+1)}$$

und die letzte Summe ist offensichtlich gleich $(1-L_{n+1,c+1}(p))(c+1)/p$;

ist also die Anzahl X der defekten Stücke in einer Stichprobe vom Umfang n
binomialverteilt und die Annahmezahl c , dann ist der durchschnittliche
Prüfumfang bei abbrechender Kontrolle durch

$$E[Y]_p = n\,L_{n,\,c}(p) + \frac{c+1}{p}(1 - L_{n+1,\,c+1}(p)) \tag{15}$$

gegeben.

Für die Extremfälle p = 0 und p = 1 erhält man, wie zu erwarten ist, $E[Y]_0 = n$
und $E[Y]_1 = c+1$. Formel (15) ist äquivalent mit der Formel

$$E[Y]_p = n\,L_{n,\,c}(p) + \frac{c+1}{p}(1 - L_{n,\,c}(p) - \binom{n}{c+1}p^{c+1}(1-p)^{n-c}) , \tag{16}$$

die man auch auf anderem Wege herleiten kann (vgl. UHLMANN [1982] S. 134),
denn es gilt die Identität

$$L_{n+1,\,c+1}(p) = L_{n,\,c}(p) + \binom{n}{c+1}p^{c+1}(1-p)^{n-c} ; \tag{17}$$

letztere kann man ohne Rechnen daraus schließen, daß man bei einer Stichprobe vom Umfang n+1 genau dann nicht mehr als c+1 defekte Stücke findet,
wenn man entweder unter den ersten n Stücken nicht mehr als c defekte
Stücke hat, oder wenn unter den ersten n Stücken genau c+1 defekte sind,
während das letzte Stück gut ist.

Eigentlich ist X in den meisten Fällen hypergeometrisch verteilt und wir
geben daher $E[Y]_p$ auch noch für den Fall an, daß die Operationscharakteristik des Prüfplans vom hypergeometrischen Typ ist. Analog wie eben erhalten wir

$$E[Y]_p = n\,L_{N,\,n,\,c}(p) + \sum_{j=c+1}^{n}(c+1)\frac{n+1}{j+1}\cdot\frac{\binom{M}{j}\binom{N-M}{n-j}}{\binom{N}{n}} = \text{(mit } k=j+1\text{)}$$

$$= n\,L_{N,\,n,\,c}(p) + \frac{(c+1)(N+1)}{M+1}\sum_{k=c+2}^{n+1}\frac{\binom{M+1}{k}\binom{N+1-(M+1)}{n+1-k}}{\binom{N+1}{n+1}}$$

und daraus folgt

$$E[Y]_p = n\,L_{N,n,c}(p) + \frac{c+1}{p^+}(1 - L_{N+1,\,n+1,\,c+1}(p^+)), \tag{18}$$

wobei $p^+ = \frac{M+1}{N+1}$, während p die Werte $\frac{M}{N}$, M = 0, 1, ..., N

durchläuft. Der Unterschied zwischen (15) und (18) ist ersichtlich immer
dann gering, wenn $L_{n,\,c}(p) \approx L_{N,\,n,\,c}(p)$ gilt, also wenn n < 0,10 N . Ohne

weiteres erkennt man, daß auch nach (18), wie es sein muß, $E[Y]_0 = n$ und
$E[Y]_1 = c+1$ gilt. In Figur 13 ist

$E[Y]_p$ für den Prüfplan n = 50, c = 1

nach (15) und nach (18) skizziert;
um den Unterschied deutlich werden zu lassen, wurde dabei N=n=50
gewählt. Dies bedeutet, daß sich
$E[Y]_p$ nach (18) wegen
$L_{N,\,N,\,c}(p) = 1$ für p = 0, $\frac{1}{N}$, ..., $\frac{c}{N}$,
$L_{N,N,c}(p) = 0$ für p = (c+1)/N, ..., N/N

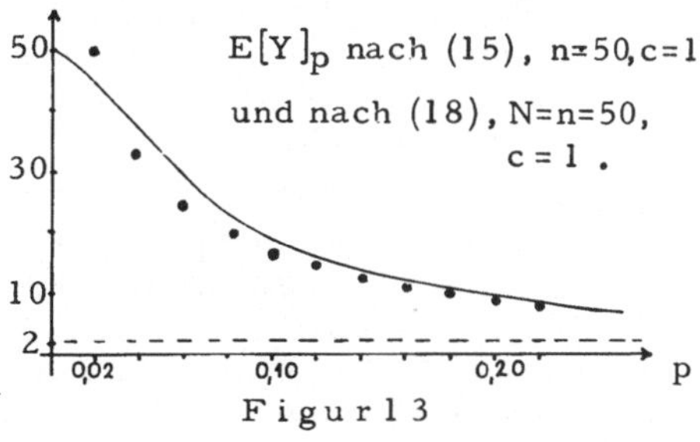

F i g u r 13

besonders einfach berechnen läßt. Für $p = 0, \frac{1}{N}, \ldots, \frac{c}{N}$ ist dann nämlich

auch $L_{N+1,N+1,c+1}(p^+)$ gleich 1 und daraus erhalten wir $E[Y]_p = n$; für

$p = (c+1)/N, \ldots, N/N$ ist auch $L_{N+1,N+1,c+1}(p^+)$ wie $L_{N,N,c}(p)$ gleich 0 und

daraus ergibt sich $E[Y]_p = (c+1)(N+1)/(M+1)$. Nach Lemma 1 ist letzteres

gerade gleich dem Erwartungswert für die Nummer des $(c+1)$-ten defekten
Stücks, wenn wir die Stücke in der Reihenfolge der Kontrolle numerieren.
Für die Figur 13 liefert (18) also $E[Y]_p = 50$ für $p = 0$ und $p = 1/50 = 0,02$;

doch für $p = k/50$, $k = 2, 3, \ldots, 50$ ist $E[Y]_p = 2 \cdot 51/(k+1)$.

Oft verzichtet man auf das Abbrechen der Kontrolle im Fall der Ablehnung
und damit auf eine mögliche Einsparung an Prüfaufwand, weil man aufgrund
der Stichprobe nicht nur zur Entscheidung über Annahme oder Ablehnung
kommen will, sondern auch den unbekannten Ausschußanteil p schätzen
möchte. Normalerweise schätzt man p durch X/n , also durch den Anteil
der defekten Stücke in der Stichprobe. Würden wir auch mit abgebrochenen
Stichproben so verfahren, dann hätten wir eine verfälschte, d.h. nicht erwartungstreue Schätzfunktion, während X/n wegen $E[X] = np$ natürlich erwartungstreu ist.
Wir machen uns das an einem trivialen Beispiel klar: Sei $n = 2$, $p = 0,25$
und X binomialverteilt nach $Bi(2; 0,25)$. Die Annahmezahl c sei 0 und wir
brechen die Kontrolle ab, wenn das erste geprüfte Stück defekt ist. Letzteres tritt mit Wahrscheinlichkeit $0,25$ ein und dann schätzen wir p mit dem
Wert 1 . Die anderen beiden Fälle sind "erstes Stück gut, zweites defekt"
und "beide Stücke gut"; sie treten mit den Wahrscheinlichkeiten $0,75 \cdot 0,25$
bzw. $0,75^2$ ein und wir schätzen dann p mit den Werten $0,50$ und 0 . Der Erwartungswert für unseren Schätzwert ist also

$$1 \cdot 0,25 + 0,50 \cdot (0,75 \cdot 0,25) = 0,34375$$

d.h. wir würden im Durchschnitt p zu hoch schätzen, wenn wir auch bei ab-
gebrochener Kontrolle p durch den Anteil der defekten Stücke unter den bis
dahin kontrollierten Stücken schätzen wollten!

2.1.6 Zweifache Prüfpläne

Bei einem zweifachen Prüfplan ist nach der Kontrolle einer ersten Stichprobe vom Umfang n_1 außer Annahme oder Ablehnung als dritte Möglichkeit
noch vorgesehen, daß man erst eine weitere Stichprobe vom Umfang n_2
zieht und daraufhin die Entscheidung über Annahme oder Ablehnung aufgrund
beider Stichproben fällt. Welche dieser drei möglichen Reaktionen nach der
ersten Stichprobe erfolgt, richtet sich nach der Anzahl X_1 der defekten
Stücke in der ersten Stichprobe. Für diese sind jetzt zwei ganze Zahlen c_1
und c_2 mit $0 \leq c_1 < c_2 < n_1$ gegeben. Wenn $X_1 \leq c_1$ ist, dann wird die Partie

schon aufgrund der 1. Stichprobe angenommen, ist $X_1 > c_2$, dann wird sie
schon aufgrund der 1. Stichprobe abgelehnt. Daher nennen wir
$\qquad c_1$ die Annahmezahl der 1. Stichprobe,
$\qquad c_2$ die Ablehnungszahl der 1. Stichprobe.
Zur zweiten Stichprobe kommt es also nur, wenn $c_1 < X_1 \leq c_2$ gilt.

X_2 sei dann die Anzahl der defekten Stücke in der zweiten Stichprobe. Die Partie wird dann endgültig angenommen, wenn die Anzahl $X = X_1 + X_2$ der defekten Stücke in beiden Stichproben nicht größer ist als die ganze Zahl c_3, wobei

c_3 die Annahmezahl der Gesamtstichprobe

genannt wird. Wir setzen voraus, daß die Ungleichungen

$$c_2 \leq c_3 < n_1 + n_2$$

gelten; bei $c_3 < c_2$ würde man nämlich im Fall $X_1 = c_2$ unnötigerweise noch eine zweite Stichprobe ziehen, obwohl die Ablehnung dann schon sicher wäre und bei $c_3 = n_1 + n_2$ hätte die zweite Stichprobe auch keinen Sinn, weil man dann immer annehmen würde, falls nicht die erste Stichprobe zur Ablehnung führt. Es können also die folgenden vier Fälle eintreten:

- a) Annahme aufgrund der 1. Stichprobe,
- b) Ablehnung aufgrund der 1. Stichprobe,
- c) Annahme erst aufgrund der 2. Stichprobe,
- d) Ablehnung erst aufgrund der 2. Stichprobe.

Wir können den zeitlichen Verlauf einer Stichprobenkontrolle skizzieren, indem wir für $i = 1, 2, \ldots$ die Punkte $(i, x(i))$ eintragen, wobei $x(i)$ die Anzahl der defekten Stücke unter den ersten i geprüften Stücken ist. In Figur 14 ist für Fall b) und Fall c) je ein möglicher Verlauf gezeichnet, wobei $n_1 = 8$, $n_2 = 10$, $c_1 = 1$, $c_2 = 3$ und $c_3 = 4$ angenommen wurde. Fall a) hätte sich ergeben, wenn man an die untere "Barriere" bei $i = n_1 = 8$ gekommen wäre, Fall d), wenn man an der oberen "Barriere" bei $i = n_1 + n_2 = 18$ angelangt wäre.

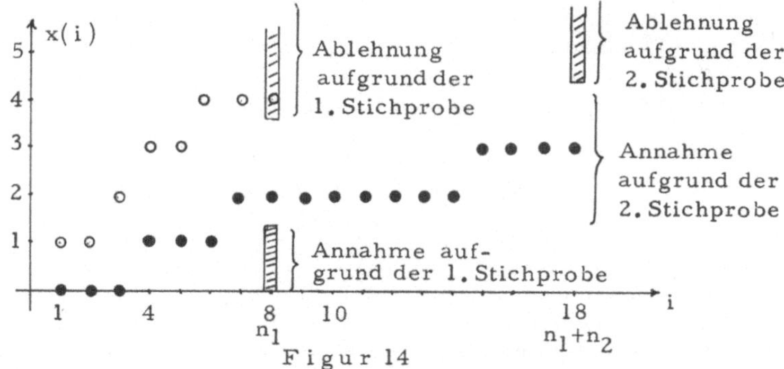

Figur 14

Zweifache Prüfpläne haben den Vorteil, daß man bei sehr guter und bei sehr schlechter Qualität in der Regel schon nach der ersten Stichprobe zur Entscheidung über Annahme oder Ablehnung kommt, wobei n_1 kleiner sein kann als der Stichprobenumfang, den man bei einem einfachen Prüfplan wählen würde. Auf lange Sicht kann man daher bei Verwendung von zweifachen anstelle von einfachen Prüfplänen einen Teil des Prüfaufwands einsparen. Im Gegensatz zur abgebrochenen Kontrolle kann man hier die Schlechtanteile X_1/n_1 und X_2/n_2 in den beiden Stichproben als Schätzfunktionen verwenden, und zwar ist

$\dfrac{X_1}{n_1}$ unverfälschte Schätzfunktion für den Ausschußanteil p der Partie, und $\dfrac{X_2}{n_2}$ ist unverfälschte Schätzfunktion für den Ausschußanteil in der restlichen Partie, d.h. in der Gesamtheit der nach der Entnahme der 1. Stichprobe noch übrigen Stücke.

Die naheliegende Schätzfunktion $(X_1+X_2)/(n_1+n_2)$ könnte man nur bilden, wenn es zu einer 2. Stichprobe kommt, also unter der Bedingung $X_1 > c_1$. Deshalb wäre diese Schätzfunktion im allgemeinen verfälscht; man würde damit den Ausschußanteil auf lange Sicht überschätzen. Wir machen uns das an dem folgenden einfachen Beispiel klar:
In einer Gesamtheit von 3 Stücken sei eines defekt, p also $1/3$. Wir ziehen ein Stück zufällig und nur dann noch ein zweites, wenn das erste defekt ist. Dann ist immer $(X_1+X_2)/(n_1+n_2) = 1/2$, also stets zu hoch. Man kann auch nicht behaupten, daß dieses Überschätzen genau ausgeglichen wird, wenn man als Schätzfunktion X_1/n_1 benutzt, falls es bei der ersten Stichprobe bleibt, und $(X_1+X_2)/(n_1+n_2)$, falls es zur zweiten Stichprobe kommt. Denn unser triviales Beispiel zeigt, daß wir dann mit Wahrscheinlichkeit $2/3$ den Schätzwert 0 und mit Wahrscheinlichkeit $1/3$ den Schätzwert $1/2$ bekämen, im Durchschnitt also den zu niedrigen Wert $0 \cdot (2/3) + (1/2) \cdot (1/3) = 1/6$.

Die Operationscharakteristik eines zweifachen Prüfplans

Wie bei den einfachen Prüfplänen bezeichnen wir die Annahmewahrscheinlichkeit in Abhängigkeit vom Ausschußanteil p der zu beurteilenden Gesamtheit als die Operationscharakteristik bzw. OC-Kurve des zweifachen Prüfplans. Wir schreiben dafür einfach $L(p)$, obwohl diese Funktion außer von p noch von den fünf Parametern n_1, c_1, c_2, n_2, c_3 abhängt. Unabhängig vom Typ der Verteilungen, nach denen die Anzahlen X_1, X_2 und $X_1+X_2 = X$ verteilt sind, gilt zunächst

$$L(p) = W(X_1 \leq c_1) + W(c_1 < X_1 \leq c_2, X \leq c_3) = W(X_1 \leq c_1) + \sum_{k=c_1+1}^{c_2} W(X_1=k, X \leq c_3)$$

und somit

$$L(p) = W(X_1 \leq c_1) + \sum_{k=c_1+1}^{c_2} W(X_1=k)\, W(X_2 \leq c_3-k \mid X_1=k) \ . \qquad (19)$$

Wir nehmen zunächst an, daß X_1 und X_2 unabhängig und binomialverteilt sind. Diese Annahme ist für praktische Zwecke hinreichend genau erfüllt, wenn die Stichprobenumfänge n_1 und n_2 klein gegen den Umfang N der zu untersuchenden Gesamtheit sind; exakt trifft die Annahme zu, wenn man die Stichproben mit Zurücklegen zieht oder wenn sie der laufenden Produktion eines Prozesses entnommen werden, der mit der Defektwahrscheinlichkeit p unter statistischer Kontrolle ist. Aus (19) wird dann

$$L(p) = L_{n_1, c_1}(p) + \sum_{k=c_1+1}^{c_2} \binom{n_1}{k} p^k (1-p)^{n_1-k}\, L_{n_2, c_3-k}(p) \qquad (20)$$

Wie bei den einfachen Prüfplänen kann man auch jetzt in der Regel die binomialen OC-Kurven gut durch die entsprechenden des Poisson'schen Typs approximieren, indem man die Binomialverteilungen von X_1 und X_2 durch die Poisson-Verteilungen $Po(n_1 p)$ und $Po(n_2 p)$ ersetzt. Dadurch erhält man als Näherung für $L(p)$

$$L(p) \approx L^*(p) = L^*_{n_1, c_1}(p) + \sum_{k=c_1+1}^{c_2} \frac{(n_1 p)^k}{k!} e^{-n_1 p} \, L^*_{n_2, c_3-k}(p) \qquad (21)$$

oder ausführlich geschrieben

$$L^*(p) = \sum_{k=0}^{c_1} \frac{(n_1 p)^k}{k!} e^{-n_1 p} + \sum_{k=c_1+1}^{c_2} \frac{(n_1 p)^k}{k!} e^{-n_1 p} \sum_{j=0}^{c_3-k} \frac{(n_2 p)^j}{j!} e^{-n_2 p} \; . \qquad (22)$$

Wenn die Stichproben wie üblich ohne Zurücklegen aus einer endlichen Gesamtheit gezogen werden, dann sind die exakten Verteilungen von X_1 und X_2 hypergeometrisch. Wir erhalten dann aus (19) die eigentliche Operationscharakteristik durch Einsetzen der hypergeometrischen Wahrscheinlichkeiten (auch die bedingten Wahrscheinlichkeiten in (19) sind dann hypergeometrisch). p nimmt dann wieder nur die diskreten Werte 0, 1/N, ..., N/N an. Als Übungsaufgabe möge der Leser diese etwas umfangreiche Formel selber zu Papier bringen.

Wir wollen für den Augenblick $W(X_1 \leq c_1)$ und die ja ebenfalls als Operationscharakteristik interpretierbare Wahrscheinlichkeit $W(X_1 \leq c_2)$ mit $\tilde{L}_{n_1, c_1}(p)$ und $\tilde{L}_{n_1, c_2}(p)$ bezeichnen, unabhängig davon, zu welchem Typ sie gehören.
Aus (19) erkennen wir dann, daß $L(p) \geq \tilde{L}_{n_1, c_1}(p)$ für alle p gilt; weil ferner die in (19) vorkommenden bedingten Wahrscheinlichkeiten nicht größer als 1 sein können, folgt auch $L(p) \leq \tilde{L}_{n_1, c_2}(p)$ für alle p und damit der

SATZ 2.7: Wenn die Operationscharakteristiken $\tilde{L}_{n_1, c_1}(p)$ und $\tilde{L}_{n_1, c_2}(p)$ der einfachen Prüfpläne n_1, c_1 bzw. n_1, c_2 die Bedingungen $\tilde{L}_{n_1, c_1}(p_\alpha) \geq \alpha$ und $\tilde{L}_{n_1, c_2}(p_\beta) \leq \beta$ erfüllen, dann erfüllt stets die Operationscharakteristik $L(p)$ eines durch die Parameter n_1, c_1, c_2, n_2, c_3 gegebenen zweifachen Prüfplans die Bedingungen $L(p_\alpha) \geq \alpha$ und $L(p_\beta) \leq \beta$, wenn dabei die Ungleichungen $0 \leq c_1 < c_2 \leq c_3 < n_1 + n_2$ beachtet werden.

Die Ungleichungen $0 \leq c_1 < c_2 \leq c_3 < n_1 + n_2$ müssen wir ohnehin für zweifache Prüfpläne voraussetzen. Abgesehen davon sind c_3 und n_2 beliebig.

Durchschnittlicher Prüfumfang

Wie im vorigen Abschnitt nennen wir die Anzahl der zu prüfenden Stücke Y. Bei einem zweifachen Prüfplan ist Y entweder gleich n_1 oder gleich $n_1 + n_2$. Den Erwartungswert von Y nennen wir den durchschnittlichen Prüfumfang $E[Y]_p$. Es gilt

$$E[Y]_p = n_1 (W(X_1 \leq c_1) + W(X_1 > c_2)) + (n_1 + n_2) W(c_1 < X_1 \leq c_2) ,$$

also

$$E[Y]_p = n_1 + n_2 W(c_1 < X_1 \leq c_2) ; \qquad (23)$$

wenn wir als Verteilung von X_1 die Binomialverteilung $Bi(n_1, p)$ verwenden dürfen, wird daraus

$$E[Y]_p = n_1 + n_2 \sum_{k=c_1+1}^{c_2} \binom{n_1}{k} p^k (1-p)^{n_1-k} \; . \tag{24}$$

Für $p = 0$ und $p = 1$ wird die letzte Summe gleich 0, da $c_1 + 1 > 0$ und $c_2 < n_1$; also ist $E[Y]_0 = E[Y]_1 = n_1$, und das muß auch so sein, weil in diesen beiden Extremfällen immer schon aufgrund der 1. Stichprobe angenommen bzw. abgelehnt wird. In Figur 15 ist $E[Y]_p$ für den zweifachen Prüfplan mit den Parametern $n_1 = 10$, $c_1 = 0$, $c_2 = 2$, $n_2 = 20$ und $2 \leqslant c_3 < 30$ (von c_3 hängt $E[Y]_p$ nicht ab!) skizziert.

Numerische Vergleiche haben ergeben, daß die OC-Kurve eines einfachen Prüfplans n, c in ihrem Gesamtverlauf nicht sehr von der OC-Kurve eines zweifachen Prüfplans abweicht, falls beide an den Stellen p_α und p_β einer 2-Punkte-Bedingung gut übereinstimmen. Wir bestätigen das für den zweifachen Prüfplan $n_1 = 10$, $c_1 = 0$, $c_2 = c_3 = 2$, $n_2 = 20$ und den einfachen Prüfplan $n = 23$, $c = 2$.

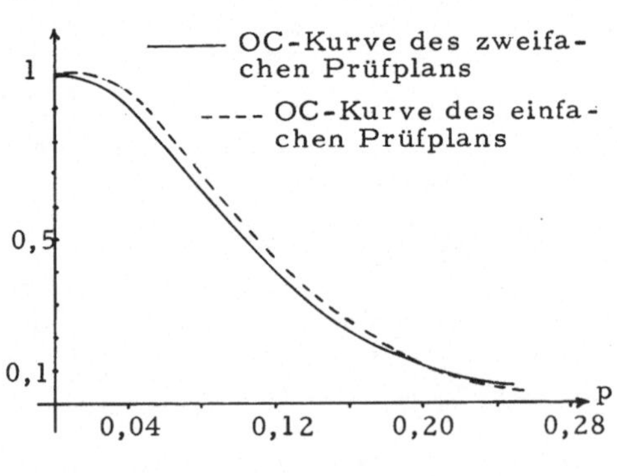

Figur 15

Beide sind so gewählt, daß die 2-Punkte-Bedingung $L(0,04) \geqslant 0,90$, $L(0,22) \leqslant 0,10$ erfüllt ist, wenn man die Operationscharakteristik des zweifachen Prüfplans nach (20) berechnet und auch für den einfachen Prüfplan die OC-Kurve des binomialen Typs zugrundelegt. Es gilt dann $L(0,04) = 0,912$, $L(0,22) = 0,0963$ für die OC-Kurve des zweifachen Prüfplans und $L_{23,2}(0,04) = 0,9375$, $L_{23,2}(0,22) = 0,0911$ für die OC-Kurve des einfachen Prüfplans (exakte Übereinstimmung der beiden OC-Kurven an den Stellen p_α und p_β läßt sich im allgemeinen nicht erzielen). Figur 16 zeigt, daß die beiden OC-Kurven auch für die anderen p-Werte nicht sehr stark voneinander abweichen. Ein weiteres Beispiel für eine solche relativ gute Übereinstimmung findet man bei UHLMANN[1982]S. 150 .

Für den durchschnittlichen Prüfaufwand $E[Y]_p$, den der zweifache Prüfplan zur Folge hat, gilt die in Figur 15 skizzierte Kurve; wir sehen also, daß wir mit dem einfachen Prüfplan $n = 23$, $c = 2$ zwar im wesentlichen dasselbe erreichen wie mit dem zweifachen Prüfplan, aber in der Regel einen größeren Prüfaufwand haben. Nur wenn p in der Nähe der Maximalstelle von $E[Y]_p$, also etwa bei $0,15$ liegt, ist $E[Y]_p$ ungefähr so groß wie $n = 23$.

Figur 16

Noch mehr Prüfaufwand kann man natürlich sparen, wenn man auch bei den zweifachen Prüfplänen den Abbruch der Kontrolle zuläßt, sobald die Ableh-

nung der Partie feststeht. Man hört dann also auf, weitere Stücke zu prüfen, wenn man in der 1. Stichprobe das (c_2+1)-te defekte Stück gefunden hat, oder wenn bei der 2. Stichprobe die Anzahl der in beiden Stichproben gefundenen defekten Stücke erstmals c_3 überschreitet.
Formeln für den durchschnittlichen Prüfaufwand $E[Y]_p$ bei zweifachen Prüfplänen und abbrechender Kontrolle findet man bei UHLMANN [1982](S. 153ff; dort kann man auch anhand einer Graphik den Effekt des Abbrechens bei ein- und zweifachen Prüfplänen für den wichtigen Spezialfall $c_2 = c_3$ miteinander vergleichen.

Man hat auch dreifache Prüfpläne und sogar solche mit noch mehr Stufen entworfen; praktische Erfahrungen (vgl. DODGE & ROMIG [1959]) zeigten jedoch, daß der Übergang von zwei zu drei oder mehr Stufen im allgemeinen keine wesentliche Ersparnis an Prüfaufwand mehr einbringt. Auch wegen ihrer komplizierteren Handhabung konnten sich die Praktiker mit mehr als zweifachen Prüfplänen nicht anfreunden. Es gibt ja schon bei den zweifachen Prüfplänen eine große Vielfalt von Möglichkeiten für die fünf Parameter, wenn nur eine 2-Punkte-Bedingung zu erfüllen ist. Zusätzliche Bedingungen an die OC-Kurve könnten diese Vielfalt einschränken, aber es wäre nicht einfach, allgemeine Kriterien für diese Bedingungen anzugeben, die sicherstellen, daß dann überhaupt noch Lösungen existieren.
Aus Gründen der Vereinfachung und Vereinheitlichung wurde bei den veröffentlichten Tabellen von zweifachen Prüfplänen die mögliche Vielfalt dadurch eingeschränkt, daß man $c_2 = c_3$ (s. DODGE & ROMIG [1959]) oder zusätzlich noch n_2 als festes Vielfaches von n_1 wählte. So gilt etwa für die in den ASQ-Tabellen aufgeführten zweifachen Prüfpläne (dort werden sie "Doppelpläne" genannt) stets $c_2 = c_3$ und $n_2 = 2 n_1$ (vgl. ASQ [1960]).

2.1.7 Sequentielle Prüfpläne

Wie bei den zweifachen Prüfplänen ist auch bei den nun zu besprechenden sequentiellen Prüfplänen die Anzahl der zu prüfenden Stücke zufallsabhängig. Während wir dort aber fest vorgegebene Stichprobenumfänge n_1, n_2 hatten, wird jetzt nach jedem geprüften Stück entschieden, ob man ein nächstes Stück prüft, oder ob die Partie angenommen bzw. abgelehnt wird. Wir bezeichnen mit X_k, $k = 1, 2, \ldots$ die Anzahl der defekten Stücke unter den ersten k geprüften Stücken und tragen die Punkte (k, X_k) in einem rechtwinkligen Koordinatensystem wie in Figur 17 an. Ein sequentieller Prüfplan kann dann durch zwei parallele Geraden und eine Vorschrift wie folgt definiert werden:

<u>Definition:</u> Ein sequentieller Prüfplan ist durch zwei parallele Geraden, die Gleichungen der Form $x = b + ck$, $x = -a + ck$ mit $a > 0$, $b > 0$ und $0 < c < 1$ genügen, und durch folgende Vorschrift gegeben: Liegt der Punkt (k, X_k) zwischen den Geraden, dann prüfe ein weiteres Stück; liegt er auf oder oberhalb der oberen Parallelen, dann lehne die Partie ab; liegt er auf oder unterhalb der unteren Parallelen, dann nimm die Partie an!

Ein sequentieller Prüfplan ist also durch die drei positiven reellen Parameter a, b und c bestimmt und seine Vorschrift kann auch mit Ungleichungen anstelle der geometrischen Sprechweise formuliert werden:

$$\text{wenn } -a+ck < X_k < b+ck \text{ , dann prüfe ein weiteres Stück;}$$
$$\text{wenn } X_k \geq b+ck, \text{ dann lehne die Partie ab;} \tag{25}$$
$$\text{wenn } X_k \leq -a+ck \text{ , dann nimm die Partie an!}$$

In Figur 17 ist ein möglicher Pfad von Punkten (k, X_k) skizziert, der mit k = 15 in den Ablehnbereich gerät, während für k = 1, ..., 14 jeweils nach der ersten dieser drei Regeln zu verfahren war. Der benötigte Stichprobenumfang bis zur Entscheidung ist in diesem Fall also 15.

Man kann leicht erraten, welchen Einfluß die Parameter a, b und c haben werden: Bei kleinem c wird mit geringerer Wahrscheinlichkeit angenommen als mit großem c und je größer a und b sind, umso länger wird es im allgemeinen dauern, bis die Entscheidung fällt, aber dafür werden Fehlentscheidungen auch weniger wahrscheinlich, d.h. es wird weniger oft vorkommen, daß man gute Qualität irrtümlich ablehnt oder schlechte Qualität annimmt.

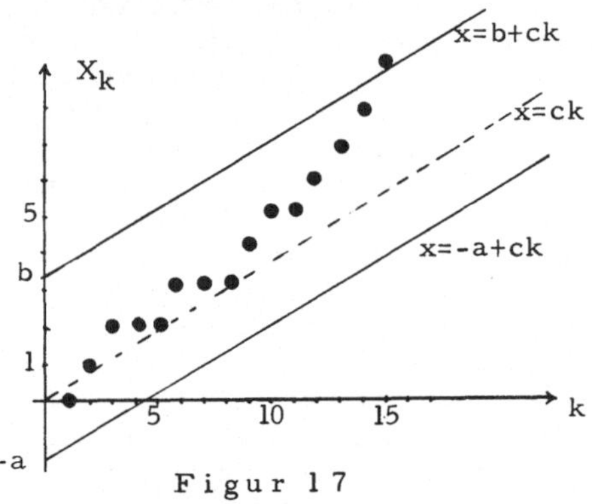

Figur 17

Bei einem Ausschußanteil p in der Partie gilt $E[X_k] = pk$ für k = 1, 2, ... Wäre p = c, dann könnte man erwarten, daß die Punkte (k, X_k) nicht sehr von den Punkten $(k, E[X_k]) = (k, ck)$ abweichen, also in der Nähe der Geraden x = ck bleiben, die wir in Figur 17 gestrichelt angedeutet haben. Ist p aber erheblich kleiner als c, dann wird der Pfad mit hoher Wahrscheinlichkeit in den Annahmebereich geraten; er wird mit großer Wahrscheinlichkeit in den Ablehnungsbereich geraten, wenn p erheblich größer als c ist.

Wenn die zu prüfenden Stücke ohne Zurücklegen aus einer endlichen Gesamtheit von N Stücken gezogen werden, dann ist es möglich (bei großem N und "vernünftig" gewählten Parametern a, b aber sehr unwahrscheinlich), daß die Punkte (k, X_k) bis hin zu k = N zwischen den beiden Parallelen bleiben. In diesem Fall würde der sequentielle Prüfplan also zunächst zu keiner Entscheidung führen. Da aber damit auch eine Totalkontrolle eintreten würde, könnte man leicht eine zusätzliche Regel angeben, die für alle Punkte (N, j) mit $-a+cN < j < b+cN$ entweder die Annahme oder die Ablehnung vorschreibt.

Wir setzen im folgenden voraus, daß die Stücke unabhängig voneinander mit der festen Wahrscheinlichkeit p defekt sind, so daß also X_k nach Bi(k, p) verteilt ist. Dies trifft zu, wenn die Stücke aus einem Produktionsprozeß kommen, der mit fester Defektwahrscheinlichkeit p unter statistischer Kontrolle ist, oder wenn sie mit Zurücklegen aus einer Gesamtheit mit dem Ausschußanteil p gezogen werden. Wenn N groß genug ist, gilt diese Voraussetzung in guter Näherung auch beim Ziehen ohne Zurücklegen.

Nun könnte man befürchten, daß die Punkte (k, X_k) für alle k zwischen den beiden Parallelen bleiben und daß man zu keiner Entscheidung kommt, auch wenn man beliebig viele Stücke prüft. Immerhin gibt es unendlich viele Pfade von Punkten (k, X_k), die für alle k zwischen den beiden Parallelen bleiben, es sei denn, daß der Vertikalabstand a+b der beiden Parallelen extrem klein gewählt wäre. Alle diese Pfade haben aber zusammen nur die Wahrscheinlichkeit 0 , wie folgende Überlegung zeigt:

Die Wahrscheinlichkeit dafür, daß die Punkte (k, X_k) für alle $k = 1, 2, \ldots m$ zwischen den Parallelen liegen, ist nicht größer als die Wahrscheinlichkeit dafür, daß (m, X_m) dazwischen liegt, da letzteres aus ersterem folgt. Nun gilt aber für alle $m = 1, 2, \ldots$ und $0 < p < 1$

$$W(-a+cm < X_m \leq b+cm) = W\left(\frac{-a+cm-pm}{\sqrt{mp(1-p)}} < \frac{X_m-pm}{\sqrt{mp(1-p)}} < \frac{b+cm-pm}{\sqrt{mp(1-p)}} \right) \quad (26)$$

und die Verteilungsfunktion der standardisierten Variablen $\dfrac{X_m-pm}{\sqrt{mp(1-p)}}$ konvergiert für $m \to \infty$ nach dem Zentralen Grenzwertsatz (vgl. Satz 1.16) gegen die Verteilungsfunktion $\Phi(x)$ der Standard-Normalverteilung $N(0, 1)$; die Wahrscheinlichkeit (26) konvergiert für $m \to \infty$ also gegen

$$\lim_{m \to \infty} \left\{ \Phi\left(\frac{b+m(c-p)}{\sqrt{mp(1-p)}} \right) - \Phi\left(\frac{-a+m(c-p)}{\sqrt{mp(1-p)}} \right) \right\}$$

und dieser Grenzwert ist 0, weil die Differenz $(a+b)/\sqrt{mp(1-p)}$ der Argumente von Φ für $m \to \infty$ gegen 0 konvergiert. (Für $p < c$ gehen beide Argumente mit m gegen ∞ , die Funktionswerte von Φ also beide gegen 1 ; für $p = c$ konvergieren die Argumente für $m \to \infty$ beide gegen 0 und die Funktionswerte daher beide gegen $1/2$; für $p > c$ gehen die Argumente für $m \to \infty$ gegen $-\infty$ und die Funktionswerte von Φ konvergieren daher beide gegen 0 .) Wäre aber $p = 0$ oder $p = 1$, dann würde der Pfad der Punkte (k, X_k) nur waagrecht verlaufen bzw. bei jedem Schritt um 1 nach rechts und um 1 nach oben gehen und man käme daher wegen $0 < c < 1$ mit Sicherheit nach endlich vielen Schritten (sogar in der kürzestmöglichen Anzahl von Schritten) bei $p = 0$ zur Annahme, bei $p = 1$ zur Ablehnung. Damit folgt

SATZ 2.8 : Jeder sequentielle Prüfplan führt mit Wahr -
scheinlichkeit 1 nach endlich vielen geprüften
Stücken zur Entscheidung für die Annahme oder
die Ablehnung, wenn die Anzahl X_k der defekten
Stücke unter den ersten k geprüften Stücken für
$k = 1, 2, \ldots$ nach $Bi(k, p)$ mit festem p aus $[0, 1]$ verteilt ist.

Nach diesen Vorüberlegungen fragen wir uns nun, wie a, b und c zu wählen sind, wenn eine 2-Punkte-Bedingung gefordert wird. Mit $L(p)$ bezeichnen wir auch hier die Operationscharakteristik des Prüfplans, also die Wahrscheinlichkeit für die Annahme der Partie. Diese ist jetzt gleich der Wahrscheinlichkeit dafür, daß der erste der Punkte (k, X_k), der nicht mehr zwischen den beiden Parallelen liegt, auf oder unterhalb der unteren Parallelen liegt. Für $L(p)$ sei eine 2-Punkte-Bedingung $L(p_\alpha) \geq \alpha$, $L(p_\beta) \leq \beta$ gefordert. Für das weitere ist nun die folgende Äquivalenz grundlegend: die Ungleichungen

$$A < \frac{p_\beta^x (1-p_\beta)^{k-x}}{p_\alpha^x (1-p_\alpha)^{k-x}} < B \qquad \text{mit } 0 < A < 1 < B \tag{27}$$

können durch Logarithmieren umgeformt werden zu

$$\ln A < x\ln p_\beta + (k-x)\ln(1-p_\beta) - x\ln p_\alpha - (k-x)\ln(1-p_\alpha) < \ln B$$

oder

$$\ln A < x\ln\frac{p_\beta(1-p_\alpha)}{p_\alpha(1-p_\beta)} - k\ln\frac{1-p_\alpha}{1-p_\beta} < \ln B \quad ;$$

weil aber bei jeder 2-Punkte-Bedingung $0 < p_\alpha < p_\beta$ gilt, ist $\ln\dfrac{p_\beta(1-p_\alpha)}{p_\alpha(1-p_\beta)} > 0$ und deshalb sind diese Ungleichungen äquivalent zu

$$\frac{\ln A}{\ln\dfrac{p_\beta(1-p_\alpha)}{p_\alpha(1-p_\beta)}} + k\,\frac{\ln\dfrac{1-p_\alpha}{1-p_\beta}}{\ln\dfrac{p_\beta(1-p_\alpha)}{p_\alpha(1-p_\beta)}} < x < \frac{\ln B}{\ln\dfrac{p_\beta(1-p_\alpha)}{p_\alpha(1-p_\beta)}} + k\,\frac{\ln\dfrac{1-p_\alpha}{1-p_\beta}}{\ln\dfrac{p_\beta(1-p_\alpha)}{p(1-p_\beta)}} \quad . \tag{28}$$

Der Quotient in (27) ist ein sogenannter Likelihood-Quotient; er ist offenbar gleich dem Quotienten aus den beiden Wahrscheinlichkeiten für $X_k = x$, die sich für $p = p_\beta$ und $p = p_\alpha$ ergeben. (Unser sequentieller Prüfplan läßt sich als ein sog. "sequentieller Likelihood-Quotienten-Test " interpretieren; solche Tests wurden von A. WALD [1945] eingeführt (s. auch WALD [1947] oder LEHMANN [1959]) und haben große Bedeutung für die Anwendungen der Statistik).
Aus der Äquivalenz von (27) und (28) folgt, daß der Likelihood-Quotient in (27) genau dann zwischen A und B liegt, wenn der Punkt (k, x) zwischen zwei Parallelen mit den Geradengleichungen x = -a + c k , x = b + c k liegt, wobei

$$-a = \frac{\ln A}{\ln\dfrac{p_\beta(1-p_\alpha)}{p_\alpha(1-p_\beta)}} \;,\quad b = \frac{\ln B}{\ln\dfrac{p_\beta(1-p_\alpha)}{p_\alpha(1-p_\beta)}} \;,\quad c = \frac{\ln\dfrac{1-p_\alpha}{1-p_\beta}}{\ln\dfrac{p_\beta(1-p_\alpha)}{p_\alpha(1-p_\beta)}} \quad ; \tag{29}$$

die beiden Geraden können als Parallelen für einen sequentiellen Prüfplan dienen, denn aus A < 1, B > 1 und $0 < p_\alpha < p_\beta$ folgt a > 0 , b > 0 , 0 < c < 1 , wie man aus (29) leicht erkennt.
Wir werden jetzt versuchen, A und B so zu bestimmen, daß die 2-Punkte-Bedingung $L(p_\alpha) \geq \alpha$, $L(p_\beta) \leq \beta$ erfüllt wird; wenn dies gelingt, dann liefert uns (29) die beiden Parallelen für den sequentiellen Prüfplan.

Für jedes p ist $L(p)$ die Wahrscheinlichkeit dafür, daß der Pfad der Punkte (k, X_k), der ja mit Wahrscheinlichkeit 1 den Bereich zwischen den beiden Parallelen verläßt, dabei zuerst in den Annahmebereich gerät. Wir bezeichnen mit W_k die Wahrscheinlichkeit dafür, daß (k, X_k) der erste Punkt ist, der nicht mehr zwischen den Parallelen und im Annahmebereich ist. Also ist

$$L(p) = \sum_{k=1}^{\infty} W_k \;,$$

wobei $W_k = 0$ gilt, so lange k kleiner ist als die Abszisse des Schnittpunkts der unteren Parallelen mit der k-Achse. Wenn aber (k, X_k) als erster Punkt in den Annahmebereich fällt, dann hat X_k einen ganz bestimmten ganzzahligen Wert x_k angenommen; weil nämlich der Anstieg c der Parallelen kleiner als 1 ist, kann es zur Abszisse k nur _eine_ ganzzahlige Ordinate

x_k geben, wenn (k, X_k) im Annahmebereich, $(k-1, X_{k-1})$ aber noch zwischen den Parallelen liegen soll. Wenn also m_k die Anzahl der aus k Punkten bestehenden Pfade $(1, X_1)$, $(2, X_2), \ldots, (k, X_k)$ ist, bei denen (k, X_k) als erster nicht mehr zwischen den Parallelen, sondern im Annahmebereich ist, dann ist

$$W_k = m_k \, p^{x_k} (1-p)^{k-x_k} \,,$$

denn für jeden solchen Pfad ist $X_k = x_k$, d.h. unter den ersten k geprüften Stücken sind x_k defekt. Also ist

$$L(p_\beta) = \sum_{k=1}^{\infty} m_k \, p_\beta^{x_k} (1 - p_\beta)^{k-x_k} \,. \tag{30}$$

Da nun aber (k, x_k) als erster Punkt dieser Pfade im Annahmebereich liegt, gilt wegen der Äquivalenz der in (28) und (27) jeweils links stehenden Ungleichungen, daß

$$p_\beta^{x_k}(1-p_\beta)^{k-x_k} \leq A \, p_\alpha^{x_k}(1-p_\alpha)^{k-x_k}$$

gelten muß und außerdem wird die linke Seite der letzten Ungleichung nicht viel kleiner sein als die rechte. Daraus folgt nun

$$L(p_\beta) \leq A \sum_{k=1}^{\infty} m_k \, p_\alpha^{x_k}(1-p_\alpha)^{k-x_k} = A \, L(p_\alpha), \text{ also}$$

$$A \geq L(p_\beta)/L(p_\alpha) \text{ und außerdem } A \approx L(p_\beta)/L(p_\alpha) \,. \tag{31}$$

Wäre $L(p_\alpha)$ wesentlich größer als α und $L(p_\beta)$ wesentlich kleiner als β, dann müßten wir mit unnötig großen Stichprobenumfängen rechnen; daher begnügen wir uns mit der Forderung

$$L(p_\alpha) \approx \alpha, \quad L(p_\beta) \approx \beta$$

und wählen daher

$$A = \frac{\beta}{\alpha} \,. \tag{32}$$

Wir wissen, daß die Punkte (k, X_k) mit Wahrscheinlichkeit 1 irgendwann den Bereich zwischen den Parallelen verlassen. Daher ist

$$1 - L(p) = \sum_{k=1}^{\infty} h_k \, p^{\tilde{x}_k}(1-p)^{k-\tilde{x}_k} \,,$$

wobei nun h_k die Anzahl der Pfade $(1, X_1), \ldots, (k, X_k)$ ist, bei denen (k, X_k) der erste Punkt ist, der nicht zwischen den Parallelen, sondern im Ablehn-Bereich liegt. $\tilde{x}_k$ ist jetzt der unter dieser Voraussetzung zu k gehörende eindeutige Wert von X_k. (Für zu kleine Werte von k, bei denen ein Verlassen des Bereichs zwischen den Parallelen noch nicht möglich ist, müssen die h_k ebenso wie oben die m_k gleich 0 sein und $\tilde{x}_k$ bzw. x_k ist nicht definiert.) Nun folgt wegen der Äquivalenz der rechten Ungleichungen in (28) und (27)

$$1 - L(p_\beta) = \sum_{k=1}^{\infty} h_k \, p_\beta^{\tilde{x}_k}(1-p_\beta)^{k-\tilde{x}_k} \geq B \sum_{k=1}^{\infty} h_k \, p_\alpha^{\tilde{x}_k}(1-p_\alpha)^{k-\tilde{x}_k} = B(1-L(p_\alpha)),$$

wobei wieder die beiden Seiten der Ungleichung ungefähr gleich sind. Es folgt also

$$B \leq \frac{1-L(p_\beta)}{1-L(p_\alpha)} \quad \text{und} \quad B \approx \frac{1-L(p_\beta)}{1-L(p_\alpha)} \,. \tag{33}$$

Wegen der Forderung $L(p_\alpha) \approx \alpha$, $L(p_\beta) \approx \beta$ werden wir daher

$$B = \frac{1-\beta}{1-\alpha} \qquad (34)$$

wählen. Die Relationen (31) und (33) gelten also für die Operationscharakteristik eines sequentiellen Prüfplans, wenn dessen Parallelen aus den Schranken A und B des Likelihood-Quotienten in (27) nach den Formeln von (29) bestimmt wurden. Setzen wir nun für A und B die gewählten Werte β/α bzw. $(1-\beta)/(1-\alpha)$ in die Ungleichungen von (31) und (33) ein, dann erhalten wir durch Multiplikation mit den beiden Nennern die Ungleichungen

$$\alpha L(p_\beta) \leq \beta L(p_\alpha) \quad \text{und} \quad (1-\beta)(1-L(p_\alpha)) \leq (1-\alpha)(1-L(p_\beta)) \ ; \qquad (35)$$

damit kann man $L(p_\beta)$ nach oben und $L(p_\alpha)$ nach unten abschätzen. Wegen $L(p_\alpha) < 1$ und $L(p_\beta) > 0$ folgt nämlich sofort

$$L(p_\beta) < \frac{\beta}{\alpha} \quad \text{und} \quad 1 - L(p_\alpha) < \frac{1-\alpha}{1-\beta} \ , \quad \text{also } L(p_\alpha) > \frac{\alpha-\beta}{1-\beta} \qquad (36)$$

Gewöhnlich ist $\alpha \geq 0,90$ und $\beta \leq 0,10$; daher folgt aus $A=\beta/\alpha$, $B=(1-\beta)/(1-\alpha)$, daß $L(p_\alpha)$ den Wert α nicht wesentlich unterschreitet und $L(p_\beta)$ den Wert β nicht wesentlich überschreitet. Durch Addition der beiden Ungleichungen in (35) erhält man überdies nach einfacher Umformung

$$L(p_\beta) \leq \beta + L(p_\alpha) - \alpha \quad \text{oder, äquivalent dazu: } L(p_\alpha) \geq \alpha + L(p_\beta) - \beta \ .$$

Wenn also die Forderung $L(p_\alpha) \geq \alpha$ nicht ganz erfüllt sein sollte, dann ist dafür $L(p_\beta) \leq \beta$ mit Sicherheit erfüllt und wenn $L(p_\beta) \leq \beta$ verletzt sein sollte, dann gilt sicherlich dafür $L(p_\alpha) \geq \alpha$. Wir fassen das alles zusammen in

SATZ 2.9 : Ein sequentieller Prüfplan kann auch durch zwei Schranken A , B mit $0 < A < 1 < B$ und folgende Vorschrift definiert werden:
Man nehme die Partie an und breche die Kontrolle ab, sobald der Likelihood-Quotient $\dfrac{p_\beta^{x_k}(1-p_\beta)^{k-x_k}}{p_\alpha^{x_k}(1-p_\alpha)^{k-x_k}} \leq A$ wird; man lehne die Partie ab und breche die Kontrolle ab, sobald der Likelihood-Quotient $\geq B$ wird.
Wählt man $A = \dfrac{\beta}{\alpha}$, $B = \dfrac{1-\beta}{1-\alpha}$, dann gilt für die Operationscharakteristik des sequentiellen Prüfplans $L(p_\alpha) \approx \alpha$, $L(p_\beta) \approx \beta$;
weiterhin gilt $L(p_\beta) \leq \beta/\alpha$ und $L(p_\alpha) \geq (\alpha-\beta)/(1-\beta)$ und es kommt nicht vor, daß die Forderungen $L(p_\alpha) \geq \alpha$, $L(p_\beta) \leq \beta$ beide verletzt sind.

Dabei ist zu beachten, daß der Likelihood-Quotient nach jedem geprüften Stück neu berechnet wird; k ist die Anzahl der bis dahin geprüften Stücke, x_k die Anzahl der defekten darunter. Für die Parameter der 2-Punkte-Bedingung gelten wie immer die Voraussetzungen $0 < p_\alpha < p_\beta$ und $0 < \beta < \alpha < 1$. Ebenfalls bereits bewiesen ist der folgende Satz, der den Zusammenhang mit der eingangs gegebenen Definition des sequentiellen Prüfplans herstellt.

SATZ 2.10: Ein mit Hilfe von Schranken A,B wie in Satz 2.9 definierter sequentieller Prüfplan ist äquivalent einem mit Hilfe von zwei Parallelen durchgeführten sequentiellen Prüfplan, wenn die Parameter a, b, c der Geradengleichungen $x = -a + ck$, $x = b + ck$ nach den Formeln (29) berechnet werden.

Die Forderung $L(p_\alpha) \approx \alpha$, $L(p_\beta) \approx \beta$ hätte wenig Sinn, wenn $L(p)$ nicht wie die anderen bisher betrachteten Operationscharakteristiken monoton fallend in p wäre; wir wollen ja sicher sein, daß die Annahme-Wahrscheinlichkeit für alle p mit $p \leq p_\alpha$ mindestens so groß wie $L(p_\alpha)$ und für alle p mit $p \geq p_\beta$ nicht größer als $L(p_\beta)$ ist. Diese Monotonie ist natürlich plausibel, denn mit zunehmendem p werden die Pfade der Punkte (k, X_k) im allgemeinen stärker nach oben streben und dadurch dürfte die Annahme-Wahrscheinlichkeit geringer werden. Wie bei (30) folgt für beliebiges p

$$L(p) = \sum_{k=1}^{\infty} m_k \, p^{x_k}(1-p)^{k-x_k} \; ; \tag{37}$$

dabei war m_k die Anzahl der möglichen Pfade $(1, X_1), \ldots, (k, X_k)$, bei denen (k, X_k) der erste Punkt ist, der den Bereich zwischen den Parallelen nach unten verläßt. Da (k, x_k) dann auf oder unterhalb der unteren Parallelen liegt, gilt $x_k \leq -a + ck$.

Die Ableitung von $p^{x_k}(1-p)^{k-x_k}$ nach p ist $p^{x_k-1}(1-p)^{k-x_k-1}(x_k - kp)$ und dies ist negativ für alle p mit $\frac{x_k}{k} < p < 1$; wegen $x_k \leq -a + ck$ ist $\frac{x_k}{k}$ aber kleiner als c und daraus folgt, daß $L(p)$ zumindest im Bereich $c < p < 1$ streng monoton fällt.

$1 - L(p)$ wurde bereits bei der Herleitung von Satz 2.9 durch die Formel

$$1 - L(p) = \sum_{k=1}^{\infty} h_k \, p^{\tilde{x}_k}(1-p)^{k-\tilde{x}_k} \tag{38}$$

ausgedrückt, wobei jetzt h_k die Anzahl der Pfade $(1, X_1), \ldots, (k, X_k)$ ist, bei denen $(k, X_k) = (k, \tilde{x}_k)$ der erste Punkte ist, der nicht mehr zwischen den Parallelen, sondern auf oder oberhalb der oberen Parallelen liegt. Jetzt gilt also $\tilde{x}_k \geq b + ck$ und dieselbe Ableitung wie oben zeigt nun, daß die Summanden in (38) für $0 < p < \tilde{x}_k/k$ streng monoton wachsen. Wegen $\tilde{x}_k \geq b + ck$ ist aber $\tilde{x}_k/k > c$ und daher wachsen sie erst recht streng monoton im kleineren Intervall $0 < p < c$. Damit folgt der

SATZ 2.11: Sind die Anzahlen X_k der defekten Stücke unter den ersten k geprüften Stücken für $k=1, 2, \ldots$ nach $Bi(k,p)$ binomialverteilt, dann ist die Operationscharakteristik $L(p)$ eines jeden sequentiellen Prüfplans streng monoton fallend in p.

Beispiel 5 : Ein sequentieller Prüfplan soll bewirken, daß bei einem Ausschußanteil von 2% mit einer Wahrscheinlichkeit von etwa 0,95 angenommen wird, bei einem Ausschußanteil von 10% nur noch mit einer Wahrscheinlichkeit von etwa 0,05 .

Da hier $\alpha = 0,95$ und $\beta = 0,05$, folgt $A = \frac{\beta}{\alpha} = \frac{1}{19}$, $B = \frac{1-\beta}{1-\alpha} = 19$; wir können einen sequentiellen Test mit der gewünschten Eigenschaft durchführen, indem wir für $k = 1, 2, \ldots$ die Anzahlen X_k der defekten Stücke unter den ersten k geprüften Stücken beobachten und für jeden der Punkte (k, x_k) den

Likelihood-Quotienten

$$Q_k = \frac{p_\beta^{x_k}(1-p_\beta)^{k-x_k}}{p_\alpha^{x_k}(1-p_\alpha)^{k-x_k}} = \frac{0,1^{x_k}\cdot 0,9^{k-x_k}}{0,02^{x_k}\cdot 0,98^{k-x_k}}$$

berechnen. So lange er zwischen 1/19 und 19 liegt, wird ein weiteres Stück gezogen und geprüft; wird $Q_k \leq 1/19$, dann hört man auf zu prüfen und die Partie wird angenommen, wird $Q_k \geq 19$, dann bricht man ebenfalls die Kontrolle ab und lehnt die Partie ab.

Wir nehmen nun an, p sei gleich p_β = 0,10; der sequentielle Prüfplan muß also mit einer Wahrscheinlichkeit von etwa 0,95 zur Ablehnung führen. Es könnte z.B. das 6., das 23., das 30. und das 43. geprüfte Stück defekt sein; (einen anderen Verlauf mit p=0,10 könnte man simulieren, indem man in einer Tabelle von Zufallszahlen die Ziffern 1, 2, ..., 9 als "gut", die 0 aber als "defekt" interpretiert). Dann gilt

$$Q_k = \frac{0,9^k}{0,98^k}\ \text{für}\ k=1, 2, \ldots, 5\ ;\quad Q_k = \frac{0,1\cdot 0,9^{k-1}}{0,02\cdot 0,98^{k-1}}\ \text{für}\ k = 6, 7, \ldots, 22\ ;$$

$$Q_k = \frac{0,1^2\cdot 0,9^{k-2}}{0,02^2\cdot 0,98^{k-2}}\ \text{für}\ k= 23, 24, \ldots, 29\ ;\quad Q_k = \frac{0,1^3\cdot 0,9^{k-3}}{0,02^3(0,98)^{k-3}}\ \text{für}\ k = 30$$

bis k = 42 und schließlich $Q_{43} = \dfrac{0,1^4\cdot 0,9^{39}}{0,02^4\cdot 0,98^{39}} = 22,57$ als erster, der

nicht mehr zwischen 1/19 und 19 liegt.

Der Prüfplan führt also nach 43 geprüften Stücken zur Ablehnung. Er hätte auch schon eher zur Ablehnung führen können, etwa wenn das vierte defekte Stück schon an 20. Stelle aufgetreten wäre, es hätte aber auch sein können, daß man noch wesentlich mehr als 43 Stücke hätte prüfen müssen, um zur Ablehnung zu kommen. Auch eine Annahme der Partie wäre möglich, allerdings nur mit einer Wahrscheinlichkeit von etwa 0,05 . Dazu hätte es beispielsweise genügt, wenn die ersten 35 geprüften Stücke alle gut gewesen wären.

Wir hätten den Prüfplan auch graphisch durchführen können; dazu sind die Parameter a, b, c der beiden Parallelen nach (29) zu

$$-a = \frac{\ln(1/19)}{\ln\dfrac{0,1\cdot 0,98}{0,02\cdot 0,90}} = -1,738\quad ,\ b = \frac{\ln(0,95/0,05)}{\ln\dfrac{0,1\cdot 0,98}{0,02\cdot 0,90}} = 1,738\quad \text{und}$$

$$c = \frac{\ln(0,98/0,90)}{\ln\dfrac{0,1\cdot 0,98}{0,02\cdot 0,90}} = 0,05025\quad \text{zu bestimmen.}$$

In Figur 18 sind die beiden Parallelen und der Verlauf für das obige Beispiel mit den 43 geprüften Stücken skizziert.

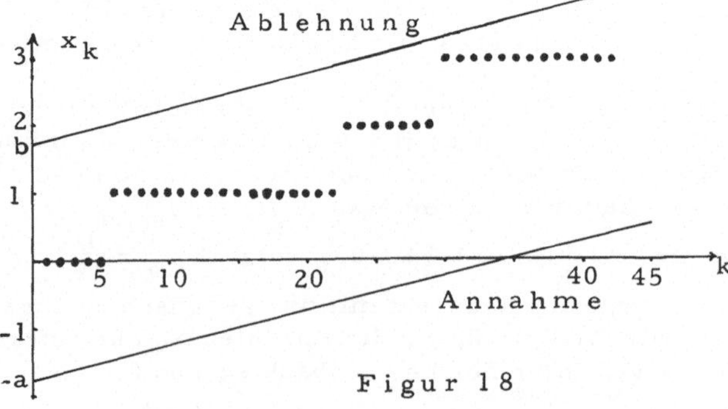

Figur 18

Die Anzahl Y der bei einem sequentiellen Prüfplan zu prüfenden Stücke ist im allgemeinen kleiner als der Stichprobenumfang eines einfachen Prüfplans, wenn die Operationscharakteristiken der beiden Pläne an den Stellen p_α und p_β annähernd dieselben Werte annehmen. Vor allem bei sehr kleinen und bei den relativ großen, d.h. über p_β liegenden p-Werten kommt man mit dem sequentiellen Prüfplan in der Regel sehr schnell zu einer Entscheidung. Bei einem fairen Vergleich sollte man allerdings den durchschnittlichen Prüfumfang $E[Y]_p$ eines sequentiellen Tests mit dem durchschnittlichen Prüfumfang einfacher oder auch zweifacher Prüfpläne für den Fall vergleichen, daß auch dort die Kontrolle abbricht, sobald die Ablehnung feststeht. Auch dann ist der durchschnittliche Prüfumfang des sequentiellen Prüfplans stets der kleinere; dies geht aus allgemeinen Eigenschaften von sequentiellen Quotiententests hervor, auf die wir hier nicht eingehen können (s. z. B. LEHMANN[1959], S. 98 , 104-110). Bei UHLMANN [1982](S. 170 f) findet man Näherungsformeln für $E[Y]_p$ bei sequentiellen Prüfplänen.

Der große Vorteil sequentieller Prüfpläne ist also, daß sie im Durchschnitt mit geringerem Prüfumfang zur Entscheidung führen als ihre Konkurrenten; als Nachteil steht dem gegenüber, daß man im Einzelfall nicht vorher absehen kann, wieviele Stücke zu prüfen sein werden. Bei einem einfachen Prüfplan mit abbrechender Kontrolle sind es im Höchstfall n , bei einem zweifachen Prüfplan im Höchstfall n_1+n_2 . Bei einem sequentiellen Prüfplan wäre es im Einzelfall durch Zufall jedoch möglich, daß Y weit größer wird als $E[Y]_p$.

Man wird vermuten, daß $E[Y]_p$ in der Nähe von p = c maximal wird, wobei c der Anstieg der beiden Parallelen bei der graphischen Durchführung des sequentiellen Prüfplans ist. Denn für p = c gilt $E[X_k] = c\,k$; da also die Punkte $(k, E[X_k])$ alle auf der Geraden x = c k liegen, die als dritte Parallele zwischen den beiden anderen verläuft, wird es für $p \approx c$ im allgemeinen länger dauern, bis die Punkte (k, X_k) den Bereich zwischen den Parallelen verlassen als wenn p klein bzw. groß gegen c ist. Diese Vermutung wird durch die Näherungsformeln für $E[Y]_p$ bestätigt (s. UHLMANN[1982], S. 171 f), auf die wir in 2.1.8 noch näher eingehen werden.

Aufgaben

37) Simulieren Sie den Ausschußanteil p = 1/6 mit Hilfe eines Würfels, indem Sie jede gewürfelte 6 als defektes Stück, jede andere Augenzahl als gutes Stück interpretieren. Benutzen Sie Figur 18 und stellen Sie fest, nach wievielen "geprüften Stücken" (d.h. Würfen mit dem Würfel) der sequentielle Prüfplan von Beispiel 5 hier zur Entscheidung führt, die vermutlich die Ablehnung sein wird.

38) Geben Sie die Schranken A und B für den Likelihood-Quotienten und die Parameter a,b,c für die graphische Durchführung eines sequentiellen Prüfplans an, der bei 0,5 % Ausschuß mit einer Wahrscheinlichkeit von etwa 0,90 zur Annahme, bei 6 % Ausschuß mit einer Wahrscheinlichkeit von etwa 0,95 zur Ablehnung führt.
Zeigen Sie , daß aus $\beta = 1-\alpha$ stets A = 1/B und a = b folgt !

2.1.8 Der mittlere Durchschlupf

Die Annahme einer Partie bedeutet für uns immer, daß diese ohne weitere
Kontrollmaßnahmen ihrer Bestimmung zugeführt wird; die Ablehnung kann
dagegen verschiedene Folgen haben, wie etwa Rücksendung, Umtausch, Zah-
lungsverweigerung etc.. In vielen Fällen wird die Ablehnung zu einer Totalkontrolle führen, wobei wir hier offen lassen, ob diese beim Empfänger oder
beim Lieferanten erfolgt und wer die Kosten dafür zu tragen hat.
Wir setzen voraus, daß eine Partie mit dem Ausschußanteil p im Fall der
Annahme auch nach der Stichprobenkontrolle denselben Ausschußanteil p enthält, weil man entweder die in der Stichprobe gefundenen defekten Stücke
mit übernimmt oder weil nur ein geringer Anteil der Partie in die Stichprobe kommt. Im Fall der Ablehnung soll eine Totalkontrolle folgen, d.h. alle
noch nicht geprüften Stücke werden noch geprüft und alle defekten Stücke
der gesamten Partie sollen repariert werden. Danach wird die ausgelesene
Partie übernommen. Für den übernommenen Ausschußanteil $\hat{p}$
gilt dann

$$\hat{p} = p \quad \text{oder} \quad \hat{p} = 0 ,$$

wenn p der angelieferte Ausschußanteil ist. Wenn nun $L(p)$ die
Operationscharakteristik des verwendeten Prüfplans ist, dann ist

$$W(\hat{p} = p) = L(p) , \quad W(\hat{p} = 0) = 1 - L(p)$$

und daher
$$E[\hat{p}] = p L(p) ; \tag{39}$$

dieser Erwartungswert soll hier mit $D(p)$ bezeichnet werden. Er wird der
mittlere Durchschlupf oder auch AOQ (=average outgoing quality)
genannt und wir haben ihn in Beispiel 18 von Kap. 1 bereits kennengelernt.
Würde man häufig Lieferungen mit demselben Ausschußanteil p_0 nach einem
Prüfplan mit der Operationscharakteristik $L(p)$ prüfen, dann bekäme man
auf lange Sicht in der übernommenen Ware einen Ausschußanteil von $p_0 L(p_0)$.

Man kann von dem zu verwendenden Prüfplan fordern, daß das Maximum
von $D(p)$, also
$$\max_{0 \leq p \leq 1} p L(p) \tag{40}$$

eine vorgegebene obere Schranke nicht überschreitet. Damit schützt man
sich dann bei unbekanntem p davor, daß man auf lange Sicht zuviel Ausschuß
übernimmt. Das Maximum von $D(p)$ nennt man Höchstwert des mittleren Durchschlupfs oder AOQL (= average outgoing quality limit).
Wir werden sehen, daß dieses Maximum gewöhnlich nicht für große p-Werte
angenommen wird, die in der Praxis ohnehin kaum vorkommen, sondern im
Bereich der p-Werte zwischen 0 und 0,15, in dem man normalerweise auch
die AQL-Werte p_α und die LTPD-Werte p_β wählt. Der Grund dafür ist, daß
große p-Werte mit großer Wahrscheinlichkeit zur Ablehnung und damit zur
Totalkontrolle führen.
Wir wollen uns überlegen, wie man den AOQL berechnen kann, wenn $L(p)$
die OC-Kurve eines einfachen Prüfplans n, c und vom binomialen Typ ist.
Dann gilt
$$L_{n,c}(1) = 0 \text{ und } L_{n,c}(p) > 0 \text{ für } 0 \leq p < 1 , \text{ also } D(0) = D(1) = 0$$

$$\text{und } D(p) > 0 \text{ für } 0 < p < 1 .$$

Das Maximum von $D(p)$ wird also im Innern des Intervalls $[0;1]$ angenommen und für die Maximalstelle $p = p_m$ gilt

$$D'(p) = L_{n,c}(p) + p\, L'_{n,c}(p) = 0 \ . \tag{41}$$

Für $c = 0$ ist $L_{n,c}(p) = (1-p)^n$ und $D(p) = p\,(1-p)^n$; also ist

$$D'(p) = (1-p)^{n-1}(1-(n+1)p) = 0 \text{ nur für } p = \frac{1}{n+1} \ .$$

Der Höchstwert des mittleren Durchschlupfs wird also bei $p_m = \frac{1}{n+1}$ angenommen und ist gleich

$$\frac{1}{n+1}(1 - \frac{1}{n+1})^n = \frac{1}{n}(\frac{n}{n+1})^{n+1} \approx \frac{e^{-1}}{n} \ .$$

Für $c \geq 1$ differenzieren wir (41) noch einmal nach p und erhalten

$$D''(p) = 2\, L'_{n,c}(p) + p\, L''_{n,c}(p)$$

$L'_{n,c}(p)$ haben wir schon früher (s. (24) in Kap. 1) zu $- n \binom{n-1}{c} p^c (1-p)^{n-c-1}$ berechnet und daraus folgt $L''_{n,c}(p) = \frac{c}{p} L'_{n,c}(p) - \frac{(n-c-1)}{1-p} L'_{n,c}(p)$, so daß

$$D''(p) = L'_{n,c}(p)\,[2 + c - \frac{p(n-c-1)}{1-p}] \tag{42}$$

folgt. $L'_{n,c}(p)$ ist negativ in $(0\,,\,1)$ und der Ausdruck in der eckigen Klammer wird negativ für $p > (c+2)/(n+1)$, also ist dort $D''(p)$ positiv. Das Maximum muß also für $p \leq (c+2)/(n+1)$ angenommen werden. Für $0 < p < (c+2)/(n+1)$ ist aber $D''(p) < 0$, d.h. $D'(p)$ fällt dort streng monoton und kann daher dort höchstens eine Nullstelle annehmen. Da wir bereits wissen, daß ein relatives Maximum vorhanden ist, folgt die Existenz genau einer Nullstelle von $D'(p)$, die zugleich die Maximalstelle p_m sein muß , im Intervall $(0\,;\,\frac{c+2}{n+1}]$.

Dort ist (41) erfüllt, also $L_{n,c}(p_m) = -p_m L'_{n,c}(p_m)$; setzen wir für $L'_{n,c}(p_m)$ den obigen Ausdruck ein, dann erhalten wir für den Höchstwert des mittleren Durchschlupfs die im folgenden Satz angegebene Formel:

SATZ 2.12 : Bei einfachem Prüfplan n,c mit einer Operations-charakteristik $L_{n,c}(p)$ vom binomialen Typ wird der Höchstwert des mittleren Durchschlupfs $D(p)$ an einer eindeutig bestimmten Stelle $p_m \leq \frac{c+2}{n+1}$ angenommen. Er ist gleich

$$D(p_m) = \max D(p) = n\binom{n-1}{c} p_m^{c+2}(1-p_m)^{n-c-1} \ . \tag{43}$$

p_m ist Lösung von (41) bzw. der damit äquivalenten Gleichung

$$\sum_{k=0}^{c} \binom{n}{k} p^k (1-p)^{c+1-k} = n\binom{n-1}{c} p^{c+1} \tag{44}$$

Im Fall $c = 0$ ist $p_m = \frac{1}{n+1}$ und $\max D(p) = \frac{1}{n}(\frac{n}{n+1})^{n+1} \approx \frac{1}{en}$.

Wäre $L(p)$ vom hypergeometrischen Typ $L_{N,n,c}(p)$, dann nähme $D(p)$ nur die endlich vielen Werte an, die man erhält, wenn man die möglichen p-Werte $0, 1/N, \ldots, N/N$ einsetzt. Trivialerweise wird dabei auch das Maximum von $D(p)$ angenommen, wobei $D(p)$ nun durch $pL_{N,n,c}(p)$ gegeben ist. Wenn $L_{n,c}(p)$ eine gute Näherung für $L_{N,n,c}(p)$ ist (also wenn $n \leqslant 0, 1 N$), dann wird sich dieses Maximum nicht sehr von dem mit Hilfe von (43) berechenbaren Maximum von $pL_{n,c}(p)$ unterscheiden.

Legt man für die Operationscharakteristik des Prüfplans n, c die Näherung $L^*_{n,c}(p)$ zugrunde, dann ist $D(p) = pL^*_{n,c}(p)$ und eine analoge Rechnung wie eben (vgl. UHLMANN [1982] S. 128 f) führt zu

SATZ 2.13: Das Maximum von $pL^*_{n,c}(p)$ wird an einer eindeutig bestimmten Stelle p^*_m mit $0 < p^*_m \leqslant \frac{c+2}{n}$ angenommen und es ist

$$\max D(p) = \max(pL^*_{n,c}(p)) = \frac{(n\,p^*_m)^{c+2}}{c!\,n}\, e^{-np^*_m} ; \qquad (45)$$

p^*_m ist Lösung der Gleichung

$$\sum_{k=0}^{c} \frac{(np)^k}{k!} = \frac{(np)^{c+1}}{c!} \qquad . \qquad (46)$$

Für $c = 0$ ist $p^*_m = \frac{1}{n}$ und $\max(pL^*_{n,c}(p)) = \frac{1}{en}$.

Wenn $L^*_{n,c}(p)$ eine gute Näherung für $L_{n,c}(p)$ ist, worauf wir uns bei kleinen p-Werten und nicht zu kleinem n verlassen dürfen, dann unterscheidet sich der nach (45) berechnete Höchstwert des mittleren Durchschlupfs kaum von dem nach (43) zu berechnenden. Falls nämlich $p^*_m L^*_{n,c}(p^*_m) > p_m L_{n,c}(p_m)$, dann gilt wegen $p_m L_{n,c}(p_m) \geqslant p^*_m L_{n,c}(p^*_m)$

$$\left| p^*_m L^*_{n,c}(p^*_m) - p_m L_{n,c}(p_m) \right| \leqslant p^*_m \left| L^*_{n,c}(p^*_m) - L_{n,c}(p^*_m) \right|$$

und wenn $p_m L_{n,c}(p_m) > p^*_m L^*_{n,c}(p^*_m)$, dann ist wegen $p^*_m L_{n,c}(p^*_m) \geqslant p_m L_{n,c}(p_m)$

$$\left| p_m L_{n,c}(p_m) - p^*_m L^*_{n,c}(p^*_m) \right| \leqslant p_m \left| L_{n,c}(p_m) - L^*_{n,c}(p_m) \right| .$$

Da p_m und p^*_m gewöhnlich in einem Bereich liegen, in dem die beiden Operationscharakteristiken gut übereinstimmen und noch nicht sehr kleine Werte annehmen, können wir (45) als Näherung für (43) benutzen und der relativer Fehler dürfte dabei kaum größer werden als der relative Fehler von $L^*_{n,c}(p)$ bezüglich $L_{n,c}(p)$ im Bereich der p-Werte p_m und p^*_m .

Dieselbe Abschätzung gilt in etwa auch für den Vergleich der AOQL-Werte, die man mit $L_{n,c}(p)$ und $L_{N,n,c}(p)$ erhält, wobei freilich p_m im allgemeinen kein möglicher p-Wert für $L_{N,n,c}(p)$ ist. Man kann dann p_m durch den nächstgelegenen der möglichen p-Werte $0, 1/N, \ldots, N/N$ ersetzen und bei hinreichend großem N gilt die obige Abschätzung zumindest ungefähr.

Wir können also den nach Satz 2.13 berechneten Höchstwert von $pL^*_{n,c}(p)$ in den meisten Fällen als gute Näherung für den tatsächlichen Höchstwert des mittleren Durchschlupfs verwenden.
Wie M. BEHL bemerkt hat, ist es vorteilhaft, Gleichung (46) nach np zu lösen und die Lösungen np^*_m in Abhängigkeit von $c = 0, 1, \ldots$ zu tabellieren. Man kann dann bei gegebenem Prüfplan n, c mühelos p^*_m bestimmen. Da auch das n-fache des AOQL-Werts (45) ersichtlich eine Funktion von np^*_m ist, kann man zu $c = 0, 1, \ldots$ auch n·AOQL tabellieren und kann dann ohne Mühe auch den AOQL mit Hilfe der Tabelle berechnen. Wir übernehmen mit

freundlicher Erlaubnis des Autors und des Verlags diese Tabelle aus UHL-
MANN [1982] S. 130 :

Beispiel 6 : Bei einem Prüfplan mit
$n = 80$, $c = 2$
entnehmen wir der Tabelle $80 p_m^* = 2,270$;

also ist $p_m^* = 0,028375$ und der Höchst-

wert des mittleren Durchschlupfs ist
bei diesem Prüfplan ungefähr gleich

$$1,371 / 80 = 0,01714 .$$

Benutzt man $p_m^* = 0,028375$ als erste

Näherung für die Lösung p_m von (44),

dann erhält man rasch $p_m \approx 0,0281$

und das Maximum von $p L_{80,2}(p)$

zu $0,01712$.

c	$n p_m^*$	n· AOQL
0	1,000	0,3679
1	1,618	0,8400
2	2,270	1,371
3	2,945	1,942
4	3,640	2,544
5	4,349	3,168
6	5,071	3,812
7	5,804	4,472
8	6,546	5,146
9	7,297	5,831
10	8,055	6,528

Tab. 2 (zur näherungsweisen Bestimmung des AOQL)

In der Praxis ist nicht damit zu rechnen, daß man ständig Lieferungen mit
stets demselben Ausschußanteil erhält und auch nicht damit, daß der angelieferte Ausschußanteil gerade gleich p_m bzw. p_m^* ist. Wenn er verschiedene Werte p_i mit den Wahrscheinlichkeiten w_i , $i = 1, 2, \ldots$ annimmt, dann
ist der Erwartungswert $E[\hat{p}]$ für den übernommenen Ausschußanteil gleich

$$E[\hat{p}] = \sum_i D(p_i) w_i .$$

Da für alle i die Ungleichung $D(p_i) \leq \max_i D(p)$ gilt, wird man auf lange Sicht
im allgemeinen einen erheblich geringeren Ausschußanteil in der übernommenen Ware bekommen als den AOQL-Wert $\max D(p)$. Wenn allerdings die
angelieferten Ausschußanteile p_i überwiegend in der Nähe von p_m bzw. p_m^*
liegen, dann übernimmt man auf lange Sicht doch einen Ausschußanteil, der
nicht viel niedriger als der AOQL sein wird.

Bei einzelnen Lieferungen kann es jederzeit passieren, daß man auch einmal einen Ausschußanteil übernimmt, der wesentlich größer als der AOQL
ist. Denn dieser ist als Erwartungswert ja nur ein "Durchschnitt auf lange
Sicht".

Prüfpläne, die garantieren, daß der Höchstwert des mittleren Durchschlupfs
eine gegebene obere Schranke D_0 nicht überschreitet, sind also für häufige
Anwendung vorgesehen. Damit ist auch ein Argument für die Verwendung
von Standard-Prüfplänen gegeben, wie sie in verschiedenen Tabellenwerken
veröffentlicht worden sind. Wir werden solche Standard-Pläne im nächsten
Abschnitt beschreiben.

Die Forderung, daß $\max D(p) \leq D_0$ gelten soll, legt natürlich den Prüfplan
nicht fest. Man kann zusätzliche Forderungen stellen, z. B. daß die Operationscharakteristik $L(p)$ des Prüfplans für einen AQL-Wert p_α der Ungleichung $L(p_\alpha) \geq \alpha$ genügen soll. Freilich kann dies mit der Ungleichung
$\max D(p) \leq D_0$ nur vereinbar sein, wenn $\alpha p_\alpha \leq D_0$ gilt. Von dieser Art sind
die Prüfpläne, die von der Deutschen Arbeitsgemeinschaft für Statistische
Qualitätskontrolle (jetzt: Deutsche Gesellschaft für Qualität e. V.) in den

noch zu besprechenden ASQ-Tabellen herausgegeben wurden.

Auch im Fall der Totalkontrolle bei Ablehnung wird man danach trachten,
die gestellten Forderungen mit möglichst wenig Prüfaufwand zu verwirkli-
chen. Wenn wir wieder mit Y die Anzahl der zu prüfenden Stücke bezeichnen und zunächst annehmen, daß ein einfacher Prüfplan n, c verwendet
wird, dann nimmt Y die Werte n oder N an, ersteren im Fall der Annahme,
letzteren bei Ablehnung. Wenn also L(p) die Operationscharakteristik des
einfachen Prüfplans ist, dann ist der Erwartungswert von Y gleich

$$E[Y]_p = n\,L(p) + N(1-L(p)) \; ; \tag{47}$$

Wir nennen ihn wieder den durchschnittlichen oder m i t t l e r e n P r ü f u m -
f a n g ; im Englischen bezeichnet man ihn häufig mit ATI (=average total inspection).

Auch bei sequentiellen Prüfplänen ist $Y = N$ im Fall der Ablehnung, aber der
Y-Wert bei Annahme ist zufallsabhängig und daher können wir die Formel
(47) dann nicht verwenden. Für sequentielle Prüfpläne wird manchmal die
folgende Näherungsformel für den mittleren Prüfumfang bei Totalkontrolle
im Falle der Ablehnung angegeben (s. z. B. MONTGOMERY [1985] S. 386):

$$E[Y]_p \approx \frac{-a}{p-c}\,L(p) + N(1-L(p)) \quad ; \tag{48}$$

dabei soll der sequentielle Prüfplan durch die Parameter a, b, c der beiden Parallelen (vgl. Figur 17) gegeben sein und L(p) ist seine OC-Kurve,
von der wir wissen, daß sie monoton in p fällt und daß $L(0) = 1$, $L(p_\alpha) \approx \alpha$,
$L(p_\beta) \approx \beta$ und $L(1) = 0$ ist.
Die Formel (48) kann aber nur für $p < c$ eine vernünftige Näherung sein. Es
ist nämlich

$$E[Y]_p = E[Y \mid \text{Annahme}]\cdot L(p) + E[Y|\text{Ablehnung}]\cdot(1-L(p))$$

und da im Fall der Ablehnung immer $Y = N$ gilt, ist $E[Y|\text{Ablehnung}] = N$.
Danach müßte $-a/(p-c)$ eine Näherung für $E[Y|\text{Annahme}]$ sein. Weil aber
der Y-Wert, welcher im Falle der Annahme eintritt, mindestens gleich a/c
sein muß (a/c ist die positive Abszisse des Schnittpunkts der unteren Parallelen mit der k-Achse), folgt $E[Y \mid \text{Annahme}] \geq a/c$. Für $p > c$ wird aber
$-a/(p-c)$ negativ, d.h. man hätte dann mit $N(1-L(p))$ allein sogar die bessere Approximation für $E[Y]_p$. Aber auch wenn p zwar kleiner als c ist, jedoch dicht bei c liegt, verdient Formel (48) unser Mißtrauen. Sie beruht
nämlich auf einer Näherung für den mittleren Prüfumfang beim sequentiellen Prüfplan allein (also ohne Totalkontrolle im Fall der Ablehnung), die
ebenfalls kritisch zu betrachten ist.
Wir leiten diese Näherung im folgenden her und bezeichnen nun mit Z die
Anzahl der bei einem sequentiellen Prüfplan zu prüfenden Stücke, wobei
dieser durch die Parameter a, b, c der Parallelen gegeben sei. Da der Pfad
der Punkte (k, X_k) mit $k = Z$ erstmals den Bereich zwischen den Parallelen
verläßt, muß

$$X_Z \approx -a + cZ \text{ d.h. } X_Z - cZ \approx -a \text{ bei Annahme, } X_Z \approx b + cZ \text{ d.h. } X_Z - cZ \approx b$$

bei Ablehnung gelten; da dies für alle Z gilt, mit denen es überhaupt zu Annahme oder Ablehnung kommen kann, folgt

$$E[X_Z - cZ] = E[X_Z] - c\,E[Z] \approx -a\,L(p) + b(1-L(p)) \; . \tag{49}$$

Wir nehmen wie bisher an, daß die Anzahl X_k der defekten Stücke unter den ersten k geprüften Stücken nach $Bi(k, p)$ verteilt ist. Daher ist X_Z die Summe einer zufälligen Anzahl Z von unabhängigen zufälligen Variablen, von denen eine jede den Erwartungswert p hat. Man vermutet daher sofort, daß $E[X_Z] = p\,E[Z]$ gilt und das läßt sich in diesem Fall auch beweisen, aber der Beweis ist nicht ganz trivial (s. UHLMANN[1982], S. 171). Durch Einsetzen in (49) folgt nun

$$(p-c)E[Z]_p \approx -a\,L(p) + b(1-L(p)) \tag{50}$$

und daraus

$$E[Z]_p \approx \frac{-a\,L(p) + b(1-L(p))}{p-c} . \tag{51}$$

Der relative Fehler bei der Näherung (50) kann für $p \approx c$ sehr groß sein und daher ist (51) als Näherung für den mittleren Prüfumfang $E[Z]_p$ nur brauchbar, wenn p nicht dicht bei c liegt. Für $p \to 0$ und für $p \to 1$ wird die Näherung (51) allerdings recht genau; sie liefert für $p = 0$ den Wert a/c und für $p = 1$ den Wert $b/(1-c)$. Diese sind sogar exakt gleich $E[Z]_0$ bzw. $E[Z]_1$, wenn sie ganzzahlig sind. a/c ist nämlich die Abszisse des Schnittpunkts der unteren Parallelen mit der k-Achse und $b/(1-c)$ ist die Abszisse des Schnittpunkts der Geraden $x = k$ mit der oberen Parallelen. Auf der Geraden $x = k$ liegen aber im Fall $p = 1$ alle Punkte (k, X_k) mit Sicherheit.

Nun folgt zwar wieder

$$E[Z]_p = E[Z\,|\,\text{Annahme}] \cdot L(p) + E[Z\,|\,\text{Ablehnung}] \cdot (1-L(p))$$

aber daraus und aus (51) folgt natürlich nicht (wie vielleicht manchmal bei der Herleitung von (48) angenommen wurde), daß für alle $p \neq c$

$$E[Z\,|\,\text{Annahme}] \approx \frac{-a}{p-c}$$

gelten müßte. Dies kann man nur dann schließen, wenn $(1-L(p))$ sehr klein ist, also für kleine p und auf jeden Fall nur für $p < c$, denn $E[Z\,|\,\text{Annahme}]$ ist, wie schon erwähnt, für beliebige p positiv und nicht kleiner als a/c.

<u>Aufgaben</u>

39) Wie groß ist in etwa der mittlere Prüfumfang bei dem sequentiellen Prüfplan von Aufgabe 38) wenn $p = p_\alpha = 0,005$ ist und wie groß ist er ungefähr, wenn $p = p_\beta = 0,06$ ist? Mit welchem durchschnittlichen Prüfumfang muß man bei $p = p_\alpha$ in etwa rechnen, falls bei Ablehnung Totalkontrolle erfolgt?

40) Man vergleiche die in Aufgabe 39) ermittelten Werte mit den entsprechenden Werten für $E[Y]_p$ bei einem einfachen Prüfplan n, c welcher so zu bestimmen ist, daß er in etwa derselben 2-Punkte-Bedingung genügt wie der sequentielle Prüfplan von Aufgabe 38) und 39).

2.1.9 Standard-Stichprobenpläne

Die Losgröße N spielte bisher für die Festlegung unserer Prüfpläne nur
eine indirekte, aber keineswegs unbedeutende Rolle. Zum einen mußten wir
annehmen, daß die sich ergebenden Stichprobenumfänge nicht größer als ein
Zehntel von N sein würden, um die bequemeren Näherungen $L_{n,c}(p)$ oder
$L^*_{n,c}(p)$ anstelle von $L_{N,n,c}(p)$ verwenden zu können; wichtiger noch ist der
quantitativ noch nicht erfaßte Einfluß, den N auf die Wahl der Punkte (p_α, α)
und (p_β, β) einer 2-Punkte-Bedingung hat. Denn man wird aus naheliegenden
ökonomischen Gründen Lieferungen mit einer sehr großen Stückzahl N wesentlich "schärfer" prüfen, d.h. bei guter Qualität mit größerer Wahrscheinlichkeit annehmen und bei schlechter Qualität mit größerer Wahrscheinlichkeit ablehnen wollen. Ein verständlicher Wunsch vieler Praktiker verlangt
auch die Berücksichtigung von Erfahrungen durch Verringerung oder Erhöhung des Prüfaufwands je nachdem, wie die Qualität der bisherigen Lieferungen war. Solche Forderungen lassen sich nur schwer auf eine mathematisch
präzise Form bringen oder sie führen zu aufwendigen Berechnungen. Daher
sind von verschiedener Seite Tabellen von Prüfplänen veröffentlicht worden.
Solche sogenannten Stichproben-Systeme bzw. Stichprobenpläne
sind z.T. schon in anderen Lehrbüchern abgedruckt worden (s. z.B. MONT-
GOMERY [1985] oder SCHILLING[1982]) und leicht erhältlich. Daher wollen
wir hier auf eine Wiedergabe verzichten und stattdessen versuchen, die Bedeutung und die Handhabung der bekanntesten Stichproben-Systeme so zu
schildern, daß sich der Leser nötigenfalls für eines dieser Systeme entscheiden und sich darin rasch zurechtfinden kann, zumal diese mit ausführlichen
Gebrauchsanleitungen versehen sind.
Für die Einführung von Standard-Stichprobenplänen spricht neben der Einsparung von Rechenarbeit noch ein weiterer Grund: man einigt sich unter
Geschäftspartnern leichter auf ein anderswo übliches, bereits erprobtes Verfahren als auf eines, das einer der Partner nach seinen speziellen Erfordernissen ausgearbeitet hat. Für betriebsinterne Zwecke wird man jedoch oft
Prüfpläne entwerfen können, die den eigenen Bedürfnissen besser angepaßt
sind als die tabellierten Standardverfahren.

a) Die Stichprobenpläne von Dodge und Romig

Die von DODGE&ROMIG [1959] veröffentlichten Tabellen enthalten einfache
und zweifache Prüfpläne von zweierlei Art, nämlich die sog. AOQL-Pläne
und die sog. LTPD-Pläne. Bei beiden wird vorausgesetzt, daß abgelehnte
Lose einer Totalkontrolle unterworfen werden. Die Pläne sind so konzipiert,
daß der durchschnittliche Prüfumfang $E[Y]_p$ unter bestimmten Nebenbedin-
gungen minimal wird. Das Tabellenwerk ist eine Weiterentwicklung von Arbeiten, die bereits in den zwanziger Jahren von Ingenieuren der Bell-Tele-
phone Laboratories und der Western Electric Company geleistet wurden.

AOQL-Pläne:

Man wählt zunächst für AOQL, also den Höchstwert des mittleren Durchschlupfs, einen der folgenden Werte, nach denen diese Tabellen angeordnet
sind: 0,1%, 0,25%, 0,5%, 0,75%, 1%, 1,5%, 2%, 2,5%, 3%, 4%, 7%, 10%.

Nun sollte man den durchschnittlichen Ausschußanteil p der ankommenden
Lieferungen wenigstens ungefähr abschätzen können. Zu jedem der 13 wähl-
baren AOQL-Werte sind jeweils mehrere Intervalle für p aufgeführt und es
ist dasjenige zu wählen, in dem man p vermutet. p wird als "process average" bezeichnet. Zu dem gewählten AOQL und dem gewählten "process-average"-Intervall kann man einen einfachen oder einen zweifachen Prüfplan
ablesen, der folgendes leistet:

bei beliebigem Ausschußanteil p in den Lieferungen wird der mittlere
Durchschlupf nicht größer als der gewählte AOQL ;
wenn p tatsächlich in dem vermuteten "process-average"-Intervall liegt,
dann ist der durchschnittliche Prüfumfang $E[Y]_p$ annähernd minimal.

Dabei ist $E[Y]_p$ für den Fall berechnet, daß bei Ablehnung Totalkontrolle er-
folgt. Somit hängt $E[Y]_p$ auch von der Losgröße N ab und deshalb sind in den
Tabellen auch Intervalle für N aufgeführt, d. h. der Prüfplan hängt auch von
N ab.

<u>Beispiel 7</u> : Man möchte sicher sein, daß der mittlere Durchschlupf bei be-
liebigem p den Höchstwert 0,03, d.h. 3% nicht überschreitet; man
rechnet aber damit, daß p im "process-average"-Intervall von 1,81 bis 2,40%
liegt. Die Losgröße N sei 500 . Den AOQL-Tabellen von DODGE&ROMIG
für einfache Prüfpläne (Single Sampling Plans) zu AOQL = 3% entnehmen
wir unter der Rubrik "process average 1,81%-2,40% " und N = 401 - 500
den Prüfplan n = 42 , c = 2 .
Als zusätzliche Information ist bei diesem Prüfplan noch der LTPD-Wert
12,4 % angegeben, d. h. bei diesem Prüfplan werden Lose mit einem Ausschußanteil von 0,124 nur noch mit einer Wahrscheinlichkeit von etwa 10%
angenommen und natürlich wird die Annahmewahrscheinlichkeit noch geringer bei p > 0, 124 .
Wäre N = 6000 , dann hätten wir in der Zeile für N = 5001 - 7000 nachgese-
hen und n = 145 , c = 7 erhalten; der zugehörige LTPD-Wert ist jetzt nur
noch 8, 1 % .

Bei den zweifachen Prüfplänen (Double Sampling Plans) von DODGE&ROMIG
ist immer $c_2 = c_3$ (vgl. Abschnitt 2.1.6). Für AOQL = 3% und einen mutmaßlichen "process average" zwischen 1,81% und 2,40% lesen wir jetzt ab :

Bei N von 401 bis 500 ist $n_1 = 25$, $c_1 = 0$, $n_2 = 55$ und $c_2 = c_3 = 4$;

mit der ersten Stichprobe von $n_1 = 25$ wird also nur angenommen, wenn darin kein defektes Stück ist. Sind mehr als 4 defekte Stücke darin, dann wird
abgelehnt. Sind 1, 2, 3 oder 4 defekte Stücke in der 1. Stichprobe, dann werden 55 weitere Stücke geprüft und es wird angenommen, wenn in den 80 insgesamt geprüften Stücken nicht mehr als 4 defekte sind, andernfalls wird
abgelehnt. Der LTPD-Wert dieses zweifachen Prüfplans wird mit 10, 8% angegeben.
Für N = 6000 lesen wir unter sonst gleichen Bedingungen ab: $n_1 = 110$, $c_1 = 3$,
$n_2 = 250$, $c_2 = c_3 = 16$ und LTPD = 6, 6% .

LTPD- Pläne

Will man sich in erster Linie vor der Annahme von Lieferungen schützen,
die einen unter den gegebenen ökonomischen Bedingungen ungünstigen Ausschußanteil überschreiten, dann wird man als erstes nicht den AOQL, son-

dern einen LTPD-Wert p_β festlegen, d. h. den Ausschußanteil, bei dem die Annahmewahrscheinlichkeit nur $\beta = 0,10$ sein soll. In den Tabellen von DODGE&ROMIG hat man hier die Auswahl unter den LTPD-Werten
$$0,5\%,\ 1\%,\ 2\%,\ 3\%,\ 4\%,\ 5\%,\ 7\%\ \text{und}\ 10\%,\ \text{d. h.}\ p_\beta = 0,005,\ 0,01,\ \ldots$$
bis $p_\beta = 0,10$.
Auch diese Prüfpläne sind dafür gedacht, daß man im Fall der Ablehnung eine Totalkontrolle durchführt und auch sie minimieren (in etwa) den mittleren Prüfumfang $E[Y]_p$, jetzt aber unter der Nebenbedingung $L(p_\beta) \approx 0,10$ und für p-Werte in einem der angegebenen "process-average"-Intervalle. Neben dem abzulesenden einfachen oder zweifachen Prüfplan steht nun jeweils der zugehörige AOQL-Wert als zusätzliche Information.

Die Tabellen der LTPD-Pläne sind auch verwendbar, wenn man bei Ablehnung keine Totalkontrolle durchführt; dann ist allerdings der AOQL nicht definiert und die Minimaleigenschaft der Prüfpläne hinsichtlich des mittleren Prüfumfangs ist auch nicht mehr gegeben. Da aber in DODGE&ROMIG [1959] alle OC-Kurven für die tabellierten Pläne skizziert sind, kann man daraus weitere nützliche Informationen über einen aus den Tabellen ermittelten Prüfplan ablesen oder sich sogar aus den Skizzen einen geeigneten Prüfplan suchen.

<u>Beispiel 8 :</u> Eine Partie von 2 500 Stück soll bereits bei einem Ausschußanteil $p_\beta = 0,01$ nur noch mit Wahrscheinlichkeit 0,10 angenommen werden. Man vermutet einen "process average" zwischen 0,4 und 0,5 Prozent, also ein p zwischen 0,004 und 0,005.

Aus der Tabelle der einfachen Prüfpläne zu LTPD = 1% entnehmen wir unter der Rubrik "process average 0,41% bis 0,50% " und N = 2001-3000 den Prüfplan n = 870 , c = 5 ; als zugehöriger AOQL wird 0,26% angegeben.

Als zweifachen Prüfplan lesen wir bei sonst gleichen Vorgaben
$$n_1 = 430\ ,\ c_1 = 1\ ,\ n_2 = 830\ ,\ c_2 = c_3 = 8$$
ab. Der zugehörige AOQL wird nun mit 0,30 % angegeben.

Es ist ein Vorteil der Pläne von DODGE & ROMIG, daß einerseits Erfahrungen mit früheren Lieferungen bei der Wahl des mutmaßlichen "process-average" - Intervalls berücksichtigt werden können, wobei andererseits durch Vorgabe des AOQL bzw. des LTPD-Werts dafür gesorgt ist, daß sich ein möglicher Irrtum über p nicht allzu gravierend auswirkt.
Einen Nachteil hat der Anwender, der bei Ablehnung keine Totalkontrolle durchführen will oder kann. Er profitiert nicht von der Minimaleigenschaft dieser Prüfpläne hinsichtlich $E[Y]_p$ und könnte seine Wünsche eventuell mit geringerem Prüfaufwand realisieren.

b) Der Military Standard (MIL STD 105 D)

Die gefährlich klingende Bezeichnung kommt daher, daß ein Vorläufer dieses Stichproben-Systems, der sog. Military Standard 105 A , während des 2. Weltkriegs bei der US-Army entwickelt wurde. Er wurde 1950 zuerst veröffentlicht und seither mehrfach geändert oder erweitert. Die neueste Version dürfte das 1963 veröffentlichte System MIL STD 105 D sein. Es ist das am weitesten verbreitete System für die Annahme-Kontrolle bei der Gut-

Schlecht-Prüfung. Ausgangspunkt ist hier die Wahl eines AQL-Werts p_α ; man muß sich also darüber klar werden, welche Ausschußanteile noch tole- riert werden können. Man setzt voraus, daß viele Lieferungen zu prüfen sind. Auf lange Sicht bewirkt die Anwendung des Military-Standards dann, daß mindestens 90 % der Lieferungen, die einen Ausschußanteil von nicht mehr als p_α haben, angenommen werden. Für einzelne Lieferungen mit $p \approx p_\alpha$ kann die Annahmewahrscheinlichkeit mitunter auch etwas geringer als 0, 90 sein, vor allem, wenn man gerade eine geringe Losgröße hat und aufgrund guter Erfahrungen zu "reduzierter Prüfung" übergegangen ist. Im allgemeinen liegt jedoch die Annahme-Wahrscheinlichkeit auch für ein- zelne Lieferungen mit $p \le p_\alpha$ über 0, 90 .
Nach p_α ist das sog. a l l g e m e i n e I n s p e k t i o n s n i v e a u zu wählen, für das die Stufen I, II und III zur Verfügung stehen. Im Normalfall fängt man mit Niveau II an; I wird nur bei großem Vertrauen in den Lieferanten ge- wählt oder wenn die Kontrolle sehr teuer ist. Das Niveau I führt im Durch- schnitt zu Stichprobenumfängen, die nur etwa halb so groß sind wie bei II . Mit Niveau I kann man daher die "guten" Lieferungen nicht so sicher von den "schlechten" unterscheiden wie mit Niveau II , d.h. die Annahme-Wahr- scheinlichkeit wird auch bei erheblicher Überschreitung von p_α noch ziem- lich groß, wenn auch kleiner als 0, 90 sein.
Das allgemeine Inspektionsniveau III wird nur gewählt, wenn Mißtrauen ge- gen den Lieferanten besteht oder auch wenn die Kontrolle nicht viel kostet, denn bei III sind die Stichprobenumfänge gewöhnlich etwa doppelt so groß wie bei II. Dies hat den Vorteil, daß die OC-Kurven der Prüfpläne nach p_α stark abfallen und schlechte Lieferungen deshalb nur geringe Chancen haben, angenommen zu werden.
Neben den allgemeinen Inspektionsniveaus I, II, III gibt es noch vier soge- nannte s p e z i e l l e I n s p e k t i o n s n i v e a u s S1, S2, S3 und S4, die für Fälle gedacht sind, in denen man mit extrem geringen Stichprobenumfängen auskommen muß.
Zum gewählten Inspektionsniveau und der Losgröße N kann man in einer er- sten Tabelle einen Code-Buchstaben ablesen und letzterer ist entscheidend für den Stichprobenumfang bzw. die Stichprobenumfänge bei zwei- oder mehrfachem Prüfplan. Bei gewähltem allgemeinen Inspektionsniveau hängt der Code-Buchstabe nur noch davon ab, in welchem der folgenden Intervalle N liegt:
$[2, 8]$, $[9, 15]$, $[16, 25]$, $[26, 50]$, $[51, 90]$, $[91, 150]$, $[151, 280]$, $[281, 500]$, $[501, 1200]$, $[1201, 3200]$, $[3201, 10\,000]$, $[10\,001, 35\,000]$, $[35\,001, 150\,000]$, $[150\,001, 500\,000]$, $[500\,001, \infty)$.

Hat man z.B. das Niveau II bei einer Lieferung von N = 3 000 Stück gewählt, dann liest man aus der Tabelle für die Code-Buchstaben (Sample Size Code Letters, MIL STD 105 D, Table 1) den Buchstaben K ab, der bei Niveau II zu jedem N aus $[1201, 3200]$ gehört.
Wir wollen annehmen, daß der gewählte AQL - Wert $p_\alpha = 0,015$ bzw. 1,5 % ist und daß wir wie üblich, mit sog. N o r m a l - I n s p e k t i o n beginnen. Daher müssen wir nun die T a b e l l e f ü r N o r m a l - I n s p e k t i o n b e i e i n f a c h e m P r ü f p l a n (= Master Table for Normal Inspection -Single Sampling, MIL STD 105 D, Table II A) aufsuchen, falls wir uns mit einem einfachen Prüfplan begnügen. Dort gehört zu K der Stichprobenumfang 125 und die Annahmezahl c = 5 finden wir dort unter dem AQL-Wert 1,5 % .

Neben der Annahmezahl (acceptance number) $c = 5$ steht die 6 als "Ablehnungszahl" (rejection number); in dieser Tabelle ist das überflüssig, weil die "Ablehnungszahl" stets um 1 größer ist als die Annahmezahl. Bei der sog. "Reduzierten Kontrolle", die wir noch beschreiben werden, ist das nicht so und deshalb hat man die "Ablehnungszahl" der Einheitlichkeit zuliebe auch in den Tabellen aufgeführt, wo sie stets gleich $c+1$ ist.

Wenn wir uns bei unserem Beispiel für einen zweifachen Prüfplan entscheiden, müssen wir den Code-Buchstaben K in der Tabelle für Normal-Inspektion bei zweifachem Prüfplan (= Master Table for Normal Inspection -Double Sampling, MIL STD 105 D, Table III -A) aufsuchen. Dort finden wir zu K die Stichprobenumfänge $n_1 = 80$, $n_2 = 80$ (bei den zweifachen Plänen setzt man stets $n_2 = n_1$) und unter dem AQL-Wert 1,5% gehören dazu $c_1 = 2$ als Annahmezahl der 1.Stichprobe und 5 als "Ablehnungszahl" (rejection number) der 1.Stichprobe. In unseren Bezeichnungen bedeutet das $c_2 = 4$. Unter der 2 für c_1 steht 6 als Annahmezahl (acceptance number) der Gesamtstichprobe, d.h. $c_3 = 6$; wir nehmen also schon nach der ersten Stichprobe an, wenn unter den 80 geprüften Stücken nicht mehr als 2 defekte sind. Wir lehnen schon nach der 1.Stichprobe ab, wenn darunter mehr als 4 defekte sind. Wenn die 1.Stichprobe 3 oder 4 defekte Stücke enthält, kommt es zur zweiten Stichprobe und dann wird angenommen, falls in der Gesamtstichprobe von 160 Stück nicht mehr als 6 defekte Stücke sind. Unter der 5 steht 7 als "rejection number" der Gesamtstichprobe und das bedeutet, daß bei 7 oder mehr defekten Stücken in der Gesamtstichprobe von 160 Stück abzulehnen ist.
Das Military Standard-System enthält auch Prüfpläne mit mehr als zwei, nämlich bis zu 7 Stufen. Diese sog. multiplen Prüfpläne werden wegen ihrer komplizierteren Handhabung nur selten verwendet. Aus einer beigefügten Graphik für den durchschnittlichen Prüfumfang geht zudem hervor, daß sich dieser beim Übergang von zweifachen zu multiplen Plänen nicht mehr im selben Maße verringert wie beim Übergang von einfachen zu zweifachen Plänen.
Man reagiert auf negative Erfahrungen durch Übergang von der Normal-Inspektion zur <u>Strengeren Inspektion</u> (tightened inspection). Das allgemeine Inspektionsniveau bleibt dabei fest. Bei Strengerer Inspektion gehören zu den Code-Buchstaben dieselben Stichprobenumfänge wie bei Normal-Inspektion, aber die Annahmezahlen sind jeweils um 1 oder sogar um 2 kleiner. Daher ist die Annahmewahrscheinlichkeit für die meisten p-Werte wesentlich geringer als bei Normal-Inspektion. Der Übergang von Normal-Inspektion zu Strengerer Inspektion ist vorgeschrieben, sobald von den letzten fünf unter Normal-Inspektion geprüften Losen zwei abgelehnt wurden. Man kehrt zurück zur Normal-Inspektion, sobald unter der Strengeren Inspektion fünf aufeinander folgende Lose angenommen worden sind.

Hat man bei Normal-Inspektion die letzten 10 Lose angenommen, dann wird der Übergang zur sog. <u>Reduzierten Inspektion</u> empfohlen, falls außerdem noch drei weitere Bedingungen erfüllt sind, nämlich

   a) alle Stichproben aus den letzten 10 Losen enthalten zusammen nicht mehr defekte Stücke als eine Grenzzahl (=limit number for reduced inspection), die zum Umfang der Gesamtstichprobe aus den 10 Losen gehört und aus einer eigenen Tabelle (MIL STD 105 D , Table VIII) abgelesen werden kann;

b) der Produktionsverlauf wird vermutlich ungestört sein, d.h. es sind keine Änderungen in der Produktionsanlage, beim Material, beim Personal usw. zu gewärtigen;

c) der Verantwortliche für das Prüfsystem beurteilt eine Reduzierung des Prüfaufwands als wünschenswert.

Aus den letzten beiden Bedingungen ergibt sich, daß der Übergang von der Normal-Inspektion zur Reduzierten Inspektion nicht zwingend ist und daß die Kriterien dafür nicht alle im mathematischen Sinn definiert sind.

Bei Reduzierter Inspektion sind die zu den einzelnen Code-Buchstaben gehörenden Stichprobenumfänge erheblich geringer als bei Normal-Inspektion, aber auch die Annahmezahlen sind geringer. Jetzt sind die Ablehnungszahlen (rejection numbers) nicht immer einfach um 1 größer als die jeweilige Annahmezahl, sondern sie können letztere um 2, 3 oder mehr übertreffen. Bei Reduzierter Inspektion und einfachen Prüfplänen gilt folgende Regel:

> Man nehme das Los an, wenn die Anzahl der defekten Stücke in der Stichprobe nicht größer als die Annahmezahl ist; man lehne es ab und kehre zur Normal-Inspektion zurück, falls die Ablehnungszahl von der Anzahl der defekten Stücke in der Stichprobe erreicht oder übertroffen wird; ist die Anzahl der defekten Stücke größer als die Annahmezahl, aber kleiner als die Ablehnungszahl, dann ist das Los zwar anzunehmen, doch beim nächsten Los kehrt man wieder zur Normal-Inspektion zurück. Die Rückkehr zur Normal-Inspektion kann aber auch aus anderen Gründen veranlaßt werden, z.B. wenn Störungen des Produktionsablaufs vermutet werden.

Bei zweifachem Prüfplan und Reduzierter Inspektion lautet die Regel für die erste Stichprobe wie sonst auch : Annahme, wenn die Annahmezahl der ersten Stichprobe nicht überschritten wird; Ablehnung, wenn die Ablehnungszahl der ersten Stichprobe erreicht oder überschritten wird ; Ziehen der 2. Stichprobe in den anderen Fällen. Kommt es überhaupt zur 2. Stichprobe, dann verfährt man wie folgt:

> Wenn die Ablehnungszahl der Gesamtstichprobe nicht erreicht wird, dann ist das Los anzunehmen, andernfalls ist es abzulehnen. Wenn die Annahmezahl der Gesamtstichprobe überschritten wird, dann ist zur Normal-Inspektion zurückzukehren.

Die Ablehnungszahl der Gesamtstichprobe kann die Annahmezahl der Gesamtstichprobe um mehr als 1 übertreffen. Enthält die Gesamtstichprobe dann mehr defekte Stücke als die letztere und weniger als die erstere, dann wird zwar das betreffende Los angenommen, aber man kehrt zur Normal-Inspektion zurück.

Diese Übergangsregeln (Switching Rules) zeigen, daß das Military Standard System für die Kontrolle von längeren Serien gedacht ist, die aus Losen von gleicher Herkunft bestehen. Es wird auch immer wieder betont, wie wichtig die Beachtung dieser Übergangsregeln ist, weil das System nur dadurch auf Erfahrungen reagiert. Die unkritische Anwendung auf einzelne Lieferungen

kann dazu führen,daß schlechte Qualität mit unangemessen hoher Wahrscheinlichkeit angenommen wird (s. SCHILLING [1982] S.279 oder MONTGOMERY
[1985] S. 411). Wer trotzdem einen Prüfplan des Systems auf eine einzelne
Lieferung anwendet, der sollte nachsehen, ob die OC-Kurve des Prüfplans
im Bereich der nicht akzeptablen p-Werte hinreichend kleine Werte hat.
Für diesen Zweck stellt der MIL STD 105 D Graphiken zur Verfügung.

Bei wachsender Losgröße N wachsen auch die Stichprobenumfänge und die
Annahmezahlen in der Weise, daß bei großem N eine Lieferung, deren Ausschußanteil p den AQL-Wert nicht übertrifft,meist mit höherer Wahrscheinlichkeit als 0,90 angenommen wird, während die Annahmewahrscheinlichkeit
für größere p-Werte rasch abnimmt. Für die Intervall-Mitten $\hat{N}$ der N-Inter-
valle und den Stichprobenumfang n gilt bei den einfachen Prüfplänen in gro-
ber Näherung der Zusammenhang $n \approx a\sqrt{\hat{N}}$, wobei a vom allgemeinen Inspektionsniveau abhängt und bei Niveau I etwa halb so groß, bei III etwa doppelt
so groß ist wie bei II (s. HALD [1981] S. 83).
Begründet wird dieser Zusammenhang nicht näher; in Kapitel 4 werden wir
sehen (vgl. 4. 1. 2), daß bei kostenoptimalen Prüfplänen n wie $N^{2/3}$ wächst.

Wir geben noch die Prüfpläne an, die sich bei unserem Beispiel mit N=3000
und AQL =1,5% ergeben, wenn wir durch die Übergangsregeln zur Strengeren
Inspektion oder zu Reduzierter Inspektion übergehen. Der Code-Buchstabe K
bleibt in beiden Fällen, da er nur von N und dem allgemeinen Inspektionsniveau abhängt, das weiterhin II sein soll.
Als einfachen Prüfplan bei Strengerer Inspektion erhalten wir aus der "Master Table for tightened inspection-Single Sampling"(Table II-B) wieder
n = 125, nun aber c =3 und die "Ablehnungszahl" 4 , d. h. ab 4 defekten Stücken
wird abgelehnt.
Der zweifache Prüfplan bei Strengerer Inspektion ist aus der "Master Table
for tightened inspection-Double Sampling"(Table III-B) abzulesen. Wieder erhalten wir $n_1 = n_2 = 80$, aber die geringeren Annahmezahlen $c_1 = 1$ für die erste,
$c_3 = 4$ für die Gesamtstichprobe. Abzulehnen ist, wenn die erste Stichprobe
vier oder mehr defekte Stücke aufweist und wenn die Gesamtstichprobe fünf
oder mehr defekte Stücke enthält.

Bei Reduzierter Inspektion erhalten wir zum Code-Buchstaben K und zum
AQL von 1,5% den einfachen Prüfplan n = 50 , c = 2 mit der "Ablehnungszahl" 5 aus der "Master Table for reduced inspection-Single Sampling"
(Table II-C). Jetzt ist die "Ablehnungszahl" um mehr als 1 größer als die
Annahmezahl; bei Reduzierter Inspektion ist das meistens so, während bei
Normal-Inspektion und Strengerer Inspektion die "Ablehnungszahl" immer
um 1 größer ist als die Annahmezahl und daher nicht angegeben werden
müßte. Wir lehnen jetzt also ab, wenn unter den 50 Stücken der Stichprobe
fünf oder mehr defekte Stücke sind. Sind es drei oder vier, dann nehmen
wir zwar an, kehren aber beim nächsten Los zur Normal-Inspektion zurück.
Bei zwei oder weniger defekten Stücken in der Stichprobe nehmen wir an
und bleiben bei Reduzierter Inspektion, sofern nicht ein anderer Grund die
Rückkehr zur Normal-Inspektion nahelegt.

Den zweifachen Prüfplan bei Reduzierter Inspektion erhalten wir aus der
"Master Table for reduced inspection -Double Sampling"(Table III-C) zu
$n_1 = n_2 = 32$, $c_1 = 0$, "Ablehnungszahl der 1. Stichprobe" =4 (= $c_2 + 1$ nach un-

seren Bezeichnungen), $c_3 = 3$ und 6 als "Ablehnungszahl" der Gesamtstichprobe. Abgelehnt wird also bei 4 oder mehr defekten Stücken in der ersten Stichprobe und bei 6 oder mehr defekten Stücken in der Gesamtstichprobe von 64 Stück. Kommt es zur 2. Stichprobe und sind dann in der Gesamtstichprobe 4 oder 5 defekte Stücke, dann wird zwar angenommen, aber beim nächsten Los kehrt man zur Normal-Inspektion zurück.

Im folgenden Diagramm sind die Übergangsregeln noch einmal übersichtlich zusammengestellt.

F i g u r 19 : Diagramm für die Übergangsregeln (Switching rules) bei MIL STD 105 D

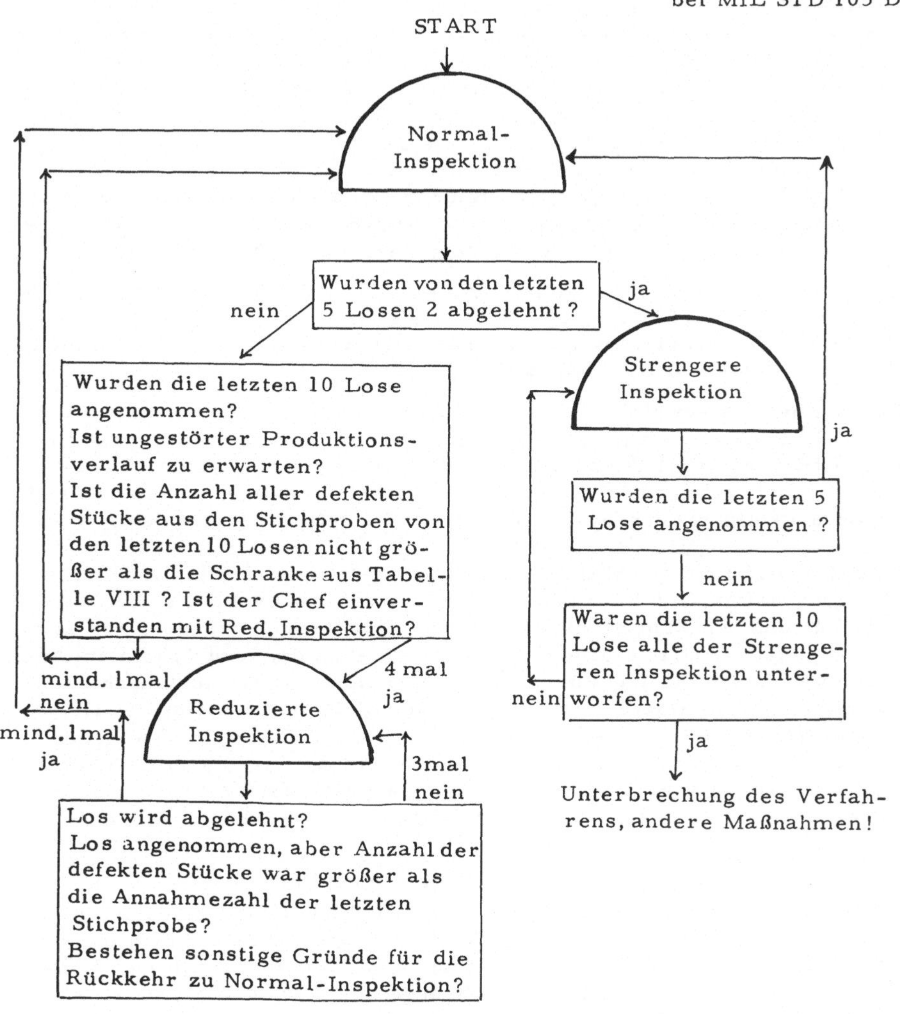

Wir haben bisher nicht ständig darauf hingewiesen, daß zu prüfende "Stücke"
auch Verpackungseinheiten sein können. In solchen Fällen, manchmal auch
wenn es sich tatsächlich um einzelne Stücke handelt, kann ein "Stück" mehrere Defekte aufweisen ohne gleich unbrauchbar zu sein. So ist z. B. ein Pa-
ket mit Saatgut noch verwendbar, wenn es einige Samenkörner anderer Art
enthält. Wenn nun p die durchschnittliche Anzahl der Defekte pro
Einheit ist, dann bedeutet der AQL von $100\,p_\alpha$ die durchschnittliche Anzahl der Defekte in 100 Einheiten, bei der man noch eine Wahrscheinlichkeit von mindestens 0, 90 für die Annahme haben möchte. Die Prüfpläne für einen AQL-Wert können auch verwendet werden, wenn er nicht einen Prozentsatz der defekten Stücke, sondern eine durchschnittliche Anzahl
von Defekten auf 100 Einheiten bedeutet.
Die Military-Standard-Tabellen sehen auch den letzteren Fall vor und gehen
deshalb über AQL-Werte von 100 hinaus, was im ersteren Fall unsinnig wäre. Ein einfacher Prüfplan n, c bedeutet dann, daß anzunehmen ist, wenn in
einer Stichprobe von n Einheiten nicht mehr als c Defekte festgestellt werden. Da pro Einheit auch mehrere Defekte gezählt werden können, muß nun
die sonst immer geltende Voraussetzung $c < n$ aufgehoben werden. Als OC-
Kurve liegt den Plänen für AQL-Werte über 100 die Poisson'sche Operationscharakteristik $L^{*}_{n,\,c}(p)$ zugrunde (OC-Kurven vom binomialen oder hypergeometrischen Typ sind für p-Werte größer als 1 nicht definiert!)

So lesen wir z. B. aus der Tabelle II-A des MIL STD 105 D zum Code-Buchstaben E und AQL = 150 (d. h. p_α = 1, 50) den einfachen Prüfplan n=13, c=30
ab. Er führt zur Annahme, wenn bei einer Stichprobe von 13 Einheiten nicht
mehr als 30 Defekte festgestellt werden.

Außer den bereits erwähnten enthält MIL STD 105 D noch weitere Tabellen,
z. B. AOQL-Werte bei Normal-Inspektion oder bei Strengerer Inspektion.
Ferner findet man dort Graphiken der OC-Kurven u. a. m.. In der Hand eines
mit den Grundbegriffen der Annahme-Kontrolle vertrauten Ingenieurs ist dieses Standard-Stichproben-System daher ein vielseitiges Instrument.

Bemängeln muß man am Military-Standard-System das Fehlen von Optima-
litätseigenschaften, die "handgestrickten" Übergangsregeln, die zum Teil
auf Willkür und auf nicht nachvollziehbaren Erfahrungen gründen, vor allem
aber die einseitige Orientierung am "acceptable quality level", also am AQL.
Dieser Ausschußanteil muß aufgrund von ökonomischen Gesichtspunkten
festgesetzt werden, wobei stets ein gewisses Maß an Willkür mit einfließt,
wenn man kein Kosten-Modell zugrundelegt. Ferner ist ein befriedigender
Schutz des Konsumenten vor zu großen Ausschußanteilen erst bei längeren
Serien von Losen gewährleistet, denn bei Qualitätsverschlechterung sorgen
die Übergangsregeln erst nach einiger Zeit für Strengere Inspektion.

Vielleicht geht es dem Ingenieur mit dem Military-Standard-System ähnlich
wie der Hummel mit ihren Flügeln: Nach der Aerodynamik soll sie angeb-
lich nicht fliegen können, aber sie weiß das nicht und fliegt trotzdem! Immerhin ist dieses Stichproben-System weltweit erprobt und es hat sich in den
meisten Fällen bewährt. Es ist einfach zu handhaben und erfüllt den dringen-
den Wunsch der Praktiker, die auf Erfahrungen mit einem Lieferanten reagieren wollen. Freilich könnte man das auch ohne starre Übergangsregeln im

Rahmen von 2-Punkte-Bedingungen erreichen, z. B. indem man nach guten Erfahrungen p_β vergrößert, nach schlechten Erfahrungen aber verkleinert, d.h. dichter bei p_α wählt. Bei festen Parametern p_α, α und β brächte ersteres in der Regel eine Reduzierung, letzteres eine Erhöhung des Prüfaufwands. Schließlich könnte man auch für diese Reaktionen feste Regeln aufstellen, die wie die switching rules des MIL STD 105 D den Vorteil hätten, daß sie den Ausführenden die Verantwortung für die Veränderungen abnehmen.
Ausführlichere Darstellungen des MIL STD 105 D findet man bei SCHILLING [1982] und MONTGOMERY [1985] (in beiden Büchern sind auch die Tabellen ausgedruckt) , auch bei HAHN & SCHILLING [1975] oder PABST [1963] .

c) Die ASQ -Stichproben-Tabellen

Die Deutsche Arbeitsgemeinschaft für Statistische Qualitätskontrolle (abgekürzt ASQ , jetzt: Deutsche Gesellschaft für Qualität e. V.) hat 1960 eine Broschüre mit dem Titel "ASQ-Stichproben-Tabellen zur Attributprüfung" herausgegeben. Sie enthält einfache und zweifache Prüfpläne für 15 AQL-Intervalle, die nach wachsendem AQL, d. h. nach abnehmenden Qualitätsansprüchen mit S1 bis S3 (Sonderanfertigung), P4 bis P4 (Präzisionsanfertigung), N1 bis N3 (Normalanfertigung) und O1 bis O5 (Ordinäre Fertigung) bezeichnet sind. Eine Zusatztabelle liefert Prüfpläne für Fälle mit besonders hohen Prüfkosten; dabei ist die Annahmezahl dann stets gleich 0 .

Die ASQ-Tabellen lehnen sich stark an Vorgänger des MIL STD 105 D an, denn die Verfasser wollten einen Beitrag zur Vereinheitlichung des Prüfwesens leisten. Daher sind die Prüfpläne zum Teil austauschbar mit Military-Standard-Plänen.
Die Broschüre enthält drei Tabellen mit Prüfplänen, deren Anwendung kurz und klar erläutert wird. Für alle einfachen Prüfpläne sind Skizzen der genäherten OC-Kurve $L_{n,c}^{*}(p)$ vorhanden. Zu jedem AQL-Intervall ist auch ein AOQL- Intervall angegeben; führt man im Fall der Ablehnung jedesmal eine Totalkontrolle durch, dann liegt der Höchstwert des mittleren Durchschlupfs bei allen Prüfplänen, die in der zum betreffenden AQL-Intervall gehörenden Spalte stehen, im zugehörigen AOQL-Intervall.
Die ASQ-Tabellen sind noch einfacher zu handhaben als das Military-Standard-System und können auch heute noch ein brauchbarer Ersatz für das letztere sein. Es wurde schon erwähnt, daß hier die zweite Stichprobe eines zweifachen Prüfplans immer den doppelten Umfang hat wie die erste. Man verfährt dabei offenbar nach dem Grundsatz : "Wenn schon etwas faul zu sein scheint, dann wollen wir beim 2. Mal genauer nachsehen".
Übergänge von normaler zu strengerer oder auch zu reduzierter Inspektion sind auch im ASQ-System vorgesehen, ohne daß dafür feste Regeln angegeben werden. Der Übergang ist jeweils recht einfach: zur reduzierten Inspektion kommt man, indem man in derselben Spalte den an der nächsthöheren Stelle stehenden Prüfplan mit einer um 1 geringeren Annahmezahl wählt; will man zur Strengeren Inspektion übergehen, dann sucht man in derselben Spalte weiter unten den ersten Prüfplan, der eine um 1 größere Annahmezahl hat. Bei zweifachen Prüfplänen ist dabei jeweils die Annahmezahl der ersten Stichprobe gemeint.

Aufgaben

41) Aus den Tabellen des MIL STD 105 D haben wir zum AQL = 1, 50 % die
einfachen Prüfpläne: n = 125 , c = 5 bei Normal-Inspektion, n = 125, c = 3
bei Strengerer Inspektion und n = 50 , c = 2 bei Reduzierter Inspektion
abgelesen. Berechnen Sie für diese drei Prüfpläne die tatsächliche Annahmewahrscheinlichkeit an der Stelle $p_\alpha = 0,015$ und stellen Sie fest,
mit welcher Wahrscheinlichkeit bei jedem dieser drei Prüfpläne ein Los
angenommen wird, das 5% Ausschuß enthält. (Da N = 3000, genügt die
OC-Kurve des binomialen Typs als Näherung!)

42) Den ASQ-Tabellen entnimmt man für Lose von N = 3000 Stück den einfachen Prüfplan n = 225 , c = 5 für die AQL-Werte von 1% bis 1, 50 %.
Mit welcher Wahrscheinlichkeit wird bei diesem Prüfplan ein Los mit
dem Ausschußanteil $p = p_\alpha = 0, 015$ angenommen und mit welcher Wahrscheinlichkeit wird eines mit $p = 0, 05$ angenommen?

2.2 ANNAHMEKONTROLLE BEI MESSENDER PRÜFUNG

Die Brauchbarkeit eines Produkts hängt manchmal nur davon ab, ob ein meß-
bares Merkmal X innerhalb gewisser Grenzen liegt, oder ob es einen Min-
destwert a nicht unterschreitet bzw. einen Höchstwert b nicht überschreitet. Dabei sind a und b in der Regel technisch bedingt. Man nennt

    a die untere Toleranzgrenze (im Englischen LSL = lower spe-
    cification limit) ,

    b die obere Toleranzgrenze (USL = upper specification limit)

und beide zusammen die Toleranzen. Ein Stück ist im sogenannten

    zweiseitigen Fall genau dann "gut", wenn $a \leq X \leq b$ gilt,

im

    einseitigen Fall mit unterer Toleranzgrenze
    ist es "gut" genau dann, wenn $X \geq a$ gilt,

im

    einseitigen Fall mit oberer Toleranzgrenze
    ist es "gut" genau dann, wenn $X \leq b$ gilt.

In allen drei Fällen bezeichnen wir das Stück als defekt, wenn es nicht "gut"
ist.
Man könnte nun wie bisher verfahren und die Entscheidung über die Annahme eines Loses davon abhängig machen, wieviele defekte Stücke in einer
Stichprobe sind. Jetzt sind wir aber in der Lage, die Merkmalswerte
$X_1, X_2, \ldots, X_n$ der n Stücke in der Stichprobe zu messen und erhalten dadurch die n Meßwerte $x_1, x_2, \ldots, x_n$. Wir wissen dann von den Stücken der
Stichprobe nicht nur, ob sie gut oder defekt sind, sondern wir wissen bei
den defekten, wie weit sie von den Erfordernissen abweichen und von den
guten wissen wir, ob sie gerade noch als "gut" passieren können oder ob es
sich um mustergültige Exemplare handelt. Dadurch gewinnen wir mehr Information aus der Stichprobe als durch die grobe Einteilung nach den Attri-
buten "gut" und "defekt". Es wird uns deshalb nicht allzusehr überraschen,

wenn wir im folgenden an Beispielen sehen werden, daß Prüfpläne der Messenden Prüfung in der Regel mit wesentlich geringeren Stichprobenumfängen auskommen als vergleichbare Prüfpläne der Gut-Schlecht-Prüfung.

2.2.1 Prüfpläne für normalverteilte Merkmale bei bekannter Streuung

Wir betrachten zunächst den idealisierten Fall, daß die Merkmalswerte $X_1, \ldots, X_n$ der n Stücke in der Stichprobe unabhängig und alle nach einer Normalverteilung $N(\mu, \sigma^2)$ mit bekannter Streuung σ verteilt sind. Wenn die Stichprobe aus einer bereits vorliegenden Gesamtheit von N Stücken zu ziehen ist, kann dies nur näherungsweise gelten. Nur wenn N groß gegen n ist, sind die Stichprobenvariablen $X_1, \ldots, X_n$ annähernd unabhängig und identisch verteilt; diese Verteilung von diskretem Typ muß dann noch gut durch eine Normalverteilung approximierbar sein, damit unsere Annahme in etwa richtig ist. Man kann sich aber auch vorstellen, daß die n Stücke von einem Produktionsprozeß erzeugt werden, bei dem die Merkmalswerte aller gefertigten Stücke unabhängig und nach $N(\mu, \sigma^2)$ verteilt sind.

Wir werden die Entscheidung über die Annahme eines Loses vom Stichproben-Mittel $\overline{X}$ allein abhängen lassen. Nach Voraussetzung und Satz 1.15 ist

$$\overline{X} = \frac{1}{n} \sum_{i=1}^{n} X_i \quad \text{verteilt nach } N(\mu, \frac{\sigma^2}{n}).$$

Ein einfacher Prüfplan $n, c\sigma$ für den zweiseitigen Fall mit Toleranzen a, b ist dann durch folgende Vorschrift gegeben:
"Man nehme an, falls $a + c\sigma \le \overline{X} \le b - c\sigma$, sonst lehne man ab."

Ein einfacher Prüfplan $n, c\sigma$ für den einseitigen Fall mit unterer Toleranzgrenze a ist durch die Vorschrift:
"Man nehme an, falls $\overline{X} \ge a + c\sigma$, sonst lehne man ab",
gegeben.
Ein einfacher Prüfplan $n, c\sigma$ für den einseitigen Fall mit oberer Toleranzgrenze b ist schließlich gegeben durch die Vorschrift: "Man nehme an, falls $\overline{X} \le b - c\sigma$, sonst lehne man ab."

Im Gegensatz zu den Annahmezahlen der Gut-Schlecht-Prüfung ist c jetzt in der Regel nicht ganzzahlig, sondern eine (meist positive) reelle Zahl. Im zweiseitigen Fall setzen wir

$$a + c\sigma < b - c\sigma \quad \text{oder die äquivalente Ungleichung} \quad c < \frac{b-a}{2\sigma} \qquad (52)$$

voraus, da sich sonst keine positive Annahmewahrscheinlichkeit ergeben könnte.
Die Annahmewahrscheinlichkeit läßt sich als Funktion von μ in allen drei Fällen mit Hilfe der Verteilungsfunktion Φ der Standard-Normalverteilung ausdrücken; wir bezeichnen sie als die Operationscharakteristik $L_1(\mu)$. Für den zweiseitigen Fall ist

$$L_1(\mu) = W(a+c\sigma \le \overline{X} \le b-c\sigma) = W(\frac{a+c\sigma-\mu}{\sigma}\sqrt{n} \le \frac{\overline{X}-\mu}{\sigma}\sqrt{n} \le \frac{b-c\sigma-\mu}{\sigma}\sqrt{n}),$$

also ist

$$L_1(\mu) = \Phi((-c + \frac{b-\mu}{\sigma})\sqrt{n}) - \Phi((c + \frac{a-\mu}{\sigma})\sqrt{n}) \qquad (53_1)$$

die Operationscharakteristik in Abhängigkeit von μ im zweiseitigen Fall.

Durch dieselbe Standardisierung von $\overline{X}$ ergibt sich im einseitigen Fall mit unterer Toleranzgrenze a

$$L_1(\mu) = 1 - \Phi\left(\left(c + \frac{a-\mu}{6}\right)\sqrt{n}\,\right) \tag{53_2}$$

und für den einseitigen Fall mit oberer Toleranzgrenze b

$$L_1(\mu) = \Phi\left(\left(-c + \frac{b-\mu}{6}\right)\sqrt{n}\,\right)\;. \tag{53_3}$$

Da Φ eine streng monoton wachsende Funktion ist, fällt die OC-Kurve (53_3) streng monoton in μ, während (53_2) streng monoton in μ wächst (s. auch Figur 20). Beides ist plausibel, denn bei oberer Toleranzgrenze b wird mit wachsendem μ auch der Ausschußanteil wachsen und eine vernünftige OC-Kurve muß mit wachsendem Ausschußanteil fallen; bei unterer Toleranzgrenze a hingegen nimmt der Ausschußanteil mit wachsendem μ ab und daher ist es ganz natürlich, daß die OC-Kurve (53_2) streng monoton in μ wächst.

Im zweiseitigen Fall vermutet man sofort, daß $L_1(\mu)$ für $\mu = \dfrac{a+b}{2}$ maximal sein wird, da der Ausschußanteil am geringsten sein dürfte, wenn der Erwartungswert μ des betrachteten Merkmals in der Mitte des Toleranzintervalls $[a\,,\,b]$ liegt. Der exakte Nachweis für diese Vermutung ist reine Routine und wir begnügen uns daher mit dem Hinweis, daß die Ableitung

$$L_1'(\mu) = -\frac{\sqrt{n}}{6}\left[\varphi\left(\left(-c + \frac{b-\mu}{6}\right)\sqrt{n}\right) - \varphi\left(\left(c + \frac{a-\mu}{6}\right)\sqrt{n}\,\right)\right] \text{ (es ist } \varphi(x)$$

gleich $\Phi'(x)$)

von (53_1) nur gleich 0 sein kann, wenn $|-c + (b-\mu)/6| = |c + (a-\mu)/6|$ gilt, wie aus der Nullsymmetrie und dem Monotonieverhalten der Dichte φ von $N(0,1)$ folgt. An der Maximalstelle muß also entweder $-c +(b-\mu)/6 = c +(a-\mu)/6$ oder $-c + (b-\mu)/6 = -c -(a-\mu)/6$ gelten. Ersteres führt zu $c6 = (b-a)/2$, was wir ausgeschlossen haben (bei $c6 = (b-a)/2$ wäre $L_1(\mu)$ identisch 0), letzteres führt zu $\mu = (a+b)/2$.

Bezüglich der Maximalstelle $\dfrac{a+b}{2}$ ist die OC-Kurve (53_1) symmetrisch. Um dies zu sehen, benutzen wir die für alle x gültige Gleichung $\Phi(x) = 1 - \Phi(-x)$ und schreiben (53_1) in der Form

$$L_1(\mu) = \Phi\left(\left(-c + \frac{b-\mu}{6}\right)\sqrt{n}\right) - 1 + \Phi\left(\left(-c - \frac{a-\mu}{6}\right)\sqrt{n}\right)\;;$$

setzen wir hier nun $\mu = \dfrac{a+b}{2} + d$ ein, dann erhalten wir

$$L_1\left(\frac{a+b}{2} + d\right) = \Phi\left(\left(-c + \frac{b-a-2d}{26}\right)\sqrt{n}\right) - 1 + \Phi\left(\left(-c + \frac{b-a+2d}{26}\right)\sqrt{n}\right)$$

und weil wir auf der rechten Seite dasselbe erhalten, wenn wir d durch -d ersetzen, folgt $\quad L_1\left(\dfrac{a+b}{2} + d\right) = L_1\left(\dfrac{a+b}{2} - d\right)$ für beliebiges d.

Wir fassen diese ersten Resultate zusammen im

<u>SATZ 2.14</u>: Die Operationscharakteristik $L_1(\mu)$ eines einfachen Prüfplans $n, c6$ für ein normalverteiltes Merkmal mit bekannter Streuung 6 nimmt im zweiseitigen Fall ihr absolutes Maximum an der Stelle $\mu = (a+b)/2$ an und ist symmetrisch bezüglich $(a+b)/2$. Im einseitigen Fall mit unterer Toleranzgrenze ist $L_1(\mu)$ streng monoton wachsend in μ, im einseitigen Fall mit oberer Tole-

ranzgrenze b ist $L_1(\mu)$ streng monoton fallend in μ.

In Figur 20 sind die Operationscharakteristiken $L_1(\mu)$ des einfachen Prüfplans $n = 16$, $c\sigma = 1,5\sigma$ für alle drei Fälle skizziert. Im zweiseitigen Fall wurde $b = a + 4\sigma$ angenommen; damit ist die Voraussetzung $c\sigma \leq (b-a)/2$ erfüllt. Für dieses Zahlenbeispiel wird

(53_1) zu $\Phi(10 + 4(a-\mu)/\sigma) - \Phi(6 + 4(a-\mu)/\sigma)$, (53_2) zu $1 - \Phi(6 + 4(a-\mu)/\sigma)$,

(53_3) zu $\Phi(-6 + 4(b-\mu)/\sigma)$. Als Einheit auf der μ-Achse wählen wir σ.

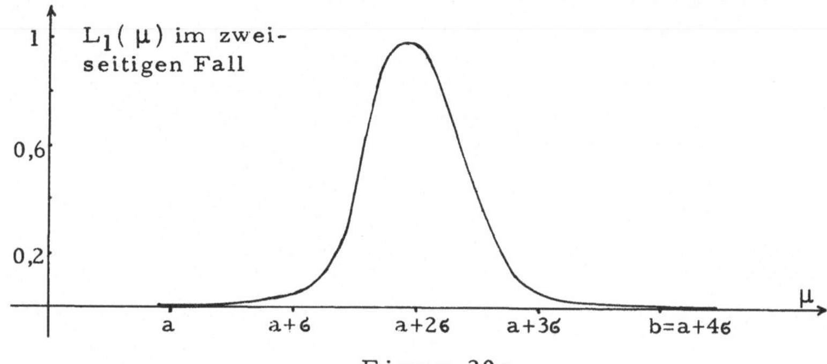

Figur 20a

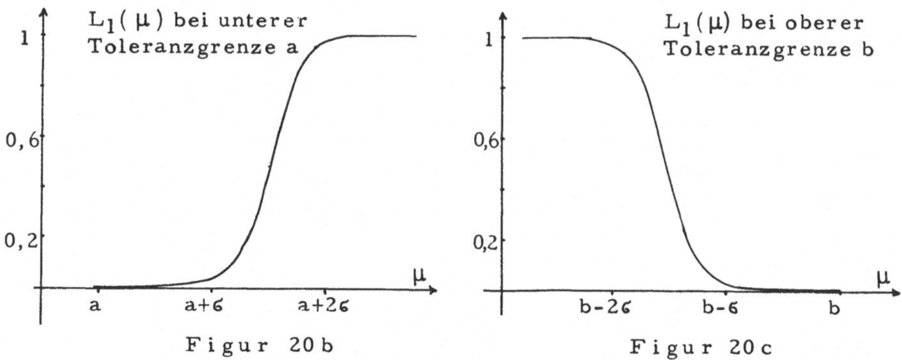

Figur 20b   Figur 20c

Wie hängen nun diese Operationscharakteristiken von den zu wählenden Prüfplanparametern n und c ab?
Eine Vergrößerung von c verringert die Annahmewahrscheinlichkeit in allen drei Fällen, denn die Wahrscheinlichkeiten $W(a + c\sigma \leq \overline{X} \leq b - c\sigma)$, $W(\overline{X} \geq a + c\sigma)$ und $W(\overline{X} \leq b - c\sigma)$ sind offensichtlich in c streng monoton fallend. Man erkennt das auch mühelos aus den Formeln (53_1), (53_2) und (53_3). Bei Vergrößerung von c wird also $L_1(\mu)$ für alle μ kleiner.

Um den Einfluß von n zu erkennen, leiten wir die Operationscharakteristiken nach $\sqrt{n}$ ab (diese Ableitungen haben dasselbe Vorzeichen wie die Ableitungen nach n). Aus (53_1) berechnen wir so (wobei φ wieder die Dichte der Standard-Normalverteilung bedeutet)

$$\frac{d}{d\sqrt{n}}\,L_1(\mu) = \varphi((-c+\tfrac{b-\mu}{6})\sqrt{n})\cdot(-c+\tfrac{b-\mu}{6}) - \varphi((c+\tfrac{a-\mu}{6})\sqrt{n})\cdot(c+\tfrac{a-\mu}{6}).$$

Diese Ableitung ist positiv, wenn $-c+(b-\mu)/6 \geqslant 0$ und $c+(a-\mu)/6 \leqslant 0$ gilt, da nicht beide Ungleichungen gleichzeitig mit dem $=$-Zeichen erfüllt sein können. Diese beiden Ungleichungen sind ersichtlich äquivalent mit

$$a + c6 \leqslant \mu \leqslant b - c6 \ ,$$

also wächst $L_1(\mu)$ streng monoton mit n für alle μ , die das Kriterium erfüllen, welches von $\overline{X}$ im Fall der Annahme erfüllt wird. Das Intervall $[a+c6 \ , \ b-c6]$ liegt also im Bereich der μ-Werte, für die $L_1(\mu)$ mit wachsendem n zunimmt und wir können daher sagen, daß "gute" Qualität, bei der μ etwa in der Mitte des Toleranzintervalls $[a, b]$ liegt, bei größeren Stichprobenumfängen mit größerer Wahrscheinlichkeit angenommen wird als bei kleineren Stichprobenumfängen.

Noch einfacher ist der Einfluß von n auf $L_1(\mu)$ in den einseitigen Fällen zu erkennen. Die Ableitung von (53_2) nach $\sqrt{n}$ ist

$$\frac{d}{d\sqrt{n}}\,L_1(\mu) = -\varphi((c+\tfrac{a-\mu}{6})\sqrt{n})\cdot(c+\tfrac{a-\mu}{6})$$

und das ist positiv für $c+(a-\mu)/6 < 0$, also für $\mu > a+c6$, negativ aber für $\mu < a+c6$. Für die "guten" Lose mit $\mu > a+c6$ wächst also die Annahmewahrscheinlichkeit streng monoton mit zunehmendem n , während sie für die schlechteren Lose mit $\mu < a+c6$ streng monoton in n fällt.
Ganz analog folgt für den einseitigen Fall mit oberer Toleranzgrenze b , daß die "guten" Lose mit $\mu < b-c6$ bei wachsendem n mit größerer Wahrscheinlichkeit angenommen werden, während die schlechteren mit $\mu > b-c6$ bei wachsendem n mit geringerer Wahrscheinlichkeit angenommen werden.

Figur 21 verdeutlicht den Einfluß von n und c auf die Operationscharakteristiken. Dort kann man die in Figur 20 bereits gezeigten OC-Kurven des Prüfplans $n, c6$ für $n = 16$, $c = 1, 5$ vergleichen mit denen, die man mit $n = 16$, $c = 1, 7$ erhält und mit denen für $n = 100$, $c = 1, 5$.

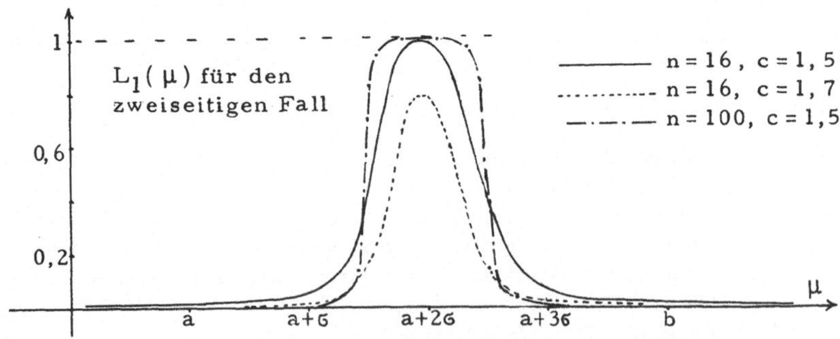

Figur 21a

Wie bei dem Beispiel in Figur 20 nehmen wir an, daß die Länge des Toleranzintervalls gleich 46 ist. Diese Länge b - a hat ebenfalls einen bedeutenden Einfluß auf $L_1(\mu)$ im zweiseitigen Fall. Aus (53_1) folgt nämlich wegen der strengen Monotonie von Φ, daß $L_1(\mu)$ für alle μ wächst, wenn man b vergrößert oder a verkleinert bzw. wenn man beides tut. Wenn a und b weit auseinander liegen, dann ist $L_1(\mu)$ nahezu gleich 1 für die μ-Werte, die ungefähr in der Mitte von $[a, b]$ liegen.

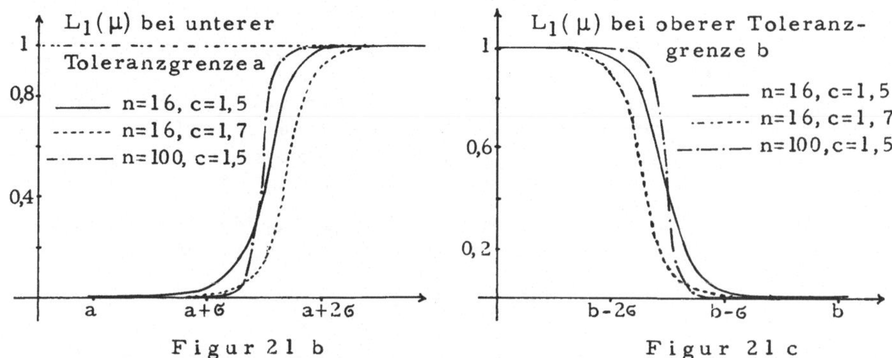

Figur 21 b Figur 21 c

Aus den Skizzen erkennt man die auch mit Hilfe von (53_1), (53_2) und (53_3) ohne Mühe zu bestätigenden Grenzwerte von $L_1(\mu)$ für $\mu \to \infty$ und $\mu \to -\infty$. Es gilt

im zweiseitigen Fall: $L_1(\mu) \to 0$ für $\mu \to \infty$ wie für $\mu \to -\infty$,

im einseitigen Fall mit
unterer Toleranzgrenze a: $L_1(\mu) \to 1$ für $\mu \to \infty$, $L_1(\mu) \to 0$ für $\mu \to -\infty$,

im einseitigen Fall mit
oberer Toleranzgrenze b: $L_1(\mu) \to 1$ für $\mu \to -\infty$, $L_1(\mu) \to 0$ für $\mu \to \infty$.

2-Punkte-Bedingungen für $L_1(\mu)$

Man kann fordern, daß $L_1(\mu)$ für gewisse μ-Werte mindestens gleich einer hohen Wahrscheinlichkeit α, für andere μ-Werte aber höchstens gleich einer geringen Wahrscheinlichkeit β ist. Dies führt dann auf 2-Punkte-Bedingungen der Form $L_1(\mu_\alpha) \geq \alpha$, $L_1(\mu_\beta) \leq \beta$. Es ist aber vernünftiger, solche Bedingungen für Ausschußanteile p_α, p_β statt für μ-Werte μ_α, μ_β zu stellen. Dazu muß man natürlich die Annahmewahrscheinlichkeit als Funktion des Ausschußanteils p betrachten, was wir im folgenden auch tun werden.

Immerhin ist es zumindest in den einseitigen Fällen nicht schwer, n und c so zu bestimmen, daß eine 2-Punkte-Bedingung für $L_1(\mu)$ näherungsweise und mit geringstem Prüfaufwand erfüllt wird. Daher wollen wir die dazu nötigen Formeln für den einseitigen Fall mit oberer Toleranzgrenze b herleiten. In diesem Fall lautet die 2-Punkte-Bedingung

$$L_1(\mu_\alpha) \geq \alpha, \quad L_1(\mu_\beta) \leq \beta, \quad \text{wobei } \mu_\alpha < \mu_\beta \text{ gelten muß.}$$

Nach (53_3) ist dies äquivalent mit

$$\Phi\left(\left(-c + \frac{b-\mu_\alpha}{6}\right)\sqrt{n}\right) \geq \alpha, \quad \Phi\left(\left(-c + \frac{b-\mu_\beta}{6}\right)\sqrt{n}\right) \leq \beta$$

oder

$$\left(-c + (b-\mu_\alpha)/6\right)\sqrt{n} \geq \Phi^{-1}(\alpha), \quad \left(-c + (b-\mu_\beta)/6\right)\sqrt{n} \leq \Phi^{-1}(\beta)$$

Wir haben gesehen, daß die Operationscharakteristiken umso "steiler" verlaufen, je größer man n wählt. Daher dürfen wir vermuten, daß wir den geringsten Stichprobenumfang, mit dem die letzten beiden Ungleichungen erfüllt werden können, dann erhalten, wenn wir diese so knapp wie möglich erfüllen. Daher fassen wir sie vorübergehend als Gleichungen auf und lösen sie nach n und c auf. Dadurch erhalten wir

$$n \approx \frac{(\Phi^{-1}(\alpha) - \Phi^{-1}(\beta))^2 \cdot \sigma^2}{(\mu_\beta - \mu_\alpha)^2} \quad , \quad c = \frac{b - \mu_\beta}{\sigma} - \frac{\Phi^{-1}(\beta)}{\sqrt{n}} \quad . \tag{54}$$

Dabei ist das $\approx$ -Zeichen so zu verstehen, daß man n als nächstgrößere ganze Zahl wählt. Da die Bedingung $L_1(\mu_\beta) \leq \beta$ meistens für wichtiger erachtet wird als die Bedingung $L_1(\mu_\alpha) \geq \alpha$, geht man mit dem ganzzahligen n in die zweite Gleichung ein und erhält so die Formel für c in (54).

Im einseitigen Fall mit unterer Toleranz a ist $\mu_\beta < \mu_\alpha$. Man erhält durch die gleiche Rechnung dieselbe Formel für n, für c hingegen die analoge Formel

$$c = \frac{\mu_\beta - a}{\sigma} - \frac{\Phi^{-1}(\beta)}{\sqrt{n}} \quad . \tag{55}$$

<u>Beispiel 9</u> : Bei einem maschinell gefertigten Artikel sei der Materialverbrauch pro Stück normalverteilt mit der Streuung $\sigma = 0,3\,g$. Die obere Toleranzgrenze b = 20, 00 g darf nicht überschritten werden. Gesucht ist ein einfacher Prüfplan n, cσ für $\overline{X}$ mit der folgenden Eigenschaft: Wenn der Mittelwert μ des Gewichts pro Stück nicht größer als 19,2 g ist, soll die Wahrscheinlichkeit für die Annahme mindestens 0,90 sein; sollte μ aber 19,5g oder größer werden, dann soll die Wahrscheinlichkeit für die Annahme höchstens noch 0, 10 sein. ("Annahme" wird hier bedeuten, daß man den Produktionsprozeß weiterlaufen läßt, "Ablehnung", daß gestoppt und eingegriffen wird.)
Hier ist also $\mu_\alpha = 19, 2$, $\alpha = 0, 90$, $\mu_\beta = 19, 5$, $\beta = 0, 10$. Einer Tabelle der Standard-Normalverteilung (auch unsere Tabelle 1 in Abschnitt 1.4 ist dafür ausreichend) entnehmen wir $\Phi^{-1}(0, 90) = 1,2816$, $\Phi^{-1}(0, 10) = -1,2816$ und erhalten so $n \approx \dfrac{(2 \cdot 1,2816)^2 \cdot 0,3^2}{(19,5 - 19,2)^2} = 6,57$, also n = 7 ; $c = \dfrac{20-19,5}{0,3} - \dfrac{-1,2816}{\sqrt{7}} = 2,15$.
Der einfache Prüfplan n, cσ mit n = 7 , c = 2,15 leistet also das Gewünschte. Wir nehmen an, wenn das aus 7 Meßwerten gebildete Stichprobenmittel $\overline{X}$ nicht größer ist als $b - c\sigma = 20,00 - 2,15 \cdot 0,30 = 19,355$.

<u>Die Annahmewahrscheinlichkeit in Abhängigkeit vom Ausschußanteil</u>

Zunächst bestimmen wir diese Operationscharakteristik im zweiseitigen Fall.

In jeder Gesamtheit ist der Ausschußanteil p gleich der Wahrscheinlichkeit, mit der man bei zufälliger Auswahl eines Elements ein defektes erhält. Also gilt im zweiseitigen Fall: p = W(X < a) + W(X > b) ;

wir setzen nach wie vor für X eine Normalverteilung N(μ, σ^2) mit bekanntem σ voraus. Durch die nun schon gewohnte Standardisierung von X erhalten wir

$$p = p(\mu) = W\left(\frac{X-\mu}{\sigma} < \frac{a-\mu}{\sigma}\right) + W\left(\frac{X-\mu}{\sigma} > \frac{b-\mu}{\sigma}\right) = \Phi\left(\frac{a-\mu}{\sigma}\right) + 1 - \Phi\left(\frac{b-\mu}{\sigma}\right); \tag{56}$$

Diese Funktion $p(\mu)$ ist ersichtlich symmetrisch bezüglich $\mu = (a+b)/2$, denn für $\mu = (a+b)/2 + d$ erhalten wir (unter Benutzung der Regel: $\Phi(-x) = 1 - \Phi(x)$)

$$p\left(\frac{a+b}{2} + d\right) = \Phi\left(\frac{a-b-2d}{2\sigma}\right) + \Phi\left(\frac{a-b+2d}{2\sigma}\right) \text{ für beliebiges } d$$

und daher muß $p\left(\frac{a+b}{2} - d\right)$ denselben Wert haben.

Da nun $p(\mu) \to 1$ für $\mu \to \infty$, gilt auch $p(\mu) \to 1$ für $\mu \to -\infty$; das absolute Minimum von $p(\mu)$ ist zugleich ein relatives Minimum und wird an der Stelle $\mu = (a+b)/2$, also in der Mitte des Toleranzintervalls angenommen. Die Ableitung von (56) ist nämlich

$$\frac{1}{\sigma}\left[\varphi\left(\frac{b-\mu}{\sigma}\right) - \varphi\left(\frac{a-\mu}{\sigma}\right)\right]$$

und kann nur gleich 0 sein, wenn entweder $a-\mu = b-\mu$ oder $a-\mu = -b+\mu$ gilt. Da $a = b$ ausgeschlossen ist, folgt $\mu = (a+b)/2$.

Der kleinstmögliche Ausschußanteil ist daher gleich (setze oben $d = 0$)

$$p\left(\frac{a+b}{2}\right) = 2\,\Phi\left(\frac{a-b}{2\sigma}\right) = \min_{-\infty < \mu < \infty} p(\mu). \tag{57}$$

Im allgemeinen kann man μ durch technische Maßnahmen beeinflussen. Aus (57) geht hervor, daß selbst bei bestmöglicher Einstellung, d.h. bei $\mu = \frac{a+b}{2}$, noch ein großer Ausschußanteil entsteht, falls die Länge $b-a$ des Toleranzintervalls nicht wesentlich größer als σ ist. In Figur 22 ist $p(\mu)$ für den Fall $b-a = 3\sigma$ skizziert. Dabei ist der minimal mögliche Ausschußanteil $13,4\%$. Bei $b-a = 4\sigma$ wäre $\min p(\mu) = 2\,\Phi(-2) = 0,0455$ oder $4,55\%$, für $b-a = 5\sigma$ ist $\min p(\mu) = 2\,\Phi(-2,5) = 0,0124$ oder $1,24\%$ und für $b-a = 6\sigma$ ergibt sich $\min p(\mu) = 2\,\Phi(-3) = 0,0027 = 0,27\%$.

An den Toleranzen wird man im allgemeinen wenig ändern können, da sie durch den Verwendungszweck des Produkts mehr oder weniger festliegen. Es ist daher von großem Vorteil, wenn man durch technische Verbesserungen die Streuung σ des Merkmals X verringern kann. In Industriekreisen spricht man von "Prozeßfähigkeit" eines Produktionsverfahrens, wenn man damit in der Lage ist, die Streuung geringer als $1/6$ der Länge des Toleranzintervalls zu halten. Wie wir eben sahen, ist es dann möglich, bei günstiger Einstellung von μ mit Ausschußanteilen zu produzieren, die erheblich unter 1% liegen.

Im zweiseitigen Fall gibt es zu jedem möglichen Ausschußanteil p zwei symmetrisch zu $(a+b)/2$ liegende μ-Werte μ_p und μ'_p, für die

$$p = p(\mu_p) = p(\mu'_p)$$

gilt. Mit der Funktion

$$L(p) = L_1(\mu_p)$$

können wir nun wie früher die Annahmewahrscheinlichkeit als

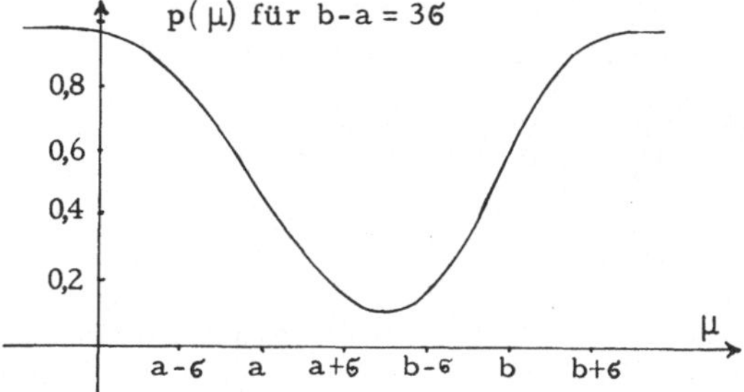

Figur 22

Funktion des Ausschußanteils ausdrücken. $L(p)$ ist definiert für alle p aus dem halboffenen Intervall $[\min p(\mu), 1)$ und fällt streng monoton in p, weil ja auch $L_1(\mu)$ streng monoton fällt, wenn sich μ von der Intervallmitte des Toleranz-Intervalls entfernt (s. Figur 20a und Figur 21 a). Offensichtlich ist

$$\lim_{p \to 1} L(p) = \lim_{\mu \to \infty} L_1(\mu) = 0 \ .$$

Aus der Operationscharakteristik $L_1(\mu)$ kann man leicht $L(p)$ gewinnen, indem man für einige μ-Werte $p(\mu)$ nach (56) berechnet und zu diesen p-Werten den jeweiligen Funktionswert von $L_1(\mu)$ als Ordinate $L(p)$ anträgt. In Figur 23 haben wir $L(p)$ für den einfachen Prüfplan n, c6 mit n = 16, c = 1,5 in dem zweiseitigen Fall mit b-a = 46 skizziert. Die dazu gehörende Operationscharakteristik $L_1(\mu)$ ist in Figur 20a abgebildet und kann dazu benutzt werden.

Bei diesem Beispiel ergibt sich für $\mu = (a+b)/2$ der minimale Ausschußanteil zu 0, 0455 und für dieses p gilt die Annahmewahrscheinlichkeit $L(0, 0455) = L_1(\frac{a+b}{2})$, die wir für Figur 20a bereits nach (53_1) zu 0, 954 berechnet hatten.

Dagegen wird bei einem Ausschußanteil von 11 % oder p = 0, 11 nur noch mit einer Wahrscheinlichkeit von etwa 0, 16 angenommen.

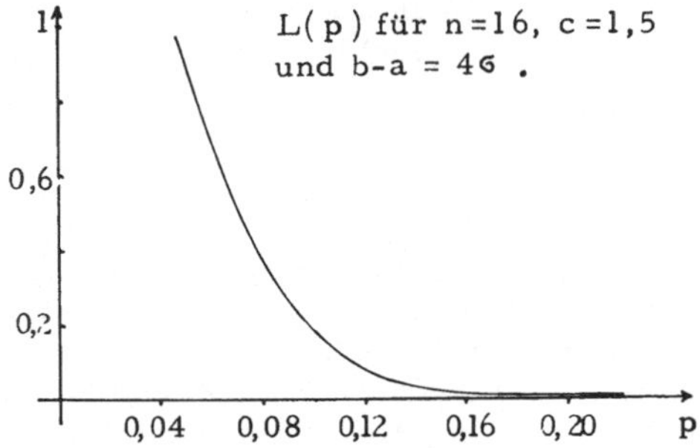

L(p) für n =16, c =1,5 und b-a = 46 .

Figur 23

Wenn man bei Gut-Schlecht-Prüfung mit einem einfachen Prüfplan n, c ebenfalls erreichen will, daß bei einem Ausschußanteil von 4, 55 % mit einer Wahrscheinlichkeit von mindestens 0, 95 angenommen wird, bei 11% Ausschuß aber nur noch mit einer Wahrscheinlichkeit von höchstens 0,16, dann muß man n ungefähr gleich 118 und c = 9 wählen. (Der Leser kann das als Übungsaufgabe mit Hilfe der Sätze 2. 4 oder 2. 6 überprüfen.)

Bei den einseitigen Fällen ist der Zusammenhang zwischen μ und p eineindeutig und daher ist $p(\mu)$ umkehrbar; durch Einsetzen von $\mu = \mu(p)$ in $L_1(\mu)$ können wir dann $L(p)$ explizit als Funktion von p erhalten. Bei unterer Toleranzgrenze ist

$$p(\mu) = W(X < a) = \Phi(\tfrac{a-\mu}{6}) \text{ und daher } \mu(p) = a - 6\, \Phi^{-1}(p)$$

und wenn wir für $\mu = \mu(p)$ in die durch (53_2) gegebene Operationscharakteristik $L_1(\mu)$ einsetzen, erhalten wir

$$L(p) = 1 - \Phi((c + \Phi^{-1}(p))\sqrt{n}) = \Phi(-(c + \Phi^{-1}(p))\sqrt{n}) \tag{58}$$

Diese Funktion hängt nicht von a und nicht von 6 ab; für den einseitigen Fall mit oberer Toleranzgrenze erhalten wir ebenfalls die durch (58) gegebene Operationscharakteristik $L(p)$.
Die in Figur 24 skizzierte Operationscharakteristik $L(p) = \Phi(-(c + \Phi^{-1}(p))\sqrt{n})$ mit n = 25, c = 1, 2 gilt also für jeden einseitigen Fall, d. h. für beliebiges a bzw. b und bei beliebigem 6 , welches allerdings bekannt sein muß, da es ja in der Vorschrift für die Annahme auftritt.

Wegen $L(p) = L_1(\mu(p))$ und $-\infty < \mu < \infty$ ist $L(p)$ zunächst nur für $0 < p < 1$ definiert, aber es ist klar, daß

$$\lim_{p \to 1} L(p) = 0 \text{ und } \lim_{p \to 0} L(p) = 1$$

gelten muß, da dies die Grenzwerte von $L_1(\mu)$ für $\mu \to \infty$ bzw. $\mu \to -\infty$ sind.
Der Vollständigkeit halber definieren wir also nachträglich noch $L(0) = 1$, $L(1) = 0$.

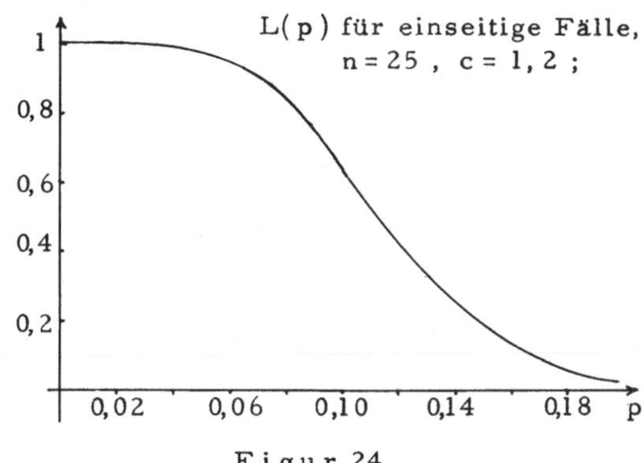

Figur 24

<u>Aufgaben</u>

43) Zu dem einfachen Prüfplan n, c6 mit n = 9, c = 1,0 skizziere man $L_1(\mu)$ für den einseitigen Fall mit unterer Toleranzgrenze a und für den einseitigen Fall mit oberer Toleranzgrenze b.(Man wähle das nicht gegebene 6 als Einheit auf der μ-Achse!) Auch für den zweiseitigen Fall mit b - a = 4,86 skizziere man $L_1(\mu)$. Wie groß ist beim zweiseitigen Fall der geringstmögliche Ausschußanteil $\min p(\mu)$?
Skizzieren Sie auch $L(p)$ für den zweiseitigen Fall und die für die beiden einseitigen Fälle geltende Operationscharakteristik $L(p)$!

44) Aus der Skizze von $L(p)$ für den einseitigen Fall der vorigen Aufgabe lese man ungefähr deren 90%-Punkt und deren 10%-Punkt ab. Dann bestimme man einen einfachen Prüfplan n, c für Gut-Schlecht-Prüfung, dessen OC-Kurve etwa dieselben p-Werte als 90%-Punkt bzw. 10%-Punkt hat.

2.2.2 Zwei-Punkte-Bedingungen für $L(p)$

Wie bei der Gut-Schlecht-Prüfung wollen wir nun auch für die Messende Prüfung einfache Prüfpläne so bestimmen, daß ihre Operationscharakteristik $L(p)$ einer gegebenen 2-Punkte-Bedingung

$$L(p_\alpha) \geq \alpha, \quad L(p_\beta) \leq \beta$$

genügt. Dabei halten wir zunächst an der Voraussetzung fest, daß das Merkmal X mit bekannter Streuung 6 normalverteilt ist. Wir betrachten jetzt zuerst den einseitigen Fall; ob es sich um eine obere Toleranzgrenze b oder um eine untere Toleranzgrenze a handelt, spielt keine Rolle, denn wie wir im vorigen Abschnitt gesehen haben, erhalten wir so oder so dieselbe OC-Kurve $L(p)$. Die obige 2-Punkte-Bedingung ist daher (vgl. (58)) äquivalent mit

$$\Phi(-(c + \Phi^{-1}(p_\alpha))\sqrt{n}) \geq \alpha, \quad \Phi(-(c + \Phi^{-1}(p_\beta))\sqrt{n}) \leq \beta ; \tag{59}$$

dabei kann man erkennen, daß es zu einem unnötig hohen Stichprobenumfang führt, wenn die Ungleichungen (59) so erfüllt werden, daß α wesentlich überschritten oder β wesentlich unterschritten wird. Denn offensichtlich wächst

$\Phi(-(c+\Phi^{-1}(p_\alpha))\sqrt{n}\,)$ mit wachsendem n , wenn $c + \Phi^{-1}(p_\alpha) < 0$ und das Argument von Φ somit positiv ist; letzteres muß aber ohnehin der Fall sein, da α immer größer als 0,50 gewählt wird. β hingegen ist immer kleiner als 0,50 und daher muß $c + \Phi^{-1}(p_\beta) > 0$ gelten; dies aber hat zur Folge, daß $\Phi(-(c+\Phi^{-1}(p_\beta))\sqrt{n}\,)$ mit wachsendem n abnimmt. Als Nebenresultat dieser Betrachtung halten wir also fest, daß bei jeder vernünftig gewählten 2-Punkte-Bedingung, d.h. wenn $0 < \beta < 0,50 < \alpha < 1$ gilt, die Ungleichungen

$$-\Phi^{-1}(p_\beta) \;<\; c \;<\; -\Phi^{-1}(p_\alpha)$$

erfüllt sind. In aller Regel ist nicht nur p_α, sondern auch p_β kleiner als $\frac{1}{2}$ und damit folgt dann auch $c > 0$.

Das Hauptergebnis unserer Überlegung ist aber, daß wir die Ungleichungen (59) möglichst knapp erfüllen werden, wenn wir die 2-Punkte-Bedingung mit dem kleinstmöglichen Stichprobenumfang einhalten wollen. Wir machen daher vorübergehend Gleichungen aus den Ungleichungen (59) und erhalten so durch Übergang zur Umkehrfunktion Φ^{-1} die Gleichungen

$$-(c+\Phi^{-1}(p_\alpha))\,\sqrt{n} = \Phi^{-1}(\alpha)\,, \quad -(c + \Phi^{-1}(p_\beta))\sqrt{n} = \Phi^{-1}(\beta)\,,$$

die man mühelos nach n und c auflöst. Das Resultat ist

$$n \approx \left\{ \frac{\Phi^{-1}(\alpha) - \Phi^{-1}(\beta)}{\Phi^{-1}(p_\beta) - \Phi^{-1}(p_\alpha)} \right\}^2 \,, \quad c = \frac{\Phi^{-1}(p_\alpha)\Phi^{-1}(\beta) - \Phi^{-1}(p_\beta)\Phi^{-1}(\alpha)}{\Phi^{-1}(\alpha) - \Phi^{-1}(\beta)}, \quad (60)$$

wobei wir das $\approx$-Zeichen so interpretieren, daß n als die nächstgrößere ganze Zahl zu dem Ausdruck auf der rechten Seite zu wählen ist. Würden wir c größer wählen als es die Gleichung in (60) vorschreibt, dann würde $L(p)$ für alle p in $(0,1)$ kleiner und wir könnten n wegen der Bedingung $L(p_\alpha) \ge \alpha$ auf keinen Fall verkleinern. Es wäre auch nicht sinnvoll, c kleiner als nach (60) zu wählen, denn dadurch würde sich $L(p)$ für alle p aus $(0,1)$ vergrößern und deshalb könnte man n wegen der Bedingung $L(p_\beta) \le \beta$ nicht weiter verkleinern. Damit folgt für den einseitigen Fall

<u>SATZ 2.15</u> : Wenn die Stichprobenvariablen $X_1, \ldots, X_n$ unabhängig und nach einer Normalverteilung $N(\mu, \sigma^2)$ mit bekanntem σ verteilt sind, dann erfüllt ein einfacher Prüfplan n, $c\sigma$ eine gegebene 2-Punkte-Bedingung $L(p_\alpha) \ge \alpha$, $L(p_\beta) \le \beta$ in jedem einseitigen Fall mit geringstem Stichprobenumfang, wenn man n und c gemäß (60) wählt.

Übrigens hätten wir die Formeln (60) auch aus (54) und (55) erhalten, wenn wir dort entweder die bei unterer Toleranzgrenze a geltenden Beziehungen

$$\mu_\alpha = a - \sigma\,\Phi^{-1}(p_\alpha)\,, \quad \mu_\beta = a - \sigma\,\Phi^{-1}(p_\beta)$$

oder die bei oberer Toleranzgrenze b geltenden Beziehungen $\mu_\alpha = \mu(p_\alpha) = b + \sigma\,\Phi^{-1}(p_\alpha)$, $\mu_\beta = \mu(p_\beta) = b + \sigma\,\Phi^{-1}(p_\beta)$ eingesetzt hätten.

<u>Bemerkung</u> : Bei manchen Autoren lautet das Kriterium für die Annahme im einseitigen Fall nicht wie bei uns " $\overline{X} \ge a + c\sigma$ " bzw. " $\overline{X} \le b - c\sigma$ ", sondern " $\overline{X} \ge a - \hat{c}\sigma/\sqrt{n}$ " bzw. " $\overline{X} \le b + \hat{c}\sigma/\sqrt{n}$ ". Das $\hat{c}$ dieser Autoren ist also gleich $-c\sqrt{n}$; aus unserer Formel (60) für c wird eine Formel für $\hat{c}$, wenn man mit -1 multipliziert und

den Nenner zuvor durch $\Phi^{-1}(p_\beta) - \Phi^{-1}(p_\alpha)$ ersetzt (vgl. UHLMANN [1982], S. 192).

Im zweiseitigen Fall mit Toleranz-Intervall $[a, b]$ hatten wir $L(p)$ definiert durch

$$L(p) = L_1(\mu_p) \, ,$$

wobei μ_p der größere der beiden symmetrisch zu $\frac{a+b}{2}$ liegenden μ-Werte ist, die beide zum selben Ausschußanteil p führen.

Eine gegebene 2-Punkte-Bedingung ist jetzt höchstens dann erfüllbar, wenn der durch σ und $b-a$ festgelegte Mindestausschußanteil $\min p(\mu)$ (vgl. (57)) nicht größer als p_α ist. Jetzt ist also nach (53_1)

$$L(p) = L_1(\mu_p) = \Phi\left(\left(-c + \frac{b-\mu_p}{\sigma}\right)\sqrt{n}\right) - \Phi\left(\left(c + \frac{a-\mu_p}{\sigma}\right)\sqrt{n}\right) \, ; \tag{61}$$

wir hätten dieselbe Funktion $L(p)$ nur in anderer Schreibweise bekommen, wenn wir $L(p) = L_1(\mu'_p)$ gesetzt hätten, wobei μ'_p der kleinere der beiden symmetrisch zu $(a+b)/2$ liegenden μ-Werte ist, welcher wie μ_p zum Ausschußanteil p führt.

Da nun $\mu_p > (a+b)/2$ und weil nach Voraussetzung $c\sigma < (b-a)/2$, ist

$$\left(c + \frac{a-\mu_p}{\sigma}\right)\sqrt{n} < \left(c + \frac{a-b}{2\sigma}\right)\sqrt{n} < 0 \, , \text{ meistens sogar kleiner}$$

als -3 , denn damit $\min p(\mu)$ nicht zu groß ausfällt, müssen wir ohnehin fordern, daß $b-a$ mindestens 4- bis 5-mal so groß wie σ ist (bei $b-a = 3\sigma$ war $\min p(\mu)$ immerhin 13,4 %). Da aber $\Phi(x) < 0,0014$ für $x \le -3$, können wir den letzten Term in (61) , also $\Phi\left(\left(c + \frac{a-\mu_p}{\sigma}\right)\sqrt{n}\right)$, meistens vernachlässigen und erhalten daher

$$L(p) \approx \Phi\left(\left(-c + \frac{b-\mu_p}{\sigma}\right)\sqrt{n}\right) \, ; \tag{62}$$

die rechte Seite von (62) wäre exakt dieselbe Operationscharakteristik wie im einseitigen Fall mit oberer Toleranzgrenze, wenn man μ_p wie dort bestimmen würde und nicht aus der nach (56) folgenden Gleichung

$$p = \Phi\left(\frac{a-\mu_p}{\sigma}\right) + 1 - \Phi\left(\frac{b-\mu_p}{\sigma}\right) = \Phi\left(\frac{a-\mu_p}{\sigma}\right) + \Phi\left(\frac{\mu_p - b}{\sigma}\right)$$

als diejenige der beiden Lösungen bestimmen müßte, die größer als $\frac{a+b}{2}$ ist (wir setzen $p > \min p(\mu)$ voraus, denn für $p = \min p(\mu)$ gibt es nur die eine Lösung $\mu_p = (a+b)/2$ und für $p < \min p(\mu)$ gäbe es keine Lösung μ_p).

Setzt man $\frac{b-a}{\sigma} = k$, dann folgt wegen $\mu_p > \frac{a+b}{2}$, daß $\frac{a-\mu_p}{\sigma} < -(b-a)/2\sigma = -k/2$.

Wenn also $b-a$ groß genug im Vergleich zu σ ist, dann können wir auch den Term $\Phi\left(\frac{a-\mu_p}{\sigma}\right)$ bei der Bestimmung von μ_p vernachlässigen und erhalten aus der Näherung $p \approx \Phi\left(\frac{\mu_p - b}{\sigma}\right)$ die Näherung $\mu_p \approx b + \sigma \Phi^{-1}(p)$,

wobei letztere gerade das exakte μ_p im einseitigen Fall mit oberer Toleranzgrenze b ist. Durch Einsetzen in (62) ergibt sich nun die Näherung

$$L(p) \approx \Phi\left(-(c + \Phi^{-1}(p))\sqrt{n}\right) \, ; \tag{63}$$

die rechte Seite ist hier die exakte, für beide einseitigen Fälle geltende Operationscharakteristik. Sie ist etwa gleich α für $p = p_\alpha$ und etwa gleich β für $p = p_\beta$, wenn n und c nach (60) bestimmt werden. Aus all dem folgt nun der

SATZ 2.16: Die für die einseitigen Fälle geltende Operationscharakteristik $L(p) = \Phi(-(c + \Phi^{-1}(p))\sqrt{n})$ ist eine gute Näherung für die Operationscharakteristik des einfachen Prüfplans $n, c6$ in einem zweiseitigen Fall mit Toleranzintervall $[a, b]$, falls

$$(1) \qquad (c + \frac{a-b}{26})\sqrt{n} < -3 \; ;$$

bestimmt man n und c nach (60), dann erfüllt der Prüfplan $n, c6$ auch im zweiseitigen Fall zumindest näherungsweise die 2-Punkte-Bedingung $L(p_\alpha) \geqq \alpha$, $L(p_\beta) \leqq \beta$, falls mit $\mu_p = b + 6\Phi^{-1}(p)$

$$\Phi((c + \frac{a - \mu_p}{6})\sqrt{n}) = \Phi((c + \frac{a-b}{6} - \Phi^{-1}(p))\sqrt{n}) \text{ an den Stellen}$$

$$(2)$$

$$p = p_\alpha \text{ und } p = p_\beta \text{ gegenüber } \alpha \text{ bzw. } \beta \text{ vernachlässigbar ist}$$

und

$$(3) \qquad \Phi(\frac{a - \mu_p}{6}) \text{ für } p = p_\alpha \text{ klein gegen } p_\alpha \text{ und für } p = p_\beta \text{ klein gegen } p_\beta \text{ ist.}$$

Natürlich kann die Operationscharakteristik des einseitigen Falls die des zweiseitigen Falls nur für die p-Werte approximieren, für die letztere definiert ist, also für $p \geqq \min p(\mu) = 2\Phi((a-b)/26)$. Für den zweiseitigen Fall ist selbstverständlich wie im einseitigen Fall vorauszusetzen, daß die Stichprobenvariablen $X_1, \ldots, X_n$ unabhängig und nach einer Normalverteilung $N(\mu, 6^2)$ mit bekanntem 6 verteilt sind.

Beispiel 10 : Ein Transistortyp sei nur dann brauchbar, wenn sein elektrischer Widerstand bei genau definierten Betriebsbedingungen zwischen $a = 3,50$ Ohm und $b = 3,60$ Ohm liegt. Dieser Widerstand sei erfahrungsgemäß normalverteilt mit der Streuung $0,015$ Ohm. Man möchte eine größere Lieferung mit einer Wahrscheinlichkeit von mindestens $0,95$ annehmen, falls sie nicht mehr als $1,5\%$ Ausschuß enthält. Ist der Ausschußanteil 6% oder mehr, dann soll die Lieferung höchstens noch mit einer Wahrscheinlichkeit von $0,10$ angenommen werden.

Wir bestimmen zunächst nach den Formeln (60) den Prüfplan $n, c6$, der die gegebene 2-Punkte-Bedingung $L(0,015) \geqq 0,95$, $L(0,06) \leqq 0,10$ mit dem geringsten Stichprobenumfang erfüllt. Dann werden wir uns mit Hilfe von Satz 2.16 überzeugen, daß wir diesen Prüfplan auch im gegebenen zweiseitigen Fall als Näherung verwenden können.
Wir entnehmen einer Tabelle der Standard-Normalverteilung die Werte

$$\Phi^{-1}(\alpha) = \Phi^{-1}(0,95) = 1,645 \; , \quad \Phi^{-1}(\beta) = \Phi^{-1}(0,10) = -1,282 \; ,$$

$$\Phi^{-1}(p_\alpha) = \Phi^{-1}(0,015) = -2,170 \; , \quad \Phi^{-1}(p_\beta) = \Phi^{-1}(0,060) = -1,555 \; ;$$

damit folgt aus (60)

$$n \approx \left\{ \frac{1,645 + 1,282}{-1,555 + 2,170} \right\}^2 = 22,65 \; , \quad c = \frac{-2,170(-1,282) + 1,555 \cdot 1,645}{1,645 + 1,282} = 1,824 \; .$$

Der einfache Prüfplan $n, c6$ mit $n = 23$, $c = 1,824$ erfüllt also im einseitigen Fall die gegebene 2-Punkte-Bedingung mit geringstmöglichem n. Da μ_p sowohl für $p = p_\alpha$, als auch für $p = p_\beta$ größer als $(a+b)/2 = 3,55$ ist, folgt für beide Stellen, daß $\frac{a-\mu_p}{\sigma} < -0,05/0,015 = -3,333$ ist und da $\Phi(-3,333) \approx 0,0004$ bereits recht klein gegen $p_\alpha = 0,015$ und $p_\beta = 0,06$ ist, wird Bedingung (3) von Satz 2.16 keinesfalls verletzt.

Wegen $\Phi^{-1}(p_\alpha) = \Phi^{-1}(0,015) = -2,170$ ist $c + \frac{a-b}{\sigma} - \Phi^{-1}(p_\alpha) = 1,824 - 6,666 + 2,170 = -2,672$; $\Phi(-2,672\sqrt{23}) = \Phi(-12,81)$ ist kleiner als 10^{-15}, also ist die Bedingung (2) von Satz 2.16 für $p = p_\alpha$ sehr gut erfüllt. Ebenso zeigt man, daß sie auch für $p = p_\beta$ sehr gut erfüllt ist.

Offensichtlich gilt auch Bedingung (1) von Satz 2.16, denn $(1,824 - \frac{0,10}{0,030})\sqrt{23}$ ist erheblich kleiner als -3.

Wir können daher die wahre OC-Kurve unseres zweiseitigen Falls in ihrem gesamten Verlauf gut durch die OC-Kurve $L(p) = \Phi(-(c + \Phi^{-1}(p))\sqrt{n})$ approximieren.

Unser Prüfplan $n, c\sigma$ schreibt also die Annahme vor, falls für das aus $n = 23$ zufällig ausgewählten Exemplaren gebildete Stichprobenmittel $\overline{X}$ die Bedingung

$$a + c\sigma = 3,50 + 1,824 \cdot 0,015 = 3,527 \leq \overline{X} \leq 3,573 = b - c\sigma$$

erfüllt ist.

Derselbe Prüfplan kann auch im einseitigen Fall bei beliebiger unterer oder oberer Toleranzgrenze angewendet werden. Man nimmt dann an, wenn $\overline{X}$ nicht kleiner als $a + 1,824 \cdot 0,015 = a + 0,0274$ ist bzw. wenn $\overline{X} \leq b - 0,0274$ gilt.

In den einseitigen Fällen erfüllt der Prüfplan $n, c\sigma$ mit $n = 23$, $c = 1,824$ die 2-Punkte-Bedingung $L(0,015) \geq 0,95$, $L(0,06) \leq 0,10$ exakt, in zweiseitigen Fällen erfüllt er sie in guter Näherung, wenn die Bedingungen (2) und (3) von Satz 2.16 erfüllt sind. Diese sind in aller Regel erfüllt, wenn die Länge $b-a$ des Toleranzintervalls größer als 6σ ist.

Als einfachen Prüfplan für Gut-Schlecht-Prüfung, der für $L_{n,c}(p)$ dieselbe 2-Punkte-Bedingung mit minimalem n erfüllt, haben wir in Abschnitt 2.1.4 $n = 132$, $c = 4$ bestimmt. Es zeigt sich also auch bei diesem Beispiel, daß man bei Messender Prüfung mit wesentlich geringeren Stichprobenumfängen auskommt als bei der Gut-Schlecht-Prüfung. Von den Nachteilen, die diesem unbestreitbaren Vorteil gegenüberstehen, wird noch zu reden sein.

Aufgaben

45) Eine Abfüllmaschine soll Flaschen mit einer Flüssigkeitsmenge von $700 \, cm^3$ füllen. Durch $a = 690 \, cm^3$, $b = 710 \, cm^3$ ist ein Toleranzintervall vorgegeben. Nach längerer Erfahrung weiß man, daß die eingefüllten Mengen mit der Streuung $\sigma = 2,0 \, cm^3$ normalverteilt sind. Wie klein ist hier der kleinstmögliche Ausschußanteil, wenn der Mittelwert μ der Normalverteilung exakt auf $700 \, cm^3$ eingestellt ist? Geben Sie einen Prüfplan $n, c\sigma$ an, bei dem die Maschine mit einer Wahrscheinlichkeit von mindestens 0,95 angehalten wird, falls sich μ so verändert hat, daß 2% oder noch mehr Ausschuß entsteht; andererseits soll die Anlage mit einer Wahrscheinlichkeit von mindestens 0,90 ungestört weiterlaufen, wenn der Ausschußanteil bei dem gegenwärtigen Wert von μ nicht größer als 0,5 % wird.

46) Ein Zusatz im Schmiermittel soll den Reibungswiderstand von Wälzlagern herabsetzen. Es sei bekannt, daß der Reibungswiderstand von Lagern eines bestimmten Typs unter den üblichen Betriebsbedingungen

einer Normalverteilung $N(\mu_o, \sigma^2)$ mit bekannten Parametern μ_o und σ gehorcht. Man nimmt an, daß sich durch den Zusatz nur der Erwartungswert, nicht aber der Verteilungstyp oder σ ändern kann. Geben Sie einen Prüfplan $n, c\sigma$ an, der folgendes leistet: Der Zusatz wird mit einer Wahrscheinlichkeit von mindestens 0,90 akzeptiert, falls er den Erwartungswert auf $\mu_o - \sigma$ oder noch weiter herabsetzt; dagegen soll der Zusatz mit einer Wahrscheinlichkeit von mindestens 0,90 abgelehnt werden, wenn er den Erwartungswert nicht herabsetzt oder sogar erhöht.

47) Für einen einseitigen Fall mit oberer Toleranzgrenze b sei eine Zwei-Punkte-Bedingung $L_1(\mu_1) \geq \alpha$, $L_1(\mu_2) \leq \beta$ gegeben, wobei $\mu_1 < \mu_2$ und $0 < \beta < \alpha < 1$. Formulieren Sie die dazu äquivalente 2-Punkte-Bedingung für $L(p)$. Zeigen Sie, daß man dann nach (54) wie nach (60) bei beliebigem b denselben Stichprobenumfang n erhält und daß sich c bei Änderung von b so ändert, daß die Schranke $b - c\sigma$ für $\overline{X}$ dieselbe bleibt. (Es ist unmittelbar einleuchtend, daß die 2-Punkte-Bedingung für $L_1(\mu)$ den erforderlichen Umfang der Stichprobe und die Schranken für $\overline{X}$ bereits festlegt; natürlich läßt sich für den einseitigen Fall bei unterer Toleranzgrenze a und für den zweiseitigen Fall dasselbe zeigen.)

2.2.3 Vor- und Nachteile der Messenden Prüfung im Vergleich zur Gut-Schlecht-Prüfung

Wenn die Qualität eines Produkts nur von einem einzigen quantitativen Merkmal abhängt, wird man sich immer darum bemühen, dieses Merkmal bei allen Stichprobenelementen zu messen. Diese Meßwerte liefern ein genaueres Bild von der Verteilung des Merkmals in der Gesamtheit, als man bei gleichem Stichprobenumfang von einer Gut-Schlecht-Prüfung erwarten kann, bei der z.B. nur festgehalten wird, wieviele Exemplare der Stichprobe den vorgeschriebenen Toleranzen nicht genügen.
Häufig sind aber mehrere Merkmale für die Qualität entscheidend und dann wird man lieber mit Gut-Schlecht-Prüfung arbeiten als für jedes dieser Merkmale einen eigenen Prüfplan mit Messender Prüfung durchzuführen.

Zu bedenken ist auch, daß exakte Messungen oft teurer und zeitraubender sind, als die Einteilung der Stichprobenelemente in "gute" und "schlechte", denn letztere kann oft schnell und mühelos durch Vergleich mit Mustern oder mit Hilfe von sogenannten Lehren geschehen.

Bei den bisher betrachteten Beispielen für einfache Prüfpläne bei Messender Prüfung war der erforderliche Stichprobenumfang stets überraschend klein im Vergleich zu dem Stichprobenumfang, der bei Gut-Schlecht-Prüfung erforderlich war, wenn die jeweiligen OC-Kurven dieselbe 2-Punkte-Bedingung erfüllen sollten.
Übrigens kann man auch bei Messender Prüfung die Kontrolle der Stichprobe abbrechen und dadurch den Prüfaufwand verringern, sobald die Ablehnung oder die Annahme feststeht. Es wäre zum Beispiel denkbar, daß alle Meßwerte positiv sein müssen und $x_1 + \ldots + x_r$ für ein $r < n$ schon so groß ist, daß die Schranke $b - c\sigma$ von $\overline{X}$ auf jeden Fall übertroffen wird, wie immer auch $x_{r+1}, \ldots, x_n$ ausfallen werden. Von dieser Möglichkeit des vorzeitigen Abbruchs wird aber nur selten Gebrauch gemacht, weil man meist $\overline{X}$ als

unverfälschte Schätzfunktion für μ verwenden möchte. Die bei vorzeitigem
Abbruch nach der r-ten Messung an sich naheliegende Schätzfunktion, nämlich das arithmetische Mittel von $X_1, \ldots, X_r$, wäre in der Regel nicht erwartungstreu für μ .

Zweifache Prüfpläne sind bei Messender Prüfung ebenfalls möglich und werden ähnlich definiert wie bei der Gut-Schlecht-Prüfung. Wenn X mit bekannter Streuung normalverteilt ist, dann könnte man z. B. einen zweifachen
Prüfplan durch zwei Stichprobenumfänge n_1 und n_2 , drei reelle Zahlen c_1 ,
c_2 , c_3 mit $c_1 < c_2$ und folgende Vorschrift angeben:

> "Ziehe eine 1.Stichprobe vom Umfang n_1 und berechne aus den n_1 Meß-
> werten des Merkmals X bei den n_1 Stücken das Mittel $\overline{X}$;
>
> lehne ab, falls $\overline{X} < a + c_1 \mathsf{6}$, nimm an, wenn $\overline{X} > a + c_2 \mathsf{6}$;
>
> wenn $a + c_1 \mathsf{6} \leqslant \overline{X} \leqslant a + c_2 \mathsf{6}$, dann ziehe eine 2.Stichprobe vom Umfang n_2
> und berechne das Mittel $\overline{Z} = \dfrac{1}{n_1 + n_2} \sum\limits_{i=1}^{n_1 + n_2} X_i$ der Gesamtstichprobe;
>
> lehne ab, wenn $\overline{Z} < a + c_3 \mathsf{6}$, nimm an, wenn $\overline{Z} \geqslant a + c_3 \mathsf{6}$."

Solche und ähnliche zweifachen Prüfpläne bewirken eine weitere beträchtli-
che Reduzierung des Prüfaufwands. Ihre mathematische Behandlung ist aber
etwas kompliziert und übersteigt den Rahmen dieses Buches.

Das eigentliche Problem bei den Prüfplänen für Messende Prüfung ist die
Annahme, daß man den Verteilungstyp kennt. Irrt man sich aber z. B. bei
der Annahme einer Normalverteilung für das betrachtete Merkmal X, dann
ist nur schwer abschätzbar, wie weit die wahre Operationscharakteristik
eines Prüfplans von der unter der Voraussetzung einer Normalverteilung
hergeleiteten Operationscharakteristik nach oben oder nach unten abweicht.
Für die Abweichung der beiden Operationscharakteristiken in horizontaler
Richtung, d. h. für die Differenz der beiden Ausschußanteile, bei denen die
beiden OC-Kurven denselben Wert annehmen, konnte BEHL [1981] eine einfache Formel angeben (vgl. auch UHLMANN [1982], S. 192 ff); diese Differenz
hängt überraschenderweise nicht vom Prüfplan, sondern nur vom betreffenden Funktionswert, also der Annahmewahrscheinlichkeit, und vom Typ der
wahren Verteilung von X ab.

Bisher haben wir außer einer Normalverteilung für X auch noch vorausge-
setzt, daß $\mathsf{6}$ bekannt ist. Ein Irrtum über den Wert von $\mathsf{6}$ ändert die Parameter n und c des Prüfplans nicht, wenn wir diese nach den Formeln (60)
bestimmen. Wenn nun aber $\mathsf{6}_0$ der wahre Wert der Streuung ist, dann müß-
ten wir die Annahmeschranken $a + c \mathsf{6}_0$ bzw. $b - c \mathsf{6}_0$ anstelle von $a + c \mathsf{6}$ bzw.
$b - c \mathsf{6}$ verwenden. Ist unser $\mathsf{6}$ also zu groß, dann erhalten wir mit den verwendeten Schranken $a + c \mathsf{6}$ bzw. $b - c \mathsf{6}$ für alle p aus $(0, 1)$ eine geringere
Annahmewahrscheinlichkeit als den Funktionswert $L(p)$ unserer Operationscharakteristik. Daher führt eine Überschätzung der Streuung dazu, daß für
einen Prüfplan n, $c \mathsf{6}$, der eine 2-Punkte-Bedingung $L(p_\alpha) \geqslant \alpha$, $L(p_\beta) \leqslant \beta$ erfüllen soll, unter Umständen $L(p_\alpha) \geqslant \alpha$ nicht erfüllt ist. Unterschätzt man
dagegen die Streuung, dann bewirkt das größere Annahmewahrscheinlichkei-
ten und dann könnte es sein, daß die Ungleichung $L(p_\beta) \leqslant \beta$ nicht mehr erfüllt ist. Wer sich also in erster Linie vor der Übernahme schlechter Qua-

lität schützen will, der schätzt die Streuung besser etwas zu hoch als zu niedrig. Allerdings kann die Bedingung $L(p_\alpha) \geq \alpha$ schon bei geringfügiger Überschätzung grob verletzt sein und $L(p_\beta)$ kann beträchtlich größer als β werden, wenn man die Streuung nur unwesentlich unterschätzt. Wir zeigen das an dem Beispiel $n = 23$, $c = 1,824$. Dies sind die Parameter des Prüfplans n, $c\sigma$, der im einseitigen Fall die 2-Punkte-Bedingung $L(0,015) \geq 0,95$, $L(0,06) \leq 0,10$ mit dem kleinsten Stichprobenumfang erfüllt (s. Beispiel 10).

Wenn σ_0 der wahre Wert der Streuung ist, dann gilt in der Tat für $\mu = \mu_{p_\alpha}$ und bei beliebiger oberer Toleranzgrenze b

$$W(\overline{X} \leq b - c\sigma_0) = \Phi(-(c + \Phi^{-1}(p_\alpha))\sqrt{23}) = \Phi(-(1,824 - 2,170)\sqrt{23}) = \Phi(1,659) = 0,951 \; ;$$

Da andererseits $W(\overline{X} \leq b - c\sigma_0) = W(\dfrac{\overline{X} - \mu_{p_\alpha}}{\sigma_0}\sqrt{23} \leq \dfrac{b - c\sigma_0 - \mu_{p_\alpha}}{\sigma_0}\sqrt{23})$, muß

$\dfrac{b - c\sigma_0 - \mu_{p_\alpha}}{\sigma_0}\sqrt{23}$ gleich $1,659$ sein. Verwenden wir nun statt σ_0 einen um 10% größeren Wert $\sigma = 1,10\sigma_0$, dann gilt für denselben Ausschußanteil $p_\alpha = 0,015$ und für $\mu = \mu_{p_\alpha}$, daß nun ($\overline{X}$ ist wie zuvor nach $N(\mu_{p_\alpha}, \sigma_0^2/23)$ verteilt)

$$W(\overline{X} \leq b - c\sigma) = W(\dfrac{\overline{X} - \mu_{p_\alpha}}{\sigma_0}\sqrt{23} \leq \dfrac{b - c\sigma - \mu_{p_\alpha}}{\sigma_0}\sqrt{23}) = \Phi(\dfrac{b - c\sigma - \mu_{p_\alpha}}{\sigma_0}\sqrt{23}) =$$

$$= \Phi(1,659 + c\,\dfrac{\sigma_0 - \sigma}{\sigma_0}\sqrt{23}) = \Phi(1,659 - 1,824 \cdot 0,1 \cdot 4,796) =$$

$$= \Phi(0,784) = 0,7835 \; .$$

Eine Überschätzung des wahren Werts σ_0 um 10% bewirkt also, daß wir an der Stelle $p_\alpha = 0,015$ nicht, wie gefordert, eine Annahmewahrscheinlichkeit von mindestens $0,95$ haben, sondern nur eine von $0,7835$. Diese starke Diskrepanz kommt offensichtlich dadurch zustande, daß der relative Fehler von σ noch mit c und $\sqrt{n}$ multipliziert wird.

Unsere Prüfpläne für die Messende Prüfung eines normalverteilten Merkmals bei bekannter Streuung sind also nur tauglich, wenn wir die Streuung tatsächlich ziemlich genau kennen.

Bei bekannter Streuung kann man auch für ein nicht normalverteiltes Merkmal Prüfpläne mit Hilfe von Formeln angeben, die ähnlich wie die Formeln (60) hergeleitet werden. Das soll im folgenden Abschnitt gezeigt werden.

2.2.4 Prüfpläne bei beliebigem Verteilungstyp und bekannter Streuung

Das betrachtete Merkmal X sei nun nach irgendeiner Verteilungsfunktion F verteilt und $E[X] = \mu$ sei nicht bekannt, aber $V[X] = \sigma^2$ und damit σ seien bekannt. Der Verteilungstyp von F sei bekannt, d.h. wir kennen die Verteilungsfunktion $\overline{F}(y)$ der standardisierten Variablen $Y = (X - \mu)/\sigma$, welche den Erwartungswert $E[Y] = 0$ und die Streuung 1 besitzt.

Der Verteilungstyp ist beliebig mit der Einschränkung, daß $\overline{F}(y)$ an den Stellen p_α , $1 - p_\alpha$, p_β und $1 - p_\beta$ ihres Wertebereichs eindeutig umkehrbar sein soll; dabei sind p_α und p_β die Ausschußanteile einer 2-Punkte-Bedingung. Es sollen also die Werte $\overline{F}^{-1}(p_\alpha)$, $\overline{F}^{-1}(1-p_\alpha)$, $\overline{F}^{-1}(p_\beta)$ und $\overline{F}^{-1}(1-p_\beta)$ eindeutig definiert sein. Dies trifft z.B. zu, wenn $\overline{F}(y)$ überall stetig und streng monoton wachsend ist.

Wir betrachten zunächst den einseitigen Fall mit oberer Toleranzgrenze b. Der einfache Prüfplan $n, c\mathfrak{6}$ soll wie bisher zur Annahme führen, wenn

$$\overline{X} \leq b - c\mathfrak{6}$$

gilt. Jetzt ist $\overline{X}$ das arithmetische Mittel von n unabhängigen und nach $F(x)$ verteilten Stichprobenvariablen $X_1, \ldots, X_n$. Nach dem Zentralen Grenzwertsatz (vgl. Satz 1.16) ist $(\overline{X}-\mu)\sqrt{n}/\mathfrak{6}$ für nicht zu kleine n näherungsweise nach der Standard-Normalverteilung verteilt. Diese Näherung ist für die meisten praktisch wichtigen Verteilungstypen schon für relativ geringe n, oft schon für $n \geq 5$, genau genug. Für unsere Annahmewahrscheinlichkeit gilt also

$$W(\overline{X} \leq b - c\mathfrak{6}) = W(\frac{\overline{X}-\mu}{\mathfrak{6}}\sqrt{n} \leq (\frac{b-\mu}{\mathfrak{6}} - c)\sqrt{n}) \approx \Phi((\frac{b-\mu}{\mathfrak{6}} - c)\sqrt{n});$$

daher ist $L(p_\alpha) \approx \alpha$, wenn $(\frac{b-\mu_{p_\alpha}}{\mathfrak{6}} - c)\sqrt{n} = \Phi^{-1}(\alpha)$ und $L(p_\beta) \approx \beta$, wenn $(\frac{b-\mu_{p_\beta}}{\mathfrak{6}} - c)\sqrt{n} = \Phi^{-1}(\beta)$. μ_{p_α} und μ_{p_β} sind mit Hilfe von $\overline{F}$ bestimmbar, denn aus

$$p_\alpha = W(X > b \mid \mu = \mu_{p_\alpha}) = W(\frac{X-\mu_{p_\alpha}}{\mathfrak{6}} > \frac{b-\mu_{p_\alpha}}{\mathfrak{6}} \mid \mu = \mu_{p_\alpha}) = 1 - \overline{F}(\frac{b-\mu_{p_\alpha}}{\mathfrak{6}})$$

und daraus folgt

$$\mu_{p_\alpha} = b - \mathfrak{6}\,\overline{F}^{-1}(1-p_\alpha).$$

Ganz analog folgt $\mu_{p_\beta} = b - \mathfrak{6}\,\overline{F}^{-1}(1-p_\beta)$.

Setzen wir beides oben ein, dann erhalten wir die beiden Gleichungen

$$(\overline{F}^{-1}(1-p_\alpha) - c)\sqrt{n} = \Phi^{-1}(\alpha) \quad \text{und} \quad (\overline{F}^{-1}(1-p_\beta) - c)\sqrt{n} = \Phi^{-1}(\beta) \tag{64}$$

für n und c. Ihre Auflösung liefert die zu (60) analogen Formeln

$$n \approx \left\{\frac{\Phi^{-1}(\alpha) - \Phi^{-1}(\beta)}{\overline{F}^{-1}(1-p_\alpha) - \overline{F}^{-1}(1-p_\beta)}\right\}^2, \quad c = \frac{\Phi^{-1}(\alpha)\overline{F}^{-1}(1-p_\beta) - \Phi^{-1}(\beta)\overline{F}^{-1}(1-p_\alpha)}{\Phi^{-1}(\alpha) - \Phi^{-1}(\beta)}. \tag{65}$$

Wenn wir dieselbe Rechnung für den einseitigen Fall mit unterer Toleranzgrenze a durchführen, dann erhalten wir die Formeln

$$n \approx \left\{\frac{\Phi^{-1}(\alpha) - \Phi^{-1}(\beta)}{\overline{F}^{-1}(p_\beta) - \overline{F}^{-1}(p_\alpha)}\right\}^2, \quad c = \frac{\Phi^{-1}(\beta)\overline{F}^{-1}(p_\alpha) - \Phi^{-1}(\alpha)\overline{F}^{-1}(p_\beta)}{\Phi^{-1}(\alpha) - \Phi^{-1}(\beta)}; \tag{66}$$

Wie im Fall des normalverteilten Merkmals sind (65) und (66) identisch, wenn für $\overline{F}$ die Nullsymmetrie $\overline{F}(y) = 1 - \overline{F}(-y)$ für alle y gilt, wie es bei der Verteilungsfunktion der Standard-Normalverteilung der Fall ist. Denn dann ist $\overline{F}^{-1}(1-p_\alpha) = -\overline{F}^{-1}(p_\alpha)$ und $\overline{F}^{-1}(1-p_\beta) = -\overline{F}^{-1}(p_\beta)$ und daraus ergibt sich dann die Äquivalenz der Formeln (65) mit (66). Im Spezialfall $\overline{F} = \Phi$ erhalten wir natürlich sowohl aus (65) wie aus (66) wieder die Formeln (60).

Wenn $\overline{F}$ die genannte Symmetrie-Eigenschaft nicht besitzt, müssen wir für

eine obere Toleranzgrenze die Formeln (65), für eine untere Toleranzgrenze die Formeln (66) benutzen.
Die hier als Näherung benutzten Operationscharakteristiken sind dieselben wie die im Fall des normalverteilten Merkmals durch (53_2) und (53_3) gegebenen und mit $L_1(\mu)$ bezeichneten. Sie hängen also ebenso wie dort von n und c ab und daher können wir schließen, daß uns die Formeln (65) und (66) zumindest näherungsweise den Prüfplan liefern, bei dem die 2-Punkte-Bedingung mit dem kleinstmöglichen Stichprobenumfang erfüllt wird.

Im zweiseitigen Fall kann man wie folgt verfahren, wenn die Länge b - a des Toleranzintervalls größer als 6σ ist: Man berechnet n und c nach (65) und bezeichnet diese Parameterwerte mit n_b und c_b ; dann berechnet man n und c nach (66) und nennt diese Werte n_a und c_a . Schließlich zieht man die Stichprobe mit dem Umfang $n = \max(n_a, n_b)$ und nimmt an, falls für das aus den n Meßwerten berechnete Mittel $\overline{X}$ die Ungleichungen

$$a + c_a\sigma \leq \overline{X} \leq b - c_b\sigma$$

erfüllt sind.

<u>Beispiel 11</u> : Es sei X die Differenz aus dem Innendurchmesser eines Rings,
der auf einen Kolben passen soll, und dem Durchmesser des
Kolbens. Für X seien die Toleranzen a = 0,1 mm , b = 1,0 mm gegeben. Der Durchmesser des Kolbens sei gleichverteilt in einem Intervall $[\mu_1 -0,1;\mu_1 +0,1]$ der Länge 0,2 mm und der Innendurchmesser des Rings sei unabhängig davon gleichverteilt in einem gleich langen Intervall $[\mu_2 -0,1 ; \mu_2 + 0,1]$. Es läßt sich dann leicht zeigen, daß X im Intervall $[\Delta-0,2 ; \Delta+ 0,2]$ mit $\Delta = \mu_2 - \mu_1$ nach der "Dreiecksdichte" (s. Figur 25)

$$f(x) = \begin{cases} 0 \text{ für } x \leq \Delta-0,2 \\ 25(x+0,2-\Delta) \text{ für } \Delta-0,2\leq x\leq\Delta \\ 5-(x-\Delta)25 \text{ für } \Delta\leq x\leq\Delta+0,2 \\ 0 \text{ für } x \geq \Delta+0,2 \end{cases}$$

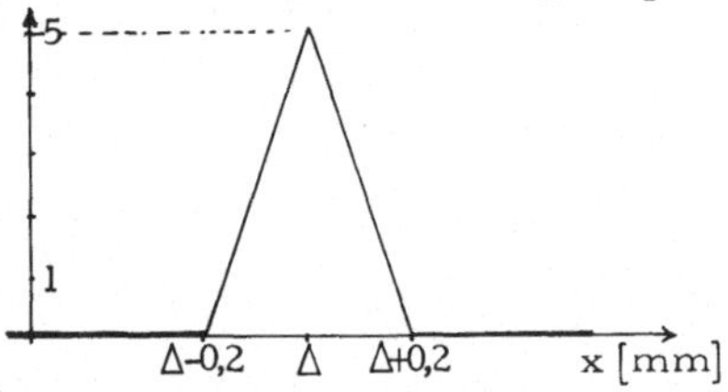

verteilt ist. Daß $E[X] = \Delta$ und $V[X]$ gleich der Summe der Varianzen der beiden Gleichverteilungen, also gleich $2\cdot(0,2)^2/12$ sein

Figur 25

muß, folgt aus den Sätzen von Kap. 1 über Erwartungswerte und Varianzen (s. Satz 1. 9 und Satz 1. 12 ; Varianz der Gleichverteilung s. Ende von 1. 5) Die standardisierte Variable $(X-\Delta)5\sqrt{6}$ läuft dann von $-\sqrt{6}$ bis $\sqrt{6}$ und hat ebenfalls eine "Dreiecksdichte", die wir mit $\overline{f}(x)$ bezeichnen. $\overline{f}$ ist nullsymmetrisch, daher gilt für die zugehörige Verteilungsfunktion $\overline{F}$ die Symmetrie $\overline{F}(x) = 1 - \overline{F}(1-x)$ für alle x . Das Maximum von $\overline{f}(x)$ ist $\overline{f}(0) = 1/\sqrt{6}$, denn so hat die Integralfläche unterhalb von $\overline{f}$ den Wert 1 .

Die Maschinen, die Kolben und Ringe fertigen, sollen ungestört weiterlaufen, wenn das Mittel $\overline{X}$ aus n Durchmesser-Differenzen (jede gemessen für je einen Kolben und einen diesem Kolben zufällig zugeordneten Ring) im Intervall $[0, 10 + c\sigma ; 1,00 - c\sigma]$ mit $\sigma = \sqrt{2\cdot(0,2)^2/12} = 0,2/\sqrt{6}$ liegt. n und c sind so zu bestimmen, daß man bei 3% oder weniger Ausschuß die Maschinen mit einer Wahrscheinlichkeit von mindestens 0, 95 weiterlaufen läßt, bei 12% oder mehr Ausschuß aber mit einer Wahrscheinlichkeit von mindestens 0,95 anhält und neu einstellt.

Gegeben ist also die 2-Punkte-Bedingung $L(0,03) \geq 0,95$, $L(0,12) \leq 0,05$.
Wegen der Symmetrie-Eigenschaft von $\overline{F}$ sind die Formeln (65) und (66)
äquivalent. Wenn wir (66) benutzen, dann müssen wir $\overline{F}^{-1}(0,03)$ und $\overline{F}^{-1}(0,12)$
berechnen. Dies läßt sich anhand von $\overline{f}$ auf geometrische Weise erledigen:
der Anstieg der Dreieckseiten von $\overline{f}$ ist $1/6$ bzw. $-1/6$ und ein Dreieck mit
der Grundlinie u und der Höhe $u/6$ hat den Flächeninhalt $u^2/12$; dieser ist
gerade dann gleich $0,03$, wenn $u = \sqrt{0,36} = 0,60$ ist. Also gilt

$$\overline{F}^{-1}(p_\alpha) = \overline{F}^{-1}(0,03) = -\sqrt{6} + 0,60 .$$

Ferner ist $u^2/12 = 0,12$, wenn $u = \sqrt{1,44} = 1,2$ und folglich ist

$$\overline{F}^{-1}(p_\beta) = \overline{F}^{-1}(0,12) = -\sqrt{6} + 1,20 .$$

Wir setzen beides in (66) ein und erhalten mit $\phi^{-1}(0,95) = 1,645 = -\phi^{-1}(0,05)$

$$n \approx \left(\frac{2 \cdot 1,645}{0,60}\right)^2 = 30,07 \quad , \quad c = \frac{-1,645(-\sqrt{6}+0,60) - 1,645(-\sqrt{6}+1,20)}{2 \cdot 1,645} = 1,55.$$

$c\sigma$ ist daher $1,55 \cdot 0,2/\sqrt{6} = 0,127$; wir lassen also die Maschinen weiterlaufen, wenn für das Mittel $\overline{X}$ aus 31 Durchmesser-Differenzen die Ungleichungen $\quad 0,10 + 0,127 = 0,227 \leq \overline{X} \leq 1,00 - 0,127 = 0,873$
erfüllt sind.
Die Länge des Toleranz-Intervalls ist hier mit $0,90\,$mm wesentlich größer
als $6\sigma = 6 \cdot 0,2/\sqrt{6} = 0,49\,$mm. Im übrigen führt aber hier die Anwendung
der Formeln (65) oder (66) auf den zweiseitigen Fall sogar zu einer ebenso
guten Näherungslösung wie beim einseitigen Fall. Denn wenn es hier überhaupt Ausschuß geben kann, dann ist entweder Δ zu klein und dann kann zwar
$X<a$, nicht aber $X>b$ eintreten, oder es ist Δ zu groß und dann kann $X>b$, aber
nicht $X<a$ eintreten. Der Ausschuß kann also immer nur einseitig auftreten und deshalb gelten die Formeln (65) und (66) wie im einseitigen Fall.

Bei manchen Verteilungstypen hängen die dazu gehörenden Verteilungsfunktionen nur von einem einzigen Parameter ab. Sowohl der Erwartungswert μ
wie auch die Streuung σ unseres Merkmals X ist dann eine Funktion dieses
einen Parameters und wenn uns σ bekannt wäre, dann hätten wir in der Regel auch μ und brauchten keine Stichprobe zu ziehen, weil uns dann die Verteilung von X völlig bekannt wäre. In solchen Fällen kann man Formeln für
n und c , die (65) und (66) entsprechen, auch ohne Kenntnis von σ herleiten.
Für den Fall der Exponentialverteilung sei dies dem Leser als folgende
Übungsaufgabe überlassen.

Aufgabe 48

Wenn X nach einer Exponentialverteilung mit $F(x) = 1 - e^{-hx}$, $x \geq 0$, verteilt ist,
dann ist $\overline{X}$ eine Schätzfunktion sowohl für $E[X] = 1/h$, als auch für die
Streuung $\sigma = 1/h$ von X. Es liegt daher nahe, einen Prüfplan n, c $\overline{X}$ mit
folgender Vorschrift zu benutzen, wenn eine obere Toleranzgrenze b gege-
ben ist: $\quad$ "nimm an, falls $\overline{X} \leq b - c\overline{X}$, d.h. falls $\overline{X} \leq \dfrac{b}{1+c}$, sonst lehne ab!"

Formulieren Sie die analoge Vorschrift für den einseitigen Fall bei unterer
Toleranzgrenze a und leiten Sie die (65) und (66) entsprechenden Formeln
ab. Geben Sie für die beiden einseitigen Fälle jeweils n und c nach diesen

Formeln für die 2-Punkte-Bedingung $L(0,01) \geq 0,90$, $L(0,03) \leq 0,10$ an!

2.2.5 Prüfpläne für normalverteilte Merkmale bei unbekannter Streuung

Das Kriterium für die Annahme war bisher $\overline{X} \geq a+c\sigma$ bzw. $\overline{X} \leq b-c\sigma$; der in σ-Einheiten gemessene Abstand von $\overline{X}$ zu den Toleranzgrenzen mußte also mindestens c sein. Diese Methode versagt zunächst, wenn wir die Streuung σ des Merkmals X nicht kennen. Wie immer in solchen Fällen, versucht man σ durch die Schätzfunktion

$$S = \sqrt{\frac{1}{n-1} \sum_{i=1}^{n} (X_i - \overline{X})^2} \quad \text{(vgl. (66) in 1.6)}$$

zu ersetzen. Ändern wir das Annahme-Kriterium entsprechend um in

$$\overline{X} \geq a+cS \quad \text{bzw.} \quad \overline{X} \leq b-cS , \tag{67}$$

dann können wir die Annahmewahrscheinlichkeit nicht mehr auf die Verteilungsfunktion Φ der Standard-Normalverteilung zurückführen. Wir können zwar $W(\overline{X} \leq b-cS)$ umformen zu

$$W\left(\frac{\overline{X}-\mu}{S} \sqrt{n} \leq \left(\frac{b-\mu}{S} - c \right) \sqrt{n} \right) \tag{68}$$

(und analog läßt sich natürlich auch $W(\overline{X} \geq a+cS)$ umformen); aber obwohl $(\overline{X}-\mu)\sqrt{n}/S$ einer tabellierten Verteilung gehorcht (nämlich der sog. t-Verteilung mit dem Freiheitsgrad n-1), führt diese Umformung noch nicht zum gewünschten Erfolg, weil $\left(\frac{b-\mu}{S} -c \right)\sqrt{n}$ wegen S zufallsabhängig ist.

Wir bringen $\frac{b-\mu}{S}\sqrt{n}$ in (68) auf die linke Seite und erhalten so

$$W(\overline{X} \leq b-cS) = W\left(\frac{\overline{X}-\mu-(b-\mu)}{S} \sqrt{n} \leq -c\sqrt{n} \right) .$$

Nun bezeichnen wir $-\frac{b-\mu}{\sigma}\sqrt{n}$ als den Nichtzentralitätsparameter δ und schreiben die letzte Wahrscheinlichkeit in der Form

$$W(\overline{X} \leq b-cS) = W\left(\frac{(\overline{X}-\mu)\sqrt{n} + \delta\sigma}{S} \leq -c\sqrt{n} \right) . \tag{69}$$

Die zufällige Variable $\dfrac{(\overline{X}-\mu)\sqrt{n}+\delta\sigma}{S}$ gehorcht der sogenannten nichtzentralen t-Verteilung mit dem Freiheitsgrad n-1 und dem Nichtzentralitätsparameter δ . Diese Verteilung ist durch eine etwas komplizierte Dichte gegeben, die wir mit $h_{n-1,\delta}(x)$ bezeichnen und gar nicht erst anschreiben (s. aber z.B. SCHMETTERER [1966], S. 268 oder FISZ [1962], Kap. IX, §6). Für $\delta = 0$ wird aus $h_{n-1,\delta}(x)$ die zu $(\overline{X}-\mu)\sqrt{n}/S$ gehörende Dichte der gewöhnlichen t-Verteilung mit Freiheitsgrad n-1 .

Für den Ausschußanteil p bei oberer Toleranzgrenze b gilt

$$p = W(X > b) = W\left(\frac{X-\mu}{\sigma} > \frac{b-\mu}{\sigma} \right) = 1 - \Phi\left(\frac{b-\mu}{\sigma} \right) = \Phi\left(-\frac{b-\mu}{\sigma} \right) = \Phi\left(\frac{\delta}{\sqrt{n}} \right) ,$$

also ist

$$\delta = \Phi^{-1}(p)\sqrt{n} .$$

Die Annahmewahrscheinlichkeit (69), die wir jetzt als Integral über $h_{n-1,\delta}$

schreiben können, wird mit diesem δ zur Operationscharakteristik $L(p)$:

$$L(p) = \int_{-\infty}^{-c\sqrt{n}} h_{n-1,\delta}(x)\,dx \quad,\ \text{mit } \delta = \Phi^{-1}(p)\sqrt{n}\ . \tag{70}$$

Wenn man also über hinreichend viele Tabellenwerte der zu $h_{n-1,\delta}(x)$ mit $\delta = \Phi^{-1}(p_\alpha)\sqrt{n}$ und $\delta = \Phi^{-1}(p_\beta)\sqrt{n}$ gehörenden beiden Verteilungsfunktionen verfügt, dann kann man mit Hilfe von (70) prüfen, ob die Operationscharakteristik eines gegebenen Prüfplans n, cS einer geforderten 2-Punkte-Bedingung genügt. RESNIKOFF & LIEBERMAN [1957] haben ausführliche Tabellen der nichtzentralen t-Verteilung zu diesem Zweck herausgegeben, und zwar für die Freiheitsgrade 2, 3, ..., 24, 29, 34, ..., 49 . Die Anwendung der Tabellen ist dort ausführlich beschrieben. UHLMANN [1982] erläutert, wie man auch die Tabelle 5. 2 bei OWEN [1962] benutzen kann, um für gegebene Prüfpläne n, cS die Prozentpunkte der Operationscharakteristik zu 1%, 5%, 10% und 90%, 95%, 99% auszurechnen. Auch so läßt sich dann prüfen, ob eine geforderte 2-Punkte-Bedingung erfüllt ist.

Wir begnügen uns hier mit der Herleitung einer Näherungslösung, bei der wie bisher nur die Werte von Φ^{-1} an den Stellen p_α, α, p_β, β benötigt werden.

Dazu formen wir die Annahmewahrscheinlichkeit (69) noch einmal um, indem wir die Ungleichung auf der rechten Seite mit S/σ multiplizieren:

$$W(\overline{X} \le b - cS) = W\left(\frac{(\overline{X}-\mu)\sqrt{n}}{\sigma} + \delta \le -c\sqrt{n}\,\frac{S}{\sigma}\right) = W\left(\frac{\overline{X}-\mu}{\sigma}\sqrt{n} + c\sqrt{n}\,\frac{S}{\sigma} \le -\delta\right)$$

$\frac{\overline{X}-\mu}{\sigma}\sqrt{n}$ ist nach $N(0,1)$ verteilt (s. Satz 1. 15); wenn daher $c\sqrt{n}\,\frac{S}{\sigma}$ eine Konstante wäre, dann würde für die Summe aus diesen beiden Ausdrücken eine exakte Normalverteilung gelten, denn wenn Y nach $N(0,1)$ verteilt ist und d eine beliebige Konstante ist, dann ist Y+d nach $N(d,1)$ verteilt. Nun ist S aber eine konsistente Schätzfunktion für σ, d. h. wenn n groß genug ist, gilt $|S-\sigma| < \varepsilon$ für ein beliebig kleines $\varepsilon > 0$ mit beliebig großer Wahrscheinlichkeit. Da sich also $c\sqrt{n}\,S/\sigma$ für große n annähernd wie eine Konstante verhält, dürfen wir annehmen, daß

$$\frac{\overline{X}-\mu}{\sigma}\sqrt{n} + c\sqrt{n}\cdot\frac{S}{\sigma} \tag{71}$$

für größere n annähernd normalverteilt ist. In jedem Lehrbuch der Mathematischen Statistik kann man nachlesen, daß $\overline{X}$ und S unabhängig sind, wenn die Stichprobenvariablen $X_1, ..., X_n$ unabhängig und nach derselben Normalverteilung verteilt sind (vgl. z. B. FISZ [1962] S. 282 ff). Daher sind auch die beiden Summanden in (71) unabhängig und daher ist die Varianz der Summe nach Satz 1. 13 gleich der Summe der Varianzen von $(\overline{X}-\mu)\sqrt{n}/\sigma$ und $c\sqrt{n}\,S/\sigma$, also gleich $\quad 1 + c^2 n\, V\left[\frac{S}{\sigma}\right]$.

Der Erwartungswert einer Summe ist immer gleich der Summe der einzelnen Erwartungswerte, also ist der Erwartungswert von (71) gleich

$$0 + c\sqrt{n}\, E\left[\frac{S}{\sigma}\right] = c\sqrt{n}\,\gamma_n\ .$$

Die Faktoren $\gamma_n = \frac{1}{\sigma} E[S]$ haben wir bereits in 1. 6 erwähnt (vgl. (67) in Kapitel 1) . Sie sind für $n > 10$ praktisch gleich 1 und können für alle $n = 2, 3, ...$ rekursiv aus $\gamma_2 = \sqrt{2/\pi} = 0{,}79788$ mit Hilfe der Rekursionsformel

$$\gamma_{n+1} = \frac{1}{\gamma_n}\sqrt{\frac{n-1}{n}} \qquad\qquad (72)$$

berechnet werden. Da wir die Faktoren γ_n später noch einmal benötigen werden, stellen wir sie bis $n=12$ in Tabelle 3 zusammen. Bei Bedarf kann der Leser die Tabelle mit Hilfe der Rekursionsformel (72) erweitern.

Die Varianz von S ist

$$E[S^2] - (E[S])^2 = 6^2(1 - \gamma_n^2) \ ,$$

also ist die Varianz der in (71) gegebenen zufälligen Variablen gleich

$$1 + c^2\, n\, V\left[\frac{S}{6}\right] = 1 + c^2\, n\,(1 - \gamma_n^2)\ ;$$

aus der Konsistenz von S als Schätzfunktion für 6 folgt $\lim\limits_{n\to\infty}\gamma_n = 1$ und aus (72) folgt

$$\gamma_{n+1}\,\gamma_n = \sqrt{\frac{n-1}{n}}\ .$$

Daher werden wir γ_n^2 für größere n durch $\sqrt{\dfrac{n-1}{n}}$ ersetzen.

Das Taylor-Polynom 1. Ordnung für $\sqrt{\dfrac{n-1}{n}} = \sqrt{1 - \dfrac{1}{n}}$ liefert

$$\gamma_n^2 \approx \sqrt{\frac{n-1}{n}} \approx 1 - \frac{1}{2n}\ .$$

n	γ_n
2	0,79788
3	0,88623
4	0,92132
5	0,93998
6	0,95153
7	0,95937
8	0,96503
9	0,96931
10	0,97266
11	0,97535
12	0,97756

Tab. 3 $E[S] = 6\cdot\gamma_n$.

(Einen exakten Nachweis dafür, daß γ_n^2 bis auf höhere Potenzen von $\frac{1}{n}$ mit $1 - \frac{1}{2n}$ übereinstimmt, findet man bei UHLMANN [1982] S. 67 f)

Somit hat also die zufällige Variable von (71) den Erwartungswert $c\sqrt{n}\,\gamma_n$ und eine Varianz, die für größere n gut mit $1 + \frac{1}{2}c^2$ übereinstimmt.

Durch Standardisieren dieser zufälligen Variablen erhalten wir für unsere Operationscharakteristik schließlich

$$W(\overline{X} \le b - cS) = W\left(\frac{\overline{X}-\mu}{6}\sqrt{n} + c\sqrt{n}\,\frac{S}{6} \le -\delta\right) = W\left(\frac{\frac{\overline{X}-\mu}{6}\sqrt{n} + c\sqrt{n}\,\frac{S}{6} - c\sqrt{n}\,\gamma_n}{\sqrt{1 + \frac{c^2}{2}}} \le \frac{-\delta - c\sqrt{n}\,\gamma_n}{\sqrt{1 + \frac{c^2}{2}}}\right)$$

und dies muß ungefähr gleich $\Phi\left(\dfrac{-\delta - c\sqrt{n}\,\gamma_n}{\sqrt{1 + \frac{c^2}{2}}}\right)$ sein, denn wir hatten uns schon

überlegt, daß $\dfrac{\overline{X}-\mu}{6}\sqrt{n} + c\sqrt{n}\,\dfrac{S}{6}$, also die soeben standardisierte Variable, für größere n annähernd normalverteilt sein wird. Setzen wir nun für den Nichtzentralitätsparameter δ die Funktion des Ausschußanteils $\Phi^{-1}(p)\sqrt{n}$ ein, dann erhalten wir

$$L(p) \approx \Phi\left(\frac{-(\Phi^{-1}(p) + c\gamma_n)\sqrt{n}}{\sqrt{1 + \frac{c^2}{2}}}\right) \qquad\qquad (73)$$

Aus dieser Näherung und aus $L(p) = W(\overline{X} \le b - cS)$ läßt sich wie früher entnehmen, daß eine Vergrößerung von c die Werte von $L(p)$ für alle p aus $(0, 1)$ vermindert und daß eine Vergrößerung von n eine Vergrößerung von $L(p_\alpha)$, aber eine Verringerung von $L(p_\beta)$ bewirkt. Daraus folgern wir wie früher, daß ein Prüfplan n, cS , welcher eine 2-Punkte-Bedingung $L(p_\alpha) \geq \alpha$, $L(p_\beta) \leq \beta$ mit geringstem n erfüllt, die Ungleichungen dieser Bedingung nur "knapp" erfüllen wird. Daher setzen wir die rechte Seite von (73) für $p = p_\alpha$ gleich α und für $p = p_\beta$ gleich β und erhalten so, indem wir gleich zur Inversen Φ^{-1} übergehen, die beiden Gleichungen

$$\Phi^{-1}(\alpha)\sqrt{1+\frac{c^2}{2}} = -(\Phi^{-1}(p_\alpha)+c\gamma_n)\sqrt{n} \; , \quad \Phi^{-1}(\beta)\sqrt{1+\frac{c^2}{2}} = -(\Phi^{-1}(p_\beta)+c\gamma_n)\sqrt{n} \; .$$

Aus diesen folgt zunächst

$$n \approx \left[\frac{\Phi^{-1}(\alpha) - \Phi^{-1}(\beta)}{\Phi^{-1}(p_\beta) - \Phi^{-1}(p_\alpha)}\right]^2 \cdot (1+\frac{c^2}{2}) , \qquad (74)$$

wobei $\approx$ nur wegen der Ganzzahligkeit von n gilt; indem man dann in einer der vorigen Gleichungen $\sqrt{\dfrac{n}{1+\frac{c^2}{2}}}$ durch $\dfrac{\Phi^{-1}(\alpha) - \Phi^{-1}(\beta)}{\Phi^{-1}(p_\beta) - \Phi^{-1}(p_\alpha)}$ ersetzt, bekommt man für c die Formel

$$c = \frac{1}{\gamma_n} \cdot \frac{\Phi^{-1}(\beta)\Phi^{-1}(p_\alpha) - \Phi^{-1}(\alpha)\Phi^{-1}(p_\beta)}{\Phi^{-1}(\alpha) - \Phi^{-1}(\beta)} \qquad (75)$$

Diese Formeln stammen von W. A. WALLIS [1947] (s. DUNCAN [1965], S. 240). Aus Symmetriegründen erhält man die Formeln (74) und (75) auch für den einseitigen Fall mit unterer Toleranzgrenze a . Bis auf die Faktoren $1+\frac{c^2}{2}$ und $1/\gamma_n$ sind (74) und (75) identisch mit den Formeln in (60), die wir für den einseitigen Fall bei bekannter Streuung σ hergeleitet hatten.

Meistens wird man aus (74) sofort erkennen, daß n größer als 10 wird und darf dann in (75) γ_n durch 1 ersetzen. Man erhält dann dasselbe c wie mit (60), während n um den Faktor $1+\frac{c^2}{2}$ größer wird als bei bekannter Streuung. Damit folgt nun

SATZ 2.17 : Wenn n,c ein Prüfplan für ein normalverteiltes Merkmal im einseitigen Fall bei bekanntem σ ist, der die 2-Punkte-Bedingung $L(p_\alpha) \geq \alpha$, $L(p_\beta) \leq \beta$ mit dem geringsten Stichprobenumfang erfüllt, dann ist $\tilde{n}, \tilde{c}S$ mit $\tilde{n} = n(1+\frac{c^2}{2})$, $\tilde{c} = c$ näherungsweise gleich dem Prüfplan, der dieselbe 2-Punkte-Bedingung bei unbekannter Streuung mit geringstem Stichprobenumfang erfüllt.

Für den zweiseitigen Fall gilt ähnlich wie bei bekanntem σ, daß ein Prüfplan n, cS , der eine 2-Punkte-Bedingung im einseitigen Fall erfüllt, diese auch im zweiseitigen Fall zumindest näherungsweise erfüllt, falls nur die Länge b-a des Toleranzintervalls groß genug gegen σ ist. Als Faustregel hierfür wird manchmal die Ungleichung $b-a > 6S$ gefordert, da σ ja nicht bekannt ist und mit Hilfe von S geschätzt werden kann.

Etwa zu denselben Werten für n und c wie mit (74) und (75) kommt man mit Hilfe eines Nomogramms, welches in Figur 26 dargestellt ist. Dabei muß man lediglich den Punkt p_α auf der linken Skala (Skala der Ausschußanteile)

mit dem Punkt α auf der rechten Skala (Skala der Annahmewahrscheinlichkeiten) durch eine Gerade zu verbinden und dasselbe tut man dann mit dem
Punkt p_β der linken und dem Punkt β der rechten Skala. Der Schnittpunkt
der beiden Geraden hat dann im gekrümmten Koordinatennetz des Nomogramms die Koordinaten n und c. In Figur 26 [+] ist die Schnittpunktbestim-
mung in Miniatur dargestellt.
Fällt man vom Schnittpunkt das Lot auf die untere, horizontale n-Skala, dann
erhält man den geringeren Stichprobenumfang, den man bei derselben
2-Punkte-Bedingung im Fall der bekannten Streuung benötigt. Man kann das
Nomogramm also sowohl bei unbekannter Streuung, als auch bei bekannter
Streuung benutzen. Der Wert von c ist in beiden Fällen derselbe.

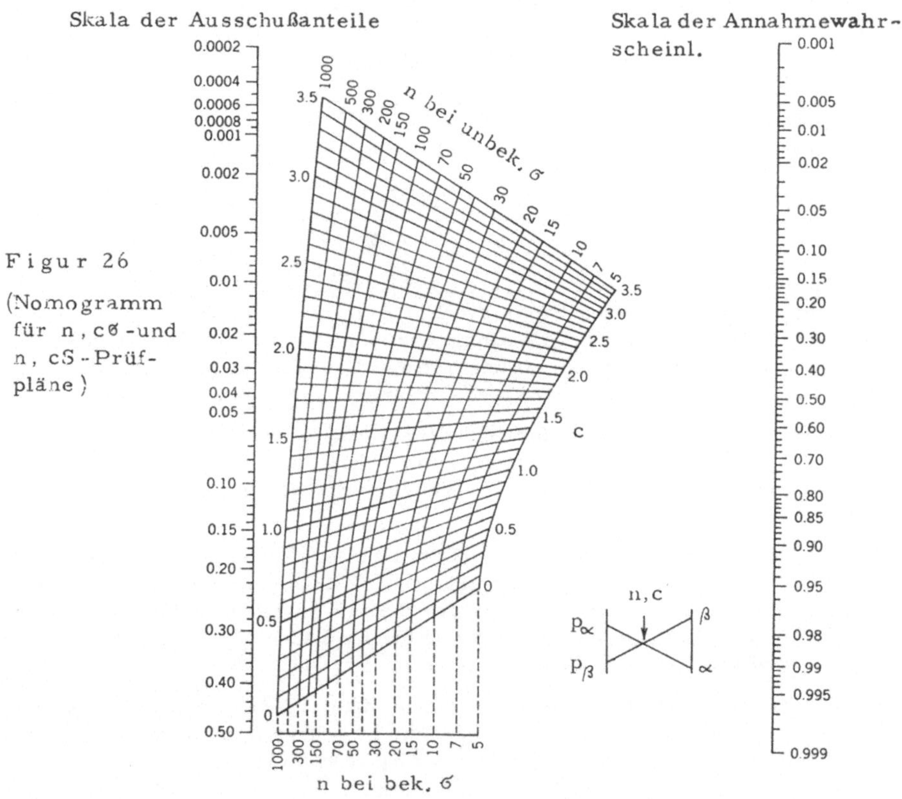

Figur 26

(Nomogramm
für n, cσ-und
n, cS-Prüf-
pläne)

Beispiel 12 : Für die 2-Punkte-Bedingung $L(0,015) \geqq 0,95$, $L(0,060) \leqq 0,10$
haben wir in Beispiel 10 mit $n = 23$, $c = 1,824$ den Prüfplan mit
dem geringsten Stichprobenumfang bei bekanntem σ bestimmt. Etwa dasselbe c lesen wir aus dem Nomogramm ab als c-Koordinate des Schnittpunkts
der beiden Geraden und wenn wir vom Schnittpunkt senkrecht nach unten lo-
ten, ergibt sich auch n ungefähr zu 23 . Für unbekannte Streuung haben wir

[+] übernommen aus MONTGOMERY [1985] S. 436 mit freundlicher Erlaubnis;
Copyright by John Wiley & Sons, Inc., New York.

dasselbe c , für n lesen wir aber den Wert $n = 63$ ab, welcher viel größer als
bei bekannter Streuung ist.
Etwa dasselbe erhalten wir mit den Formeln (74) und (75). Aus (74) erkennt
man, daß n auf jeden Fall größer als 23 sein wird, denn diesen Wert würden
wir bei bekannter Streuung (d. h. ohne den Faktor $1 + \frac{c^2}{2}$ in (74)) erhalten.
Daher dürfen wir γ_n in (75) gleich 1 setzen und erhalten deshalb wieder
$c = 1,824$ wie bei bekannter Streuung. Mit diesem c wird n aus (74) zu

$$n \approx 22,65 \cdot \left(1 + \frac{1}{2} 1,824^2 \right) = 60,33$$

bestimmt. Unser genäherter Prüfplan ist also durch n, cS mit $n = 61$ und
$c = 1,824$ gegeben.
Es ist beruhigend, daß beide Näherungsverfahren etwa denselben Prüfplan
ergeben. Wer aber nach völliger Sicherheit strebt, der kann das Ergebnis
noch mit Hilfe einer Tabelle der nichtzentralen t-Verteilung überprüfen.
Für unser Beispiel können wir mit Hilfe der Tafeln bei OWEN [1962] S. 114 f
den zum Prüfplan n, cS mit $n = 61$, $c = 1,824$ gehörenden tatsächlichen 95% -
Punkt von $L(p)$ zu $0,0153$ und den tatsächlichen 10%-Punkt zu $0,061$ bestimmen. Also ist die Ungleichung $L(0,015) \geq 0,95$ erfüllt und $L(0,060) \leq 0,10$ (sicher nur ganz geringfügig) verletzt, denn $L(p)$ fällt monoton in p (vgl. Aufgabe 49)

A u f g a b e n

49) Die Näherung $\Phi\left(\dfrac{-(\Phi^{-1}(p) + c\gamma_n)\sqrt{n}}{\sqrt{1 + \frac{c^2}{2}}} \right)$ für $L(p)$ (vgl. (73)) ist offensichtlich
monoton fallend in p . Zeigen Sie, daß
auch $L(p) = W(\overline{X} \leq b - cS)$ diese Eigenschaft hat!

50) Gegeben ist die 2-Punkte-Bedingung $L(0,004) \geq 0,90$, $L(0,05) \leq 0,10$.
Mit Hilfe des Nomogramms von Figur 26 oder der Formeln (60) gebe
man hierzu einen Prüfplan n, cσ für ein normalverteiltes Merkmal an
unter der Annahme, daß σ bekannt und gleich 1,40 ist. Wie groß wären
bei diesem Prüfplan dann die tatsächlichen Annahmewahrscheinlichkeiten, wenn das wahre σ nicht 1,40 , sondern nur 1,20 wäre?
Welchen Prüfplan hätte man mit dem Nomogramm oder mit den Formeln
(74) und (75) erhalten, wenn man σ nicht als bekannt angenommen hätte?

2.2.6 Military Standard 414

Dieses häufig benutzte Tabellenwerk ist ähnlich gegliedert wie der Military
Standard 105 D und wurde wie dieser vom U. S. Department of Defense und
dem U. S. Department of the Navy als Technisches Memorandum herausgegeben. Als Gegenstück zu dem für die Gut-Schlecht-Prüfung entwickelten Military Standard 105 D dient MIL STD 414 der Bestimmung von Prüfplänen für
messende Prüfung, wobei das zu kontrollierende Merkmal als normalverteilt vorausgesetzt wird. Die Tabellen des MIL STD 414 sind auch in einigen
Lehrbüchern abgedruckt, so z. B. bei SCHILLING [1982] und MONTGOMERY
[1985].
Auch hier wählt man einen AQL-Wert p_α und eines von fünf allgemeinen Inspektionsniveaus, die mit I bis V bezeichnet sind. Die Losgröße N und das

gewählte allgemeine Inspektionsniveau bestimmen dann wie bei MIL STD 105
einen Code-Buchstaben, der in jedem Fall den Stichprobenumfang festlegt.
Zum Code-Buchstaben und zum gewählten AQL (in %) kann man dann den
Tabellen für die folgenden Fälle jeweils einen Prüfplan entnehmen:

1.) μ und σ unbekannt; Entscheidung aufgrund von $\overline{X}$ und S (Tabellen B);

2.) μ und σ unbekannt; Entscheidung aufgrund von $\overline{X}$ und $\overline{R}$ (Tabellen C);

dabei ist $\overline{R}$ die sogenannte **mittlere Spannweite**; sie ist für $n < 10$
definiert als die Spannweite der gesamten Stichprobe, d.h. als die Diffe-
renz aus Maximum minus Minimum aller Meßwerte. Stichprobenumfänge,
die ≥ 10 sind, werden immer als Vielfache von 5 gewählt, d.h. $n = g\,5$ mit
$g \in \{2,3,\dots\}$ und dann ist $\overline{R}$ definiert als

$$\overline{R} = \frac{1}{g} \sum_{j=1}^{g} R_j \;,\; \text{wobei } R_j \text{ die Spannweite für die Fünfergruppe der Meß-werte } X_{(j-1)5+1} \text{ bis } X_{j5} \text{ ist. (R kommt vom englischen "range".)}$$

3.) μ unbekannt, σ bekannt; Entscheidung aufgrund von $\overline{X}$ allein (Tabellen D)

Jede Tabellengruppe enthält Prüfpläne sowohl für den einseitigen Fall (Single Specification Limit) als auch für den zweiseitigen Fall (Double Specification Limit); die obere Toleranzgrenze wird dort mit U (von upper specification limit), die untere mit L (lower specification limit) bezeichnet.

Im einseitigen Fall kann man wählen, ob das Entscheidungskriterium nach
der sog. Form 1 oder nach der sog. Form 2 gebildet wird. Bei Form 1, die
häufig auch "k-Methode" genannt wird (s. etwa DUNCAN[1965]) nimmt man
bei unterer Toleranzgrenze a bzw. L an, falls $(\overline{X}-a)/S$ bzw. $(\overline{X}-a)/\sigma$ nicht
kleiner als eine Schranke k ist; bei oberer Toleranzgrenze b (= U) wird angenommen, falls $(b-\overline{X})/S$ bzw. $(b-\overline{X})/\sigma$ nicht kleiner als k ist. Die Schranke
k entspricht also völlig unserem Parameter c bei den Prüfplänen für mes-
sende Prüfung.

Bei Form 2 wird zunächst ein Schätzwert $\hat{p}$ für den Ausschußanteil p ermittelt. Bei unbekanntem σ kann man den zu $(\overline{X}-a)/S$ bzw. $(b-\overline{X})/S$ und n gehörenden Schätzwert $\hat{p}$ der Tabelle B-5 entnehmen und zwei weitere Tabel-
len liefern $\hat{p}$ für die Fälle, in denen man sich der Spannweite $\overline{R}$ bedienen
möchte (was als "Range Method" bezeichnet wird),oder wenn σ bekannt ist.

Angenommen wird, wenn $\hat{p}$ nicht größer als eine obere Schranke M ist und
daher nennt man Form 2 auch die "M-Methode". Tabellen für M sind in jeder der drei Tabellen-Gruppen enthalten, da M davon abhängt, ob man σ kennt
oder durch S schätzt, bzw. ob man die mittlere Spannweite $\overline{R}$ benutzt.

Für den zweiseitigen Fall, also wenn ein Toleranz-Intervall [a, b] gegeben
ist, wird nur die Form 2 angeboten, weil sie hierfür besser geeignet ist als
die Form 1. Man kann dann die Tabellen des MIL STD 414 auch verwenden,
wenn man für jede der beiden Toleranzen einen eigenen AQL-Wert vorgeben
möchte; es könnte z.B. sein, daß man die Qualität als zufriedenstellend ansieht, wenn höchstens 2% der Gesamtheit mit dem Merkmalswert unterhalb
von a und höchstens 0,5% oberhalb von b liegen. Normalerweise ist der
AQL-Wert p_α im zweiseitigen Fall aber wie bei uns zu verstehen als die
Summe $p_\alpha = p_U + p_L$, wobei p_U der Anteil in der Gesamtheit ist, dessen

Merkmalswert oberhalb von U liegt, während p_L der "untere Ausschußanteil" ist, d.h. der Anteil in der Gesamtheit, bei dem der Merkmalswert unterhalb von L liegt. Man schätzt p_U und p_L mit den Tabellenwerten $\hat{p}_U$ und $\hat{p}_L$ und nimmt an, falls $\hat{p}_U + \hat{p}_L \leq M$ gilt.

Die auf der Schätzung des Ausschußanteils p beruhende Form 2 ist auch im einseitigen Fall der Form 1 vorzuziehen, denn es kann nur vorteilhaft sein, wenn man außer einem Prüfplan auch einen Schätzwert für den Ausschußanteil erhält. Wir haben dieses Schätzproblem bei der messenden Prüfung bisher ausgeklammert, weil es nicht ganz einfach ist. Die Methode der Berechnung von $\hat{p}$ stammt von LIEBERMAN & RESNIKOFF [1955] und die dort bereits angegebenen Tabellen und Operationscharakteristiken waren die Grundlage für den MIL STD 414. Nach der auf $\overline{X}, \mathfrak{S}$ bzw. auf $\overline{X}, S$ beruhenden Schätzmethode wird p erwartungstreu und mit gleichmäßig minimaler Varianz geschätzt; letzteres bedeutet, daß die verwendete Schätzfunktion unabhängig von p im Vergleich zu allen anderen erwartungstreuen Schätzfunktionen die kleinste Varianz hat, also in diesem Sinne die "genaueste" Schätzfunktion ist. Wir werden am Ende dieses Abschnitts noch einmal auf dieses Schätzproblem eingehen.

Auch der MIL STD 414 ist nicht für die Prüfung einzelner Lose, sondern für Serien von Losen gedacht. Daher gibt es auch hier Übergangsregeln (switching rules), die ähnlich lauten wie bei MIL STD 105 D und nach denen die Inspektion gelockert oder verschärft wird je nachdem, ob zurückliegende Erfahrungen besonders gut waren, oder aber zu größerer Vorsicht Anlaß geben.
Wenn man einen Prüfplan des MIL STD 414 auf einzelne Lose anwendet, sollte man die zu dem Plan gehörende und in Teil A enthaltene OC-Kurve ansehen, um beurteilen zu können, welchen Schutz der Prüfplan gegen die Annahme von Losen mit wesentlich höherem Ausschußanteil als p_α bietet. Die OC-Kurven sind nur für die Tabellengruppe B angegeben, aber die entsprechenden Pläne in den Gruppen C und D sind so gewählt, daß ihre OC-Kurven im wesentlichen dieselben sind.
Zu der Zeit, als die Tabellen des MIL STD 414 entwickelt wurden, bedeutete die Berechnung von S noch einen ziemlichen Arbeitsaufwand und daher bevorzugte man oft die Spannweiten-Methode, bei der die Entscheidung aufgrund von $\overline{X}$ und $\overline{R}$ getroffen wird. Heute ist der Rechenaufwand kein Argument mehr und man wird daher eher mit $\overline{X}$ und S arbeiten, denn mit $\overline{X}$ und $\overline{R}$ ergeben sich größere Stichprobenumfänge (n wird im allgemeinen um 15 bis 20 Prozent größer, wenn die OC-Kurven bei beiden Verfahren in etwa übereinstimmen sollen). Es könnte allerdings sein, daß die $\overline{X}, \overline{R}$-Methode weniger empfindlich auf Verletzungen der Annahme einer Normalverteilung reagiert als die $\overline{X}, S$-Methode.

<u>Beispiel 13</u>: Es sei der AQL-Wert 1,5 % vorgegeben; er entspricht dem $p_\alpha = 0,015$ des vorigen Beispiels. Die Losgröße N liege zwischen 1300 und 3200 , das gewählte allgemeine Inspektionsniveau sei III . Damit ist nach Tabelle A-2 des MIL STD 414 der Code-Buchstabe gleich J . Wir nehmen an, daß $\mathfrak{S}$ nicht bekannt ist und wollen für den einseitigen Fall einen Prüfplan nach Form 1 bestimmen.
Daher lesen wir aus Tabelle B-1 des MIL STD 414 zu J den Stichprobenumfang n = 30 und den k-Wert 1,73 ab; letzterer gehört zu J und AQL =1,5 % ,

wenn wir nach den Übergangsregeln das vorliegende Los nach der sog. Normal-Inspektion zu prüfen haben. Wenn die Übergangsregeln gerade die sog. Strengere Inspektion (tightened inspection) vorschreiben, ist derselbe Stichprobenumfang, aber ein größeres k zu verwenden, welches derselben Tabelle B-1 zu entnehmen ist. Zu unserem Code-Buchstaben J und AQL = 1,5 % gehört bei Strengerer Inspektion n = 30 und k = 1,86.
Nach unseren Bezeichnungen ist k = c ; bei Normal-Inspektion haben wir also den Prüfplan n, cS mit n = 30, c = 1,73 abgelesen. Bei einer unteren Toleranz a bedeutet das, daß wir genau dann annehmen, wenn für das aus 30 Meßwerten gebildete arithmetische Mittel $\overline{X}$ die Ungleichung $\overline{X} \geq a + 1,73\,S$ gilt. Bei Strengerer Inspektion wird genau dann angenommen, wenn $\overline{X}$ die Ungleichung $\overline{X} \geq a + 1,86\,S$ erfüllt.

Mit Hilfe der Näherungsformel (73) für $L(p)$ können wir für verschiedene Ausschußanteile die zu den abgelesenen Prüfplänen gehörenden Annahmewahrscheinlichkeiten näherungsweise berechnen. Für n = 30 , c = 1,73 erhalten wir

$$L(0,015) \approx \Phi\left(\frac{-(\Phi^{-1}(0,015) + 1,73)\sqrt{30}}{\sqrt{1 + 1,73^2/2}} \right) = \Phi\left(\frac{-(-2,170 + 1,73)\sqrt{30}}{1,58} \right) = 0,936$$

(der Faktor y_n ist für n = 30 praktisch gleich 1) . Ein Los, dessen Ausschußanteil gleich dem AQL von 1,50 % ist, wird also, wie es sein soll, mit einer Wahrscheinlichkeit von mindestens 0,90 angenommen.
Für 6% Ausschuß erhalten wir die genäherte Annahmewahrscheinlichkeit, indem wir in dieser Rechnung $\Phi^{-1}(0,015) = -2,170$ durch $\Phi^{-1}(0,06) = -1,555$ ersetzen. Daraus ergibt sich dann $L(0,06) \approx 0,272$.

Für den bei Strengerer Inspektion anzuwendenden Prüfplan n = 30 , c = 1,86 erhalten wir $L(0,015) \approx 0,848$, $L(0,06) \approx 0,156$, indem wir in der Näherungsformel 1,73 durch 1,86 ersetzen.

Als Prüfplan der Form 2 lesen wir aus der Tabelle B-3 zu J und AQL = 1,5% wieder n = 30 ab und dazu die Schranke M = 3,91 bei Normal-Inspektion, M = 2,83 bei Strengerer Inspektion. Angenommen wird in beiden Fällen genau dann, wenn der ebenfalls aus den Tabellen des MIL STD 414 ablesbare, von den gegebenen Toleranzen, $\overline{X}$, S und n abhängende Schätzwert $\hat{p}$ für den Ausschußanteil nicht größer ist als M. Die Tabelle B-5 liefert nämlich für die Werte 0, 0,10, 0,20, 0,30, 0,31, 0,32, ... 3,90 von $(\overline{X}-a)/S$ bzw. $(b-\overline{X})/S$ und n = 3, 5, 7, 10, 15, 20, ..., 40, 50, 75, 100, 150, 200 jeweils einen Schätzwert $\hat{p}_U$ für p_U bzw. $\hat{p}_L$ für p_L und der Schätzwert $\hat{p}$ ist dann im zweiseitigen Fall gleich $\hat{p}_U + \hat{p}_L$, im einseitigen Fall ist $\hat{p}$ gleich $\hat{p}_U$ oder gleich $\hat{p}_L$.

Es seien aber noch einige Bemerkungen dazu erlaubt, wie diese Schätzwerte zustandekommen.

Zur Schätzung $\hat{p}$ des Ausschußanteils p bei normalverteiltem Merkmal

Der wahre Ausschußanteil ist $W(X > b)$, bzw. $W(X < a)$, im zweiseitigen Fall $W(X < a) + W(X > b)$. Bei bekanntem σ ist z.B. bei oberer Toleranz b

$$p = W(X > b) = 1 - W(X \leq b) = 1 - W\left(\frac{X-\mu}{\sigma} \leq \frac{b-\mu}{\sigma} \right) = 1 - \Phi\left(\frac{b-\mu}{\sigma} \right)$$

und da $\overline{X}$ eine erwartungstreue Schätzfunktion für μ ist, liegt es nahe, p in diesem Fall durch

$$\tilde{p}_b = 1 - \Phi(\frac{b-\overline{X}}{\sigma})$$

zu schätzen. Man darf aber nicht voreilig schließen, daß $\tilde{p}_b$ nun als Schätz-
funktion für p dieselben erfreulichen Eigenschaften haben müßte, die $\overline{X}$ als
Schätzfunktion für µ besitzt. Denn ganz allgemein folgt aus der Erwartungs-
treue einer Schätzfunktion T für einen Parameter τ keineswegs, daß jede
Funktion g(T) erwartungstreu für g(τ) wäre (eine Ausnahme sind lineare
Funktionen g(T), bei denen die Erwartungstreue für g(τ) sofort aus der
Definition des Erwartungswerts folgt). Wir haben ja z. B. schon früher be-
merkt, daß aus der Erwartungstreue von S^2 bezüglich σ^2 keineswegs die
Erwartungstreue von S als Schätzfunktion für σ folgt.
Bei LIEBERMAN & RESNIKOFF [1955] kann man nachlesen, daß nicht $\tilde{p}_b$,
sondern

$$\hat{p}_b = 1 - \Phi(\sqrt{\frac{n}{n-1}}\,(\,\frac{b-\overline{X}}{\sigma}\,)) \tag{76}$$

eine erwartungstreue Schätzfunktion für p ist. Darüber hinaus ist $\hat{p}_b$ unter
allen erwartungstreuen Schätzfunktionen diejenige, die für alle p die kleinste Varianz hat. Sie ist durch diese Eigenschaften eindeutig bestimmt.

Im einseitigen Fall mit unterer Toleranzgrenze a ist

$$\hat{p}_a = \Phi\,(\,\sqrt{\frac{n}{n-1}}\,(\,\frac{a-\overline{X}}{\sigma}\,)) \tag{77}$$

die entsprechende eindeutig bestimmte Schätzfunktion für p mit denselben
Eigenschaften wie $\hat{p}_b$ und im zweiseitigen Fall ist erfreulicherweise auch

$$\hat{p} = \hat{p}_a + \hat{p}_b$$

eine erwartungstreue Schätzfunktion für p mit "gleichmäßig minimaler" Varianz, d.h. mit den oben für $\hat{p}_b$ genannten Eigenschaften.

Bei der Herleitung benutzen LIEBERMAN & RESNIKOFF [1955](diese schon
viele Tabellen des MIL STD 414 enthaltende Arbeit kürzen wir künftig mit
L&R ab) theoretische Resultate von BLACKWELL[1947]und von LEHMANN
& SCHEFFÉ[1950]über Schätzfunktionen.

<u>Beispiel 14</u> : Gegeben sei das Toleranzintervall [a, b] mit a = 50 , b = 60
für ein normalverteiltes Merkmal X , dessen Streuung σ bekannt
und gleich 2,40 sei. Wenn nun $\overline{X}$ das Mittel aus n = 9 Messwerten ist und den
Wert 56,10 angenommen hat, dann schätzen wir p durch die Summe von

$$\hat{p}_b = 1 - \Phi(\sqrt{\frac{9}{8}}\,(\,\frac{60-56,10}{2,40}\,)) = 1 - \Phi(1,724) = 0,0424 \quad \text{und} \quad \hat{p}_a = \Phi(\sqrt{\frac{9}{8}}\,(\,\frac{50-56,1}{2,40}\,)) = 0,0034$$

zu 0,0424 + 0,0034 = 0,0458 , also zu etwa 4,6 % .

Die zu $\sqrt{\frac{n}{n-1}}(\,\frac{b-\overline{X}}{\sigma}\,)$ und $\sqrt{\frac{n}{n-1}}(\,\frac{\overline{X}-a}{\sigma}\,)$ gehörenden Schätzwerte $\hat{p}_b$ und $\hat{p}_a$ kön-

nen auch aus der Tabelle II in L&R abgelesen werden; dort steht L statt a
und U statt b .
Die Methode, mit der bei bekanntem σ die Schätzfunktionen $\hat{p}_b$ und $\hat{p}_a$ hergeleitet wurden, läßt sich auch bei unbekanntem σ anwenden, liefert dann aber
etwas kompliziertere Schätzfunktionen. Diese werden in L&R nach einigen
Integraltransformationen als Integrale über die Dichte einer symmetrischen
Beta-Verteilung angegeben, bei der beide Parameter gleich $\frac{n}{2}$ - 1 sind. In
Tabelle IV von L&R kann man zu (b-$\overline{X}$)/S und ($\overline{X}$-a)/S die zugehörigen Schätzwerte $\hat{p}_b$ bzw. $\hat{p}_a$ (sie heißen dort $\hat{p}_U$ und $\hat{p}_L$) ablesen. Der Schätzwert ergibt

sich aus dem Wert von $(b-\bar{X})/S$ bzw. $(\bar{X}-a)/S$ und dem in der Tabelle durch den Code-Buchstaben repräsentierten Stichprobenumfang n. Auch diese Tabelle wurde in den MIL STD 414 übernommen. Wie im Fall der bekannten Streuung sind die verwendeten Schätzfunktionen auch hier unverfälscht bezüglich des wahren Ausschußanteils p und von gleichmäßig minimaler Varianz.

In L&R findet man auch das Verfahren, mit dem p über $\bar{X}$ und die mittlere Spannweite $\bar{R}$ geschätzt wird, sowie eine Tabelle, aus der man den Schätzwert $\hat{p}$ bei gegebenen Toleranzen aufgrund von $\bar{X}$, $\bar{R}$ und n ablesen kann.

Unabhängig davon, nach welcher dieser Methoden p geschätzt wird, sind die (als Prüfpläne der Form 2 in den MIL STD 414 übernommenen) Prüfpläne durch die Angabe des Stichprobenumfangs n und eine obere Schranke p^* (im MIL STD 414 wird p^* mit M bezeichnet) bestimmt. Die Annahme erfolgt genau dann, wenn der geschätzte Ausschußanteil p^* nicht übertrifft.

Die Operationscharakteristik $L(p)$ ist hier also die Wahrscheinlichkeit dafür, daß $\hat{p}_a \leq p^*$ bzw. $\hat{p}_b \leq p^*$, im zweiseitigen Fall ist $L(p) = W(\hat{p}_a + \hat{p}_b \leq p^*)$.

Für die Berechnung von $L(p)$ benötigt man auch hier die nichtzentrale t-Verteilung (vgl. 2.2.5); diese Verteilung ist bei RESNIKOFF & LIEBERMAN [1957] ausführlich tabelliert. In den Tabellen von L&R [1955] und denen des MIL STD 414 ist p^* bzw. M zu den für die Tabellierung ausgewählten Stichprobenumfängen und zu jedem von 14 AQL-Werten (von 0,04% bis 15%) so bestimmt, daß $L(p_\alpha) \geq 0,90$, wenn $100\,p_\alpha$ der gewählte AQL-Wert in % ist. Für größere n wird der Wert 0,90 häufig deutlich übertroffen.
Es ist klar, daß die Bedingung $L(p_\alpha) \geq 0,90$ die beiden Parameter n und p^* des Prüfplans nicht eindeutig bestimmt. Man kann daher n auch von der Losgröße N und einem gewählten Inspektionsniveau abhängen lassen. Dies geschieht bei L&R und im MIL STD 414 ähnlich, wie wir es schon in 2.1.9 für den MIL STD 105 D geschildert haben. also auf eine ziemlich willkürliche, aber dem Praktiker entgegenkommende Weise.
Die ebenfalls in den MIL STD 414 übernommenen Skizzen der OC-Kurven in L&R wurden nur für die auf $\bar{X}$ und S beruhenden Prüfpläne angefertigt. Zu jedem dieser Prüfpläne findet man aber einen entsprechenden $\bar{X}, \sigma$-Plan, der bei deutlich geringerem Stichprobenumfang etwa dieselbe OC-Kurve besitzt und auch einen $\bar{X}, \bar{R}$-Plan, der ebenfalls annähernd dieselbe OC-Kurve hat. Bei letzterem ist der Stichprobenumfang gleich oder größer als bei dem entsprechenden $\bar{X}, S$-Plan. Diese OC-Kurven ermöglichen es uns, die Prüfpläne von L&R oder des MIL STD 414 auch dann zu verwenden, wenn es nicht um längere Serien von Losen, sondern um einzelne Lose und um 2-Punkte-Bedingungen geht.

<u>Beispiel 15</u>: Gewisse Stoßdämpfer sind unbrauchbar, wenn die für eine bestimmte Verformung benötigte Arbeit weniger als 25 Nm oder mehr als 35 Nm beträgt. Diese Energie sei in guter Näherung normalverteilt. Eine Lieferung von 6000 Stück soll mit einer Wahrscheinlichkeit von mindestens 0,90 angenommen werden, wenn ihr Ausschußanteil p nicht größer als $p_\alpha = 0,0065 = 0,65\%$ ist. Wenn sie 5% oder mehr Ausschuß enthält, darf sie höchstens noch mit einer Wahrscheinlichkeit von 0,10 angenommen werden.
Man kann diese Aufgabe schnell mit Hilfe der Formeln (74) und (75) lösen

und erhält damit einen Prüfplan n, cS mit n = 30 , c = 2,065 .

Man kann aber auch die zum AQL-Wert 0,65% gehörenden OC-Kurven bei L&R [1955] bzw. im MIL STD 414 durchsehen. Die zum Codebuchstaben L gehörende ist die erste, die bei p_β = 0, 05 = 5, 0 % etwas unterhalb von 0,10 liegt. Zum Buchstaben L und p_α = 0,65% gehört bei unbekanntem σ der Prüfplan n = 40, p* = 1,88 der Form 2. Danach ist anzunehmen, falls der aus dem Mittel $\overline{X}$ und der empirischen Streuung S von 40 Meßwerten zu berechnende Schätzwert $\hat{p}$ für den Ausschußanteil nicht größer als p* = 1,88% ist.

Den Tabellen für die Schätzwerte $\hat{p}$ (s. L&R [1955], Tabelle IV) kann man entnehmen, daß die Schätzwerte $\hat{p}_a$ oder $\hat{p}_b$ kleiner als 1,88 ausfallen, wenn ($\overline{X}$-a)/S bzw. (b-$\overline{X}$)/S größer als 2,034 ausfällt. Der entsprechende Prüfplan der Form n, cS des einseitigen Falls ist also durch n = 40, c = 2, 034 gegeben.

Die OC-Kurve des Prüfplans n = 40, p* = 1,88 besitzt für p = p_α = 0,65% etwa den Wert 0,95. Da die 2-Punkte-Bedingung nur einen Wert von mindestens 0, 90 bei p = p_α fordert, ist es nicht verwunderlich, daß wir sie auch mit geringerem Stichprobenumfang erfüllen können. Der über die Formeln (74) und (75) bestimmte Prüfplan n, cS mit n = 30 , c = 2,065 ist jedenfalls ungefähr gleich dem Prüfplan, der die 2-Punkte-Bedingung mit geringstem n erfüllt.

Es zeigt sich hier übrigens die Überlegenheit der auf dem Schätzwert $\hat{p}$ beruhenden Prüfpläne n, p* (im MIL STD 414 Prüfpläne der Form 2 genannt) über die Prüfpläne n, cS im zweiseitigen Fall. Während wir dort darauf vertrauen, daß immer einer der beiden Ausschußanteile W(X< a) und W(X > b) vernachlässigt werden kann, weil b-a schon groß genug gegen die nicht bekannte Streuung sein wird, schätzen wir bei den n, p* -Plänen beide Ausschußanteile durch $\hat{p}_a$ und $\hat{p}_b$ und nehmen an, falls $\hat{p} = \hat{p}_a + \hat{p}_b \le$ p* .

Unsere und viele andere Beispiele (s. auch Figur 26) zeigen, daß die Prüfpläne bei unbekannter Streuung im allgemeinen wesentlich größere Stichprobenumfänge erfordern als die Prüfpläne bei bekannter Streuung. Andererseits sind diese Stichprobenumfänge aber in der Regel noch weniger als halb so groß wie diejenigen, die man bei Gut-Schlecht-Prüfung zur Erfüllung derselben 2-Punkte-Bedingungen braucht. Dies kann natürlich dazu verleiten, daß man die auf der Voraussetzung einer Normalverteilung für das betrachtete Merkmal X beruhenden Prüfpläne auch dann anwendet, wenn die bisher beobachteten Meßwerte zeigen, daß die Verteilung des Merkmals nicht sehr gut durch eine Normalverteilung approximiert werden kann. Vielleicht hat man auch gehört, daß gewisse Testverfahren, die ebenfalls auf der Voraussetzung einer Normalverteilung beruhen, als "robust" gegenüber Verletzungen dieser Voraussetzung gelten und vermutet etwas Ähnliches für unsere Prüfpläne. Daß dies ein folgenschwerer Irrtum wäre, zeigt die folgende einfache Rechnung (s. hierzu auch DUNCAN [1965] S. 219 f, S. 260, oder auch UHLMANN [1982], S. 188 ff).

Wir betrachten der Einfachheit halber den einseitigen Fall bei bekanntem σ. Wenn X den Erwartungswert μ und die Streuung σ hat, aber nicht normalverteilt ist, dann gilt nach wie vor

$$L_1(\mu) = W(\overline{X} \le b-c\sigma) = W(\frac{\overline{X} - \mu}{\sigma} \sqrt{n} \le (\frac{b-\mu}{\sigma} -c) \sqrt{n})$$

und wegen des Zentralen Grenzwertsatzes gilt in guter Näherung wie in (53_3)

$$L_1(\mu) = \Phi((\tfrac{b-\mu}{6} - c)\sqrt{n}) \ ;$$

den eigentlichen Fehler begehen wir, wenn wir beim Übergang von $L_1(\mu)$ zu $L(p)$ den Erwartungswert μ_p, bei dem $W(X > b)$ gleich dem Ausschußanteil p wird, aus

$$\frac{b - \mu_p}{6} = \Phi^{-1}(1 - p) \tag{78}$$

bestimmen und oben einsetzen, wodurch wir wie in (58) die Operationscharakteristik

$$L(p) = \Phi(-(c + \Phi^{-1}(p))\sqrt{n})$$

für den einseitigen Fall erhalten. Diese ist nun aber eine schlechte Näherung für die wahre Operationscharakteristik, denn gerade für kleine p, um die es ja bei der Qualitätskontrolle meistens geht, kann das wahre μ_p stark von dem aus (78) zu bestimmenden Wert abweichen und dieser Fehler wird im Argument von Φ dann noch mit $\sqrt{n}$ multipliziert!

Nehmen wir als Beispiel an, daß der Prüfplan n, c6 mit n = 49, c = 1,85 auf ein Merkmal X angewendet wird, das in einem Intervall $[\mu-1; \mu+1]$ gleichverteilt ist. Die Streuung 6 ist dann nach (56) in Kap. 1 gleich $\sqrt{2^2}/\sqrt{12} = 1/\sqrt{3}$. An der Stelle p = 0,02 liefert uns $L(p)$ die vermeintliche Annahmewahrscheinlichkeit

$$L(0,02) = \Phi(-(1,85 + \Phi^{-1}(0,02))7) = \Phi(1,426) = 0,923 \ ;$$

eine gute Näherung für die wahre Annahmewahrscheinlichkeit bei p = 0,02 erhalten wir aber, wenn wir das wahre $\mu_{0,02} = b - 0,96$ in $L_1(\mu)$ einsetzen, was

$$L_1(\mu_{0,02}) = \Phi((-1,85 + 0,96\sqrt{3})\sqrt{7}) = \Phi(-0,495) = 0,31$$

ergibt. Bei etwas mehr Rechenaufwand könnte man auch für die bei unbekanntem 6 verwendeten Prüfpläne n, cS zeigen, daß die wahre OC-Kurve stark von der durch (70) oder die Näherung (73) gegebenen Operationscharakteristik $L(p)$ abweicht, falls man eine erheblich vom Normalverteilungstyp abweichende Verteilung für X zugrundelegt.

2.2.7 Sequentielle Prüfpläne

In Abschnitt 2.2.5 haben wir die Annahmewahrscheinlichkeit $W(\overline{X} \leq b - cS)$ eines Prüfplans n, cS für den einseitigen Fall mit oberer Toleranz b umgeformt in $W(\frac{(\overline{X} - \mu)\sqrt{n} + \delta 6}{S} \leq -c\sqrt{n})$, wobei $\delta = -\frac{b-\mu}{6}\sqrt{n}$ (vgl. (69)).

Die nach der Dichte $h_{n-1,\delta}(x)$ der nichtzentralen t-Verteilung mit dem Freiheitsgrad n-1 und dem Nichtzentralitätsparameter δ verteilte zufällige Variable $\frac{(\overline{X} - \mu)\sqrt{n} + \delta 6}{S}$ ist für n = 2, 3, ... identisch mit $Z_n = \frac{\overline{X} - b}{S}\sqrt{n}$; wir setzen hier wieder voraus, daß das Merkmal X nach einer Normalverteilung $N(\mu, 6^2)$ mit unbekanntem μ und unbekanntem 6 verteilt ist. Dann ist wieder $\delta = \Phi^{-1}(p)\sqrt{n}$.

Ferner sei wieder eine 2-Punkte-Bedingung $L(p_\alpha) \geq \alpha$, $L(p_\beta) \leq \beta$ gegeben, wobei $L(p)$ wieder die vom Ausschußanteil abhängende Operationscharakteristik des erst noch zu definierenden sequentiellen Prüfplans ist.

Wenn nun $\delta_\alpha = \Phi^{-1}(p_\alpha)\sqrt{n}$, $\delta_\beta = \Phi^{-1}(p_\beta)\sqrt{n}$, dann gilt für Z_n die Dichte h_{n-1,δ_α}, falls $p = p_\alpha$ ist und h_{n-1,δ_β}, falls $p = p_\beta$.

Wir können daher sequentiell vorgehen, d. h. ein Stichprobenelement nach dem andern ziehen, sein Merkmal X messen und für $n = 2, 3, \ldots$ jeweils den

$$\text{Dichtequotienten } D_n = \frac{h_{n-1,\delta_\beta}(z_n)}{h_{n-1,\delta_\alpha}(z_n)} \tag{79}$$

bilden, wobei z_n jeweils der von Z_n angenommene Wert ist. Wenn $p = p_\beta$ ist und daher die im Zähler von D_n stehende Dichte für Z_n gilt, dann wird Z_n seinen Wert z_n eher in einem Bereich annehmen, in dem D_n groß ist als in einem Bereich, in dem D_n klein ist. Umgekehrt wird man für $p = p_\alpha$, also wenn für Z_n die im Nenner von D_n stehende Dichte gilt, eher einen kleinen als einen großen Wert von D_n erwarten. Die Grundidee ist also dieselbe wie bei den sequentiellen Prüfplänen von Abschnitt 2.1.7, die auf dem Likelihoodquotienten von (27) beruhten. Wie dort werden wir ein weiteres Stichprobenelement ziehen, seinen Merkmalswert X_{n+1} feststellen und den neuen Quotienten D_{n+1} berechnen, so lange D_n in einem Intervall $[A, B]$ liegt. Wir werden die Partie annehmen und das sequentielle Prüfverfahren abbrechen, wenn $D_n < A$ gilt und wir werden die Partie ablehnen, falls $D_n > B$ ausfällt und auch dann ist das Prüfverfahren mit dem n-ten Stichprobenelement zu Ende. Wie bei den sequentiellen Prüfplänen in 2.1.7 läßt sich zeigen, daß

$$L(p_\alpha) \approx \alpha, \quad L(p_\beta) \approx \beta, \quad \text{falls } A = \frac{\beta}{\alpha}, \quad B = \frac{1-\beta}{1-\alpha} \tag{80}$$

gesetzt wird.

Daß auch diese sequentielle Verfahren mit Wahrscheinlichkeit 1 nach endlich vielen geprüften Stücken zur Entscheidung, d. h. entweder zur Annahme oder zur Ablehnung führt, wurde von DAVID & KRUSKAL [1956] bewiesen.

Für die Freiheitsgrade $2, 3, \ldots, 24, 29, 34, \ldots, 49$ und diejenigen δ-Werte, die sich aus den p-Werten $0{,}0010$, $0{,}0025$, $0{,}0040$, $0{,}0100$, $0{,}0250$, $0{,}0400$, $0{,}0650$, $0{,}100$, $0{,}150$ und $0{,}250$ ergeben, kann man die Werte der Dichten $h_{n-1,\delta_\beta}(z_n)$ und $h_{n-1,\delta_\alpha}(z_n)$ dem Tabellenwerk von RESNIKOFF & LIEBERMAN [1957] entnehmen. $h_{n-1,\delta}(z_n)$ ist die dort tabellierte und mit $P'(n-1, -\delta, -z_n/\sqrt{n-1})$ bezeichnete Größe.

Sequentielle Prüfpläne lassen sich auch als sog. Alternativtests auffassen, bei denen es um die Entscheidung für eine der beiden Hypothesen "$p = p_\alpha$" und "$p = p_\beta$" geht. Die Annahme der Partie wird dann als Entscheidung für "$p = p_\alpha$", die Ablehnung der Partie wird als Entscheidung für "$p = p_\beta$" gedeutet. In dieser Interpretation als Alternativtest ist das obige sequentielle Kontrollverfahren unter dem Namen WAGR - sequential test bekannt (nach WALD, ARNOLD, GOLDBERG und RUSHTON, s. RESNIKOFF & LIEBERMAN [1957], S. 4).

Im einseitigen Fall mit unterer Toleranzgrenze a setzen wir $Z_n = \frac{\overline{X} - a}{S}\sqrt{n}$ und Z_n ist dann identisch mit der nach $h_{n-1,\delta}(x)$ verteilten zufälligen Variablen $\frac{(\overline{X} - \mu)\sqrt{n} + \delta\sigma}{S}$ mit $\delta = -\frac{(a-\mu)}{\sigma}\sqrt{n}$.

Wegen $p = W(X < a) = \Phi(\frac{a-\mu}{\sigma})$ gilt jetzt also $\delta(p) = -\Phi^{-1}(p)\sqrt{n}$.

Da p_α und p_β praktisch immer kleiner als 0,5 sind, werden

$$\delta_\alpha = \delta(p_\alpha) = -\Phi^{-1}(p_\alpha)\sqrt{n} \quad \text{und} \quad \delta_\beta = \delta(p_\beta) = -\Phi^{-1}(p_\beta)\sqrt{n}$$

jetzt positiv, während sie bei oberer Toleranzgrenze negativ sind. Im übrigen verläuft der sequentielle Prüfplan ebenso wie bei oberer Toleranzgrenze; bei gegebener 2-Punkte-Bedingung ist er auch jetzt durch die Schranken $A = \beta/\alpha$ und $B = (1-\beta)/(1-\alpha)$ für den Dichtequotienten D_n bestimmt.

<u>Beispiel 16:</u> Unbrauchbar seien alle Stücke mit $X < 50$. Ein Ausschußanteil $p_\alpha = 0,01 = 1\%$ soll zu einer Annahmewahrscheinlichkeit von etwa 0,95 führen, bei einem Ausschußanteil von $p_\beta = 0,065 = 6,5\%$ soll nur mit einer Wahrscheinlichkeit von etwa 0,10 angenommen werden. X sei in guter Näherung normalverteilt.

Die Meßwerte der beiden ersten Stichprobenelemente seien $X_1 = 51,0$ und $X_2 = 53,2$. Daraus berechnen wir $\bar{X} = 52,1$, $S = 1,556$

$$Z_2 = \frac{52,1 - 50}{1,556}\sqrt{2} = 1,909 \; ; \text{ zu prüfen ist, ob } D_2 = \frac{h_{1,\delta_\beta}(1,909)}{h_{1,\delta_\alpha}(1,909)}$$

zwischen $A = \dfrac{\beta}{\alpha} = \dfrac{0,10}{0,95} = 0,1053$ und $B = \dfrac{1-\beta}{1-\alpha} = \dfrac{0,90}{0,05} = 18$ liegt.

Die Tabellen von RESNIKOFF & LIEBERMAN [1957] beginnen erst mit dem Freiheitsgrad 2, d.h. man kann $h_{n-1,\delta}(z)$ erst ab $n = 3$ ablesen. Es wird dort aber gezeigt, wie man D_2 über einige Hilfsgrößen direkt berechnen kann. Für unsere Zahlenwerte erhalten wir $D_2 = 1,28$; wir hätten uns die Berechnung von D_2 auch sparen können, weil ohnehin klar sein dürfte, daß die beiden Meßwerte 51,0 und 53,2 weder zur Annahme, noch zur Ablehnung ausreichen können. In der Tat müssen wir den Merkmalswert für ein weiteres Stichprobenelement messen, da $D_2 = 1,28$ erwartungsgemäß zwischen A und B liegt.

Nehmen wir an, daß der dritte Meßwert X_3 gleich 50,3 wird. Nun wird $\bar{X}$ zu 51,5 und S zu 1,513 berechnet; damit ist

$$Z_3 = \frac{51,5 - 50}{1,513}\sqrt{3} = 1,717 , \quad D_3 = \frac{h_{2,\delta_\beta}(1,717)}{h_{2,\delta_\alpha}(1,717)} \; .$$

$h_{n-1,\delta}(z_n)$ ist identisch mit der bei RESNIKOFF & LIEBERMAN [1957]

$$P'(f, \sqrt{f+1} \cdot K_p, t/\sqrt{f})$$

genannten Dichtefunktion, die in Abhängigkeit von $f = n-1$, p und $t/\sqrt{f}$ tabelliert ist. Dabei ist $t = z_n$ und $K_p = \Phi^{-1}(1-p) = -\Phi^{-1}(p)$, weshalb $\sqrt{f+1} \cdot K_p$ gerade gleich unserem Nichtzentralitätsparameter $\delta(p) = -\Phi^{-1}(p)\sqrt{n}$ bei unterer Toleranzgrenze a ist.

Wir müssen δ_α und δ_β nicht berechnen, weil die Tabellenwerte in Abhängigkeit von den p-Werten angegeben werden. Dabei ist die Tabelle auf die 10 p-Werte 0,0010 , 0,0025 , 0,0040 , 0,0100 , 0,0250, 0,0400 , 0,0650, 0,100, 0,150 und 0,250 beschränkt, d.h. p_α und p_β müssen aus diesen Werten gewählt werden, wenn wir die Tabelle anwenden wollen.

Um also $h_{2,\delta_\beta}(1,717)$ zu finden, sehen wir in der Tabelle von P' unter $f = 2$ und $p = p_\beta = 0,065$ nach. Wir brauchen den Tabellenwert zu $t/\sqrt{f} = 1,717/\sqrt{2} = 1,214$. Die Tabellenwerte zu $t/\sqrt{2} = 1,20$ und $t/\sqrt{2} = 1,25$ sind 0,2290 und 0,2337 (s. RESNIKOFF & LIEBERMAN [1957], S. 36). Daraus interpolieren

wir
$$h_{2,\delta_\beta}(1{,}717) = P'(2,\sqrt{3}\cdot K_{0,065},\ 1{,}214) \approx 0{,}2303\ .$$

Ebenso interpolieren wir aus den Tabellenwerten
$$P'(2,\sqrt{3}\cdot K_{0,01},\ 1{,}20) = 0{,}0705 \quad \text{und} \quad P'(2,\sqrt{3}\cdot K_{0,01},\ 1{,}25) = 0{,}0791$$
$$h_{2,\delta_\alpha}(1{,}717) = P(2,\sqrt{3}\cdot K_{0,01},\ 1{,}214) \approx 0{,}0729.$$

Damit ist $D_3 = \dfrac{0,2303}{0,0729} = 3{,}16$ und daher muß X für ein weiteres Stichprobenelement gemessen werden, weil D_3 zwischen $A = 0{,}1053$ und $B = 18{,}00$ liegt.

Wenn dem Leser eine Tabelle für die Dichte der nichtzentralen t-Verteilung
zur Verfügung steht, möge er annehmen, daß die nächsten drei Meßwerte,
also die Werte von X_4, X_5 und X_6, gleich 53,5 , 50,0 und wieder 50,0 seien.
Er kann dann nachprüfen, daß $D_4 = 2{,}52$, $D_5 \approx 9{,}07$ und $D_6 \approx 33{,}4$ wird.

Bei diesem Beispiel führt also das 6. Stichprobenelement bereits zur Ablehnung der Partie, weil $D_6 > 18{,}00$ gilt. Es mag den Lieferanten erbosen,
wenn eine Lieferung abgelehnt wird, obwohl alle geprüften Stücke brauchbar sind. Dies kann auch bei den anderen Verfahren der Messenden Prüfung
vorkommen, die ein normalverteiltes Merkmal voraussetzen. Manche Autoren werten dies als gravierenden Nachteil dieser Verfahren. Andererseits
vermutet man bei normalverteiltem Merkmal mit Recht einen größeren Ausschußanteil, wenn mehrere Stücke der Stichprobe zwar noch brauchbar sind,
aber mit ihrem Meßwert schon dicht bei der Toleranzgrenze liegen; dies
gilt vor allem dann, wenn die Streuung größer ist als der Abstand dieser
Meßwerte zur Toleranzgrenze. Im übrigen kann es durchaus vorkommen,
daß man nachträglich bei einer abgelehnten Partie keinen oder nur einen
sehr geringen Ausschuß feststellt, obwohl ein großer Prozentsatz der ge-
lieferten Stücke einen Meßwert dicht bei der Toleranzgrenze aufweist. Dies
ist dann ein Indiz dafür, daß das betrachtete Merkmal wohl nicht normalverteilt ist. Wendet man aber auf solche Merkmale ein Prüfverfahren an,
welches Normalverteilung voraussetzt, dann kann die Wahrscheinlichkeit
für Fehlentscheidungen recht groß werden. Dies ging auch schon aus dem
Rechenbeispiel am Ende von 2.2.6 hervor.

Im einseitigen Fall mit oberer Toleranzgrenze b ist $\delta = \Phi^{-1}(p)\sqrt{n}$ negativ,
wie schon bemerkt wurde. In RESNIKOFF & LIEBERMAN [1957] ist aber
$P'(f,\sqrt{f+1}\ K_p,\ t/\sqrt{f})$ nur für positive Nichtzentralitätsparameter $\sqrt{f+1}\ K_p$
tabelliert. Deshalb benutzt man dann die Symmetrie-Eigenschaft
$$h_{n-1,\delta}(z) = h_{n-1,-\delta}(-z)$$
der nichtzentralen t-Verteilung , aus der
$$h_{n-1,\delta}(z_n) = P'(n-1,-\delta,\ -z_n/\sqrt{(n-1)}) = P(f,\sqrt{f+1}\ K_p,\ t/\sqrt{f})$$
folgt, wobei nun $-\delta = \sqrt{f+1}\ K_p$, $t = -z_n$ und wieder $f = n-1$ zu setzen ist. Der
letzte Ausdruck ist dann wieder aus der Tabelle ablesbar bzw. interpolier-
bar.
Mit Hilfe dieser Tabelle läßt sich der sequentielle Prüfplan zunächst bis zum
Stichprobenumfang $n = 25$ durchführen; nach $f = 24$ sind nur noch die Freiheitsgrade $f = 29, 34, \ldots, 49$ tabelliert. In diesem Bereich ist aber meist
auch die Interpolation zwischen den Freiheitsgraden für unsere Zwecke genau genug.

Die Prüfpläne der Annahmekontrolle, die wir in Kapitel 2 kennengelernt haben, könnten im Prinzip auch der laufenden Überwachung von Fertigungspro-
zessen dienen. Dazu wären die Begriffe "Annahme" und "Ablehnung" geeignet zu interpretieren; man könnte etwa festlegen, daß der Prozeß unverändert weiterlaufen soll oder daß er angehalten und untersucht wird, je nachdem, ob der verwendete Prüfplan zur Annahme oder zur Ablehnung führt.
Es muß allerdings auch entschieden werden, wie oft kontrolliert wird. Dazu
könnte man die Produktion künstlich in "Lose" einteilen und auf diese dann
einen Prüfplan der Annahmekontrolle anwenden. Das hätte aber den Nachteil, daß man abwarten müßte, bis alle Stücke eines solchen "Loses" produziert sind, ehe man daraus eine Stichprobe zufällig entnehmen könnte. Auch
müßte man darauf achten, daß die Stücke eines Loses mindestens bis zur
Kontrolle als solche identifizierbar bleiben, indem sie z. B. gesondert ge-
lagert werden. Abgesehen von diesen Nachteilen hätte die künstliche Unter-
teilung der Produktion in "Lose" auch deshalb wenig Sinn, weil es bei der
Laufenden Kontrolle gewöhnlich nicht darum geht, ob gewisse Produktions-
abschnitte akzeptiert werden oder nicht; man verfolgt stattdessen im wesentlichen die folgenden Ziele:

a) Die Kontrolle soll Informationen über Eigenschaften des Prozesses liefern, besonders darüber, welche durchschnittliche Qualität er bei ordnungsgemäßem Zustand liefern kann und in welchem Ausmaß statistische
   Schwankungen der Qualität dann noch hingenommen werden müssen. Diese zumeist kleinen Schwankungen werden von nicht erkennbaren und daher auch nicht beeinflußbaren Ursachen bewirkt, während große Schwankungen meist erkennbare Ursachen haben, die beeinflußt oder beseitigt
   werden können.
b) Der ordnungsgemäße Zustand, in dem der Prozeß eine Qualität von zu-
   friedenstellendem Standard liefert, soll möglichst lange erhalten und
   nach Möglichkeit noch verbessert werden. Am wichtigsten ist dann:
c) Abweichungen von diesem Standard sollen rasch erkannt, erkennbare Ursachen dafür beseitigt werden.

Hier sind einander entgegengesetzte ökonomische Interessen im Spiel. Häufige und strenge Kontrolle wird dazu führen, daß Veränderungen des Prozesses rasch erkannt werden und Schäden durch erhöhte Ausschußanteile gering bleiben. Andererseits sind dann die Prüfkosten hoch und es besteht die
Gefahr, daß häufig "blinder Alarm" ausgelöst wird, d. h. daß kleine zufällige
Schwankungen der Qualität, deren Ursachen man nicht beseitigen kann, zu
unnötigem Stoppen des Prozesses oder zu Eingriffen bzw. einer Suche nach
nicht vorhandenen Defekten führen.

Die Ziele der Laufenden Kontrolle sind also vielfältiger als die der Annahmekontrolle und erfordern daher auch ein breiteres Spektrum an statistischen Methoden. Zu diesen gehören die verschiedenen Formen der sogenannten Kontrollkarten, auf denen die Prüfergebnisse verzeichnet werden.
Für ihre im folgenden zu behandelnden Eigenschaften spielt es natürlich
keine Rolle, ob die Kontrollkarten als Computergrafiken geführt werden
oder ob die Einträge von Hand auf Kartonstreifen festgehalten werden.

Wir beginnen auch in diesem Kapitel mit Verfahren der Gut-Schlecht-Prüfung und behandeln erst danach die Messende Prüfung.

3.1 LAUFENDE KONTROLLE DURCH GUT-SCHLECHT-PRÜFUNG

3.1.1 Kontrollkarten für Gut-Schlecht-Prüfung ($\bar{p}$-Karten)

Ehe die laufende Kontrolle mit Hilfe einer Kontrollkarte einsetzt, versucht man in einer längeren Anlaufphase festzustellen, welche erkennbaren Ursachen für Qualitätsschwankungen vorhanden sind. In diesem Stadium wird man möglichst viele Einheiten untersuchen und bei den defekten wird man feststellen, bei welchem Arbeitsgang sie defekt wurden, von welcher Maschine oder von welchem Arbeiter sie gefertigt wurden usw.. Nach längerer Beobachtung und Beseitigung aller erkennbaren Ursachen für Defekte tritt entweder überhaupt kein Ausschuß mehr auf oder es wird sich ein durchschnittlicher (meist kleiner) Ausschußanteil p>0 ergeben, der auf nicht erkennbaren bzw. nicht vorhersehbaren Ursachen beruht. Dieser "natürliche" Ausschußanteil p läßt sich auf Dauer nicht mehr verringern, es sei denn durch technische Neuerungen wie teure Präzisionsgeräte oder Einführung von zeitraubenden Arbeitsmethoden. Wir nehmen an, daß man vorerst aus Kostengründen davon absieht. p ist also der Ausschußanteil, wenn "alles in Ordnung" ist und wenn dieser Zustand erreicht ist, dann treffen gewöhnlich auch die Eigenschaften eines "Prozesses unter statistischer Kontrolle" zu, d.h. für einige Zeit wird dann jedes produzierte Stück unabhängig von allen anderen mit der Wahrscheinlichkeit p defekt und mit Wahrscheinlichkeit 1-p gut. Erst dann ist die Wirkungsweise der im folgenden einzuführenden Kontrollkarte berechenbar. Wir nennen p die Defektwahrscheinlichkeit. Wir sehen uns in Figur 27 ein Beispiel für Aufzeichnungen an, die während einer typischen Anlaufphase entstanden sein könnten. Wir nehmen an, daß zwei Brennöfen installiert werden, auf denen keramische Präzisionsteile gefertigt werden. An den ersten 50 Arbeitstagen werden sämtliche produzierten Stücke geprüft und der Ausschußanteil bei Ofen A wird durch die Punkte ▪ , der bei Ofen B durch die Punkte ● markiert. Nach vier Tagen wird die Temperaturregelung von Ofen A überprüft und neu eingestellt, ab dem 16. Tag wird ein Verbesserungsvorschlag bei beiden Öfen praktiziert. Am 50. Tag schließt man aus den Aufzeichnungen von Figur 27 , daß ab dem 16. Tag an beiden Öfen praktisch mit derselben Defektwahrscheinlichkeit gearbeitet wurde und daß die noch auftretenden Unterschiede ohne erkennbare Ursachen sind. Man schätzt diese Defektwahrscheinlichkeit p durch den Ausschußanteil der Produktion vom 16. bis zum 50. Tag zu p = 0,0324 oder 3,24 % und hält diesen Wert für genau genug, da in diesen 35 Tagen eine große Anzahl gefertigt wurde.

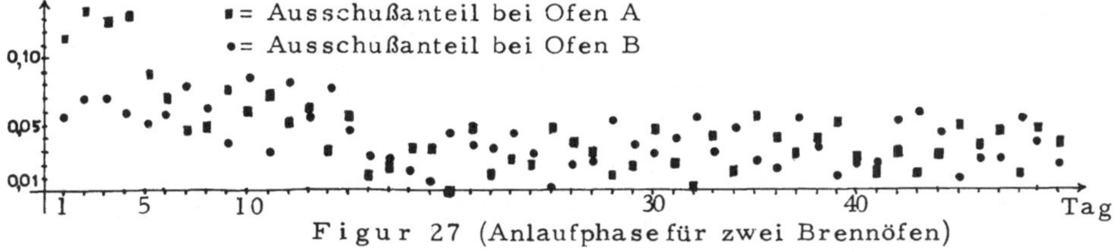

F i g u r   27 (Anlaufphase für zwei Brennöfen)

Da es zu kostspielig wäre, weiterhin die ganze Produktion zu überprüfen, soll der Prozeß künftig mit Hilfe einer $\overline{p}$ -Karte kontrolliert werden. Dazu zieht man in regelmäßigen Abständen jeweils eine Stichprobe von n Stücken aus der laufenden Produktion und stellt die Anzahl X der in ihr enthaltenen defekten Stücke fest. Der Wert von

$$\overline{p} = \frac{X}{n}$$

wird jeweils in die Kontrollkarte eingetragen. Da $\overline{p}$ eine erwartungstreue Schätzfunktion für die gerade aktuelle Defektwahrscheinlichkeit p ist, werden die $\overline{p}$- Werte in zufälliger Weise um p schwanken. Die Streuung von $\overline{p}$ ist umso geringer, je größer n ist, denn sie geht aus der Streuung von X durch Multiplikation mit $\frac{1}{n}$ hervor, sie ist also gleich

$$\sigma_{\overline{p}} = \sqrt{\frac{p(1-p)}{n}} \ .$$

In der Kontrollkarte verläuft eine Gerade parallel zur Abszissenachse; diese Gerade, aber auch ihren Abstand G_0 von der Abszissenachse, nennt man die o b e r e K o n t r o l l g r e n z e (im Englischen UCL = upper control limit). Wenn ein $\overline{p}$ - Wert oberhalb von G_0 liegt, dann wird eine Reaktion ausgelöst, weil man dann vermutet, daß der Prozeß nicht mehr mit der bisherigen Defekt-Wahrscheinlichkeit unter statistischer Kontrolle ist. Welche Maßnahmen dann ergriffen werden, richtet sich danach, was technisch möglich und sinnvoll erscheint. Im einen Betrieb wird man vielleicht jedesmal bei Überschreitung von G_0 den Prozeß anhalten und durchsehen, in einem anderen werden weitere Stichproben ausgelöst, um die Ursachen für die aufgetretene Unregelmäßigkeit zu lokalisieren usw..

<u>Beispiel 1:</u> Die Produktion der beiden Brennöfen, deren Anlaufphase wir in Figur 27 verfolgten, wird nun durch die $\overline{p}$ -Karte von Figur 28 laufend überwacht. Die $\overline{p}$ - Werte beruhen auf Stichproben vom Umfang n = 40 und als obere Kontrollgrenze wurde G_0 = 0,125 gewählt. Bei n = 40 kann $\overline{p}$ nur ganze Vielfache von 0,025 als Werte annehmen; G_0 ist hier also ein möglicher Wert von $\overline{p}$, eine Reaktion erfolgt aber erst bei $\overline{p} > G_0$, nicht bei $\overline{p}=G_0$.

Figur 28 zeigt die $\overline{p}$-Werte von 30 Stichproben. Diese streuen zunächst um den für den ordnungsgemäßen Zustand ermittelten p-Wert 0,0324 , wie es in etwa der Streuung $\sigma_{\overline{p}} \approx \sqrt{0,0324 \cdot 0,9676/40} = 0,028$ entspricht. Bei der Stichprobe Nr. 11 wurde die obere Kontrollgrenze G_0 = 0,125 überschritten wegen eines Bedienungsfehlers. Da diese Ursache bereits bekannt und beseitigt war, erfolgte keine weitere Reaktion. In der 25. Stichprobe wurden 8 defekte Stücke gefunden und damit überschritt $\overline{p}$ = 0,20 die Kontrollgrenze G_0 . Daraufhin untersuchte man das Ausgangsmaterial und fand, daß ein Teil davon verunreinigt worden war. Nach Beseitigung des verunreinigten Materials lagen die weiteren $\overline{p}$ -Werte wieder unterhalb von G_0 .

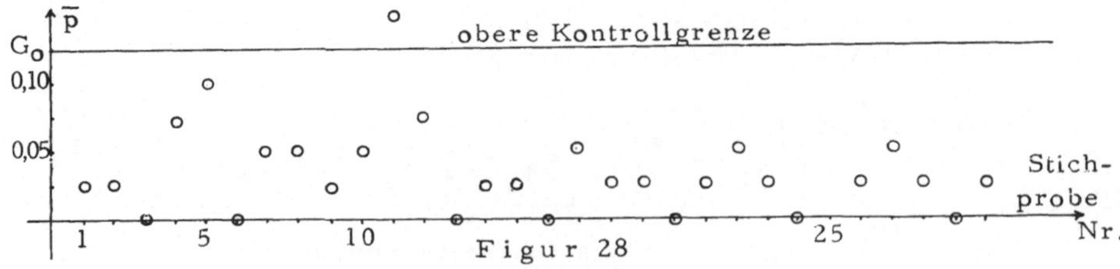

F i g u r 28

Natürlich kommt es hier vor allem auf die vernünftige Wahl von G_0 an; wird G_0 zu klein gewählt, dann wird zu oft "blinder Alarm" ausgelöst, wählt man G_0 zu groß, dann bemerkt man wesentliche Qualitätsverschlechterungen zu spät oder überhaupt nicht. Hier ist wieder der Begriff der Operationscharakteristik von großem Nutzen.

<u>Definition</u>: Die Operationscharakteristik einer $\bar{p}$-Kontrollkarte ist die Wahrscheinlichkeit $L(p)$ dafür, daß eine einzelne Stichprobe keine eingreifenden Maßnahmen auslöst.

Dabei ist p die aktuelle Defektwahrscheinlichkeit; wir setzen voraus, daß der Prozeß während der Produktion der Gesamtheit, aus welcher die Stichprobe stammt, mit dieser Defektwahrscheinlichkeit unter statistischer Kontrolle ist (vgl. Beispiel 10 in Kap. 1), sonst könnten wir $L(p)$ nicht berechnen.

Im Fall einer $\bar{p}$-Karte mit oberer Kontrollgrenze G_0 ist also $L(p) = W(\bar{p} \le G_0)$ und weil $\bar{p} = X/n$, folgt $L(p) = W(X \le G_0 n)$. Dabei ist W unter der Voraussetzung zu berechnen, daß X nach der Binomialverteilung $Bi(n, p)$ verteilt ist. Wenn also k_0 die größe ganze Zahl mit $k_0 \le G_0 n$ ist, dann ist

$$L(p) = L_{n, k_0}(p) = \sum_{k=0}^{k_0} \binom{n}{k} p^k (1-p)^{n-k}, \qquad (1)$$

also gleich der uns von der Annahme-Kontrolle her vertrauten Operationscharakteristik $L_{n, c}(p)$ für einen Prüfplan n, c mit $c = k_0$.
So hat z. B. die Kontrollkarte von Figur 28, bei der $n = 40$ und $G_0 = 0{,}125$ ist, die Operationscharakteristik

$$L(p) = \sum_{k=0}^{5} \binom{40}{k} p^k (1-p)^{n-k},$$

denn $0{,}125 \cdot 40 = 5$.
Man rechnet leicht nach, daß $L(0{,}0324) = 0{,}9983$ ist; so lange also p gleich dem aus der Anlaufphase geschätzten Wert $0{,}0324$ bleibt, ist die Wahrscheinlichkeit für einen "blinden Alarm" recht gering. Bei tausend Stichproben würden im Durchschnitt nur etwa 1,7 unnötigerweise zu eingreifenden Maßnahmen führen.

Oft möchte man es auch bemerken, wenn sich p wesentlich verringert. Wenn etwa besseres Material als früher verarbeitet wurde oder wenn ein Mitarbeiter stillschweigend zu einem besseren Arbeitsverfahren übergegangen ist, dann möchte man sich solche positiven Einflüsse auch für die Zukunft sichern. Es kann aber auch sein, daß defekte Stücke heimlich beiseite geschafft wurden oder daß man die auffallend niedrigen $\bar{p}$-Werte einem Präzisionsfanatiker zu verdanken hat, der jeglichen Ausschuß durch zeitraubende und unproduktive Arbeitsweise zu vermeiden trachtet. Auch in diesen Fällen ist man natürlich an der Aufdeckung der Ursachen interessiert. Dazu wäre in der Kontrollkarte auch eine untere Kontrollgrenze G_u einzuführen, die mit ähnlich geringer Wahrscheinlichkeit unterschritten wird, wie G_0 überschritten wird, so lange p bei dem zum "Normalzustand" gehörenden Wert bleibt. G_u wird im Englischen LCL (=lower control limit) genannt.
In den meisten Fällen scheitert die Einführung einer unteren Kontrollgrenze G_u aber daran, daß bereits $W(\bar{p} = 0) = W(X = 0)$ im "Normalzustand" zu groß ist. So ist z. B. bei $n = 40$ und $p = 0{,}0324$ mit $W(\bar{p} = 0) = 0{,}2678$ die Einführung einer unteren Kontrollgrenze nicht sinnvoll, denn damit sie überhaupt unter-

schritten werden kann, muß $G_u > 0$ sein und dann ist $W(\overline{p} < G_u)$ mindestens
0,2678 , so lange p bei seinem "natürlichen" Wert 0,0324 bleibt.

Nur wenn n ziemlich groß und p nicht zu klein ist, wird die Einführung einer
unteren Kontrollgrenze G_u sinnvoll sein. Dann kann man $Bi(n, p)$ wegen des
Zentralen Grenzwertsatzes meistens schon recht gut durch die Normalverteilung $N(np; np(1-p))$ approximieren, die denselben Erwartungswert und dieselbe Varianz besitzt wie $Bi(n, p)$. Ebenso gut ist dann die Approximation
der Verteilung von $\overline{p} = X/n$ durch die Normalverteilung $N(p; p(1-p)/n)$.

Die Operationscharakteristik $L(p)$ der z w e i s e i t i g e n $\overline{p}$ - K a r t e mit den
Kontrollgrenzen G_o und G_u ist nun
$$L(p) = W(G_u \leq \overline{p} \leq G_o) \, .$$

Es sei nun $\tilde{p}$ die Defektwahrscheinlichkeit, mit der der Produktionsprozeß
bei ordnungsgemäßem Zustand unter statistischer Kontrolle ist. Wenn wir
wünschen, daß $L(\tilde{p})$ in etwa gleich einer hohen, von uns gewählten Wahrscheinlichkeit β ist, d. h. daß bei ordnungsgemäßem Zustand von jeder einzelnen Stichprobe nur mit einer geringen Wahrscheinlichkeit von etwa $\alpha = 1-\beta$
eingreifende Maßnahmen ausgelöst werden, dann setzen wir

$$G_u = \tilde{p} - \lambda_\beta \sqrt{\frac{\tilde{p}(1-\tilde{p})}{n}} \quad , \quad G_o = \tilde{p} + \lambda_\beta \sqrt{\frac{\tilde{p}(1-\tilde{p})}{n}} \, , \qquad (2)$$

wobei λ_β die tabellierte, sogenannte z w e i s e i t i g e S c h r a n k e der Standard-
Normalverteilung zu β ist. λ_β ist festgelegt durch die Bedingung

$$\Phi(\lambda_\beta) - \Phi(-\lambda_\beta) = \beta \text{ oder die äquivalente Bedingung } \Phi(\lambda_\beta) = \frac{1+\beta}{2},$$

welche aus der ersteren sofort wegen der Symmetrie-Eigenschaft
$\Phi(-\lambda_\beta) = 1 - \Phi(\lambda_\beta)$ folgt. Daß die Wahl der Kontrollgrenzen nach (2) tatsächlich $L(\tilde{p}) \approx \beta$ bewirkt, zeigen wir durch Standardisieren von $\overline{p}$, wobei wir
die Verteilung von $\overline{p}$ durch $N(\tilde{p}; \tilde{p}(1-\tilde{p})/n)$ approximieren:

$$L(\tilde{p}) = W(G_u \leq \overline{p} \leq G_o) = W(\frac{G_u - \tilde{p}}{\sqrt{\tilde{p}(1-\tilde{p})}} \sqrt{n} \leq \frac{\overline{p} - \tilde{p}}{\sqrt{\tilde{p}(1-\tilde{p})}} \sqrt{n} \leq \frac{G_o - \tilde{p}}{\sqrt{\tilde{p}(1-\tilde{p})}} \sqrt{n}) =$$

$$= W(-\lambda_\beta \leq \frac{\overline{p} - \tilde{p}}{\sqrt{\tilde{p}(1-\tilde{p})}} \sqrt{n} \leq \lambda_\beta) \approx \Phi(\lambda_\beta) - \Phi(-\lambda_\beta) = \beta \, .$$

Für die e i n s e i t i g e $\overline{p}$ - K a r t e mit der oberen Kontrollgrenze G_o geht aus
dieser Rechnung hervor, daß $L(\tilde{p}) \approx \Phi(\lambda_\beta) = (1+\beta)/2$ ist, wenn G_o gemäß
(2) gewählt wird. Wir fassen dies zusammen in

S A T Z 3. 1 : W e n n n g r o ß g e n u g u n d $\tilde{p}$ n i c h t z u k l e i n i s t, d a n n
gilt für die Operationscharakteristik $L(p)$ der
z w e i s e i t i g e n $\overline{p}$ - K a r t e, daß $L(\tilde{p}) \approx \beta$ ist, wenn die
Kontrollgrenzen G_u und G_o nach (2) gewählt sind.
Für die einseitige $\overline{p}$ - K a r t e, die nur eine obere,
nach (2) gewählte Kontrollgrenze G_o hat, gilt dann
$L(\tilde{p}) \approx (1+\beta)/2$.

Wir nennen die für $p = \tilde{p}$ zu berechnenden Wahrscheinlichkeiten $W(\overline{p} > G_o)$
und $W(\overline{p} < G_u)$ die Ü b e r s c h r e i t u n g s - W a h r s c h e i n l i c h k e i t e n.
Wenn die Approximation durch die Normalverteilung gut ist, dann gilt

$$W(\overline{p} < G_u) \approx \Phi(-\lambda_\beta) = 1 - \Phi(\lambda_\beta) = \frac{1-\beta}{2} = \frac{\alpha}{2} \approx W(\overline{p} > G_o) \, ,$$

die Überschreitungswahrscheinlichkeiten sind dann also beide etwa gleich $\frac{\alpha}{2}$.

<u>Beispiel 2</u>: Man habe festgestellt, daß ein Produktionsprozeß im Normalzu-
stand mit einer Defektwahrscheinlichkeit $\tilde{p}$ = 0,080 unter statistischer Kontrolle ist. Er soll mit Hilfe einer zweiseitigen $\bar{p}$-Karte für Stichproben des Umfangs n = 200 überwacht werden. So lange p = $\tilde{p}$ = 0,080 gilt, soll
eine einzelne Stichprobe nur mit einer Wahrscheinlichkeit von etwa 0,005
einen "blinden Alarm" auslösen.
Wir entnehmen einer Tabelle von ϕ die zweiseitige Schranke $\lambda_{0,995}$ = 2,81
und berechnen nach (2) die Kontrollgrenzen

$$G_o = 0,080 + 2,81 \sqrt{\frac{0,080 \cdot 0,920}{200}} = 0,080 + 0,0539 = 0,1339 \text{ und}$$

$$G_u = 0,080 - 0,0539 = 0,0261 .$$

Da $\bar{p}$ nur ganze Vielfache von $1/200$ = 0,005 als Werte annimmt, sind diese
Schranken äquivalent mit G_o = 0,130 , G_u = 0,025 . Letztere sind mögliche Werte von $\bar{p}$ und haben den Vorteil, daß Überschreitungen deutlicher zu sehen
sind. In Figur 29 ist diese Kontrollkarte mit einigen eingetragenen $\bar{p}$-Werten
skizziert.

Die Überschreitungs-Wahrscheinlich-
keiten sollten hier beide etwa $\alpha/2$ = 0,0025
sein. Man rechnet aber leicht nach, daß
$W(\bar{p} < G_u)$ für p = $\tilde{p}$ = 0,080 nur etwa 0,0003
ist. Solche Abweichungen kommen zum
Teil daher, daß $\bar{p}$ eine zufällige Variable
des diskreten Typs ist und es deshalb
meistens gar keine Kontrollgrenzen gibt,
bei denen die Überschreitungswahrscheinlichkeiten exakt gleich $\alpha/2$ wären. Außerdem ist zu bedenken, daß $N(p; p(1-p)/n)$

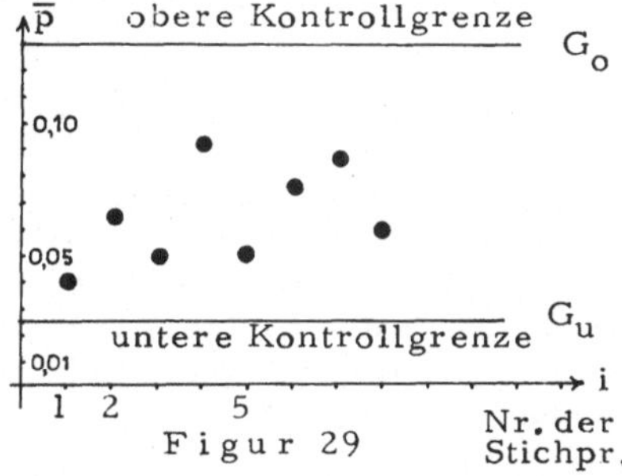

Figur 29

und die exakte Verteilung von $\bar{p}$ zwar nur mit geringen absoluten Fehlern
voneinander abweichen, daß diese aber bei k l e i n e n Wahrscheinlichkeiten
große relative Fehler bedeuten.
Für p < 0, 5 sind die Binomialverteilungen "rechtsschief", d. h. die Wahrscheinlichkeiten $W(X = k)$ sind für k-Werte, die im Vergleich zu $E[X]$ = np
"extrem groß" sind, im allgemeinen größer als für die entsprechenden, im
Vergleich zu np "extrem kleinen" . Daher ist die tatsächliche Überschreitungswahrscheinlichkeit $W(\bar{p} < G_u)$ in den meisten Fällen kleiner als $\alpha/2$
und $W(\bar{p} > G_o)$ ist meistens größer als $\alpha/2$, wenn wir G_u und G_o nach (2)
berechnen. Man sollte daher mit Hilfe eines Rechners die zu diesen Kontrollgrenzen gehörenden exakten Überschreitungswahrscheinlichkeiten bestimmen und dann die Kontrollgrenzen gegebenenfalls noch korrigieren.

Für unser Beispiel ist $W(\bar{p} > 0,130)$ = $W(X > 26)$ für p = $\tilde{p}$ = 0,080 gleich·

$$1 - \sum_{k=0}^{26} \binom{200}{k} 0,08^k \cdot 0,92^{200-k} = 0,00534, \text{ d. h. die Überschreitungswahrschein-}$$

lichkeit der oberen Kontrollgrenze ist allein schon größer als das vorgegebene α = 0,005.
Wir korrigieren daher beide Kontrollgrenzen, indem wir sie um 0, 005 vergrößern; dadurch wächst $W(\bar{p} < G_u)$ und $W(\bar{p} > G_o)$ verringert sich. Bei einer Korrektur um weniger als 0,005 würde sich an diesen Wahrscheinlich-

keiten nichts ändern. Für die neuen Kontrollgrenzen $G_u = 0,030$, $G_o = 0,135$ ist mit $\tilde{p} = 0,080$

$$W(\overline{p} < 0,030) = W(X < 6) = \sum_{k=0}^{5} \binom{200}{k} 0,08^k 0,92^{200-k} = 0,000992$$

und

$$W(\overline{p} > 0,135) = W(X > 27) = 1 - W(X \leq 27) = 1 - \sum_{k=0}^{27} \binom{200}{k} 0,08^k \cdot 0,92^{200-k} =$$

$$= 0,002759 ,$$

so daß also nun die beiden Überschreitungswahrscheinlichkeiten zusammen etwa 0,00375 ergeben. Es folgt also $L(\tilde{p}) = L(0,080) = 0,99625$.

$L(\tilde{p})$ sollte immer möglichst groß sein, damit die Wahrscheinlichkeit für "blinden Alarm" sehr klein ist. Wenn p nur wenig von $\tilde{p}$ abweicht, wird man im allgemeinen auch nicht daran interessiert sein, daß eingreifende Maßnahmen ausgelöst werden. Erst bei größeren Abweichungen der aktuellen Defektwahrscheinlichkeit p von $\tilde{p}$ sollte $L(p)$ sehr klein werden, damit Veränderungen des Prozesses rasch bemerkt werden.

Wenn G_u und G_o die Kontrollgrenzen sind und k_u die kleinste ganze Zahl g mit $g \geq nG_u$, k_o die größte ganze Zahl g mit $g \leq nG_o$ ist, dann ist

$$L(p) = \sum_{k=k_u}^{k_o} \binom{n}{k} p^k (1-p)^{n-k} \tag{3}$$

die Operationscharakteristik der zweiseitigen $\overline{p}$-Karte zu n, G_u und G_o. Für einseitige $\overline{p}$-Karten mit einer oberen Kontrollgrenze G_o ist $L(p)$ schon in (1) angegeben worden. In Figur 30 a) ist $L(p)$ für unser Beispiel mit $n = 200$, $G_u = 0,030$, $G_o = 0,135$ skizziert (hier ist $k_u=6$, $k_o=27$); in Figur 30 b) ist zum Vergleich $L(p)$ für die einseitige $\overline{p}$-Karte zu $n = 50$ und $G_o = 0,12$ gezeichnet.

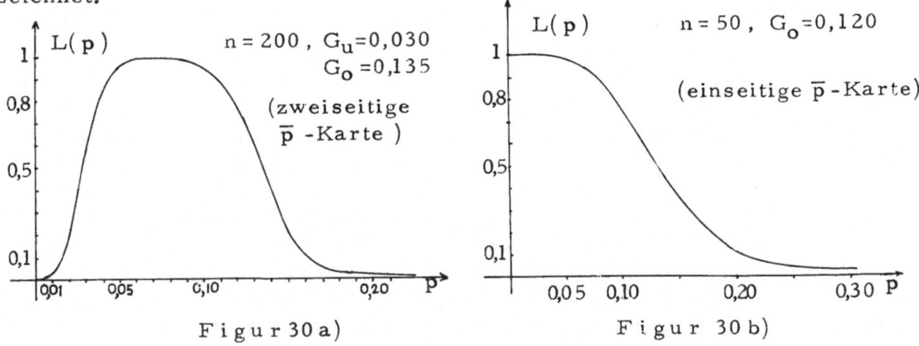

Figur 30 a)   Figur 30 b)

Die Anzahlen der defekten Stücke in den einzelnen Stichproben sind unabhängig, so lange der Prozeß unter statistischer Kontrolle ist. Wenn es also bei den einzelnen Stichproben nur mit der geringen Wahrscheinlichkeit α zu einer Überschreitung einer Kontrollgrenze kommt, dann ist die Wahrscheinlichkeit für mindestens eine Überschreitung bei m Stichproben gleich $1 - (1-\alpha)^m$ und dies strebt für jedes $\alpha \in (0;1)$ gegen 1, wenn m gegen ∞ geht. Es wird also auch bei kleinem α immer wieder vorkommen, daß eingreifende Maßnahmen ausgelöst werden, auch wenn der Prozeß sich nicht ändert.

Von Zeit zu Zeit wird man den Schätzwert für die "natürliche Defektwahrscheinlichkeit" aufgrund der neu hinzugekommenen Stichprobenergebnisse korrigieren. Dies wird man vor allem dann tun, wenn eine Kontrollgrenze öfter überschritten wird, als es mit der Wahrscheinlichkeit α vereinbar erscheint und wenn man keine erkennbaren Ursachen dafür verantwortlich machen kann. Aber auch dann, wenn die $\bar{p}$-Werte zwar keine Kontrollgrenze überschreiten, jedoch längere Zeit überwiegend oberhalb oder auch unterhalb von $\tilde{p}$ liegen, wird man p neu schätzen und $\tilde{p}$ eventuell ändern. Es kommt vor, daß die $\bar{p}$-Werte längere Trends nach oben oder nach unten aufweisen, oder daß man zyklische Schwankungen zu erkennen glaubt. Dies kann bedeuten, daß der Prozeß nicht mehr unter statistischer Kontrolle ist. Es wäre aber nicht ratsam, sofort auf solche Phänomene zu reagieren, sondern man sollte erst abwarten, ob sich diese im weiteren fortsetzen. Nachträglich kann man in statistische Daten nämlich fast immer irgendwelche Gesetzmäßigkeiten hineininterpretieren, wenn man genug Phantasie hat. Ein einfaches Beispiel dafür sind die folgenden, einer Tabelle von Zufallszahlen entnommenen Ziffern: 3 , 0 , 7 , 4 , 1 , 8 ; man kann sie auch als die ersten 6 Glieder der Zahlenfolge $a_k = 3 + 7k$ modulo 10 , $k = 1, 2, \ldots$, deuten und vermuten, daß die nächsten vier Ziffern deshalb gleich 5 , 2 , 9 , 6 sein werden und daß sich dann alle 10 Ziffern zyklisch wiederholen werden.

Die Frage, wie groß der Stichprobenumfang n der einzelnen Stichproben sein soll und wie oft bzw. in welchem zeitlichen Abstand die Stichproben gezogen werden sollen, muß aufgrund ökonomischer Überlegungen entschieden werden. Dabei sind die Einbußen durch defekte Stücke, die Kosten für die eingreifenden Maßnahmen und die Prüfkosten zu berücksichtigen. Diese ökonomischen Daten spielen auch eine Rolle bei der Festlegung der Wahrscheinlichkeiten β bzw. $\alpha = 1 - \beta$; damit beeinflussen sie auch die Wahl der Kontrollgrenzen. Mit Modellen, die alle relevanten Kosten mit erfassen, werden wir uns aber erst im letzten Kapitel beschäftigen. Intuitiv klar dürfte sein, daß eine eintretende Veränderung von p bei großem n sicherer und im allgemeinen auch schneller erkannt wird als mit kleinem n. Man bezahlt für diesen Vorteil aber mit höheren Prüfkosten und läuft auch eher Gefahr, daß eingreifende Maßnahmen schon von ganz unwesentlichen Veränderungen ausgelöst werden. Ähnlich war ja der Einfluß von n auf die OC-Kurven der Annahmekontrolle.

<u>Aufgaben</u>

51) Ein Produktionsprozeß wird in regelmäßigen Abständen mit Hilfe von Stichproben des Umfangs n = 40 überwacht. Geben Sie eine $\bar{p}$-Karte mit oberer Kontrollgrenze G_o so an, daß die Wahrscheinlichkeit $W(\bar{p} > G_o)$ nicht größer als 0,002 ist, wenn der Prozeß mit $\tilde{p} = 0,030$ unter statistischer Kontrolle ist.

52) Wie groß ist $W(\bar{p} > G_o)$ bei der $\bar{p}$-Karte von Aufgabe 51 , wenn p nicht mehr 0,030 ist, sondern auf 0,10 angewachsen ist? Wie groß ist dann der Erwartungswert von h, wenn p bei dem neuen Wert 0,10 bleibt und h die Nummer der ersten Stichprobe nach dieser Veränderung ist, bei der G_o überschritten wird?

3.1.2 Kontrollkarten für die Anzahl der Defekte pro Einheit

Wir stellen uns jetzt vor, daß Einheiten geprüft werden, die mehrere Defekte aufweisen können und erst dann unbrauchbar werden, wenn die Anzahl der Defekte zu groß wird. Beispiele für solche Einheiten können Verpackungseinheiten sein, die aus vielen Einzelteilen bestehen, oder Lebensmittelproben unter dem Mikroskop, die Defekte können schadhafte Einzelteile, Mikroben, radioaktive Zerfallsakte pro Minute und anderes mehr sein. In vielen Fällen hat die Erfahrung gezeigt, daß die Anzahl der Defekte in einer zufällig ausgewählten Einheit in recht guter Näherung Poisson-verteilt ist und oft kann man das sogar aus theoretischen Modell-Annahmen herleiten, wie wir das in Beispiel 11 von Kapitel 1 (Abschnitt 1.3) durchgeführt haben.

Die Kontrollkarten werden nun wie die $\bar{p}$-Karten konstruiert, nur übernimmt jetzt die Poisson-Verteilung die Rolle der Binomialverteilung. Man bezeichnet den Parameter der Poisson-Verteilung hier nicht mit λ, sondern mit c und nennt daher die Kontrollkarten für die Anzahl der Defekte auch c-Karten. c ist dann die durchschnittliche Anzahl der Defekte pro Einheit und auch der Erwartungswert für die Anzahl der Defekte bei einer zufällig ausgewählten Einheit. Gleichzeitig ist c die Varianz dieser Anzahl (vgl. (55) in 1.5).

Wir sagen jetzt, daß ein Produktionsprozeß mit der durchschnittlichen Defektanzahl c unter statistischer Kontrolle ist, wenn die Anzahlen der Defekte in den einzelnen Einheiten unabhängig voneinander nach der Poisson-Verteilung Po(c) verteilt sind. Wenn dieser Zustand des Prozesses längere Zeit anhält und man während dieser Zeit eine gewisse Anzahl von m Einheiten untersucht, wobei X_i = Anzahl der Defekte der i-ten untersuchten Einheit, dann ist

$$\frac{1}{m} \sum_{i=1}^{m} X_i = \bar{X}$$

eine erwartungstreue, bei großem m auch eine sehr genaue Schätzfunktion für c. Wir nehmen an, daß wir auf diesem Wege einen genauen Schätzwert $\tilde{c}$ für c erhalten haben. c soll mit einer Kontrollkarte überwacht werden. Unsere Aufgabe ist nun, zu gegebenem $\tilde{c}$ eine obere Kontrollgrenze G_o und eventuell auch eine untere Kontrollgrenze G_u so zu wählen, daß folgendes gilt: Wenn Y die Anzahl der Defekte bei einer zufällig ausgewählten Einheit ist und nach Po(c) verteilt ist, dann ist $W(Y > G_o) + W(Y < G_u) \approx \alpha$, wobei α eine vorgegebene kleine Wahrscheinlichkeit ist. Wenn wir auf eine untere Kontrollgrenze verzichten (bzw. verzichten müssen, weil schon $W(Y=0) > \alpha$ ist), dann soll $W(Y > G_o) \approx \alpha$ gelten.

Dabei ist es ohne weiteres möglich, eine Stichprobe von n Stücken oder Verpackungseinheiten zu einer "Einheit" zusammenzufassen und Y bedeutet dann die Anzahl der Defekte in dieser größeren "Einheit". Wenn nämlich die Anzahlen $Y_1, \ldots, Y_n$ der Defekte in den einzelnen Stücken der Stichprobe unabhängig und mit dem Parameter λ Poisson-verteilt sind, dann ist nach dem Satz 1.5 auch Y Poisson-verteilt, und zwar mit dem Parameter $c = n\lambda$. Nach dem Zentralen Grenzwertsatz (vgl. Satz 1.16) ist diese Poisson-Verteilung für größere n approximierbar durch die Normalverteilung $N(c, c)$, die denselben Erwartungswert und dieselbe Varianz wie die Poisson-Verteilung von Y hat. Es hat sich gezeigt, daß diese Approximation für $c > 16$ im allge-

meinen genau genug ist (diese Genauigkeit hängt natürlich nur von c ab und
nicht davon, ob c das Produkt von einem großen n mit einem kleinen λ oder
das Produkt eines kleinen n mit einem großen λ ist; man erkennt daraus, daß
bei großem λ schon die Summe von einigen wenigen unabhängigen und nach
Po(λ) verteilten zufälligen Variablen in guter Näherung normalverteilt ist.)

Als erste Näherung für G_0 und G_u können wir aufgrund dieser Approximation

$$G_0 \approx \tilde{c} + \lambda_\beta \sqrt{\tilde{c}} \quad , \quad G_u \approx \tilde{c} - \lambda_\beta \sqrt{\tilde{c}} \tag{4}$$

setzen, wobei λ_β wieder die zweiseitige Schranke der Standard-Normalverteilung zu $\beta = 1-\alpha$ ist. Wir verzichten auf eine untere Kontrollgrenze, wenn
die Näherung für G_u nach (4) negativ wird. Gewöhnlich wählt man G_u und G_0
als die nächstliegende ganze Zahl zu der in (4) gegebenen Näherung. Die
exakten Überschreitungswahrscheinlichkeiten sind dann für $c = \tilde{c}$ durch

$$W(Y > G_0) = \sum_{k=G_0+1}^{\infty} \frac{\tilde{c}^k}{k!} e^{-\tilde{c}} \quad , \quad W(Y < G_u) = \sum_{k=0}^{G_u-1} \frac{\tilde{c}^k}{k!} e^{-\tilde{c}} \tag{5}$$

gegeben; die erstere berechnet man entweder in der Form $1 - \sum_{k=0}^{G_0} \frac{\tilde{c}^k}{k!} e^{-\tilde{c}}$,
oder man berechnet einige Anfangsglieder der in (5) ange-
gebenen unendlichen Reihe und schätzt den Rest mit Hilfe einer geometrischen Reihe ab. In jedem Fall sollte man die exakten Überschreitungswahrscheinlichkeiten bestimmen und G_0 bzw. G_u nötigenfalls korrigieren. Noch
besser ist es, G_0 und G_u gleich mit Hilfe von (5) so festzusetzen, daß
$W(Y > G_0) + W(Y < G_u) \approx \alpha$ wird bzw. (bei Verzicht auf G_u) so, daß $W(Y > G_0) \approx \alpha$
gilt.
Die Operationscharakteristik $L(c)$ einer c-Karte ist die vom Parameter c
abhängende Wahrscheinlichkeit dafür, daß die Anzahl der Defekte einer zufällig ausgewählten Einheit nicht zu eingreifenden Maßnahmen führt, also

$$L(c) = W(G_u \leq Y \leq G_0) = \sum_{k=G_u}^{G_0} \frac{c^k}{k!} e^{-c}, \text{ im einseitigen Fall: } L(c) = \sum_{k=0}^{G_0} \frac{c^k}{k!} e^{-c}. \tag{6}$$

<u>Beispiel 3</u> : Dem Grünfutter, das in der Nähe einer atomaren Wiederaufbe-
reitungsanlage wächst, werden in regelmäßigen Abständen Pro-
ben entnommen und dann wird festgestellt, wieviele radioaktive Zerfallsakte
während 10 min in der Probe stattfinden. Diese Anzahl sei unter normalen
Umständen nach einer Poisson-Verteilung mit $c \approx 12,4$ verteilt. Es soll eine
c-Karte geführt werden, bei der α nicht größer als 0,05 sein soll.

Die Näherung (4) liefert mit $\tilde{c} = 12,4$ und $\lambda_{0,95} = 1,96$

$$G_0 \approx 12,4 + 1,96 \sqrt{12,4} = 19,3 \text{ und } G_u \approx 12,4 - 1,96 \sqrt{12,4} = 5,5 ;$$

nach (5) ist $W(Y < 6) = 0,0158$ und $W(Y > 19) = 0,0285$; da die Summe dieser
beiden Wahrscheinlichkeiten geringer als 0,05 ist, können wir also $G_0 = 19$
und $G_u = 6$ wählen.(Da Y nur ganze Zahlen als Werte annimmt, sind diese
Kontrollgrenzen äquivalent mit den Grenzen 19,3 und 5,5.)
Figur 31 zeigt, wie die c-Karte zu diesem Beispiel nach Beobachtung von
30 Proben aussehen könnte. Wenn eine Kontrollgrenze gleich mehrmals hin-
tereinander überschritten wird, wie hier bei der 18., 19. und 20. Probe, dann
kann mit großer Sicherheit behauptet werden, daß eine Veränderung eingetreten ist.

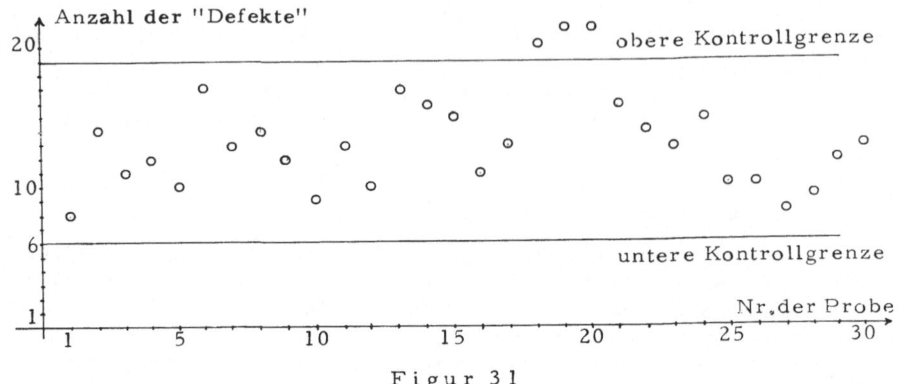

Figur 31

Aufgabe 53

Gewisse Plastikteile werden nach der Produktion in Einheiten zu je 500 Stück
verpackt. Bei normalem Arbeitsfortgang sind im Durchschnitt 3,4 defekte
Teile in einer Einheit. Fertigen Sie eine Kontrollkarte für die Anzahl der
defekten Teile pro Einheit an, bei der die obere Kontrollgrenze höchstens
mit der Wahrscheinlichkeit $\propto$ = 0,002 überschritten wird, so lange Y nach
der Poisson-Verteilung mit dem Parameter c = 3,4 verteilt ist. Warum
kann es bei dem gewählten $\propto$ keine untere Kontrollgrenze geben?

3.1.3 Kontinuierliche Stichprobenpläne

Die laufende Überwachung eines Produktionsprozesses durch Kontrollkarten
dient in erster Linie der rechtzeitigen Entdeckung von Veränderungen und
deren Ursachen. Als Nebeneffekt ergibt sich dabei im allgemeinen auch ein
niedriger Ausschußanteil in der nach der Kontrolle weitergegebenen Ware;
quantitative Aussagen darüber sind aber nicht möglich, so lange die zeitlichen Abstände bzw. die produzierten Stückzahlen zwischen den einzelnen
Stichproben nicht mit einbezogen werden.
Der Vorteil der nun zu betrachtenden kontinuierlichen Stichprobenpläne besteht nun gerade darin, daß sie auf lange Sicht einen niedrigen Ausschußanteil in der nach der Kontrolle weitergegebenen Ware garantieren können.
Eingreifende Maßnahmen bei der Produktionsanlage sind hier zwar auch
nicht ausgeschlossen, aber sie werden vom Modell her nicht erfaßt. Die kontinuierlichen Stichprobenpläne sind daher auch in Situationen anwendbar, in
denen solche eingreifenden Maßnahmen nicht möglich sind, z. B. weil der
Produktionsprozeß während einer längeren Phase nicht angehalten werden
kann oder weil kein Einfluß auf die Personen möglich ist, die den Produktionsprozeß steuern.

a) Der kontinuierliche Stichprobenplan von DODGE

Wir nehmen an, daß alle Stücke in der Reihenfolge ihrer Produktion geprüft
werden können. Dann ist das folgende einfache Verfahren eigentlich recht

naheliegend: Zunächst wird jedes Stück geprüft, bis man zum ersten Mal i
gute Stücke nacheinander geprüft hat. Danach wird von den nächsten k Stük-
ken nur eines zufällig ausgewählt und geprüft; ist es gut, dann prüft man von
den nächsten k Stücken wieder nur ein zufällig ausgewähltes usw., bis man
bei dieser Art von Stichprobenkontrolle ein defektes Stück entdeckt. Ab diesem Zeitpunkt wiederholt sich das Verfahren, d.h. die folgenden Stücke werden so lange alle geprüft, bis man wieder i gute Stücke nacheinander festgestellt hat und danach wird wieder nur eines von den k nächsten Stücken geprüft usw.. Die k Stücke sind dann jeweils abgefertigt. k ist aus $\{2, 3, \ldots\}$.
Dieser durch die beiden natürlichen Zahlen i und k festgelegte Prüfplan ist
von DODGE [1943] vorgeschlagen und in seinen wesentlichen Eigenschaften
beschrieben worden. Er ist als der k o n t i n u i e r l i c h e   S t i c h p r o b e n -
p l a n   v o n   DODGE und auch unter der Abkürzung CSP-1 (continuous sampling plan 1) bekannt.
Man nennt i die R e l a x a t i o n s z a h l; für k konnte sich bisher keine einheit-
liche Bezeichnung durchsetzen, aber 1/k wird meistens der S t i c h p r o b e n -
a n t e i l genannt. Wir wollen hier für k die Bezeichnung S t i c h p r o b e n a b -
s t a n d wählen. Wenn nämlich r die Nummer eines aus k nacheinander produzierten Stücken ausgewählten Stückes ist und s die Nummer eines aus den
nächsten k Stücken ausgewählten Stückes, dann gilt bei zufälliger Auswahl
$E[s-r] = k$, wie man sich leicht überlegt. Also ist k zumindest als d u r c h -
s c h n i t t l i c h e r   S t i c h p r o b e n a b s t a n d interpretierbar. Meistens werden wir voraussetzen, daß der Prozeß unter statistischer Kontrolle ist; dann
spielt es aber für die Eigenschaften des kontinuierlichen Prüfplans gar keine Rolle, ob man das von k Stücken zu prüfende eine Stück jeweils zufällig
auswählt oder nicht. Man könnte dann ebenso gut jeweils das letzte oder auch
jeweils das erste der k Stücke auswählen. In diesem Fall wäre dann k tatsächlich der Abstand der Nummern von zwei nacheinander geprüften Stücken,
so lange das Verfahren nicht zur Totalkontrolle zurückkehrt.

Wir nehmen an, daß geprüfte Stücke, die sich als defekt erweisen, repariert
oder durch gute Stücke ersetzt werden. Damit stellt sich auch hier die Frage nach dem mittleren Durchschlupf (vgl. 2.1.8), also nach dem Erwartungswert des Ausschußanteils unter den abgefertigten Stücken. Der mittlere
Durchschlupf war bisher definiert durch $AOQ = E[X_N/N]$, wobei N die Anzahl der abgefertigten Stücke und X_N die Anzahl der defekten Stücke darunter ist. Bei der laufenden Prozeßkontrolle wächst N aber ständig und daher
definieren wir jetzt den mittleren Durchschlupf durch

$$AOQ = \lim_{N \to \infty} E\left[\frac{X_N}{N}\right], \tag{7}$$

falls dieser Grenzwert existiert. Bei Prozessen unter statistischer Kontrolle existiert der Grenzwert und ist eine Funktion AOQ(p) der Defektwahrscheinlichkeit p. Man kann dann auch folgern (mit Hilfe des sog. "Starken
Gesetzes der großen Zahl"), daß die Folge X_N/N der Ausschußanteile mit
Sicherheit gegen AOQ(p) konvergiert, wenn der Prozeß für $N \to \infty$ immer
mit derselben Defektwahrscheinlichkeit p unter statistischer Kontrolle ist.
Für einen Prozeß unter statistischer Kontrolle ist wieder

$$AOQL = \max_{0 \le p \le 1} AOQ(p) \tag{8}$$

der H ö c h s t w e r t   d e s   m i t t l e r e n   D u r c h s c h l u p f s.

Bei einem Prozeß, der nicht unter statistischer Kontrolle ist, werden im allgemeinen weder die Erwartungswerte $E[X_N/N]$, noch die Ausschußanteile X_N/N selbst konvergieren. Aber als beschränkte Folge hat X_N/N stets, wie immer auch die Werte x_N der zufälligen Anzahlen X_N ausfallen, einen endlichen limes superior, der bekanntlich definiert werden kann als

$$\limsup \frac{x_N}{N} = \lim_{m \to \infty} \left(\sup \left\{ \frac{x_N}{N}, N \geqq m \right\} \right).$$

Damit läßt sich nun der Begriff des AOQL wie folgt erweitern:

Definition: Wenn das Prüfverfahren für jede beliebige vom Prozeß erzeugte Folge von guten und defekten Stücken mit Wahrscheinlichkeit 1 zu einer Folge von Ausschußanteilen x_N/N in der abgefertigten Ware führt, deren limes superior nicht größer als H ist und wenn H die kleinste derartige Schranke ist, dann nennen wir H den Höchstwert des mittleren Durchschlupfs im weiteren Sinne.

Der so definierte AOQL im weiteren Sinne existiert stets. Ein Prozeß unter statistischer Kontrolle erzeugt mit Wahrscheinlichkeit 1 nur eine solche Folge von guten und defekten Stücken, bei der dann X_N/N gegen AOQ(p) konvergiert. Wenn also $AOQ(p_m)$ das Maximum von AOQ(p) ist und der Prozeß mit $p = p_m$ unter statistischer Kontrolle ist, dann wird X_N/N mit Wahrscheinlichkeit 1 gegen $AOQ(p_m)$ konvergieren. Da der Grenzwert einer Folge stets auch der limes superior ist, folgt $AOQ(p_m) \leq AOQL$ im weiteren Sinne.

Bei unserem Prüfplan CSP-1 ist $H = \frac{k-1}{i+k}$, wie von LIEBERMAN [1953] (vgl. auch ELFVING [1962/63]) gezeigt wurde.
Daß H nicht kleiner sein kann als dieser Wert, zeigt folgende einfache Überlegung: Ein Saboteur, dem es auf einen möglichst hohen Ausschußanteil in der abgefertigten Ware ankommt und der den Prüfplan kennt, würde zunächst i gute und dann k defekte Stücke produzieren. Um dann möglichst bald wieder defekte Stücke einschleusen zu können, würde er anschließend wieder i gute Stücke produzieren, dann wieder k defekte usw.. Da sich dann die abgefertigten Stücke in Gruppen von i+k Stücken einteilen lassen, von denen jede k-1 defekte Stücke enthält, konvergiert die Folge x_N/N (obwohl dieser Produktionsprozeß nicht unter statistischer Kontrolle ist) gegen den Grenzwert $\frac{k-1}{i+k}$.
Das zitierte Ergebnis von LIEBERMAN [1953] besagt nun, daß der Saboteur eine in seinem Sinne optimale Strategie verfolgt, denn er könnte mit keiner anderen Folge von produzierten guten und schlechten Stücken auf lange Sicht einen größeren Ausschußanteil in der abgefertigten Ware bewirken.
Ferner folgt aus $H = (k-1)/(i+k)$, daß man sich auch bei Prozessen, die nicht unter statistischer Kontrolle sind, durch hinreichend große Wahl von i bei gegebenem k vor zu großen Ausschußanteilen schützen kann.

Wir wollen nun einige Eigenschaften des CSP-1 kennenlernen, die er bei Prozessen hat, welche längere Zeit mit demselben p unter statistischer Kontrolle sind.
Wenn A_n die Anzahl der Stücke ist, die zusammen mit n geprüften Stücken abgefertigt werden, dann ist n/A_n der sogenannte Prüfanteil und den Grenzwert

$$\bar{a} = \lim_{n \to \infty} E\left[\frac{n}{A_n}\right] \tag{9}$$

bezeichnet man als den durchschnittlichen Prüfanteil (im Englischen AFI = average fraction inspected) . Man kann zeigen, daß

$$\lim_{n\to\infty} E\left[\frac{n}{A_n}\right] = \lim_{n\to\infty} \frac{n}{E[A_n]}$$

gilt (s. VOGT [1985] und [1986]), obwohl man natürlich nicht einfach $E\left[\frac{1}{A_n}\right]$ mit $\frac{1}{E[A_n]}$ gleichsetzen darf. $E[A_n]$ aber erhalten wir durch die folgende Überlegung: mit den ersten i Stücken werden nur i Stücke abgefertigt, mit jedem weiteren geprüften Stück werden genau dann k Stücke abgefertigt, wenn die i Stücke, die vor dem betreffenden Stück geprüft wurden, gut waren. Die Wahrscheinlichkeit dafür ist $(1-p)^i$, wenn der Prozeß mit der Defektwahrscheinlichkeit p unter statistischer Kontrolle ist. Für alle $j > i$ werden also zusammen mit dem j-ten geprüften Stück mit Wahrscheinlichkeit $(1-p)^i$ genau k Stücke abgefertigt, mit Wahrscheinlichkeit $1-(1-p)^i$ nur eines. Also folgt für $n > i$

$$E[A_n] = i + (n-i)[k(1-p)^i + 1(1-(1-p)^i)] = n + (n-i)(k-1)(1-p)^i$$

und damit wird

$$\bar{a} = \lim_{n\to\infty} \frac{n}{n+(n-i)(k-1)(1-p)^i} = \frac{1}{1+(k-1)(1-p)^i} \ . \tag{10}$$

Auf lange Sicht wird man also nur den relativen Anteil $\bar{a}$ der Produktion prüfen. Ob ein Stück geprüft wird oder nicht, ist unabhängig davon, ob es selbst gut oder defekt ist. Daher erhalten wir nun sofort den mittleren Durchschlupf

$$AOQ(p) = p(1-\bar{a}) = p\left(1 - \frac{1}{1+(k-1)(1-p)^i}\right). \tag{11}$$

Man kann zeigen, daß die allgemeine Definition des AOQ nach (7) ebenfalls zu Formel (11) führt, wenn der Prozeß unter statistischer Kontrolle ist. Wie zu vermuten war, gilt offensichtlich $AOQ(0) = AOQ(1) = 0$ und für $0<p<1$ ist $AOQ(p)$ in k streng monoton wachsend, in i streng monoton fallend. Der Höchstwert des mittleren Durchschlupfs wird im Innern von $[0;1]$ angenommen und ist daher nicht nur das absolute Maximum von $AOQ(p)$, sondern zugleich ein relatives. Die Ableitung von $AOQ(p)$ nach p ist

$$AOQ'(p) = \frac{(k-1)(1-p)^{i-1}[(k-1)(1-p)^{i+1}+1-p-ip]}{(1+(k-1)(1-p)^i)^2} \ ;$$

sie hat genau eine Nullstelle im Innern von $[0;1]$, und zwar dort, wo $(k-1)(1-p)^{i+1}+1-p-ip = 0$ gilt. Mit p_m bezeichnen wir die eindeutig bestimmte Lösung dieser Gleichung, welche also die Maximalstelle von $AOQ(p)$ ist. Dann ist p_m offenbar auch die eindeutig bestimmte Lösung von

$$1 + (k-1)(1-p)^i = \frac{ip}{1-p} \tag{12}$$

und da die linke Seite von (12) bei (11) im Nenner steht, folgt

$$AOQL = \max_{0\leq p\leq 1} AOQ(p) = AOQ(p_m) = p_m\left(1 - \frac{1-p_m}{ip_m}\right) \text{ oder}$$

$$AOQL = p_m - \frac{1-p_m}{i} \ . \tag{13}$$

Da p_m von i abhängt, folgt aus (13) natürlich nicht, daß der AOQL in i monoton wachsen würde. Vielmehr haben wir oben bereits aus (11) gefolgert, daß $AOQ(p)$ für jedes p zwischen 0 und 1 in i streng monoton fällt. Deshalb muß das Maximum von AOQ(p) ebenfalls streng monoton in i fallen. Analog folgt, daß der AOQL streng monoton in k wächst. Beides wird in Figur 32 demonstriert, wo die Funktion AOQ(p) für die kontinuierlichen Prüfpläne vom Typ CSP-1 mit den Parametern $i = 10$, $k = 4$ bzw. $i = 10$, $k = 6$ und $i = 20$, $k = 6$ skizziert ist.

Bei $i = 10$, $k = 4$ ist $p_m = 0{,}142$ und AOQL = 5,62 % bzw. 0,0562.

Bei $i = 10$, $k = 6$ ist $p_m = 0{,}159$ und AOQL = 7,49% bzw. 0,0749 und mit $i = 20$, $k = 6$ erhalten wir $p_m = 0{,}0847$ und den AOQL zu 3,90% oder 0,0390.

Ein hoher durchschnittlicher Prüfanteil $\bar{a}$ führt wegen
$$AOQ(p) = p (1 - \bar{a})$$
zu einem niedrigen mittleren Durchschlupf, auch wenn p ziemlich groß ist. Dies widerspricht anscheinend dem gerne und oft zitierten Leitsatz:

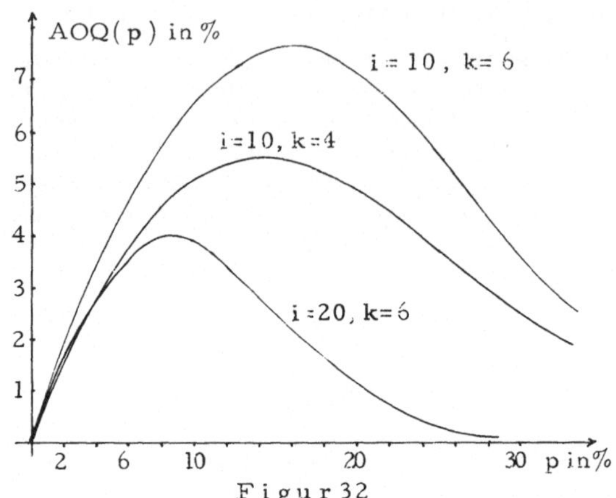

Figur 32

"Quality cannot be inspected into a product, it has to be built in", aber es ist natürlich auf die Dauer nicht befriedigend, wenn man nur durch intensive Kontrolle und ständige Reparatur bzw. Ersatz defekter Stücke durch gute zu einem niedrigen Ausschußanteil in der abgefertigten Ware kommt. Wenn p zu groß wird, dann führt der Prüfplan häufig zur Totalkontrolle und wechselt nur selten über in den Zustand der Stichprobenkontrolle, bei dem nur eines von k aufeinander folgenden Stücken kontrolliert wird. Man wird dann versuchen, den Prozeß wieder mit einer "normalen" Defektwahrscheinlichkeit unter statistische Kontrolle zu bringen.

Es stellt sich natürlich die Frage, wie man i und k am besten wählt. Man könnte z. B. eine obere Schranke für den Höchstwert des mittleren Durchschlupfs vorgeben und dann i und k so zu bestimmen versuchen, daß diese Schranke nicht überschritten und gleichzeitig der durchschnittliche Prüfanteil $\bar{a}$ minimal wird, wenn p gleich einem "Normalwert" $\tilde{p}$ ist. Wie alle Forderungen an Prüfpläne oder Kontrollkarten wären auch solche durch ökonomische Daten zu begründen. Wir stellen daher die Frage nach der optimalen Wahl von i und k zurück, bis wir uns im Rahmen der kostenoptimalen Verfahren in Kapitel 4 damit befassen werden.

<u>b) Varianten und Erweiterungen des CSP-1</u>

Schon von DODGE & TORREY [1951] wurden zwei Varianten vorgeschlagen, die als CSP-2 und CSP-3 bekannt wurden. Sie sind für Fälle gedacht, in denen man wegen eines einzigen defekten Stücks nicht sofort wieder von der Stichprobenkontrolle zur Totalkontrolle zurückkehren möchte.
CSP-2 beginnt wie CSP-1 mit Totalkontrolle und der Übergang zur Stichprobenkontrolle erfolgt wie dort, wenn i aufeinander folgende Stücke gut waren. Findet man nun aber bei der Stichprobenkontrolle ein defektes Stück, dann bleibt man zunächst bei der Stichprobenkontrolle, d. h. man kontrolliert wei-

terhin nur eines von k Stücken. Nur wenn man bei dieser Stichprobenkontrolle vor dem nächsten defekten Stück weniger als h gute erhält, kehrt man zur Totalkontrolle zurück, die dann wieder so lange beibehalten wird, bis wieder nacheinander i kontrollierte Stücke gut sind. Der CSP-2 ist also durch die drei natürlichen Zahlen i, k und h bestimmt. Häufig setzt man h = i ; für diesen Spezialfall findet man bei MONTGOMERY [1985] S. 470 eine Tabelle, aus der man zu gegebenen Stichprobenanteilen 1/k die Relaxationszahl i so bestimmen kann, daß gewisse AOQL-Werte eingehalten werden.

Der kontinuierliche Prüfplan CSP-3 schreibt vor, daß nach jedem im Stichprobenstadium gefundenen defekten Stück die nächsten vier Stücke der Produktion zu prüfen sind. Findet man dabei ein defektes, dann kehrt man zur Totalkontrolle zurück und behält diese bei, bis man nacheinander i gute Stücke kontrolliert hat. Sind die vier Stücke alle gut, dann fährt man fort wie bei CSP-2 . Der Prüfplan CSP-3 schützt also besser als CSP-2 , jedoch nicht ganz so gut wie CSP-1 davor, daß längere Sequenzen minderer Qualität unbemerkt passieren.

Bei CSP-1 und den Varianten CSP-2, CSP-3 werden mit jedem im Stadium der Stichprobenkontrolle geprüften Stück k-1 andere abgefertigt und gehen weiter, unabhängig davon, ob das geprüfte Stück gut oder defekt ist. Falls es defekt ist, könnte es ratsam sein, diese k-1 Stücke festzuhalten und nach guten und defekten zu sortieren. Dies schlagen DERMAN et al. [1957] mit der CSP-5 genannten Variante vor. Dort wurde auch die Variante CSP-4 angegeben, welche vorsieht, daß die k-1 Stücke eliminiert werden. Wegen der statistischen Eigenschaften dieser kontinuierlichen Prüfpläne müssen wir auf die Originalliteratur verweisen.

Auch beim Einsatz kontinuierlicher Prüfpläne ist es oft vorteilhaft, die Prüfresultate festzuhalten, um aufgrund längerfristiger Aufzeichnungen Informationen über den Produktionsprozeß zu gewinnen. Wenn man annehmen kann, daß er mit fester Defektwahrscheinlichkeit p unter statistischer Kontrolle ist, dann kann man p erwartungstreu schätzen, indem man einfach die Anzahl der Stücke, die sich bei der Kontrolle als defekt erwiesen haben, durch die Anzahl aller kontrollierten Stücke dividiert. Es wäre aber keine gute Idee, diesen Schätzwert für p in (11) einsetzen und mit der sich daraus ergebenden Näherung für AOQ(p) den Ausschußanteil in der bisher abgefertigten Ware schätzen zu wollen. Denn erstens reagiert die Formel (11) wegen des Faktors $(1-p)^i$ im Nenner sehr empfindlich, wenn p ungenau geschätzt wird und zweitens enthält (11) den mittleren Prüfanteil $\bar{a}$ nach (10), der sich ja erst auf lange Sicht als Grenzwert einstellen wird und von dem wir nicht wissen, wie gut er bei n geprüften Stücken mit dem tatsächlichen Prüfanteil zu diesem Zeitpunkt übereinstimmt.
Es dürfte weit besser sein, die Anzahl der "durchgeschlüpften" defekten Stücke, die unbemerkt die Kontrolle passiert haben, nach folgendem Verfahren zu schätzen: Wenn insgesamt N Stücke abgefertigt sind, dann sei s_N die Anzahl der aus k Stücken bestehenden Gruppen darunter, von denen jeweils nur ein Stück geprüft wurde; von diesen s_N kontrollierten Stücken seien d_N defekt. Dann ist auch d_N/s_N eine erwartungstreue Schätzfunktion für p (bei der allerdings die während der Stadien der Totalkontrolle gewonnenen Informationen ungenutzt bleiben). Da kontrollierte defekte Stücke repariert oder ersetzt werden, ist der Erwartungswert für die Anzahl der bei N abge-

fertigten Stücken "durchgeschlüpften" defekten Stücke gleich $(k-1)\,p\,s_N$ und
daher ist

$$(k-1)\,\frac{d_N}{s_N}\cdot s_N = (k-1)\,d_N$$

eine erwartungstreue Schätzfunktion für diese Anzahl. Mit

$$e_N = \frac{(k-1)\,d_N}{N} \tag{14}$$

haben wir also eine erwartungstreue Schätzfunktion für den Ausschußanteil
unter den ersten N abgefertigten Stücken.

c) Der kontinuierliche Prüfplan von WALD & WOLFOWITZ [1945]

Dieser Prüfplan beruht ganz wesentlich auf der soeben in (14) angegebenen
Schätzfunktion e_N. Man beginnt mit Stichprobenkontrolle, indem man je k
nacheinander produzierten Stücken eines zufällig entnimmt und prüft. Dies
setzt man fort, so lange die sich dabei der Reihe nach ergebenden Werte von
e_N eine gegebene obere Schranke T nicht überschreiten. Sobald $e_N > T$ wird,
geht man über zu Totalkontrolle und prüft die auf das N-te abgefertigte
Stück folgenden Stücke alle so lange, bis für ein $N' > N$ wieder $e_{N'} \le T$ gilt.
Dies erreicht man stets (und in der Regel bald) , weil auch hier vorausgesetzt wird, daß gefundene defekte Stücke repariert oder durch gute ersetzt
werden. So lange also die Totalkontrolle beibehalten wird, wächst der Nenner von e_N mit jedem Stück um 1 , während der Zähler d_N konstant bleibt,
denn d_N ist ja die Anzahl der im Stadium der Stichprobenkontrolle gefundenen defekten Stücke. Wenn dann wieder $e_N \le T$ gilt, setzt man die Stichprobenkontrolle fort.
Für einen Prozeß, der mit festem p unter statistischer Kontrolle bleibt,
konvergiert d_N/s_N mit Sicherheit gegen p. Würde man immer nur eines
von k Stücken kontrollieren, dann wäre $s_N = N/k$ und folglich müßte

$$e_N = (k-1)\,\frac{d_N}{N} = (k-1)\frac{d_N}{s_N}\cdot\frac{s_N}{N} = \left(1-\frac{1}{k}\right)\frac{d_N}{s_N} \quad \text{gegen } \left(1-\frac{1}{k}\right)p$$

konvergieren. Wenn nun $\left(1-\frac{1}{k}\right)p < T$ gilt, dann wird es vermutlich für wachsendes N immer seltener vorkommen, daß wegen $e_N > T$ zur Totalkontrolle
übergegangen werden muß und dann wird s_N/N gegen $1/k$ streben, während
d_N/s_N gegen p strebt. e_N konvergiert also vermutlich gegen $\left(1-\frac{1}{k}\right)p$, wenn
dies kleiner als T ist.
Gilt hingegen $\left(1-\frac{1}{k}\right)p \ge T$, dann wird e_N die Schranke T immer wieder überschreiten, aber wegen des wachsenden Nenners N um immer weniger. Da e_N
dann durch die stückweisen Totalkontrollen immer wieder auf einen Wert
herabgedrückt wird, der T nicht überschreitet, nehmen wir an, daß

$$\lim_{N\to\infty} e_N = T \quad \text{im Falle } \left(1-\frac{1}{k}\right)p \ge T$$

mit Sicherheit eintreten wird. Ferner ist zu vermuten, daß die tatsächlichen
Ausschußanteile mit Sicherheit gegen denselben Grenzwert konvergieren
werden wie die Folge der Schätzwerte, also die Folge der Werte von e_N .

Diese heuristischen Vermutungen lassen sich in der Tat beweisen, und zwar
gilt (s. WALD & WOLFOWITZ [1945]) der folgende

SATZ 3.2: Bei Anwendung eines kontinuierlichen Prüfplans
nach WALD & WOLFOWITZ mit den Parametern
k und T sei X_N die Anzahl der verbleibenden de-

fekten Stücke unter den ersten N abgefertigten Stük-
ken; dann konvergiert X_N/N für $N \to \infty$ mit Wahrscheinlichkeit 1 gegen $\lim\limits_{N \to \infty} E[X_N/N] = AOQ(p)$, wenn der Prozeß
unter statistischer Kontrolle ist. Ferner ist dann

$$AOQ(p) = \lim_{N \to \infty} E[X_N/N] = \begin{cases} (1 - \tfrac{1}{k})p & , \text{ falls } (1 - \tfrac{1}{k})p < T \\ T & , \text{ falls } (1 - \tfrac{1}{k})p \geq T . \end{cases}$$

Das Maximum von $AOQ(p)$, das wir wieder AOQL nennen, ist hier also
gleich dem gewählten Parameter T des Prüfplans.

Aber auch dann, wenn der Prozeß nicht unter statistischer Kontrolle ist und
eine völlig beliebige Folge von guten und defekten Stücken liefert, sorgt der
Prüfplan dafür, daß der Ausschußanteil unter den abgefertigten Stücken auf
die Dauer nicht größer als T wird; es läßt sich nämlich zeigen (s. WALD &
WOLFOWITZ [1945], vgl. auch UHLMANN [1982]), daß der zu Beginn dieses
Abschnitts definierte AOQL im weiteren Sinne gerade gleich T ist.

d) Der kontinuierliche Stichprobenplan von GIRSHICK [1954]

Hier beginnt man wie bei dem Plan von WALD & WOLFOWITZ mit einer
Stichprobenkontrolle, indem man jeweils eines von k nacheinander produzierten Stücken prüft. Dies wird so lange fortgesetzt, bis man d defekte
Stücke gefunden hat. Ist dann die Anzahl n der bis dahin geprüften Stücke
mindestens gleich einer vorgegebenen natürlichen Zahl M, dann startet man
von neuem, d.h. man fährt fort mit der Stichprobenkontrolle und beginnt von
neuem mit der Zählung der dabei festgestellten defekten Stücke. Ist dagegen
$n < M$, dann werden die nächsten $M-n$ Gruppen von je k nacheinander produzierten Stücken einer Totalkontrolle unterworfen und erst danach startet
man wieder von neuem mit der Stichprobenkontrolle. Die zu wählenden Parameter des Prüfplans sind also k, d und M, wobei natürlich $d < M$ gelten
muß, denn sonst würde man ja immer bei der Stichprobenkontrolle bleiben,
selbst wenn alle geprüften Stücke defekt wären.

Ein Saboteur, dem es auf einen hohen Ausschußanteil in der abgefertigten
Ware ankommt und der den Prozeß steuern kann, würde vielleicht nach folgender Strategie vorgehen: Er sorgt dafür, daß von den Gruppen aus k Stük-
ken, die im Stadium der Stichprobenkontrolle passieren, jede $\frac{M}{d}$-te Gruppe
aus lauter defekten Stücken besteht, während die übrigen Gruppen nur gute
Stücke enthalten (wir nehmen für den Augenblick M/d als ganzzahlig an).
Dadurch bemerkt man das d-te defekte Stück erst bei der M-ten Gruppe und
setzt daher das Stichprobenverfahren immer weiter fort. Dadurch bewirkt
der Saboteur auf lange Sicht unter den abgefertigten Stücken einen Ausschußanteil von d/M, wenn die gefundenen defekten Stücke unrepariert übernommen werden. Wenn sie repariert oder durch gute ersetzt werden, wie wir
es bisher vorausgesetzt haben, dann wird dieser Ausschußanteil um den Faktor $(k-1)/k$ geringer, denn es wird ja dann von je k defekten Stücken eines
repariert bzw. ersetzt. Damit haben wir untere Schranken für den AOQL
im weiteren Sinne gefunden; GIRSHICK [1954] hat bewiesen, daß diese unteren Schranken bereits gleich dem AOQL sind. Es ist also der

AOQL im weiteren Sinne gleich $(1 - \frac{1}{k})\frac{d}{M}$ oder gleich $\frac{d}{M}$

je nachdem, ob gefundene defekte Stücke repariert bzw. durch gute ersetzt
werden oder nicht. Die beiden Werte ergeben sich jeweils auch für den in
(8) für Prozesse unter statistischer Kontrolle definierten AOQL im gewöhnlichen Sinne. Dieser hat also wie beim kontinuierlichen Prüfplan von WALD
und WOLFOWITZ denselben Wert wie der AOQL im weiteren Sinne.

e) Mehrstufige kontinuierliche Stichprobenpläne

Man kann den CSP-1 verallgemeinern, indem man statt i mehrere Relaxati-
onszahlen $i_0, i_1, \ldots, i_{n-1}$ und statt k ebensoviele natürliche Zahlen $k_1, \ldots, k_n$
vorgibt, die folgende Bedeutung haben:
Man prüft zunächst jedes Stück, bis nacheinander i_0 gute geprüft worden
sind; dann wird von den folgenden k_1 Stücken nur ein zufällig ausgewähltes
geprüft und dies wird wiederholt, bis man entweder ein weiteres defektes
Stück findet oder bis sich nacheinander i_1 geprüfte Stücke als gut erwiesen
haben. Im letzteren Fall geht man dann dazu über, nur eines von k_2 nacheinander produzierten Stücken zu prüfen. Wir sagen, daß "auf Niveau j" geprüft wird, wenn wir jeweils nur eines von k_j Stücken prüfen. Wir setzen
$k_0 = 1$ und wählen $k_1, \ldots, k_n$ so, daß $1 < k_1 < \ldots < k_n$ gilt.

Zu den Niveaus $0, 1, \ldots, n-1$ gehört also eine Relaxationszahl i_j, $j = 0, 1, \ldots n-1$
und wenn auf Niveau j geprüft wird, geht man über zu Niveau $j+1$, sobald i_j
nacheinander geprüfte Stücke gut sind. Hat man das Niveau n erreicht, dann
bleibt man dabei so lange, bis man das nächste defekte Stück geprüft hat.
Wegen dieser verschiedenen Niveaus heißen diese Prüfpläne "mehrstufig"
(im Englischen "multilevel continuous sampling plans, abgekürzt MLP).

Wenn nun auf einem Niveau j geprüft wird und man findet ein defektes Stück,
dann kann man sich für mehrere Möglichkeiten entscheiden:
    a) man geht über zu Niveau $j-1$, falls $j \geq 1$ und falls $j = 0$ ist, bleibt man
        vorläufig weiterhin bei der Totalkontrolle;
    b) man geht in jedem Fall auf Niveau 0, d.h. zur Totalkontrolle, zurück;
    c) man geht auf Niveau $[\![j-r]\!]$ zurück, wobei $r \geq 2$ und $[\![j-r]\!] = \max\{0; j-r\}$.

Je nachdem, für welche der drei Möglichkeiten man sich entscheidet, wird
der mehrstufige kontinuierliche Prüfplan dann ein MLP-1, ein MLP-T oder
ein MLP-r genannt. Für alle drei Varianten gibt ELFVING [1962/63] den
AOQL im weiteren Sinne an, und zwar gilt

$$\text{für MLP-1}: \quad AOQL = \max_{1 \leq j \leq n} \frac{k_j - 1}{k_j + i_{j-1} k_{j-1}}$$

$$\text{für MLP-T}: \quad AOQL = \max_{1 \leq j \leq n} \frac{k_j - 1}{k_j + i_{j-1} k_{j-1} + \ldots + i_0 k_0}$$

$$\text{für MLP-r}: \quad AOQL = \max_{1 \leq j \leq n} \frac{k_j - 1}{k_j + i_{j-1} k_{j-1} + \ldots + i_{j-r} k_{j-r}} \quad,$$

wobei in der letzten Formel statt $j-r$ die 0 zu setzen ist, wenn $j-r < 0$ wird.

Weitere Einzelheiten über mehrstufige kontinuierliche Prüfpläne findet man
in den Arbeiten von LIEBERMAN & SOLOMON [1955], DERMAN & LITTAU-

-ER & SOLOMON [1957] und v. COLLANI [1974].

<u>A u f g a b e n</u>

54) Die ersten 1000 Stücke einer Produktion erhalten der Reihe nach die
Nummern 1, 2, . . . , 1000. Die Stücke, deren Nummern durch 17 oder 29
teilbar sind, seien defekt, die übrigen seien gut. Wenden Sie darauf einen kontinuierlichen Prüfplan vom Typ CSP-1 mit $i = 10$, $k = 5$ an !
Welcher Anteil von den 1000 Stücken wird dann geprüft und wieviele defekte Stücke hat man in der abgefertigten Ware, wenn die bei der Kontrolle entdeckten defekten Stücke repariert werden und wenn das im Stadium
der Stichprobenkontrolle aus einer Fünfergruppe zu entnehmende Stück
nicht zufällig, sondern nach folgendem Schema gezogen wird: Aus der
h-ten Fünfergruppe nehme man das $\bar{h}$-te Stück, wobei $\bar{h}$ = h modulo 5 .

<u>Bemerkung</u>: Unter den 1000 Stücken sind 90 defekte; obwohl bei der Aufgabe
alles determiniert ist, können wir hoffen, daß Prüfanteil und
Durchschlupf in etwa so sind, wie sie es bei einem Prozeß unter statistischer Kontrolle mit $p = 0,090$ wären. Man vergleiche daher die erhaltenen
Werte mit denen, die man auf lange Sicht bei einem solchen Prozeß erhal-
ten würde, d.h. mit $\bar{a} = [1 + 4 \cdot (0,91)^{10}]^{-1}$ (vgl. (10)) und AOQ(0,090) (s.(11))
für $i = 10$, $k = 5$.

55) Auf die ersten 1000 Stücke des Prozesses von Aufgabe 54) wende man
einen kontinuierlichen Prüfplan nach WALD und WOLFOWITZ mit $k = 5$
an, wobei T gleich dem in Aufgabe 54) zu bestimmenden Ausschußanteil
in der abgefertigten Ware sein soll. Wie groß wird dieser Ausschuß anteil jetzt und wie groß ist jetzt der Anteil der geprüften Stücke?(Bei der
Stichprobenauswahl gehe man wieder "zyklisch" wie in Aufgabe 54 vor.)

3.2 LAUFENDE KONTROLLE BEI MESSENDER PRÜFUNG

Wenn die Qualität eines Produkts im wesentlichen durch ein quantitatives
Merkmal wie etwa eine Länge, ein Gewicht, eine Leitfähigkeit etc. bestimmt
ist, dann kann man auch bei der Laufenden Kontrolle von Produktionsprozessen statt der Gut-Schlecht-Prüfung die Messende Prüfung einsetzen. Der
große Vorteil der Messenden Prüfung sind auch hier wieder in der Regel
erheblich geringere Stichprobenumfänge als bei der Gut-Schlecht-Prüfung.
Allerdings sind Messungen manchmal aufwendiger als Gut-Schlecht-Prüfun-
gen, so daß dieser Vorteil manchmal nicht so groß ist, wie er zunächst erscheinen mag. Der Nachteil ist wieder, daß die für Messende Prüfung entwickelten Verfahren nur dann zu verläßlichen Resultaten führen, wenn der
Typ der Verteilung des zu messenden Merkmals X bekannt ist. Bei fast allen Verfahren wird X als normalverteilt vorausgesetzt.

3.2.1 $\bar{X}$ - K o n t r o l l k a r t e n   f ü r   e i n   n o r m a l v e r t e i l t e s   M e r k m a l

Nach einer Anlaufphase soll der Produktionsprozeß unter statistischer Kontrolle sein und das soll jetzt bedeuten, daß die Merkmalswerte X_i der produzierten Stücke voneinander unabhängig und nach einer Normalverteilung
$N(\mu, \sigma^2)$ verteilt sind. Bis es soweit ist, müssen erst alle erkennbaren Ursachen für extreme Schwankungen oder Trends beseitigt sein. Man wird erst

dann glauben, daß die Modellvorstellung des Prozesses unter statistischer
Kontrolle für praktische Zwecke genau genug erfüllt ist, wenn die gemesse-
nen Werte längere Zeit mit etwa gleichbleibender Variabilität um einen mittleren Wert schwanken, ohne daß sich dabei auffällige Muster bei den Schwankungen wiederholen.
Übrigens ist ein Prozeß, der im eben definierten Sinne mit einer Normalverteilung $N(\mu, \sigma^2)$ unter statistischer Kontrolle ist, auch im Sinne der Gut-
Schlecht-Prüfung mit fester Defektwahrscheinlichkeit p unter statistischer
Kontrolle, falls die Brauchbarkeit eines Stücks nur von dem zu messenden
Merkmal X abhängt. p ist dann die Wahrscheinlichkeit dafür, daß eine nach
$N(\mu, \sigma^2)$ verteilte zufällige Variable die Toleranzen überschreitet.

Wir nehmen an, daß der Prozeß so gesteuert werden kann, daß μ einen S o l l -
w e r t μ_0 annimmt. Man verläßt sich aber nicht darauf, daß er dann in Zukunft ständig mit $N(\mu_0, \sigma^2)$ unter statistischer Kontrolle bleibt und überwacht
ihn deshalb laufend. Dazu zieht man in regelmäßigen Abständen eine Stichprobe vom Umfang n aus der Produktion und berechnet das Mittel $\overline{X}$ aus den
Merkmalswerten X_i, $i = 1, 2, \ldots, n$ der Stücke in der Stichprobe.
Wie bei den $\overline{p}$-Karten suchen wir eine o b e r e K o n t r o l l g r e n z e G_o und
eine u n t e r e K o n t r o l l g r e n z e G_u, bei denen die Ü b e r s c h r e i t u n g s -
w a h r s c h e i n l i c h k e i t

$$W(\overline{X} > G_o) + W(\overline{X} < G_u) \leqslant \alpha$$

ist, so lange der Prozeß mit $N(\mu_0, \sigma^2)$ unter statistischer Kontrolle ist.
Dabei ist α wieder eine vorgegebene kleine Wahrscheinlichkeit. Eingreifende
Maßnahmen sollen nur dann stattfinden, wenn $\overline{X}$ größer als G_o oder kleiner
als G_u ausfällt und deshalb muß α klein sein, weil man sonst zu häufig "blinden Alarm", d.h. diese Maßnahmen unnötigerweise auslösen würde.

Wenn bereits viele Meßwerte von Stücken vorliegen, die im Zustand der statistischen Kontrolle gefertigt wurden, kann man auch σ genau schätzen und
als bekannt ansehen. Es kommt auch vor, daß man σ ebenfalls als Sollwert
vorgibt, weil man weiß, wie groß die Streuung der Meßwerte auch bei dem
Normal-Zustand des Prozesses noch ist. Diese Streuung wird manchmal
die "natürliche Streuung" des Prozesses genannt; sie beruht auf nicht erkennbaren oder auch unabwendbaren Ursachen; wenn erkennbare Ursachen
den Prozeß so stören, daß er nicht mehr oder zumindest nicht mehr mit der
Verteilung $N(\mu_0, \sigma^2)$ unter statistischer Kontrolle ist, kann sie sich ändern.

Wir gehen zunächst davon aus, daß σ bekannt oder als Sollwert vorgegeben
ist. So lange dann der Prozeß mit $N(\mu_0, \sigma^2)$ unter statistischer Kontrolle ist,
gehorcht $\overline{X}$ der Normalverteilung $N(\mu_0, \sigma^2/n)$ und $(\overline{X} - \mu_0)\sqrt{n}/\sigma$ ist nach
$N(0, 1)$ verteilt. Meist soll $W(\overline{X} > G_o) = W(\overline{X} < G_u) = \alpha/2$ gelten und dann setzt
man

$$G_o = \mu_0 + \lambda_\beta \frac{\sigma}{\sqrt{n}} \quad , \quad G_u = \mu_0 - \lambda_\beta \frac{\sigma}{\sqrt{n}} \quad , \tag{15}$$

wobei $\lambda_\beta = \Phi^{-1}(1 - \frac{\alpha}{2})$ wieder die zweiseitige Schranke der $N(0, 1)$-Verteilung
zu $\beta = 1 - \alpha$ ist. Es gilt dann in der Tat

$$W(\overline{X} > G_o) = W(\overline{X} > \mu_0 + \lambda_\beta \frac{\sigma}{\sqrt{n}}) = W(\frac{\overline{X} - \mu_0}{\sigma}\sqrt{n} > \lambda_\beta) = 1 - \Phi(\lambda_\beta) = \frac{\alpha}{2} \quad \text{und}$$

$$W(\overline{X} < G_u) = W(\frac{\overline{X} - \mu_0}{\sigma}\sqrt{n} < -\lambda_\beta) = \Phi(-\lambda_\beta) = \frac{\alpha}{2} \quad .$$

<u>Beispiel 4</u> : $\mu_o = 3{,}750$ und $6 = 0{,}05$ seien als Sollwerte vorgegeben. Der Prozeß soll mit Hilfe einer $\overline{X}$-Karte für Stichproben mit dem Umfang $n = 6$ überwacht werden. Die Kontrollgrenzen sollen nur mit der Wahrscheinlichkeit $\alpha = 0{,}002$ überschritten werden, wenn der Prozeß mit $N(3{,}750;0{,}05^2)$ unter statistischer Kontrolle ist.

Da $\beta = 1 - \alpha = 0{,}998$, entnehmen wir $\lambda_\beta = 3{,}09$ einer Tabelle der $N(0,1)$-Verteilung und berechnen nach (15)

$$G_o = 3{,}750 + 3{,}09 \, \frac{0{,}05}{\sqrt{6}} = 3{,}813 \quad ,$$

$$G_u = 3{,}750 - 3{,}09 \, \frac{0{,}05}{\sqrt{6}} = 3{,}687 \ .$$

In Figur 33 ist die $\overline{X}$-Kontrollkarte mit diesen Kontrollgrenzen skizziert. Die eingetragenen $\overline{X}$-Werte würden keine eingreifenden Maßnahmen auslösen.

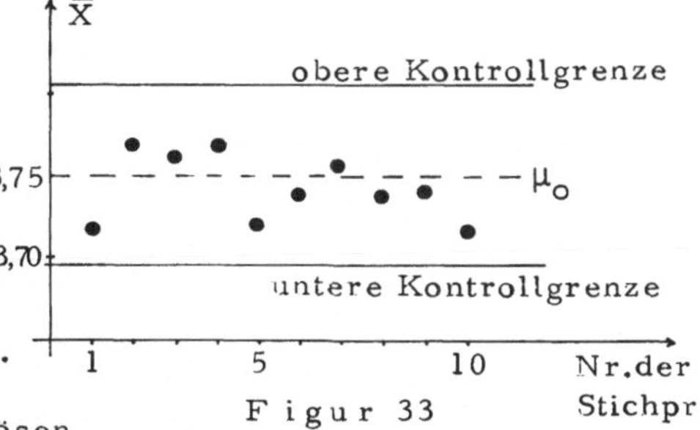

F i g u r 33

Die $\overline{X}$-Kontrollkarten werden auch S h e w h a r t - K a r t e n genannt, nach W. A. Shewhart, der sie in den dreißiger Jahren in die industrielle Qualitätskontrolle eingeführt hat (s. SHEWHART [1939]).

Den Stichprobenumfang n wählt man hier meist nicht größer als 10 ; es ist sicher auch vernünftig, öfter kleinere Stichproben zu ziehen als große Stichproben in zu großen Abständen.

Von Zeit zu Zeit wird man seine Schätzwerte für μ und die "natürliche Streuung" 6 aufgrund der neu hinzugekommenen Beobachtungen korrigieren. Dabei läßt man die Stichproben weg, bei denen der Prozeß durch erkennbare Ursachen gestört war. Die Schätzung soll auf m Stichproben beruhen; aus den Mittelwerten $\overline{X}_j$, $j = 1, \ldots, m$ der m Stichproben kann man dann μ durch das sog.

$$\text{g r o ß e \ M i t t e l} \quad \overline{\overline{X}} = \frac{1}{m} \sum_{j=1}^{m} \overline{X}_j \tag{16}$$

schätzen, welches gleich dem arithmetischen Mittel aller Meßwerte X_{ji}, $i = 1, \ldots, n$; $j = 1, \ldots, m$ ist.

Die Streuung 6 könnte man mit der Schätzfunktion $S = \sqrt{\dfrac{1}{nm-1} \sum_{j=1}^{m} \sum_{i=1}^{n} (X_{ji} - \overline{\overline{X}})^2}$ schätzen, wenn wirklich alle X_{ji} unabhängig und nach $N(\mu, 6^2)$ verteilt wären. Es ist aber damit zu rechnen, daß μ doch nicht für alle Stichproben konstant geblieben ist und diese kleineren Schwankungen von μ würden dann dazu führen, daß man 6 mit S meistens überschätzt; denn man kann die unter dem Wurzelzeichen stehende Quadratsumme auch in

in der Form $\quad \displaystyle\sum_{j=1}^{m} \left[\sum_{i=1}^{n} (X_{ji} - \overline{X}_j)^2 + n(\overline{\overline{X}} - \overline{X}_j)^2 \right]$

schreiben, wie es jedem geläufig ist, der sich schon einmal mit der sogenannten Varianzanalyse befaßt hat. Wenn μ sich von Stichprobe zu Stichprobe ändert, dann ergeben die Ausdrücke $n(\overline{\overline{X}} - \overline{X}_j)^2$ einen zu großen Beitrag und S wird verfälscht im Sinne von durchschnittlich zu großen Schätzwerten. Dies ist besonders dann gravierend, wenn 6 klein gegen μ ist (wie etwa in Beispiel 4), so daß geringfügige relative Änderungen von μ bereits die Größenordnung von 6 erreichen.

Es ist daher besser, für jede Stichprobe $S_j = \sqrt{\dfrac{1}{n-1} \sum_{i=1}^{n} (X_{ji} - \overline{X}_j)^2}$ zu berechnen. Wir wissen bereits (vgl. (67) in 1.6),

daß
$$E[S_j] = \gamma_n \sigma \; ;$$

die Faktoren γ_n können wir der Tabelle 3 in 2.2.5 für $n = 2, 3, \ldots, 12$ entnehmen, für $n > 12$ sind die $\gamma_n \approx 1$, aber wenn es auf große Genauigkeit ankommt, kann man die Tabelle mit Hilfe der dort angegebenen Rekursionsformel über $n = 12$ hinaus fortsetzen. Es sei nun

$$\overline{S} = \frac{1}{m} \sum_{j=1}^{m} S_j \; ;$$

dann ist $E[\overline{S}] = \frac{1}{m} \cdot m \, E[S_j] = \gamma_n \sigma$ und somit ist

$$\frac{1}{\gamma_n} \overline{S} = \frac{1}{m \gamma_n} \sum_{j=1}^{m} S_j \tag{17}$$

eine erwartungstreue Schätzfunktion für σ. Vorauszusetzen ist dabei allerdings, daß wenigstens σ während der Zeit, in der die Stichproben produziert wurden, konstant geblieben ist, wenn wir dies schon für μ nicht unbedingt annehmen wollen. Für große m wird $\frac{1}{\gamma_n} \overline{S}$ einen recht genauen Schätzwert für σ liefern, den man dann anstelle von σ in die Formel (15) für G_o und G_u einsetzen kann.

Die 3σ - Grenzen:

Viele Kontroll-Ingenieure sind daran gewöhnt, $\lambda_\beta = 3$ zu setzen, d.h. sie arbeiten mit den sog. 3σ -Grenzen

$$G_o = \mu_o + \frac{3\sigma}{\sqrt{n}} \quad \text{bzw.} \quad \mu_o + \frac{3\overline{S}}{\sqrt{n}\,\gamma_n} \quad \text{und} \quad G_u = \mu_o - \frac{3\sigma}{\sqrt{n}} \quad \text{bzw.} \quad \mu_o - \frac{3\overline{S}}{\sqrt{n}\,\gamma_n} \; . \tag{18}$$

Wegen $\Phi(3) = 0{,}99865$ ist α bei diesen Kontrollgrenzen $2(1 - 0{,}99865)$ d.h. $\alpha = 0{,}00270$. Eine Überschreitungswahrscheinlichkeit dieser Größenordnung scheint sich tatsächlich in vielen Fällen bewährt zu haben, sonst hätte sich der "Glaube an 3σ " nicht so lange gehalten. Wenn λ_β unbedingt ganzzahlig sein soll (wofür es heute kaum noch stichhaltige Gründe geben dürfte), dann wird freilich 3 in den meisten Fällen besser als 2 oder 4 sein, denn bei $\lambda_\beta = 2$ hätte man zu oft "blinden Alarm" (etwa bei 5% der Stichproben, so lange der Prozeß mit $N(\mu_o, \sigma^2)$ unter statistischer Kontrolle ist), bei $\lambda_\beta = 4$ wäre α zwar nur etwa gleich $6 \cdot 10^{-6}$, aber dafür würde man Veränderungen des Prozesses im allgemeinen zu spät bemerken.

Im Grunde sollten ökonomische Daten für die Festlegung von α bestimmend sein. Zu diesen gehören die von defekten Stücken verursachten Schäden, sowie die Kosten für die laufende Kontrolle und die eingreifenden Maßnahmen. Letztere können verschieden kostspielig sein je nachdem, ob G_o überschritten oder G_u unterschritten wird und dann kann es vorteilhaft sein, wenn man $W(\overline{X} > G_o)$ und $W(\overline{X} < G_u)$ für den unter statistischer Kontrolle laufenden Prozeß verschieden groß festlegt. Darauf werden wir in Kapitel 4 noch zurückkommen.

Kontrollkarten mit Warngrenzen:

Zusammen mit den Kontrollgrenzen G_o und G_u verwendet man häufig auch sogenannte Warngrenzen w_o und w_u. Diese liegen näher am Sollwert als G_o und G_u und werden daher mit größerer Wahrscheinlichkeit überschritten. Häufig wählt man w_o und w_u so, daß $W(\overline{X} > w_o) = W(\overline{X} < w_u) = 0{,}025$, so lange der Prozeß mit $N(\mu_0, \sigma^2)$ unter statistischer Kontrolle ist. Die Überschreitungswahrscheinlichkeit für die Warngrenzen ist dann 0,05 , während das für die Kontrollgrenzen meistens wesentlich kleiner ist. Die Warngrenzen sind dann, analog wie die Kontrollgrenzen, mit $\lambda_{0,95} = 1,96$ zu berechnen:

$$w_o = \mu_0 + 1,96 \frac{\sigma}{\sqrt{n}} \quad , \quad w_u = \mu_0 - 1,96 \frac{\sigma}{\sqrt{n}} \quad .$$

Wer λ_β unbedingt ganzzahlig haben möchte, der wird als Warngrenzen die sog. 2σ -Grenzen $\mu_0 \pm 2 \frac{\sigma}{\sqrt{n}}$, als Kontrollgrenzen die 3σ -Grenzen $\mu_0 \pm 3 \frac{\sigma}{\sqrt{n}}$ benutzen.

Man sollte festlegen, was bei Überschreitung einer Warngrenze zu geschehen hat. Allgemeine Bemerkungen über "erhöhte Aufmerksamkeit", die dann walten soll, dürften nämlich wenig nützen. Denkbar wären etwa gewisse Routinekontrollen, die ohne Anhalten des Prozesses möglich sind oder sonstige Maßnahmen, die weniger aufwendig sind als die bei Überschreiten einer Kontrollgrenze zu treffenden (wir denken dabei natürlich an den Fall, daß nur eine Warngrenze, nicht aber gleichzeitig auch eine Kontrollgrenze überschritten wird). Oft erfolgt eine Reaktion erst dann, wenn eine Warngrenze zweimal nacheinander überschritten wird. Diese Reaktion kann dann dieselbe sein wie bei Überschreiten einer Kontrollgrenze, sie kann aber auch anders sein. Wir wollen hier nicht alle möglichen Varianten für den kombinierten Einsatz von Warn- und Kontrollgrenzen schildern und beschränken uns deshalb im folgenden auf Kontrollkarten ohne Warngrenzen.

Selbstverständlich darf man Kontroll- oder Warngrenzen nicht mit Toleranzgrenzen verwechseln. Letztere geben an, in welchem Bereich X liegen muß, damit das Produkt brauchbar ist und sind daher allein durch die technischen Bedingungen der V e r w e n d u n g des Produkts bestimmt. Erstere aber sind zum einen durch μ und σ , also durch die technischen Möglichkeiten der P r o d u k t i o n, zum andern durch α und n , also durch die gewünschten statistischen Eigenschaften der Kontrolle, festgelegt. Dabei hat man wie immer einander zuwiderlaufende ökonomische Interessen zu berücksichtigen; wählt man α zu klein, dann wird die Produktion nur selten durch "blinden Alarm" gestört, aber man merkt es im allgemeinen zu spät, wenn der Prozeß außer Kontrolle gerät. Wählt man α zu groß, dann ist das Verfahren zwar sensibel, aber es führt oft zu unnötigen Kontrollmaßnahmen.

Die Operationscharakteristik $L(\mu)$ einer $\overline{X}$ - Karte

Wie bei den $\overline{p}$ -Karten bezeichnen wir die Wahrscheinlichkeit dafür, daß eine einzelne Stichprobe nicht zu eingreifenden Maßnahmen führt, als die Operationscharakteristik, betrachten aber jetzt diese Wahrscheinlichkeit als Funktion von μ . Wir interessieren uns also für

$$L(\mu) = W(G_u \leq \overline{X} \leq G_o) \quad . \tag{19}$$

Die Kontrollgrenzen haben wir so gewählt, daß $L(\mu_0) = \beta = 1-\alpha$ gilt. $L(\mu)$ soll nun die Wahrscheinlichkeit $W(G_u \leq \overline{X} \leq G_o)$ für den Fall angeben, daß der Prozeß das Merkmal X auch bei einer Störung noch mit der festen Streuung σ und normalverteilt anliefert, so daß sich also nur μ ändert und einen anderen Wert als den Sollwert μ_0 annimmt. Diese einschneidende Voraussetzung schränkt natürlich die Bedeutung von $L(\mu)$ stark ein. Die Wahrscheinlichkeit in (19) ist also für ein nach $N(\mu, 6^2/n)$ verteiltes $\overline{X}$ zu berechnen; wir setzen für G_u und G_o nach (15) ein in (19) und erhalten

$$L(\mu) = W(\mu_o - \lambda_\beta \frac{6}{\sqrt{n}} \leq \overline{X} \leq \mu_o + \lambda_\beta \frac{6}{\sqrt{n}}) = W(\frac{\mu_o - \mu}{6}\sqrt{n} - \lambda_\beta \leq \frac{\overline{X} - \mu}{6}\sqrt{n} \leq \frac{\mu_o - \mu}{6}\sqrt{n} + \lambda_\beta)$$

und weil das "standardisierte Mittel"$(\overline{X} - \mu)\sqrt{n}/6$ nach $N(0,1)$ verteilt ist, folgt

$$L(\mu) = \Phi(\frac{\mu_o - \mu}{6}\sqrt{n} + \lambda_\beta) - \Phi(\frac{\mu_o - \mu}{6}\sqrt{n} - \lambda_\beta) \ . \tag{20}$$

Man sieht sofort, daß $L(\mu_o) = \Phi(\lambda_\beta) - \Phi(-\lambda_\beta) = \beta$, wie es wegen der Wahl von G_u und G_o auch sein muß. Die Ableitung

$$L'(\mu) = \left[- \varphi(\frac{\mu_o - \mu}{6}\sqrt{n} + \lambda_\beta) + \varphi(\frac{\mu_o - \mu}{6}\sqrt{n} - \lambda_\beta) \right]\frac{\sqrt{n}}{6}$$

ist wegen der bekannten Symmetrie- und Monotonie-Eigenschaften der zu Φ gehörenden Dichte φ positiv für $\mu < \mu_o$, negativ für $\mu > \mu_o$ und 0 für $\mu = \mu_o$.
$L(\mu_o) = \beta$ ist also das Maximum von $L(\mu)$; aus der Symmetrie-Eigenschaft $\Phi(x) = 1 - \Phi(-x)$ von Φ folgt ohne Mühe, daß $L(\mu_o + \Delta) = L(\mu_o - \Delta)$ für alle Δ gilt, d.h. $L(\mu)$ ist symmetrisch bezüglich μ_o .
Aus der Ableitung $L'(\mu)$ erkennt man, daß $L(\mu)$ rechts und links von μ_o umso stärker abnimmt, je größer der Stichprobenumfang n gewählt wird. Dies ist jedoch nicht unbedingt ein Argument für große Stichprobenumfänge: erstens ist man meist gar nicht daran interessiert, daß geringe Abweichungen vom Sollwert μ_o bereits eingreifende Maßnahmen auslösen, zweitens ist zu bedenken, daß man bei geringerem Stichprobenumfang die Stichproben vermutlich in kürzeren zeitlichen Abständen zieht. Da nun aber $L(\mu)$ die Wahrscheinlichkeit dafür ist, daß eine einzelne Stichprobe keine eingreifenden Maßnahmen auslöst, ist $(L(\mu))^m$ die Wahrscheinlichkeit dafür, daß m Stichproben gleichen Umfangs keine eingreifenden Maßnahmen auslösen, sofern die Merkmalswerte während der betreffenden Zeit alle unabhängig und nach $N(\mu, 6^2)$ verteilt sind.
Wir führen noch die "normierte Abweichung" $z = \frac{\mu_o - \mu}{6}\sqrt{n}$ als Hilfvariable ein und können dann wegen (20) $L(\mu)$ gleichsetzen mit

$$L_\beta(z) = \Phi(z + \lambda_\beta) - \Phi(z - \lambda_\beta) \ ; \tag{21}$$

es gibt also für jedes β eine einzige Kurve $L_\beta(z)$, aus der sich bei gegebenem $\mu_o, 6$ und n wieder $L(\mu)$ gewinnen läßt, indem man für z wieder $(\mu_o - \mu)6/\sqrt{n}$ einsetzt. In Figur 34 sind $L_{0,95}(z)$ und $L_{0,995}(z)$ skizziert.

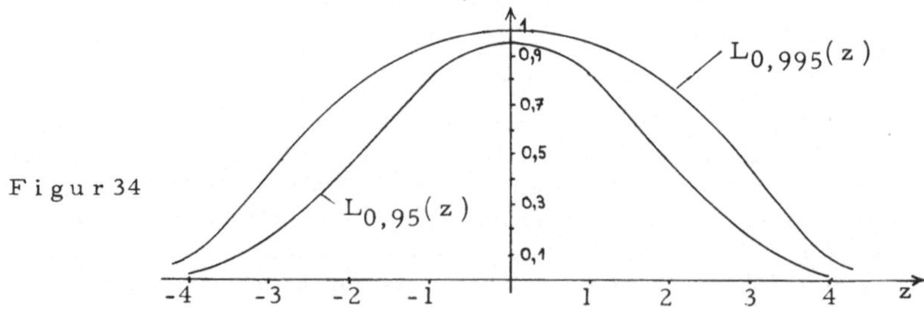

Figur 34

Unsere bisherigen Kontrollgrenzen $G_o = \mu_o + \lambda_\beta \frac{\sigma}{\sqrt{n}}$, $G_u = \mu_o - \lambda_\beta \frac{\sigma}{\sqrt{n}}$ sind nicht zufallsabhängig, denn wir nahmen ja an, daß wir μ_o und σ entweder sehr genau kennen als die Parameter, die für den Prozeß unter statistischer Kontrolle gelten, oder daß μ_o und σ einfach vernünftig vorgegebene Sollwerte sind. Die Formel (20) für $L(\mu)$ ist aber nur dann richtig, wenn σ der wahre Wert der Streuung ist. Im folgenden ersetzen wir μ_o und σ bei der Berechnung von G_o und G_u durch Schätzfunktionen und erhalten dadurch zufallsabhängige Kontrollgrenzen.

$\overline{X}$ -Karten für unbekannten Mittelwert μ_o und unbekannte Streuung σ .

Wir nehmen nun an, daß wir die Parameter μ_o und σ der Normalverteilung, die bei ordnungsgemäßem Zustand des Prozesses für X gilt, nicht genau kennen und diese bei der Berechnung von G_o und G_u auch nicht durch von uns gewählte Sollwerte ersetzen wollen. Bei Vorgabe von Sollwerten für μ_o und σ reagiert die Kontrollkarte nämlich auf Abweichungen von einem Idealzustand, der möglicherweise gar nicht realisierbar ist; wenn wir wollen, daß sie auf Abweichungen von der wahren Verteilung $N(\mu_o, \sigma^2)$ reagiert, die für X bei ordnungsgemäßem Zustand des Prozesses gilt, dann berechnen wir nun die Kontrollgrenzen nach der Formel

$$G_o = \overline{\overline{X}} + \lambda_\beta \frac{\overline{S}}{\sqrt{n}\,\delta_n} \quad , \quad G_u = \overline{\overline{X}} - \lambda_\beta \frac{\overline{S}}{\sqrt{n}\,\delta_n} \tag{22}$$

d. h. wir ersetzen μ_o und σ in (15) durch die Schätzfunktion $\overline{\overline{X}}$ und $\overline{S}/\delta_n$.

Dabei setzen wir wie zuvor auch voraus, daß das "große Mittel" $\overline{\overline{X}}$ und $\overline{S}/\delta_n$ aus m Stichproben gebildet werden, welche zu einer Zeit gezogen wurden, als der Prozeß mit $N(\mu_o, \sigma^2)$ unter statistischer Kontrolle war. Wenn nun für eine neue Stichprobe eine Normalverteilung mit einem möglicherweise von μ_o verschiedenen μ , aber demselben σ wie zuvor gilt, dann hängt die Überschreitungswahrscheinlichkeit

$$W(\overline{X} > G_o) + W(\overline{X} < G_u) \text{ für die Grenzen } (22)$$

außer von μ noch von den unbekannten Parametern μ_o und σ ab. Dasselbe gilt dann natürlich auch für die Operationscharakteristik

$$L_{\mu_o, \sigma}(\mu) = W(G_u \leq \overline{X} \leq G_o) ;$$

für letztere gibt UHLMANN [1982] eine Näherung an, die in unseren Bezeichnungen wie folgt lautet:

$$L_{\mu_o, \sigma}(\mu) \approx \Phi\left(\frac{\frac{\mu_o - \mu}{\sigma}\sqrt{n} + \lambda_\beta}{\sqrt{1 + \frac{1}{m} + \frac{\lambda_\beta^2}{m}\left(\frac{1}{\delta_n^2} - 1\right)}}\right) - \Phi\left(\frac{\frac{\mu_o - \mu}{\sigma}\sqrt{n} - \lambda_\beta}{\sqrt{1 + \frac{1}{m} + \frac{\lambda_\beta^2}{m}\left(\frac{1}{\delta_n^2} - 1\right)}}\right) \tag{23}$$

Aus dieser Näherung kann man in etwa die Wahrscheinlichkeit ablesen, mit der eine Stichprobe vom Umfang n nicht zu eingreifenden Maßnahmen führt, wenn $(\mu_o - \mu)/\sigma$ bestimmte Werte annimmt. Doch da wir μ_o und σ nicht genau kennen, ist die Bedeutung von (23) eher darin zu erblicken, daß wir im Vergleich zu (20) abschätzen können, welche Auswirkungen die Ersetzung der festen Kontrollgrenzen (15) durch die zufallsabhängigen Kontrollgrenzen (22) hat. Da die Quadratwurzel in (23) für $m \to \infty$ gegen 1 konvergiert, liefert diese Näherung für große m praktisch dieselbe Operationscharakteristik wie die Formel (20). Die Wurzel hängt zwar auch von λ_β und n ab, aber im allgemeinen kann man sie ab m = 30 durch 1 ersetzen. Sie ist z. B. gleich 1,03 für m = 30 , n = 5 und β = 0, 990 und damit erhalten wir an der Stelle $\mu = \mu_0$ die Näherung $L_{\mu_0, \sigma} (\mu_0) \approx \Phi(2,56/1,03) - \Phi(-2,56/1,03) = 0, 987$ anstelle des Werts 0,990 , den die Operationscharakteristik $L(\mu)$ (s. (20)) an der Stelle $\mu = \mu_0$ besitzt. Da die Quadratwurzel stets größer als 1 ist und die Distanz der beiden Argumente von Φ in (23) daher kürzer ist als in (20), ergeben sich mit der Näherung (23) kleinere Werte als mit (20) zumindest für alle μ mit $|(\mu_0 - \mu)\sqrt{n}/\sigma| \leq \lambda_\beta$.

Schätzung von σ über die mittlere Spannweite $\bar{R}$

Die Spannweite $R = \xi_n - \xi_1$ einer Stichprobe vom Umfang n haben wir bereits in 2.2.6 als die Differenz aus der größten und der kleinsten Ranggröße kennengelernt. Die mittlere Spannweite $\bar{R}$ sei nun das arithmetische Mittel aus den m Spannweiten von m Stichproben des Umfangs n, welche zur Schätzung von μ und σ benutzt werden sollen. Dabei wird angenommen, daß der Prozeß bei der Fertigung aller Stücke dieser Stichproben mit $N(\mu, \sigma^2)$ unter statistischer Kontrolle war.

Wie für S brauchen wir auch für $\bar{R}$ einen Korrekturfaktor, den wir nun d_n nennen, so daß

$$E[\bar{R} d_n] = \sigma \quad , \quad \text{d. h. daß } \bar{R} d_n \text{ erwartungstreue Schätzfunktion}$$

für σ ist. Früher war die etwas umständlichere Berechnung von S ein Grund dafür, daß viele Praktiker lieber die Spannweite R als S benutzten; heute ist das oft nur noch Gewohnheit, aber ein weiterer Grund kann darin liegen, daß die Werte der Spannweiten ohnehin aufgezeichnet werden, weil man neben dem Mittelwert μ auch die Variabilität des Prozesses überwachen will. Auf dieses Ziel werden wir in den nächsten beiden Abschnitten noch ausführlich eingehen. Ferner spricht für die Spannweite ihre im Vergleich zu S viel anschaulichere Bedeutung.

Die Korrekturfaktoren d_n ergeben sich aus folgender Überlegung: Die Ranggrößen $\xi_1, \ldots, \xi_n$ einer Stichprobe von n unabhängigen und nach $N(\mu, \sigma^2)$ verteilten zufälligen Variablen gehen durch die Transformation $\eta_i = (\xi_i - \mu)/\sigma$ über in die Ranggrößen $\eta_1, \ldots, \eta_n$ von n unabhängigen und nach $N(0, 1)$ verteilten zufälligen Variablen. Es gilt also

$$E[\eta_n - \eta_1] = E[(\xi_n - \mu)/\sigma - (\xi_1 - \mu)/\sigma] = \frac{1}{\sigma} E[\xi_n - \xi_1] = \frac{1}{\sigma} E[R]$$

und daraus folgt

$$\sigma = \frac{E[R]}{E[\eta_n - \eta_1]} = \frac{E[R]}{E[\eta_n] - E[\eta_1]} \quad ,$$

also

$$d_n = \frac{1}{E[\eta_n] - E[\eta_1]} \quad . \tag{24}$$

Da nun $R d_n$ erwartungstreue Schätzfunktion für σ ist, gilt dasselbe auch für $\bar{R} d_n$, denn als arithmetisches Mittel von m Spannweiten aus Stichproben des Umfangs n hat $\bar{R}$ denselben Erwartungswert wie die Spannweite R einer einzelnen Stichprobe vom Umfang n.

Die Erwartungswerte der η_i , i = 1, ..., n, findet man häufig tabelliert, z. B. in Tabelle 7.1 bei OWEN [1962]. Für n = 5 können wir z. B. $E[\eta_5]$ = 1,163 und $E[\eta_1]$ = - 1,163 ablesen (wegen der 0-Symmetrie von $N(0, 1)$ ist immer

$E[\eta_1] = - E[\eta_n])$ und erhalten so $d_5 = 1/(2 \cdot 1,163) = 0,430$;
in der nebenstehenden Tabelle 4 ist d_n für $n = 2, \ldots, 10$
angegeben. Für größere n kann man d_n selbst mit Hilfe
von Tabelle 7.1 in OWEN [1962] berechnen, wo alle Erwartungswerte $E[\eta_i]$, $i = 1, \ldots, n$ und $n = 2, 3, \ldots, 50$ angegeben sind.
Der Faktor d_2 ist gleich $1/(\gamma_2 \sqrt{2})$, denn für $n = 2$
ist $S = |X_1 - X_2|/\sqrt{2}$ und da

$$E[S/\gamma_2] = E[R\, d_2] = E[|X_1 - X_2|]d_2 = \sigma,$$

müssen die Faktoren d_2 und $1/(\gamma_2 \sqrt{2})$ dieselben
sein. Man kann übrigens zeigen, daß die Varianz
von $R\, d_n$ für alle $n > 2$ größer als die Varianz von S/γ_n
ist, aber der Unterschied ist bis $n = 6$ geringfügig. Erst für größere n wird
die Varianz von $R\, d_n$ erheblich größer als die von S/γ_n. Dies ist verständlich, denn für größere n verzichten wir ja auf mehr Information, wenn wir
die Schätzung von σ nur auf den größten und den kleinsten Wert der Stichprobe stützen.

n	d_n
2	0,886
3	0,591
4	0,486
5	0,430
6	0,395
7	0,370
8	0,351
9	0,337
10	0,325

Tab. 4 ($E[R d_n]=\sigma$)

Wenn man nun eine $\overline{X}$ - Karte haben möchte, bei der man auf Abweichungen
von der "wahren" Normalverteilung $N(\mu_o, \sigma^2)$ reagiert, die für den Prozeß
unter statistischer Kontrolle gilt und wenn man die nicht genau bekannten
Parameter μ_o und σ durch $\overline{\overline{X}}$ und $\overline{R}d_n$ schätzt, dann berechnet man die Kontrollgrenzen analog zu (15) nun nach der Formel

$$G_o = \overline{\overline{X}} + \lambda_\beta \frac{\overline{R}d_n}{\sqrt{n}} \quad , \quad G_u = \overline{\overline{X}} - \lambda_\beta \frac{\overline{R}\, d_n}{\sqrt{n}} \; . \tag{25}$$

Die Kontrollgrenzen nach (22) sind jedoch aus zwei Gründen vorzuziehen:
zum einen ist $\overline{R}d_n$ die ungenauere Schätzfunktion für σ, da ihre Varianz für
$n \geq 3$ größer als die von $\overline{S}/\gamma_n$ ist, sofern $\overline{R}$ und $\overline{S}$ beide aus m Stichproben
vom Umfang n gewonnen werden; zum andern kann man ja nie völlig sicher
sein, daß das Merkmal X normalverteilt ist. Wenn dies nicht zutrifft, dann
ist im allgemeinen zwar nicht nur d_n, sondern auch $1/\gamma_n$ falsch, aber es ist
zu befürchten, daß der relative Fehler von d_n dann größer ausfällt als der
von $1/\gamma_n$; Abweichungen von der Normalverteilung verändern nämlich oft
die Erwartungswerte der extremen Ranggrößen ξ_1 und ξ_n weit stärker als
den Erwartungswert von S.

3.2.2 Spannweite - Karten

Die Überwachung der Variabilität eines Merkmals kann ebenso wichtig sein
wie die Überwachung des Mittelwerts. Denn wenn ein Produktionsprozeß außer Kontrolle gerät, ändert sich gewöhnlich auch die Streuung des Merkmals
und meistens wird sie dabei größer.
Wieder nehmen wir an, daß in regelmäßigen Abständen Stichproben vom Umfang n gezogen werden. In der Regel wird man nicht darauf verzichten, für
jede dieser Stichproben $\overline{X}$ zu berechnen und gegebenenfalls in eine $\overline{X}$ -Karte
einzutragen. Daneben kann man aber auch R oder S für diese Stichproben berechnen und ebenfalls in eine Kontrollkarte eintragen. Für R spricht die anschaulichere Bedeutung im Vergleich zu S; häufig gibt man neben der Spannweite R auch stets den kleinsten und den größten Meßwert der Stichprobe an,

was weitere nützliche Informationen liefern kann. Wir betrachten daher zunächst die Spannweite - Karten, die man auch R - Karten nennt.

Es sind also Kontrollgrenzen G_o und G_u so zu bestimmen, daß $W(G_u \leqslant R \leqslant G_o)$ für die Spannweite R einer Stichprobe vom Umfang n gleich einer vorgegebenen hohen Wahrscheinlichkeit β ist, sofern der Produktionsprozeß unter statistischer Kontrolle ist. Letzteres soll meistens bedeuten, daß die Stichprobenvariablen X_i unabhängig und alle nach einer Normalverteilung $N(\mu, 6^2)$ verteilt sind; die folgende Herleitung gilt aber auch für andere Verteilungstypen und deshalb wollen wir annehmen, daß der Prozeß genau dann unter statistischer Kontrolle ist, wenn die X_i unabhängig und alle nach einer bekannten Verteilungsfunktion $F(x)$ mit dem Erwartungswert μ und der Streuung 6 verteilt sind. $F(x)$ sei eine stetige Verteilungsfunktion mit Dichte $f(x)$. Die Verteilungsfunktion der standardisierten Variablen $(X_i-\mu)/6$ bezeichnen wir dann mit $\Psi(x)$. Für normalverteilte X_i ist also $\Psi(x) = \Phi(x)$. Durch die Standardisierung gehen die Ranggrößen $\xi_1, \ldots, \xi_n$ der X_i über in die Ranggrößen $\eta_i = (\xi_i - \mu)/6$, $i = 1, 2, \ldots, n$, einer Stichprobe, deren Variable $Y_i = (X_i-\mu)/6$ alle nach $\Psi(x)$ verteilt sind. Die sogenannte

$$\text{standardisierte Spannweite } \eta_n - \eta_1 = (\xi_n - \xi_1)/6 \tag{26}$$

hat dann die Verteilungsfunktion

$$H_n(y) = W(\eta_n - \eta_1 \leqslant y) = \int_{-\infty}^{\infty} n\psi(x)[\Psi(x+y) - \Psi(x)]^{n-1} dx . \tag{27}$$

ψ (zu lesen: psi) ist der kleine Buchstabe zu Ψ und $\psi(x)$ ist hier die zu $\Psi(x)$ gehörende Dichtefunktion. Zu dieser Formel kommt man leicht über die folgende heuristische Überlegung (einen Beweis findet man bei UHLMANN [1982] S. 217): η_1 fällt in ein Intervall $x, x+\Delta$ etwa mit Wahrscheinlichkeit $n\psi(x)\Delta$, denn jede der standardisierten Variablen $(X_i - \mu)/6$ kann die Ranggröße η_1 werden; wenn aber $\eta_1 \epsilon [x, x+\Delta]$ und $\eta_n - \eta_1 \leqslant y$ gelten soll, dann müssen die übrigen standardisierten Variablen alle in dem Intervall $[\eta_1, \eta_1 + y]$ liegen, welches für ein kleines Δ fast mit $[x, x+y]$ übereinstimmt. Aus der Unabhängigkeit der Stichprobenvariablen und dem Grenzübergang $\Delta \rightarrow 0$ ergibt sich dann Formel (27).

Nun läßt sich die Verteilungsfunktion von $R = \xi_n - \xi_1$ durch $H_n(y)$ ausdrücken, denn
$$W(R \leqslant z) = W(\xi_n - \xi_1 \leqslant z) = W(\frac{\xi_n - \mu}{6} - \frac{\xi_1 - \mu}{6} \leqslant \frac{z}{6}) = W(\eta_n - \eta_1 \leqslant \frac{z}{6}) = H_n(\frac{z}{6}) .$$

Mit F sind auch Ψ und H_n Verteilungsfunktionen des stetigen Typs und daher ist
$$W(G_u \leqslant R \leqslant G_o) = \beta \quad \text{äquivalent mit } H_n(\frac{G_o}{6}) - H_n(\frac{G_u}{6}) = \beta ,$$

soferne der Prozeß unter statistischer Kontrolle ist. Hinreichend dafür, daß die letzte Gleichung erfüllt ist, sind die beiden Bedingungen

$$H_n(\frac{G_o}{6}) = 1 - \frac{\alpha}{2} , H_n(\frac{G_u}{6}) = \frac{\alpha}{2} , \tag{28}$$

wobei $\alpha = 1 - \beta$ wieder die Überschreitungswahrscheinlichkeit ist. Aus (28) erhalten wir die Kontrollgrenzen

$$G_o = 6 H_n^{-1}(1 - \frac{\alpha}{2}) , G_u = 6 H_n^{-1}(\frac{\alpha}{2}) . \tag{29}$$

Für den Fall, daß $F(x)$ eine Normalverteilung, $\Psi(x)$ also gleich $\Phi(x)$ ist, hat man $H_n(y)$ tabelliert. $H_n(y)$ ist dann also die Verteilungsfunktion der

Spannweite einer Stichprobe vom Umfang n, deren Variable unabhängig und nach $N(0, 1)$ verteilt sind. Die folgende kleine Tabelle gibt $H_n^{-1}(\frac{\alpha}{2})$ und auch $H_n^{-1}(1 - \frac{\alpha}{2})$ für $\frac{\alpha}{2} = 0{,}005$, $0{,}010$ und $0{,}025$ zu $n = 2, 3, \ldots, 10$ im Fall der Normalverteilung an. Weitere Werte kann man den Tabellen bei OWEN [1962] (s. Tab. 6.1) und PEARSON & HARTLEY [1966] entnehmen.

n \ $\frac{\alpha}{2}$:	0,005	0,010	0,025	0,975	0,990	0,995 : $1 - \frac{\alpha}{2}$
2	0,009	0,018	0,044	3,170	3,643	3,970
3	0,135	0,191	0,303	3,682	4,120	4,424
4	0,343	0,434	0,595	3,984	4,403	4,694
5	0,555	0,665	0,850	4,197	4,603	4,886
6	0,749	0,870	1,066	4,361	4,757	5,033
7	0,922	1,048	1,251	4,494	4,882	5,154
8	1,075	1,205	1,410	4,605	4,987	5,255
9	1,212	1,343	1,550	4,700	5,078	5,341
10	1,335	1,467	1,674	4,784	5,157	5,418

Tab. 5 (tabelliert ist $H_n^{-1}(\frac{\alpha}{2})$ bzw. $H_n^{-1}(1 - \frac{\alpha}{2})$)

So erhalten wir z. B. bei $n = 5$ und $\alpha = 0{,}010$ aus der Tabelle die Werte $H_5^{-1}(0{,}005) = 0{,}555$ und $H_5^{-1}(0{,}995) = 4{,}886$ und damit die Kontrollgrenzen $G_o = \sigma \cdot 4{,}886$, $G_u = \sigma \cdot 0{,}555$.

Wenn wir σ nicht genau kennen, dann ersetzen wir σ in (29) durch die Schätzfunktion $\overline{S}/\varkappa_n$ oder durch $\overline{R} d_n$ und erhalten so die Kontrollgrenzen

$$G_o = \frac{\overline{S}}{\varkappa_n} H_n^{-1}(1 - \frac{\alpha}{2}), \quad G_u = \frac{\overline{S}}{\varkappa_n} H_n^{-1}(\frac{\alpha}{2}) \quad \text{oder} \quad G_o = \overline{R} d_n H_n^{-1}(1 - \frac{\alpha}{2}), \quad G_u = \overline{R} d_n H_n^{-1}(\frac{\alpha}{2}).$$

Dabei sind die Schätzfunktionen $\overline{S}/\varkappa_n$ bzw. $\overline{R} d_n$ aus einer möglichst großen Anzahl m von Stichproben zu bilden, die aus Produktionsabschnitten stammen, während deren der Prozeß unter statistischer Kontrolle war.

Man kann für σ auch einfach einen Sollwert σ_0 einsetzen und mit den Kontrollgrenzen

$$G_o = \sigma_0 H_n^{-1}(1 - \frac{\alpha}{2}) , \quad G_u = \sigma_0 H_n^{-1}(\frac{\alpha}{2})$$

arbeiten. Ist σ_0 oder der für σ benutzte Schätzwert kleiner als das wahre σ, mit dem das Merkmal X bei ordnungsgemäß und unter statistischer Kontrolle laufendem Prozeß verteilt ist, dann ist die Überschreitungswahrscheinlichkeit nicht nur bei Störungen, sondern auch während dieses "Normalzustandes" größer als α. Schätzt man σ zu groß oder wählt man einen Sollwert σ_0, der größer als σ ist, dann erhält man Kontrollgrenzen, bei denen die Überschreitungswahrscheinlichkeit im "Normalzustand" geringer als α ist.

Beispiel 5: PkW-Motoren eines bestimmten Typs erbringen nach dem Einfahren bei einer bestimmten Drehzahl im Durchschnitt eine Leistung von 39,93 kW. Die Streuung dieser Leistung soll nicht größer als 0,80 kW sein. Von je 1000 Motoren werden 5 zufällig ausgewählt und im Werk eingefahren. Danach mißt man diese Leistung bei den 5 Motoren. Es darf angenommen werden, daß diese Leistung normalverteilt ist, so lange der Produktionsprozeß unter statistischer Kontrolle ist. Außer einer $\overline{X}$-Karte wird auch eine R-Karte geführt und für letztere wurden folgende Daten notiert:

Nr. der Stichprobe	1	2	3	4	5	6	7	8
$\xi_5 = \max\{X_1,\ldots,X_5\}$	41,12	40,80	41,32	41,75	40,35	42,07	40,96	41,65
$\xi_1 = \min\{X_1,\ldots,X_5\}$	38,27	39,34	38,68	39,00	38,12	38,74	38,40	39,35
$R = \xi_5 - \xi_1$	2,85	1,46	2,64	2,75	2,23	3,33	2,56	2,30

Es sei $\alpha = 0,010$ vorgegeben und daher erhalten wir mit den Werten $H_5^{-1}(1-\frac{\alpha}{2})$ = $H_5^{-1}(0,995) = 4,886$ und $H_5^{-1}(\frac{\alpha}{2}) = H_5^{-1}(0,005) = 0,555$ aus Tabelle 5 die Kontrollgrenzen

$$G_o = 0,80 \cdot 4,886 = 3,91 \quad \text{und} \quad G_u = 0,80 \cdot 0,555 = 0,444 \ .$$

Da alle 8 bisher beobachteten R-Werte zwischen diesen Grenzen liegen, besteht vorerst kein Anlaß für eingreifende Maßnahmen. Nehmen wir nun an, daß R auch bei den folgenden 42 Stichproben stets im Intervall $[0,444; 3,91]$ liegt und daß auch sonst nichts gegen die Annahme spricht, daß der Prozeß während der ganzen Zeitspanne, in der die geprüften Motoren gefertigt wurden, in seinem "Normalzustand", d. h. unter statistischer Kontrolle war. Dann wird man aus den 50 vorliegenden Stichproben μ und σ schätzen. Der entweder als Wert von $\overline{S}/\vartheta_n$ oder als Wert von $\overline{R}d_n$ gewonnene Schätzwert für σ sei 0,74 kW.

Wenn man nun überzeugt ist, daß 0,74 den wahren Wert von σ im "Normalzustand" genauer wiedergibt als 0,80, dann möchte man vielleicht auch die Kontrollkarte so ändern, daß künftig für $\sigma = 0,74$ die Überschreitungswahrscheinlichkeit gleich $\alpha = 0,010$ wird. Dazu ändern wir die Kontrollgrenzen um in

$$G_o = 0,74 \cdot 4,886 = 3,62 \quad , \quad G_u = 0,74 \cdot 0,555 = 0,411 \ .$$

Die neue R-Karte ist in Figur 35 angedeutet und es sind dort 20 R-Werte eingetragen, die sich bei den nächsten 20 Stichproben ergeben haben könnten.

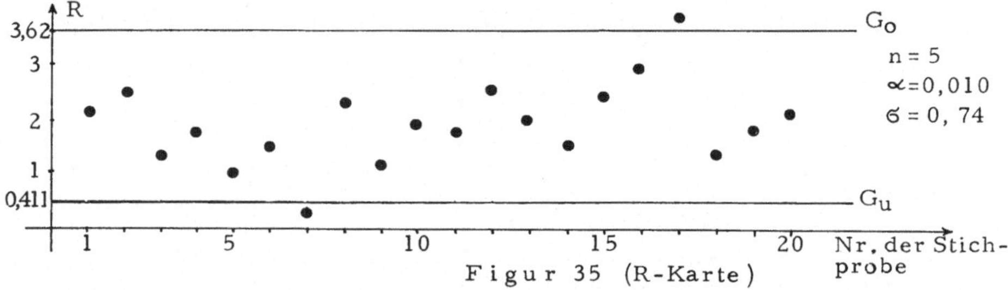

Figur 35 (R-Karte)

Falls man sich nicht dafür interessiert, ob erkennbare Ursachen zur Überschreitung von G_u bei der 7. Stichprobe führten, wird man nur auf die Stichprobe Nr. 17 mit eingreifenden Maßnahmen reagieren. Bei einer solchen einseitigen Verwendung der Kontrollkarte, d. h. wenn man entweder nur auf das Überschreiten der oberen Kontrollgrenze oder aber nur auf das Überschreiten der unteren Kontrollgrenze reagiert, ist die Wahrscheinlichkeit für das Eingreifen im "Normalzustand" bei jeder einzelnen Stichprobe natürlich nur gleich $\alpha/2$ statt α.

<u>Die Operationscharakteristik der R-Karte</u>

Die Kontrollgrenzen seien für einen Wert σ_o der Streuung berechnet; wenn also $\sigma = \sigma_o$, dann gilt $W(G_u \le R \le G_o) = \beta = 1-\alpha$. Als Funktion von σ ist diese Wahrscheinlichkeit die Operationscharakteristik der R-Karte, die wir mit

$$L_R(\sigma)$$

bezeichnen. Wir können $L_R(\sigma)$ durch die Verteilungsfunktion $H_n(y)$ der standardisierten Spannweite R/σ ausdrücken, denn es ist

$$L_R(\sigma) = W(G_u \le R \le G_o) = W\left(\frac{G_u}{\sigma} \le \frac{R}{\sigma} \le \frac{G_o}{\sigma}\right) = H_n\left(\frac{G_o}{\sigma}\right) - H\left(\frac{G_u}{\sigma}\right)$$

und wegen $G_o = \sigma_o H_n^{-1}(1-\frac{\alpha}{2})$, $G_u = \sigma_o H_n^{-1}(\frac{\alpha}{2})$ folgt

$$L_R(\sigma) = H_n\left(H_n^{-1}(1-\frac{\alpha}{2})\frac{\sigma_o}{\sigma}\right) - H_n\left(H_n^{-1}(\frac{\alpha}{2})\frac{\sigma_o}{\sigma}\right) \ . \tag{30}$$

Bei "einseitiger Verwendung", d.h. wenn man entweder nur auf Überschreitungen von G_o oder aber nur auf Überschreitungen von G_u reagiert, ist die Operationscharakteristik

$$L_{R,o}(\sigma) = W(R \le G_o) = H_n(G_o/\sigma) = H_n\left(H_n^{-1}(1-\frac{\alpha}{2})\frac{\sigma_o}{\sigma}\right) \tag{31}$$

bzw.

$$L_{R,u}(\sigma) = W(R \ge G_u) = 1 - H(G_u/\sigma) = 1 - H_n\left(H_n^{-1}(\frac{\alpha}{2})\frac{\sigma_o}{\sigma}\right). \tag{32}$$

Für den Fall der Normalverteilung ist die Verteilungsfunktion $H_n(y)$ der standardisierten Spannweite R/σ tabelliert (s. z.B. Tab. 23 in PEARSON & HARTLEY [1966]) und mit Hilfe solcher Tabellen kann man diese Operationscharakteristiken skizzieren. Figur 36 zeigt $L_R(\sigma)$ und $L_{R,o}(\sigma)$ für n = 5 und $\alpha = 0,010$. Dabei wurde σ_o als Einheit auf der Abszissenachse gewählt. Wir erkennen z.B., daß R nur noch mit einer Wahrscheinlichkeit von etwa 0,58 zwischen den Kontrollgrenzen liegt, wenn $\sigma = 2\sigma_o$ ist, während $L_R(\sigma_o/2)$ noch etwa 0,93 ist. Eine Streuung von $2\sigma_o$ würde also im allgemeinen schon nach wenigen Stichproben eingreifende Maßnahmen auslösen, denn die Wahrscheinlichkeit dafür, daß k Stichproben nacheinander ein R innerhalb der Kontrollgrenzen liefern, wäre dann nur $0,58^k$ und dies ist schon ab k = 6 geringer als 0,04 .

Bei manchen Verteilungstypen ist die Verteilungsfunktion $H_n(y)$ der standardisierten Spannweite von einfacher Gestalt und man ist dann weder bei der Berechnung der Kontrollgrenzen, noch bei den Operationscharakteristiken (30), (31) und (32) auf Tabellen angewiesen. Ein Beispiel hierfür bietet die Aufgabe 56 , bei der eine Exponentialverteilung für das zu messende Merkmal X vorausgesetzt ist.

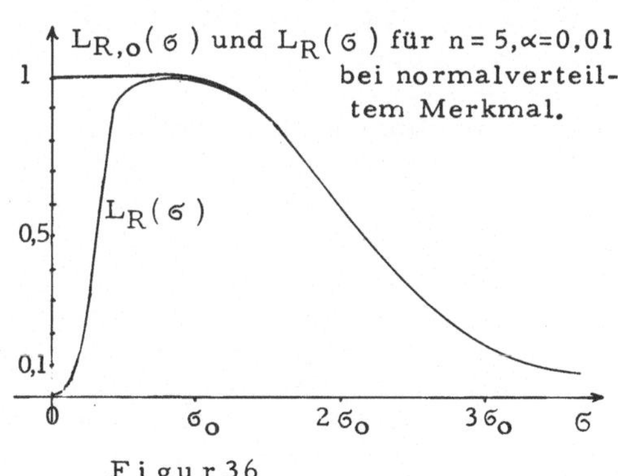

Figur 36

<u>Aufgabe 56</u>

Die Nutzungsdauer T gewisser Artikel sei nach der Verteilungsfunktion

$$F(t) = W(X \le t) = \begin{cases} 1 - e^{-ht} & \text{für } t \ge 0 \\ 0 & \text{für } t < 0 \end{cases}$$

verteilt. Bei dieser Verteilung ist $\frac{1}{h}$ sowohl gleich dem Erwartungswert $\mu = E[T]$, als auch gleich der Streuung σ von T. Daher kann man mit Hilfe einer Spannweite-Karte gleichzeitig μ und σ überwachen. Wählen Sie die Kontrollgrenzen dieser Karte so, daß die zu

einer Stichprobe vom Umfang $n = 5$ gehörende Spannweite R mit Wahrscheinlichkeit $\beta = 0,99$ zwischen diesen Kontrollgrenzen liegt, falls h gleich dem
Sollwert $h_o = 0,40$ ist (d. h. falls $\sigma = \sigma_o = 1/0,40 = 2,50$). Geben Sie auch die zu
dieser Kontrollkarte gehörenden Operationscharakteristiken $L_R(\sigma) = L_R(\frac{1}{h})$
und $L_{R,o}(\sigma) = L_{R,o}(\frac{1}{h})$ an!

(Hinweis: hier ist $H_n(y)$ die einfache Funktion $H_n(y) = \begin{cases} (1-e^{-y})^{n-1} & \text{für } y \geq 0 \\ 0 & \text{für } y < 0 \end{cases}$.

3.2.3 Streuungskarten für ein normalverteiltes Merkmal

Wir kennen bereits die erwartungstreuen Schätzfunktionen S/γ_n und $R\,d_n$ für
das σ einer Normalverteilung und schon in 3.2.1 wurde erwähnt, daß S/γ_n
für alle $n \geq 3$ eine geringere Varianz als $R\,d_n$ hat. Man darf deshalb annehmen, daß sich S/γ_n noch besser für die Überwachung der Variabilität eines
normalverteilten Merkmals eignet als $R\,d_n$. Denn wenn S/γ_n den aktuellen
Wert von σ im allgemeinen genauer angibt als $R\,d_n$, dann wird man wohl
auch Abweichungen von einem Sollwert σ_o gewöhnlich eher aufgrund von S/γ_n
entdecken als über $R\,d_n$.
Allerdings ist der Unterschied der beiden Varianzen für kleine n nur unbe-
deutend. Davon überzeugen wir uns, indem wir in Tabelle 6 die beiden Varianzen einander für $n = 2, 3, \dots, 10$ gegenüberstellen. Die Varianz von S/γ_n
ist

$$V[S/\gamma_n] = \frac{1}{\gamma_n^2}\left(E[S^2] - (E[S])^2\right) = \frac{1}{\gamma_n^2}(\sigma^2 - \sigma^2\gamma_n^2) = \sigma^2(\frac{1}{\gamma_n^2} - 1) \quad , \quad (33)$$

und die Varianz von $R\,d_n$ ist $d_n^2\,V[R] = d_n^2\sigma^2\,V[\varrho]$, wobei ϱ die Spannweite
einer Stichprobe vom Umfang n ist, deren Variable unabhängig und nach der
Standard-Normalverteilung $N(0, 1)$ verteilt sind. $V[\varrho]$ ist tabelliert (s.z. B.
Tab. 6.2 bei OWEN [1962]). Die Varianzen von S/γ_n und $R\,d_n$ unterscheiden
sich also um die Faktoren $\frac{1}{\gamma_n^2} - 1$ und $d_n^2\,V[\varrho]$, die wir in Tabelle 6 gegenübergestellt haben.

Der relative Unterschied wächst mit n und für
$n = 10$ ist die Varianz von S/γ_n immerhin schon
um etwa 18% kleiner als die von $R\,d_n$.

Wir setzen wieder voraus, daß die Merkmalswerte X_i unabhängig und nach einer Normalverteilung $N(\mu, \sigma^2)$ mit festen Parametern μ und σ
verteilt sind, so lange der Produktionsprozeß
unter statistischer Kontrolle ist. Es werden in
regelmäßigen Abständen Stichproben vom Umfang
n entnommen und die daraus ermittelte empirische Streuung

$$S = \sqrt{\frac{1}{n-1}\sum_{i=1}^{n}(X_i - \overline{X})^2}$$

n	$\frac{1}{\gamma_n^2} - 1$	$d_n^2 V[\varrho]$
2	0,571	0,571
3	0,273	0,276
4	0,178	0,183
5	0,132	0,138
6	0,104	0,112
7	0,0865	0,0950
8	0,0738	0,0828
9	0,0643	0,0742
10	0,0570	0,0671

Tab. 6

wird in eine Kontrollkarte mit einer oberen Kontrollgrenze G_o und einer unteren Kontrollgrenze G_u eingetragen. So lange $G_u \leq S \leq G_o$ gilt, läßt man den
Prozeß ungestört weiterlaufen, sobald jedoch S eine der beiden Kontrollgrenzen überschreitet, werden eingreifende Maßnahmen ausgelöst.
Damit äquivalent wäre natürlich eine Kontrollkarte mit G_u/γ_n und G_o/γ_n anstelle von G_u und G_o , bei der dann S/γ_n , also die erwartungstreue Schätz-

funktion, anstelle von S einzutragen wäre.

G_o und G_u werden wieder so festgelegt, daß eine einzelne Stichprobe nur mit einer geringen Wahrscheinlichkeit α zur Überschreitung dieser Grenzen führt, so lange der Prozeß in seinem "Normalzustand" ist; dies soll nun heißen, daß $\sigma = \sigma_o$ gilt, wobei σ_o ein vorgeschriebener Sollwert oder die bekannte Streuung des Merkmals X während der Zeitabschnitte ist, in denen der Produktionsprozeß unter statistischer Kontrolle läuft. Für $\sigma = \sigma_o$ soll also

$$W(G_u \leq S \leq G_o) = \beta = 1-\alpha$$

gelten. Die Aufgabe kann über die bekannte Verteilung von $(n-1)\dfrac{S^2}{\sigma^2} = \sum_{i=1}^{n} (\dfrac{X_i - \bar{X}}{\sigma})^2$ gelöst werden. Diese Quadratsumme ist nämlich nach der χ^2-Verteilung mit Freiheitsgrad n-1 verteilt (vgl. 2.1.3; dort wurde die χ^2-Verteilung ebenfalls benutzt).

Es sei nun $\hat{H}_{n-1}(y)$ die zu dieser Verteilung gehörende Verteilungsfunktion. Die übliche Bezeichnung für die Quantile $\hat{H}_{n-1}^{-1}(\alpha)$ ist $\chi^2(\alpha, n-1)$, d.h. für $y = \chi^2(\alpha, n-1)$ gilt $\hat{H}_{n-1}(y) = \alpha$.

Wenn nun $\sigma = \sigma_o$, dann gilt

$$W(G_u \leq S \leq G_o) = W \left(\frac{(n-1)G_u^2}{\sigma_o^2} \leq \frac{(n-1)S^2}{\sigma_o^2} \leq \frac{(n-1)G_o^2}{\sigma_o^2} \right) = \hat{H}_{n-1}\left(\frac{(n-1)G_o^2}{\sigma_o^2} \right) - \hat{H}_{n-1}\left(\frac{(n-1)G_u^2}{\sigma_o^2} \right)$$

und hinreichend dafür, daß dies gleich β wird, sind die beiden Bedingungen

$$\hat{H}_{n-1}\left(\frac{(n-1)G_o^2}{\sigma_o^2} \right) = 1 - \frac{\alpha}{2} \quad , \quad \hat{H}_{n-1}\left(\frac{(n-1)G_u^2}{\sigma_o^2} \right) = \frac{\alpha}{2} \quad ,$$

aus denen $(n-1)G_o^2/\sigma_o^2 = \chi^2(1-\frac{\alpha}{2}; n-1)$, $(n-1)G_u^2/\sigma_o^2 = \chi^2(\frac{\alpha}{2}; n-1)$ und damit

$$G_o = \sigma_o \sqrt{\frac{\chi^2(1-\alpha/2; n-1)}{n-1}} \quad , \quad G_u = \sigma_o \sqrt{\frac{\chi^2(\alpha/2; n-1)}{n-1}} \tag{34}$$

folgt.

Mit Hilfe von Tabellen der χ^2-Verteilung bzw. ihrer Quantile oder Prozentpunkte kann man die Quadratwurzeln in (34) bestimmen. Für die folgende kleine Tabelle, aus der man diese Quadratwurzeln bis n = 10 und für $\alpha = 0,002$, 0,01, 0,02 und 0,05 entnehmen kann, wurde Tabelle 3.1 in OWEN [1962], eine Tabelle von LEWIS [1953] und Tab. 8 von PEARSON & HARTLEY [1962] benutzt.

n	$\frac{\alpha}{2}=0,001$	$1-\frac{\alpha}{2}=0,999$	$\frac{\alpha}{2}=0,005$	$1-\frac{\alpha}{2}=0,995$	$\frac{\alpha}{2}=0,010$	$1-\frac{\alpha}{2}=0,990$	
2	≈ 0	3,291	≈ 0	2,807	≈ 0	2,576	Tab. 7
3	0,0316	2,628	0,07	2,302	0,10	2,146	tabelliert ist
4	0,0900	2,328	0,155	2,069	0,196	1,945	
5	0,1507	2,149	0,227	1,927	0,272	1,822	$\sqrt{\dfrac{\chi^2(\frac{\alpha}{2}; n-1)}{n-1}}$
6	0,2050	2,026	0,287	1,830	0,333	1,737	
7	0,2520	1,935	0,336	1,758	0,381	1,674	bzw.
8	0,2924	1,864	0,376	1,702	0,421	1,625	
9	0,3273	1,807	0,410	1,658	0,454	1,585	$\sqrt{\dfrac{\chi^2(1-\frac{\alpha}{2}; n-1)}{n-1}}$
10	0,3578	1,760	0,439	1,619	0,482	1,552	

Beispiel 6: Die Streuung eines Merkmals darf einen Sollwert σ_o nicht überschreiten; sie wird mit einer Streuungskarte für Stichproben mit

Umfang n = 9 überwacht. Falls das Merkmal mit der Streuung σ_0 normal-verteilt ist, soll die Überschreitungswahrscheinlichkeit $\alpha = 0,01$ gelten. Aus (34) und Tabelle 7 entnehmen wir, daß diese Forderung erfüllt ist, wenn wir

$$G_0 = 1,658\,\sigma_0 \ , \quad G_u = 0,410\,\sigma_0$$

setzen. Wir nennen die Kontrollkarten mit den nach (34) bestimmten Grenzen für S **Streuungs- oder S-Karten.**

Wenn man über eine geringere Streuung als σ_0 zwar erfreut ist, aber sich um die Ursachen hierfür nicht zu kümmern gedenkt, dann verwendet man die S-Karte "einseitig", d.h. man greift nur dann ein, wenn G_0 überschritten wird. Dies geschieht dann bei einer einzelnen Stichprobe nur mit Wahr-scheinlichkeit $\alpha/2$, so lange $\sigma = \sigma_0$ ist, falls α die Überschreitungswahr-scheinlichkeit bei Verwendung beider Grenzen ist.

Die Operationscharakteristik einer S-Karte

Es sei nun vorausgesetzt, daß das Merkmal auch bei einer Störung des Pro-zesses noch normalverteilt ist. Wir können dann die Operationscharakteri-stik

$$L_S(\sigma) = W(\, G_u \leqslant S \leqslant G_0\,) \ ,$$

die dann im allgemeinen von α abweichen wird, als Funktion der aktuellen Streuung σ des Merkmals berechnen. Analog wie bei der Herleitung von (34) erhalten wir durch Einsetzen von σ statt σ_0

$$L_S(\sigma) = \hat{H}_{n-1}\left(\frac{G_0^2(n-1)}{\sigma^2} \right) - \hat{H}_{n-1}\left(\frac{G_u^2(n-1)}{\sigma^2} \right)$$

und indem wir hier für G_0 und G_u gemäß (34) einsetzen, folgt

$$L_S(\sigma) = \hat{H}_{n-1}\left(\frac{\sigma_0^2}{\sigma^2}\cdot\chi^2(1-\tfrac{\alpha}{2}\,,\,n-1) \right) - \hat{H}_{n-1}\left(\frac{\sigma_0^2}{\sigma^2}\cdot\chi^2(\tfrac{\alpha}{2}\,,\,n-1) \right) \ . \tag{35}$$

In Figur 37 ist $L_S(\sigma)$ und zum Vergleich dazu auch $L_R(\sigma)$ (s. 3.2.2) für n = 9 und $\alpha = 0,01$ skizziert. Da als Einheit auf der Abszissenachse σ_0 ge-wählt wurde, gelten diese Operationscharakteristiken für beliebige Sollwer-te. Die Skizze bestätigt bestätigt unsere Vermutung, daß S für grö-ßere Stichprobenumfänge besser als R geeignet ist, wenn wir Ab-weichungen von σ_0 rasch ent-decken wollen. Dabei beachte man, daß sich auch geringfügige Unterschiede der beiden Opera-tionscharakteristiken auf längere Sicht entscheidend auswirken können. Wenn etwa $L_S(1,5\,\sigma_0) = 0,72$ und $L_R(1,5\,\sigma_0) = 0,80$, dann führen 5 Stichproben bei der S-Karte mit Wahrscheinlichkeit $1-0,72^5 = 0,81$ mindestens einmal zu eingreifenden

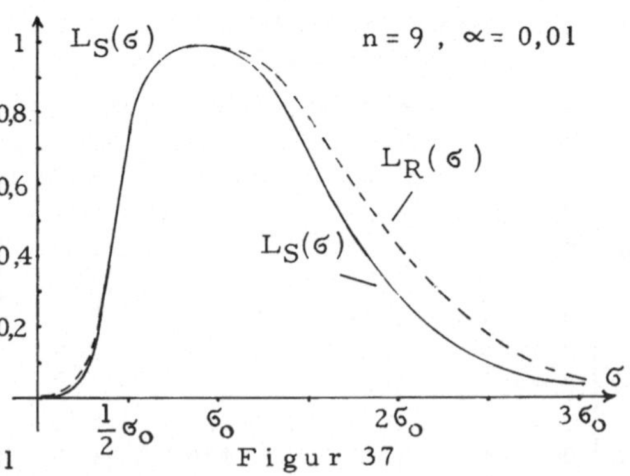

Figur 37

Maßnahmen, während diese Wahrscheinlichkeit bei der R-Karte wesentlich geringer, nämlich $1-0,80^5 = 0,67$ ist , d.h. eine Abweichung vom Sollwert um 50% nach oben wird bei der S-Karte im allgemeinen eher entdeckt als bei der R-Karte.

Die beiden Operationscharakteristiken von Figur 37 nehmen ihr Maximum nicht bei $\sigma = \sigma_0$, sondern etwa bei $\sigma = 0,95 \sigma_0$ an. Die Wahrscheinlichkeit dafür, daß eine einzelne Stichproben keine eingreifenden Maßnahmen auslöst, kann also sogar noch ein wenig größer als $\beta = 1 - \alpha = 0,99$ werden, wenn σ ein wenig kleiner als σ_0 wird. Für andere Werte von α oder n verhalten sich die Operationscharakteristiken $L_S(\sigma)$ und $L_R(\sigma)$ ganz ähnlich. In der Sprache der statistischen Testtheorie würde man daher von einem "verfälschten" Verfahren sprechen. Diese "Verfälschung" spielt praktisch aber kaum eine Rolle, zumal eine knapp unterhalb von σ_0 liegende Streuung wohl kein Grund für eingreifende Maßnahmen ist.

Man kommt zu einer Operationscharakteristik, die genau an der Stelle $\sigma = \sigma_0$ maximal wird, wenn man die Bedingung $W(S > G_o) = W(S < G_u) = \frac{\alpha}{2}$ für $\sigma = \sigma_0$ aufgibt und stattdessen fordert, daß

    1.) für $\sigma = \sigma_0$ die Summe $W(S > G_o) + W(S < G_u) = \alpha$, d.h. $L_S(\sigma_0) = \beta = 1 - \alpha$ ist

und   2.) $L'_S(\sigma_0) = 0$ gilt. (Vgl. UHLMANN [1982] S. 212 ff , insbes. Figur 22).

Verwendet man nur die obere Kontrollinie, dann wird ein unnötiges Eingreifen im Fall $\sigma = \sigma_0$ durch eine einzelne Stichprobe nicht mit Wahrscheinlichkeit α, sondern nur mit Wahrscheinlichkeit $\alpha/2$ ausgelöst. Die Operationscharakteristik ist dann

$$L_{S,o}(\sigma) = W(S \leq G_o) ;$$

sie verläuft für $\sigma > \sigma_0$ fast wie $L_S(\sigma)$, weil $W(S < G_u)$ für $\sigma > \sigma_0$ stets kleiner als $\alpha/2$ ist und mit wachsendem σ schnell gegen 0 geht. Für $\sigma < \sigma_0$ sind die Werte von $L_{S,o}(\sigma)$ stets größer als β und gehen für abnehmende σ schnell gegen 1 . Die für die "einseitige" Verwendung der S-Karte geltende Operationscharakteristik $L_{S,o}(\sigma)$ verhält sich also zu $L_S(\sigma)$ ganz ähnlich wie $L_{R,o}(\sigma)$ zu $L_R(\sigma)$ (s. Figur 36) .

Wenn kein Sollwert σ_0 vorgeschrieben ist und die "natürliche" Streuung, d.h. die Streuung des Merkmals bei ungestörtem Prozeß, nicht genau bekannt ist, ersetzen wir σ_0 durch die Schätzfunktion $\bar{S}/\gamma_n$, die in 3.2.1 eingeführt wurde und erhalten so die Kontrollgrenzen

$$G_o = \frac{\bar{S}}{\gamma_n} \sqrt{\frac{\chi^2(1 - \alpha/2 , n-1)}{n-1}} \quad , \quad G_u = \frac{\bar{S}}{\gamma_n} \sqrt{\frac{\chi^2(\alpha/2 , n-1)}{n-1}} \; . \tag{36}$$

Man kann nun den Wert von $\bar{S}/\gamma_n$ als festen Sollwert wählen und als nicht mehr zufallsabhängig ansehen (er ist auch nicht mehr zufallsabhängig, wenn er erst einmal vorliegt). Die S-Karte und ihre Operationscharakteristik sind dann natürlich so, wie wenn wir von vorneherein diesen Wert von $\bar{S}/\gamma_n$ als Sollwert σ_0 verwendet hätten.

<u>Beispiel 7 :</u> Für 50 Stichproben des Umfangs n = 6 wurde jeweils S berechnet und das arithmetische Mittel dieser 50 S-Werte sei $\bar{S} = 2,35$. Aus Tabelle 3 (in 2.2.5) entnehmen wir $\gamma_6 = 0,95153$ und bekommen so den Schätzwert $\bar{S}/\gamma_6 = 2,47$ für die "natürliche" Streuung des Merkmals, wobei wir annehmen, daß die 50 Stichproben aus Produktionsabschnitten stammen, während deren der Prozeß mit dieser "natürlichen" Streuung unter statistischer Kontrolle war. Für diesen Fall sei die Wahrscheinlichkeit für ein unnötiges Eingreifen durch $\alpha = 0,02$ vorgeschrieben. Wenn wir den Stichproben-

umfang $n = 6$ auch künftig beibehalten wollen, berechnen wir die Kontrollgrenzen zu

$$G_o = 2,47 \sqrt{\frac{\chi^2(0,99 \, ; \, 5)}{5}} \, , \quad G_u = 2,47 \sqrt{\frac{\chi^2(0,01 \, ; \, 5)}{5}} \, ,$$

wobei wir die Werte der beiden Wurzeln aus der Zeile für $n = 6$ unserer Tabelle 7 zu 1,737 bzw. 0,333 entnehmen. Damit erhalten wir

$$G_o = 4,29 \quad \text{und} \quad G_u = 0,822 \, .$$

In Figur 38 ist die S-Karte mit diesen Kontrollgrenzen dargestellt; wir nehmen an, daß S bei den nächsten 15 Stichproben des Umfangs 6 folgende Werte ergibt: 1,89 , 2,55 , 2,97, 3,45 , 1,34 , 4,02 , 3,33 , 1,74 , 1,94 , 2,22 ,
2,75 , 2,80 , 3,70 , 2,45 , 1,43 ; diese Werte sind in Figur 38 eingetragen
und geben offensichtlich keinen Anlaß für eingreifende Maßnahmen. Man erkennt auch, daß die in Höhe des Sollwerts $\sigma_o = 2,47$ gestrichelt angedeutete
Gerade nicht die "Mittellinie" ist, weil ihre Distanz zur oberen Kontrollinie
größer als zur unteren Kontrollinie ist. Das ist in der Regel bei den S-Karten so, falls $W(S > G_o)$ und $W(S < G_u)$ für $\sigma = \sigma_o$ gleich groß gewählt werden.

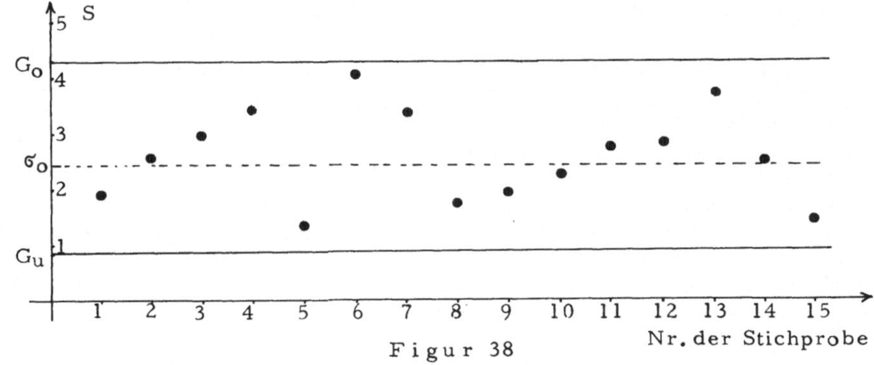

F i g u r 38

A u f g a b e n

57) Wie oft würden die 15 S-Werte von Beispiel 7 zu einem Eingreifen führen, wenn die S-Karte wieder für $\alpha = 0,02$ und $n = 6$, nun aber für den
Sollwert $\sigma_o = 2,10$ angelegt wird? Dabei nehme man an, daß sich auch
dann die obigen S-Werte ergeben, wenn durch einen oder mehrere davon
eingreifende Maßnahmen veranlaßt werden.

58) Das betrachtete Merkmal X sei die Dicke von Papier einer gewissen
Sorte an einer zufällig gewählten Stelle. X sei normalverteilt und für μ
sei der Sollwert $\mu_o = 0,100 \, \text{mm}$ vorgegeben, während σ bei einwandfrei
funktionierender Anlage auf einem "natürlichen" Wert von etwa $0,004 \, \text{mm}$
bleibt. Man mißt die Dicke jeweils für fünf zufällig ausgewählte Punkte
eines Blatts und berechnet $\bar{X}$ und S für jede dieser Stichproben vom Umfang $n = 5$. $\bar{X}$ wird in eine $\bar{X}$-Karte eingetragen, bei der die Kontrollgrenzen von $\bar{X}$ mit Wahrscheinlichkeit $\alpha = 0,002$ überschritten werden,
falls $\mu = \mu_o = 0,100$ und $\sigma = \sigma_o = 0,0040$ ist. S wird in eine S-Karte eingetragen, für die bei $\sigma = \sigma_o = 0,0040$ ebenfalls $\alpha = 0,002$ gelten soll. Geben
Sie G_o und G_u für beide Kontrollkarten an! Mit welcher Wahrscheinlich-

keit wird dann eine einzelne Stichprobe ein unnötiges Eingreifen bewirken,
wenn der Produktionsprozeß mit $\mu = \mu_o = 0,100$ mm und der Streuung $6 = 6_o =$
$= 0,0040$ mm unter statistischer Kontrolle ist? (Hinweis: bei normalverteiltem Merkmal sind $\overline{X}$ und S unabhängige zufällige Variable!)

3.2.4 CUSUM-Karten

Bei $\overline{X}$ - , R - und S-Karten fällt die Entscheidung darüber, ob einzugreifen
ist oder nicht, jeweils nur aufgrund der letzten Stichprobe, außer wenn man
neben den Kontrollgrenzen auch Warngrenzen berücksichtigt. Letztere liegen immer innerhalb der Kontrollgrenzen und gewöhnlich wird eingegriffen,
wenn eine Warngrenze zweimal nacheinander überschritten wird. Damit
hängt die Entscheidung über das Eingreifen dann nicht ausschließlich von der
jeweils letzten, sondern auch von der vorletzten Stichprobe ab. Bei den nun
zu betrachtenden CUSUM-Karten wird nach jeder Stichprobe aufgrund a l l e r
bisherigen Stichproben entschieden, ob ein Eingriff erfolgt oder nicht.

Zunächst wollen wir annehmen, daß ein Eingriff erfolgen soll, wenn die gemessenen Daten vermuten lassen, daß der aktuelle Erwartungswert μ des
zu messenden Merkmals X zu stark nach oben von einem Sollwert μ_o abweicht. Das Ziel ist also ähnlich wie bei einer $\overline{X}$ - Karte, die nur eine obere
Kontrollgrenze G_o aufweist bzw. bei der nur die obere Kontrollgrenze G_o
benutzt wird. Es sollen wieder in regelmäßigen Abständen Stichproben gezogen werden, die jeweils den Umfang n haben. Die Mittelwerte der Stich-
proben werden mit $\overline{X}_1$, $\overline{X}_2$,... bezeichnet. Auch n = 1 ist zugelassen und
dann ist $\overline{X}_i$, i = 1, 2,... eben kein "echtes" Mittel, sondern nur eine Einzel-
messung.
Eingreifende Maßnahmen sollen jedesmal dann ausgelöst werden, wenn die
aufaddierten (kumulierten) Abweichungen einer G r u p p e aufeinander folgender Mittelwerte von einem sogenannten R e f e r e n z w e r t k größer als
ein Parameter h werden; das bedeutet, daß nach der N-ten Stichprobe eingegriffen wird, falls es ein N' mit $0 \leq N' < N$ gibt, für das

$$\sum_{i=N'+1}^{N} (\overline{X}_i - k) > h \quad , \text{ wobei } h > 0 \text{ gewählt wird.} \tag{37}$$

Wir werden h im folgenden als Länge eines Intervalls deuten; in etwas sa-
lopper Sprechweise wird h häufig als das E n t s c h e i d u n g s i n t e r v a l l bezeichnet. Das Verfahren ist also durch die beiden Parameter k und h festgelegt. Mit Hilfe von

$$S_N = \sum_{i=1}^{N} (\overline{X}_i - k) \text{ , } N = 1,2,... \text{ und } S_0 = 0$$

läßt sich die Regel für das Eingreifen auch so formulieren: Die N-te Stichprobe löst genau dann eingreifende Maßnahmen aus, wenn es ein $N' < N$ mit
$S_N - S_{N'} > h$ gibt.
Nach dem 1.Eingreifen kann man entweder das Verfahren neu beginnen und
dann wird man die Mittel der folgenden Stichproben wieder mit $\overline{X}_1$, $\overline{X}_2$,...
bezeichnen; oder man setzt das Verfahren fort, indem man auch nach einem
Eingriff stets alle früheren Stichproben-Mittel berücksichtigt. Wenn im letzteren Fall $\overline{X}_{N+1}$ trotz eines Eingreifens nach der N-ten Stichprobe größer
ausfällt als $k - (S_N - S_{N'} - h)$, dann folgt $S_{N+1} = S_N + X_{N+1} - k > S_{N'} + h$, also
$S_{N+1} - S_{N'} > h$ und somit würde dann auch die nächste Stichprobe wieder ein-

greifende Maßnahmen auslösen. Wenn wir dagegen nach jedem Eingriff neu beginnen, dann löst die erste Stichprobe nach dem Eingriff nur dann bereits den nächsten Eingriff aus, wenn ihr Mittel $\overline{X}_1$ größer als $k+h$ ist.
Wir lassen uns beide Möglichkeiten offen und betrachten das Verfahren daher nur jeweils bis zum ersten Eingreifen.
Als Referenzwert k wählt man gewöhnlich eine Zahl zwischen dem Sollwert μ_0 und einem $\mu'>\mu_0$, welches ein Eingreifen als nötig erscheinen läßt, falls der aktuelle Erwartungswert μ größer oder gleich μ' sein sollte. Je größer man k wählt, umso geringer wird die Wahrscheinlichkeit für ein unnötiges Eingreifen aufgrund einer gewissen Anzahl von Stichproben, aber auch die Wahrscheinlichkeit dafür, daß bei $\mu \geq \mu'$ ein berechtigtes Eingreifen erfolgt, wird mit wachsendem k kleiner. Dasselbe gilt für den Einfluß von h auf diese Wahrscheinlichkeiten.

<u>Beispiel 8</u>: Die folgenden 34 Zahlen sind die Werte von unabhängigen und normalverteilten zufälligen Variablen $\overline{X}_i$, $i = 1, 2, \ldots, 34$, von denen die ersten 22 mit $\mu_0 = 6{,}0$ und $\sigma = 1$, die letzten 12 mit $\mu = 6{,}5$ und $\sigma = 1$ verteilt waren. Die zufälligen Variablen $\overline{X}_i$ wurden mit Hilfe einer Tabelle für Zufallszahlen $Z_i \in [0\,;1]$ erzeugt. Wenn die Z_i unabhängig und gleichverteilt auf $[0\,;1]$ sind, dann braucht man nämlich nur $\overline{X}_i = \mu + \Phi^{-1}(Z_i)$ zu setzen und dann sind die $\overline{X}_i$ unabhängig und nach $N(\mu, 1)$ verteilt.
Wir können dann annehmen, daß die $\overline{X}_i$ die Mittel von Stichproben mit einem beliebigen Umfang $n \geq 1$ sind, deren Stichprobenvariable mit $\sigma = \sqrt{n}$ normalverteilt sind.

$i =$ Nr. der Stichprobe	$\overline{X}_i$	$S_i = \sum\limits_{j=1}^{i}(\overline{X}_i - k)$
1	5,86	-0,34
2	5,33	-1,21
3	7,73	0,32
4	6,98	1,10
5	5,47	0,37
6	8,34	2,51
7	5,51	1,82
8	6,12	1,74
9	6,19	1,73
10	4,77	0,30
11	5,83	-0,07
12	5,69	-0,58
13	4,98	-1,80
14	5,58	-2,42
15	4,99	-3,63
16	4,44	-5,39
17	5,26	-6,33
18	6,92	-5,61
19	7,03	-4,78
20	6,72	-4,26
21	5,31	-5,15
22	4,95	-6,40
23	7,94	-4,66
24	5,77	-5,09

Der Referenzwert sei $k = 6{,}20$, das Entscheidungsintervall sei $h = 5{,}0$. In Figur 39 sind die kumulierten Summen aller Abweichungen vom Referenzwert, wie sie in der letzten Spalte der nebenstehenden Tabelle aufgeführt sind, eingetragen.

Der Tabelle oder Figur 39 können wir entnehmen, daß erst mit der 34. Stichprobe eingreifende Maßnahmen ausgelöst werden, denn für kein $N < 34$ gibt es ein N' mit $S_N - S_{N'} > h = 5$, während $S_{34} - S_{22} = -1{,}08 - (-6{,}40) = 5{,}32$ ist.

Figur 39 ist bereits eine der möglichen Varianten einer sogenannten CUSUM-Karte. Man kann aus einer solchen Karte bei einigem Glück sogar in etwa ablesen, wann eine Änderung des Mittelwerts μ erfolgte. In Figur 39 ist der Index $i = 22$, nach welchem der Übergang von $\mu_0 = 6{,}0$ zu $\mu = 6{,}5$ erfolgte, durch Zufall sogar genau derjenige, mit dem der "Aufwärtstrend" einsetzt, der dann schließlich mit der 34. Stichprobe zum Eingreifen führt.

Wir hätten die Werte der $\overline{X}_i$ von Beispiel 8 auch in eine $\overline{X}$ -Karte mit 36 -
Grenzen eintragen können. Diese wä-
ren hier $G_o = 9$ und $G_u = 3$, weil $\mu_o = 6$
und $6 = 1$ vorausgesetzt wurde. Damit
hätten wir nicht bis zur 34. Stichprobe
auf die μ -Änderung ab i = 22 reagiert,
weil keines der beobachteten Mittel
diese 36 -Grenzen überschreitet.
Natürlich ist aber damit nicht die Überlegenheit der CUSUM- über die $\overline{X}$ -Kar-
te gezeigt; um beide vergleichen zu können, müßte man erst für beide die Para-

i = Nr. der Stichprobe	$\overline{X}_i$	$S_i = \sum_{j=1}^{i} (\overline{X}_i - k)$
25	6,81	-4,48
26	7,24	-3,44
27	5,79	-3,85
28	6,48	-3,57
29	6,67	-3,10
30	6,92	-2,38
31	6,25	-2,33
32	7,02	-1,51
33	5,64	-2,07
34	7,19	-1,08

meter so festlegen, daß auf lange Sicht mit beiden gleich oft ein unnötiges
Eingreifen im Fall $\mu = \mu_o$ erfolgt (vgl. Abschnitt 3.2.6). Es ist aber gezeigt
worden, daß unter dieser Voraussetzung die CUSUM-Karte im allgemeinen
früher zum Eingreifen führt als die $\overline{X}$ -Karte, wenn μ um nicht mehr als das
Doppelte von $6/\sqrt{n}$ (dies ist die Streuung der $\overline{X}_i$, wenn 6 die Streuung der
einzelnen Meßwerte ist) von μ_o abweicht. Größere Abweichungen entdeckt
man jedoch im allgemeinen schneller mit der $\overline{X}$ -Karte (vgl. EWAN [1963]).

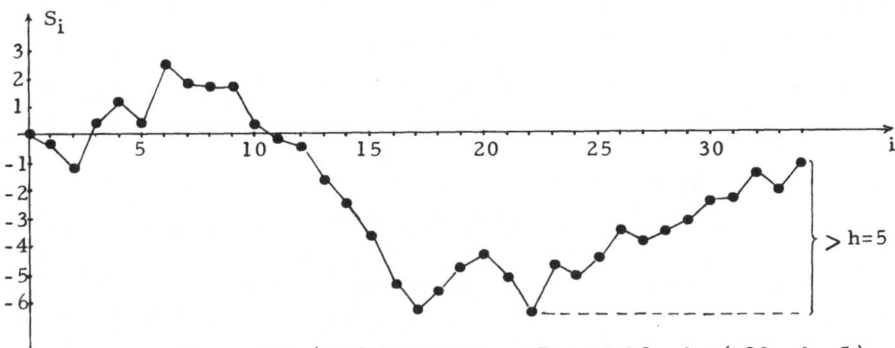

Figur 39 (CUSUM-Karte zu Beispiel 8 , k = 6,20 , h = 5)

CUSUM-Karte mit Entscheidungsintervall

Die Suche nach dem minimalen Index N , zu dem es ein $N' < N$ mit $S_N - S_{N'} > h$
gibt, kann so geschehen, daß man zu jedem N die Differenz

$$S_N^+ = S_N - \min_{0 \leq N' < N} S_{N'} \quad (\text{mit } S_0 = 0), \, N = 1, 2, \ldots$$

berechnet. Im weiteren braucht man dann die S_i mit $i < N'$ nicht mehr zu berücksichtigen, falls $S_{N'}$ ein solches Minimum ist. Diese Überlegung führt zu
der folgenden Modifikation der CUSUM-Karte, bei der im allgemeinen nur
ein Teil der S_N^+ -Werte einzutragen ist: Als erster wird der erste positive
S_N^+ -Wert eingetragen; dieser ist gleich der ersten positiven Abweichung
vom Referenzwert, also gleich der ersten positiven Differenz $\overline{X}_i - k$. Für
unser obiges Beispiel ist dieser Startwert gleich $S_3^+ = \overline{X}_3 - k = 7,73 - 6,20 =$
$= 1,53$ und offenbar ist dies auch gleich $S_3 - \min_{0 \leq N' < 3} S_{N'} = S_3 - S_2$.

Zu dem Startwert, den wir mit $S_{N_1}^+$ bezeichnen, addiert man dann der Reihe nach die Abweichungen $\overline{X}_i - k$ für $i = N_1+1, N_1+2, \ldots$ und erhält dadurch $S_{N_1+1}^+, S_{N_1+2}^+, \ldots$, so lange, bis entweder ein $S_N^+ > h$ einen Eingriff auslöst, oder bis die Summe negativ wird. Im letzteren Fall läßt man etwaige weitere negative Abweichungen $\overline{X}_i - k$ aus und trägt als nächsten S_N^+ -Wert die nächste positive Abweichung $\overline{X}_i - k$ ein. Das Verfahren wird nun wiederholt und die eingetragenen S_N^+ -Werte sind in jedem Fall gleich $S_N - \min_{0 \le N' < N} S_{N'}$;

diejenigen S_N^+ -Werte, die nicht eingetragen werden, können nie größer als h sein, aber die N mit $S_N^+ > h$ sind genau diejenigen, für die ein $N' < N$ mit $S_N - S_{N'} > h$ existiert.

Diese Modifikation unserer ursprünglichen CUSUM-Karte nennt man die CUSUM-Karte mit Entscheidungsintervall, weil man dort auch eine obere Kontrollinie in Höhe von h einträgt (s. Figur 40). Sie hat den Vorteil, daß man im nichtnegativen Ordinatenbereich bleibt, während bei unserer ursprünglichen Form der CUSUM-Karte zu befürchten ist, daß man immer weiter nach unten kommt, vor allem, wenn k wesentlich größer als das aktuelle μ ist. Die beiden Arten der CUSUM-Karte sind äquivalent.

Mit den Daten von Beispiel 8 erhalten wir die in Figur 40 skizzierten Einträge, wenn wir wieder $k = 6,20$ und $h = 5$ setzen, nun aber eine CUSUM-Karte mit Entscheidungsintervall anlegen. Die einzutragenden S_N^+ -Werte sind gemäß der oben angegebenen Regel
$$S_3^+ = 1,53, \quad S_4^+ = 2,31, \quad S_5^+ = 1,58, \quad S_6^+ = 3,72, \quad S_7^+ = 3,03, \quad S_8^+ = 2,95, \quad S_9^+ = 2,94,$$
$$S_{10}^+ = 1,51, \quad S_{11}^+ = 1,14, \quad S_{12}^+ = 0,63; \quad S_{13}^+ = S_{12}^+ + (\overline{X}_{13} - k) = 0,63 + 4,98 - 6,20$$
wird negativ und daher nicht eingetragen. Die nächste positive Abweichung ist $\overline{X}_{18} - k = 6,92 - 6,20 = 0,72$ und zugleich ist dies $S_{18}^+ = S_{18} - \min_{0 \le N' < 18} S_{N'}$, wobei natürlich $\min_{0 \le N < 18} S_{N'} = S_{17}$ ist.

Addieren wir nun sukzessiv zu $0,72$ die Abweichungen $\overline{X}_i - k$ für $i = 19, 20, 21$ und 22, dann erhalten wir $S_{19}^+ = 1,55$, $S_{20}^+ = 2,07$, $S_{21}^+ = 1,18$ und den negativen Wert von $S_{22}^+ = -0,07$, welchen wir wieder nicht eintragen. Da bereits $\overline{X}_{23} - k = 7,94 - 6,20 = 1,74$ positiv ist, beginnen wir wieder mit $S_{23}^+ = 1,74$ und erhalten durch sukzessives Addieren der folgenden Abweichungen zu $1,74$
$$S_{24}^+ = 1,31, \quad S_{25}^+ = 1,92, \quad S_{26}^+ = 2,96, \quad S_{27}^+ = 2,55, \quad S_{28}^+ = 2,83, \quad S_{29}^+ = 3,30, \quad S_{30}^+ = 4,02,$$
$$S_{31}^+ = 4,07, \quad S_{32}^+ = 4,89, \quad S_{33}^+ = 4,33 \text{ und schließlich } S_{34}^+ = 5,32 \text{ als ersten } S_N^+ -$$
Wert, welcher größer als 5 ist und daher eingreifende Maßnahmen auslöst. Man kann sich Figur 40 auch wie folgt aus Figur 39 entstanden denken: Der Streckenzug von Figur 39 wird ab dem ersten negativen Minimum bis zum

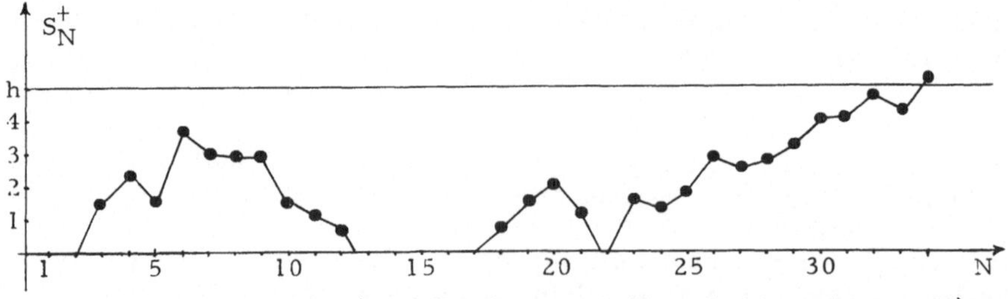

Figur 40 (CUSUM-Karte mit Entscheidungsintervall)

nächsten kleineren negativen Minimum so weit parallel nach oben verschoben, bis das erste negative Minimum auf der Abszissenachse liegt. Dann wiederholt man dies für den Streckenzug vom nächsten kleineren negativen Minimum bis zu dem darauf folgenden relativen Minimum, welches noch kleiner ist usw.. Am Ende löscht man dann die unterhalb der Abszissenachse liegenden Teile der so entstandenen Figur. Auf diese Weise entsteht aus jeder CUSUM-Karte, die in der ursprünglichen Form wie in Figur 39 angelegt ist, eine CUSUM-Karte nach dem Entscheidungsintervall-Schema wie in Figur 40 . Wenn in der ursprünglichen Form kein negatives relatives Minimum existiert, sind beide Figuren identisch.

Wenn der Produktionsprozeß bei Fertigung der Elemente in den Stichproben Nr. i, i+1 , ..., i+m mit einem festen Mittelwert μ unter statistischer Kontrolle ist, dann gilt

$$E[S_{i+m} - S_i] = E[\sum_{j=1}^{m}(\bar{X}_{i+j} - k)] = m(\mu - k)$$

und deshalb kann man $(S_{i+m} - S_i)/m$ als erwartungstreue Schätzfunktion für $\mu - k$ verwenden. Da sie das arithmetische Mittel der m ebenfalls erwartungstreuen Schätzfunktionen $\bar{X}_{i+j} - k$ ist, wird sie umso genauer sein, je größer m ist. Man sollte aber i und m vor Sichtung der Daten wählen; es wäre verfehlt, wenn man etwa i+m = N und i = N' setzen würde, wenn bei der N-ten Stichprobe wegen $S_N - S_{N'} > h$ ein Eingriff ausgelöst wird. Dann wäre der Quotient $(S_{i+m} - S_i)/m$ nämlich gerade besonders groß und würde im Durchschnitt zu große Werte liefern. So wäre etwa bei Beispiel 8

$$(S_{34} - S_{22})/12 = (-1,08 + 6,40)/12 = 0,532 , \text{ während } \mu - k = 0,30$$

gewählt war.

Wenn die Einheit auf i- und S_i -Achse gleich lang ist, dann ist $(S_{i+m} - S_i)/m$ der Tangens des Winkels γ , den die Verbindungsgerade der Punkte (i , S_i) und $(i+m, S_{i+m})$ mit der i-Achse bildet (s. Figur 41).

Meist benutzt man jedoch aus zeichentechnischen Gründen verschieden lange Einheiten auf den beiden Achsen. Man nennt w den Skalenfaktor , wenn w Einheiten auf der S_i-Achse dieselbe Länge in cm ergeben wie eine Einheit der i-Achse. In der Skizze hat dann die Ordinatendifferenz $S_{i+m} - S_i$ eine Länge von $(S_{i+m} - S_i)/w$ Einheiten der i-Achse und daher liest man aus der Skizze den Winkel γ ab, für den

$$\tan\gamma = (S_{i+m} - S_i)/wm$$

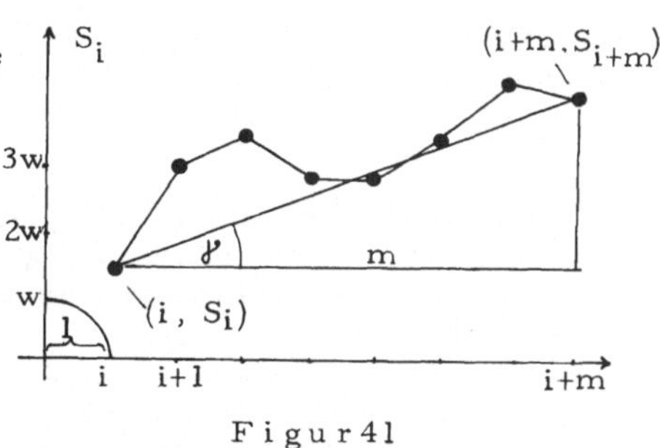

Figur 41

gilt. Daher ist dann $w\tan\gamma = (S_{i+m} - S_i)/m$ die erwartungstreue Schätzfunktion für $\mu - k$; natürlich ist dann $w\tan\gamma + k$ erwartungstreue Schätzfunktion für μ. Je größer man den Skalenfaktor w wählt, umso kleiner fällt der Winkel γ aus. EWAN [1963] empfiehlt aufgrund praktischer Erfahrungen mit CUSUM-Karten, daß $w \approx 2\sigma/\sqrt{n}$, also etwa doppelt so groß wie die Streuung der $\bar{X}_i$ sein sollte. Folgt man dieser Empfehlung, dann wählt man also die Einheit der i-Achse etwa $2\sigma/\sqrt{n}$ - mal so lang wie die Einheit der S_i-Achse.

Die Tatsache, daß $\tan\gamma$ in etwa proportional zu $\mu - k$ ist, liegt der von BARNARD [1959] empfohlenen dritten Variante des CUSUM-Verfahrens zugrunde; diese beruht auf der sogenannten V-Maske .

CUSUM-Karte mit V-Maske

Eine V-Maske ist ein Rechteck aus durchsichtigem Material mit einem
V-förmigen Einschnitt. Ihre Eigenschaften sind durch die sogenannte Leitdistanz d und den Halbwinkel ϑ bestimmt. ϑ ist der halbe Winkel des

V-Ausschnitts und d ist der Abstand
des Punktes B an der Spitze des V zu
einem Punkt A auf der Winkelhalbie-
renden des V-Ausschnitts (s. Figur 42).

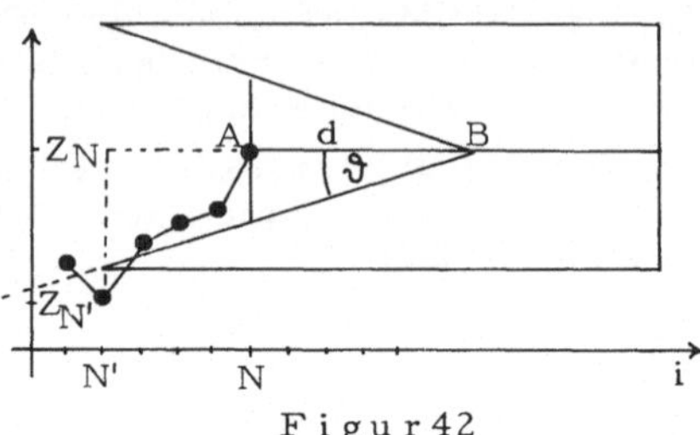

Man verwendet die V-Maske für Karten, auf denen die kumulierten Abweichungen vom <u>Sollwert</u> μ_0 , also die
Punkte

$$(i, Z_i) \text{ mit } Z_i = \sum_{j=1}^{i} (\overline{X}_j - \mu_0) , \quad i = 1, 2, \dots$$

eingetragen sind. Man verschiebt die V-Maske so, daß der jeweils letzte
Punkt (N, Z_N) unter den Punkt A der Maske zu liegen kommt und die Strecke
AB waagrecht verläuft wie in Figur 42. Liegt dann einer der früheren Punk-
te unterhalb des unteren Schenkels des V-Ausschnitts, wie in Figur 42 der
Punkt $(N', Z_{N'})$, dann wird ein Eingriff ausgelöst.

Dieses Verfahren läßt sich wie alle Kontrollkarten-Verfahren natürlich auch
auf dem Bildschirm eines Computers durchführen, oder auch nur rechne-
risch, d.h. ohne visuelle Veranschaulichung anwenden. Auf letztere wird
aber in der Praxis mit Recht großer Wert gelegt, denn aus der laufenden
Beobachtung der kumulierten Abweichungen und deren Schwankungen ergeben sich manchmal nützliche Hinweise, auch wenn gar keine eingreifenden
Maßnahmen ausgelöst werden. Wir beschreiben daher das Verfahren so, wie
es ursprünglich durchgeführt wurde, nämlich durch das Verschieben einer
"real existierenden" V-Maske.

Auf der Karte hat die Distanz $Z_N - Z_{N'}$ die Länge $(Z_N - Z_{N'})/w$, wobei w
wieder der Skalenfaktor ist. Aus Figur 42 können wir daher entnehmen, daß
die N-te Stichprobe genau dann eingreifende Maßnahmen auslöst, wenn es
ein $N' < N$ gibt mit

$$\frac{Z_N - Z_{N'}}{w} > (d + (N - N')) \tan \vartheta ; \tag{38}$$

nach der obigen Definition von Z_i bzw. Z_N ist das aber äquivalent zu

$$\sum_{i=N'+1}^{N} (\overline{X}_i - \mu_0 - w \tan \vartheta) > d\, w \tan \vartheta . \tag{39}$$

Setzt man also

$$k = \mu_0 + w \tan \vartheta , \quad h = d\, w \tan \vartheta , \tag{40}$$

dann sind (38) und (39) äquivalent zu

$$S_N - S_{N'} > h , \quad \text{wobei } S_N = \sum_{i=1}^{N} (\overline{X}_i - k) . \tag{41}$$

Das Ergebnis ist daher der

<u>SATZ 3.2</u>: Das CUSUM-Verfahren mit einer durch die Leit-
distanz d und den Halbwinkel ϑ bestimmten V-Maske ist äquivalent zum CUSUM-Verfahren mit Ent-

scheidungsintervall h , wenn man den Referenzwert k
gleich $\mu_0 + w \tan\vartheta$ und $h = d w \tan\vartheta$ setzt.

Damit beide Verfahren wirklich von Anfang an äquivalent sind, müssen wir
noch $Z_0 = 0$ vereinbaren und festsetzen, daß $(0, 0)$ der erste Punkt des V-
Masken-Schemas ist, wie er auch der erste Punkt der ursprünglichen CU-
SUM-Karte ist (vgl. Figur 39). Bei beiden Verfahren könnte dann z. B. schon
das erste Mittel $\bar{X}_1$ einen Eingriff auslösen, falls es größer als k+h wäre.

Zu den Parametern k und h einer CUSUM-Karte mit Entscheidungsintervall
kann man die Parameter d und ϑ des äquivalenten V-Masken-Schemas durch
Auflösen von (40) nach ϑ und d gewinnen:

$$\vartheta = \arctan\left(\frac{k - \mu_0}{w}\right), \quad d = \frac{h}{w \tan\vartheta} = \frac{h}{k - \mu_0} \, , \qquad (42)$$

wobei ϑ natürlich der zwischen 0 und $\frac{\pi}{2}$ liegende Hauptwert des arc tan ist.

Bis jetzt lösen unsere CUSUM-Karten nur dann eingreifende Maßnahmen aus,
wenn die kumulierten Abweichungen zu stark anwachsen. Wenn wir nun auch
den oberen Schenkel der V-Maske analog wie den unteren benutzen, dann werden
wir auch eingreifen, wenn zu N ein N' mit $0 \leqslant N' < N$ existiert, für das

$$\frac{Z_{N'} - Z_N}{w} > (d + (N - N')) \tan\vartheta \qquad (43)$$

gilt (s. Figur 42). Dies ist aber äquivalent mit

$$Z_N - Z_{N'} < -w(d + (N - N')) \tan\vartheta \quad \text{oder} \quad \sum_{i=N'+1}^{N} (\bar{X}_i - \mu_0 + w \tan\vartheta) < -d w \tan\vartheta \; ;$$

aus letzterem ergibt sich aber wie aus (39) die Äquivalenz zu einer CUSUM-
Karte nach dem Entscheidungsintervall-Schema, nur daß jetzt der Referenzwert

$$\tilde{k} = \mu_0 - w \tan\vartheta \quad \text{und} \quad \tilde{h} = -h = -d w \tan\vartheta \qquad (44)$$

zu setzen ist. Wir sprechen nun von beidseitiger Verwendung der
V-Maske, wenn die N-te Stichprobe nicht nur dann einen Eingriff auslöst,
wenn es ein $N' < N$ gibt, für das (38) erfüllt ist, sondern auch dann, wenn ein
$N' < N$ existiert, für welches (43) erfüllt ist. Geometrisch ausgedrückt: Wir
greifen ein, wenn ein früherer Punkt $(N', Z_{N'})$ unterhalb des unteren oder
oberhalb des oberen V-Schenkels liegt, falls die Maske ordnungsgemäß mit
dem Punkt A über dem Punkt (N, Z_N) liegt. Da grundsätzlich alle früheren
Punkte $(0, 0)$, $(1, Z_1)$, $(2, Z_2)$, ..., $(N-1, Z_{N-1})$ zu betrachten sind, muß
man sich die Schenkel der Maske stets so weit verlängert denken, daß für jeden
den dieser Punkte klar ist, ob er innerhalb oder außerhalb des durch den V-
Ausschnitt der Maske bestimmten Winkelraums liegt. Wir ergänzen nun den
Satz 3.2 durch den

<u>SATZ 3.3</u> : Beidseitige Verwendung einer V-Maske mit den
Parametern d und ϑ ist äquivalent der gleichzei-
tigen Führung zweier CUSUM-Karten nach dem Entscheidungsintervall-Schema; bei der einen ist
$k = \mu_0 + w \tan\vartheta$ und $h = d w \tan\vartheta$, bei der anderen ist der
Referenzwert $\tilde{k} = \mu_0 - w \tan\vartheta$ und das Entscheidungsintervall ist $\tilde{h} = -h = -d w \tan\vartheta$. Bei ersterer wird eingegriffen bei Überschreitung von h , bei letzterer

wird eingegriffen bei Unterschreitung von $\tilde{h}$.

Läßt man d gegen ∞ und dabei ϑ so gegen 0 gehen, daß $h = d\,w\,\tan\vartheta$ fest bleibt, dann geht der V-Ausschnitt der Maske über in zwei waagrechte Parallelen mit dem Abstand $2d\tan\vartheta$, wobei A in der Mitte zwischen beiden liegt. Gleichzeitig gehen dann die Referenzwerte k und $\tilde{k}$ des äquivalenten Entscheidungsintervall-Schemas gegen μ_o . Wählt man umgekehrt $k = \tilde{k} = \mu_o$, dann gibt es keine äquivalente V-Maske, weil diese dann entartet und ebenfalls zum Entscheidungsintervall-Schema führt.

Beispiel 9 : Wir prüfen die Daten von Beispiel 8 noch einmal mit Hilfe einer V-Maske. Dort war $\mu_o = 6,00$, $k = 6,20$ und $h = 5$. Wir wählen wie bei Figur 39 den Skalenfaktor w gleich 0,80. Die V-Maske mit den Parametern

$$d = \frac{h}{k-\mu_o} = \frac{5}{0,20} = 25 \text{ und } \vartheta = \arctan\left(\frac{0,20}{0,80}\right) = 14,04^o$$

ergibt dann das äquivalente Masken-Verfahren zu dem in Figur 39 und auch in Figur 40 skizzierten CUSUM-Verfahren mit Entscheidungsintervall. Für die jetzt einzutragenden kumulierten Abweichungen Z_i gilt $Z_i = S_i + i(k-\mu_o)$, $i = 0, 1, \dots$, wie aus der Definition von Z_i und S_i unmittelbar folgt. Wir erhalten also jedes Z_i der folgenden Figur 43 , indem wir $0,20\,i$ zum entsprechenden S_i aus der Tabelle der S_i-Werte in Beispiel 8 addieren. Figur 43 zeigt die Position der V-Maske bei N = 17 und bei N = 34. Bei N = 34 werden eingreifende Maßnahmen ausgelöst, weil der zu N = 22 gehörende Punkt $(22, Z_{22}) = (22, -2,00)$ unterhalb des unteren Schenkels des V-Winkels liegt.

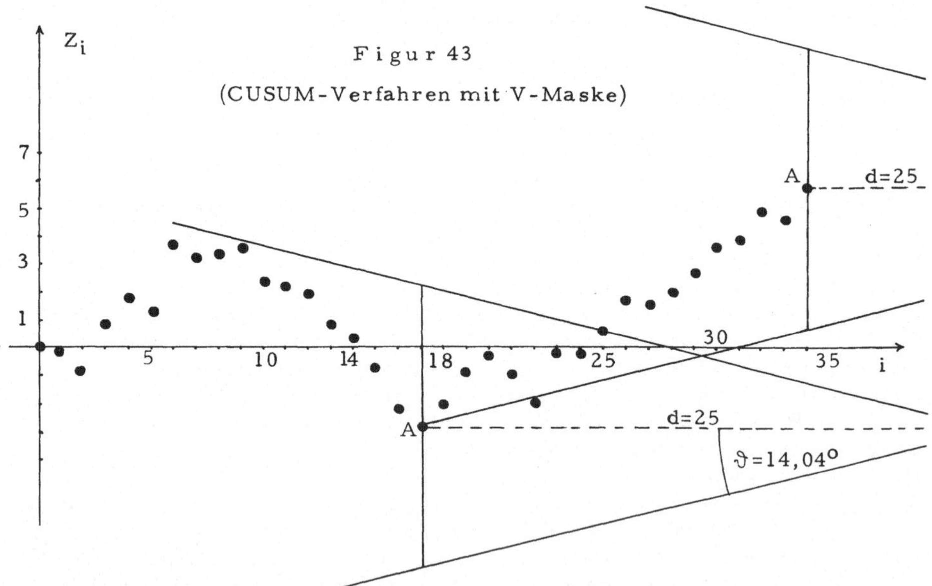

Bei N = 17 hätte das relativ starke Absinken der Z_i von i = 9 bis i = N = 17 beinahe dazu geführt, daß der Punkt $(9, Z_9)$ oberhalb des Winkelraums der Maske zu liegen gekommen wäre. Bei beidseitiger Verwendung der Maske wäre dann ein Eingriff ausgelöst worden, während das CUSUM-Schema von

Figur 40 bzw. 39 nicht darauf reagiert hätte, weil dort nur Trends nach oben
Eingriffe auslösen können. Der Eingriff wäre übrigens unnötig, denn bei Beispiel 8 war ja vorausgesetzt worden, daß μ erst mit $i = 23$ von $\mu_0 = 6{,}0$ nach
$\mu' = 6{,}50$ übergeht.

Der Berücksichtigung von Überschreitungen des oberen V-Schenkels ent-
spricht das Entscheidungsintervall-Schema mit $\tilde{k} = 6{,}0 - w\tan\vartheta = 6{,}0 - 0{,}8 \cdot \frac{1}{4}$,
also $\tilde{k} = 5{,}80$ und $\tilde{h} = -h = -5$. Dabei sind nun die kumulierten Abweichungen

$$\tilde{S}_i = \sum_{j=1}^{i} (\bar{X}_j - 5{,}80) = \sum_{j=1}^{i} (\bar{X}_j - 6{,}20 + 0{,}40) = S_i + 0{,}40\, i$$

maßgebend. Indem wir die S_i-Werte wieder der Tabelle in Beispiel 8 entnehmen, erhalten wir so ($\tilde{S}_0$ wird wieder gleich 0 gesetzt)

$\tilde{S}_0 = 0$, $\tilde{S}_1 = 0{,}06$, $\tilde{S}_2 = -0{,}41$, $\tilde{S}_3 = 1{,}52$, ... usw.; mit diesen Werten kann
man die der Figur 39 entsprechende Skizze für $k = 5{,}80$, $h = -5$ anfertigen
(s. Aufgabe Nr. 59), welche dann zeigt, daß für kein N aus $\{1, 2, \ldots, 34\}$ ein N'
mit $0 \leq N' < N$ existiert, für welches $\tilde{S}_N - \tilde{S}_{N'} < -5$ wäre. (Auch mit $\tilde{S}_{17} = 0{,}47$
und $\tilde{S}_9 = 5{,}33$ ist diese Ungleichung nicht erfüllt.)

Wir können aber auch eine der Figur 40 entsprechende Skizze anfertigen,
welche auf den Werten von
$$S_N^- = \tilde{S}_N - \max_{0 \leq N' < N} \tilde{S}_{N'}, \quad N = 1, 2, \ldots, 34,$$
beruht.

Diese hat den Vorteil, daß die eingetragenen Ordinaten bis zum 1. Eingriff
stets im Intervall $[-h\,; 0]$ bleiben. Man beginnt hier mit der ersten negativen Abweichung $\bar{X}_j - k$; die weiteren Punkte ergeben sich dann durch sukzessives Addieren der folgenden Abweichungen, bis man entweder unter die
Schranke $\tilde{h} = -h = -5$ gerät oder bis der Streckenzug in den positiven Ordinatenbereich führt. Im letzteren Fall unterbricht man die Skizze und beginnt dann wieder mit der nächsten negativen Abweichung von k. Mit den
$\bar{X}_j$-Werten unseres Beispiels 8 erhalten wir so die Figur 44. Die eingetragenen Ordinatenwerte sind $S_2^- = -0{,}47$, $S_5^- = -0{,}33$, $S_7^- = -0{,}29$, $S_{10}^- = -1{,}03$,
$S_{11}^- = -1{,}00$, $S_{12}^- = -1{,}11$, $S_{13}^- = -1{,}93$, $S_{14}^- = -2{,}15$, $S_{15}^- = -2{,}96$, $S_{16}^- = -4{,}32$,
$S_{17}^- = -4{,}86$, $S_{18}^- = -3{,}74$, $S_{19}^- = -2{,}51$, $S_{20}^- = -1{,}59$, $S_{21}^- = -2{,}08$, $S_{22}^- = -2{,}93$,
$S_{23}^- = -0{,}79$, $S_{24}^- = -0{,}82$, $S_{27}^- = -0{,}01$, $S_{33}^- = -0{,}16$.

Diese eingetragenen Ordinaten sind jeweils gleich $S_N^- = \tilde{S}_N - \max\limits_{0 \leq N' < N} \tilde{S}_{N'}$ und
man kann sich die Kurve von Figur 44 so entstanden denken,
daß der Kurve der Punkte $(N, \tilde{S}_N)$ zunächst der vom ersten positiven Maximum bis zum nächsten größeren relativen Maximum führende Streckenzug
entnommen und so weit nach unten parallel verschoben wird, bis das erste
positive Maximum auf die Abszissenachse fällt. Danach macht man dasselbe
mit dem Streckenzug, der vom nächsten größeren Maximum zu dem Maximum führt, welches dieses als nächstes übertrifft usw.. Wenn überhaupt
kein positives Maximum existiert, bleibt die Kurve der Punkte $(N, \tilde{S}_N)$ unverändert, denn dann ist $\tilde{S}_N = S_N^-$ für alle N. Die am Ende noch oberhalb der
Abszissenachse liegenden Punkte werden gelöscht und damit hat man dann
die CUSUM-Karte nach dem Entscheidungsintervall-Schema für Abweichungen nach unten.

Die beiden CUSUM-Karten von Figur 40 und Figur 44 sind also zusammen
dem in Figur 43 skizzierten beidseitigen V-Masken-Verfahren äquivalent.

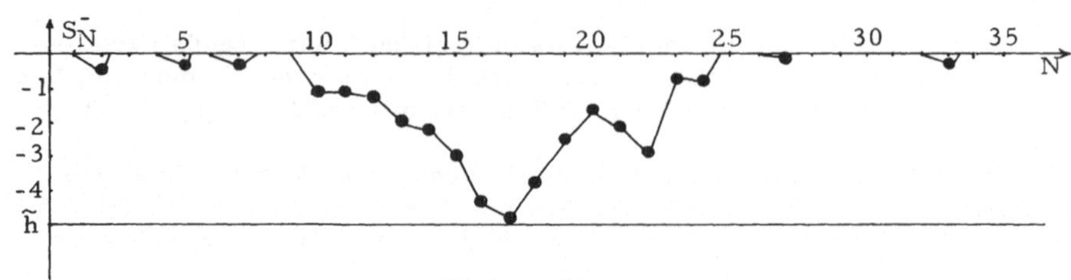

F i g u r 44

Die Parameter k, h bzw. $\tilde{k}$, $\tilde{h}$ oder die Parameter der V-Maske sollten aufgrund ökonomischer Überlegungen gewählt werden. Dazu müßte geklärt werden, welche wirtschaftlichen Konsequenzen sich ergeben, wenn μ mehr oder weniger stark von μ_0 abweicht. Man kann dann eventuell ein $\Delta > 0$ angeben, das als untere Schranke für den Betrag nicht mehr tolerierbarer Abweichungen angesehen wird, d.h. man möchte eingreifen, falls $\mu > \mu_0 + \Delta$ oder $\mu < \mu_0 - \Delta$ gilt. Viele Autoren empfehlen dann, die Referenzwerte k und $\tilde{k}$ ungefähr gleich $\mu_0 + \frac{\Delta}{2}$ bzw. $\mu_0 - \frac{\Delta}{2}$ zu wählen (s. z. B. WETHERILL[1977]).

Wir haben schon erwähnt, daß der Einfluß von h ähnlich ist wie der von k; zu große Werte bewirken, daß gravierende Änderungen von μ häufig zu spät die nötigen Eingriffe veranlassen, während ein zu kleines h oft unnötige Eingriffe verursacht.

Nach EWAN[1963] hat sich in vielen Fällen folgende Wahl der Parameter bewährt:

$$k = \mu_0 + 0,5\,\sigma/\sqrt{n} \quad , \quad \tilde{k} = \mu_0 - 0,5\,\sigma/\sqrt{n} \quad , \quad h = -\tilde{h} = 5\,\sigma/\sqrt{n} \; ; \tag{45}$$

ferner empfiehlt er, den Skalenfaktor w ungefähr $\frac{2\sigma}{\sqrt{n}}$ zu setzen. Die äquivalente V-Maske hat dann die Parameter

$$d = \frac{h}{k - \mu_0} = \frac{5\,\sigma/\sqrt{n}}{0,5\,\sigma/\sqrt{n}} = 10 \; (\text{ Einheiten der i- bzw. N-Skala })$$

und

$$\vartheta = \arctan\left(\frac{k - \mu_0}{w}\right) \approx \arctan\left(\frac{0,5\,\sigma/\sqrt{n}}{2\,\sigma/\sqrt{n}}\right) = \arctan 0,25 = 14^{\circ} \, .$$

Um diesen Empfehlungen folgen zu können, benötigt man einen ziemlich genauen Schätzwert für σ, den man sich z. B. über die Schätzfunktion S/ℓ_n verschaffen kann (vgl. (17) in 3.2.1).

Normierung des Verfahrens

Wenn man σ gut genug kennt, kann man die beobachteten Mittel $\bar{X}_i$ transformieren in $\bar{Y}_i = (\bar{X}_i - \mu_0)\sqrt{n}/\sigma$ und die obigen Empfehlungen auf die transformierten Mittel $\bar{Y}_i$ anwenden. Diese haben dann stets den Sollwert 0. Die Streuung der $\bar{Y}_i$ ist 1, weil $\sigma/\sqrt{n}$ die Streuung der $\bar{X}_i$ ist; folglich werden k = 0,5 und $\tilde{k}$ = -0,5 die Referenzwerte und h = 5 bzw. $\tilde{h}$ = -5 das Entscheidungsintervall für die $\bar{Y}_i$. Die Parameter der äquivalenten V-Maske bleiben d = 10 und $\vartheta = 14^{\circ}$, weil sich der Faktor $\sigma/\sqrt{n}$ wegkürzt (s. oben).

Man könnte also die V-Maske mit der Leitdistanz 10 und dem Winkel $\vartheta = 14^{\circ}$ bzw. die CUSUM-Karten mit den Referenzwerten k = 0,5, $\tilde{k}$ = -0,5 und dem Entscheidungsintervall h = 5 bzw. $\tilde{h}$ = -5 immer verwenden, wenn ein CUSUM-Verfahren überhaupt angebracht erscheint. Vermutlich wird es aber besser sein, wenn man diese Parameterwerte nur als Anhaltspunkt für den Fall der transformierten Mittel nimmt und sie je nach den individuellen Bedürfnissen variiert.

Es gibt übrigens keinen zwingenden Grund dafür, daß man Abweichungen nach
unten genau wie die Abweichungen nach oben behandeln müßte. In der Regel
wäre es sogar vorteilhaft, k und $\tilde{k}$
nicht symmetrisch zu μ_0 und $\tilde{h}$ nicht
gleich -h zu wählen. Man könnte auch
eine V-Maske mit zwei verschiedenen
Winkeln ϑ und η verwenden, wie dies
in Figur 45 angedeutet ist. Dort bewirkt der steilere obere Winkel η, daß
Abweichungen vom Sollwert nach unten
im allgemeinen nicht so rasch zu Eingriffen führen wie Abweichungen von
gleicher Größe nach oben. Äquivalent
zu dem mit dieser asymmetrischen
V-Maske durchgeführten Verfahren

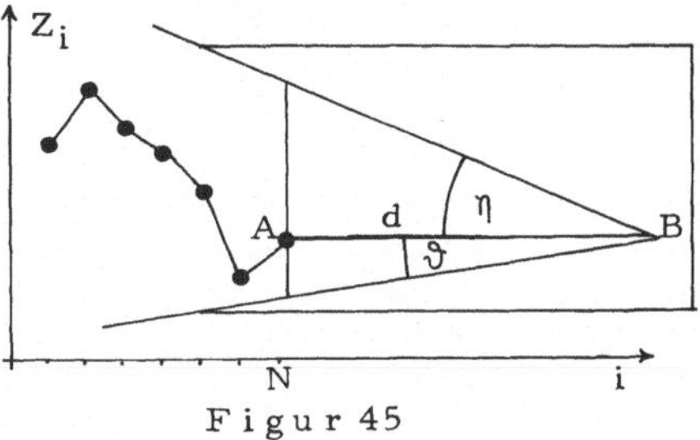

Figur 45

(asymmetrische V-Maske)

wären dann die CUSUM-Karten mit Entscheidungsintervall, von denen die
eine mit $k = \mu_0 + w \tan \vartheta$, $h = d w \tan \vartheta$ auf Abweichungen vom Sollwert nach
oben reagiert, während die andere mit $\tilde{k} = \mu_0 - w \tan \eta$, $\tilde{h} = -d w \tan \eta$ auf Abweichungen vom Sollwert nach unten reagiert. Dabei sind d und w die Leit-
distanz bzw. der Skalenfaktor bei der asymmetrischen V-Maske.

Aufgaben

59) Überzeugen Sie sich anhand einer Skizze, daß die kumulierten Abwei-
chungen $\tilde{S}_i$ der $\overline{X}_i$-Werte des Beispiels 8 bei einem Referenzwert $\tilde{k}=5,80$
und einem Entscheidungsintervall $\tilde{h} = -5$ nicht zu einem Eingriff führen.
Wäre es mit $\tilde{k} = 5,70$ und $\tilde{h} = -4,50$ zu einem Eingriff gekommen?

60) Ein Merkmal X sei verteilt mit einem Mittelwert $E[X] = \mu$ und der Streuung σ. Man überwacht μ mit Hilfe einer CUSUM-Karte für die Mittel $\overline{X}_i$
aus Stichproben des Umfangs $n = 9$, wobei $k = \mu_0 + 0,2\sigma$, $h = 2\sigma$ gewählt
sei. Warum ist $W(S_N > h)$ eine untere Schranke für die Wahrscheinlichkeit, mit der ein erster Eingriff noch vor der (N+1)-ten Stichprobe erfolgt? Berechnen Sie diese Schranke für $N = 10$ und $N = 20$, wenn μ ständig gleich $\mu_0 + 0,5\sigma$ ist! Dabei darf angenommen werden, daß die Mittel
$\overline{X}_i$ wegen des Zentralen Grenzwertsatzes in guter Näherung nach der
Normalverteilung $N(\mu, \sigma^2/9)$ verteilt sind.

3.2.5 Andere Kontrollkarten

Das aus der Zeitreihen-Analyse bekannte Verfahren der gleitenden
Durchschnitte kann ebenfalls zur Überwachung des Mittelwerts eines
Merkmals herangezogen werden. Der gleitende Durchschnitt

$$\hat{X}_N = \frac{1}{m}(X_N + X_{N-1} + \ldots + X_{N-m+1}), \quad N = m, m+1, \ldots \quad (46)$$

ist das arithmetische Mittel aus den letzten m beobachteten Werten, wobei
$m \geq 2$. Die X_i, $i = 1, 2, \ldots$ sind einzelne Meßwerte oder auch Stichprobenmittel, die in regelmäßigen Abständen erhoben werden. Wir nehmen an, daß
die X_i unabhängig und mit dem Erwartungswert μ und der Streuung σ verteilt sind. Dann ist μ auch der Erwartungswert von $\hat{X}_N$ und die Streuung von

$\hat{X}_N$ ist $6/\sqrt{m}$. Als Kontrollgrenzen kann man z. B. die 36 -Grenzen

$$G_o = \mu_o + 36/\sqrt{m} \quad , \quad G_u = \mu_o - 36/\sqrt{m}$$

wählen, wobei μ_o wieder der Sollwert oder der Wert von μ bei ordnungsgemäß laufendem Produktionsprozeß ist. Die N-te Beobachtung X_N löst eingreifende Maßnahmen aus, falls $\hat{X}_N > G_o$ oder $\hat{X}_N < G_u$ gilt.

Als arithmetisches Mittel aus den m unabhängigen und identisch verteilten zufälligen Variablen $X_N, X_{N-1}, \ldots, X_{N-m+1}$ ist $\hat{X}_N$ oft schon für kleinere m ungefähr normalverteilt (wegen des Zentralen Grenzwertsatzes), auch wenn sich die Verteilung der X_i erheblich von einer Normalverteilung unterscheidet. Daher kann man ganz ähnlich wie bei den $\overline{X}$-Karten die Wahrscheinlichkeit $W(G_u \leq \hat{X}_N \leq G_o) = 1 - \alpha$ berechnen, also die Wahrscheinlichkeit dafür, daß ein bestimmter gleitender Durchschnitt keinen Eingriff auslöst. Es ist

$$W(G_u \leq \hat{X}_N \leq G_o) = W\left(\frac{(G_u - \mu)\sqrt{m}}{6} \leq \frac{(\hat{X}_N - \mu)\sqrt{m}}{6} \leq \frac{(G_o - \mu)\sqrt{m}}{6} \right)$$

und weil $(\hat{X}_N - \mu)\sqrt{m}/6$ die standardisierte Variable zu der ungefähr nach $N(\mu, 6^2/m)$ verteilten Variablen $\hat{X}_N$ ist, folgt

$$W(G_u \leq \hat{X}_N \leq G_o) \approx \Phi\left(\frac{(G_o - \mu)\sqrt{m}}{6} \right) - \Phi\left(\frac{(G_u - \mu)\sqrt{m}}{6} \right) . \qquad (46)$$

Falls die obigen 36 -Grenzen gewählt wurden und wenn $\mu = \mu_o$ ist, gilt also

$$1 - \alpha = W(G_u \leq \hat{X}_N \leq G_o) \approx \Phi(3) - \Phi(-3) = 0{,}99865 - (1 - 0{,}99865) = 0{,}9973.$$

Anders als die Stichprobenmittel $\overline{X}_i$ der $\overline{X}$-Karten sind die $\hat{X}_N$ natürlich nicht alle unabhängig; die Abhängigkeit benachbarter Durchschnitte wie $\hat{X}_{N-1}, \hat{X}_N, \hat{X}_{N+1}$ dürfte im allgemeinen umso größer sein, je größer m ist. Man darf daher nicht wie bei den $\overline{X}$-Karten schließen, daß r aufeinander folgende Durchschnitte mit Wahrscheinlichkeit $(1 - \alpha)^r$ keinen Eingriff auslösen, wenn $1 - \alpha$ die Wahrscheinlichkeit dafür ist, daß ein einzelner Durchschnitt keinen Eingriff auslöst.
Die Kontrollkarten für gleitende Durchschnitte haben den Namen MOSUM-Karten (von "moving average sum") erhalten. Man kann sie zweiseitig, also wie oben geschildert, oder einseitig, d. h. mit nur einer der beiden Kontrollgrenzen, benutzen. Zusätzlich zu den Kontrollgrenzen kann man auch hier noch Warngrenzen einführen.

Bei MOSUM-Karten geht jeder der letzten m beobachteten Werte mit dem Gewicht $1/m$ in $\hat{X}_N$ ein. Statt dieser gleitenden Durchschnitte kann man aber auch beliebig gewichtete gleitende Durchschnitte der Form

$$\hat{X}_N = \sum_{j=1}^{m} g_j X_{N+1-j} \text{ mit festen } g_j \geq 0 , \quad \sum_{j=1}^{m} g_j = 1$$

bilden. Die zugehörigen Kontrollkarten heißen WESUM-Karten (von "weighted sum charts"); sie wurden von LAI [1974] untersucht.

Ein weiteres Verfahren beruht auf den sogenannten geometrischen Durchschnitten Q_N, $N = 1, 2, \ldots$, die rekursiv wie folgt gebildet werden:

$$Q_1 = X_1 , \quad Q_N = (1 - \gamma)Q_{N-1} + \gamma X_N \text{ für } N = 2, 3, \ldots .$$

Dabei ist γ ein zu wählender Parameter mit $0 < \gamma < 1$.

Durch vollständige Induktion zeigt man leicht, daß Q_N auch in der Form

$$Q_N = \gamma X_N + \gamma(1-\gamma)X_{N-1} + \gamma(1-\gamma)^2 X_{N-2} + \ldots + \gamma(1-\gamma)^{N-2} X_2 + (1-\gamma)^{N-1} X_1$$

(für $N = 2, 3, \ldots$) geschrieben werden kann. Dies ist ein gewichtetes arithmetisches Mittel aus $X_1, \ldots, X_N$, d.h. es werden stets alle bisherigen Beobachtungen berücksichtigt. Die Gewichte γ, $\gamma(1-\gamma)$, $\ldots$, $\gamma(1-\gamma)^{N-2}$ von $X_N, X_{N-1}, \ldots, X_2$ bilden eine abnehmende geometrische Folge und daher kommt die Bezeichnung "geometrische Durchschnitte" für die Q_N. Die Summe aller Gewichte ist stets 1.
Unter den Prognose-Methoden ist dieses Verfahren als "exponential smoothing 1.Ordnung" bekannt; für den Bereich der Prozeßkontrolle wurde es von J. W. TUKEY vorgeschlagen. ROBERTS [1966] hat Kontrollkarten für geometrische und für gleitende Durchschnitte miteinander und mit CUSUM-, sowie mit $\overline{X}$-Karten verglichen. Als Vergleichskriterium benutzte er im wesentlichen die mittlere Lauflänge, mit der wir uns im folgenden Abschnitt befassen werden.
Weitere Typen von Kontrollkarten (z.B. Mediankarten, Extremwert- und Iterationskarten) werden bei UHLMANN [1982] beschrieben.

<u>Aufgabe 61</u>

Es sei X_i die Anzahl der Buchstaben des i-ten Worts auf dieser Seite. Bilden Sie für m = 5

a) die sog. 5-gliedrigen gleitenden Durchschnitte $\hat{X}_N = \frac{1}{5}(X_N + X_{N-1} + \ldots + X_{N-4})$

b) die mit den Gewichten $g_1 = 0,30$, $g_2 = 0,20$, $g_3 = 0,20$, $g_4 = 0,20$, $g_5 = 0,10$ gewichteten 5-gliedrigen gleitenden Durchschnitte;

c) die geometrischen Durchschnitte Q_N für $\gamma = 0,10$.

Welche dieser drei Verfahren führen zu mindestens einem Eingriff und bei welchem Wort erfolgt der erste Eingriff, wenn wir $G_0 = 7,5$ als obere Kontrollgrenze wählen?

3.2.6 Die mittlere Lauflänge (das ARL-Kriterium)

Wir setzen weiterhin voraus, daß für ein Verfahren der laufenden Prozeßkontrolle in regelmäßigen Abständen Stichproben mit einem festen Umfang n gezogen werden. Wenn dann die N-te Stichprobe als erste zu eingreifenden Maßnahmen führt, nennen wir N die Lauflänge des Verfahrens. Dieses N ist eine zufällige Variable; man nennt

$E[N]$ die mittlere Lauflänge oder die ARL (=average run length)

des Verfahrens. $E[N]$ hängt von der Verteilung des betrachteten Merkmals ab und kann in manchen Fällen als Funktion des Mittelwerts oder eines anderen Verteilungsparameters angegeben werden. Schon in Beispiel 19 des Kapitels 1 (Abschnitt 1.5) haben wir für ein sehr einfaches Verfahren die ARL als Beispiel für einen Erwartungswert kennengelernt.
Ideal wäre ein Verfahren, welches nie zu unnötigen Eingriffen führt, andererseits jedoch sofort eingreifende Maßnahmen veranlaßt, sobald diese vor-

teilhaft sind. Für ein solches ideales Verfahren wäre also $E[N] = \infty$, wenn der Prozeß ordnungsgemäß arbeitet, aber $E[N] = 1$, wenn er so weit gestört ist, daß eingreifende Maßnahmen wirtschaftlicher sind als eine weitere Produktion im gestörten Zustand. Dies läßt sich aber im allgemeinen nicht einmal mit Totalkontrolle erreichen.

Um zwei Verfahren mit Hilfe des ARL-Kriteriums zu vergleichen, wählt man die Parameter zunächst so, daß $E[N]$ bei ordnungsgemäß laufendem Prozeß für beide Verfahren möglichst übereinstimmt. "Besser" im Sinne des Kriteriums ist dann das Verfahren, bei dem $E[N]$ für größere Abweichungen vom ordnungsgemäßen Zustand kleiner ist als beim anderen Verfahren.

ARL für $\overline{X}$-Karten ohne Warngrenzen

Es sei wieder $\alpha = W(\overline{X} > G_o) + W(\overline{X} < G_u)$ die Überschreitungswahrscheinlichkeit bei einer $\overline{X}$-Karte für den Fall, daß der Prozeß mit dem Sollwert μ_o unter statistischer Kontrolle ist. Dann gilt (mit $\beta = 1-\alpha$) wegen der Unabhängigkeit der Stichprobenmittel $\overline{X}_i$

$$ARL = E[N] = 1\alpha + 2\beta\alpha + 3\beta^2\alpha + \ldots, \text{ also } (1-\beta)E[N] = \alpha(1+\beta+\beta^2+\ldots) = 1$$

und damit

$$E[N] = \frac{1}{\alpha} \ . \tag{47}$$

Wenn sich die Überschreitungswahrscheinlichkeit infolge einer Störung ändert und einen Wert α' annimmt, gilt ebenso $E[N] = 1/\alpha'$; dabei muß man sich vorstellen, daß α' längere Zeit fest bleibt.

Falls das betrachtete Merkmal X nach $N(\mu, \sigma^2)$, die $\overline{X}_i$ also nach $N(\mu, \sigma^2/n)$ verteilt sind, haben wir die Kontrollgrenzen $\mu_o \pm \lambda_\beta \sigma/\sqrt{n}$ (vgl. (15)), wenn σ bekannt ist. Dann ist

$$\alpha' = W(\overline{X} > G_o) + W(\overline{X} < G_u) = W(\overline{X} > \mu_o + \lambda_\beta \sigma/\sqrt{n}) + W(\overline{X} < \mu_o - \lambda_\beta \sigma/\sqrt{n}) =$$

$$= W(\frac{\overline{X}-\mu}{\sigma}\sqrt{n} > \frac{\mu_o-\mu}{\sigma}\sqrt{n} + \lambda_\beta) + W(\frac{\overline{X}-\mu}{\sigma}\sqrt{n} < \frac{\mu_o-\mu}{\sigma}\sqrt{n} - \lambda_\beta) =$$

$$= 1 - \Phi(\lambda_\beta + \frac{\mu_o-\mu}{\sigma}\sqrt{n}) + \Phi(-\lambda_\beta + \frac{\mu_o-\mu}{\sigma}\sqrt{n}) = \Phi(-\lambda_\beta + \frac{\mu-\mu_o}{\sigma}\sqrt{n}) + \Phi(-\lambda_\beta - \frac{\mu-\mu_o}{\sigma}\sqrt{n}).$$

In Abhängigkeit von $\Delta = (\mu - \mu_o)/\sigma$, also der in "Streuungseinheiten" gemessenen Abweichung vom Sollwert μ_o , ist die mittlere Lauflänge also

$$ARL(\Delta) = \frac{1}{\Phi(-\lambda_\beta + \Delta\sqrt{n}) + \Phi(-\lambda_\beta - \Delta\sqrt{n})} \ . \tag{48}$$

Da $ARL(-\Delta) = ARL(\Delta)$, genügt es, ARL als Funktion von $\Delta \geq 0$ bzw. von $|\Delta|$ zu betrachten. In Figur 46 ist $ARL(|\Delta|)$ für die sogenannten 3σ-Grenzen mit $\lambda_\beta = 3$ und die Stichprobenumfänge $n = 5$ und $n = 10$ skizziert.

Eine genauere Betrachtung der Formel (48) zeigt, daß man die Parameter n und β stets so wählen kann, daß die Funktion $ARL(|\Delta|)$ einer 2-Punkte-Bedingung genügt, die den 2-Punkte-Bedingungen ganz ähnlich ist, welche in

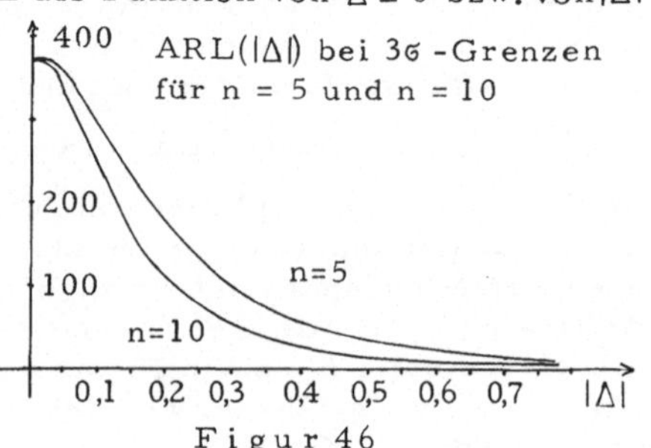

Figur 46

Kapitel 2 an OC-Kurven gestellt wurden. Eine 2-Punkte-Bedingung für ARL lautet

$$\text{ARL}(|\Delta|) \ge a \text{ für } |\Delta| \le \Delta_1 \, , \quad \text{ARL}(|\Delta|) \le b \text{ für } |\Delta| \ge \Delta_2 \, , \tag{49}$$

wobei $0 < \Delta_1 < \Delta_2$ und $1 < b < a$ gelten muß, letzteres, weil aus (48) folgt, daß

$$\text{ARL}(\Delta) \text{ monoton fallend für } \Delta > 0 \text{ und } \lim_{\Delta \to \infty} \text{ARL}(\Delta) = 1$$

ist. Für $-\lambda_\beta + \Delta_1\sqrt{n} = u$ folgt aus (48) wegen der Monotonie von Φ, daß $\text{ARL}(\Delta_1)$ größer als $1/2\Phi(u)$ ist und für $-\lambda_\beta + \Delta_2\sqrt{n} = v$ folgt $\text{ARL}(\Delta_2) < 1/\Phi(v)$. Wenn also u und v so gewählt sind, daß $1/2\Phi(u) > a$ und $1/\Phi(v) < b$, dann brauchen wir nur λ_β und n so zu wählen, daß die Gleichungen

$$-\lambda_\beta + \Delta_1\sqrt{n} = u \text{ und } -\lambda_\beta + \Delta_2\sqrt{n} = v \tag{50}$$

erfüllt sind. Wegen $b < a$ ist stets $u < v$ und daher ist (50) stets mit positiver $\sqrt{n}$ lösbar, denn es folgt

$$\sqrt{n} = \frac{v-u}{\Delta_2 - \Delta_1} \, , \quad \lambda_\beta = \frac{\Delta_1 v - \Delta_2 u}{\Delta_2 - \Delta_1} \, . \tag{51}$$

Wir können nachträglich noch v größer oder u kleiner machen, so daß n ganzzahlig wird und dann ist die 2-Punkte-Bedingung mit den sich aus (51) ergebenden Parametern n und λ_β erst recht erfüllt. Mit λ_β sind auch β und $\alpha = 1-\beta$ eindeutig bestimmt. Aus (48) folgt, daß $\frac{1}{\alpha} = \text{ARL}(0) = \max \text{ARL}(\Delta)$ ist.

<u>Beispiel 10</u>: Die mittlere Lauflänge einer $\overline{X}$-Karte soll mindestens 200 sein, wenn der Erwartungswert μ des betrachteten Merkmals um weniger als $\pm 0,05$ vom Sollwert $\mu_0 = 2,50$ abweicht. Bei einer Abweichung um mehr als $\pm 0,20$ soll die mittlere Lauflänge höchstens noch 10 sein. Das betrachtete Merkmal sei normalverteilt mit der Streuung $\sigma = 0,25$.

Hier ist $\Delta_1 = 0,05/0,25 = 0,20$ und $\Delta_2 = 0,20/0,25 = 0,80$ und die 2-Punktebedingung lautet:

$$\text{ARL}(|\Delta|) \ge 200 \text{ für } |\Delta| \le 0,20 \, , \quad \text{ARL}(|\Delta|) \le 10 \text{ für } |\Delta| \ge 0,80 \, .$$

Mit Hilfe einer Tabelle von Φ können wir z. B. $u = -2,90$ und $v = -1,10$ wählen; dann ist

$$1/2\Phi(-2,90) = 268 > 200 \, , \quad 1/\Phi(-1,10) = 7,37 < 10 \, .$$

Außerdem ist $\sqrt{n} = \frac{v-u}{\Delta_2 - \Delta_1} = \frac{1,80}{0,60} = 3$, also $n = 9$ und λ_β folgt aus (51) zu

$$\lambda_\beta = \frac{0,20(-1,10) + 0,80 \cdot 2,90}{0,60} = 3,50 \, .$$ Daher ist $\beta = 0,999534$ und $\alpha = \text{ARL}(0)$ ist gleich $0,000466$. Eine mögliche $\overline{X}$-Karte ist also die mit den $3,5\sigma$-Kontrollgrenzen

$$G_o = 2,50 + 3,50 \cdot 0,25/3 = 2,79 \, , \quad G_u = 2,50 - 3,50 \cdot 0,25/3 = 2,21 \, .$$

Die Mittel $\overline{X}_i$ sind aus Stichproben des Umfangs $n = 9$ zu bilden.

ARL für $\overline{X}$-Karten mit Warngrenzen

Wir nehmen jetzt an, daß nicht nur bei Überschreitung einer Kontrollgrenze eingegriffen wird, sondern auch dann, wenn zwei aufeinander folgende $\overline{X}$-Werte außerhalb der Warngrenzen, aber noch innerhalb der Kontrollgrenzen sind. Es hängt also von $\overline{X}_i$ und von $\overline{X}_{i-1}$ ab, ob die i-te Stichprobe zu einem Eingriff führt. PAGE [1955] hat gezeigt, wie die ARL auch hier berechnet werden kann.

Wie zuvor sei α die Wahrscheinlichkeit dafür, daß ein $\overline{X}_i$ die Kontrollgrenzen überschreitet und $\beta = 1-\alpha$. Ferner sei nun γ die Wahrscheinlichkeit dafür, daß ein $\overline{X}_i$ zwischen die untere Warngrenze und die untere Kontrollgrenze oder zwischen die obere Warngrenze und die obere Kontrollgrenze gerät.

Die Lauflänge N ist gleich 1 , wenn schon $\overline{X}_1$ außerhalb der Kontrollgrenzen liegt; sie ist gleich $1+N_0$, wobei N_0 wie N verteilt ist, falls $\overline{X}_1$ innerhalb der Warngrenzen liegt. Schließlich ist $N=1+N_1$, falls $\overline{X}_1$ zwischen einer Warngrenze und der zugehörigen Kontrollgrenze liegt, wobei N_1 die restliche Lauflänge unter dieser Bedingung bezeichnet. Also ist

$$W(N=1) = \alpha, \quad W(N=1+N_0) = \beta-\gamma , \quad W(N=1+N_1) = \gamma \quad \text{und deshalb}$$

$$ARL = E[N] = 1\alpha + (1+E[N_0])(\beta-\gamma) + (1+E[N_1])\gamma = 1+E[N_0](\beta-\gamma)+E[N_1]\gamma.$$

$N_1=1$ tritt ein, wenn $\overline{X}_2$ außerhalb der Warngrenzen liegt, also mit Wahrscheinlichkeit $\alpha+\gamma$. Liegt $\overline{X}_2$ innerhalb der Warngrenzen, dann ist $N_1=1+N_0'$, wobei N_0' wieder wie N selbst verteilt ist. Daher gilt

$$E[N_1] = 1(\alpha+\gamma) + (1 + E[N_0'])(1-\alpha-\gamma) = 1 + E[N_0'](\beta-\gamma) .$$

Setzen wir dies in den obigen Ausdruck für ARL ein und berücksichtigen wir $E[N_0] = E[N_0'] = E[N]$, dann erhalten wir

$$E[N] = 1+\gamma + E[N](\beta-\gamma)(1+\gamma) ,$$

also

$$ARL = E[N] = \frac{1+\gamma}{1-(\beta-\gamma)(1+\gamma)} . \tag{52}$$

Für $\gamma \to 0$ (wenn die Warngrenzen gegen die Kontrollgrenzen gehen) strebt die ARL offensichtlich gegen $1/(1-\beta) = 1/\alpha$, also gegen die mittlere Lauflänge der $\overline{X}$-Karte ohne Warngrenzen. Man zeigt auch leicht, daß (52) stets einen kleineren Wert als $1/\alpha$ ergibt, wie es auch sein muß, weil mit Warngrenzen immer mindestens so oft eingegriffen wird wie ohne Warngrenzen.

Wenn die Wahrscheinlichkeiten α, β und γ für den Fall berechnet sind, daß der Prozeß mit dem Sollwert μ_0 unter statistischer Kontrolle läuft, dann haben wir mit (52) die mittlere Lauflänge natürlich nur für diesen Fall. Die Formel (52) gilt aber unabhängig davon, aus welchem Zustand des Prozesses die Wahrscheinlichkeiten α, β und γ resultieren. Wenn man beispielsweise β und γ als Funktionen des aktuellen Mittelwerts μ bzw. (bei bekanntem σ) als Funktionen von $\Delta = (\mu-\mu_0)/\sigma$ angeben kann, erhält man durch Einsetzen in (52) die mittlere Lauflänge für die $\overline{X}$-Karte mit Warngrenzen als Funktion von μ bzw. Δ oder $|\Delta|$.

ARL für CUSUM-Karten

Bei einer CUSUM-Karte ist die Bestimmung der mittleren Lauflänge nicht so einfach wie im Fall der $\overline{X}$-Karten, weil die Entscheidung, ob $\overline{X}_N$ zu einem Eingriff führt, nicht nur von $\overline{X}_N$ oder $\overline{X}_N$ und $\overline{X}_{N-1}$, sondern jeweils von $\overline{X}_1, \overline{X}_2, \ldots, \overline{X}_N$ abhängt. Wir betrachten zunächst nur das einseitige Schema mit Entscheidungsintervall, wie es in Figur 40 dargestellt ist. Nach Beobachtung von $\overline{X}_1$ gilt für die Lauflänge N

$$N = 1 + N' , \text{ wobei } N' \text{ wie N verteilt ist, falls } \overline{X}_1 \le k ;$$

denn wenn $\overline{X}_1$ nicht größer als der Referenzwert k ist, startet das Schema neu mit 0 . Ferner gilt

$$N = 1 + N(y) , \text{ falls } \overline{X}_1 = k+y \text{ mit } 0 < y \le h ,$$

wobei $N(y)$ die Lauflänge einer CUSUM-Karte mit denselben Parametern k und h ist, bei der man nicht mit dem Ordinatenwert 0 , sondern mit y startet. Schließlich ist

$$N = 1 \text{ , falls } \overline{X}_1 > k + h \ .$$

Da wir nun $N(y)$ eingeführt haben, bezeichnen wir die Lauflänge N unserer mit dem Ordinatenwert 0 beginnenden CUSUM-Karte konsequenterweise mit $N(0)$. Aus der vorstehenden Überlegung folgt

$$E[N(0)] = (1+E[N(0)])F(k) + \int_0^h (1+E[N(y)]) f(k+y)dy + 1(1-F(k+h)),$$

wenn $F(x)$ und $f(x)$ Verteilungsfunktion und Dichte der $\overline{X}_i$ sind. Daraus folgt

$$E[N(0)](1-F(k)) = 1 + \int_0^h E[N(y)] f(k+y) dy \ . \tag{53}$$

Würde man nicht mit dem Ordinatenwert 0 , sondern mit einer positiven Summe z von kumulierten Abweichungen beginnen, dann wäre $N(0)$ durch $N(z)$ und k durch k-z zu ersetzen, denn $\overline{X}_1 - k + z$ wird ≤ 0 für $\overline{X}_1 \leq k-z$. Aus (53) wird dann die Funktionalgleichung

$$E[N(z)](1-F(k-z)) = 1 + \int_0^h E[N(y)] f(k-z+y) dy \tag{54}$$

für die Funktion $E[N(z)]$. Für den Fall der Normalverteilung hat man diese Funktionalgleichung numerisch gelöst und konnte damit dann die mittlere Lauflänge $E[N(0)]$ bestimmen. Es ist auch gelungen, $E[N(0)]$ durch andere Größen auszudrücken, die ihrerseits gewissen Funktionalgleichungen genügen (vgl. PAGE [1954] , KEMP [1958] und auch EWAN [1963], WETHERILL [1977].

Wir betrachten nun die mittlere Lauflänge eines zweiseitig durchgeführten CUSUM-Verfahrens. Wenn es "symmetrisch" durchgeführt wird, d. h. entweder mit einer V-Maske, deren oberer Winkel gleich dem unteren ist, oder mit zwei CUSUM-Karten, für deren Parameter k , h und $\tilde{k}$, $\tilde{h}$ die Symmetriebeziehungen $\tilde{h} = - h$ und $k- \mu_0 = \mu_0 - \tilde{k}$ gelten, dann kann man für den Fall $\mu = \mu_0$ davon ausgehen, daß die ARL etwa halb so groß sein wird wie bei den zugehörigen beiden einseitigen Verfahren. Denn die Verteilung der Stichprobenmittel ist zumindest annähernd symmetrisch zu $\mu = \mu_0$ und daher wird auf lange Sicht ebenso oft wegen vermeintlicher Abweichungen nach oben unnötigerweise eingegriffen wie wegen vermeintlicher Abweichungen nach unten.

Für $\mu \neq \mu_0$ oder wenn das zweiseitige Verfahren nicht symmetrisch durchgeführt wird, kann man nicht so einfach schließen. Es gibt aber einen allgemeinen Zusammenhang zwischen der ARL des zweiseitigen Verfahrens und den mittleren Lauflängen der zugehörigen beiden einseitigen Verfahren, den wir für den Fall herleiten, daß das Verfahren nach jedem Eingriff neu startet.

Der Prozeß möge trotz aller Eingriffe immer mit demselben μ weiterlaufen und $N_1, N_2, \ldots$ seien die Lauflängen bis zum ersten Eingriff, vom ersten bis zum zweiten Eingriff usw.; nach dem Gesetz der großen Zahl (in der sogenannten "starken" Version) konvergiert $\frac{1}{m}(N_1+N_2+\ldots+N_m)$ für $m \to \infty$ mit Wahrscheinlichkeit 1 gegen $ARL = E[N(0)]$; die N_i, $i = 1, 2, \ldots$ sind nämlich unabhängig und identisch verteilt und daher genügt die Existenz von $ARL = E[N(0)] = E[N_i]$ als Voraussetzung für das Gesetz der großen Zahl (vgl. etwa CHUNG [1968] , S. 120). Die Existenz dieses Erwartungswerts haben wir bisher stillschweigend vorausgesetzt; sie läßt sich im allgemeinen auch leicht nachweisen. Wenn nämlich eine einzelne Stichprobe mit einer positiven (wenn auch sehr kleinen) Wahrscheinlichkeit p einen Eingriff auslösen kann, dann ist die Nummer Z der ersten Stichprobe, bei der dies eintritt, nie kleiner als $N(0)$. Da aber $E[Z]$ existiert (wegen der Unabhängigkeit der einzelnen Stichproben ist $E[Z] = 1 \cdot p + 2(1-p)p + 3(1-p)^2 p + \ldots = 1/p$), muß $E[N(0)]$ erst recht existieren.

Wegen $\lim\limits_{m \to \infty} \frac{1}{m}(N_1 + \ldots + N_m) = E[N(0)]$ und $E[N(0)] \geq 1$ (letzteres folgt, weil $N(0)$ stets ≥ 1 ist) gilt auch $\lim\limits_{m \to \infty} \dfrac{m}{N_1 + \ldots + N_m} = \dfrac{1}{E[N(0)]}$.

Von den ersten m Eingriffen seien m^+ wegen zu großer Abweichungen nach oben, m^- wegen zu großer Abweichungen nach unten erfolgt. Dann ist

$$m = m^+ + m^- \quad \text{und} \quad \frac{1}{ARL} = \frac{1}{E[N(0)]} = \lim_{m \to \infty} \frac{m^+}{N_1 + \ldots + N_m} + \lim_{m \to \infty} \frac{m^-}{N_1 + \ldots + N_m} ;$$

nun ist N_m entweder die Nummer der Stichprobe, die zum m^+-ten Eingriff wegen zu großer Abweichung nach oben führt, oder die Nummer der Stichprobe, die zum m^--ten Eingriff wegen zu großer Abweichung nach unten führt. Daraus kann man leicht folgern, daß die beiden letzten Grenzwerte die reziproken mittleren Lauflängen der beiden einseitigen CUSUM-Verfahren sind, die wir mit ARL^+ und ARL^- bezeichnen wollen. Es gilt also stets

$$\frac{1}{ARL} = \frac{1}{ARL^+} + \frac{1}{ARL^-} , \tag{55}$$

sofern die Erwartungswerte ARL, ARL^+ und ARL^- existieren. Sie existieren z.B. für normalverteilte $\overline{X}_i$, weil dort jede einzelne Stichprobe für sich allein mit einer positiven Wahrscheinlichkeit einen Eingriff auslöst (s. oben).

ARL^+ kann über die Funktionalgleichung (54) numerisch bestimmt werden, ARL^- über eine analoge Funktionalgleichung, die man aufgrund einer CUSUM-Karte für Abweichungen nach unten aufstellen kann.

Zu Beginn dieses Abschnitts wurde schon erwähnt, daß die mittlere Lauflänge als Vergleichskriterium für verschiedenartige Verfahren dienen kann. Man hat damit vor allem die CUSUM- und die Shewhart'schen $\overline{X}$-Karten miteinander verglichen. Wenn bei beiden Verfahren derselbe Stichprobenumfang n verwendet wird und die Stichproben gleich oft gezogen werden, dann ist auch der Prüfaufwand in beiden Fällen derselbe, wenn man davon absieht, daß das CUSUM-Verfahren ein klein wenig komplizierter zu handhaben ist. Man wird das eine Verfahren dem andern vorziehen, wenn seine ARL bei geringfügigen Abweichungen vom Sollwert größer, bei gravierenden Abweichungen aber kleiner ist als die ARL des anderen Verfahrens. Welche Abweichungen als gering und welche als gravierend eingestuft werden, hängt von ökonomischen Überlegungen ab. "Gering" sind jene, bei denen sich ein Eingriff nicht lohnt, "gravierend" sind solche, bei denen jede Verzögerung des Eingreifens zu merklichen Einbußen führt.

Für numerische Vergleiche wählt man die Kontrollgrenzen der $\overline{X}$-Karte und die CUSUM-Parameter so, daß die ARL für $\mu = \mu_0$ in beiden Fällen möglichst übereinstimmt. Bezeichnen wir dann mit $ARL_c(\delta)$ und $ARL_{\overline{X}}(\delta)$ die mittleren Lauflängen von CUSUM- und $\overline{X}$-Karte in Abhängigkeit von $\delta = |\mu - \mu_0| \frac{\sqrt{n}}{\sigma}$ dann ergeben die numerischen Berechnungen gewöhnlich (vgl. EWAN [1963] und WOODALL [1985]), daß die Funktionskurven von $ARL_c(\delta)$ und $ARL_{\bar{x}}(\delta)$ einen Schnittpunkt $\delta_s > 0$ besitzen, wobei

$$ARL_c(\delta) < ARL_{\bar{x}}(\delta) \text{ für } 0 < \delta < \delta_s \, , \quad ARL_c(\delta) > ARL_{\bar{x}}(\delta) \text{ für } \delta > \delta_s \, .$$

In der Regel werden bei diesen Vergleichen normalverteilte Stichprobenmittel vorausgesetzt und dann ist δ_s ungefähr gleich 2 .

Damit ist bestätigt, was man von vorneherein hätte vermuten können: kleinere Abweichungen werden im Durchschnitt mit dem CUSUM-Verfahren eher entdeckt als mit der $\bar{X}$-Karte, während große Abweichungen bei der $\bar{X}$-Karte mit durchschnittlich kürzerer Laufzeit zu einem Eingriff führen.

Aus der Herleitung von (55) kann man übrigens erkennen, daß diese Beziehung zwischen der mittleren Lauflänge eines zweiseitigen Verfahrens und den mittleren Lauflängen der zugehörigen einseitigen Verfahren nicht nur für CUSUM-Karten, sondern auch für andere Kontrollkarten gültig ist. Für die $\bar{X}$-Karten hätten wir das auch der Formel (48) entnehmen können, denn danach ist

$$\frac{1}{ARL} = \Phi(-\lambda_\beta + \Delta\sqrt{n}) + \Phi(-\lambda_\beta - \Delta\sqrt{n}) = W(\bar{X} > G_o) + W(\bar{X} < G_u) \, ,$$

also gleich $\dfrac{1}{ARL^+} + \dfrac{1}{ARL^-}$, wenn wir wieder die mittleren Lauflängen der beiden zu einer zweiseitigen $\bar{X}$-Karte gehörenden einseitigen $\bar{X}$-Karten mit ARL^+ bzw. ARL^- bezeichnen.

Aufgaben

62) Wie groß ist die ARL einer zweiseitigen $\bar{X}$-Karte für Stichproben mit dem Umfang n = 5 und mit den Kontrollgrenzen $G_o = 12,40$, $G_u = 11,20$, wenn das betrachtete Merkmal X verteilt ist
a) nach N(11,80 ; 0,25) , b) nach N(12,0 ; 0,25), c) nach N(11,60 ; 0,16).

Wie groß ist die mittlere Lauflänge in den drei betrachteten Fällen, wenn außer den Kontrollgrenzen noch die Warngrenzen 12,30 und 11,30 berücksichtigt werden? (Ein Eingriff soll erfolgen, wenn eine Kontrollgrenze überschritten wird oder wenn zwei aufeinander folgende $\bar{X}$-Werte außerhalb der Warngrenzen liegen.)

63) Der Mittelwert μ eines normalverteilten Merkmals X soll sich ändern können, die Streuung $\sigma = 0,120$ sei fest. Geben Sie einen Stichprobenumfang n und Kontrollgrenzen für eine $\bar{X}$-Karte des zweiseitigen Typs so an, daß die ARL für $\mu = \mu_o = 16,00$ mindestens 300 ist; sie soll aber nicht größer als 8 sein, wenn $|\mu - \mu_o| \geq 0,05$ ist.
Wie werden sich die mittleren Lauflängen für $\mu = 16,00$ und $\mu = 16,05$ ändern, wenn man zusätzlich zu den Kontrollgrenzen die 2σ-Grenzen $16,00 \pm 2 \cdot 0,12/\sqrt{n}$ als Warngrenzen (mit derselben Bedeutung wie in Aufgabe 62) einführt?

4 KOSTENOPTIMALE VERFAHREN

Die sinnvolle Anwendung eines Verfahrens der Statistischen Qualitätskontrolle bewirkt einen Ausgleich zwischen verschiedenartigen betriebswirt-
schaftlichen Zielen; darauf haben wir in den vorigen Kapiteln schon mehrmals hingewiesen. Bei der Annahme-Kontrolle will man hohe Ausschußanteile vermeiden, Lose mit wenig Ausschuß dagegen übernehmen und der verwendete Prüfplan, welcher mit der erforderlichen Sicherheit zur jeweils
"richtigen" Entscheidung führt, soll möglichst wenig Prüfaufwand verursachen. Je größer der Losumfang N ist, umso mehr Sicherheit wird man im
allgemeinen fordern, d.h. man wird bei niedrigem Ausschußanteil p_α eine
höhere, bei relativ hohem Ausschußanteil p_β eine niedrigere Annahmewahrscheinlichkeit verlangen als bei kleinerem Losumfang. Wir haben gesehen,
daß eine solche "schärfere" Prüfung einen größeren Stichprobenumfang und
damit auch mehr Prüfaufwand bedeutet.
Ganz ähnlich ist es bei der laufenden Prozeßkontrolle. So lange alles in Ordnung ist, will man nicht eingreifen, bei ernsthaften Störungen dagegen möglichst schnell. Auch hier kann die jeweils richtige Entscheidung mit umso
größerer Sicherheit getroffen werden, je intensiver kontrolliert wird. Es ist
also auch hier ein Ausgleich zu suchen zwischen dem Wunsch nach möglichst
wenigen Fehlentscheidungen und der Absicht, den Prüfaufwand gering zu halten.
Um eine optimale Balance zwischen den verschiedenen betriebswirtschaft-
lichen Zielen zu finden, muß man die finanziellen Konsequenzen der möglichen Entscheidungen kennen. Man braucht also ein Kosten-Modell, welches
die jeweils relevanten Kosten enthält, z.B. die Verluste, die bei Annahme
oder Ablehnung von defekten oder guten Stücken entstehen (ein negativer Verlust bedeutet einen Gewinn) und die Prüfkosten. Als kostenoptimal werden wir ein Verfahren bezeichnen, wenn seine Parameter so gewählt sind,
daß eine geeignet gewählte Zielfunktion optimiert wird. So kann man zum
Beispiel n und c für einen einfachen Prüfplan so wählen, daß der Erwartungswert des Gewinns maximal wird (gleichzeitig wird dann der Erwartungswert
des Verlusts minimal). Geeignete Zielfunktionen bei der laufenden Kontrolle
von Produktionsprozessen sind der Erwartungswert des Gewinns pro Stück
bzw. der durchschnittliche Stückgewinn auf lange Sicht, oder der durchschnittliche Verlust pro Stück auf lange Sicht. Es gibt durchaus noch andere
sinnvolle Zielfunktionen, etwa die sogenannte Regretfunktion, und optimiert
wird vielfach nicht einfach durch Berechnung eines Extremwerts, sondern
nach dem Minimax-Prinzip, doch diese Begriffe müssen wir im folgenden
erst noch genauer erläutern.
Die ersten kostenoptimalen Verfahren wurden in den fünfziger Jahren publi-
ziert. "Kostenoptimal" ist die Übersetzung des englischen " economic" bzw.
"economically optimal". Eine Übersicht über die Literatur zu den kostenoptimalen Verfahren der Annahmekontrolle geben WETHERILL & CHIU[1975];
Bibliographien über die kostenoptimalen Kontrollkarten-Verfahren haben
GIBRA [1975], MONTGOMERY [1980] und VANCE [1983] vorgelegt und erst
kürzlich wurde durch v.COLLANI[1988] eine ergänzende Literaturübersicht
herausgegeben, welche die jüngste Literatur zu beiden Gebieten einbezieht.

4.1 KOSTENOPTIMALE PRÜFPLÄNE DER ANNAHMEKONTROLLE

4.1.1 Lineares Kostenmodell und Regretfunktion

Bei der Entscheidung über eine aus N Stücken bestehende Warenpartie gibt
es zwei extreme Verhaltensweisen, die als "Annahme ohne Kontrolle"
und "Ablehnung ohne Kontrolle" bezeichnet werden. Ersteres bedeutet, daß die gesamte Partie akzeptiert wird, ohne daß man sich zuvor eine
Stichprobe verschafft und die Qualität der darin enthaltenen Stücke prüft;
letzteres heißt , daß ohne Stichprobenkontrolle einfach abgelehnt wird. Ablehnung bedeutet stets, daß die gesamte Partie zunächst nicht ihrem weiteren Verwendungszweck zugeführt wird; im Einzelfall kann das die Rücksendung an den Lieferanten, Reklamation, Bestellung eines Gutachters etc. bedeuten. Zu einer dieser extremen Verhaltensweisen könnte sich ein Empfänger aus Zeitdruck genötigt sehen, oder weil er gar nicht in der Lage ist, die
Qualität der Ware verläßlich zu prüfen; auch blindes Vertrauen bzw. Mißtrauen gegenüber dem Lieferanten, bisherige Erfahrungen oder zugesagte
Garantieleistungen können die Ursache dafür sein.
Die wirtschaftlichen Konsequenzen der beiden extremen Verhaltensweisen
können häufig durch zwei lineare Funktionen des Ausschußanteils p beschrieben werden, nämlich durch

$$V_1(p) = a_1 + b_1 p = \text{"Verlust bei Annahme ohne Kontrolle"}$$

und
$$V_2(p) = a_2 + b_2 p = \text{"Verlust bei Ablehnung ohne Kontrolle"}. \qquad (1)$$

Wir setzen dabei
$$b_1 > 0 \;, \quad a_1 < a_2 \quad \text{und} \quad a_2 + b_2 < a_1 + b_1 \qquad (2)$$

voraus. $b_1 > 0$ ist gleichbedeutend damit, daß sich angenommene defekte
Stücke ungünstiger auswirken als angenommene gute Stücke; $a_1 < a_2$ und
$a_2 + b_2 < a_1 + b_1$ ergeben sich aus der naheliegenden Forderung, daß es besser sein soll, eine fehlerfreie Partie anzunehmen, als sie abzulehnen und
daß umgekehrt die Ablehnung einer nur aus Ausschuß bestehenden Partie
günstiger sein soll als deren Annahme.
p kann die Werte i/N , $i = 0, 1, \ldots, N$ annehmen, aber für große N tun wir so,
als wäre p stetig variabel in $[0;1]$. Dann haben die beiden Geraden $V_1(p)$
und $V_2(p)$ wegen (2) einen Schnittpunkt an einer Stelle p_0 mit $0 < p_0 < 1$,
und zwar ist

$$p_0 = \frac{a_2 - a_1}{b_1 - b_2} \qquad (\text{s. Figur 47}). \qquad (3)$$

Die Bezeichnung "Verlust" für $V_1(p)$
und $V_2(p)$ bedeutet nicht einen Verlust des gesamten Unternehmens,
sondern lediglich die Einbuße in DM,
welche als Konsequenz des jeweiligen extremen Verhaltens eintreten
würde. $V_1(p)$ und $V_2(p)$ können auch
negativ sein und bedeuten dann einen
Gewinn von gleichem Betrag. Kosten
oder Einnahmen, die auf jeden Fall,

F i g u r 47

d. h. unabhängig vom Ausschußanteil p und der Entscheidung über die Partie entstehen, müssen nicht berücksichtigt werden, weil sie sich im folgenden wegheben und nicht mehr auswirken.

Der in (3) angegebene Ausschußanteil p_0 heißt die T r e n n q u a l i t ä t. Wüßte man, daß $p < p_0$ ist, dann würde man ohne Kontrolle annehmen und wenn bekannt wäre, daß $p > p_0$ ist, dann würde man ohne Kontrolle ablehnen; damit hätte man dann jeweils den geringstmöglichen Verlust. Nur für $p = p_0$ ist es gleichgültig, ob ohne Kontrolle angenommen oder abgelehnt wird.

Die jeweils "richtige", d. h. günstigste Entscheidung kann man mit Sicherheit also nur bei bekanntem p treffen. Den Verlust, der auch bei richtiger Entscheidung noch eintritt, nennen wir den u n v e r m e i d b a r e n V e r l u s t $V_u(p)$. Dieser ist offenbar gleich

$$V_u(p) = \min(V_1(p), V_2(p)) = \begin{cases} a_1 + b_1 p & \text{für } 0 \leq p \leq p_0 \\ a_2 + b_2 p & \text{für } p_0 \leq p \leq 1 \end{cases} ; \qquad (4)$$

In Figur 47 ist $V_u(p)$ dicker als $V_1(p)$ und $V_2(p)$ skizziert und hat einen "Knick" an der Stelle p_0.

Wenn nicht klar ist, ob $p < p_0$ oder $p > p_0$ gilt, wird man über die Annahme oder Ablehnung der Partie aufgrund einer Stichprobe entscheiden. Die Partie wird dann mit der Wahrscheinlichkeit $L(p)$ angenommen, wobei $L(p)$ die Operationscharakteristik des verwendeten Prüfplans ist. Diese hängt außer von p vom Typ des Prüfplans und dessen Parametern ab.
Auch mit dem Ziehen der Stichprobe und der Prüfung der in ihr enthaltenen Stücke sind Kosten verbunden, die als P r ü f k o s t e n bezeichnet werden. Wir nehmen an, daß sie eine lineare Funktion des Stichprobenumfangs n sind, also

$$\text{Prüfkosten} = n d_1 + d_2 ; \qquad (5)$$

d_1 bedeutet also die P r ü f k o s t e n p r o S t ü c k und d_2 die sogenannten f i x e n P r ü f k o s t e n. Letztere fallen an, wenn feste Einrichtungen für Prüfzwecke unterhalten werden, die von n unabhängige Kosten verursachen. Die in (1), (2) und (5) getroffenen Annahmen nennen wir das l i n e a r e K o s t e n m o d e l l.
Bei Berücksichtigung der Prüfkosten ergibt sich also ein Verlust von

$$V_1(p) + n d_1 + d_2 \text{ bei Annahme, } V_2(p) + n d_1 + d_2 \text{ bei Ablehnung.}$$

Da Annahme und Ablehnung mit den Wahrscheinlichkeiten $L(p)$ bzw. $1 - L(p)$ erfolgen, ist der Erwartungswert des Verlusts gleich

$$[V_1(p) + n d_1 + d_2] L(p) + [V_2(p) + n d_1 + d_2](1 - L(p)) ;$$

wir nennen diesen Erwartungswert den m i t t l e r e n V e r l u s t $V(p)$ und erhalten durch Einsetzen von (1)

$$V(p) = (a_1 + b_1 p) L(p) + (a_2 + b_2 p)(1 - L(p)) + n d_1 + d_2 . \qquad (6)$$

Es könnte nun als lohnendes Ziel erscheinen, das Maximum von $V(p)$ durch geeignete Wahl der Prüfplanparameter zu minimieren, also $\max_{0 \leq p \leq 1} V(p)$ als zu minimierende Zielfunktion zu wählen.
Tatsächlich wurde diese Anwendung des Minimax-Prinzips auf $V(p)$ schon vorgeschlagen; v. d. WAERDEN [1960] und UHLMANN [1981] haben jedoch bemerkt, daß das Minimax-Prinzip in diesem Fall nicht zu sinnvollem Ver-

halten führt. Aus (6) und aus $a_1 + b_1 p_o = a_2 + b_2 p_o$ folgt nämlich für jeden beliebigen Prüfplan

$$\max_{0 \leq p \leq 1} V(p) \geq V(p_o) = a_1 + b_1 p_o + n d_1 + d_2 \; . \tag{7}$$

Wir setzen nun einen Prüfplan voraus, bei dem eine nur aus Ausschuß bestehende Partie mit Sicherheit abgelehnt wird, bei dem also $L(1) = 0$ ist. (Die OC-Kurven $L_{N,\,n,\,c}(p)$ und $L_{n,\,c}(p)$ haben z.B. alle diese Eigenschaft.) Damit folgt auch

$$\max_{0 \leq p \leq 1} V(p) \geq V(1) = a_2 + b_2 + n d_1 + d_2 \; . \tag{8}$$

Wenn $b_2 \geq 0$ ist, dann läßt sich die in (8) angegebene untere Schranke für das Maximum von $V(p)$ leicht erreichen: man lehne ohne Kontrolle ab, d.h. man setze $n = 0$ und $L(p) = 0$ für alle p. Für diesen "Prüfplan" ist $V(p) = a_2 + b_2 p + d_2$ und das Maximum ist wegen $b_2 \geq 0$ gleich $a_2 + b_2 + d_2$; dies ist dann offensichtlich der Minimax-Wert von $V(p)$.

Wenn $b_2 < 0$ ist, dann ist $a_1 + b_1 p$ ansteigend und $a_2 + b_2 p$ fallend. Man kann dann eine konvexe Linearkombination

$$(a_1 + b_1 p) L + (a_2 + b_2 p)(1 - L) \text{ mit } 0 < L < 1$$

angeben, die konstant bleibt, also eine waagrechte Gerade darstellt. Dazu wähle man L so, daß die Linearkombination nicht von p abhängt, d.h.

$$p(b_1 L + b_2 - b_2 L) = 0 \text{ oder } L = -b_2 / (b_1 - b_2) \; .$$

Für diesen Wert von L, der wegen $b_1 > 0$ und $b_2 < 0$ zwischen 0 und 1 liegt, muß die Linearkombination den Wert $a_1 + b_1 p_o$ annehmen, da dies die Ordinate des Schnittpunkts der Geraden $V_1(p) = a_1 + b_1 p$ und $V_2(p) = a_2 + b_2 p$ ist.

Setzt man also wieder $n = 0$ und die Annahmewahrscheinlichkeit $L(p)$ konstant gleich $L = -b_2/(b_1 - b_2)$, dann ist $V(p)$ konstant und gleich der in (7) angegebenen unteren Schranke $a_1 + b_1 p_o + d_2$ (vgl. (6)). Diese ist offensichtlich der Minimax-Wert von $V(p)$ im Fall $b_2 < 0$.

Das auf $V(p)$ angewendete Minimax-Prinzip führt also dazu, daß entweder ohne Kontrolle abgelehnt wird oder ohne Kontrolle mit der festen Wahrscheinlichkeit $-b_2/(b_1 - b_2)$ angenommen wird. Dieses primitive Verhalten ergibt dann einen mittleren Verlust $V(p)$, der kleiner ist als $\max_{0 \leq p \leq 1} V(p)$ für jeden beliebigen Prüfplan mit $n > 0$, bei dem $L(1) = 0$ gilt.

Es wäre also nicht schwer, aber kaum sinnvoll, das Maximum von $V(p)$ zu minimieren. Dabei würde man im Fall $b_2 > 0$ auf den unrealistischen Fall $p = 1$ reagieren und im Fall $b_2 < 0$ könnte die Firma auch nicht gedeihen, wenn sie sich durch die eben geschilderte Strategie einen mittleren Verlust sichern würde, den sie auch hätte, wenn sie nur Lieferungen mit $p = p_o$ bekäme und diese ablehnen würde.

Häufig wird p als zufällige Variable interpretiert, die mit einer Dichte $f(p)$ verteilt ist. Wenn man diese Dichte kennt, dann kann man versuchen, die Zielfunktion

$$\int_0^1 V(p) f(p) \, dp \tag{9}$$

zu minimieren. $V(p)$ wäre dann der Erwartungswert des Verlusts unter der Bedingung, daß der Ausschußanteil gleich p ist und daher ist der Erwartungswert des Verlusts in diesem Fall durch (9) gegeben. Kostenoptimal wäre dann ein Prüfplan, für den (9) minimal wird. Verfahren, bei denen wie hier die Kenntnis einer sogenannten a priori-Dichte vorausgesetzt wird, nennt man B a y e s - V e r f a h r e n [+]. Wir wollen hier nicht voraussetzen, daß eine a priori-Dichte bekannt ist und gehen deshalb nicht näher auf diese an sich recht interessante Methode ein (s. aber z. B. HALD [1981]).

MORIGUTI [1955] und URA [1955] haben vorgeschlagen, das Minimax-Prinzip auf die sogenannte R e g r e t f u n k t i o n anzuwenden. Diese ist der geeignet normierte Erwartungswert des v e r m e i d b a r e n Verlusts.
Da der unvermeidbare Verlust $V_u(p)$ (vgl. (4)) nicht vom Zufall abhängt - wir betrachten p jetzt wieder als unbekannte, aber nicht vom Zufall abhängige Konstante- ist der Erwartungswert des vermeidbaren Verlusts gleich

$$V(p) - V_u(p) = \begin{cases} (a_1+b_1p)L(p) + (a_2+b_2p)(1-L(p)) + nd_1 + d_2 - (a_1+b_1p) & \text{für } 0 \leq p \leq p_0 \\ (a_1+b_1p)L(p) + (a_2+b_2p)(1-L(p)) + nd_1 + d_2 - (a_2+b_2p) & \text{für } p_0 \leq p \leq 1. \end{cases}$$

Wir nennen diesen Erwartungswert auch den m i t t l e r e n   v e r m e i d b a r e n V e r l u s t und bezeichnen ihn mit $V_v(p)$. Eine leichte Umformung ergibt

$$V_v(p) = \begin{cases} [a_2-a_1 + (b_2-b_1)p](1-L(p)) + nd_1 + d_2 & \text{für } 0 \leq p \leq p_0 \\ [a_1-a_2 + (b_1-b_2)p]L(p) + nd_1 + d_2 & \text{für } p_0 \leq p \leq 1 \end{cases} \tag{10}$$

$V_v(p)$ ist auch an der Stelle p_0 stetig, denn wegen $p_0 = \dfrac{a_2-a_1}{b_1-b_2}$ (s. (3)) werden die eckigen Klammern auf der rechten Seite von (10) für $p = p_0$ gleich 0.

Die R e g r e t f u n k t i o n $R(p)$ erhalten wir nun durch "geeignete Normierung" aus $V_v(p)$, indem wir d_2 subtrahieren und durch (b_1-b_2) dividieren:

$$R(p) = (V_v(p) - d_2)/(b_1-b_2) = \begin{cases} (p_0-p)(1-L(p)) + n\dfrac{d_1}{b_1-b_2} & \text{für } 0 \leq p \leq p_0 \\ (p-p_0)L(p) + n\dfrac{d_1}{b_1-b_2} & \text{für } p_0 \leq p \leq 1. \end{cases}$$

Mit dem neu eingeführten Parameter $d = d_1/(b_1-b_2)$, den man r e l a t i v e P r ü f k o s t e n nennt, erhält $R(p)$ schließlich die einfache Gestalt

$$R(p) = \begin{cases} (p_0-p)(1-L(p)) + nd & \text{für } 0 \leq p \leq p_0 \\ (p-p_0)L(p) + nd & \text{für } p_0 \leq p \leq 1. \end{cases} \tag{11}$$

$R(p)$ hängt also nur noch von den beiden Parametern d und p_0 ab, wenn der Prüfplan und damit $L(p)$ gegeben ist. Über d und p_0 hängt $R(p)$ freilich auch von allen Kostenparametern außer d_2 ab. Als additive Konstante spielt d_2 für die Optimierung keine Rolle und wurde daher subtrahiert.

MORIGUTI [1955] und URA [1955] haben gezeigt, daß das auf $R(p)$ angewendete Minimax-Prinzip zu sinnvollen Lösungen führt. Zu ähnlichen R e s u l t a - t e n kam unabhängig davon auch v. d. WAERDEN [1960], durch den die heute allgemein als M i n i m a x - R e g r e t - V e r f a h r e n bezeichnete Methode in weiteren Kreisen bekannt wurde.
Offensichtlich hat $R(p)$ dieselben Extremalstellen wie der mittlere vermeid- bare Verlust $V_v(p)$ und ein Maximum von $V_v(p)$ geht aus dem entsprechen- den Maximum von $R(p)$ hervor, indem man das letztere mit (b_1-b_2) multi- pliziert und dann d_2 addiert.

[+] a priori-Verteilungen wurden von Th. B a y e s ($\dagger$ 1763) eingeführt.

<u>Definition</u>: Wir nennen einen Prüfplan g ü n s t i g e r (im Sinne des Mini-
max-Regret-Prinzips) als einen anderen Prüfplan, wenn für
ersteren $\max\limits_{0 \leqslant p \leqslant 1} R(p)$ geringer ist als für den letzteren. Wir nennen einen
Prüfplan k o s t e n o p t i m a l (im Sinne des Minimax-Regret-Prinzips), wenn
es keinen günstigeren Prüfplan desselben Typs gibt.

Zu einem kostenoptimalen Prüfplan kann es also günstigere von anderem
Typ geben; so wird z. B. zu einem kostenoptimalen Prüfplan n, c gewöhnlich ein günstigerer sequentieller Prüfplan existieren.

Die Regretfunktion (11) ist noch sehr allgemein, weil wir den Typ des Prüfplans und damit auch den Typ von $L(p)$ noch nicht festgelegt haben. Ein vernünftiger Prüfplan führt aber bei $p = 0$ mit der Wahrscheinlichkeit $L(0) = 1$
und bei $p = 1$ mit der Wahrscheinlichkeit $L(1) = 0$ zur Annahme. Für alle solchen Prüfpläne gilt daher

$$R(0) = R(p_0) = R(1) = nd.$$

$L(p)$ und damit auch $R(p)$ wird stets für $0 \leqslant p \leqslant 1$ stetig bzw. nur für diskrete p-Werte i/N, $i = 0, 1, \ldots, N$ definiert sein. $R(p)$ nimmt daher sowohl
über $[0; p_0]$ als auch über $[p_0; 1]$ ein absolutes Maximum an und wie man
leicht aus (11) erkennt, ist dieses zugleich ein relatives Maximum, d.h. es
wird im Innern des Intervalls angenommen, falls es im Innern des jeweiligen Intervalls mögliche p-Werte mit $0 < L(p) < 1$ gibt. (Es könnte sein, daß
letzteres nicht zutrifft, weil z. B. $p_0 < 1/N$ ist und p nur die Werte i/N,
$i = 0, 1, \ldots, N$ annehmen kann.) Diese beiden Maxima nennen wir das

linke Maximum $M_1 = \max\limits_{0 \leqslant p \leqslant p_0} R(p)$ und das rechte Maximum $M_r = \max\limits_{p_0 \leqslant p \leqslant 1} R(p)$

M_1 und M_r hängen gewöhnlich von mindestens zwei Prüfplanparametern ab.
Bei einfachen Prüfplänen n, c oder n, c6 werden wir daher auch $M_1(n, c)$
und $M_r(n, c)$ schreiben.

Die Operationscharakteristik $L(p)$ hängt gewöhnlich monoton von c ab. Wenn
sie mit c für alle p monoton wächst, dann wird $R(p)$ für jedes p in $(0; p_0)$
monoton fallen, für jedes p in $(p_0, 1)$ aber monoton wachsen, wie man aus
(11) sofort erkennt.
Eine Vergrößerung von c würde dann also in der Regel zu einer Verringerung von M_1 und zu einer Vergrößerung von M_r führen und umgekehrt könnte man durch Verkleinern von c gewöhnlich eine Vergrößerung von M_1 und
eine Verringerung von M_r erreichen. Umgekehrt wäre es natürlich, wenn
$L(p)$ mit wachsendem c monoton fallen würde.
Nun gilt aber $\max\limits_{0 \leqslant p \leqslant 1} R(p) = \max(M_1, M_r)$;

wenn sich also für einen Prüfplan n, c bzw. n, c6 die Maxima $M_1 = M_1(n, c)$
und $M_r = M_r(n, c)$ stark unterscheiden, dann wird man einen günstigeren
Prüfplan finden können, indem man c so verändert, daß das größere der beiden Maxima etwas kleiner und das kleinere der beiden Maxima etwas größer wird. Wenn sich M_1 und M_r dabei nicht zu stark verändern, wird das
Maximum von $R(p)$ dadurch kleiner.
Man könnte daher versuchen, eine Minimax-Lösung zu bestimmen, indem man
zunächst zu festem n die Annahmezahl c so wählt, daß $M_1(n, c)$ und $M_r(n, c)$
möglichst gut übereinstimmen. Als zweiten Schritt müßte man dann das nur

noch von n abhängende Maximum von $R(p)$ bezüglich n minimieren.

Daß eine Minimax-Lösung unter sehr allgemeinen Bedingungen existiert und daß diese mit einem bestmöglichen "Ausgleich" von M_l und M_r verknüpft ist, hat BASLER [1966] gezeigt. Wir zitieren zwei Sätze aus dieser Arbeit (vgl. auch BASLER [1967/68]):

SATZ 4.1 : $L(p)$ sei stetig in $[0;1]$ oder nur für endlich viele p-Werte aus $[0;1]$ definiert, von denen mindestens einer in $(0;p_o)$ und mindestens einer in $(p_o;1)$ ist; ferner sei $L(p)$ vom Stichprobenumfang n eines einfachen Prüfplans und einem Parameter c abhängig und es soll stets $L(0)=1$ und $L(1)=0$ gelten. Für jedes p, das in $(0;1)$ und im Definitionsbereich von $L(p)$ liegt, sei $L(p)$ stetig in c und streng monoton bezüglich c; zu jedem $\varepsilon > 0$ gebe es c-Werte c_1, c_2 mit $L(p) < \varepsilon$, falls $c = c_1$ und $L(p) > 1-\varepsilon$, falls $c = c_2$.
Dann existiert $\min_{n,c} (\max_{0 \le p \le 1} R(p))$ und wenn dieser Minimaxwert für ein Parameterpaar n^*, c^* angenommen wird, dann gilt $M_l(n^*, c^*) = M_r(n^*, c^*)$.

Die Voraussetzungen dieses Satzes sind unter anderem bei den einseitigen Prüfplänen für die messende Prüfung eines normalverteilten Merkmals erfüllt, die in Abschnitt 2.2 behandelt wurden. Wenn wir beispielsweise bei bekannter Streuung σ eine Partie genau dann annehmen, falls das Mittel $\overline{X}$ aus n Messungen die Bedingung $\overline{X} \le b - c\sigma$ erfüllt (vgl. 2.2.1), dann ist

$$L(p) = W(\overline{X} \le b - c\sigma) = W\left(\frac{\overline{X}-\mu_p}{\sigma/\sqrt{n}} \le \frac{b-\mu_p}{\sigma/\sqrt{n}} - c\sqrt{n}\right) = \Phi\left(\left(\frac{b-\mu_p}{\sigma} - c\right)\sqrt{n}\right)$$

und aus den Eigenschaften der Verteilungsfunktion Φ der Standard-Normalverteilung ergibt sich unmittelbar, daß hier die Voraussetzungen von Satz 4.1 erfüllt sind. Dieser Fall ist bei BASLER [1966] (auch [1967/68]) ausführlich behandelt; dort ist eine Methode zur Bestimmung eines kostenoptimalen Prüfplans angegeben und dieser wird mit einer Näherungslösung nach STANGE [1964] verglichen. Wir werden darauf in 4.1.6 noch einmal zurückkommen.
Die Voraussetzungen des folgenden Satzes (BASLER [1966], s. auch BASLER [1967/68], Satz 2), den wir ebenfalls ohne Beweis zitieren, sind z.B. bei einem einfachen Prüfplan der Gut-Schlecht-Prüfung erfüllt, wenn dessen Operationscharakteristik vom binomialen Typ $L_{n,c}(p)$ ist.

SATZ 4.2 : $L(p)$ erfülle alle Voraussetzungen von Satz 4.1, soweit sie c nicht betreffen. Als Funktion von c sei $L(p)$ nur für $c \in \{0, 1, \ldots K\}$ mit $K \in \{0, 1, \ldots\}$ erklärt und in c streng monoton wachsend für jedes $p \in (0;1)$, welches im Definitionsbereich von $L(p)$ liegt. Dann existiert $\min_{n,c}(\max_{0 \le p \le 1} R(p))$ und aus $\min_{n,c}(\max_{0 \le p \le 1} R(p)) = M_l(n_o, c_o)$

folgt $|M_l(n_o, c_o) - M_r(n_o, c_o)| = \min_{c \in C_1} (M_l(n_o, c) - M_r(n_o, c))$, wobei C_l die Teilmenge derjenigen $c \in \{0, 1, \ldots, K\}$ ist, für die $M_l(n_o, c) \geq M_r(n_o, c)$ gilt.

Ebenso folgt aus $\min\limits_{n, c} (\max\limits_{0 \leq p \leq 1} R(p) = M_r(n_o, c_o)$, daß

$$|M_r(n_o, c_o) - M_l(n_o, c_o)| = \min\limits_{c \in C_r}(M_r(n_o, c) - M_l(n_o, c)) \text{ ist,}$$

wobei C_r die Teilmenge derjenigen $c \in \{0, 1, \ldots K\}$ ist, für die $M_r(n_o, c) \geq M_l(n_o, c)$ gilt.

Wenn die Stichprobe ohne Zurücklegen aus einer Partie von N Stücken gezogen wird, ist $L(p) = L_{N,n,c}(p)$. Die Existenz eines kostenoptimalen Prüfplans folgt dann einfach daraus, daß es nur endlich viele möglichen Prüfpläne gibt, denn es ist dann ja $1 \leq n \leq N$ und $0 \leq c \leq n-1$.

Wegen der Ganzzahligkeit von n kann es vorkommen, daß mehr als ein kostenoptimaler Prüfplan existiert.

4.1.2 Eine Näherungslösung

Für den Fall, daß die in $R(p)$ stehende Operationscharakteristik $L(p)$ vom binomialen Typ $L_{n,c}(p)$ ist, hat v. d. WAERDEN [1960] folgende Näherungslösung für einen kostenoptimalen Prüfplan angegeben:

$$\hat{n} \approx 0,193 [p_o(1-p_o)]^{1/3} \cdot d^{-2/3} \quad , \quad \hat{c} \approx \hat{n} p_o - 0,5 \ . \tag{12}$$

Das Zeichen $\approx$ ist hier wieder so zu verstehen, daß die nächstliegende ganze Zahl zu wählen ist. Der einfache Prüfplan $\hat{n}, \hat{c}$ ist dann in dem Sinne näherungsweise kostenoptimal, daß sich $\max R(p)$ durch Wahl eines anderen einfachen Prüfplans n, c nicht mehr wesentlich verringern läßt.

Die Näherungslösung (12) beruht auf der Approximation von $L_{n,c}(p)$ durch $\Phi\left(\frac{c-np+1/2}{\sqrt{np(1-p)}}\right)$. Es gilt nämlich $L_{n,c}(p) = W(X \leq c) \approx \int\limits_{-\infty}^{c+1/2} f(x)\, dx$, wenn X wie

früher die Anzahl der defekten Stücke in der Stichprobe ist und $f(x)$ die Dichte von $N(np, np(1-p))$, also der Normalverteilung, die denselben Erwartungswert und dieselbe Varianz wie $Bi(n,p)$ besitzt (vgl. Figur 48). Durch Übergang zur standardisierten Variablen $(X-np)/\sqrt{np(1-p)}$ folgt dann sofort die obige Approximation.

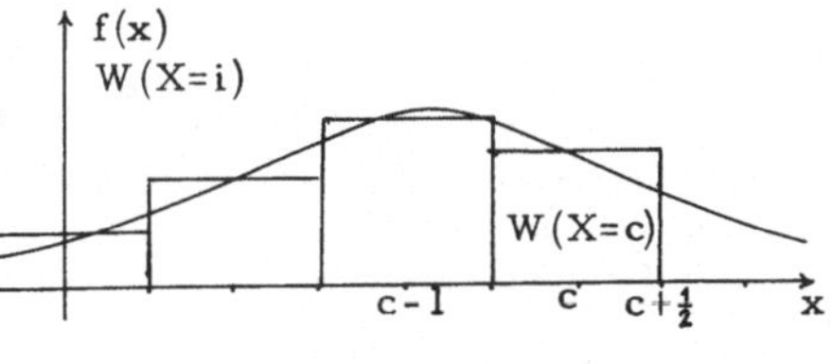

Figur 48

Aus dieser Approximation und aus $\hat{c} \approx \hat{n} p_o - 0,5$ ist zu erkennen, daß $\hat{c}$ so gewählt wird, daß

$$L(p_o) \approx \Phi(0) = \frac{1}{2}$$

gilt. Zunächst erscheint das plausibel, weil p_o der Ausschußanteil ist, bei dem Annahme und Ablehnung zu gleichem Verlust führen. Wir werden aber später (s. die Bemerkung am Ende von 4.1.3) sehen, daß $L(p_o)$ bei einem kostenoptimalen Prüfplan erheblich von 0,5 abweichen kann.

Im allgemeinen ist die Näherungslösung (12) umso besser, je genauer die Approximation durch Normalverteilung ist. Sie sollte wenigstens für die in

der Nähe von p_o liegenden p-Werte einigermaßen gut mit $L_{n,\,c}(p)$ übereinstimmen. Nach v. d. WAERDEN [1960] ist dies für die in Frage kommenden
Stichprobenumfänge der Fall, wenn $\hat{n}\,p_o > 4$ gilt (die übliche Faustregel sagt,
daß eine Binomialverteilung $Bi(n,p)$ gut genug durch $N(np, np(1-p))$ approximiert wird, falls $np(1-p) > 9$; was aber "gut genug" ist, hängt jeweils vom
Zweck der Approximation ab und daher ist es durchaus möglich, daß auch
die schwächere Forderung $\hat{n}\,p_o > 4$ hier ausreichend ist).

$\hat{c}$ ist in der Regel viel kleiner als $\hat{n}$ und wird daher durch das Runden auf
eine ganze Zahl gewöhnlich relativ stärker verändert als $\hat{n}$. Daher sollte
man, einem Vorschlag von UHLMANN [1969] folgend, zunächst $\hat{c}$ und erst
dann $\hat{n}$ aus der Bedingung $\hat{n}p_o - 1/2 = \hat{c}$ bestimmen. Somit erhalten wir aus
(12) die Näherungslösung in der Form

$$\hat{c} \approx 0,193\, p_o\, [p_o(1-p_o)]^{1/3} \cdot d^{-2/3} - \frac{1}{2} \quad , \qquad \hat{n} \approx \frac{1}{p_o}\,(\hat{c} + \frac{1}{2}) \quad . \tag{13}$$

Durch nochmalige Benutzung der Approximation von $L(p)$ durch Normalverteilung erhält man für das zu $\hat{n}, \hat{c}$ gehörende Maximum von $R(p)$ die Näherung (vgl. v. d. WAERDEN [1960] oder UHLMANN [1969], S. 51)

$$\max_{0 \le p \le 1} R(p) \approx 0,580 [p_o(1-p_o)]^{1/3} \cdot d^{1/3} \quad . \tag{14}$$

<u>Beispiel 1</u> : Der Montage-Abteilung werden N=6000 Bauteile gleichen Typs
geliefert. Jedes eingebaute defekte Bauteil verursacht später
Kosten in Höhe von DM 60, 00 . Bei M defekten Teilen in der Partie würde
die "Annahme" ohne Kontrolle (d. h. hier der Einbau aller Teile ohne vorherige Stichprobenkontrolle) die Kosten $60 \cdot M$ (DM) ergeben. "Ablehnung ohne
Kontrolle" soll hier heißen, daß eine andere Abteilung alle 6000 Stücke prüfen und die defekten durch gute ersetzen muß. Das Prüfen soll 2DM/Stück
kosten und das Ersetzen eines defekten durch ein gutes Stück möge Kosten
von 10DM verursachen. In Abhängigkeit von $p = M/N$ haben wir also die linearen Verlustfunktionen (s. (1) und (2))

$$V_1(p) = 360\,000\, p \quad \text{und} \quad V_2(p) = 12\,000 + 60\,000\, p \quad ,$$

die bei Annahme bzw. Ablehnung ohne Kontrolle gelten. Die fünf Kostenpara-
meter sind also $a_1 = 0$, $a_2 = 12\,000$, $b_1 = 360\,000$, $b_2 = 60\,000$ und $d_1 = 2,00$ (die
fixen Prüfkosten sind für das folgende unerheblich und wir brauchen sie des-
halb nicht zu kennen).
Aus der Trennqualität $p_o = \dfrac{a_2 - a_1}{b_1 - b_2} = \dfrac{12\,000}{360\,000 - 60\,000} = 0,040$ und den relativen
Prüfkosten $d = d_1/(b_1 - b_2) = 2/(360\,000 - 60\,000) = 2/300\,000 = \frac{2}{3}10^{-5}$ erhalten
wir die Näherungslösung nach (13) zu

$$\hat{c} \approx 0,193 \cdot 0,040(\,0,040 \cdot 0,960)^{1/3} (\,\tfrac{2}{3}10^{-5})^{-2/3} - \tfrac{1}{2} = 6,85 \;, \;\text{d.h.}\; \hat{c} = 7$$

und
$$\hat{n} \approx \frac{1}{0,040} \cdot (7 + \frac{1}{2}\,) = 187,5 \;\;, \;\text{also}\; \hat{n} = 188 \;.$$

Das Maximum der Regretfunktion $R(p)$, welches zu diesem näherungsweise
kostenoptimalen Prüfplan $\hat{n} = 188$, $\hat{c} = 7$ gehört, ist nach (14) ungefähr gleich

$$0,580(0,040 \cdot 0,960)^{1/3} \cdot (\tfrac{2}{3}10^{-5})^{1/3} = 0,00368 \;;$$

das zu $\hat{n} = 188$, $\hat{c} = 7$ gehörende Maximum des mittleren vermeidbaren Verlusts ist daher gleich
$$0,00368(b_1 - b_2) + d_2 = 1104\,\text{DM} + d_2 \quad ,$$

wobei d_2 die fixen Prüfkosten bedeutet.

Die von v. d. WAERDEN [1960] angegebene Faustregel $\hat{n}\,p_0 > 4$ für die Brauchbarkeit der Näherung ist hier wegen $188 \cdot 0,040 = 7,52$ erfüllt.

Für die Näherungslösung wurde angenommen, daß $L(p)$ vom binomialen Typ $L_{n,c}(p)$ ist; da die Stichprobe sicherlich ohne Zurücklegen gezogen wird, ist $L(p)$ eigentlich vom hypergeometrischen Typ $L_{N,n,c}(p)$. Wir wissen aber (s. Satz 1.2 in Abschnitt 1.3), daß $L_{N,n,c}(p)$ in guter Näherung gleich $L_{n,c}(p)$ ist , falls $n < 0,1N$ gilt. Da hier $\hat{n} = 188$ erheblich kleiner als $0,1N = 600$ ist, darf man vermuten, daß unsere Näherungslösung auch für den Fall der eigentlich zugrundeliegenden Operationscharakteristik $L_{N,n,c}(p)$ brauchbar ist.

Asymptotische Betrachtung für große N

Bei unserem Beispiel waren die Kostenparameter a_1, b_1, a_2 und b_2 proportional zu N. Dies ist häufig der Fall und dann ist die Trennqualität p_0 unabhängig von N, da $p_0 = (a_2 - a_1)/(b_1 - b_2)$, während $d = d_1/(b_1 - b_2)$ proportional zu N^{-1} ist. Aus (13) erkennt man nun leicht, daß

$$\hat{c} \text{ und } \hat{n} \text{ für } N \to \infty \text{ wie } N^{2/3} \text{ anwachsen und } \frac{\hat{c}}{\hat{n}} \text{ gegen } p_0 \text{ strebt.}$$

Bei den Military-Standard-Plänen wächst n zwar auch mit der Losgröße N, dort aber nur (ungefähr) wie $N^{1/2}$ (vgl. HALD [1981], S. 82f).

Aus (14) folgt, daß der (genäherte) Minimax-Wert von $R(p)$ für $N \to \infty$ wie $N^{-1/3}$ gegen 0 geht und dies bedeutet, daß der zugehörige Minimax-Wert des mittleren vermeidbaren Verlusts $V_v(p)$ proportional zu $N^{2/3}$ anwächst, wenn man die für wachsendes N immer weniger ins Gewicht fallenden fixen Prüfkosten vernachlässigt.

Vereinfachung der Näherungslösung

v. COLLANI [1984] hat die Größe $D = \dfrac{2d}{p_0^2(2-p_0)}$ eingeführt, mit der sich

$$\hat{c} = 0,193 p_0 [p_0(1-p_0)]^{1/3} \cdot d^{-2/3} - \frac{1}{2} \text{ umformen läßt in } \hat{c} = 0,193 \left[\frac{4(1-p_0)}{(2-p_0)^2}\right]^{1/3} \cdot D^{-2/3} - \frac{1}{2}$$

und da in guter Näherung $\left[\dfrac{4(1-p_0)}{(2-p_0)^2}\right]^{1/3} \approx 1$, wenn $p_0 \leq 0,20$ (was in der Regel zutrifft), gilt also

$$\hat{c} \approx 0,193\, D^{-2/3} - \frac{1}{2} \text{ und } \hat{n} \approx \frac{1}{p_0}(\hat{c} + \frac{1}{2}) \ . \tag{15}$$

Für unser Beispiel ist $D = 2 \cdot \frac{2}{3} 10^{-5}/(0,04^2 \cdot 1,96) = 4,2517 \cdot 10^{-3}$ und damit erhalten wir mit der vereinfachten Näherungslösung

$$\hat{c} \approx 0,193(4,2517)^{-2/3} \cdot 100 = 6,85 \ , \text{ also dasselbe wie zuvor und aus } \hat{c} = 7$$

folgt dann wieder $\hat{n} = 188$.

Da $\hat{c}$ in der vereinfachten Näherungslösung nur noch von D abhängt, kann man die D-Werte tabellieren (s. v. COLLANI [1984], Tabelle 2.6.1) , für die der Ausdruck $0,193 D^{-2/3} - 1/2$ die Werte $0,5$, $1,5$, $2,5$,.... annimmt. Bezeichnen wir diese D-Werte der Reihe nach mit D_0, D_1,...., dann gilt offensichtlich

$$D_i = \left(\frac{0,193}{i+1}\right)^{3/2} \text{ für } i = 0,1,....$$

Aus (15) geht nun hervor, daß

218

$\hat{c} = 0$, wenn $D > D_0$ und für $i = 1, 2, \ldots$ ist $\hat{c} = i$, falls $D_{i-1} \geqq D > D_i$.

In der nebenstehenden Tabelle sind diese Schranken D_i
für $i = 0, 1, \ldots, 10$ angegeben. Dieser Tabelle hätten wir
nach Berechnung von $D = 4{,}2517 \cdot 10^{-3}$ sofort $\hat{c} = 7$ entnehmen können, weil $D_6 \geqq D > D_7$ gilt.

i	D_i
	Tab. 8
0	0,0848
1	0,0300
2	0,0163
3	0,0106
4	0,00758
5	0,00577
6	0,00458
7	0,00375
8	0,00314
9	0,00268
10	0,00232

Für den Fall, daß die Faustregel $n p_0 > 4$ nicht erfüllt,
dabei aber n ziemlich groß und p_0 ziemlich klein ist,
approximieren v. d. WAERDEN [1960] und URA [1955]
die Binomialverteilungen $Bi(n, p)$ durch Poissonver-
teilungen $Po(np)$. Man kann dann zu $c = 0$, $c = 1$ usw.
jeweils den im Fall $L(p) = L^*_{n,c}(p)$ günstigsten Stichprobenumfang bestimmen. Dabei ist $L^*_{n,c}(p)$ wieder
die Operationscharakteristik vom Poisson'schen Typ.
Wenn die für einen kostenoptimalen Prüfplan erforderliche Annahmezahl c
nicht zu groß ist, käme man auf diese Weise auch zu einer Näherungslösung.
Es ist aber nicht nötig, dieses Näherungsverfahren hier ausführlich zu schildern, da UHLMANN [1969] ein Verfahren zur Bestimmung einer exakten Lösung des Minimax-Regret-Problems für das lineare Kostenmodell mit der
Operationscharakteristik $L(p) = L_{n,c}(p)$ angegeben hat. Dieses Verfahren
soll im folgenden kurz dargestellt werden.

4.1.3 Bestimmung kostenoptimaler Prüfpläne nach UHLMANN

Es wird wieder vorausgesetzt, daß die Anzahl X der defekten Stücke in einer
Stichprobe exakt oder in guter Näherung binomialverteilt ist. In die Regretfunktion (11) ist also für $L(p)$ die Operationscharakteristik $L_{n,c}(p)$ des binomialen Typs einzusetzen und damit ist

$$R(p) = \begin{cases} (p_0 - p)(1 - L_{n,c}(p)) + nd & \text{für } 0 \leqq p \leqq p_0 \\ (p - p_0) L_{n,c}(p) + nd & \text{für } p_0 \leqq p \leqq 1 \end{cases} \tag{16}$$

n und c sollen so bestimmt werden, daß das Maximum von $R(p)$ minimal
wird. Weil für alle $p \in (0;1)$ stets $0 < L_{n,c}(p) < 1$ gilt, sind die beiden Maxima

$$M_l(n,c) = \max_{0 \leqq p \leqq p_0} R(p) \quad \text{und} \quad M_r(n,c) = \max_{p_0 \leqq p \leqq 1} R(p)$$

immer auch relative Maxima, da $R(p)$ im Innern der Intervalle $[0; p_0]$ und
$[p_0; 1]$ stets größer als $R(0) = R(p_0) = R(1) = nd$ ist. Es sei nun

$$M(n,c) = \max(M_l(n,c); M_r(n,c)) = \max_{0 \leqq p \leqq 1} R(p); \tag{17}$$

In Figur 49 ist ein typischer Verlauf
einer Regretfunktion $R(p)$ gezeichnet;
dort ist $M(n,c) = M_l(n,c)$, bei anderer
Wahl von n und c kann es auch sein,
daß $M(n,c) = M_r(n,c)$ ist.

Nach unserer Definition (s. 4.1.1) ist
ein einfacher Prüfplan n^*, c^* kosten-

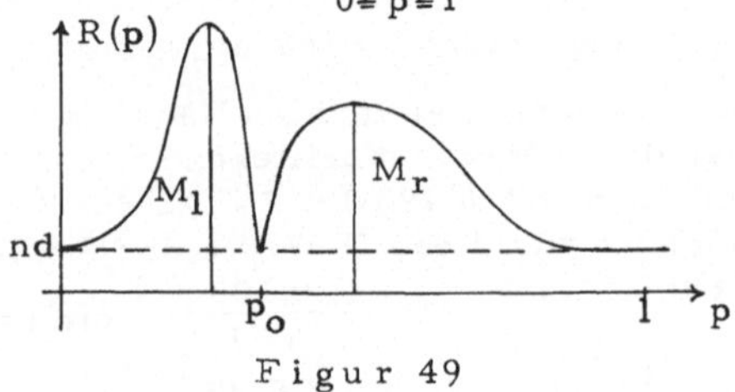

Figur 49

optimal, wenn $M(n^*,c^*) \leq M(n,c)$ für jeden anderen einfachen Prüfplan n,c gilt.

Die Existenz eines kostenoptimalen einfachen Prüfplans folgt aus Satz 4.2 , sie kann aber auch durch folgende einfache Überlegung nachgewiesen werden: Die Faktoren (p_o-p), $(1-L_{n,c}(p))$, $(p-p_o)$ und $L_{n,c}(p)$, die in (16) auftreten, sind alle nicht größer als 1 und daher kann das Maximum $M(n,c)$ von $R(p)$ nicht größer als $1+nd$ sein. Für $n=1$, $c=0$ ist es also nicht größer als $1+d$; für alle $n > 1+1/d$ gilt aber $M(n,c) > nd > (1+1/d)d = 1+d$ und darum gibt es unter den endlich vielen Prüfplänen n,c mit $n \leq 1+1/d$ mindestens einen, für den $M(n,c)$ minimal ist.

Ein gegebener Prüfplan läßt sich gewöhnlich verbessern, indem man n oder c um 1 ändert und so schrittweise zu günstigeren Prüfplänen übergeht. Der Übergang von c zu $c+1$ bedeutet, daß $L_{n,c}(p)$ in (16) durch $L_{n,c+1}(p)$ ersetzt wird und weil $L_{n,c+1}(p) \geq L_{n,c}(p)$ für alle p , folgt sofort

$$M_l(n,c+1) \leq M_l(n,c) \text{ und } M_r(n,c+1) \geq M_r(n,c) . \tag{18}$$

Wenn es also zu einem n ein $c_g(n)$ gäbe, für das

$$M_l(n,c_g(n)) = M_r(n,c_g(n)) \tag{19}$$

gelten würde, dann wäre $c_g(n)$ offenbar eine günstigste Annahmezahl zu n, weil man dann aus (18) sofort $M(n,c) \geq M(n,c_g(n))$ für jedes andere c folgern könnte. Schließlich käme man zu einem kostenoptimalen Prüfplan, indem man ein n sucht, für das $M(n,c_g(n))$ minimal wird.

Nun ist aber (19) wegen der Ganzzahligkeit der Annahmezahlen in der Regel höchstens näherungsweise erfüllbar und man müßte meistens für viele n eine günstigste Annahmezahl $c_g(n)$ bestimmen, bis man zu einem kostenoptimalen Prüfplan kommt. Dieser Lösungsweg ist daher wohl nur per Computer möglich.

UHLMANN [1969] bestimmt daher für $c = 0,1,2, \ldots$ jeweils ein "günstigstes" $n_g(c)$, das ebenso wie $M(n_g(c),c)$ mit den dort ausgedruckten Tabellen nicht schwer zu finden ist. Gewöhnlich kann man nach einigen Schritten bei einer Annahmezahl k aufhören, weil gewisse Kriterien erfüllt sind. Hat man dann für $c = 0,1,\ldots,k$ jeweils $n_g(c)$ und $M(n_g(c),c)$ notiert, dann ist der Prüfplan n^*,c^* mit $n^* = n_g(c^*)$ kostenoptimal, wenn $M(n^*,c^*)$ minimal unter den notierten Werten $M(n_g(c),c)$ ist.

Allerdings ist die Abhängigkeit der Maxima $M_l(n,c)$ und $M_r(n,c)$ von n nicht ganz so einfach wie die Abhängigkeit von c . Wir benötigen jetzt außer diesen beiden Maxima auch die Maxima

$$m_l(n,c) = \max_{0 \leq p \leq p_o} (p_o-p)(1-L_{n,c}(p))$$

und

$$m_r(n,c) = \max_{p_o \leq p \leq 1} (p-p_o) L_{n,c}(p) ; \tag{20}$$

Offensichtlich ist $M_l(n,c) = m_l(n,c) + nd$ und $M_r(n,c) = m_r(n,c) + nd$. (21)

Da $L_{n+1,c}(p) < L_{n,c}(p)$ für $0 < p < 1$ (wenn man ein Stück mehr prüft, wird die Wahrscheinlichkeit dafür, daß man nicht mehr als c defekte Stücke findet, kleiner), gilt $m_l(n+1,c) > m_l(n,c)$, also

$$M_l(n+1,c) > M_l(n,c) + d .$$

Beim Übergang von n zu $n+1$ wächst also M_l um mehr als d .

Bei M_r kann nun aber sowohl $M_r(n+1,c) \leq M_r(n,c)$ als auch der Fall $M_r(n+1,c) > M_r(n,c)$ eintreten; denn es folgt zwar $m_r(n+1,c) < m_r(n,c)$, aber wegen

$$M_r(n+1,c) = m_r(n+1,c) + (n+1)d \; , \quad M_r(n,c) = m_r(n,c) + nd$$

kann diese Verringerung durch den Zuwachs um d ausgeglichen oder übertroffen werden.

Übrigens kann man sich bei der weiteren Analyse auf den Fall $p_0 \leq 0,5$ beschränken, weil sich der ohnehin wohl kaum vorkommende Fall $p_0 > 0,5$ durch die folgende Symmetrie-Beziehung auf den Fall $p_0 \leq 0,5$ zurückführen läßt (vgl. UHLMANN [1969], Satz 1.3 ; der Fall $p_0 = 0,5$ wird dort gesondert behandelt):

$$L_{n,c}(p) = \sum_{k=0}^{c} \binom{n}{k} p^k (1-p)^{n-k} = 1 - \sum_{k=c+1}^{n} \binom{n}{k} p^k (1-p)^{n-k}$$

läßt sich mit $i = n-k$ auch schreiben in der Form $1 - \sum_{i=0}^{n-c-1} \binom{n}{i} (1-p)^i p^{n-i}$ und dies ist $1 - L_{n,n-c-1}(1-p)$.

Setzt man dies für $L_{n,c}(p)$ in (16) ein und schreibt dann $\tilde{p}$ für $1-p$ und $\tilde{p}_0$ für $1-p_0$, dann folgt

$$R(p) = \tilde{R}(\tilde{p}) = \begin{cases} (\tilde{p} - \tilde{p}_0) L_{n,n-c-1}(\tilde{p}) + nd & \text{für } \tilde{p}_0 \leq \tilde{p} \leq 1 \\ (\tilde{p}_0 - \tilde{p})(1 - L_{n,n-c-1}(\tilde{p})) + nd & \text{für } 0 \leq \tilde{p} \leq \tilde{p}_0 \end{cases} \tag{22}$$

d.h. die Regretfunktion zum Prüfplan n,c und zur Trennqualität p_0 ist für jedes p gleich der Regretfunktion zum Prüfplan n, n-c-1 und zur Trennqualität $\tilde{p}_0 = 1 - p_0$ an der Stelle $\tilde{p} = 1-p$, wenn d in beiden Fällen gleich ist.

Daher ist ein Prüfplan n^*, c^* kostenoptimal für die Trennqualität p_0 und die relativen Prüfkosten d genau dann, wenn der Prüfplan n^*, n^*-c^*-1 kostenoptimal für die Trennqualität $1-p_0$ und d ist.

Wir wissen bereits, daß ein Prüfplan n, c mit $n > 1 + 1/d$ nicht kostenoptimal sein kann. Andererseits läßt sich zeigen (s. UHLMANN [1969], Satz 2.4), daß bei einem kostenoptimalen Prüfplan n^*, c^* stets $n^* > 2 + (c^*-1)/p_0$ gelten muß, wenn $p_0 < 0,5$. Für M_r gilt dann folgende Konvexitätsaussage (vgl. UHLMANN [1969], Satz 2.7 und Satz 2.9):

SATZ 4.3: Es sei $0 < p_0 < 0,5$ und $c \geq 1$; dann ist $M_r(n,c)$ für $n > 1 + (c-1)/p_0$ eine konvexe Funktion von n und es gibt genau einen Stichprobenumfang $n_s(c) > 3 + (c-1)/p_0$ mit

$$M_1(n_s(c)-1, c) < M_r(n_s(c)-1, c), \text{ aber } M_1(n_s(c),c) \geq M_r(n_s(c),c) .$$

Für $c = 0$ ist $M_r(n,c)$ in n konvex und die Aussage über $n_s(c)$ gilt unverändert.

Konvexität soll hier nur heißen, daß die Differenzen $M_r(n+1,c) - M_r(n,c)$ streng monoton in n wachsen; für $c = 0$ ist dies nach Satz 4.3 also ab $n = 1$ der Fall, für $c \geq 1$ zumindest ab dem n, welches als nächstgrößere ganze Zahl auf $1 + (c-1)/p_0$ folgt.

Die Stelle $n_s(c)$ ist eine Art "Schnittstelle" für die "Funktionskurven" von $M_1(n,c)$ und $M_r(n,c)$, die wegen der Ganzzahligkeit von n nur aus diskreten Punkten bestehen (s. die Figuren 50a und 50b). Dabei können die folgenden beiden Fälle eintreten:

A) $M_r(n_s(c)-1, c) \geq M_r(n_s(c), c)$ oder B) $M_r(n_s(c)-1,c) < M_r(n_s(c), c)$.

Wenn A) vorliegt, fällt $M_r(n, c)$ mindestens bis $n = n_s(c)$ monoton in n ; dagegen bedeutet B), daß $n_s(c)$ bereits im Bereich der n-Werte liegt, in welchem $M_r(n,c)$ streng monoton in n wächst. Beide Fälle sind in Figur 50A und in Figut 50B dargestellt.
Daß $M_r(n, c)$ für hinreichend große n streng monoton in n wächst, folgt aus der Tatsache, daß $\lim_{n \to \infty} L_{n,c}(p) = 0$ für alle $p > p_0$ und festes c ; aus (16) erkennt man nämlich sofort, daß $M_r(n,c)$ deswegen für $n \to \infty$ asymptotisch gegen nd geht und somit für hinreichend große n streng monoton in n wächst.

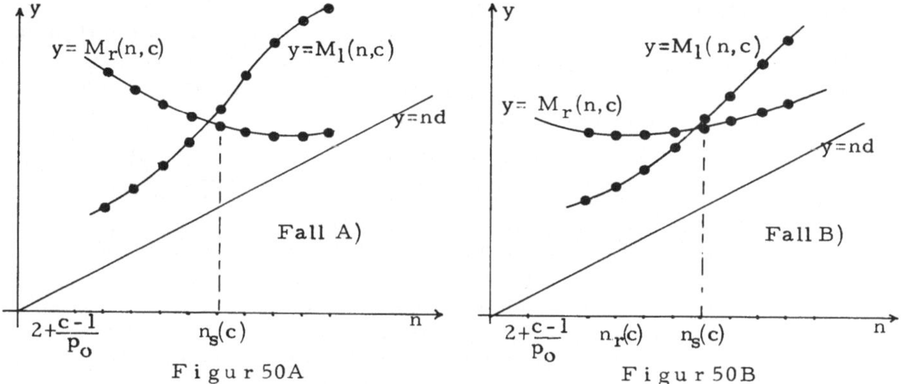

F i g u r 50A   F i g u r 50B

Wie schon erwähnt, ist für einen kostenoptimalen Prüfplan n^*, c^* stets

$$n^* > 2 + (c^*-1)\frac{1}{p_0} \text{ , falls } p_0 < 0,5 \tag{23}$$

(s. UHLMANN [1969], Satz 2.4) , so daß man sich bei gegebenem c darauf beschränken kann, den unter der Nebenbedingung $n > 2 + (c-1)/p_0$ günstigsten Stichprobenumfang $n_g(c)$ zu bestimmen. Wie man sich aus den Figuren 50A und 50B leicht klarmacht, gilt für $n_g(c)$

im Fall A: $n_g(c) = \begin{cases} n_s(c) \text{ , wenn } M_r(n_s(c)-1, c) > M_l(n_s(c),c) \text{ und zu } n_g(c), c \\ \text{gehört dann } \max R(p) = M_l(n_s(c),c) \text{ ;} \\ \\ n_s(c)-1 \text{ , wenn } M_r(n_s(c)-1, c) < M_l(n_s(c), c) \text{ und dann gehört zu } n_g(c), c \text{ das } \max R(p) = M_r(n_s(c)-1, c) \text{ .} \end{cases}$

Es könnte auch vorkommen, daß $M_r(n_s(c)-1, c) = M_l(n_s(c), c)$ ist; dann wären die Prüfpläne $n_s(c)-1, c$ und $n_s(c), c$ gleichwertig und hätten dasselbe $\max R(p)$, nämlich $M_l(n_s(c), c)$.

Im Fall B ist $n_g(c) = n_r(c)$, wobei $n_r(c)$ der im allgemeinen eindeutig bestimmte Stichprobenumfang ist, für den $M_r(n, c)$ unter der Nebenbedingung $n > 2 + (c-1)/p_0$ minimal wird (s. Figur 50B). Das zugehörige Maximum von $R(p)$, also $M(n_g(c), c)$, ist dann gleich $M(n_r(c), c)$. Sollte $M_r(n, c)$ für zwei benachbarte Werte von n minimal werden, dann sei $n_r(c)$ der kleinere der beiden. Die Prüfpläne $n_r(c), c$ und $n_r(c)+1, c$ sind dann insofern gleichwertig, als für beide $\max R(p) = M_r(n_r(c), c)$ ist.

<u>Bemerkung:</u> Der Fall B ist bei den bisher gerechneten Beispielen höchstens
dann eingetreten, wenn $c^* = 0$ war, d.h. wenn bereits $n_g(0)$, 0 ein
kostenoptimaler Prüfplan war. Für $c=0$ bedeutet die Nebenbedingung $n > 2 + (c-1)/p_o$ übrigens keine Einschränkung, da sie wegen
$p_o < 0,5$ und $n > 0$ ohnehin erfüllt ist.

<u>Beispiel 2 :</u> Die Kostenparameter des vorigen Beispiels führten zur Trenn-
qualität $p_o = 0,040$ und zu den relativen Prüfkosten $d = \frac{2}{3} 10^{-5}$.

Hierfür hatten wir mit Hilfe der Näherungslösung nach v. d. WAERDEN den
Prüfplan $\hat{n} = 188$, $\hat{c} = 7$ als ungefähr kostenoptimalen Prüfplan bestimmt.
Jetzt wollen wir zu denselben Parametern $p_o = 0,040$ und $d = \frac{2}{3} 10^{-5}$ einen kostenoptimalen Prüfplan bestimmen. Dazu benötigen wir die "Tabelle der
Schnittmaxima" in UHLMANN [1969] ; dort sind für die p_o-Werte $0,001$,$0,002$,
..., $0,499$ die Größen $n_s(c)$, $m_1(n_s(c), c)$, $m_r(n_s(c)-1, c)$ und $m_r(n_s(c), c)$
jeweils für $c=0, 1, ..., 10$ tabelliert. Für unsere Trennqualität $p_o = 0,040$ lautet die Tabelle (Auszug mit freundlicher Erlaubnis des Physica-Verlags):

p_o	c	$n_s(c)$	$m_1(n_s(c), c)$	$m_r(n_s(c)-1, c)$	$m_r(n_s(c), c)$
0,040	0	21	0,006977	0,007615	0,006971
	1	46	0,004859	0,005043	0,004783
	2	71	0,003938	0,004035	0,003875
	3	96	0,003396	0,003459	0,003345
	4	121	0,003029	0,003075	0,002986
	5	146	0,002759	0,002796	0,002723
	6	171	0,002551	0,002580	0,002519
	7	196	0,002383	0,002408	0,002355
	8	221	0,002245	0,002266	0,002220
	9	246	0,002128	0,002147	0,002105
	10	271	0,002028	0,002044	0,002007

Mit Hilfe dieser Tabelle bestimmen wir nun für $c = 0, 1, ...$ jeweils $n_g(c)$
und $\max R(p) = M(n_g(c), c)$, wobei wir uns erinnern, daß $M_1 = m_1 + nd$,
$M_r = m_r + nd$, und die Fallbetrachtung zu den Figuren 50A bzw. 50B verwenden.

<u>$c = 0$</u> : Wir lesen $n_s(0) = 21$, $m_r(20, 0) = 0,007615$, $m_r(21, 0) = 0,006971$ ab.

Offensichtlich gilt $M_r(20, 0) = 0,007615 + 20d > M_r(21, 0) = 0,006971 + 21d$,
da d nur gleich $\frac{2}{3} 0,00005$ ist. Wir haben also den Fall A ;

weil $m_r(20, 0) = 0,007615 > m_1(21, 0) + d = 0,006977 + d$, gilt auch
$M_r(20, 0) = 0,007615 + 20d > M_1(21, 0) = 0,006977 + 21d$ und daher ist
$n_g(0) = n_s(0) = 21$ und dazu gehört $\max R(p) = M_1(21, 0) = M(21, 0) = 0,007117$.

<u>$c = 1$</u>: Wir lesen $n_s(1) = 46$, $m_r(45, 1) = 0,005043$, $m_r(46, 1) = 0,004783$ ab.

Da $M_r(45, 1) = 0,005043 + 45d > M_r(46, 1) = 0,004783 + 46d$, liegt wieder
Fall A vor. Es folgt $n_g(1) = n_s(1) = 46$, denn es gilt
$M_r(45, 1) = 0,005043 + 45d > M_1(46, 1) = 0,004859 + 46d$. Zum Prüf-
plan $46, 1$ gehört $\max R(p) = M(46, 1) = M_1(46, 1) = 0,005166$.

Indem wir so fortfahren und zu jedem c der Reihe nach $n_g(c)$ und $M(n_g(c), c)$
notieren, erhalten wir folgende Tabelle:

c	$n_g(c)$	$M(n_g(c), c)$
0	21	0,007117
1	46	0,005166
2	71	0,004411
3	96	0,004036
4	121	0,003836
5	146	0,003732
6	171	0,003691
7	196	0,003690
8	221	0,003718
9	246	0,003768

Für $c = 0, 1, \ldots, 9$ ist hier $n_g(c)$ stets gleich der in der Tabelle stehenden "Schnittzahl" $n_s(c)$. Das Minimum der berechneten Maxima ist $M(196, 7) = 0,003690$ und für $c > 7$ steigen die Maxima $M(n_g(c), c)$ offenbar wieder an. Daher ist zu vermuten, daß

$$n^* = 196 , \quad c^* = 7$$

kostenoptimaler Prüfplan für unser Beispiel ist.

Es kommt in Ausnahmefällen vor (s. das 10.Beispiel in UHLMANN [1969]), daß $M(n_g(c), c)$ beim Übergang von c^* nach $c^* + 1$ zunächst ansteigt, dann aber beim Übergang von $c^* + 1$ zu $c^* + 2$ wieder ein wenig abnimmt. Zwar ist kein Beispiel bekannt, bei dem das erste relative Minimum der Folge $M(n_g(c), c)$, $c = 0, 1, \ldots$ nicht zugleich auch das absolute Minimum dieser Folge gewesen wäre; wie die erwähnten Ausnahmefälle zeigen, darf man sich jedoch nicht blind darauf verlassen, daß $M(n_g(c), c)$ nach Erreichen des ersten relativen Minimums für die folgenden c-Werte monoton wachsen wird. UHLMANN [1969] hat daher mehrere Sätze bewiesen, die es ermöglichen, mit Hilfe der dort ausgedruckten Tabelle der "Schnittmaxima" und der bereits berechneten Werte von $n_g(c)$ bzw. $M(n_g(c), c)$ obere Schranken für das c^* eines kostenoptimalen Prüfplans anzugeben. Damit ist dann der exakte Nachweis möglich, daß ein auf die obige Weise bestimmter Prüfplan tatsächlich kostenoptimal ist.

Die Tabelle der "Schnittmaxima" ist bis $c = 10$ ausgedruckt. Wenn sie nicht ausreicht, weil das c^* eines kostenoptimalen Prüfplans größer als 10 ist, dann ist die Näherungslösung (13) in aller Regel genau genug.

Auch bei unserem Beispiel hätten wir uns mit der Näherungslösung $\hat{n} = 188$, $\hat{c} = 7$ begnügen können, denn sie stimmt mit $n^* = 196$, $c^* = 7$ recht gut überein und die Näherung $0,00368$ für den tatsächlichen Minimax-Wert von $R(p)$ war sogar überraschend genau. Allerdings wissen wir das erst jetzt, nachdem wir einen kostenoptimalen Prüfplan bestimmt haben. Es gibt auch Beispiele (vgl. UHLMANN [1969], S. 74), bei denen der tatsächlich erreichbare Minimax-Wert von $R(p)$ um mehr als 20% unter dem zu $\hat{n}, \hat{c}$ gehörenden Maximum $M(\hat{n}, \hat{c})$ liegt. Dies sind jedoch Fälle, bei denen die von v. d. WAERDEN [1960] angegebene Faustregel $\hat{n} p_0 > 4$ nicht erfüllt ist.

Man kann die Tabelle der "Schnittmaxima" auch zur Verbesserung der Näherungslösung benutzen, indem man zu dem nach (13) berechneten $\hat{c}$ mit der Tabelle den günstigsten Stichprobenumfang $n_g(\hat{c})$ bestimmt. $n_g(\hat{c}), \hat{c}$ ist in den meisten Fällen günstiger, mindestens aber ebenso gut wie $\hat{n}, \hat{c}$. Bei unserem Beispiel hätten wir auf diese Weise zu $\hat{c} = 7$ sofort den kostenoptimalen Prüfplan $n^* = n_g(7) = 196$, $c^* = 7$ erhalten.

Wir betrachten noch ein Beispiel, um alle mit der Minimax-Regret-Methode verknüpften Begriffe noch einmal an einer konkreten Aufgabe zu verfolgen.

<u>Beispiel 3</u>: Firma A benötigt 2000 Stück eines Artikels; sie kann diese beim Lieferanten B oder bei einem ausländischen Produzenten C kaufen. B haftet in vollem Umfang für jedes unbrauchbare Stück, während C kei-

nerlei Garantie übernimmt, aber wesentlich billiger anbietet. Wenn man bei B kauft, wird man mit jedem Stück 100 DM Gewinn erzielen. Kauft man bei C, dann wird man mit jedem guten Stück 120 DM Gewinn erzielen, aber für jedes unbrauchbare Stück wird sich ein Verlust von 80 DM ergeben.

"Annahme ohne Kontrolle" soll hier bedeuten, daß die 2000 Stück bei C bestellt werden, ohne daß man vorher eine Stichprobe aus seiner Produktion untersucht. Für dieses Verhalten gilt die Verlustfunktion

$$V_1(p) = -120 \cdot 2000\,(1-p) + 80 \cdot 2000\,p = -240\,000 + 400\,000\,p\ ,$$

wobei p der Ausschußanteil in der von C kommenden Lieferung ist.

"Ablehnung ohne Kontrolle" bedeutet hier, daß bei B gekauft wird; dieses Verhalten hat den sicheren, von p unabhängigen Gewinn von $100 \cdot 2000$ DM , bzw. den "Verlust" -200 000 DM zur Folge. Es gilt dann die Verlustfunktion

$$V_2(p) = -200\,000\ .$$

Wir haben also die Kostenparameter $a_1 = -240\,000$, $b_1 = 400\,000$, $a_2 = -200\,000$ und $b_2 = 0$.

Die Trennqualität p_o ist daher $\dfrac{a_2 - a_1}{b_1 - b_2} = 0,10$. Wenn $p < p_o$ ist, dann ergibt die "falsche" Entscheidung, bei B zu kaufen, einen vermeidbaren Verlust von $V_2(p) - V_1(p) = 40\,000 - 400\,000\,p$, denn um diesen Betrag (in DM) verringert sich der Gewinn gegenüber der "richtigen" Entscheidung, bei C zu kaufen.

Wenn $p > 0,10$, dann ist der Kauf bei C die "falsche" Entscheidung und ergibt den vermeidbaren Verlust $V_1(p) - V_2(p) = 400\,000\,p - 40\,000$.

Firma A beschließt, einen Experten zu C zu senden, der eine Stichprobe vom Umfang n aus einer dort vorrätigen Menge von 2000 Stück untersuchen soll. Findet er darunter nicht mehr als c unbrauchbare Stücke, dann soll er diese Menge kaufen, andernfalls wird man auf das Geschäft mit C verzichten und bei B bestellen. Wir gehen davon aus, daß die Annahmewahrscheinlichkeit des sich ergebenden Prüfplans durch eine Operationscharakteristik $L_{n,c}(p)$ des binomialen Typs hinreichend genau gegeben ist.

Die Prüfkosten in DM seien durch $1000 + 24\,n$ gegeben. Der mittlere vermeidbare Verlust, d.h. der Erwartungswert für den vermeidbaren Verlust bei Berücksichtigung der Prüfkosten ist also

$$V_v(p) = \begin{cases} (40\,000 - 400\,000\,p)(1 - L_{n,c}(p)) + 1000 + 24\,n & \text{für } 0 \le p \le p_o \\ (400\,000\,p - 40\,000)\,L_{n,c}(p) + 1000 + 24\,n & \text{für } p_o \le p \le 1\ . \end{cases}$$

Durch die Normierung $(V_v(p) - 1000)/400\,000$ erhalten wir die Regretfunktion

$$R(p) = \begin{cases} (0,10 - p)(1 - L_{n,c}(p)) + 6 \cdot 10^{-5} \cdot n \\ (p - 0,10)\,L_{n,c}(p) + 6 \cdot 10^{-5} \cdot n\ , \end{cases}$$

also die Regretfunktion mit der Trennqualität $p_o = 0,10$ und den relativen Prüfkosten $d = 6 \cdot 10^{-5}$.

Für diese Regretfunktion ist nach (13) der Prüfplan mit

$$\hat{c} \approx 0,193 \cdot 0,10\,(0,09)^{1/3} \cdot (0,00006)^{-2/3} - \frac{1}{2} = 5,14\ , \text{ also } \hat{c} = 5$$

und
$$\hat{n} = \frac{1}{0,10} \left(5 + \frac{1}{2} \right) = 55$$

näherungsweise kostenoptimal. Nach (14) ist die Näherung für den Minimax-wert von $R(p)$ gleich

$$0,580 \, [p_o(1-p_o)]^{1/3} \cdot d^{1/3} = 0,580(0,09)^{1/3}(0,00006)^{1/3} = 0,010176 \ .$$

Der Prüfplan $\hat{n} = 55$, $\hat{c} = 5$ läßt sich mit Hilfe der Tabelle der "Schnittmaxima" von UHLMANN [1969] mühelos noch ein wenig verbessern. Wir lesen dort zu $p_o = 0,100$ und $c = 5$ ab:

$$n_s(5) = 58 \ , \ m_l(58,5) = 0,006690 \, , \, m_r(57,5) = 0,007039 \, , \, m_r(58,5) = 0,006579$$

und sehen, daß wegen $m_r(58,5) + d < m_r(57,5)$ auch $M_r(58,5) = m_r(58,5) + 58 \, d$ kleiner als $M_r(57,5) = m_r(57,5) + 57d$ ist, d.h. es liegt Fall A) vor.
Da offensichtlich auch $M_l(58,5)$ kleiner als $M_r(57,5)$ ist, folgt $n_g(5) = 58$ und $M(58,5) = M_l(58,5) = 0,006690 + 58 \cdot 0,00006 = 0,010170$.

Aus der Tabelle kann man auch entnehmen, daß zu $c = 4$ der Stichprobenumfang $n_g(4) = 48$ der günstigste ist und $M(48,4) = M_l(48,4) = 0,010224$, während zu $c = 6$ der günstigste Stichprobenumfang $n_g(6) = 68$ und $M(68,6) = M_l(68,6) = 0,010264$ ist.
Es ist also zu vermuten, daß $n^* = 58$, $c^* = 5$ ein kostenoptimaler Prüfplan zu der Regretfunktion mit den Parametern $p_o = 0,100$ und $d = 6 \cdot 10^{-5}$ ist. Mit den bei UHLMANN [1969] angegebenen Sätzen läßt sich das auch exakt nachweisen.
Der erreichbare Minimax-Wert von $R(p)$ ist also $0,010170$ und wiederum war dieser aufgrund der Näherungslösung $\hat{n}, \hat{c}$ mit (14) bereits sehr genau durch den Wert $0,010176$ (s. oben!) geschätzt worden.

Dem Minimax-Wert $0,010170$ von $R(p)$ entspricht der Minimax-Wert des mittleren vermeidbaren Verlusts $V_v(p)$ von $0,010170 \cdot 400\,000 + 1000 = 5068$ DM und das bedeutet, daß der Erwartungswert des vermeidbaren Verlusts für jedes p nicht größer als 5068 DM sein kann, wenn wir den Prüfplan $n^* = 58$, $c^* = 5$ verwenden.
Wenn etwa $p = 0,05$ sein sollte, dann treffen wir die "richtige" Entscheidung, nämlich bei C zu kaufen, mit der Wahrscheinlichkeit $L_{58,5}(0,05) = 0,9309$ und damit wird $V_v(p)$ gleich

$$(40\,000 - 400\,000 \cdot 0,05)(1 - 0,9309) + 1000 + 24 \cdot 58 = 3774 \text{ DM} \ .$$

Wir wollen die Stellen, an denen eine Regretfunktion ihr linkes Maximum $M_l(n, c)$ und ihr rechtes Maximum $M_r(n, c)$ annimmt, mit $p_l(n,c)$ und $p_r(n,c)$ bezeichnen. Wenn der Prüfplan n, c näherungsweise kostenoptimal ist, dann sind diese Stellen gewöhnlich nicht weit von p_o und sie liegen in der Regel umso dichter bei p_o, je größer n ist. Man kann sogar zeigen (s. UHLMANN [1969], Satz 2.23 und Satz 2.24), daß $p_l(n, c)$ und $p_r(n, c)$ gegen p_o konvergieren, wenn n und c gegen ∞ gehen und dabei gewisse Relationen einhalten. Dies ist auch verständlich, denn bei großem Stichprobenumfang wird man nur mit sehr geringer Wahrscheinlichkeit die "falsche" Entscheidung treffen, falls sich p deutlich von p_o unterscheidet.

<u>Bemerkung:</u> In 4.1.2 hatten wir festgestellt, daß das $\hat{c}$ der Näherungslösung (13) so gewählt wird, daß $L_{\hat{n},\hat{c}}(p_o) \approx \Phi(0) = 0,5$ ist. Bei kosten-

optimalen Prüfplänen n^*, c^* , die v. d. WAERDEN' s Faustregel $n^* p_o > 4$
nicht erfüllen, weicht $L_{n^*,c^*}(p_o)$ oft beträchtlich von 0,5 ab. So ist z. B. für
$p_o = 0,050$ und $d = 0,0002$ der Prüfplan $n^* = 17, c^* = 0$ kostenoptimal (vgl. UHL -
MANN [1969], 9. Beispiel) und $L_{17,0}(0,05) = 0,95^{17} = 0,418$.

<u>Aufgabe 64</u>

Die Montage-Abteilung des Beispiels 1 soll nun nicht 6000, sondern nur 3000
Stück bekommen. Alle sonstigen Angaben bleiben unverändert. Welche Werte
haben jetzt die Kostenparameter a_1, b_1, a_2, b_2, die Trennqualität p_o und die
relativen Prüfkosten d ? Geben Sie eine Näherungslösung $\hat{n}$, $\hat{c}$ für einen kostenoptimalen Prüfplan an ! Läßt sich diese mit Hilfe des zu Beispiel 2 angegebenen Auszugs aus der Tabelle der "Schnittmaxima" noch verbessern?
Kostenoptimal ist auch hier der Prüfplan n^*, c^* , für den $M(n^*, c^*)$ das Minimum der Werte $M(n_g(c), c)$, $c = 0, 1, \ldots, 10$ ist. Geben Sie n^*, c^* an und vergleichen Sie $M(n^*, c^*)$ mit der nach (14) berechneten Näherung für den Minimaxwert von $R(p)$!

4.1.4 Näherungslösung nach v. COLLANI

Bisher haben wir in der Regretfunktion (11) für $L(p)$ die Operationscharakteristik $L_{n,c}(p)$ eingesetzt; wir gingen also davon aus, daß die Anzahl X der
defekten Stücke in der Stichprobe binomialverteilt ist. Wenn die Losgröße N
mindestens so groß wie 10 n ist (was man häufig nur vermuten kann, da der
Stichprobenumfang ja erst noch zu bestimmen ist), dann ist X hinreichend
genau binomialverteilt und die eigentlich zugrundeliegende Operationscharakteristik $L_{N,n,c}(p)$ darf nach Satz 1.2 (vgl. Abschnitt 1.3) durch $L_{n,c}(p)$ ersetzt werden. Wird die Stichprobe mit Zurücklegen gezogen (was man in der
Praxis aus guten Gründen meist nicht tut) oder wird sie aus der laufenden
Produktion eines Prozesses genommen, der mit einer festen Defektwahrscheinlichkeit p unter statistischer Kontrolle ist (s. Beispiel 10 in 1.3), dann
ist $L(p)$ exakt gleich $L_{n,c}(p)$.

In den meisten Fällen geht es bei der Annahmekontrolle aber um eine vorliegende Partie von begrenztem Umfang N, die eine bereits feststehende, unbekannte Anzahl M von defekten Stücken enthält. Es ist dann ohne weiteres
möglich, daß ein kostenoptimaler Prüfplan einen Stichprobenumfang haben
muß, der größer als $0,1 N$ ist. Also kann es sein, daß $L_{n,c}(p)$ als Näherung
für $L_{N,n,c}(p)$ nicht mehr genau genug ist. Dann ist $L_{N,n,c}(p)$ für $L(p)$ in
(11) einzusetzen und dadurch erhält man die Regretfunktion

$$R(p) = \begin{cases} (p_o - p)(1 - L_{N,n,c}(p)) + nd & \text{für } 0 \le p \le p_o \\ (p - p_o) L_{N,n,c}(p) + nd & \text{für } p_o \le p \le 1 \end{cases} \qquad (24)$$

v. COLLANI [1984] hat gezeigt, daß sich wichtige Eigenschaften der Regretfunktion, die UHLMANN [1969] für den Fall $L(p) = L_{n,c}(p)$ bewiesen hat,
auch auf den Fall $L(p) = L_{N,n,c}(p)$ übertragen lassen; allerdings ergeben
sich auch Unterschiede, insbesondere müssen gewisse Konvexitätsaussagen
modifiziert werden.

Die Regretfunktion (16), die wir mit $L(p) = L_{n,c}(p)$ erhielten, hängt nur indirekt von N ab, nämlich über d und p_o ; diese Parameter sind ihrerseits abhängig von den Kostenparametern a_1, b_1, a_2, b_2 , welche in aller Regel Funktionen von N sind. Wenn letztere einfach proportional zu N sind, dann ist p_o allerdings unabhängig von N , wie aus der Formel (3) für p_o hervorgeht; dann ist $R(p)$ im Fall $L(p) = L_{n,c}(p)$ nur über d von N abhängig, aber auch dann ändern sich die kostenoptimalen Prüfpläne, wenn man N stark genug verändert. Dies zeigt die Aufgabe 64 im Vergleich zu den Beispielen 1 und 2.

Die Regretfunktion (24) hängt dagegen auch direkt von N ab. Für große N stimmt sie fast völlig mit der Regretfunktion (16) überein und dann werden auch die kostenoptimalen Prüfpläne zu (24) weitgehend mit den kostenoptimalen Prüfplänen n^*, c^* zu (16) identisch sein. Für kleinere N werden sich die N-Werte zu Intervallen zusammenfassen lassen, innerhalb deren die zu N, p_o , d gehörenden kostenoptimalen Prüfpläne weitgehend übereinstimmen.

Dennoch wäre eine Tabellierung hier zu aufwendig und sie ist auch nicht nötig, weil v. COLLANI [1984] eine Näherungslösung angegeben hat, die sich bei umfangreichen numerischen Überprüfungen als recht genau erwiesen hat. Die zu dieser Näherungslösung führenden Überlegungen sollen im folgenden kurz geschildert werden, ehe wir die Näherungslösung selbst in der Art einer Gebrauchsanweisung zitieren.

Wie v. d. WAERDEN [1960] bei seiner Näherungslösung für die Regretfunktion (16) geht auch v. COLLANI [1984] bei der Näherungslösung für die Regretfunktion (24) davon aus, daß die Stellen p_1 und p_r , in denen die Regretfunktion das linke Maximum M_1 und das rechte Maximum M_r annimmt, bei kostenoptimalen Prüfplänen nicht weit von p_o liegen. Diese Annahme ist für größere Stichprobenumfänge vielfach numerisch bestätigt und durch Konvergenzsätze erhärtet worden (s. etwa v. COLLANI [1984], Satz 3. 9. 1). Damit kann man übrigens einen Einwand gegen das Minimax-Regret-Verfahren entkräften, der auch heute noch manchmal erhoben wird. Man gibt dabei zu bedenken, daß das Maximum von $R(p)$ möglicherweise für ein p angenommen wird, welches praktisch nie auftritt und daß es daher wenig sinnvoll sei, dieses Maximum zu minimieren. Denn damit stelle man sich womöglich auf unrealistische Fälle ein. Daß dieser Einwand ernst zu nehmen ist, zeigen die Überlegungen in 4. 1. 1 , die uns veranlaßten, das Minimax-Prinzip lieber nicht auf den mittleren Verlust $V(p)$ anzuwenden, weil man dabei aus Furcht vor den Konsequenzen extremer und praktisch nie eintretender Ausschußanteile nicht mehr sinnvoll handeln würde. Wenn aber bekannt wäre, daß p auf keinen Fall dicht bei p_o liegt, dann wüßte man wohl auch, ob $p < p_o$ oder $p > p_o$ gilt und würde dann ohne Kontrolle annehmen bzw. ablehnen.

Man kann $L_{N,n,c}(p)$ nicht nur durch $L_{n,c}(p)$, sondern auch durch die Poisson'sche Operationscharakteristik $L^*_{n,c}(p)$ annähern (s. Satz 1.2 in 1.3), die allerdings nur für kleine p und solche n brauchbar ist, die einerseits kleiner als 0,1N sind, andererseits aber so groß, daß die Poisson-Verteilung $Po(\lambda)$ mit $\lambda = np$ eine gute Näherung der Binomialverteilung $Bi(n, p)$ ist. MOLENAAR [1970] hat eine wesentliche Verbesserung der Approximation erzielt, indem er $L_{N,n,c}(p)$ durch eine Poisson'sche OC-Kurve mit "verschobenem" Argument $\pi(p)$ annäherte, und zwar setzte er

$$L_{N,n,c}(p) \approx L^*_{n,c}(\pi(p)) = \sum_{k=0}^{c} \frac{(n \cdot \pi(p))^k}{k!} e^{-n \cdot \pi(p)} \text{ mit } \pi(p) = \frac{(2Np-c)(2n-c)}{2n(2N-Np-n+1)}; \quad (25)$$

diese Näherung ist auch dann noch gut, wenn $n > 0,1N$, aber noch wesentlich kleiner als N ist. Für $N \to \infty$ geht $\pi(p)$ gegen $p(2-\frac{c}{n})/(2-p)$; für näherungsweise kostenoptimale Prüfpläne unterscheiden sich aber c/n und p_0 nicht sehr; für große N und $p \approx p_0$ ist die Näherung $L^*_{n,c}(\pi(p))$ daher nahezu identisch mit der gewöhnlichen Näherung $L^*_{n,c}(p)$.

Die Näherungslösung für einen kostenoptimalen Prüfplan zur Regretfunktion (24) beruht nun darauf, daß $n\,\pi(p)$ in der Nähe von p_0 linear approximiert wird, d.h. man ersetzt dort $n\,\pi(p)$ durch das Taylorpolynom 1. Ordnung

$$\lambda(p) = n\,\pi(p_0) + (p-p_0)\,n\,\pi'(p_0) \ .$$

$L_{N,n,c}(p)$ wird nun in der Nähe von p_0 durch $\overline{L}^*_{n,c}(p) = \sum_{k=0}^{c} \frac{(\lambda(p))^k}{k!} e^{-\lambda(p)}$ approximiert und die Regretfunktion (24) durch

$$\overline{R}(p) = \begin{cases} (p_0-p)(1-\overline{L}^*_{n,c}(p)) + n\,d & \text{für } 0 \leq p \leq p_0 \\ (p-p_0)\overline{L}^*_{n,c}(p) + n\,d & \text{für } p_0 \leq p \leq 1 \end{cases} \ . \tag{26}$$

Da die kostenoptimalen Prüfpläne nur von den Maxima der Regretfunktion abhängen und die Maximalstellen p_l und p_r gewöhnlich dicht bei p_0 liegen, wenn n, c exakt oder näherungsweise kostenoptimal ist, muß $\overline{R}(p)$ nur in der Nähe von p_0 eine gute Näherung für die Regretfunktion (24) sein, und das ist der Fall.
Es ist dann anzunehmen, daß die zu $\overline{R}(p)$ kostenoptimalen Prüfpläne $\overline{n}, \overline{c}$ gut mit den kostenoptimalen Prüfplänen zur Regretfunktion (24) übereinstimmen und daß auch das zu $\overline{n}, \overline{c}$ gehörende Maximum von $\overline{R}(p)$, also der Minimax-Wert von $\overline{R}(p)$, gut mit dem Minimax-Wert der durch (24) gegebenen Regretfunktion $R(p)$ übereinstimmt. v. COLLANI konnte diese Vermutung durch umfangreiche numerische Kontrollrechnungen bestätigen.

Wir beschränken uns hier darauf, die Vorschrift für die Näherungslösung nach v. COLLANI [1984] nur für den wichtigsten, bei fast allen Anwendungsbeispielen vorliegenden Fall anzugeben, welcher vorliegt, wenn p_0 und d die Bedingungen

$$\frac{1}{N} < p_0 < \frac{1}{2} \quad \text{und} \quad \frac{d}{p_0^2} \leq 0,38274 \tag{27}$$

erfüllen. In unseren Bezeichnungen lautet die Vorschrift dann:

1.) Bestimme $\overline{c}$ mit Hilfe der in Tabelle 9 angegebenen Schranken $\overline{\pi}(c)$ wie folgt:

$$\overline{c} = 0 \text{, falls } d\,\frac{2}{p_0^2(2-p_0)} \geq \overline{\pi}(0) = 0,054632$$

$$\overline{c} = c \geq 1 \text{, falls } \overline{\pi}(c-1) > d\,\frac{2}{p_0^2(2-p_0)} \geq \overline{\pi}(c) \ .$$

2.) Zu $\overline{c}$ lese man $\lambda_0(\overline{c})$ aus Tabelle 9 ab und bestimme $\overline{n}$ als die zu

$$\frac{2(2N-Np_0+1)\lambda_0(\overline{c}) + \overline{c}(2Np_0-\overline{c})}{2(2Np_0-\overline{c}) + 2\lambda_0(\overline{c})} \tag{28}$$

nächstgelegene ganze Zahl.

3.) Zu $\overline{c}$ lese man $m(\overline{c})$ ebenfalls aus Tabelle 9 ab und berechne

$$\overline{M}(\overline{n},\overline{c}) = \frac{2(2N-Np_0-\overline{n}+1)^2}{(2\overline{n}-\overline{c})(4N-2\overline{n}+2-\overline{c})N} \cdot m(\overline{c}) + d\,\overline{n} \tag{29}$$

als Näherung für das Maximum der Regretfunktion (24) bei Verwendung des Prüfplans $\bar{n},\bar{c}$. Gleichzeitig ist $\bar{M}(\bar{n},\bar{c})$ Näherung für den Minimax-Wert dieser Regretfunktion, d.h. für das Maximum von $R(p)$ bei Verwendung eines exakt kostenoptimalen Prüfplans.

Sollte $\bar{M}(\bar{n},\bar{c})$ größer als Nd ausfallen, dann setze man $\bar{n} = N$ und $\bar{c} \approx Np_o$, denn dann ist die Totalkontrolle mit einer möglichst dicht bei Np_o liegenden Annahmezahl $\bar{c}$ näherungsweise kostenoptimal. (Dieser letzte Satz der Vorschrift ist eine vom Autor zu verantwortende Vereinfachung der detaillierteren Anweisung, die v. COLLANI [1984] auf S. 134 f gibt.)

<u>Tab. 9</u>

Tabelle zur Bestimmung eines näherungsweise kostenoptimalen Prüfplans $\bar{n},\bar{c}$ nach v. COLLANI zur Regretfunktion (24), falls
$$\frac{1}{N} < p_o < \frac{1}{2} \quad \text{und} \quad \frac{d}{p_o^2} \leq 0,38274$$

(übernommen aus v. COLLANI [1984] mit freundlicher Erlaubnis des B. G. Teubner Verlags und des Autors)

c	$\bar{\pi}(c)$	$\lambda_o(c)$	$m(c)$
0	0,054632	0, 86814	0, 15441
1	0,023403	1, 86081	0, 22931
2	0,013731	2, 85867	0, 28538
3	0,009284	3, 85768	0, 33214
4	0,006812	4, 85711	0, 37310
5	0,005272	5, 85674	0, 40998
6	0,004237	6, 85649	0, 44382
7	0,003501	7, 85630	0, 47525
8	0,002956	8, 85616	0, 50473
9	0,002539	9, 85604	0, 53258
10	0,002212	10,85595	0, 55904
11	0,001949	11,85587	0, 58431
12	0,001735	12,85581	0, 60853
13	0,001557	13,85575	0, 63182
14	0,001408	14,85570	0, 65428
15	0,001281	15,85566	0, 67600
16	0,001172	16,85563	0, 69704
17	0,001078	17,85559	0, 71747
18	0,000995	18,85557	0, 73732
19	0,000923	19,85554	0, 75666
20	0,000859	20,85552	0, 77552

<u>Beispiel 4</u> : In Beispiel 1 hatten wir zu $p_o = 0,040$ und $d = \frac{2}{3} 10^{-5}$ die Näherung $\hat{n} = 188$, $\hat{c} = 7$ nach v. d. WAERDEN berechnet; die exakte Lösung zu diesen Werten von p_o und d war im Fall $L(p) = L_{n,c}(p)$ der Prüfplan $n^* = 196$, $c^* = 7$ (s. Beispiel 2). Dieser ist im Fall $L(p) = L_{N,n,c}(p)$ auch nur als Näherungslösung einzustufen, allerdings dürfte diese bei dem in Beispiel 1 gegebenen Partieumfang $N = 6000$ Stück sehr genau sein, da $n^* = 196$

wesentlich kleiner als $0,1\,N = 600$ ist. Wir wollen nun die Näherungslösung nach v. COLLANI für dasselbe Beispiel berechnen. Die Losgröße N geht nun auch direkt in $\bar{n}$ und $\bar{M}(\bar{n},\bar{c})$ ein, wie man aus (28) und (29) erkennt.

Die Voraussetzungen $\frac{1}{N} < p_0 < \frac{1}{2}$ und $\frac{d}{p_0^2} \leqslant 0,38274$ für die Anwendung der Vorschrift sind offenbar erfüllt. Wir berechnen also

$$d\,\frac{2}{p_0^2\,(2-p_0)} = \frac{2}{3}10^{-5}\frac{2}{(0,04)^2\cdot 1,96} = 0,0042517$$

und da dieser Wert zwischen den Werten $\bar{\pi}(5) = 0,005272$ und $\bar{\pi}(6) = 0,004237$ der Tabelle 9 liegt, folgt $\bar{c} = 6$.

Zu $\bar{c} = 6$ gehört in Tabelle 9 die Hilfsgröße $\lambda_0(6) = 6,85649$; nach (28) ist $\bar{n}$ also die zu

$$\frac{2(12000 - 6000\cdot 0,04 + 1)\,6,85649 + 6(12000\cdot 0,04 - 6)}{2(12000\cdot 0,04 - 6) + 2\cdot 6,85649} = 170,65$$

nächstgelegene ganze Zahl, d.h. $\bar{n} = 171$.

Für das zu $\bar{n} = 171$, $\bar{c} = 6$ gehörende Maximum $M(171,6)$ der Regretfunktion erhalten wir nach (29) die Näherung

$$\bar{M}(171,6) = \frac{2(12000 - 6000\cdot 0,04 - 171 + 1)^2}{(342-6)(24000 - 342 + 2 - 6)\,6000}\cdot 0,44382 + \frac{2}{3}10^{-5}\cdot 171 =$$

$$= 0,00364\,, \quad \text{wobei } m(6) = 0,44382 \text{ auch aus Tabelle 9}$$

abzulesen ist.

Obwohl sich nun die Prüfpläne $\bar{n} = 171$, $\bar{c} = 6$ und $n^* = 196$, $c^* = 7$ deutlich unterscheiden, sind sie doch hinsichtlich des Maximums der Regretfunktion nahezu äquivalent, und das allein ist entscheidend. Bei Beispiel 2 haben wir nämlich bereits mit Hilfe der "Schnittmaxima" zu $p_0 = 0,040$ aus UHLMANN [1969] den zu $c = 6$ "günstigsten" Stichprobenumfang (bezüglich der Regretfunktion (16)) zu $n_g(6) = 171$ bestimmt und $M(171,6)$ zu $0,003691$. Dieses Maximum wurde durch das zu $n^* = 196$, $c^* = 7$ gehörende Maximum der Regretfunktion (16) nur ganz unwesentlich unterboten, da $M(196,7) = 0,003690$ war. $n^* = 196$, $c^* = 7$ und $\bar{n} = 171$, $\bar{c} = 6$ sind also bezüglich der Regretfunktion (16) praktisch äquivalent und da $L_{n,c}(p)$ für diese Stichprobenumfänge die Operationscharakteristik $L_{6000,n,c}(p)$ sehr gut approximiert, sind sie wohl auch bezüglich der Regretfunktion (24) praktisch äquivalent.

v. COLLANI [1984] behandelt die Spezialfälle $p_0 = \frac{1}{2}$ und $p_0 < \frac{1}{N}$ gesondert und zeigt in beiden Fällen einen Weg zur exakten Lösung. Den Fall $p_0 > \frac{1}{2}$ führt er analog wie UHLMANN [1969] durch eine Symmetriebetrachtung auf den Fall $p_0 < \frac{1}{2}$ zurück. Diese Fälle wollen wir hier nicht behandeln, da sie in der Praxis kaum auftreten. Dagegen kann es bei hohen relativen Prüfkosten d und kleiner Trennqualität p_0 vorkommen, daß

$$\frac{1}{N} < p_0 < \frac{1}{2} \quad \text{und} \quad \frac{d}{p_0^2} > 0,38274 \tag{30}$$

gilt. Die Zahl $0,38274$ ist eine näherungsweise bestimmte Schranke; wird sie von d/p_0^2 deutlich übertroffen, dann tritt der in Figur 50B skizzierte Fall B) schon für $c = 0$ ein. Daraus folgt dann aber, daß $c^* = 0$ für einen kostenoptimalen Prüfplan gelten muß. Die Sätze 2.17 bei UHLMANN [1969] und 3.8.1 bei v. COLLANI [1984] ergeben zusammen nämlich den folgenden

<u>SATZ 4.4</u>: Wenn für eine Annahmezahl c der Fall B) eintritt, d.h. falls $M_r(n_s(c)-1, c) < M_r(n_s(c), c)$, dann ist $c^* \le c$ für jeden Prüfplan n^*, c^*, der kostenoptimal bezüglich der Regretfunktion (16) (mit $L(p) = L_{n,c}(p)$) ist.

Wenn man für die Regretfunktion (24) (mit $L(p)$ gleich $L_{N,n,c}(p)$) $n_s(c), M_r(n, c)$ und $M_l(n, c)$ analog definiert, dann folgt ebenso aus $M_r(n_s(c)-1, c) < M_r(n_s(c), c)$, daß $c^* \le c$ für jeden bezüglich der Regretfunktion (24) kostenoptimalen Prüfplan n^*, c^* gilt.

Falls nun $c^* = 0$ für einen kostenoptimalen Prüfplan n^*, c^* gelten muß, weil der Fall B) schon bei $c = 0$ eintritt, dann ist $n^* < n_s(c)$ und so zu wählen, daß

$$M_r(n^*, 0) = \min M_r(n, 0)$$

und dann ist $M_r(n^*, 0) = M(n^*, 0)$ der gesuchte Minimax-Wert von $R(p)$ (vgl. die Figur 50 B).

Für die Regretfunktion (16) ist dann $L(p) = L_{n,0}(p) = (1-p)^n$ und es ist nicht schwer,

$$M_r(n,0) = \max_{p_0 \le p \le 1} R(p) = \max_{p_0 \le p \le 1} \left[(p-p_0)(1-p)^n + n d \right]$$

bezüglich n zu minimieren. Wie man leicht nachrechnet, ist

$$M_r(n,0) = R\left(\frac{1+np_0}{n+1}\right) = \frac{1}{n} \left[\frac{n(1-p_0)}{n+1} \right]^{n+1} + n d \tag{31}$$

und man braucht daher nur noch das n^* zu suchen, für welches (31) minimal wird, wobei man weiß, daß $n^* < n_s(c)$ ist.

<u>Beispiel 5</u>: Wir lassen die Angaben von Beispiel 1 unverändert bis auf die Prüfkosten d_1, die wir nun gleich 300 DM pro Stück setzen. Damit erhalten wir wieder die Trennqualität $p_0 = 0,040$, aber die relativen Prüfkosten sind nun $d = 0,001$. Nun wird die Schranke 0,38274 von d/p_0^2 erheblich übertroffen und daher könnten wir sicher sein, daß der Fall B schon bei $c = 0$ vorliegt und gleich den kostenoptimalen Prüfplan $n^*, 0$ bestimmen, indem wir (31) bezüglich n minimieren.
Wir überzeugen uns aber zunächst mit Hilfe des zu Beispiel 2 angegebenen Auszugs aus der Tabelle der "Schnittmaxima" zu $p_0 = 0,040$, ob bei $c = 0$ tatsächlich Fall B) vorliegt. Wir lesen dort

$$n_s(0) = 21 \ , \ m_r(20, 0) = 0,007615 \ , \ m_r(21, 0) = 0,006971$$

ab und sehen sofort, daß wegen $m_r(20, 0) < m_r(21, 0) + d = 0,007971$ auch $M_r(20, 0) < M_r(21, 0)$ gilt, d.h. der Fall B) liegt vor.

Nun wissen wir auch, daß (31) für ein $n^* < 21$ minimal wird; man prüft leicht nach, daß für unser $p_0 = 0,040$ und $d = 0,001$

$$M_r(n, 0) = \frac{1}{n} \left[\frac{0,96}{n+1} n \right]^{n+1} + n \cdot 0,001$$

für $n^* = 17$ minimal wird und dann gleich 0,027083 ist.

Für die Regretfunktion $R(p)$ vom Typ (16) mit $L(p) = L_{n,c}(p)$ ist hier also kostenoptimal der Prüfplan

$$n^* = 17 \ , \ c^* = 0 \text{ und der Minimax-Wert von } R(p) \text{ ist } 0,027083 \ .$$

Diesem Minimax-Wert von $R(p)$ entspricht der Minimax-Wert des mittleren vermeidbaren Verlusts, der hier gleich

$$0,027083\,(b_1 - b_2) + d_2 = 0,027083 \cdot 300\,000 + d_2 = 8124,90 + d_2 \;\; \text{DM}$$

ist. (Die fixen Prüfkosten d_2 sind nicht angegeben.)

Bei extrem hohen Prüfkosten kann es sein, daß die Ablehnung ohne Kontrolle noch günstiger ist als der kostenoptimale Prüfplan n^*, c^*. Das läßt sich feststellen, indem man die Regretfunktion auch für die Ablehnung ohne Kontrolle definiert und dann ihr Maximum mit dem zu n^*, c^* gehörenden Minimax-Wert von $R(p)$ vergleicht. Ablehnung ohne Kontrolle bedeutet, daß wir $n = 0$ und $L(p)$ identisch gleich 0 setzen und damit die Regretfunktion auf

$$R(p) = (p_0 - p) \;\text{für}\; 0 \leqq p \leqq p_0 \;\text{und}\; R(p) = 0 \;\text{für}\; p_0 \leqq p \leqq 1$$

reduzieren. Das Maximum dieser Regretfunktion ist p_0 ; wenn also p_0 kleiner ist als der zu n^*, c^* gehörende Minimax-Wert , dann wird man ohne Kontrolle ablehnen. Der maximale vermeidbare Verlust, den man sich dann im Fall $p = 0$ zuzieht, d. h. wenn man eine völlig ausschußfreie Partie ohne Kontrolle ablehnt, ist dann auch geringer als der Erwartungswert des vermeidbaren Verlusts, den man bei Verwendung von n^*, c^* hätte, falls gerade der Ausschußanteil in der Partie wäre, für den $R(p)$ den Minimax-Wert $M(n^*, c^*)$ annimmt.
Dabei ist noch zu bedenken, daß der im Einzelfall tatsächlich eintretende vermeidbare Verlust wesentlich größer sein kann als sein Erwartungswert $V_V(p)$, denn bei dessen Berechnung wird ja der mit der Fehlentscheidung verbundene vermeidbare Verlust jeweils mit der Wahrscheinlichkeit für die Fehlentscheidung multipliziert (s. (10)).
Wir nehmen an, daß die fixen Prüfkosten d_2 auch dann anfallen, wenn man ohne Kontrolle ablehnt; sie spielen daher für den Vergleich von n^*, c^* mit der Ablehnung ohne Kontrolle keine Rolle.
Bei unserem Beispiel liegt der zu $n^* = 17$, $c^* = 0$ gehörende Minimax-Wert $M(17, 0) = 0,027083$ noch erheblich unter $p_0 = 0,040$. Trotz enormer Prüfkosten wird man also wohl doch lieber diesen Prüfplan verwenden, als ohne Kontrolle abzulehnen.

Auch bei der Regretfunktion (24) mit $L(p) = L_{N,n,c}(p)$ tritt der Fall B) bereits für $c = 0$ ein, d. h. $M_r(n_s(0) - 1, 0) < M_r(n_s(0), 0)$, wenn d/p_0^2 deutlich größer als $0,38274$ ist (vgl. v. COLLANI [1984] , S. 129 ; die dort d genannte Größe ist in unseren Bezeichnungen gleich $2d/[p_0^2(2 - p_0)]$).

Nun können wir analog wie zuvor einen kostenoptimalen Prüfplan n^*, 0 bestimmen, indem wir das n^* suchen, für welches

$$M_r(n, 0) = \max_{p_0 \leqq p \leqq 1} R(p) = \max_{p_0 \leqq p \leqq 1} \left[(p - p_0) L_{N,n,0}(p) + d\,n \right]$$

minimal wird. Dabei kann p nur die Werte $\frac{i}{N}$, $i = 0, 1, \ldots, N$ annehmen und $L_{N,n,0}(p)$ ist gleich $\binom{N-Np}{n} / \binom{N}{n}$. Die Bestimmung von n^* zu $c^* = 0$ ist nun nicht so einfach wie im Fall der Regretfunktion (16) und daher hat v. COLLANI [1984] ein Näherungsverfahren angegeben. Dieses bezieht die Strategie der Ablehnung ohne Kontrolle gleich mit ein und lautet in unseren Bezeichnungen wie folgt:

Wenn $\frac{1}{N} < p_o < \frac{1}{2}$ und $\frac{d}{p_o^2} > 0{,}38274$, dann erhält man einen

näherungsweise kostenoptimalen Prüfplan $\bar{n}, \bar{c}$ für die Regretfunktion (24) durch folgende Schritte:

1.) Aus Tabelle 10 lese man den zu $\frac{d}{p_o^2}$ gehörenden Wert der Hilfsgröße λ ab.

2.) Wenn $p_o \leqq 2(1 - \frac{\lambda}{2+\lambda} e^{1+\lambda})$ dann ist die Ablehnung ohne Kontrolle zumindest näherungsweise kostenoptimal.

3.) Wenn $p_o > 2(1 - \frac{\lambda}{2+\lambda} e^{1+\lambda})$, dann setze man $\bar{n} \approx \frac{2-p_o}{2p_o}\lambda$, d.h.

gleich der nächstgelegenen ganzen Zahl zum Quotienten $\frac{2-p_o}{2p_o}\lambda$.

$\bar{n}, 0$ ist dann näherungsweise kostenoptimal und der

Minimax-Wert von $R(p)$ ist ungefähr $\quad \frac{p_o(2-p_o)}{2\lambda} e^{-(1+\lambda)} + \bar{n}d$. $\qquad$ (32)

Unter den obigen Voraussetzungen für diese Näherungsverfahren liegt gewöhnlich der Fall B) vor und dann ist der Minimax-Wert von $R(p)$ gleich $M_r(n^*, 0)$, wenn $n^*, 0$ kostenoptimal ist. Die Stelle p_r , an der dieses rechte Maximum angenommen wird, ist ungefähr gleich

$$\bar{p}_r = \frac{(2-p_o)^2}{4\bar{n}} + p_o \qquad \text{(s. v. COLLANI [1984], S. 121)} .$$

Sie liegt also für große $\bar{n}$ dicht bei p_o , wie dies auch unter anderen Voraussetzungen über p_o und d durch v. COLLANI [1984] und für die Regretfunktion (16) schon von UHLMANN [1969] festgestellt wurde.

<u>Tab. 10</u>

Tabelle zur Bestimmung eines näherungsweise kostenoptimalen Prüfplans $\bar{n}, 0$ nach v. COLLANI zur Regretfunktion (24), falls

$$\frac{1}{N} < p_o < \frac{1}{2} \quad \text{und} \quad \frac{d}{p_o^2} > 0{,}38274$$

(übernommen aus v. COLLANI [1984] mit freundlicher Erlaubnis des B.G. Teubner-Verlags und des Autors)

$\frac{d}{p_o^2}$	λ	$\frac{d}{p_o^2}$	λ	$\frac{d}{p_o^2}$	λ	$\frac{d}{p_o^2}$	λ
0,38	0,871	0,48	0,789	0,58	0,728	0,68	0,679
0,39	0,861	0,49	0,782	0,59	0,722	0,69	0,674
0,40	0,852	0,50	0,776	0,60	0,717	0,70	0,670
0,41	0,844	0,51	0,769	0,61	0,712	0,71	0,666
0,42	0,835	0,52	0,763	0,62	0,707	0,72	0,662
0,43	0,827	0,53	0,756	0,63	0,702	0,73	0,658
0,44	0,819	0,54	0,750	0,64	0,697	0,74	0,654
0,45	0,811	0,55	0,744	0,65	0,692	0,75	0,650
0,46	0,804	0,56	0,739	0,66	0,688	0,76	0,646
0,47	0,796	0,57	0,733	0,67	0,683	0,77	0,642

$\dfrac{d}{p_o^2}$	λ	$\dfrac{d}{p_o^2}$	λ	$\dfrac{d}{p_o^2}$	λ	$\dfrac{d}{p_o^2}$	λ
0,78	0,639	0,93	0,590	1,08	0,552	1,23	0,520
0,79	0,635	0,94	0,588	1,09	0,549	1,24	0,518
0,80	0,632	0,95	0,585	1,10	0,547	1,25	0,516
0,81	0,628	0,96	0,582	1,11	0,545	1,26	0,514
0,82	0,625	0,97	0,580	1,12	0,543	1,27	0,512
0,83	0,621	0,98	0,577	1,13	0,540	1,28	0,510
0,84	0,618	0,99	0,574	1,14	0,538	1,29	0,509
0,85	0,615	1,00	0,571	1,15	0,536	1,30	0,507
0,86	0,612	1,01	0,569	1,16	0,534	1,31	0,505
0,87	0,608	1,02	0,567	1,17	0,532	1,32	0,503
0,88	0,605	1,03	0,564	1,18	0,530	1,33	0,502
0,89	0,602	1,04	0,561	1,19	0,528	1,34	0,500
0,90	0,599	1,05	0,559	1,20	0,526	1,35	0,498
0,91	0,596	1,06	0,557	1,21	0,524	1,36	0,496
0,92	0,593	1,07	0,554	1,22	0,522	1,37	0,495

In den meisten Anwendungsfällen wird diese Tabelle ausreichen; andernfalls kann man sich selbst die Hilfsgröße λ , die zu d/p_o^2 gehört, mit Hilfe des Zusammenhangs

$$\frac{d}{p_o^2} = \left(\frac{1}{\lambda} + \frac{1}{\lambda^2} \right) e^{-(1+\lambda)} \tag{33}$$

berechnen (s. v. COLLANI [1984] , Formel 4.4.13).

Das Näherungsverfahren mit Hilfe der Tabelle 10 beruht auf der Annahme, daß der Stichprobenumfang n^* eines kostenoptimalen Prüfplans $n^*, 0$ klein gegen N sein wird. Die Näherungslösung $\bar{n}, 0$ ist also insbesondere auch für die Regretfunktion (16) verwendbar, bei der $L(p) = L_{n,c}(p)$ ist. Wie man sieht, hängt $\bar{n}, 0$ auch nicht explizit von N ab.

<u>Beispiel 6 :</u> Wie im vorigen Beispiel sei $p_o = 0,040$ und $d = 0,001$; wenn $N > 25$ ist, dann sind die Bedingungen $\frac{1}{N} < p_o < \frac{1}{2}$ und $d/p_o^2 > 0,38274$

für die Bestimmung der Näherungslösung mit Tabelle 10 erfüllt. Wir interpolieren zunächst aus der Tabelle den zu $d/p_o^2 = 0,625$ gehörenden λ -Wert zu $\lambda = 0,7045$ und weil $p_o = 0,040$ offensichtlich größer ist als

$$2\left(1 - \frac{0,7045}{2,7045} e^{1,7045} \right) \approx -0,865 \quad ,$$

ist $\bar{n}$ die zu $\dfrac{2-p_o}{2p_o} \lambda = \dfrac{1,96}{0,08} \, 0,7045 = 17,25$ nächstgelegene ganze Zahl, d.h. $\bar{n}$ ist gleich 17 .

Als Näherungslösung erhalten wir also für die Parameterwerte $p_o = 0,040$, $d = 0,001$ wieder den Prüfplan 17, 0 , der sich im Fall der Regretfunktion (16) bereits als exakte Lösung erwiesen hat (s. Beispiel 5).

Die Näherung (32) für den Minimax-Wert von $R(p)$ ist hier gleich

$$\frac{0,04(1,96)}{2 \cdot 0,7045} e^{-1,7045} + 17 \cdot 0,001 = 0,02712$$

und dies stimmt gut mit dem in Beispiel 5 berechneten Minimax-Wert 0,027083 überein, welcher im Fall der Regretfunktion (16) der exakte, mit

$n^* = 17$ und $c^* = 0$ erreichbare Minimax-Wert ist.

Wenn man die Näherungslösung $\bar{n}, \bar{c}$ mit Hilfe der Tabelle 9 bzw. Tabelle 10 bestimmt hat, kann man davon ausgehend mit einem Rechner auch eine exakt kostenoptimale Lösung n^*, c^* für die Regretfunktion (24) suchen und damit die Genauigkeit der Näherungslösung $\bar{n}, \bar{c}$ überprüfen. Bei vielen solchen Kontrollrechnungen hat es sich gezeigt (s. v. COLLANI [1984], § 4.9), daß $\bar{n}, \bar{c}$ weitgehend mit der exakten Lösung n^*, c^* übereinstimmte; in der Regel war $\bar{c} = c^*$ und dann waren $\bar{n}$ und n^* auch gleich oder höchstens um 1 verschieden. Manchmal kam es vor, daß sich $\bar{c}$ und c^* um 1 unterschieden und dann wich natürlich auch $\bar{n}$ stärker von n^* ab; auch dann stimmte aber das zu $\bar{n}, \bar{c}$ gehörende Maximum $M(\bar{n}, \bar{c})$ von $R(p)$ sehr gut mit dem zu n^*, c^* gehörenden wahren Minimax-Wert $M(n^*, c^*)$ überein.

Bemerkung: Der Leser hat sich vielleicht gefragt, warum wir bei Beispiel 5 und auch bei der Näherungslösung $\bar{n}, \bar{c}$ neben den einfachen Prüfplänen n, c auch die Strategie der Ablehnung ohne Kontrolle zur Konkurrenz zuließen, nicht aber die Annahme ohne Kontrolle. Dies liegt an der Voraussetzung $p_O < 0,5$, wie wir sofort erkennen, wenn wir die Regretfunktion auch für die Annahme ohne Kontrolle modifizieren: Da nun $L(p)$ identisch gleich 1 und $n = 0$ ist, reduziert sich $R(p)$ nun auf

$$R(p) = 0 \text{ für } 0 \le p \le p_O \quad , \quad R(p) = p - p_O \text{ für } p_O \le p \le 1 \; .$$

Das Maximum dieser reduzierten Regretfunktion ist $1 - p_O$ und dies ist größer als p_O , weil $p_O < 0,5$ vorausgesetzt ist. Im Sinne des Minimax-Regret-Prinzips ist also die Ablehnung ohne Kontrolle immer günstiger als die Annahme ohne Kontrolle, sofern $p_O < 0,5$ gilt, da $p_O = \max R(p)$ bei Ablehnung ohne Kontrolle.

Aufgaben

65) Wenn d/p_O^2 ungefähr gleich der Schranke 0,38274 ist, erhält man nach der Vorschrift zu Tabelle 9 etwa denselben, zumindest aber einen bezüglich $\max R(p)$ etwa gleichwertigen Prüfplan wie nach der Vorschrift zu der Tabelle 10. Um dies an einem Beispiel zu demonstrieren, setze man
$$p_O = 0,10 \; , \; d = 0,0038 \; , \; N = 500$$
und bestimme die Näherungslösung $\bar{n}, \bar{c}$
a) nach der Vorschrift zu Tabelle 9, b) nach der Vorschrift zu Tabelle 10; man vergleiche auch die Näherungen für den wahren Minimaxwert in beiden Fällen!

66) Ein Händler kann aus einer Konkursmasse 400 Geräte zum Stückpreis von 500 DM kaufen. Jedes intakte Gerät würde ihm einen Gewinn von 200 DM einbringen, dagegen würde jedes defekte Gerät einen Verlust in Höhe des Einkaufspreises von 500 DM verursachen, weil keine Ersatzteile für Reparaturen zu bekommen sind. Wenn der Händler auf den Kauf verzichtet, ist der Verlust $V_2(p)$ identisch gleich 0. Wie lautet die Verlustfunktion $V_1(p)$, die im Fall des Kaufs ohne vorherige Kontrolle gilt? Der Händler engagiert einen Experten, der eine Stichprobe von n Stück genau kontrolliert. Die Prüfkosten seien $d_1 = 60$ DM pro Stück, fixe Prüfkosten treten nicht auf. Bestimmen Sie einen näherungsweise kostenoptimalen Prüfplan $\bar{n}, \bar{c}$!

67) Ein Produzent erhält eine Lieferung von 600 Stück eines Bauteils. Lehnt

er die Lieferung ab, dann entsteht durch Produktionsverzögerung ein
Schaden von 21 000 DM. Nimmt er sie an und läßt die 300 Stück einbau-
en, dann verursacht jedes eingebaute defekte Stück einen Schaden von
500 DM. Diese Schadensangaben sind relativ zu dem Betriebsergebnis
zu verstehen, das sich bei Annahme und Einbau von 300 fehlerfreien
Stücken ergeben würde und das wir gar nicht zu kennen brauchen. Der
Schaden von 21 000 DM bzw. 500 DM pro eingebautem defekten Stück bedeutet also eine Einbuße gegenüber diesem unbekannten Betriebsergebnis. Dieses können wir gleich 0 setzen und dann gelten offenbar die Verlustfunktionen $V_1(p) = 500 \cdot 600p$, $V_2(p) = 21\,000$.
Geben Sie einen näherungsweise kostenoptimalen Prüfplan $\bar{n}, \bar{c}$ für den
Fall an, daß die Prüfkosten d_1 gleich 2,40 DM pro Stück sind!

(<u>Bemerkung</u>: Hierbei bleibt der Vorteil unberücksichtigt, den man sich
verschaffen kann, indem man die in der Stichprobe gefun-
denen defekten Stücke nicht einbaut! Man hätte dann bei Annahme aufgrund der Stichprobenkontrolle nicht mehr $V_1(p)$, sondern $V_1(p) - 500X$
als Verlustfunktion, wobei X die Anzahl der defekten Stücke in der Stichprobe ist. Diese Verlustfunktion paßt nicht zu unserem Modell und würde die Berechnungen erheblich komplizieren. Man tröstet sich in ähnlichen Fällen mit dem Hinweis, daß X im Falle der Annahme gewöhnlich
klein ist und daher die tatsächliche Verlustfunktion gut mit der linearen Verlustfunktion $V_1(p)$ übereinstimmt. In unserem Beispiel würde
die Berücksichtigung des genannten Vorteils natürlich zu einer Ver-
schiebung der Trennqualität nach rechts führen, d.h. man würde bei
etwas größeren Ausschußanteilen als dem durch $V_1(p)$ und $V_2(p)$ bestimmten p_0 die Annahme der Ablehnung noch vorziehen.)

4.1.5 α - optimale Prüfpläne nach v. COLLANI

Bisher haben wir den Ausschußanteil p als unabhängige Variable behandelt
und $\max R(p)$ minimiert. Die Fälle $p < p_0$ und $p > p_0$ wurden dabei "gleich-
berechtigt" behandelt, denn es wurde ja nur $0 \leq p \leq 1$ vorausgesetzt. Nun
dürfte es aber nicht selten sein, daß man aufgrund von Erfahrungen eher
mit $p < p_0$ als mit $p > p_0$ rechnet, oder auch umgekehrt. Wir werden aber
weiterhin nicht voraussetzen, daß wir die Verteilung von p kennen! Hätte
man die Verteilungsfunktion $F(p)$ von p , dann wäre es wohl das Vernünftig-
ste, durch geeignete Wahl von n und c den Erwartungswert des Verlusts,

$$\text{also} \quad \int_0^1 V(p)\,dF(p) \quad, \text{ oder auch } \int_0^1 R(p)\,dF(p) ,$$

d.h. den Erwartungswert der Regretfunktion zu minimieren. Beides wäre
äquivalent, denn $R(p)$ ist ja bis auf Normierung gleich $V(p) - V_u(p)$ und der
unvermeidliche Verlust $V_u(p)$ hängt nicht von n und c ab. Ein Prüfplan, bei
dem das eine der obigen Integrale minimal ausfällt, minimiert also auch
das andere. Es sei noch einmal daran erinnert, daß $V(p)$ der Erwartungswert des Verlusts für den Fall, d.h. unter der Bedingung ist, daß der
Ausschußanteil den Wert p annimmt. Wenn wir p als zufällige Variable behandeln wollen, ist der Erwartungswert des Verlusts durch das erste der
beiden obigen Integrale gegeben.

Minimierung des Erwartungswerts führt also beim Verlust und beim vermeidbaren Verlust zu denselben Prüfplänen; dagegen haben wir in 4.1.1 gesehen, daß es nicht sinnvoll ist, das Minimax-Prinzip auf $V(p)$ anzuwenden, während es bei Anwendung auf $R(p)$ durchaus zu sinnvollen Resultaten führt.

Eine "a priori"-Verteilungsfunktion $F(p)$ dürfte wohl nur ganz selten genau genug bekannt sein und daher lassen wir die Minimierung der Integrale (33) als mögliche Strategie weiterhin außer Betracht. Es wird aber in vielen Fällen möglich sein - etwa aufgrund längerer Erfahrungen mit einem Produzenten - eine Wahrscheinlichkeit α dafür anzugeben, daß $p \le p_o$ gilt. Wegen $\alpha = F(p_o)$ bedeutet dies, daß man dazu $F(p)$ nur an der einen Stelle p_o gut genug kennen oder schätzen muß. Die Annahme, daß α bekannt ist, bedeutet also eine viel schwächere Voraussetzung als die Annahme einer bestimmten "a priori"-Verteilung.

Man nennt α den Vertrauensparameter und setzt $0 < \alpha < 1$ voraus; bei $\alpha = 0$ würde man nämlich ohne Kontrolle ablehnen, bei $\alpha = 1$ ohne Kontrolle annehmen.

Mit Wahrscheinlichkeit α wird also nur der linke Teil von $R(p)$ und mit der Wahrscheinlichkeit $1-\alpha$ wird nur der rechte Teil von $R(p)$ aktuell. Der linke, für $0 \le p \le p_o$ definierte Teil hat das Maximum $M_1(n, c)$ bei gegebenem Prüfplan n, c, der rechte, für $p_o \le p \le 1$ definierte Teil hat das Maximum $M_r(n, c)$. Daher hat v. COLLANI [1985] u. [1986] vorgeschlagen, den Prüfplan n, c so zu bestimmen, daß

$$\alpha M_1(n, c) + (1-\alpha)M_r(n, c) \tag{34}$$

minimal wird. Die zu minimierende Zielfunktion ist also hier nicht das Maximum der Regretfunktion $R(p)$, sondern der durch die Wahrscheinlichkeit α bestimmte Erwartungswert dieses Maximums.

Wir haben in 4.1.3 und 4.1.1 (s. auch die Sätze 4.1 und 4.2) gesehen, daß M_1 und M_r bei kostenoptimalen Prüfplänen annähernd gleich sind. Dadurch sah sich v. COLLANI [1985] veranlaßt, eine entsprechende Eigenschaft als Nebenbedingung für die Zielfunktion (34) einzuführen. Er nennt einen Prüfplan n, c

$$\alpha\text{-ausgewogen bzw. } \alpha\text{-balanciert},$$

falls
$$|\alpha m_1(n, c) - (1-\alpha)m_r(n, c)| = \min_{n'>c} |\alpha m_1(n', c) - (1-\alpha)m_r(n', c)| \tag{35}$$

und führt den Begriff der α-Optimalität von Prüfplänen wie folgt ein:

<u>Definition</u>: Ein Prüfplan n_α, c_α heißt α-optimal, wenn er
    1.) α-ausgewogen ist und wenn
    2.) kein α-ausgewogener Prüfplan zu einem geringeren
        Wert von (34) führt als n_α, c_α.

$m_1(n, c)$ und $m_r(n, c)$ haben hier dieselbe Bedeutung wie früher, d.h. $m_1(n, c)$ ist das Maximum von $(p_o-p)(1-L(p))$ für $0 \le p \le p_o$ und $m_r(n, c)$ ist das Maximum von $(p-p_o)L(p)$ für $p_o \le p \le 1$; natürlich ist dann auch hier wieder

$$M_1(n, c) = m_1(n, c) + nd, \quad M_r(n, c) = m_r(n, c) + nd$$

und folglich
$$|M_1(n, c) - M_r(n, c)| = |m_1(n, c) - m_r(n, c)|.$$

Bei einem kostenoptimalen Prüfplan n^*, c^* ist c^* der c-Wert, der bei gegebenem n^* diesen Betrag minimiert (s. (18) und (19)).

Die α-Ausgewogenheit bedeutet nach (35) hingegen, daß zu festem c

$$|\alpha m_1(n, c)-(1-\alpha)m_r(n, c)| = |\alpha M_1(n, c)-(1-\alpha)M_r(n, c)+nd(1-2\alpha)|$$

bezüglich n zu minimieren ist. Für $\alpha = 0,5$ ist das äquivalent mit der Mini-
mierung von $|M_1(n, c)-M_r(n, c)|$.

Bei den kostenoptimalen Prüfplänen n^*, c^* war im Regelfall A) (s. Figur 50A)
n^* gleich oder bis auf ± 1 gleich demjenigen Stichprobenumfang, der zu fe-
stem c^* den Betrag $|M_1(n, c^*)-M_r(n, c^*)|$ minimierte. Man kann also sagen,
daß ein kostenoptimaler Prüfplan n^*, c^* im Regelfall α-optimal bzw. näherungsweise α-optimal für $\alpha = 0,5$ ist.
Im Sonderfall B) (s. Figur 50 B) kann $|M_1(n^*,c^*)-M_r(n^*,c^*)|$ erheblich
von $\min\limits_{n > c^*} |M_1(n, c^*)-M_r(n, c^*)|$ abweichen. Einen entsprechenden, eben-
falls lästigen Sonderfall gibt es bei den α-optimalen Prüfplänen nicht, weil
er offenbar durch die vernünftig begründbare Nebenbedingung der α-Ausge-
wogenheit von vorneherein ausgeschlossen wird.

v. COLLANI behandelt die α-optimalen Prüfpläne für den in der Praxis wichtigsten Fall, in welchem in der Regretfunktion $R(p)$ für $L(p)$ die Operationscharakteristik $L_{N,n,c}(p)$ einzusetzen ist. Die beiden Kunstgriffe, die zu den
im vorigen Abschnitt geschilderten näherungsweise kostenoptimalen Prüfplänen $\bar{n},\bar{c}$ führten, können auch bei der Bestimmung von näherungsweise
α-optimalen Prüfplänen angewendet werden. Damit ist die Approximation
von $L_{N,n,c}(p)$ durch die Poisson'sche Operationscharakteristik $L^*_{n,c}(\pi(p))$
mit dem "verschobenen" Argument $\pi(p) = \dfrac{(2Np-c)(2n-c)}{2n(2N-Np-n-1)}$ (nach MOLE-
NAAR [1970]), sowie die lineare Approximation von $\pi(p)$ in der Nähe von p_o
gemeint.
Die Herleitung findet man bei v. COLLANI [1985] und [1987a]. Dort sind
auch Tabellen angegeben, mit deren Hilfe man leicht näherungsweise α-opti-
male Prüfpläne zu den α-Werten 0,50 , 0,60 , 0,70 , 0,80 , 0,90 und 0,95
bestimmen kann. α-Werte unter 0,50 treten bei Anwendungen kaum auf, denn
man wird z. B. eine Lieferung gar nicht erst kommen lassen, wenn man die
Wahrscheinlichkeit $1-\alpha$, mit der sie einen Ausschußanteil von mehr als p_o
enthält, für größer als 0,50 schätzt.
Im übrigen gilt aber die Symmetrie-Eigenschaft (22) auch für die Regretfunktion (24), bei der $L(p) = L_{N,n,c}(p)$ gesetzt wird, und daraus folgt, daß
ein Prüfplan n, c genau dann α-optimal bezüglich der Regretfunktion (24)
mit den Parametern p_o, d und N ist, wenn der Prüfplan n, $\tilde{c}$ mit $\tilde{c} = n-c-1$
$(1-\alpha)$-optimal bezüglich der Regretfunktion (24) mit den Parametern $\tilde{p}=1-p_o$,
d und N ist. Käme also der Fall $\alpha < 0,50$ wirklich einmal vor, dann könnte
man zunächst den $(1-\alpha)$-optimalen Prüfplan n, $\tilde{c}$ suchen und dann wäre n,c
mit $c = n-\tilde{c}-1$ der gesuchte α-optimale Prüfplan. Den Nachweis dieser Sym-
metriebeziehung überlassen wir dem Leser als Übungsaufgabe Nr. 68 .

Bei der Bestimmung näherungsweise α-optimaler Prüfpläne läßt v. COLLA-
NI neben den bei gegebener Losgröße N möglichen einfachen Prüfplänen n, c
auch die beiden extremen Verhaltensweisen der "Annahme ohne Kontrolle"
und der "Ablehnung ohne Kontrolle" als konkurrierende Strategien zu. Es
werden Kriterien angegeben, mit denen man bei gegebenen Parametern p_o, d,
N und α erkennen kann, ob deren Konstellation so extrem ist, daß eine der

beiden extremen Verhaltensweisen zumindest näherungsweise optimal im Sinne der α-Optimalität ist.

Aufgabe 68)

Zeigen Sie, daß die Symmetrie $L_{N,n,c}(p) = 1 - L_{N,n,\tilde{c}}(1-p)$ mit $\tilde{c} = n-c-1$ für $p = M/N$, $M = 0,1,\ldots,N$ gilt.
Folgern Sie daraus, daß für die mit $L(p) = L_{N,n,c}(p)$ gebildete Regretfunktion $R(p)$ vom Typ (24) die Symmetrie

$$R(p) = \tilde{R}(\tilde{p}) \text{ mit } \tilde{p} = 1-p \text{ für } 0 \leq p \leq 1$$

gilt, wobei $\tilde{R}(\tilde{p})$ die mit $\tilde{p}_0 = 1 - p_0$ und $\tilde{L}(\tilde{p}) = L_{N,n,\tilde{c}}(\tilde{p})$ gebildete Regretfunktion vom Typ (24) ist.
Zeigen Sie, daß $n, \tilde{c}$ bezüglich $\tilde{R}(\tilde{p})$ genau dann $(1-\alpha)$-optimal ist, wenn n, c α-optimal bezüglich $R(p)$ ist!

4.1.6 Die Regretfunktion bei Messender Prüfung

Bei Messender Prüfung hängt die Entscheidung über die Annahme oder Ablehnung eines Loses meist vom Stichprobenmittel $\bar{X}$ ab. Zu beobachten sind also wieder die Merkmalswerte X_i, $i = 1,2,\ldots,n$ für die Elemente einer Stichprobe vom Umfang n.
Wir halten auch hier an dem in 4.1.1 gegebenen linearen Kostenmodell fest, welches den Verlust sowohl für den Fall der Annahme ohne Kontrolle, als auch für die Ablehnung ohne Kontrolle durch je eine lineare Funktion des Ausschußanteils p beschreibt. Wie dort erhalten wir die Regretfunktion in der allgemeinen Form (11), also

$$R(p) = \begin{cases} (p_0-p)(1-L(p)) + nd & \text{für } 0 \leq p \leq p_0 \\ (p-p_0)L(p) + nd & \text{für } p_0 \leq p \leq 1 \end{cases},$$

die nur noch von der Trennqualität p_0 und den relativen Prüfkosten d, sowie von n und den sonstigen Parametern des zu wählenden Prüfplans abhängt. p_0 und d werden hier wie in 4.1.1 berechnet.

Jetzt ist für $L(p)$ die sich aus der Art des Prüfplans bei Messender Prüfung ergebende Annahmewahrscheinlichkeit einzusetzen.

In den einseitigen Fällen ist ein Stück zum Beispiel genau dann defekt, wenn eine obere Toleranzgrenze b überschritten wird; dann lautet die Annahmevorschrift: "Man nehme das Los an, falls $\bar{X} \leq b - c\sigma$", wobei σ bekannt sein soll. Die Annahmezahl c muß nun nicht ganzzahlig sein, sondern kann irgendwelche reellen Werte annehmen (vgl. 2.2.1). Es gilt daher

$$L(p) = W(\bar{X} \leq b - c\sigma) = W\left(\frac{\bar{X}-\mu}{\sigma}\sqrt{n} \leq \frac{b-c\sigma-\mu}{\sigma}\sqrt{n}\right)$$

und für den Fall, daß die X_i unabhängig und nach $N(\mu,\sigma^2)$ normalverteilt sind, was wir hier ebenfalls annehmen wollen, gilt also zunächst

$$L(p) = \Phi\left(\frac{b-\mu}{\sigma}\sqrt{n} - c\sqrt{n}\right) ;$$

wegen
$$p = W(X_i > b) = W(\frac{X_i - \mu}{\sigma} > \frac{b-\mu}{\sigma}) = 1 - \Phi(\frac{b-\mu}{\sigma})$$

folgt wie früher
$$\frac{b-\mu}{\sigma} = \Phi^{-1}(1-p) = -\Phi^{-1}(-p), \text{ also } L(p) = \Phi(-(c+\Phi^{-1}(p))\sqrt{n}).$$

Dieselbe Operationscharakteristik $L(p)$ erhält man auch im einseitigen Fall mit unterer Toleranzgrenze a (vgl. (58) in 2.2.1). Mit diesem $L(p)$ wird (11) zu

$$R(p) = \begin{cases} (p_0 - p)[1 - \Phi(-(c+\Phi^{-1}(p))\sqrt{n})] + nd & \text{für } 0 \le p \le p_0 \\ (p-p_0) \Phi(-(c+\Phi^{-1}(p))\sqrt{n}) + nd & \text{für } p_0 \le p \le 1 \end{cases} \qquad (36)$$

Für diese Regretfunktion hat STANGE [1964] näherungsweise kostenoptimale Prüfpläne angegeben. Dabei verwendete er die heuristische Annahme, daß bei einem kostenoptimalen Prüfplan

$$L(p_0) = \Phi(-(c+\Phi^{-1}(p_0))\sqrt{n}) \approx \frac{1}{2} \qquad (37)$$

gelten müsse. Bei der Herleitung der Näherungslösung $\hat{n}$, $\hat{c}$ nach v. d. WAERDEN [1960] benutzt man implizit dieselbe Annahme für $L_{n,c}(p)$, worauf wir in 4.1.2 hingewiesen haben. ANSCOMBE[1958]benutzte eine solche Annahme bei Regretfunktionen für kontinuierliche Stichprobenpläne, worauf wir in 4.2.3 noch eingehen werden.

Gewöhnlich wird die Annahme $L(p_0) \approx 0,5$ damit begründet, daß bei der Trennqualität p_0 die wirtschaftlichen Folgen der Annahme gleich denen der Ablehnung sind. Daraus folgt aber keineswegs, daß $L(p_0) = 0,5$ für kostenoptimale Prüfpläne gelten müßte.

BASLER [1967/68] hat ein Verfahren zur exakten Bestimmung eines kostenoptimalen Prüfplans für die Regretfunktion (36) angegeben und für ein bereits von STANGE[1964] behandeltes Beispiel mit $p_0 = 0,02275$, $d=1,71 \cdot 10^{-4}$ den Prüfplan n, c mit n = 8 , c = 2,07 als kostenoptimal nachgewiesen. Für diesen Prüfplan ist aber $L(p_0) = \Phi(-(2,07-2,0022)\sqrt{8}) \approx \Phi(-0,192) \approx 0,42$. Übrigens ist der mit n = 8 , c = 2,07 erzielte Minimax-Wert von $R(p)$ um etwa 15 % kleiner als das zu der Näherungslösung von STANGE[1964] gehörende Maximum von $R(p)$.

Auch bei kostenoptimalen Prüfplänen der Gut-Schlecht-Prüfung ist die Annahme $L(p_0) \approx 0,5$ oft nicht gut erfüllt (s. die Bemerkung am Ende von 4.1.3). Bei v. COLLANI [1984], Tab. 3.12.1 , findet man eine ganze Reihe von Beispielen für kostenoptimale Prüfpläne n^*, c^* bezüglich der Regretfunktion (16), bei denen $L_{n^*,c^*}(p_0)$ erheblich geringer als 0,5 ist, wenn auch 0,40 in keinem dieser Fälle unterschritten wird.

Wenn der Ansatz $L(p_0) = 0,5$ für kostenoptimale Prüfpläne richtig wäre, dann wäre die Bestimmung solcher Prüfpläne einfacher, als sie es tatsächlich ist. Denn daraus könnte man schließen (vgl. (37)) , daß

$$c + \Phi^{-1}(p_0) = 0 \text{ und damit } c = -\Phi^{-1}(p_0)$$

gelten müßte. Setzt man dann für c in (36) ein, dann ergibt sich die nur noch von n und p abhängende Funktion

$$\hat{R}(p) = \begin{cases} (p_0 - p)[1 - \Phi((\Phi^{-1}(p_0) - \Phi^{-1}(p))\sqrt{n}) + nd & \text{für } 0 \le p \le p_0 \\ (p-p_0) \Phi((\Phi^{-1}(p_0) - \Phi^{-1}(p))\sqrt{n}) + nd & \text{für } p_0 \le p \le 1 \end{cases}$$

$\hat{R}(p)$ ist der Regretfunktion ähnlich, die man bei der Herleitung der Näherungslösung nach v. d. WAERDEN [1960] für die Gut-Schlecht-Prüfung benutzt (vgl. 4.1.2). Auch dort tritt die Normalverteilung auf (als Näherung für $L_{n,c}(p)$) und c wird auch dort so gewählt, daß die genäherte OC-Kurve für $p = p_0$ den Wert $0,5$ annimmt. Daher ergibt sich auch jetzt eine ähnliche Näherungslösung, wenn man $\max \hat{R}(p)$ bezüglich n (näherungsweise) minimiert. Sie lautet wie folgt, wobei wir mit $\hat{\varphi}$ den Wert $\varphi(\hat{c})$ der Dichte von $N(0,1)$ an der Stelle $\hat{c}$ bezeichnen:

$$\hat{c}= -\Phi^{-1}(p_0), \quad \hat{n}\approx 0,193\left(\frac{\hat{\varphi}}{d}\right)^{2/3}, \quad \min_{n,c}(\max R(p))\approx \min_{n}(\max \hat{R}(p))\approx 0,580\,\hat{\varphi}^{\,2/3}\cdot d^{1/3}. \quad (38)$$

Für zweiseitige Prüfpläne $n, c\,\sigma$ stimmt $L(p)$ gut mit $\Phi(-(c+\Phi^{-1}(p))\sqrt{n})$ überein, wenn die Toleranzen a und b weit genug auseinander liegen (s. Satz 2.16 in 2.2.2), wofür als Faustregel die Bedingung $b-a > 6\sigma$ gelten kann. Da die Regretfunktion dann ebenfalls in guter Näherung durch (36) gegeben ist, darf man dann die Näherungslösung (38) auch für den zweiseitigen Fall verwenden! Dieser wird übrigens ausführlich bei SÖDER [1978] behandelt.
(38) ist die für unsere Bezeichnungen und die Regretfunktion (36) umgeformte Näherungslösung von STANGE [1964]. Wie die eben erwähnte Näherungslösung von v. d. WAERDEN [1960] für die Regretfunktion (16) wird sie umso genauer, je größer die Stichprobenumfänge der kostenoptimalen Prüfpläne sind. Für kleine Stichprobenumfänge hat STANGE [1964] die Näherungslösung (38) noch verbessert.

Der Vergleich von (38) mit (12) und (14) zeigt, daß wir die jetzigen Näherungen für $\hat{n}$ und den Minimax-Wert von $R(p)$ einfach dadurch erhalten können, indem wir die dort angegebenen Näherungen mit dem nur von p_0 abhängenden Faktor

$$\hat{\varphi}^{\,2/3}(p_0(1-p_0))^{-1/3} = [\varphi(-\Phi^{-1}(p_0))]^{2/3}(p_0(1-p_0))^{-1/3} \quad (39)$$

multiplizieren.
Wenn die Kostenparameter bei Messender Prüfung dieselben Werte wie bei Gut-Schlecht-Prüfung haben (oft sind die Prüfkosten bei Messender Prüfung höher!), dann ist (39) etwa das Verhältnis der Stichprobenumfänge und auch der Minimax-Regret-Werte bei kostenoptimalen Prüfplänen der Messenden Prüfung im Vergleich zu kostenoptimalen Prüfplänen der Gut-Schlecht-Prüfung. Wir berechnen einige Werte des Faktors (39); er wächst mit p_0 für $0 < p_0 \leq 0,5$, d.h. der relative Vorteil der Messenden Prüfung wird mit wachsendem p_0 zunächst kleiner. Für $p_0 = 0,5$ ist (39) maximal und offensichtlich ist dieser Faktor symmetrisch bezüglich $p_0 = 0,5$.

p_0	0,0005	0,001	0,005	0,010	0,030	0,050	0,100	0,200	0,500
$\hat{\varphi}^{2/3}(p_0(1-p_0))^{-1/3}$	0,185	0,225	0,348	0,412	0,542	0,607	0,699	0,788	0,860 .

BASLER [1967/68] bestimmt die exakte Lösung, indem er nicht von der Annahme (37), sondern von Satz 4.1 ausgeht, nach dem bei einem kostenoptimalen Prüfplan linkes und rechtes Maximum der Regretfunktion (36) übereinstimmen müssen. Anders als bei den Regretfunktionen der Gut-Schlecht-Prüfung kann man dies hier für jedes n durch geeignete Wahl von c exakt erreichen, weil $L(p)$ stetig und streng monoton von c abhängt. Übrigens konvergieren auch bei der Regretfunktion (36) die Stellen p_r und p_l, an denen die rechten bzw. linken Maxima angenommen werden, gegen p_0, falls man für $n \to \infty$ jeweils das $c = c(n)$ wählt, mit dem das linke gleich dem rechten Maximum ist. Daß eine ganz ähnliche Aussage für die Regretfunktion (16) gilt, wurde in 4.1.3 angemerkt und in 4.1.4 haben wir darauf hingewiesen, daß dies zur Rechtfertigung des Minimax-Regret-Verfahrens beiträgt.

Auch bei unbekannter Streuung und sogar für nicht normalverteilte Merkmale kann man kostenoptimale Prüfpläne bei Messender Prüfung bestimmen. Hierzu sei auf die Arbeit von MÄDER([1982] und [1986]) verwiesen.

<u>Aufgabe 69</u>

Die Kostenparameter seien wie in Beispiel 1 und somit $p_o = 0,04$, $d = \frac{2}{3} 10^{-5}$. Ein Stück sei defekt, wenn ein mit bekannter Streuung normalverteiltes Merkmal kleiner als a ist. Geben Sie einen näherungsweise kostenoptimalen Prüfplan $\hat{n}$, $\hat{c}_G$ an und skizzieren Sie die Regretfunktion (36) dieses Prüfplans!

4.2 KOSTENOPTIMALE PROZESSKONTROLLE

Wenn man die Verfahren der Prozeßkontrolle möglichst ökonomisch gestalten will, dann geht es nicht nur um die Wahl eines geeigneten Prüfplans, sondern man muß auch entscheiden, wie oft bzw. in welchem zeitlichen Abstand die Stichproben zu ziehen sind. Als Zielfunktion wird man den durchschnittlichen Gewinn pro Stück maximieren wollen; gleichbedeutend damit ist die Minimierung des durchschnittlichen Verlusts pro Stück.
Daneben verwendet man auch Zielfunktionen wie den durchschnittlichen Gewinn pro Zeiteinheit bzw. den durchschnittlichen Verlust pro Zeiteinheit, der sich bei längerer Anwendung eines Verfahrens einstellen wird. Diese auf die Zeiteinheit bezogenen Zielfunktionen sind auch dann nicht unbedingt äquivalent zu den auf die Einheit "Stück" bezogenen Zielfunktionen, wenn man pro Zeiteinheit immer dieselbe Anzahl Stücke produziert. Denn die Modelle der Prozeßkontrolle berücksichtigen im allgemeinen auch Unterbrechungszeiten, in denen der Prozeß wegen einer Durchsicht oder Reparatur angehalten wird. Die gesamte Zeitdauer wird dadurch vergrößert, während die produzierte Stückzahl während der Unterbrechungszeiten konstant bleibt.
Gewöhnlich setzt man einige Eigenschaften des Produktionsprozesses als bekannt voraus, wie z.B. seine durchschnittliche Verweildauer in einem Sollzustand oder sogar die Verteilung dieser Verweildauer. Bei Messender Prüfung nimmt man meistens eine Normalverteilung für das zu messende Merkmal an.
In die Zielfunktion geht gewöhnlich eine relativ große Anzahl von Parametern ein: Zu den Verfahrensparametern wie z.B. Stichprobenumfang und Kontrollgrenzen kommt der zeitliche oder in Stückzahlen ausgedrückte Abstand, in dem die Stichproben zu ziehen sind; zu den Kostenparametern kommen die Kosten für Durchsicht und Reparatur der Anlage, sowie Ausfallkosten wegen der Unterbrechungen. Auch Verteilungsparameter der Verweildauer im Sollzustand beeinflussen die Zielfunktion. Bei Modellen, die allgemein genug sind, um eine breite Anwendbarkeit zu gewährleisten, ist die Zielfunktion daher meist durch eine umfangreiche Formel ausgedrückt.
Es kann nicht unsere Absicht sein, den Anfänger durch solche Ungetüme zu beeindrucken. Wir beginnen daher mit einem grob vereinfachenden Modell. Es ist sicher nur in ganz speziellen Fällen anwendbar, aber es macht die wesentlichen Aspekte einer kostenoptimalen Prozeßkontrolle deutlich und man erzielt auf einfachem Weg eine Lösung.

4.2.1 Optimaler Kontrollabstand bei "labilem" Produktionsprozeß.

Wir nehmen an, daß ein Produktionsprozeß nur gute Stücke fertigt, so lange

er nicht gestört ist. Bei der Fertigung eines jeden Stücks tritt mit Wahrscheinlichkeit p eine Störung ein und dann wird nicht nur das gerade produzierte Stück defekt, sondern auch alle weiteren so lange, bis eingegriffen und die Störung behoben wird. Im Gegensatz hierzu wäre ein Prozeß unter statistischer Kontrolle in gewisser Weise "stabil", weil dabei nach jedem, auch nach jedem defekten Stück, alle folgenden Stücke immer mit derselben Wahrscheinlichkeit defekt werden. Wir nennen unseren Prozeß daher labil.
Bei unserem labilen Prozeß genügt jeweils die Prüfung eines einzigen Stücks, um zu erkennen, ob er gestört ist oder nicht. Geeignet zu wählen ist daher nur der Kontrollabstand k, durch den festgelegt wird, daß jedes k-te Stück in der Produktionsreihenfolge zu prüfen ist. Wenn ein geprüftes Stück defekt ist, dann greift man ein und beseitigt die Störung.

Anstelle von k könnte man wohl auch eine feste Kontrollwahrscheinlichkeit w möglichst günstig bestimmen. Jedes Stück würde dann mit Wahrscheinlichkeit w geprüft. Dies hätte den Vorteil, daß man w beliebig in $[0\,;1]$ wählen könnte, während k ganzzahlig ist. Die Praktiker bevorzugen jedoch feste Kontrollabstände und können dies wie folgt begründen:
Der Prüfaufwand ist mit k und mit $w = 1/k$ auf lange Sicht derselbe, weil in beiden Fällen der Anteil $1/k$ der Produktion geprüft wird. Wenn eine Störung eintritt, dann hängt der dadurch verursachte Schaden nur davon ab, wie rasch sie bemerkt wird. Prüfen wir jedes Stück mit Wahrscheinlichkeit $w = 1/k$, dann wird die Störung mit Wahrscheinlichkeit w beim ersten, mit $(1-w)w$ beim zweiten, mit $(1-w)^2 w$ beim dritten defekten Stück entdeckt usw.. Wenn also jedes defekte Stück den Schaden f verursacht, ist der Erwartungswert des durch eine jede Störung entstehenden Schadens gleich

$$\sum_{i=1}^{\infty} i\,f\,(1-w)^{i-1}\,w = f\,w \sum_{i=1}^{\infty} i(1-w)^{i-1} = f\,w\,\frac{1}{w^2} = \frac{f}{w} = f\,k\ .$$

Kontrollieren wir dagegen jedes k-te Stück, dann kann eine Störung nur im ungünstigsten Fall einen Schaden von fk anrichten, nämlich nur dann, wenn sie gerade mit dem ersten auf ein kontrolliertes Stück folgenden Stück einsetzt. Deshalb ist der Erwartungswert des durch eine Störung verursachten Schadens bei festem Kontrollabstand k geringer als bei fester Kontrollwahrscheinlichkeit $w = 1/k$, und zwar für alle $k = 2, 3, \ldots$. Für k=1 bzw. w=1 sind beide Verfahren natürlich gleich und bedeuten Totalkontrolle.

Bei gleichem Prüfaufwand führt also die Kontrollwahrscheinlichkeit in unserem primitiven Modell auf die Dauer zu größerem Verlust als der konstante Kontrollabstand. Wenn man daher bei optimaler Wahl von w dennoch auf die Dauer einen geringeren durchschnittlichen Verlust erzielen könnte als durch optimale Wahl von k, dann müßte das an der Ganzzahligkeit von k liegen; es könnte z. B. sein, daß das optimale w gleich 0,75 ist und sich deshalb stark von allen Brüchen $1/k$ unterscheidet.

Wir beschränken uns deshalb im folgenden zunächst auf den Fall des konstanten Kontrollabstands, wollen aber das Kostenmodell noch ein wenig verallgemeinern. Wir unterscheiden nun die Nachteile, die unentdeckte und entdeckte defekte Stücke bringen und setzen

  e = Verlust, den jedes entdeckte defekte Stück verursacht,

  f = Verlust, den jedes unentdeckte defekte Stück verursacht.

Wir nehmen an, daß e < f gilt und lassen auch negative Werte für die beiden
Parameter zu, denn auch defekte Stücke können unter Umständen noch einen
Gewinn einbringen. Außer e und f soll das Modell noch die Kostenparameter

$$c = \text{Prüfkosten pro Stück und } g = \text{Gewinn für jedes gute Stück}$$

enthalten. Dabei setzen wir $e + g > 0$ voraus, denn $g < -e$ würde ja bedeuten,
daß entdeckte defekte Stücke einen größeren Gewinn brächten als gute.

Wenn die Vorgänger eines kontrollierten defekten Stücks alle noch verfügbar
sind, dann kann man auch alle defekten Stücke entdecken, die zwischen zwei
kontrollierten Stücken produziert wurden. Dazu braucht man nur nachträglich die Vorgänger eines kontrollierten defekten Stücks in umgekehrter, d. h.
der Produktionsreihenfolge entgegengesetzter Reihenfolge so weit zu überprüfen, bis man zum ersten Mal ein gutes Stück geprüft hat, oder bis sich die
$k-1$ Vorgänger des defekten Stücks alle ebenfalls als defekt erwiesen haben.
Diese nachträgliche Auslesekontrolle lohnt sich natürlich nur, wenn die Prüfkosten c geringer sind als $f - e$, d. h. geringer als der Vorteil, den die Entdeckung eines defekten Stücks einbringt (etwa dadurch, daß es repariert
werden kann). Wir setzen daher auch noch

$$c < f - e \tag{40}$$

voraus und nehmen an, daß nach diesem Prüfverfahren vorgegangen wird,
bei dem durch die nachträgliche Kontrolle alle noch unentdeckten defekten
Stücke ausgelesen werden. Beim Start sei der Prozeß noch nicht gestört.

Zunächst wird also nur jedes k-te Stück geprüft; dieses und seine $k-1$ Vorgänger nennen wir einen Kontrollzyklus.

Die guten Stücke in einem Kontrollzyklus bringen den Gewinn gA ein, wenn
A ihre Anzahl ist. Der Erwartungswert von A ist (mit $q = 1-p$)

$$E[A] = 0 \cdot p + 1 \cdot qp + 2 \cdot q^2 p + \ldots + (k-1) \cdot q^{k-1} p + k q^k ,$$

denn für $i = 1, 2, \ldots, k$ ist $q^{i-1} p$ die Wahrscheinlichkeit dafür, daß die ersten
$i-1$ Stücke des Zyklus gut und die restlichen alle defekt sind, während mit
Wahrscheinlichkeit q^k alle gut sind. Solche Summen haben wir schon mehrfach mit dem für geometrische Reihen üblichen Trick vereinfacht. Hier erhalten wir $E[A] = q(1-q^k)/p$ und daher ist

$$\frac{gq}{p}(1-q^k) \quad \text{der Erwartungswert für den Gewinn durch} \tag{41}$$
$$\text{die guten Stücke eines Kontrollzyklus .}$$

Wir setzen nun $0 < p < 1$ voraus, obwohl auch die limites dieses Ausdrucks
für $p \to 0$ und $p \to 1$ die für $p = 0$ und $p = 1$ richtigen Werte gk bzw. 0 liefern
würden.
Es sei nun B die Anzahl der defekten Stücke eines Kontrollzyklus. Da stets

$$A + B = k , \quad \text{folgt } E[A+B] = E[A] + E[B] = k ,$$

also
$$E[B] = k - E[A] = k - \frac{q}{p}(1-q^k)$$

und deshalb ist

$$e(k - \frac{q}{p}(1-q^k)) \quad \text{der Erwartungswert für den Verlust durch} \tag{42}$$
$$\text{die defekten Stücke,}$$

da ja nach dem oben geschilderten Prüfverfahren alle defekten Stücke ent-

deckt werden.

Zu berücksichtigen ist auch der Erwartungswert der Prüfkosten. Diese sind gleich c, wenn alle Stücke des Produktionszyklus gut sind, gleich 2c, falls nur das letzte defekt ist, gleich 3c, falls nur die beiden letzten defekt sind usw., gleich kc aber, wenn nur das erste oder aber keines gut ist, denn man prüft ja höchstens alle k Stücke des Zyklus. Der Erwartungswert der Prüfkosten eines Kontrollzyklus ist daher für alle $k \geq 3$ gleich

$$c\,q^k + 2c\,q^{k-1}p + 3c\,q^{k-2}p + \ldots + (k-1)c\,q^2 p + kc(qp+p)$$

und dies formen wir mit dem bekannten Trick für geometrische Reihen um in

$$ck - \frac{cq^2}{p}(1-q^{k-1}) = \text{Erwartungswert der Prüfkosten eines Zyklus;} \qquad (43)$$

Formel (43) ergibt auch für k=1 und k=2 die richtigen Werte c bzw. $2c-cq^2$. Aus (41), (42) und (43) ergibt sich der Erwartungswert für den Verlust pro Kontrollzyklus (er wird im allgemeinen negativ sein und daher einen durchschnittlichen Gewinn gleichen Betrags bedeuten), den wir $V_z(k,p)$ nennen:

$$V_z(k, p) = ck - \frac{cq^2}{p}(1-q^{k-1}) + e\left(k - \frac{q}{p}(1-q^k) \right) - g\frac{q}{p}(1-q^k) ;$$

dies fassen wir zusammen zu

$$V_z(k,p) = (c+e)k - \frac{q}{p}\left(cq + e + g - q^k(c+e+g) \right) . \qquad (44)$$

Als Zielfunktion, die wir durch optimale Wahl von k minimieren wollen, wählen wir

$$V(k, p) = \frac{1}{k} V_z(k,p) = c+e - \frac{q}{kp}\left(cq + e + g - q^k(c+e+g) \right) , \qquad (45)$$

den sogenannten d u r c h s c h n i t t l i c h e n V e r l u s t p r o S t ü c k.

Zunächst ist $V(k, p)$ nur der Erwartungswert des Verlusts pro Stück, wenn wir einen einzelnen Kontrollzyklus betrachten; wenn wir aber eine große Anzahl Z von Zyklen abwarten, dann wird der zu diesen Z Zyklen gehörende gesamte Verlust wegen des Gesetzes der großen Zahl bis auf einen geringen relativen Fehler mit $Z \cdot V_z(k,p)$ übereinstimmen und der durchschnittliche Verlust pro Stück wird daher auf lange Sicht gleich $Z \cdot V_z(k, p)/kZ = V(k,p)$.

Eigentlich müßte man daher $V(k,p)$ den durchschnittlichen Verlust pro Stück auf lange Sicht nennen, aber der Kürze wegen und weil die Beobachtung von Durchschnitten im allgemeinen ohnehin erst nach längerer Zeit sinnvoll ist, nennt man $V(k, p)$ einfach den durchschnittlichen Verlust pro Stück.

Für $k \to \infty$ konvergiert $V(k,p)$ ersichtlich gegen c + e und das ist auch plausibel, denn je größer wir den Kontrollabstand k wählen, umso größer wird im allgemeinen der relative Anteil der defekten Stücke im Kontrollzyklus sein und daher müssen dann die meisten Stücke des Zyklus nachträglich kontrolliert werden.

Bei Totalkontrolle, also k = 1, folgt $V(1,p) = c+e-q(e+g)$; wegen der Voraussetzung e+g > 0 und q > 0 gilt also

$$V(1, p) < \lim_{k \to \infty} V(k, p) = c+e , \text{ also } V(1,p) < V(k,p)$$

für alle hinreichend großen k . Daraus folgt, daß es zu jedem p mit 0<p<1 einen k o s t e n o p t i m a l e n K o n t r o l l a b s t a n d k^* mit $V(k^*,p) \leq V(k,p)$ für k = 1, 2, ... gibt.

Um den kostenoptimalen Kontrollabstand k^* zu bestimmen, betrachten wir k vorübergehend als stetig veränderlich und leiten $V(k,p)$ nach k ab:

$$\frac{\partial V(k,p)}{\partial k} = -\frac{q}{p} \cdot \frac{-kq^k \ln q\,(e+c+g)-(cq+e+g)+q^k(e+c+g)}{k^2}$$

Mit der Abkürzung $b = e+c+g$ läßt sich diese Ableitung vereinfachen zu

$$\frac{\partial V(k,p)}{\partial k} = \frac{q}{p}\,\frac{b(kq^k \ln q - q^k)+ b-cp}{k^2} \quad . \tag{46}$$

Wegen $b > 0$ hat die Ableitung des Zählers von (46) dasselbe Vorzeichen wie

$$\frac{\partial}{\partial k}(kq^k \ln q - q^k) = kq^k(\ln q)^2$$

und da dies positiv ist, wächst der Zähler von (46) streng monoton in k. Ist er also schon für $k=1$ nichtnegativ, dann wird (46) positiv für alle $k>1$ und dann ist $V(1,p) \leq V(k,p)$ für alle $k = 1, 2, \ldots$, d.h. $k^* = 1$.

Ist der Zähler von (46) dagegen für $k=1$ negativ, was offenbar gleichbedeutend mit

$$bq(\ln q -1)+b-cp < 0 \quad \text{oder} \quad (e+c+g)q \ln q + (e+g)p < 0$$

ist, dann kann er höchstens eine Nullstelle k_0 mit $k_0 > 1$ besitzen. Daß es eine solche Nullstelle gibt, folgt aus der Konvergenz des Zählers gegen den positiven Wert $b - cp = cq + e + g$ für $k \to \infty$.

k_0 ist meistens nicht ganzzahlig und dann ist einer der beiden benachbarten ganzen k-Werte der optimale Kontrollabstand k^*, in Ausnahmefällen können auch die beiden ganzzahligen Nachbarwerte von k_0 optimal sein. Wir fassen dies zusammen in

<u>SATZ 4.5</u>: Bei einem labilen Produktionsprozeß mit den Kostenparametern c , e , g und f, der Defektwahrscheinlichkeit p und dem festen Kontrollabstand k sollen nach Entdeckung eines defekten Stücks dessen Vorgänger jedesmal so weit zurückverfolgt und geprüft werden, wie es für die Entdeckung aller defekten Stücke eines Kontrollzyklus nötig ist;
wenn dann

$$(c+e+g)q \ln q + (e+g)p \geq 0 \quad , \tag{47}$$

dann ist $k^* = 1$ kostenoptimal, d.h. die Totalkontrolle ergibt auf lange Sicht den geringsten durchschnittlichen Verlust pro Stück. Ist dagegen

$$(c + e + g)q \ln q + (e+g)\,p < 0 \quad , \tag{48}$$

dann ist einer der ganzzahligen Nachbarwerte zu k_0 kostenoptimal, wobei k_0 die eindeutig bestimmte Lösung der Gleichung

$$q^k(k \ln q - 1) + 1 - \frac{cp}{c+e+g} = 0 \tag{49}$$

ist. Ein ganzzahliges k_0 ist selbst kostenoptimal.

Gleichung (49) folgt, indem man (46) gleich 0 setzt. Mit $x = k \ln q$ wird sie zu

$$e^x(x-1) + 1 - \frac{cp}{c+e+g} = 0 \quad , \tag{49'}$$

deren Lösung x_0 dann $k_0 = x_0/\ln q$ ergibt. Häufig ist p sehr klein und dann ist $\ln q = \ln(1-p) \approx -p$; das Kriterium (47) vereinfacht sich dadurch zu

$$-q(c + e + g) + e+g \geq 0 \quad ,$$

und dies ist äquivalent zu

$$c \leqq (e+g)\frac{p}{q} \; , \qquad\qquad (47')$$

während (48) übergeht in

$$c > (e+g)\frac{p}{q} \; . \qquad\qquad (48')$$

Im allgemeinen wird man schon aufgrund der einfacheren Kriterien (47') und (48') entscheiden können, ob man am besten alle Stücke kontrolliert, oder ob man mit Hilfe der Lösung k_0 von (49) einen optimalen Kontrollabstand $k^* > 1$ bestimmt.

Die Lösung hängt nicht von f ab, weil es bei dem geschilderten Prüfverfahren nicht zu unentdeckten defekten Stücken kommt. Man kann aber das mit k^* erzielte Minimum $V(k^*, p)$ vergleichen mit f ; auf lange Sicht wäre der mittlere Verlust pro Stück nämlich f , wenn wir überhaupt nie kontrollieren würden.

Um einen optimalen Kontrollabstand k^* nach Satz 4.5 berechnen zu können, braucht man einen guten Schätzwert für p, den man sich nach längerer Erfahrung mit dem Prozeß wie folgt verschaffen kann: Wenn durchschnittlich u gute Stücke zwischen der Behebung einer Störung und der nächsten Störung gefertigt wurden, dann ist $u \approx q/p$, denn der Erwartungswert für die Anzahl der guten Stücke, die vor einer Störung produziert werden, ist gleich

$$0 \cdot p + 1 \cdot qp + 2q^2 p + \ldots = qp(1+2q+3q^2+\ldots) = \frac{q\,p}{(1-q)^2} = \frac{q}{p} \; ;$$

daher kann man p aus der Relation $u \approx (1-p)/p$ durch den Wert

$$\hat{p} = \frac{1}{1+u} \qquad\qquad (50)$$

schätzen.

Beispiel 7 : Eine Maschine fertigt einen bestimmten Typ eines Flüssigkeitsbehälters. Bei Eintritt einer Störung fertigt sie so lange nur Ausschuß, bis die Störung behoben wird. Die Behebung geschieht durch ohnehin vorhandenes Personal und ohne Materialaufwand; sie bleibt daher bei den Kosten außer Ansatz. Jedes gute Stück bringt einen Gewinn von 0,20 DM , jedes defekte einen Verlust von 0,50 DM , wenn es entdeckt wird und einen Verlust von 1,50 DM , falls es unentdeckt bleibt. Die Prüfkosten seien 0,80 DM pro Stück (es wird das Volumen kontrolliert und eine Druckprüfung vorgenommen). Die Reihenfolge der Produktion sei erkennbar und man prüft nach Entdeckung eines defekten Stücks dessen Vorgänger im betreffenden Kontrollzyklus bis einschließlich zum ersten nicht defekten Vorgänger bzw. den ganzen Kontrollzyklus, falls sich $k-1$ oder k defekte Stücke darin befinden. Die bisher produzierten Serien von guten Stücken hatten eine durchschnittliche Länge von 2000 Stück, daher schätzen wir p nach (50) zu $\hat{p} = 1/2001$ und rechnen mit $p = 0,0005$.

Wegen $c = 0,80 > (e+g)\frac{p}{q} \approx (0,50 + 0,20)\frac{0,0005}{0,9995}$ ist offensichtlich (48') erfüllt und wir bestimmen daher k_0 nach (49) aus der Gleichung

$$0,9995^k(k \ln 0,9995 - 1) + 1 - \frac{0,80 \cdot 0,0005}{0,80 + 0,50 + 0,20} = 0 \; .$$

Die Lösung k_0 liegt dicht bei 46 und wir wählen daher $k^* = 46$ als Kontrollabstand. Damit erhalten wir auf lange Sicht einen durchschnittlichen Verlust pro Stück (s. (45)) in Höhe von

248

$$V(46; 0,0005) = 1,30 - \frac{0,9995}{46 \cdot 0,0005}\, 1,50(1-0,9995^{46})-0,80 \cdot 0,0005 = -0,1651;$$

durch die Störanfälligkeit des Prozesses wird also der langfristige durchschnittliche Gewinn pro Stück selbst bei optimaler Wahl des Kontrollabstandes von 0,20 auf 0,1651 DM verringert.

Die Totalkontrolle wäre hier sinnlos, weil die Prüfkosten dabei im Durch - schnitt größer wären als mit jedem $k > 1$, mit dem aber auch alle defekten Stücke entdeckt werden. Für unser Beispiel hätten wir bei Totalkontrolle den durchschnittlichen Verlust

$$V(1\ ; 0,0005) = c+e - q(e+g) = 1,30 -0,9995 \cdot 0,70 \approx 0,60\ \mathrm{DM}$$

pro Stück.

Man beachte, daß k^* nur für den Fall als optimal nachgewiesen ist, in dem eine unbegrenzte oder doch sehr große Zahl N von Stücken hergestellt wird. Wenn diese Anzahl N nicht wesentlich größer als k^* ist, dann kann es günstiger sein, nie zu kontrollieren, als den Kontrollabstand k^* einzuhalten. Wenn nie kontrolliert wird, ist der Erwartungswert des Verlusts pro Stück bei N hergestellten Stücken gleich

$$\frac{1}{N}\,(-\,g\,E\,[A] + f\,E\,[B]\,)\ ,\tag{51}$$

wenn wir nun mit A und B die Anzahlen der insgesamt hergestellten guten bzw. defekten Stücke bezeichnen. Genau wie bei der Herleitung von (41) und (42) erhalten wir hier $E\,[A] = \frac{q}{p}(1-q^N)$ und $E\,[B] = N - \frac{q}{p}(1-q^N)$ und damit erhält (51) den Wert

$$f - \frac{1}{N}(f+g)\,\frac{q}{p}\,(1-q^N)\ .\tag{52}$$

Da dieser Ausdruck für $N \to \infty$ gegen f konvergiert und $f > e+c$ vorausgesetzt ist, $V(k,p)$ aber für alle k kleiner als $e+c$ ist (s. (45)), wirkt sich die Strategie, nie zu kontrollieren, auf lange Sicht ungünstiger aus als jeder feste Kontrollabstand k.

Wir vergleichen bei unserem Beispiel (52) mit $V(46; 0,0005) = -0,1651$
für $N = 46$, 92 und 138:
für $N = 46$ wird (52) zu $1,50 - \frac{1}{46}\,(1,70)\frac{0,9995}{0,0005}(1-0,9995^{46}) = -0,1802$,

für $N = 92$ ist (52) gleich $-0,1611$, für $N = 138$ ist (52) gleich $-0,1423$.
Die Faulheit wird also bei $N = 46$ noch belohnt, aber schon bei $N = 92$ bestraft.
Wir haben bei diesem Vergleich N als ganzes Vielfaches von k^* gewählt, weil wir so im Fall der Kontrolle $V(k^*, p)$ als exakten Erwartungswert des Verlusts pro Stück haben (vgl. (44) und (45)).

Wir ändern nun das Modell ein wenig, indem wir annehmen, daß man die k-1 Vorgänger des geprüften letzten Stücks eines Kontrollzyklus nicht mehr nachträglich prüfen kann (weil sie z.B. nicht mehr greifbar sind oder weil die Produktionsreihenfolge nicht mehr erkennbar ist). Etwaige defekte Vorgänger eines kontrollierten defekten Stücks bleiben jetzt unentdeckt, soweit sie zum selben Kontrollzyklus wie dieses gehören. Man prüft nun also immer nur das letzte von k nacheinander produzierten Stücken, oder man prüft nie. Im übrigen soll unser Modell unverändert bleiben.

Der durch defekte Stücke in einem Kontrollzyklus verursachte Verlust ist
jetzt $\quad f \cdot 0 = 0$, wenn keine defekten Stücke im Kontrollzyklus sind
und $\quad f \cdot$ Anzahl der defekten Stücke im Kontrollzyklus $- f + e$, wenn defek-

te Stücke im Kontrollzyklus sind. Der Erwartungswert für diesen Verlust ist deshalb

$$f\,E[B] + (e-f)\,W(B \geqslant 1)\,,$$

wenn wir wieder mit B die Anzahl der defekten Stücke des Kontrollzyklus bezeichnen. Da $W(B \geqslant 1) = 1-q^k$ und $E[B] = k - \frac{q}{p}(1-q^k)$ ist (vgl. (42)), während der Erwartungswert des Gewinns durch die guten Stücke des Zyklus wie zuvor durch (41) gegeben ist, erhalten wir nun als Erwartungswert für den Verlust pro Zyklus

$$V_z(k,p) = c - g\,\frac{q}{p}(1-q^k) + f\left(k - \frac{q}{p}(1-q^k)\right) + (e-f)(1-q^k). \qquad (53)$$

Durch Division mit k wird daraus wieder der durchschnittliche Verlust pro Stück (auf lange Sicht), der nun

$$V(k,p) = f + \frac{c}{k} - \left(f - e + (f+g)\frac{q}{p}\right)\frac{1-q^k}{k} \qquad (54)$$

ist.

Bei Totalkontrolle hat $V(k,p)$ den Wert $V(1,p) = c + ep - gq$ und für $k \to \infty$ konvergiert $V(k,p)$ gegen den Wert f, den man auf lange Sicht als durchschnittlichen Verlust pro Stück erhält, wenn man nie kontrolliert (s. auch (52)).

Analysiert man nun die Funktion $V(k,p)$ nach (54) genau wie zuvor die Funktion (45), dann kommt man zur folgenden Regel (s. Aufgabe 70):

SATZ 4.6 : Wenn bei einem labilen Produktionsprozeß mit den Kostenparametern c, e, g und f entweder jeweils nur das letzte von k nacheinander produzierten Stücken oder kein einziges geprüft wird, erhält man auf lange Sicht den geringsten durchschnittlichen Verlust pro Stück nach folgender Vorschrift:

Kontrolliere nie, wenn $c \geqslant (f-ep+gq)/p$; wähle die Totalkontrolle,

also $k = 1$, wenn $c \leqslant (f-ep+gq)\frac{1}{p}\cdot(1 - q(1-\ln q))$;

liegt c zwischen diesen beiden Schranken, dann wähle k als benachbarte ganze Zahl zur eindeutig bestimmten Lösung k_0 der Gleichung

$$c = \left[(f-ep+gq)\frac{1}{p}\right]\cdot[1 - q^k(1-k\ln q)]. \qquad (55)$$

Beispiel 8 : Wir wenden Satz 4.6 auf einen labilen Prozeß mit denselben Kostenparametern $c = 0,80$, $e = 0,50$, $f = 1,50$ und $g = 0,20$ wie in Beispiel 7 an. Die Wahrscheinlichkeit p, mit der bei der Fertigung eines jeden Stücks eine Störung auftritt, sei ebenfalls wie zuvor gleich $0,0005$.

Hier liegt $c = 0,80$ zwischen den beiden Schranken $(f-ep+gq)/p = 3\,399,3$ und $(f-ep+gq)\frac{1}{p}(1 - q(1-\ln q)) = 3\,399,3\,(1 - 0,9995(1-\ln 0,9995)) = 0,000425$.

Daher lösen wir die Gleichung (55) bzw. für $x = k\ln 0,9995$ die äquivalente Gleichung $0,80 = 3399,3\,(1 - e^x(1-x))$, aus deren Lösung $x_0 = -0,021855$ sich $k_0 = 43,7$ ergibt.

Die eindeutige Lösung von (55) ist hier also $k_0 = 43,7$ und daher wählen wir $k^* = 44$ als festen Kontrollabstand. Mit $k^* = 44$ erhalten wir aus (54) als minimalen durchschnittlichen Verlust pro Stück

$$V(44;\,0,0005) = 1,50 + \frac{0,80}{44} - 3399,3\,\frac{1-0,9995^{44}}{44} = -0,1633\,.$$

Der durchschnittliche Gewinn von 0,1633 DM pro Stück, den man hier mit
$k^* = 44$ auf lange Sicht erzielt, ist nur geringfügig kleiner als der in Beispiel 7 mit $k^* = 46$ erreichte Wert, obwohl doch dort die Möglichkeit bestand
und auch benutzt wurde, alle defekten Stücke auszulesen. Dies liegt daran,
daß diese nachträgliche Auslese, die dann einsetzt, wenn sich das letzte
Stück eines Kontrollzyklus als defekt erwiesen hat, bei den gegebenen Kostenparametern nicht sehr lohnend ist; sie spart im Durchschnitt pro ausge-
lesenem defekten Stück weniger als $f - e - c = 0,20$ DM ein, weil ja meist auch
noch ein nicht defekter Vorgänger des defekten letzten Stücks zu prüfen ist.

<u>Aufgabe 70)</u>

Minimieren Sie den in (54) gegebenen durchschnittlichen Verlust pro Stück
$V(k, p)$ bezüglich k und begründen Sie so die Vorschrift von Satz 4.6 !

4.2.2 Markow-Ketten und optimale Kontrollwahrscheinlich- keiten bei labilen Produktionsprozessen

Durch eine einfache Überlegung zu Beginn von 4.2.1 haben wir bereits erkannt, daß ein fester Kontrollabstand k^*, der optimal gewählt ist, bei labi-
lem Prozeß gewöhnlich günstiger ist als eine optimal gewählte feste Kontrollwahrscheinlichkeit w^*. Zu einem ähnlichen Resultat kam BEHL[1981]bei
der Untersuchung eines viel allgemeineren Modells.
Trotzdem wollen wir noch einmal auf das Prüfverfahren mit der festen Kontrollwahrscheinlichkeit eingehen, bei dem jedes Stück unabhängig davon, welche seiner Vorgänger geprüft wurden, stets mit einer festen Wahrscheinlichkeit w geprüft wird. Es gibt nämlich auch Modelle, bei denen dieses Prüfverfahren dem festen Kontrollabstand überlegen ist. So könnte es z.B. sein,
daß die defekten Stücke immer im selben Abstand voneinander auftreten und
daß man bei festem Kontrollabstand nie eines davon entdecken würde, während man bei fester Kontrollwahrscheinlichkeit zufällig schwankende Abstände zwischen den geprüften Stücken hätte und somit die defekten Stücke etwa
mit der Wahrscheinlichkeit entdecken würde, die ihrer relativen Häufigkeit
entspricht. Schließlich sind in der Praxis auch psychologische Fakten zu berücksichtigen: wenn niemand, auch nicht der Kontrolleur selbst, weiß, welches Stück als nächstes geprüft wird, sind Täuschungsmanöver erschwert.
Es ist hier auch Gelegenheit, die Anwendung der sogenannten Markow-Ketten
an einem einfachen Beispiel zu demonstrieren. Diese Methode ist in der
Qualitätskontrolle noch umstritten, sie führt hier aber schnell und elegant zu
expliziten Formeln für die optimale Kontrollwahrscheinlichkeit.

Wir setzen also wieder einen labilen Produktionsprozeß voraus, der bei der
Fertigung eines jeden Stücks mit Wahrscheinlichkeit p in einen gestörten Zustand gerät und dann so lange nur Ausschuß produziert, bis bei einer Kontrolle ein defektes Stück entdeckt wird, worauf man ihn wieder in den ein-
wandfreien Ausgangszustand versetzt. Eine nachträgliche Auslesekontrolle
der Vorgänger des gefundenen defekten Stücks sei hier nicht möglich.
Wir definieren nun zufällige Variable Y_i, indem wir $Y_i = 0$ setzen, wenn das i-te
produzierte Stück gut ist, und $Y_i = 1$, wenn es defekt ist. Für diese zufälligen

Variablen Y_i gelten offenbar folgende bedingten Wahrscheinlichkeiten:

$$W(Y_{i+1} = 0 \mid Y_i = 0) = q \; , \quad W(Y_{i+1} = 1 \mid Y_i = 0) = p \; ,$$

$$W(Y_{i+1} = 0 \mid Y_i = 1) = wq \; , \quad W(Y_{i+1} = 1 \mid Y_i = 1) = 1 - wq \; ;$$

wenn nämlich das i-te Stück gut ist, dann wird nach diesem Stück nicht eingegriffen und das nächste wird mit Wahrscheinlichkeit $q = 1 - p$ gut, mit Wahrscheinlichkeit p aber defekt. Ist das i-te Stück aber defekt, dann kann das
nächste Stück nur gut sein, wenn das i-te Stück kontrolliert wird, und das
geschieht mit Wahrscheinlichkeit w. Wenn es aber kontrolliert wird und der
Prozeß deshalb wieder in den Ausgangszustand versetzt wird, dann wird das
nächste Stück unter dieser Bedingung wieder mit Wahrscheinlichkeit q gut.
Daraus folgt $W(Y_{i+1} = 0 \mid Y_i = 1) = wq$ und $W(Y_{i+1} \mid Y_i = 1)$ ist dann $1-wq$, da
sich die beiden bedingten Wahrscheinlichkeiten zu 1 ergänzen müssen.

Man nennt diese bedingten Wahrscheinlichkeiten Ü b e r g a n g s w a h r s c h e i n -
l i c h k e i t e n; sie sind s t a t i o n ä r, weil sie nicht von i abhängen. Die zufälligen Variablen Y_i sind eine M a r k o w - K e t t e mit stationären Übergangs-
wahrscheinlichkeiten, deren Eigenschaften bei gegebenem Y_1 völlig durch
die sogenannte Ü b e r g a n g s m a t r i x

$$P = \begin{pmatrix} q & p \\ wq & 1-wq \end{pmatrix} \tag{56}$$

bestimmt sind. Nun ist aber das 1. Stück mit Wahrscheinlichkeit q gut, mit
Wahrscheinlichkeit p defekt; wenn wir den Vektor (q, p), der uns die sogenannte A n f a n g s v e r t e i l u n g angibt, mit P multiplizieren, dann liefert
uns

$$(q, p) P = (q, p) \begin{pmatrix} q & p \\ wq & 1-wq \end{pmatrix} = (q^2 + pwq, \; qp + p(1-wq)) \; ,$$

wie man leicht nachrechnet, die Verteilung von Y_2. Durch Iteration folgt
dann, daß die Verteilung von Y_i für alle $i = 2, 3, \ldots$ durch $(q, p) P^{i-1}$ gegeben ist.

Aus wohlbekannten Sätzen über Markow-Ketten folgt die Existenz der

$$\text{G r e n z m a t r i x } \; G = \lim_{i \to \infty} P^i = \begin{pmatrix} \alpha & \beta \\ \gamma & \delta \end{pmatrix} ,$$

deren Komponenten aus dem Gleichungssystem $GP = G$, $\alpha + \beta = 1$, $\gamma + \delta = 1$
bestimmt werden können.

Wir erhalten $\alpha = \gamma = \dfrac{wq}{p+wq}$, $\beta = \delta = \dfrac{p}{p+wq}$, also $G = \begin{pmatrix} \dfrac{wq}{p+wq} & \dfrac{p}{p+wq} \\ \dfrac{wq}{p+wq} & \dfrac{p}{p+wq} \end{pmatrix}$. $\tag{57}$

Damit folgt

$$\lim_{i \to \infty} W(Y_i = 0) = (q, p) \begin{pmatrix} \dfrac{wq}{p+wq} \\ \dfrac{wq}{p+wq} \end{pmatrix} = \dfrac{wq}{p+wq} \tag{58}$$

und

$$\lim_{i \to \infty} W(Y_i = 1) = (q, p) \begin{pmatrix} \dfrac{p}{p+wq} \\ \dfrac{p}{p+wq} \end{pmatrix} = \dfrac{p}{p+wq} \; ; \tag{59}$$

offenbar erhält man die Grenzwahrscheinlichkeiten (58) und (59) nicht nur
mit der Anfangsverteilung (q, p), sondern auch mit jeder beliebigen anderen
und das heißt, daß die Grenzwahrscheinlichkeiten $\lim\limits_{i \to \infty} W(Y_i = 0)$, $\lim\limits_{i \to \infty} W(Y_i = 1)$
unabhängig von der Anfangsverteilung sind!

Jedes Stück wird unabhängig davon, ob es gut oder defekt ist, mit der Wahrscheinlichkeit w geprüft. Daher gelten für die folgenden vier möglichen Fälle bei Stück Nr. i die nachstehenden Wahrscheinlichkeiten:

1."es ist gut und wird nicht geprüft " :   Wahrscheinlichkeit $W(Y_i=0)(1-w)$;
2."es ist gut und wird geprüft" :   Wahrscheinlichkeit $W(Y_i = 0)w$;
3. "es ist defekt und wird nicht geprüft ": Wahrscheinlichkeit $W(Y_i =1)(1-w)$;
4."es ist defekt und wird geprüft" :   Wahrscheinlichkeit $W(Y_i =1)w$.

Wenn wir wieder die Kostenparameter c, e, f, g in derselben Bedeutung wie im vorigen Abschnitt haben, dann ist der Erwartungswert des Verlusts, den das i-te Stück verursachen wird, durch

$$V_i(w,p) = - g\,W(Y_i=0)(1-w) + (c-g)W(Y_i=0)w + f\,W(Y_i=1)(1-w) + (c+e)W(Y_i=1)w$$

gegeben, was sich vereinfachen läßt zu

$$V_i(w,p) = cw - g\,W(Y_i = 0) + ((e-f)w + f)\,W(Y_i = 1)\ . \tag{60}$$

Für große i setzen wir in (60) anstelle von $W(Y_i = 0)$ und $W(Y_i = 1)$ die Grenzwahrscheinlichkeiten (58) und (59) ein und erhalten so den **durchschnittlichen Verlust pro Stück auf lange Sicht**

$$V(w,p) = cw - g\,\frac{wq}{p+wq} + ((e-f)w + f)\,\frac{p}{p+wq}\ ,$$

der sich umformen läßt zu

$$V(w,p) = cw + \frac{pf - w(p(f-e)+gq)}{p+wq}\ . \tag{61}$$

Diese Formel bleibt auch in den Grenzfällen $p = 0$ und $p = 1$ richtig. Für $p=0$ erhalten wir $V(w,0) = cw - g$ und in diesem Fall ist natürlich $w = 0$ optimal.

Für $p = 1$ wird (61) zu $V(w, 1) = f + w(e+c-f)$; wenn also $e+c < f$, dann ist $w = 1$, d.h. Totalkontrolle, optimal und wenn $e + c > f$, dann ist es am besten, $w = 0$ zu setzen, also mit Wahrscheinlichkeit 1 nie zu kontrollieren.

Wir setzen nun $0 < p < 1$ voraus und minimieren $V(w,p)$ bezüglich w über dem Intervall $\{w\,|\,0 \le w \le 1\}$. Die Ableitung von $V(w,p)$ nach w ist

$$\frac{\partial V}{\partial w} = c + \frac{-(p+wq)(p(f-e)+gq) - [pf - w(p(f-e)+gq)]q}{(p+wq)^2}$$

und läßt sich vereinfachen zu

$$\frac{\partial V}{\partial w} = c - \frac{p(f-pe+gq)}{(p+wq)^2}\ . \tag{62}$$

Falls nun $f \le pe - gq$, dann ist diese Ableitung für alle w positiv und daher $w = 0$ die günstigste Kontrollwahrscheinlichkeit. Wenn $f > pe - gq$, dann wächst die Ableitung streng monoton mit w . Wenn sie also schon für $w = 0$ nichtnegativ ist, was gleichbedeutend mit $c \ge (f-pe+gq)/p$ ist, dann ist wieder $w = 0$ die optimale Kontrollwahrscheinlichkeit.
Ist die Ableitung im Fall $f > pe - gq$ dagegen noch in $w = 1$ negativ oder gleich Null, dann ist sie im ganzen Intervall $0 \le w < 1$ negativ und dann ist $w = 1$ die optimale Kontrollwahrscheinlichkeit. Aus (62) folgt, daß dies genau dann eintritt, wenn $c \le (f-pe+gq)\,p$ gilt.

Der Fall $f \leq pe - gq$ ist ausgeschlossen, wenn wir wie im vorigen Abschnitt $f > c + e$ voraussetzen und annehmen, daß c, e und g positiv sind. Für den Normalfall $f > pe - gq$ folgt nun die Existenz eines relativen und zugleich absoluten Minimums von $V(w,p)$ genau dann, wenn c zwischen den beiden Schranken $(f-pe+gq)p$ und $(f-pe+gq)/p$ liegt. Die Minimalstelle, also die optimale Kontrollwahrscheinlichkeit, ist die eindeutig bestimmte Nullstelle der Ableitung (62). Diese Nullstelle berechnen wir aus der quadratischen Gleichung

$$c(p+wq)^2 - p(f-pe+gq) = 0 \quad \text{zu} \quad w^* = \frac{p}{q}\left(-1 + \sqrt{\frac{f-ep+gq}{cp}}\right).$$

Wir fassen dies zusammen in

SATZ 4.7 : Bei einem labilen Produktionsprozeß werde ein jedes Stück mit einer festen Kontrollwahrscheinlichkeit w geprüft und es sei $f > pe - gq$; dann erhält man die optimale Kontrollwahrscheinlichkeit w^* , mit der man auf lange Sicht den minimalen durchschnittlichen Verlust pro Stück erzielt, durch folgende Vorschrift:

Wenn $c \leq (f-ep+gq)p$, dann setze $w^* = 1$;
wenn $c \geq (f-ep+gq)/p$, dann setze $w^* = 0$;
wenn $(f-ep+gq)p < c < (f-ep+gq)/p$, setze $w^* = \frac{p}{q}\left(-1 + \sqrt{\frac{f-ep+gq}{cp}}\right)$.

Die beiden letzten Ungleichungen bewirken, daß $0 < w^* < 1$ gilt.

Das Kriterium $c \geq (f-ep+gq)/p$ für $w^* = 0$ ist identisch mit dem Kriterium in Satz 4.6 , aus dem dort der Verzicht auf jede Kontrolle gefolgert wird, und diese Übereinstimmung mußte sich natürlich ergeben.
Wenn p so klein ist, daß man $\ln q = \ln(1-p)$ durch $-p$ ersetzen darf, dann geht das Kriterium für Totalkontrolle in Satz 4.6 , also die Ungleichung

$$c \leq (f-ep+gq)(1-q(1-\ln q))/p \quad \text{über in} \quad c \leq (f-ep+gq)p \quad ,$$

d.h. in das Kriterium von Satz 4.7 für die Totalkontrolle.

Ist schließlich p so klein, daß nicht nur $\ln q$ durch $-p$, sondern auch q^k durch $1-kp$ ersetzt werden darf, dann geht die Gleichung (55) zur Bestimmung von k_o über in die Gleichung

$$c = (f-ep+gq)k^2 p \; ; \tag{63}$$

zwischen der Lösung $k_o = \sqrt{\dfrac{c}{(f-ep+gq)p}}$ und dem obigen $w^* = \dfrac{p}{q}\left(-1 + \sqrt{\dfrac{f-ep+gq}{cp}}\right)$

besteht offensichtlich der Zusammenhang $w^* = \dfrac{p}{q}\left(-1 + \dfrac{1}{k_o p}\right)$, so daß also

für sehr kleine p wegen $k^* \approx k_o$ gefolgert werden kann, daß $w^* \approx \dfrac{1}{k^*}$ gilt.

Das folgende Beispiel zeigt aber, daß man selbst bei der doch ziemlich kleinen Defektwahrscheinlichkeit $p = 0,0005$ nicht einfach $w^* = 1/k^*$ setzen kann.

Beispiel 9 : Wie in Beispiel 8 seien $c = 0,80$, $e = 0,50$, $f = 1,50$ und $g = 0,20$ die Werte der Kostenparameter und p sei ebenfalls wieder $0,0005$.
Da c ersichtlich zwischen den Schranken $(f-ep+gq)p$ und $(f-ep+gq)/p$ liegt, bestimmen wir w^* nach der obigen Formel zu

$$w^* = \frac{0,0005}{0,9995}\left(-1 + \sqrt{\frac{1,50 - 0,50\cdot 0,0005 + 0,20\cdot 0,9995}{0,80\cdot 0,0005}}\right) = 0,0321.$$

Den optimalen festen Kontrollabstand hatten wir in Beispiel 8 zu denselben Parametern mit $k^* = 44$ bestimmt und das zugehörige Minimum von $V(k, p)$ war $-0,1633$. Hier weicht $1/w^* = 1/0,0321 = 31,15$ erheblich von $k^* = 44$ ab. Nun erhalten wir mit der optimalen festen Kontrollwahrscheinlichkeit das Minimum von $V(w,p)$ durch Einsetzen von $w^* = 0,0321$ und $p = 0,0005$ in (61) zu

$$V(0,0321;0,0005) = 0,80 \cdot 0,0321 + \frac{0,0005 \cdot 1,5 - 0,0321(0,0005 \cdot 1 + 0,20 \cdot 0,9995)}{0,0005 + 0,0321 \cdot 0,9995} =$$

$= -0,149$, also, wie zu erwarten war, einen etwas größeren Wert.

<u>Aufgabe 71</u>

Wie ändert sich die Formel für den optimalen Kontrollabstand bei einem labilen Produktionsprozeß, wenn man außer den Parametern c, e, f, g auch Reparaturkosten r berücksichtigen muß, die jedesmal anfallen, wenn das kontrollierte letzte Stück eines Kontrollzyklus defekt ist ? Dabei sind mit r die Kosten für die Beseitigung der Störung gemeint, während etwaige Reparaturkosten, die bei der Nachbesserung defekter Stücke auftreten, schon durch den Parameter e berücksichtigt sind. Es soll nur jedes k-te Stück kontrolliert werden; eine nachträgliche Kontrolle zwecks Auslese defekter Stücke, falls das kontrollierte letzte Stück eines Kontrollzyklus defekt ist, sei nicht möglich.
Wie ändert sich nun die Formel für die optimale feste Kontrollwahrscheinlichkeit w^*, bzw. die Vorschrift von Satz 4.7 ?
Geben Sie k^* und w^* für die Parameterwerte $c = 0,80$, $e = 0,50$, $f = 1,50$, $g = 0,20$, $r = 800$ und $p = 0,0005$ an!

4.2.3 Allgemeinere Modelle der Prozeßkontrolle

Kostenoptimale Verfahren können nur dann sinnvoll eingesetzt werden, wenn wenigstens die folgenden beiden Parameter zumindest näherungsweise bekannt sind: Der Gewinn g_1, den man im Durchschnitt für ein gutes Stück erzielt und den Gewinn g_2 pro Stück, den unentdeckte defekte Stücke im Durchschnitt verursachen. Bei unserem einfachen Modell in 4.2.1 und 4.2.2 war $g_1 = g$ und $g_2 = -f$. Natürlich setzt man immer $g_2 < g_1$ voraus.

Bei einigen Modellen bedeuten g_1 und g_2 den durchschnittlichen Stückgewinn während der Perioden, in denen sich der Produktionsprozeß in seinem Sollzustand bzw. in gestörtem Zustand befindet (vgl. ARNOLD [1987]); dies bewirkt eine mathematische Vereinfachung, aber um diese Parameter angeben zu können, muß man natürlich ebenfalls die wirtschaftlichen Konsequenzen guter und nicht entdeckter defekter Stücke kennen.
Gewöhnlich nimmt man an, daß der Prozeß lange läuft bzw. daß eine sehr große Stückzahl N produziert wird. Wenn sicher wäre, daß der Prozeß beliebig lange ohne Störung weiterläuft, dann wäre keinerlei Kontrolle nötig und man hätte auf lange Sicht den durchschnittlichen Gewinn g_1 pro Stück. Wenn der Prozeß aber im Laufe der Zeit mit Sicherheit irgendwann in den gestörten Zustand gerät, dann würde er ohne eingreifende Maßnahmen darin verharren und dann hätte man auf lange Sicht nur den durchschnittlichen Gewinn g_2 pro Stück, der in der Regel negativ ist und daher einen Verlust be-

deutet. Mit Hilfe eines kostenoptimalen Kontrollverfahrens wird man sich
langfristig einen durchschnittlichen Gewinn pro Stück sichern können, der im
Intervall $[g_2 ; g_1]$ liegt. Bei extrem hohen Prüfkosten kann es auch sein, daß
der Verzicht auf jede Kontrolle optimal ist und dann erzielt man durch dieses Verhalten auf lange Sicht den durchschnittlichen Gewinn g_2 pro Stück.
Prozesse, die mit Sicherheit nie gestört werden, betrachtet man nicht, denn
die Glücklichen, die über solche Produktionsprozesse verfügen, brauchen
auch keine Statistische Qualitätskontrolle. In der Regel sind also Kontrollmaßnahmen nötig, wenn man auf die Dauer einen durchschnittlichen Gewinn
pro Stück haben möchte, welcher größer als g_2 ist. Er wird aber auch bei
einem kostenoptimalen Kontrollverfahren etwas unter g_1 liegen, weil Kon-
trollen und etwaige Instandsetzungen des Prozesses Kosten verursachen.
Manche Autoren verwenden als Zielfunktion nicht den durchschnittlichen Gewinn pro Stück, sondern den durchschnittlichen Gewinn pro Zeiteinheit, der
sich auf lange Sicht hin einstellen wird. Daß diese Zielfunktionen auch dann
nicht unbedingt äquivalent sind, wenn pro Zeiteinheit immer dieselbe Stückzahl produziert wird, haben wir schon in den einleitenden Bemerkungen zu
Abschnitt 4. 2 bemerkt.

a) Kostenoptimale Überwachung eines Produktionsprozesses durch Gut-Schlecht-Prüfung

Viele Autoren gehen hier von folgendem Modell eines Produktionsprozesses
aus: Zunächst ist der Prozeß in seinem Sollzustand und das bedeutet, daß
er mit einer kleinen Defektwahrscheinlichkeit p_1 unter statistischer Kontrolle ist. Dabei wird also jedes Stück unabhängig von allen übrigen mit der
Wahrscheinlichkeit p_1 defekt. Bei unserem labilen Prozeß folgten hingegen
auf das erste defekte Stück nur noch defekte Stücke, bis die Störung behoben
wurde. Auch der jetzt betrachtete Prozeß kann in einen gestörten Zustand
geraten; er ist dann ebenfalls unter statistischer Kontrolle, allerdings mit
einer größeren Defektwahrscheinlichkeit p_2. Pro Zeiteinheit werden s Stük-
ke hergestellt und die Zeitdauer, die der Prozeß von einem Beginn im Sollzustand bis zum Eintritt der nächsten Störung im Sollzustand verweilt, ist
jeweils exponentialverteilt mit bekanntem Parameter h. Diese Zeit nennen
wir die Verweildauer.
Die Arbeiten von CHIU [1975 a], [1975 b], von DUNCAN [1978], GIBRA [1978]
und BEHL [1981], [1985] gehen von diesem Produktionsmodell aus. Sie unterscheiden sich hinsichtlich der berücksichtigten Kostenparameter und in den
zugelassenen Strategien, teilweise auch bezüglich der Zielfunktion. Das erste Modell für die kostenoptimale laufende Kontrolle durch Gut-Schlecht-
Prüfung wurde wohl von LADANY [1973] vorgeschlagen. DUNCAN [1956] hatte
schon früher ein ähnliches Modell für die laufende Kontrolle durch Messende Prüfung eingeführt, bei welchem Sollzustand und Störung durch zwei verschiedene Mittelwerte einer Normalverteilung definiert sind. Auf das letztere Modell werden wir später noch kurz eingehen.

Zunächst stellen wir fest, daß wir unseren labilen Prozeß als Spezialfall des
jetzigen bekommen, wenn wir $p_1 = 0$ und $p_2 = 1$ setzen; da der labile Prozeß
nämlich bei der Fertigung eines jeden Stücks mit der Wahrscheinlichkeit p
in den gestörten Zustand gerät, ist die Verweildauer exponentialverteilt:

Sie nimmt zwar nur die ganzzahligen Werte $t = 0,1,2,\ldots$ an, aber sie ist mit Wahrscheinlichkeit $1-(1-p)^t = 1 - e^{t\ln(1-p)}$ nicht größer als t und diese hat für alle $t = 0,1,2,\ldots$ denselben Wert wie die Verteilungsfunktion $1 - e^{-ht}$ der Exponentialverteilung mit dem Parameter $h = -\ln(1-p)$.

Ein möglicher Prüfplan besteht nun darin, daß man in festen Zeitabständen der Länge T der Produktion jeweils eine Stichprobe vom Umfang n entnimmt und die Anzahl X der defekten Stücke in der Stichprobe feststellt. Ist X nicht größer als eine feste Annahmezahl c, dann läßt man den Prozeß weiterlaufen, andernfalls wird er angehalten, durchgesehen und nötigenfalls repariert. Der Prüfplan ist also durch ein Tripel (T, n, c) bestimmt, wobei $0 < T < \infty$ und $0 \le c \le n-1$.

Neben diesen Prüfplänen läßt BEHL([1981] und [1985]) als konkurrierende Verhaltensweisen auch zu, daß nie kontrolliert wird oder daß in festen Zeitabständen nur eine Durchsicht und nötigenfalls eine Reparatur der Anlage erfolgt, ohne daß eine Stichprobe gezogen wird. Auch diese beiden Verhaltensweisen lassen sich durch Tripel (T, n, c) angeben, indem man im ersteren Fall $T = \infty$ setzt und im letzteren $n = 0$, $c = -1$, wobei $c = -1$ nur bedeutet, daß auf jeden Fall eine Durchsicht erfolgt. Die Gesamtheit aller Tripel

$$(T, n, c) \text{ mit } 0 < T \le \infty, \; n \in \{0,1,2,\ldots\} \text{ und } \begin{array}{l} 0 \le c \le n-1, \text{ falls } n \ge 1 \\ c = -1, \text{ falls } n = 0, \end{array} \tag{64}$$

nennt man die verallgemeinerten Prüfpläne.

Als Kostenparameter werden bei BEHL([1981] und [1985]) der durchschnittliche Gewinn g_1 für ein gutes Stück und der kleinere durchschnittliche Gewinn g_2 für ein defektes Stück berücksichtigt; hinzu kommen die durchschnittlichen Kosten für eine Durchsicht und die durchschnittlichen Kosten für eine Reparatur der Anlage, ferner fixe Kosten pro Zeiteinheit sowohl für Durchsicht und Reparatur der Anlage (etwa wegen der Unterhaltung einer Werkstatt), als auch für Kontrollvorrichtungen (z.B. fixe Kosten eines Prüflabors). Auch die im Durchschnitt benötigten Zeiten für Durchsicht und Reparatur der Anlage werden in dieses Modell einbezogen.

Als Zielfunktion wählt BEHL wie zuvor schon v. COLLANI([1978] und [1981]) den mittleren Verlust pro Stück, der sich auf lange Sicht einstellen wird. Diese Zielfunktion ist der Quotient aus dem Erwartungswert von

V_z = gesamter Verlust bei einem Produktionszyklus
und dem Erwartungswert von
N_z = Anzahl der Stücke eines Produktionszyklus.

Dabei läuft der erste Produktionszyklus vom Beginn der Produktion im Sollzustand bis zur Beendigung der ersten Reparatur der Anlage; die folgenden Produktionszyklen laufen dann jeweils vom Beginn der Produktion im Sollzustand nach einer Reparatur bis zur Beendigung der nächsten Reparatur.

Daß der Quotient $E[V_z]/E[N_z]$ tatsächlich der mittlere Verlust pro Stück auf lange Sicht ist, kann man folgendermaßen einsehen:
Wenn $V_1, V_2, \ldots, V_m$ die Verluste bei den ersten m Produktionszyklen und $N_1, N_2, \ldots, N_m$ die bei diesen Produktionszyklen gefertigten Stückzahlen sind, dann konvergieren wegen des Gesetzes der großen Zahl die arithmetischen Mittel der V_i, $i = 1,2,\ldots m$ für $m \to \infty$ gegen $E[V_z]$ und die arithmeti-

schen Mittel der N_i, $i = 1, 2, \ldots, m$, konvergieren für $m \to \infty$ gegen $E[N_z]$.
Der nach den ersten m Produktionszyklen feststellbare mittlere Verlust pro
Stück ist

$$\left[\sum_{i=1}^{m} V_i\right] : \left[\sum_{i=1}^{m} N_i\right] = \left[\frac{1}{m}\sum_{i=1}^{m} V_i\right] : \left[\frac{1}{m}\sum_{i=1}^{m} N_i\right]$$

und konvergiert daher für $m \to \infty$ gegen den Quotienten $E[V_z] : E[N_z]$; dieser
wird also zu Recht als der mittlere Verlust pro Stück auf lange Sicht bezeichnet. Er hängt von den oben genannten sieben Kostenparametern, den im
Durchschnitt benötigten Zeiten für Durchsicht und Reparatur der Anlage, von
der Anzahl s der pro Zeiteinheit hergestellten Stücke, vom Parameter h der
Exponentialverteilung der Verweildauer und schließlich von den Parametern
T, n, c des verallgemeinerten Prüfplans ab. Letztere sollen so bestimmt werden, daß der mittlere Verlust pro Stück auf lange Sicht bei gegebenen übrigen Parametern minimal wird und dann nennt man den verallgemeinerten
Prüfplan o p t i m a l .
Die Zielfunktion $E[V_z] : E[N_z]$ läßt sich übrigens beträchtlich vereinfachen
und standardisieren durch die Einführung von Hilfsparametern, welche geeignete Funktionen der übrigen Parameter sind. Ein verallgemeinerter Prüfplan (T, n, c) ist genau dann optimal, wenn auch die standardisierte Zielfunktion bei gegebenen übrigen Parametern für (T, n, c) minimal wird.
BEHL ([1981] und [1985]) konnte zeigen, daß stets ein optimaler verallgemeinerter Prüfplan existiert und er hat auch einen Such-Algorithmus angegeben, über den ein optimaler verallgemeinerter Prüfplan bestimmt werden
kann.

Manche Autoren wählen als Zielfunktion nicht $E[V_z] : E[N_z]$, sondern den
mittleren Verlust p r o Z e i t e i n h e i t , der sich auf lange Sicht einstellen
wird; dieser ist gleich $E[V_z] : E[D_z]$, wobei wir mit D_z die gesamte Dauer
eines Produktionszyklus bezeichnen. Wenn die Zeiten, die für Durchsicht
oder Reparatur der Anlage benötigt werden, vernachlässigt werden können,
dann unterscheiden sich die beiden Zielfunktionen nur um den konstanten
Faktor s , denn dann ist $E[N_z] = s\,E[D_z]$. Die beiden Zielfunktionen sind
dann offensichtlich äquivalent, weil ein verallgemeinerter Prüfplan, der bezüglich der einen Zielfunktion optimal ist, auch bezüglich der anderen optimal ist und umgekehrt.
Bei sehr geringen Kosten für Durchsicht oder Reparatur der Anlage könnte
es sein, daß man den minimalen mittleren Verlust pro Stück auf lange Sicht
nur erzielen kann, indem man die Anlage sehr oft anhält und durchsieht.
Wenn nun die durchschnittlich für eine Durchsicht benötigte Zeit nicht vernachlässigt werden kann, dann werden sich die häufigen Ausfallzeiten negativ auf den durchschnittlichen Gewinn pro Zeiteinheit auswirken; der durchschnittliche Verlust pro Zeiteinheit auf lange Sicht wird dann noch weit von
seinem Minimum entfernt sein. Die beiden Zielfunktionen sind also nicht
äquivalent, wenn die durchschnittlich benötigte Zeit für Durchsicht oder Reparatur der Anlage nicht vernachlässigt werden kann. Eine große Diskrepanz wird jedoch dadurch vermieden, daß der Gesamtverlust V_z eines Produktionszyklus auch die sogenannten O p p o r t u n i t ä t s k o s t e n enthält.
Diese sind der entgangene Gewinn während der Unterbrechungszeiten, wobei
unterschieden wird, ob sich der Prozeß während eines solchen Zeitraums
im Sollzustand oder im gestörten Zustand befunden hätte.
Es wird bei diesen Modellen vorausgesetzt, daß die Wahrscheinlichkeit für

den Eintritt einer Störung während einer Stichprobenentnahme vernachlässigbar klein ist. Da pro Zeiteinheit s Stücke gefertigt werden und der Erwartungswert für die Verweildauer gleich $1/h$ ist, kann diese Voraussetzung nur erfüllt sein, wenn der Stichprobenumfang n klein gegen s/h ist. Auch bei den Opportunitätskosten setzt man voraus, daß sich der Zustand des Prozesses während einer Unterbrechungszeit im allgemeinen nicht ändern würde, wenn der Prozeß während dieser Zeit weiterlaufen würde. Die Unterbrechungszeiten müssen also im Durchschnitt kurz gegen $1/h$ sein.

Es wird von der wirtschaftlichen Situation eines Unternehmens abhängen, ob der mittlere Verlust pro Stück oder der mittlere Verlust pro Zeiteinheit die sinnvollere Zielfunktion ist. Wenn der Absatz gesichert ist und ohne Zeitverlust erfolgt, ja sogar noch gesteigert werden kann, dann wird man versuchen, pro Zeiteinheit den geringsten Verlust, d. h. den maximalen Gewinn zu erzielen. Soll aber von vorneherein nur eine begrenzte Anzahl von Stücken produziert werden, deren Verkauf oder Weiterverarbeitung erst nach einer nur ungenau vorhersehbaren Zeit erfolgen wird, dann wird man den mittleren Verlust pro Stück minimieren bzw. den mittleren Gewinn pro Stück maximieren.

b) Kostenoptimale Überwachung eines Produktionsprozesses bei normalverteiltem Merkmal durch Messende Prüfung

Für die kostenoptimale Überwachung von Produktionsprozessen, die einen Artikel erzeugen, dessen Qualität von einem normalverteilten Merkmal X abhängt, wurde schon von DUNCAN [1956] ein Modell vorgeschlagen. Es geht auch von einer kleinen Defektwahrscheinlichkeit p_1 im Sollzustand und einer größeren Defektwahrscheinlichkeit p_2 im gestörten Zustand aus. Im Sollzustand sind die Merkmalswerte der Artikel unabhängig und nach einer Normalverteilung $N(\mu_0, 6^2)$ verteilt, im gestörten Zustand sind sie unabhängig und nach $N(\mu, 6^2)$ mit $\mu = \mu_0 \pm \delta 6$ verteilt. δ und 6 werden dabei als bekannt vorausgesetzt. Die Stichprobenvorschrift sagt nun, daß die Anlage jedesmal durchgesehen und nötigenfalls repariert wird, wenn das Mittel $\bar{X}$ aus einer Stichprobe vom Umfang n um mehr als das h-fache der Streuung von $\bar{X}$ vom Sollwert μ_0 abweicht, wenn also $|\bar{X} - \mu_0| \geq h 6/\sqrt{n}$. Bei den $\bar{X}$-Karten haben wir dasselbe Kriterium für das Eingreifen benutzt (vgl. (15) in 2.2.1), aber nun sind n und h und außerdem noch der Zeitabstand T der Stichprobenkontrollen so zu bestimmen, daß der durch T , n,h festgelegte Prüfplan kostenoptimal im Sinne der gewählten Zielfunktion ist. Diese ist bei DUNCAN[1956] der mittlere Verlust pro Zeiteinheit, der sich auf lange Sicht bei der Verwendung eines Prüfplans ergibt. v. COLLANI([1978] und [1981]) hat auf mathematische Vorteile hingewiesen, die man gewinnt, wenn man stattdessen als Zielfunktion den mittleren Verlust pro Stück wählt, der bei langfristiger Anwendung eines Prüfplans entsteht. Er hat deshalb das von DUNCAN [1956] entworfene Modell in diesem Sinne geändert und auch etwas erweitert; für das geänderte Modell konnte er die Existenz und die Eindeutigkeit kostenoptimaler verallgemeinerter Prüfpläne nachweisen. Mit Hilfe einer bei v. COLLANI [1978] angegebenen Tabelle ist es möglich, zu $\delta = 0,50$, $0,75,\ldots, 2,00$ den kostenoptimalen verallgemeinerten Prüfplan zu bestimmen. Dieses Modell ist auch bei UHLMANN [1982] ausführlich beschrieben. Dort wird auch noch die (standardisierte) Verlustfunktion hergeleitet und die wichtigsten Ergebnisse aus den Arbeiten von v. COLLANI([1978] und [1981]) werden mitgeteilt. MONTGOMERY [1980] bietet eine Literaturübersicht zum Thema "Kostenoptimale Kontrollkarten". Er kommentiert dabei 51 Arbeiten; die frühesten darunter sind AROIAN & LEVINE [1950] , WEILER [1954] und DUNCAN [1956].

Die hier geschilderten Modelle setzen voraus, daß der Produktionsprozeß auch noch im Zustand der Störung bekannte statistische Eigenschaften besitzt. Man kann aber daran zweifeln, ob reale Produktionsprozesse bei jeder Störung immer dieselbe Defektwahrscheinlichkeit p_2 haben und ob sich der Mittelwert eines normalverteilten Merkmals dann jedesmal mit demselben Verschiebungsfaktor δ um 6δ bzw. -6δ ändert.

Weniger Anlaß zu Kritik bietet die Annahme einer Exponentialverteilung für die Verweildauer im Sollzustand. Es gibt nämlich Erfahrungswerte, die zumindest nicht im Widerspruch zu diesem Verteilungstyp stehen und in manchen Fällen läßt sich diese Annahme sogar beweisen; es könnte z. B. sein, daß jede Störung durch einen einzelnen Materialfehler verursacht wird und daß die Anzahl der Materialfehler in dem bis zu einer beliebigen Zeit t verarbeiteten Material nach einer Poisson-Verteilung Po(ht) verteilt ist. Dann ist die Anzahl der Störungen bis zur Zeit t ein sogenannter Poisson-Prozeß und für diesen ist bekannt, daß die Zeitspannen, in denen sich die beobachtete Anzahl nicht ändert, mit dem Parameter h exponentialverteilt sind.

Da man in der Regel nicht alle Kosten- und Prozeß-Parameter exakt kennt, sondern auf Schätzwerte angewiesen ist, muß man sich auch danach fragen, wie weit ungenaue Schätzwerte für die Parameter das Resultat verfälschen. Dabei kommt es weniger darauf an, wie sehr sich ein für die Schätzwerte kostenoptimaler Prüfplan von einem für die wahren Parameterwerte kostenoptimalen Prüfplan unterscheidet; entscheidend ist vielmehr, wie stark sich das mit letzterem erreichbare Optimum der Zielfunktion von dem Wert der Zielfunktion unterscheidet, den man erreicht, wenn man den ersteren Prüfplan, der für die Schätzwerte kostenoptimal wäre, bei den wahren Parameterwerten anwendet. Um den Einfluß von Fehlern bei den einzelnen Parametern zu erkennen, wird man von einem für gegebene Parameterwerte kostenoptimalen Prüfplan ausgehen und ihn mit demjenigen vergleichen, den man bei Änderung eines einzigen Parameterwerts erhält. Da die Modelle wegen ihrer Allgemeinheit ziemlich viele Parameter enthalten, sind solche "Sensitivitätsanalysen" für viele Beispiele mit unterschiedlichen Parameterkonstellationen durchzurechnen. Nach den Ergebnissen von CHIU [1976] und von v. COLLANI & ROLLER [1988] gibt es Parameter, bei denen selbst grobe Ungenauigkeit der Schätzwerte weder bei den Prüfplänen, noch bei den zugehörigen Werten der Zielfunktion nennenswerte Änderungen verursacht. Zu dieser Parametergruppe gehören die durchschnittlich benötigten Zeiten für die Durchsicht oder die Reparatur der Anlage. Auch bei den Prüfkosten und bei dem Parameter der exponentialverteilten Verweildauer wirken sich Schätzfehler nicht gravierend aus, wenn sie nicht allzu groß sind.

Am wichtigsten ist hier der Einfluß von Schätzfehlern beim Verschiebungsfaktor δ , denn diesen wird man meist nur mit relativ großer Ungenauigkeit schätzen können, wenn überhaupt ein fester Verschiebungsfaktor bei allen Störungen auftritt! Leider gehört gerade δ zur Gruppe der Parameter, bei denen sich Schätzfehler am stärksten auswirken. v. COLLANI & ROLLER [1988] haben aber an einer größeren Zahl von Beispielen gezeigt, daß zwar die kostenoptimalen Prüfpläne stark mit den verschiedenen δ-Werten variieren, daß aber dennoch die für den falschen δ-Wert berechneten Prüfpläne gegenüber den für den richtigen δ-Wert berechneten kostenoptimalen Prüfplänen im Sinne eines dort definierten Effizienz-Begriffs nicht zu wesentlichen Einbußen führen, so lange man δ um nicht mehr als 100% überschätzt und so lange der Schätzwert nicht kleiner als 25% des wahren Wertes ist.

c) Minimax-Prüfpläne für die laufende Prozeßkontrolle

Ein sehr allgemeines Modell, das für die Verweildauer im Sollzustand nur den durchschnittlichen Wert, d. h. den Erwartungswert, nicht aber den Verteilungstyp als bekannt voraussetzt, hat ARNOLD [1987] vorgeschlagen. Die Kostenparameter und die Unterbrechungszeiten entsprechen dem von BEHL ([1981] und [1985]) und v. COLLANI ([1978] und [1981]) benutzten Modell. Bei ARNOLD [1987] ist ein (verallgemeinerter) Prüfplan ein Tripel (T, n, E), wobei T wieder der zeitliche Kontrollabstand und n der Stichprobenumfang ist. E ist eine Entscheidungsregel für die Stichprobe, die aus einer Menge $\mathcal{E}$ von zugelassenen Entscheidungsregeln stammt. $\mathcal{E}$ kann z. B. die Menge aller bei Benutzung von $\overline{X}$-Karten in Betracht kommenden Entscheidungsregeln sein, oder eine Menge von möglichen Entscheidungsregeln bei einem einfachen Prüfplan der Gut-Schlecht-Prüfung. In beiden Fällen ist es möglich, eine Entscheidungsregel durch eine Zahl c anzugeben; deren Bedeutung wäre im ersteren Fall, daß der Prozeß angehalten und die Anlage durchgesehen wird, falls $|\overline{X} - \mu_0| > c\delta/\sqrt{n}$, im letzteren Fall wäre c ganzzahlig mit $0 \le c \le n-1$ und hätte z. B. die Bedeutung, daß einzugreifen ist, wenn die Anzahl der defekten Stücke in der Stichprobe größer als c ist. Daher kann man einen verallgemeinerten Prüfplan in beiden Fällen durch ein Tripel (T, n, c) angeben.

Für die Entscheidungsregel ist nur vorauszusetzen, daß sie die Wahrscheinlichkeiten für den Fehler 1. Art und den Fehler 2. Art festlegt. Unter dem F e h l e r 1 . A r t versteht man bei der Prozeßkontrolle eine unnötige Durchsicht, also eine, die vorgenommen wird, obwohl sich der Prozeß im Sollzustand befindet. Der F e h l e r 2 . A r t besteht darin, daß keine Durchsicht aufgrund der Stichprobe vorgenommen wird, obwohl der Prozeß gestört ist. Die Entscheidungsregel E kann aber die Wahrscheinlichkeit für den Fehler 2.Art nur festlegen, wenn auch für den Fall der Störung gewisse statistische Eigenschaften des Prozesses als bekannt vorausgesetzt werden. Immerhin ermöglicht die Einführung von Entscheidungsregeln in das Modell eine weitgehende gemeinsame Behandlung von Messender Prüfung und Gut-Schlecht-Prüfung.

Die Zielfunktion ist auch bei ARNOLD [1987] der mittlere Verlust pro Stück auf lange Sicht. Als kostenoptimal werden jedoch Prüfpläne bezeichnet, die sich aus dem Minimax-Prinzip ergeben. Das Maximum, das hier durch geeignete Wahl von T, n und E minimal werden soll, ist das Maximum der Zielfunktion, welches bei gegebenem T, n und E dann angenommen wird, wenn die Verteilungsfunktion der Verweildauer am ungünstigsten ist. Dabei sind zur Konkurrenz alle Verteilungsfunktionen $F(t)$ mit $F(t) = 0$ für $t < 0$ und dem als bekannt vorausgesetzten Erwartungswert $1/\lambda$ zugelassen.

ARNOLD ([1987], Satz 2. 2. 1) zeigt, daß eine solche ungünstigste Verteilungsfunktion der Verweildauer im Regelfall durch eine jede Verteilungsfunktion gegeben ist, welche eine Treppenfunktion mit Sprungstellen höchstens an den

Stellen kT , k=0,1,... , und dem Erwartungswert $1/\lambda$ ist. Ausgenommen sind dabei die Sonderfälle, in denen extreme Kostenparameter zur Folge haben, daß kein Prüfplan (T , n , E) günstiger sein kann als die Strategie, bei der nie eine Stichprobe gezogen und der Prozeß nie durchgesehen wird. Diese Strategie wird mit dem Tripel $(\infty, 0, /)$ bezeichnet und ebenfalls zur Konkurrenz mit den "echten" Prüfplänen (T, n, E) zugelassen.

Durch geeignete Standardisierung der Verlustfunktion wird auch bei ARNOLD [1987] die Anzahl der Parameter reduziert und die Bestimmung von Prüfplänen ermöglicht, die kostenoptimal im Sinne des eben erläuterten Minimax-Prinzips sind. Man findet dort eine ausführliche Tabelle zur Bestimmung von kostenoptimalen zweiseitigen $\overline{X}$-Karten und für den Fall der Gut-Schlecht-Prüfung eine ebenfalls recht ausführliche Tabelle zur Bestimmung von kostenoptimalen np-Karten. (np-Karten unterscheiden sich von den in 3. 1. 1 von uns betrachteten $\overline{p}$-Karten dadurch, daß statt $\overline{p} = X/n$ jeweils $X = n\overline{p}$ eingetragen wird; die Kontrollgrenzen sind dann natürlich ebenfalls mit dem Faktor n zu multiplizieren.)

ARNOLD [1987] leitet für die standardisierte Verlustfunktion eine untere Schranke her, die auch für den Fall gilt, daß die Entscheidung für oder gegen eine Durchsicht nicht nur von der gerade aktuellen Stichprobe abhängt, sondern auch von früheren Stichproben. Diese Schranke ist einfach zu berechnen und man kann sie dann vergleichen mit den Minimaxwerten, die mit kostenoptimalen Prüfplänen erzielbar sind, wenn $\mathcal{E}$ nur Entscheidungsregeln für die jeweils aktuelle Stichprobe zuläßt. ARNOLD [1987] hat diesen Vergleich sowohl für $\overline{X}$-Karten als auch für np-Karten durchgeführt und kommt zu folgendem Ergebnis :
Wenn sich Sollzustand und gestörter Zustand deutlich genug unterscheiden, was hier heißen soll, daß bei der $\overline{X}$-Karte der Verschiebungsfaktor δ mindestens so groß wie 0,50 ist und daß bei der np-Karte p_2 deutlich größer als p_1 ist, dann wird die genannte untere Schranke bei optimaler Wahl der $\overline{X}$-Karte bzw. der np-Karte bereits bis auf wenige Prozent erreicht. Ein Verfahren, bei dem die Entscheidung für oder gegen eine Durchsicht nicht nur von der gerade aktuellen Stichprobe abhängt, sondern auch von früheren Stichproben (wie dies z. B. bei CUSUM-Karten zutrifft), kann dann keine wesentliche Verbesserung mehr gegenüber der kostenoptimalen $\overline{X}$-Karte bzw. np-Karte mehr einbringen.
Eine wesentliche Verbesserung könnte also höchstens noch möglich sein, wenn sich Sollzustand und gestörter Zustand nur wenig voneinander unterscheiden oder wenn man wegen einschränkender zusätzlicher Bedingungen eine kostenoptimale $\overline{X}$-Karte bzw. np-Karte nicht realisieren kann, etwa weil man den Stichprobenumfang n der einzelnen Stichproben nicht groß genug wählen kann.

Aufgabe 72

Die Verweildauer τ_1 eines Produktionsprozesses in seinem Sollzustand sei nach einer beliebigen Verteilungsfunktion F(t) verteilt. Zu den Zeitpunkten t = kT , k = 1, 2, ... werden Stichproben gezogen und geprüft. Die Zeit, die für das Ziehen und Prüfen von Stichproben benötigt wird, sei vernachlässigbar. Sollte der Prozeß zu einem der Zeitpunkte kT in gestörtem Zustand sein, dann wird dies aufgrund der Stichprobe mit der Wahrscheinlichkeit $1-\beta$ entdeckt. τ_2 sei die Zeit, die vom Beginn einer Störung bis zu ihrer Entdeckung verstreicht. Zeigen Sie, daß $E[\tau_2]$ bei jeder Verteilungsfunktion $F(t)$ höchstens gleich $T/(1-\beta)$ ist und daß $E[\tau_2] = T/(1-\beta)$ gilt, wenn $F(t)$ eine Treppenfunktion ist, welche nur an den Stellen $t = kT$, $k = 0, 1, 2, \ldots$, Sprungstellen hat und zwischen diesen Stellen konstant bleibt. Wenn $1/\lambda$ der zu $F(t)$ gehörende Erwartungswert der Verweildauer ist, dann gilt also für die Dauer D_z eines Produktionszyklus stets die Ungleichung

$$E[D_z] = E[\tau_1 + \tau_2] \le \frac{1}{\lambda} + \frac{T}{1-\beta} \quad . \tag{65}$$

4.2.4 Kontinuierliche Stichprobenpläne und Regretprinzip

Wir beschränken uns im folgenden auf den kontinuierlichen Stichprobenplan CSP-1 nach DODGE [1943] (vgl. 3.1.3), der nur von den beiden Parametern i und k abhängt. Die Kosten seien durch die folgenden drei Parameter bestimmt:

c = Prüfkosten für ein gutes Stück;

c+r = Prüfkosten für ein defektes Stück; r kann dabei gedeutet werden als Reparaturkosten für ein defektes Stück oder als Herstellungskosten eines guten Stücks, falls defekte Stücke nicht repariert, sondern durch gute ersetzt werden;

s = Kosten die durch die Weitergabe eines defekten Stücks verursacht werden.

Defekte Stücke werden entdeckt, falls sie geprüft werden. Sie werden repariert, bevor sie weitergegeben werden, oder durch gute Stücke ersetzt. Für die Kostenparameter setzen wir

$$0 < c < c + r < s \tag{66}$$

voraus. Der Produktionsprozeß sei mit einer Defektwahrscheinlichkeit p unter statistischer Kontrolle; von p nehmen wir zunächst an, daß es unbekannt ist, aber fest bleibt. Von einem ganz ähnlichen Modell ging schon ANSCOMBE [1958] aus, der sich in dieser Arbeit ebenfalls mit der kostengünstigsten Festlegung kontinuierlicher Prüfpläne befaßt.
Kosten für Durchsicht oder Reparatur der Anlage werden nicht mit einbezogen, was aber nicht heißt, daß solche Eingriffe nicht erfolgen könnten, falls die Prüfresultate auf eine Störung hindeuten sollten. Es kann aus triftigen Gründen vernünftig sein, diese Kosten außer Ansatz zu lassen; etwa wenn die Anlage ohnehin in regelmäßigen Abständen gewartet werden muß oder wenn solche Kosten bisher nur sehr selten und mit stark schwankenden Beträgen aufgetreten sind, so daß ihre Mittelwerte nicht gut geschätzt werden können. Auch der Gewinn für gute Stücke bleibt außerhalb des Modells.
Wir betrachten zunächst einige Kontrollmöglichkeiten, die noch einfacher als ein kontinuierlicher Prüfplan sind:

1.) Es soll laufend ein relativer Anteil a der Produktion geprüft werden, wie das z.B. durch Stichproben gleichen Umfangs in regelmäßigen Abständen geschehen kann. Natürlich gilt $0 \le a \le 1$.
Der Erwartungswert des Verlusts bei N produzierten Stücken ist dann gleich

$$aN c + aN p r + N(1-a) p s.$$

Daher ist der Erwartungswert des Verlusts pro Stück, den wir wieder als den mittleren Verlust pro Stück bezeichnen, gleich

$$V(p) = a(c + pr - ps) + ps \ . \tag{67}$$

Bei dieser primitiven Methode können wir nur a wählen und $V(p)$ wird ersichtlich entweder für $a = 0$ oder für $a = 1$ minimal je nachdem, welches Vorzeichen $c + pr - ps$ hat.

Also ist $a = 0$, d. h. keine Kontrolle, am besten, falls $p < \dfrac{c}{s-r}$ und $a = 1$, d.h. Totalkontrolle, ist am besten, wenn $p > \dfrac{c}{s-r}$. Für $p = \dfrac{c}{s-r}$ sind alle festen Prüfanteile a mit $0 \leqq a \leqq 1$ äquivalent und führen zu ps als Wert für den mittleren Verlust pro Stück.

Wie bei den kostenoptimalen Prüfplänen der Annahmekontrolle (s. 4. 1. 1) bezeichnen wir den Wert $p_0 = c/(s-r)$ daher als die Trennqualität.

Wollte man das Minimax-Prinzip auf den mittleren Verlust pro Stück $V(p)$ anwenden, dann müßte man a so wählen, daß

$$\max_{0 \leqq P \leqq 1} V(p) = \max_{0 \leqq p \leqq 1} (ac + ps(1-a) + p\,ra) = ac + s(1-a) + ra = s + a(c+r-s)$$

minimal wird. Wegen der Voraussetzung $s > c + r$ wäre also $a = 1$ zu wählen und der Minimax-Wert von $V(p)$ wäre dann $c + r$. Das Minimax-Prinzip hätte hier also zur Folge, daß man immer eine Totalkontrolle durchführen würde, weil man sich auf den ungünstigsten, aber völlig unwahrscheinlichen Fall $p = 1$ einstellen und den mittleren Verlust pro Stück für diesen Fall minimieren müßte.

Bei einem kontinuierlichen Prüfplan ist a nicht fest gewählt, sondern es ergibt sich im Laufe der Zeit ein durchschnittlicher Prüfanteil $\bar{a}$, der von den Parametern i , k des Prüfplans und von p abhängt. Wir haben $\bar{a}$ schon früher berechnet (s. (10) in 3. 1. 3) und wissen daher, daß $\bar{a}$ umso größer ausfallen wird, je größer p ist. Der kontinuierliche Prüfplan würde daher auf etwaige Qualitätsveränderungen reagieren und wird daher unserem primitiven Verfahren, bei dem einfach ein fester Prüfanteil a gewählt wird, überlegen sein.

Andererseits gilt die obige, das Minimax-Prinzip betreffende Überlegung ganz genauso, wenn man a durch $\bar{a}$ ersetzt; daher kann das Minimax-Prinzip auch nicht sinnvoll für kontinuierliche Prüfpläne sein, wenn es auf den mittleren Verlust pro Stück angewendet werden sollte.

Wir vermuten daher, daß wir, wie im Fall der Annahmekontrolle, zu sinnvolleren Resultaten kommen werden, wenn wir das Minimax-Prinzip auf die Regretfunktion, die hier der mittlere vermeidbare Verlust pro Stück sein wird, anwenden.

Dazu gehen wir aus vom unvermeidlichen Verlust pro Stück, den wir mit U(p) bezeichnen. Wir erhalten ihn aus (67) , indem wir dort $a = 0$ oder $a = 1$ setzen je nachdem, ob $p \leqq p_0$ oder $p > p_0$ ist, d. h.

$$U(p) = \begin{cases} ps & \text{für } 0 \leqq p \leqq p_0 \\ c+pr & \text{für } p_0 < p \leqq 1 \end{cases}, \quad \text{wobei } p_0 = \frac{c}{s-r} \ ; \tag{68}$$

Die Regretfunktion ergibt sich also aus (67) und (68) zu

$$R(p) = V(p) - U(p) = \begin{cases} a(c + pr - ps) & \text{für } 0 \le p \le p_0 \\ (a-1)(c + pr - ps) & \text{für } p_0 < p \le 1 \end{cases} \tag{69}$$

und wegen $p_0 = \dfrac{c}{s-r}$ kann man dies umformen zu

$$R(p) = \begin{cases} a\,\dfrac{c}{p_0}(p_0 - p) & \text{für } 0 \le p \le p_0 \\[2mm] (1-a)\,\dfrac{c}{p_0}(p - p_0) & \text{für } p_0 \le p \le 1 \end{cases} \tag{70}$$

In Figur 51 sind $V(p)$ und $U(p)$ skizziert; $R(p)$ ist für jedes p die vertikale Distanz zwischen der Geraden $V(p)$ und der "geknickten" Geraden $U(p)$.

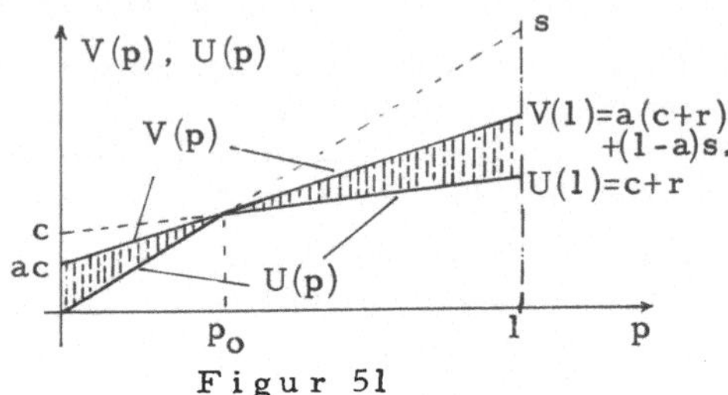

Figur 51

Wie frühere Regretfunktionen können wir auch die Regretfunktion (70) standardisieren. Wir dividieren durch c/p_0 und erhalten so die

standardisierte Regretfunktion $\quad S(p) = \begin{cases} a(p_0 - p) & \text{für } 0 \le p \le p_0 \\ (1-a)(p - p_0) & \text{für } p_0 \le p \le 1 \end{cases}$ (71)

Wenn wir einen kontinuierlichen Prüfplan vom Typ CSP-1 verwenden, dann ist a, wie schon erwähnt, durch den durchschnittlichen Prüfanteil $\bar{a}$ zu ersetzen. Ehe wir das tun, betrachten wir für spätere Vergleichszwecke noch einmal den Fall des festen Prüfanteils a :

2.) Jetzt soll a nach dem Minimax-Regret-Prinzip gewählt werden, d.h. die Zielfunktion $\max\limits_{0 \le p \le 1} S(p)$ soll durch geeignete Wahl von a minimal werden.

Offensichtlich ist dieses Maximum der größere der beiden Werte ap_0 und $(1-a)(1-p_0)$, wie unmittelbar aus (71) folgt; ap_0 ist das "linke Maximum", also das Maximum über $[0 ; p_0]$, $(1-a)(1-p_0)$ ist das "rechte Maximum" , d.h. das Maximum über $[p_0 ; 1]$. Da das linke Maximum mit a wächst, das rechte Maximum aber mit wachsendem a abnimmt, ist das Maximum von $S(p)$ genau dann minimal, wenn a so gewählt wird, daß linkes und rechtes Maximum gleich werden. Aus $ap_0 = (1-a)(1-p_0)$ folgt aber

$$a = 1 - p_0 . \tag{72}$$

Der kostenoptimale feste Prüfanteil im Sinne des Minimax-Regret-Prinzips ist also $a = 1 - p_0$. Dies ist durchaus verständlich, wenn man daran denkt, daß für kleine p_0 auch schon für kleine p die Totalkontrolle die "richtige" Entscheidung ist, die wir treffen würden, wenn p bekannt wäre und die dann bewirken würde, daß unser mittlerer Verlust pro Stück $V(p)$ nicht größer als der unvermeidliche Verlust pro Stück $U(p)$ wäre.

Mit $a = 1 - p_0$ erhält man dann

dem entspricht.

$$\begin{array}{l} (1-p_0)p_0 \text{ als Minimax-Wert von } S(p) , \\ (1-p_0)c \text{ als Minimax-Wert von } R(p) \end{array} \tag{73}$$

Wir strapazieren nun die Geduld des Lesers noch mit einem dritten primitiven Kontrollverfahren; es wird uns dazu bringen, etwas genauer über die Annahme nachzudenken, daß der Produktionsprozeß mit einer festen Defektwahrscheinlichkeit p unter statistischer Kontrolle ist.

3.) Man prüft die ersten m Stücke. Wenn darunter nicht mehr als mp_0 defekte Stücke sind, prüft man nie mehr; sind mehr als mp_0 defekte Stücke unter den ersten m Stücken, dann werden die übrigen N-m Stücke auch geprüft.

Nun kann a immerhin die beiden Werte $\frac{m}{N}$ und 1 annehmen, je nach dem Stichprobenergebnis, d.h. der Prüfanteil ist nicht von vorneherein fest zu wählen. Mit X bezeichnen wir die Anzahl der defekten Stücke in der Stichprobe, die aus den ersten m Stücken besteht. Dann ist also

$$E[a] = \bar{a} = \frac{m}{N} W(X \le mp_0) + 1 \cdot W(X > mp_0) \tag{74}$$

und dieses $\bar{a}$ ist nun in die in (71) angegebene standardisierte Regretfunktion S(p) einzusetzen.

Wir zeigen, daß S(p) beliebig klein gemacht werden kann, wenn die Anzahl N der insgesamt produzierten Stücke hinreichend groß ist. Da X nach der Binomialverteilung Bi(m, p) mit dem Erwartungswert $E[X] = mp$ und der Varianz $mp(1-p)$ verteilt ist, folgt aus der Ungleichung von Tschebyschew (vgl. 1.5, vor Formel (50)):

Für $p < p_0$ ist $W(X > mp_0) = W(X-mp > m(p_0-p)) \le W(|X-mp| \ge m(p_0-p)) \le \dfrac{mp(1-p)}{m^2(p_0-p)^2}$

und für $p > p_0$ ist
$$W(X \le mp_0) = W(X-mp \le m(p_0-p)) \le W(|X-mp| \ge m(p-p_0)) \le \frac{mp(1-p)}{m^2(p-p_0)^2} \quad ;$$

Daher gibt es zu jedem $\varepsilon > 0$ ein m_ε, welches so groß ist, daß

$$W(X > mp_0) < \varepsilon \text{ für alle p mit } p \le p_0-\varepsilon \text{ , falls } m > m_\varepsilon$$

und

$$W(X \le mp_0) < \varepsilon \text{ für alle p mit } p \ge p_0+\varepsilon \text{ , falls } m > m_\varepsilon \, .$$

Für $0 \le p \le p_0-\varepsilon$ folgt daraus, daß

$$\bar{a} < \frac{m}{N} W(X \le mp_0) + 1 \cdot \varepsilon \le \frac{m}{N} + \varepsilon \text{ und daher } S(p) \le (\frac{m}{N} + \varepsilon)(p_0-p) \, ;$$

Für $p_0+\varepsilon \le p \le 1$ folgt dagegen wegen $W(X > mp_0) > 1-\varepsilon$, daß

$$\bar{a} > 1-\varepsilon \text{ und daher } S(p) = (1-\bar{a})(p-p_0) < \varepsilon(p-p_0) < \varepsilon \, .$$

Für $p_0-\varepsilon < p < p_0+\varepsilon$ folgt schließlich wegen $0 \le \bar{a} \le 1$ unmittelbar aus (71) (dort ist a durch $\bar{a}$ zu ersetzen), daß $S(p) < \varepsilon$.

Wenn man also m so groß wählen kann, daß $m > m_\varepsilon$ ist und wenn dann N so groß ist, daß $N > m_\varepsilon$ und $(\frac{m}{N} + \varepsilon)p_0 < \varepsilon$, dann ist $S(p) < \varepsilon$.

Man könnte also auf eine laufende Kontrolle verzichten und sich mit einer einmaligen, hinreichend großen Stichprobe begnügen, wenn der Prozeß beliebig lange laufen und dabei stets mit demselben p unter statistischer Kontrolle bliebe.

In der Praxis wird sich wohl kaum jemand für dieses Kontrollverfahren entscheiden, obwohl man unter der eben genannten Voraussetzung den Regret, also den Erwartungswert des vermeidbaren Verlusts, beliebig klein machen könnte. Man verläßt sich nämlich in der Regel nicht darauf, daß die unbekannte Defektwahrscheinlichkeit p für alle Zeiten fest bleibt.

Daher wird man nicht auf eine laufende Kontrolle verzichten und wir betrachten nun endlich den Fall, daß diese als kontinuierlicher Prüfplan vom Typ CSP-1 mit der Relaxationszahl i und dem Stichprobenabstand k durchgeführt wird. Wir wollen aber voraussetzen, daß abrupte Änderungen von p selten sind und daß der Produktionsprozeß auch für geänderte p-Werte, so lange diese gelten, jedesmal wieder unter statistischer Kontrolle ist. Wenn die Zeitpunkte solcher Änderungen weit genug auseinander liegen, dann können wir für den durchschnittlichen Prüfanteil $\bar{a}$ die bereits früher (s. (10) in Abschnitt 3.1.3) hergeleitete Formel

$$\bar{a} = \frac{1}{1+ (k-1)(1-p)^{i}} \tag{75}$$

während der Zeitabschnitte, in denen sich p nicht ändert, als zutreffend akzeptieren. Auch wenn sich p stetig und sehr langsam verändert, so daß es für längere Zeitabschnitte praktisch konstant bleibt, können wir Formel (75) für diese Zeitabschnitte verwenden. Die standardisierte Regretfunktion S(p) ist nun also

$$S(p) = \begin{cases} \bar{a}\,(p_{o}-p) & \text{für } 0 \leq p \leq p_{o} \\ (1-\bar{a})\,(p-p_{o}) & \text{für } p_{o} \leq p \leq 1 \,, \end{cases} \tag{76}$$

wobei $\bar{a}$ jetzt nach (75) zu berechnen ist und damit nun von i, k und p abhängt.

Da wir p nicht kennen und auch nicht wie im vorigen Abschnitt voraussetzen wollen, daß p einen von zwei bekannten Werten p_1 und p_2 annimmt, liegt es nahe, eine Minimax-Lösung zu suchen. Wir gehen dabei ganz ähnlich vor wie bei der Regretfunktion R(p) in 4.1.1 (vgl. (11)).

Als stetige Funktion von p hat S(p) ein linkes Maximum $m_1(i,k)$ über $[0, p_o]$ und ein rechtes Maximum $m_r(i, k)$ über $[p_o, 1]$. Aus (75) folgt, daß $\bar{a}$ mit zunehmendem k kleiner, mit zunehmendem i aber größer wird. Daher gilt

$$\begin{aligned} m_1(i+1, k) &\geq m_1(i, k) \,, & m_r(i+1, k) &\leq m_r(i, k) \\ m_1(i, k+1) &\leq m_1(i, k) \,, & m_r(i, k+1) &\geq m_r(i, k) \end{aligned} \tag{77}$$

für alle $i = 1, 2, \ldots$ und $k = 2, 3, \ldots$, wie man aus (76) unmittelbar erkennt. (Den Fall $k = 1$ schließen wir aus, weil er ständige Totalkontrolle bedeutet.)

Will man also bei festem i den Parameter k so wählen, daß $\max_{0 \leq p \leq 1} S(p)$ minimal wird, dann muß man k so bestimmen, daß

$$\left| m_1(i, k) - m_r(i, k) \right| \tag{78}$$

minimal wird. Ein solches k bezeichnen wir mit $k^*(i)$; wegen der Ganzzahligkeit von k ist es möglich, daß $k^*(i)$ nicht eindeutig bestimmt ist. Für einen gegebenen Prüfplan i, k ist der Betrag (78) eine obere Schranke für die Verbesserung, d.h. die Verringerung von $\max S(p)$, die durch günstigere Wahl von k bei festem i noch möglich ist. Gleichzeitig ist (78) auch eine obere Schranke für die bei festem k durch günstigere Wahl von i noch mögliche Verbesserung, denn offensichtlich findet man auch das zu k günstigste i, indem man (78) bezüglich i minimiert. Eine Relaxationszahl i , welche (78) bei gegebenem k minimiert, nennen wir $i^*(k)$.

Die Regretfunktion $S(p)$ findet man bereits bei ANSCOMBE [1958]. Er ging bei der Bestimmung günstiger Prüfplanparameter i , k von dem heuristischen Ansatz aus, daß $\bar{a}$ für $p = p_0$ gleich $1/2$ sein sollte, weil im Fall der Trennqualität die wirtschaftlichen Konsequenzen der Totalkontrolle dieselben sind wie die des Verzichts auf jede Kontrolle. Wir erinnern uns: ein ähnlicher Ansatz, nämlich $L(p_0) = 1/2$, führt bei der Annahmekontrolle zu den Näherungslösungen nach v. d. WAERDEN [1960] und STANGE [1964](vgl. 4.1.2 und 4.1.6). Anders als dort kann man jetzt aber zeigen, daß die Bedingung $\bar{a} = 1/2$ für $p = p_0$ im "Normalfall" eine Folge des Minimax-Prinzips ist. Dies ergibt sich aus den folgenden Aussagen, deren Beweis man bei VOGT [1986] finden kann:

SATZ 4.8: Wenn ein $k^*(i)$ die Ungleichung

$$i \ge \frac{k}{(k-1)\,p_0} \tag{79}$$

erfüllt, dann gilt

$$k^*(i) \approx 1 + (1-p_0)^{-i} \; ; \tag{80}$$

wenn ein $i^*(k)$ die Ungleichung (79) erfüllt, dann gilt $k \approx 1 + (1-p_0)^{-i^*(k)}$ bzw.

$$i^*(k) \approx -\ln(k-1)/\ln(1-p_0) \, . \tag{81}$$

Wenn dagegen für i und $k^*(i)$ bzw. für k und $i^*(k)$ die Ungleichung

$$i < \frac{k}{(k-1)p_0} \tag{82}$$

gilt, dann erfüllen solche Parameterpaare die Relation

$$k \approx \frac{1}{2} + \sqrt{\frac{1}{4} + p_0 \, \frac{(i+1)^{i+1}}{i^i(1-p_0)^{i+1}}} \, . \tag{83}$$

Die Ungleichung (79) ist äquivalent damit, daß $m_1(i, k)$ ein relatives Maximum ist, also im Innern von $[0, p_0]$ angenommen wird. Sie ist offenbar für alle $k = 2, 3, \ldots$ erfüllt, wenn man i nicht kleiner als $2/p_0$ wählt.

Wenn k exakt gleich $1 + (1-p_0)^{-i}$ wäre, dann wäre in der Tat $\bar{a}$ an der Stelle $p = p_0$ gleich

$$\bar{a} = \frac{1}{(k-1)(1-p_0)^{i+1}} = \frac{1}{(1-p_0)^{-i}(1-p_0)^{i+1}} = \frac{1}{2} \, .$$

Die Ungleichung (82) ist äquivalent damit, daß $m_1(i, k)$ ein Randmaximum ist, und zwar ist dann $m_1(i, k) = S(0) = \bar{a}(0)\,p_0 = p_0/k$ (s. VOGT [1986], Satz 2).

Die Relationen (80), (81) und (83) bewirken, daß $m_1(i, k) \approx m_r(i, k)$, d.h. daß (78) entweder bei festem i nach k oder bei festem k nach i minimiert bzw. nahezu minimiert wird. Man kann sich daher mit Hilfe dieser Relationen zu gegebenem i zumindest näherungsweise einen günstigsten k-Wert verschaffen bzw. zu gegebenem k ein zumindest näherungsweise günstigstes i .

Beispiel 10: Die Trennqualität sei $p_0 = 0,20$ und die Relaxationszahl $i = 8$ sei vorgegeben. Da (79) nur für $k = 2$ nicht gilt und $k(i)$ auch nach (83) größer als 2 wäre, wählen wir k nach (80) gleich $7 \approx 1+(0,80)^{-8}$. Mit $i = 8$ und $k = 7$ erhalten wir die standardisierte Regretfunktion

$$S(p) = \begin{cases} \dfrac{1}{1+6(1-p)^8}(0,20-p) & \text{für } 0 \leq p \leq 0,20 \\[3mm] \left(1 - \dfrac{1}{(1+6(1-p)^8)}\right)(p-0,20) & \text{für } 0,20 \leq p \leq 1 \, , \end{cases}$$

die in Figur 52 a gezeichnet ist. Der im Sinne des Minimax-Regret-Prinzips optimale f e s t e Prüfanteil wäre nach (72) gleich $1-p_0 = 0,80$. Mit diesem festen Prüfanteil hätten wir

$$S(p) = \begin{cases} 0,80 \,(0,20-p) & \text{für } 0 \leq p \leq 0,20 \\ 0,20 \,(p-0,20) & \text{für } 0,20 \leq p \leq 1 \; ; \end{cases}$$

diese Regretfunktion ist in Figur 52 b gezeichnet.

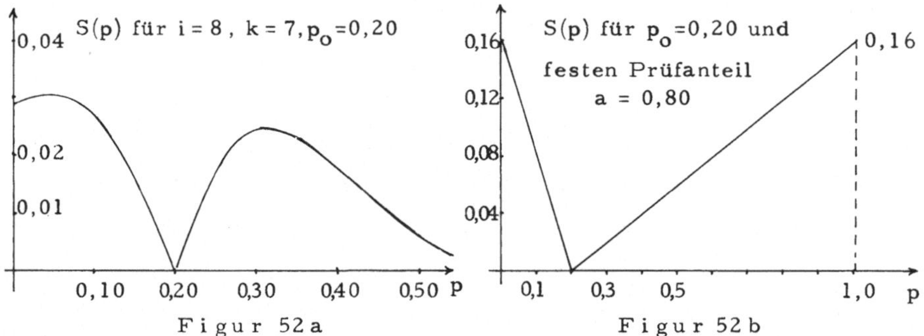

Bei Figur 52 b ist $\max\limits_{0 \leq p \leq p_0} S(p) = \max\limits_{p_0 \leq p \leq 1} S(p) = 0,16$, während in Figur 52 a zu sehen ist, daß $m_l(8,7) = 0,030$ nur ungefähr gleich $m_r(8,7) = 0,026$ ist.

Wir sehen auch, daß wir mit dem kontinuierlichen Prüfplan $i = 8$, $k = 7$ einen Maximal-Wert der Regretfunktion erhalten, welcher weniger als 20% des Minimax-Werts der Regretfunktion beträgt, die wir bei optimal gewähltem festen Prüfanteil $a = 0,80$ hätten!

Mit Hilfe der Relationen (80), (81) oder (83) kann man sich zu gegebenem i ein näherungsweise optimales k verschaffen bzw. zu gegebenem k ein näherungsweise optimales i. Man kann dann die Ungleichungen (77) benutzen, um diese Näherungen Schritt für Schritt durch Vergrößern oder Verkleinern um 1 zu verbessern, wodurch man schließlich zu einem $k^*(i)$ bzw. einem $i^*(k)$ gelangt. Wenn z.B. $m_l(i,k) > m_r(i,k)$, dann wird man bei gegebenem i das k vergrößern, denn nach (77) wird dadurch das linke Maximum kleiner, das rechte aber größer; ist dann für ein $k' > k$ erstmals $m_l(i,k') \leq m_r(i,k')$, dann ist k' oder $k'-1$ (eventuell auch beide) ein optimaler k-Wert $k^*(i)$ zu dem gegebenen i . Umgekehrt wird man k verkleinern, wenn $m_l(i,k) < m_r(i,k)$ gilt. Analog verfährt man, wenn man zu gegebenem k ein $i^*(k)$ sucht.
Bei den bisher gerechneten Beispielen haben sich allerdings die mit Hilfe von (80), (81) oder (83) gewonnenen Näherungen entweder schon als optimal erwiesen oder sie waren bis auf $\pm$ 1 gleich dem optimalen k-Wert bzw. i-Wert. Wir werden das Verfahren an einem Beispiel vorführen, geben aber

zuvor noch Formeln für die Berechnung von $m_l(i, k)$ und $m_r(i, k)$ an.

Wie schon erwähnt, ist

$$m_l(i, k) = S(0) = p_o/k \quad , \text{ falls } \quad i < \frac{k}{(k-1)p_o} \quad ; \tag{84}$$

Wenn $i \geq \dfrac{k}{(k-1)p_o}$, dann ist

$$m_l(i, k) = \frac{1}{i(k-1)(1-p_l)^{i-1}} \quad ; \tag{85}$$

dabei ist p_l die Stelle in $(0, p_o)$,an der $m_l(i, k)$ angenommen wird und man erhält $q = 1-p_l$ als die eindeutig bestimmte Lösung der Gleichung

$$q^i - \frac{i(1-p_o)}{i-1} q^{i-1} = \frac{1}{(k-1)(i-1)} \tag{86}$$

im Intervall $(1-p_o, 1)$, s. VOGT [1986] (Gl. (20)) .

Das rechte Maximum $m_r(i, k)$ ist immer ein relatives, d.h. es wird im Innern des Intervalls $(p_o, 1)$ angenommen. Aus (75) folgt nämlich, daß $\bar{a} = 1$ für $p = 1$ gilt und aus (76) erkennen wir, daß $S(1) = S(p_o) = 0$ gilt. Für $m_r(i,k)$ gilt die Formel

$$m_r(i, k) = \frac{(k-1)(1-p_r)^{i+1}}{i} \quad , \tag{87}$$

wobei p_r die Stelle in $(p_o, 1)$ ist, an der $m_r(i, k)$ angenommen wird. Man erhält p_r über die im Intervall $(0, 1-p_o)$ eindeutig bestimmte Lösung $q = 1-p_r$ der Gleichung

$$q^{i+1} + q \frac{i+1}{k-1} = \frac{i(1-p_o)}{k-1} \tag{88}$$

(vgl. VOGT [1986], Gl. (16)) .

<u>Beispiel 11</u>: Figur 52a zeigt, daß man den kontinuierlichen Prüfplan $i = 8$ und $k = 7$ bei festem i und $p_o = 0,20$ höchstens noch durch Vergrößerung von k verbessern kann.
Mit $i = 8$, $k = 8$ erhalten wir aus (88) $q = 1-p_r = 0,6852$, also $p_r = 0,3148$ und aus (87) berechnen wir $m_r(8, 8) = 0,02913$.

Aus (86) bestimmen wir $q = 1-p_l = 0,9447$, also $p_l = 0,0553$ und aus (85) dann $m_l(8, 8) = 0,02096$.
Da also $m_l(8, 8) < m_r(8, 8)$, würde eine weitere Vergrößerung von k das Maximum von $S(p)$ vergrößern (vgl. (77)), weil das rechte Maximum noch mehr anwachsen würde. Daher ist $k^*(8) = 8$. Mit $i = 8$, $k = 7$ ist $\max S(p)$ etwa $0,030$, wie man aus Figur 52a ablesen kann; mit $i = 8$, $k = 8$ erhalten wir den Minimax-Wert $m_r(8, 8) = 0,02913$.

<u>Beispiel 12</u>: Es werden viele Stücke in erkennbarer Reihenfolge produziert; wenn sie vom Kontrolleur weitergegeben werden, baut man sie in Geräte ein. Die Prüfkosten seien $0,45$ DM/Stück. Entdeckte defekte Stücke werden beseitigt und durch gute Stücke ersetzt, welche einem Vorrat von guten Stücken entnommen werden. Ein entdecktes defektes Stück verursacht daher außer den Herstellungskosten für das Ersatzstück auch die Prüfkosten für zwei Stücke. Die Herstellungskosten seien $3,55$ DM pro Stück, folglich ist $c + r = 3,55 + 0,90$, also $r = 4,00$ DM pro Stück. Die Kosten, die ein nicht entdecktes und daher eingebautes defektes Stück verursacht, seien $s = 22$ DM.

Der Produktionsprozeß sei mit unbekanntem p unter statistischer Kontrolle, wobei sich p nur sehr selten oder nur sehr langsam ändern kann.

Wir wählen zunächst die Relaxationszahl $i = 80$. Die Trennqualität ist hier $p_0 = c/(s-r) = 0,45/(22-4) = 0,025 = 1/40$ und daher ist das Kriterium (79) für alle $k = 2, 3, \ldots$ erfüllt. Als erste Näherung für das zu $i = 80$ günstigste k setzen wir daher nach (80)

$$k \approx 1 + (1-0,025)^{-80} = 8,58 \,, \text{ also } k = 9 \,.$$

Aus (86) und (85) berechnen wir $m_1(80, 9) = 0,00327$; aus (88) und (87) erhalten wir $m_r(80, 9) = 0,00351$.

Aus der Tatsache, daß das linke Maximum kleiner ist als das rechte, schließen wir mit Hilfe der Ungleichungen (77), daß $k^*(80) \leqslant 9$ ist. Mit $k = 8$ erhalten wir aber $m_1(80, 8) = 0,00364$ und damit ist schon klar, daß $k^*(80) = 9$ ist, denn für alle $k \leqslant 8$ ist $m_1(80, k) \geqslant 0,00364$ und damit größer als $m_r(80, 9)$.

Der zu $i = 80$ gehörende Minimax-Wert von $S(p)$ ist also 0,00351 und wird für $k^*(80) = 9$ erreicht. Der zugehörige Minimax-Wert von $R(p)$ ergibt sich daraus durch Multiplikation mit $c/p_0 = 0,45/0,025 = 18$ (vgl. (70)) zu 0,0632 DM pro Stück. Mit dem kontinuierlichen Prüfplan $i = 80$, $k = 9$ erhält man also auf lange Sicht einen mittleren vermeidbaren Verlust von 6,32 Pf. pro Stück (vermeidbar wäre er, wenn wir p kennen würden).

Hätten wir $i = 40$ gewählt, dann wäre das Kriterium (82) für alle $k = 2, 3, \ldots$ erfüllt und die erste Näherung für $k^*(40)$ müßte nach (83) ungefähr gleich

$$\frac{1}{2} + \sqrt{\frac{1}{4} + p_0 \frac{(i+1)^{i+1}}{i^i(1-p_0)^{i+1}}}$$

sein. Für größere i ist $(i+1)^{i+1}/i^i$ ungefähr $e(i+1)$ und man kann (83) daher vereinfachen zu

$$k \approx \frac{1}{2} + \sqrt{\frac{1}{4} + \frac{p_0\, e\,(i+1)}{(1-p_0)^{i+1}}} \tag{83'}$$

Nach dieser vereinfachten Formel erhalten wir hier mit $p_0 = 0,025$ und $i = 40$

$$k \approx \frac{1}{2} + \sqrt{\frac{1}{4} + \frac{0,025 \cdot 2,718 \cdot 41}{0,975^{41}}} = 3,35 \,, \text{ also } k = 3 \,.$$

Da jetzt das Kriterium (82) erfüllt ist, muß $m_1(40, 3)$ das Randmaximum $S(0) = p_0/k = 0,025/3 = 0,00833$ sein; mit Hilfe von (88) und (87) erhalten wir $m_r(40,3) = 0,00518$. Nun ist also das linke Maximum größer als das rechte und daher folgt aus den Ungleichungen (77), daß $k^*(40) \geqslant 3$ gilt.

Für $k = 4$ ist $m_1(40, 4) = p_0/4 = 0,00625$, während $m_r(40, 4) = 0,00714$ wieder mit Hilfe von (88) und (87) bestimmt wird. Weil nun

$$\max(m_1(40, 4); m_r(40, 4)) = 0,00714 < \max(m_1(40, 3); m_r(40, 3))$$

gilt, ist $k = 4$ günstiger als $k = 3$. Eine weitere Vergrößerung von k würde jedoch das rechte Maximum noch mehr vergrößern. Es ist also $k^*(40) = 4$ und der zu $i = 40$ gehörende Minimax-Wert von $S(p)$ ist $m_r(40, 4) = 0,00714$.

Letzterem entspricht der langfristige mittlere vermeidbare Verlust von $0,00714 \cdot 18 = 0,1285$ DM/Stück . Er ist etwa doppelt so groß wie bei $i = 80$ und $k = 9$, aber immer noch weit kleiner als das Maximum von $R(p)$, welches man bei optimal gewähltem festen Prüfanteil $a = 1-p_0 = 0,975$ erhält:

Dieses ist nämlich, wie aus (70) hervorgeht, gleich $ac = 0{,}975 \cdot 0{,}45 = 0{,}439$ DM pro Stück.

Die Ergebnisse bei diesem Beispiel, aber auch die Formeln (85) und (87) für $m_l(i,k)$ und $m_r(i,k)$ geben Anlaß zu der Vermutung, daß der bei festem i durch $k^*(i)$ erreichbare Minimax-Wert von $S(p)$ umso kleiner wird, je größer man i wählt. In der Tat läßt sich sogar zeigen, daß er für $i \to \infty$ gegen 0 konvergiert (s. LUDWIG [1972] oder VOGT [1976]). Dabei konvergieren die Stellen p_l und p_r, an denen die Maxima m_l und m_r angenommen werden, gegen p_0 und der Höchstwert des mittleren Durchschlupfs konvergiert dabei ebenfalls gegen p_0 (vgl. VOGT [1986]).

Es ist nicht überraschend, daß $\max S(p)$ und damit auch $\max R(p)$ für $i \to \infty$ und $k = k^*(i)$ gegen 0 konvergieren. Dasselbe könnten wir ja auch mit einer einmaligen, aus den ersten m Stücken bestehenden Stichprobe erreichen, wenn wir m gegen ∞ gehen lassen. Wegen $k^*(i) \approx 1 + (1 - p_0)^{-i}$ wächst aber $k^*(i)$ exponentiell mit i und gewöhnlich wird man nicht beliebig große Stichprobenabstände zulassen wollen. Man muß sich auch fragen, ob der Prozeß im allgemeinen wirklich so lange mit demselben oder annähernd demselben p unter statistischer Kontrolle bleiben wird, daß die Regretfunktion und insbesondere auch die Formel (75) für $\bar{a}$ gültig bleiben, wenn k sehr groß wird.

In der Regel wird man diese Frage verneinen müssen und daher kann man dem Praktiker nur raten, sich zunächst zu überlegen, wie groß k höchstens werden darf und dann zu diesem k das $i^*(k)$ zu bestimmen, wobei man als gute erste Näherung i etwa gleich $-\ln(k-1)/\ln(1-p_0)$ setzen kann (s. (81)).

<u>Beispiel 13</u> : Alle Angaben des Beispiel 12 sollen weiter gelten, man möchte aber von vorneherein k nicht größer als 22 haben.

Wenn man unter dieser Nebenbedingung einen kontinuierlichen Prüfplan i, k nach dem Minimax-Regret-Prinzip bestimmen möchte, wählt man k = 22 und setzt i nach (81) etwa gleich $-\ln 21 / \ln 0{,}975 = 120{,}25$, also i = 120.

Mit Hilfe der Formeln (86) und (85) berechnet man $m_l(120, 22) = 0{,}002257$ und nach (88) und (87) ergibt sich $m_r(120, 22) = 0{,}002125$. Das linke Maximum ist größer als das rechte, daher muß wegen der Ungleichungen (77) $i^*(22) \leq 120$ gelten.
Für i = 119 , k = 22 erhält man aber $m_r(119, 22) = 0{,}002355$ und daraus folgt bereits, daß i = 119 ungünstiger als i = 120 ist. Also ist $i^*(22) = 120$ und der bei festem k = 22 erreichbare Minimax-Wert von $S(p)$ ist $m_l(120, 22) = 0{,}002257$. Diesem entspricht der Minimax-Wert von $R(p)$, der gleich $0{,}002257 \cdot 18$, d.h. gleich $0{,}0406$ DM/Stück ist.

Unser Kosten-Modell für kontinuierliche Prüfpläne ist in erster Linie für Produzenten gedacht. Ein Produzenten-Konsumenten-Modell mit einer von unserem $R(p)$ abweichenden Regretfunktion hat LUDWIG ([1972] und [1974]) untersucht. Dort wird dem Konsumenten garantiert, daß der Höchstwert des mittleren Durchschlupfs eine vorgegebene obere Schranke nicht überschreitet. Der Produzent sucht unter den kontinuierlichen Prüfplänen i, k einen auszuwählen, der diese Bedingung im Sinne des Minimax-Regret-Prinzips am günstigsten einhält. Dabei ist es nun möglich, das Maximum der Regretfunktion bezüglich b e i d e r Parameter i , k zu minimieren . Kostenoptimale kontinuierliche Prüfpläne dieses Typs kann man mit Hilfe der Tabellen bestimmen, die LUDWIG ([1972] und [1974]) angegeben hat. Im Gegensatz zu unserem Kostenmodell sind dort die Kosten des Produzenten für jedes nicht geprüfte Stück gleich, unabhängig davon, ob es gut oder defekt ist. Im Rahmen der übrigen Voraussetzungen des dortigen Modells ist diese Annahme auch gerechtfertigt.

A u f g a b e 73

Es werden 4000 Stück eines Artikels hergestellt. Jedes ausgelieferte Stück bringt zunächst einen Gewinn von 20 DM ein. Die Stücke können nur auf zerstörende Weise kontrolliert werden und die Prüfkosten sind für gute wie für defekte Stücke gleich c = 60 DM/Stück. Dabei setzt sich c zusammen aus den Herstellungskosten, dem entgangenen Gewinn (zerstörte Stücke können nicht mehr ausgeliefert werden) und den eigentlichen Kosten für die zerstörende Prüfung. Jedes ausgelieferte defekte Stück verursacht später Reklamationskosten in Höhe von s = 200 DM .

a) Geben Sie einen im Sinne des Minimax-Regret-Prinzips möglichst günstigen kontinuierlichen Prüfplan i, k an, bei dem k nicht größer als 16 ist! Wie groß ist der zu diesem Prüfplan gehörende Minimax-Wert der Regretfunktion $R(p)$ und für welches p wird er angenommen?

Der Produktionsprozeß sei während der Fertigung der ersten 1500 Stücke mit p = 0,02, während der Fertigung der restlichen 2500 Stücke mit p = 0,08 unter statistischer Kontrolle (beides weiß der Kontrolleur nicht).

b) Wie groß ist bei dem in a) bestimmten Prüfplan der Erwartungswert für die Anzahl der ausgelieferten, d. h. nicht durch die Kontrolle zerstörten Stücke?

c) Bestimmen Sie den Erwartungswert des Gewinns bei Verwendung des in a) berechneten Prüfplans!

Bei b) und c) darf angenommen werden, daß der Prüfanteil während der beiden Produktionsphasen, in denen die ersten 1500 bzw. die restlichen 2500 Stücke produziert werden, jeweils durch die Formel (75) für $\bar{a}$ hinreichend genau gegeben ist.

LÖSUNGEN DER AUFGABEN

1) Wenn ω in $A \cup B$, dann ist ω entweder in $A \cap B$, oder nur in A und nicht in B , oder nur in B und nicht in A . Auch umgekehrt kann man schließen.

2) Aus $A \subset B$ folgt $B = A \cup (B-A)$; nach Axiom III) ist also $W(B) = W(A) + W(B-A)$ und aus Axiom I) folgt dann die Behauptung.

3) Wenn $\omega \in A \cup (\bigcap_i B_i)$, dann ist ω in A oder in allen B_i und daher in jeder der Mengen $A \cup B_i$. Ist ω umgekehrt in jeder der Mengen $A \cup B_i$, dann ist ω in A oder in $\bigcap_i B_i$. Analog beweist man die zweite Formel.

4) Läßt sich ohne Mühe durch vollständige Induktion zeigen!

5) Diese Eigenschaft der Binomialkoeffizienten läßt sich durch einfaches Bruchrechnen, aber auch so beweisen: Wenn aus M+1 Kugeln m Kugeln zu wählen sind, färbe man zunächst eine Kugel. Dann gibt es $\binom{M}{m}$ Auswahlmöglichkeiten, wenn die gefärbte Kugel nicht genommen werden soll und $\binom{M}{m-1}$ Auswahlmöglichkeiten, wenn sie in der Auswahl sein soll.

6)
$$L_{N,n,c}\left(\frac{M}{N}\right) - L_{N,n,c}\left(\frac{M+1}{N}\right) = \sum_{k=0}^{c} \frac{\binom{M}{k}\binom{N-M}{n-k} - \binom{M+1}{k}\binom{N-M-1}{n-k}}{\binom{N}{n}} \;;$$

setzt man nun $\binom{M}{k} + \binom{M}{k-1}$ statt $\binom{M+1}{k}$ und $\binom{N-M-1}{n-k} + \binom{N-M-1}{n-k-1}$ statt $\binom{N-M}{n-k}$ ein, dann sieht man, daß sich alle Summanden bis auf einen wegheben.

7) Sei B_k = "die vier fehlerhaften Geräte sind unter den ersten k Geräten" , B_{k-1} = "die vier fehlerhaften Geräte sind unter den ersten k-1 Geräten". Dann gilt $B_{k-1} \subset B_k$ und $X = k$ tritt genau dann ein, wenn $B_k - B_{k-1}$ eintritt.
Also ist $W(X=k) = W(B_k) - W(B_{k-1})$; da die Reihenfolge der Geräte zufällig ist , sind die ersten k , aber auch die ersten k-1 geprüften Geräte eine zufällige Auswahl aus den 25 Geräten. Daraus folgt
$$W(X=k) = \frac{\binom{4}{4}\binom{21}{k-4}}{\binom{25}{k}} - \frac{\binom{4}{4}\binom{21}{k-1-4}}{\binom{25}{k-1}} \quad \text{für } k = 4, 5, \ldots, 25 .$$

Er versäumt die Verabredung mit der Wahrscheinlichkeit
$$W(X>20) = 1 - W(X \leqslant 20) = 1 - W(B_{20}) = 1 - \frac{\binom{4}{4}\binom{21}{16}}{\binom{25}{20}} = 0,617 .$$

8) Damit $W(A \cap B) = W(A)W(B)$, muß für die Anzahl Q der Objekte, die beide Fehler haben, $\dfrac{Q}{N} = \dfrac{M_1 \cdot M_2}{N^2}$, also $Q = (M_1 M_2)/N$ gelten.

9) Die zufällige Auswahl von n Objekten kann so erfolgen, daß zunächst m Objekte zufällig ausgewählt werden und dann noch n-m Objekte aus den

restlichen $N-m$ Objekten. Daraus folgt

$$W(Z_r=k|Z_m=h) = \frac{\binom{M-h}{k}\binom{N-m-M+h}{n-m-k}}{\binom{N-m}{n-m}} .$$

10) $W(X=k) = \sum_{i=k}^{N} W(M=i)\frac{\binom{i}{k}\binom{N-i}{n-k}}{\binom{N}{n}}$ mit $W(M=i)=\binom{N}{i}p^i(1-p)^{N-i}$, wobei hier

$p=0,1$. Durch Kürzen einiger Fakultäten wird daraus

$$W(X=k) = \sum_{i=k}^{N} \binom{n}{k}\binom{N-n}{i-k} p^i(1-p)^{N-i} = \binom{n}{k}p^k(1-p)^{n-k}\sum_{i=k}^{N}\binom{N-n}{i-k}p^{i-k}(1-p)^{N-n-i+k}$$

und die letzte Summe ist gleich 1, denn sie ist die Summe der zu Bi$(N-n,p)$ gehörenden Wahrscheinlichkeiten, wie man mit Hilfe des Summationsindex $j=i-k$ erkennt.

11) $M=20$: $\quad L_{500,12,1}(0,04)=0,921$, $L_{12,1}(0,04) \doteq 0,919$, $L^*_{12,1}(0,04)=0,916$.

$\quad M=50$: $\quad L_{500,12,1}(0,10)=0,6585$, $L_{12,1}(0,10)=0,6590$, $L^*_{12,1}(0,10)\doteq0,6626$

$\quad M=80$: $\quad L_{500,12,1}(0,16)=0,4026$, $L_{12,1}(0,10)=0,4055$, $L^*_{12,1}(0,10)=0,4281$.

12) X ist ungefähr nach Po$(50\cdot0,02)=$ Po(1), Y ungefähr nach Po$(30\cdot0,06)=$
$\quad =$ Po$(1,8)$ verteilt. Da X und Y unabhängig sind, muß $X+Y$ ungefähr nach
$\quad$ Po$(1+1,8)=$Po$(2,8)$ verteilt sein. Also ist z. B. $W(X+Y=1)\approx e^{-2,8}(1+2,8)=$
$\quad =0,1703$; der exakte Wert wäre
$\quad W(X+Y=1)=W(X=0)W(Y=1)+W(X=1)W(Y=0)=0,36417\cdot0,29921 +$
$\quad +0,10896\cdot0,05807 \approx 0,1670.$

13) Bei gegebenem k gilt mit $p=v/V$, daß $W(X=j)=\binom{k}{j}p^j(1-p)^{k-j}$; die Vase

ist dann mit Wahrscheinlichkeit $W(X\geq1)=1-W(X=0)=1-(1-p)^k$ fehlerhaft. Wenn k nach Po(λ) verteilt ist, dann gilt

$$W(X=j) = \sum_{k=j}^{\infty} \frac{\lambda^k}{k!} e^{-\lambda}\binom{k}{j}p^j(1-p)^{k-j}, \text{ was sich vereinfachen läßt zu } \frac{(\lambda p)^j}{j!}e^{-\lambda p},$$

d. h. X ist dann nach der Poisson-Verteilung mit dem Parameter λp verteilt.

14) $F(t)=1-e^{-at-bt^2/2}$ für $t>0$, $F(t)=0$ für $t\leq0$.

15) Wenn R nach $N(\mu,\sigma^2)$ verteilt ist, dann ist die Verteilungsfunktion des
$\quad$ Querschnitts $Q=R^2\pi$ für $x>0$ gleich

$$F(x)=W(R^2\pi\leq x)=W(-\sqrt{x/\pi}\leq R\leq\sqrt{x/\pi})=W(\frac{-\mu-\sqrt{x/\pi}}{\sigma}\leq\frac{-\mu}{\sigma}\leq\frac{-\mu+\sqrt{x/\pi}}{\sigma})$$

und weil die standardisierte Variable $(R-\mu)/\sigma$ nach $N(0,1)$ verteilt ist,
folgt
$$F(x)=\Phi(\frac{-\mu+\sqrt{x/\pi}}{\sigma})-\Phi(\frac{-\mu-\sqrt{x/\pi}}{\sigma}) \text{ für } x>0 , F(x)=0 \text{ für } x\leq0 .$$

Die sich durch Differenzieren aus $F(x)$ ergebende Dichte $f(x)$ ist offenbar nicht Dichte einer Normalverteilung.

16) $W(R>5,06)+W(R<4,96)$ ist der relative Anteil des Ausschusses, da der
$\quad$ einzelne Zylinder mit dieser Wahrscheinlichkeit unbrauchbar wird.
$$W(R>5,06)=W(\frac{R-5,00}{0,03}>\frac{5,06-5,00}{0,03})=1-\Phi(2,00)=1-0,9773=0,0227$$

und $W(R < 4,96) = W\left(\dfrac{R-5,00}{0,03} < \dfrac{4,96-5,00}{0,03}\right) = \Phi(-4/3) = 0,0912$.

Man hätte also den relativen Anteil $0,0227 + 0,0912 = 0,1139$ oder $11,39\ \%$ Ausschuß.

17) $p = 0,0377$ bzw. $3,77\%$, $AOQ = p\,L_{20,2}(p) = 0,0377 \cdot 0,9622 = 0,0363$.

18) $ARL = 2/p$ (doppelt so lang wie bis zum ersten defekten Stück; k ist unerheblich (vgl. die Definition der mittleren Lauflänge!) , aber der Erwartungswert für die Anzahl der bis zum 2. entdeckten defekten Stück produzierten Stücke ist $2k/p$).

19) Wenn T mit dem Parameter h exponentialverteilt ist, dann ist $E[T] = 1/h$ (vgl. (47)) und $\quad E[T^2] = \int\limits_0^\infty t^2 h\, e^{-ht}\, dt = 2/h^2$, also $\quad \sigma_T^2 = 1/h^2$.

Die Varianz einer nach $N(\mu,\sigma^2)$ verteilten Variablen X ist gleich

$$\int\limits_{-\infty}^{\infty} \frac{(x-\mu)^2}{\sqrt{2\pi}\,\sigma}\, e^{-(x-\mu)^2/2\sigma^2}\, dx \ ;\ \text{mit}\ y = \frac{(x-\mu)}{\sigma}\ \text{wird dies zu}\ \sigma^2 \int\limits_{-\infty}^{\infty} y \cdot \frac{y}{\sqrt{2\pi}}\, e^{-y^2/2}\, dy =$$

$$= \sigma^2 \left\{ \left. -y\, e^{-y^2/2} \cdot \frac{1}{\sqrt{2\pi}} \right|_{-\infty}^{\infty} + \int\limits_{-\infty}^{\infty} \frac{1}{\sqrt{2\pi}}\, e^{-y^2/2}\, dy \right\} = \sigma^2 (0+1) = \sigma^2 \ .$$

20) Für $0 \le z \le 1$ ist $W(Z \le z) = W(X \le z) + W(X \ge 2-z) = \frac{z}{2} + \frac{z}{2} = z$. Also ist Z gleichverteilt in $[0,\ 1]$ und $E[Z] = 0,5\,km$. Als Dichte kann man daher

$f(z) = \begin{cases} 1 & \text{für } 0 \le z \le 1 \\ 0 & \text{sonst} \end{cases}$ verwenden.

21) Nach (56) ist $1/\sqrt{12}$ die Streuung; dagegen ist $E[|X-\mu|] = E[|X-\frac{1}{2}|]$ gleich

$$\int\limits_0^{0,5} (\tfrac{1}{2} - x)\, dx + \int\limits_{0,5}^1 (x - \tfrac{1}{2})\, dx = 0,25 \ .$$

22) Nach Tschebyschew ist $W(|X-\mu| \ge 3\sigma) \le \dfrac{\sigma^2}{9\sigma^2} = \dfrac{1}{9}$; für eine nach $N(\mu,\sigma^2)$

verteilte zufällige Variable X gilt $W(|X-\mu| \ge 3\sigma) = W(X-\mu \ge 3\sigma) + W(X-\mu \le -3\sigma)$
$= 1 - \Phi(3) + \Phi(-3) = 0,0027$.

23) $F(x) = W(X \le x) = 1 - \dfrac{1}{\pi} \arccos x$ für $-1 \le x \le 1$, $F(x) = 0$ für $x < -1$ und

$F(x) = 1$ für $x > 1$. ($\arccos x$ läuft von π bis 0 , wenn x von -1 bis 1 läuft!)

Als Dichte kann man $f(x) = F'(x) = \dfrac{1}{\pi\sqrt{1-x^2}}$ für $-1 < x < 1$, $f(x) = 0$ sonst,

verwenden (man beachte: $f(x) \to \infty$ für $x \uparrow 1$ und für $x \downarrow -1$). Da diese
Dichte 0-symmetrisch ist, folgt $E[X] = 0$.

24) Für $-1 \le x \le 1$ gilt $W(X \le x) = 1 - \dfrac{\arccos x - x\sqrt{1-x^2}}{\pi}$; für $x < -1$ ist $W(X \le x)$
gleich 0 und für $x > 1$ gilt $W(X \le x) = 1$.

Mit Hilfe der Ableitung erhält man $\quad f(x) = \begin{cases} \dfrac{2}{\pi}\sqrt{1-x^2} & \text{für } -1 < x < 1 \\ 0 & \text{sonst} \end{cases}$
als Dichte von X.

Wegen $W(R \le z) = W(R^2 \le z^2) = \dfrac{z^2 \pi}{\pi} = z^2$ für $0 \le z \le 1$ ist $G(z) = \begin{cases} 0 & \text{für } z < 0 \\ z^2 & \text{für } 0 \le z \le 1 \\ 1 & \text{für } z > 1 \end{cases}$

die Verteilungsfunktion, $g(z) = \begin{cases} 2z & \text{für } 0 < z < 1 \\ 0 & \text{sonst} \end{cases}$ eine Dichte von R .

$E[X] = 0$, da $f(x)$ nullsymmetrisch, $E[R] = 2/3$.

25) Die Fläche der Punkte P mit $0 \leq \vartheta \leq u$ ist $4\pi \cdot \dfrac{u}{2\pi} = 2u$ für $0 \leq u \leq 2\pi$. Also

gilt $G(u) = W(\vartheta \leq u) = u/2\pi$ für $0 \leq u \leq 2\pi$, d.h. ϑ ist gleichverteilt in $[0; 2\pi]$

Die Fläche der Punkte P mit $-\dfrac{\pi}{2} \leq \psi \leq v$ ist $\displaystyle\int_{-\frac{\pi}{2}}^{v} (2\cos\psi)\,\pi\,d\psi = 2\pi(1 + \sin v)$

für $-\dfrac{\pi}{2} \leq v \leq \dfrac{\pi}{2}$.

Daher ist $H(v) = \begin{cases} 0 & \text{für } v < -\pi/2 \\ (1+\sin v)/2 & \text{für } -\pi/2 \leq v \leq \pi/2 \\ 1 & \text{für } v > \pi/2 \end{cases}$ die Verteilungsfunktion von ψ.

26) Nach (69) ist eine Dichte von $Z=X+Y$ durch $\displaystyle g(z) = \int_{-\infty}^{\infty} \frac{1}{\sqrt{2\pi}\,\sigma}\, e^{-\frac{(x-\mu)^2}{2\sigma^2}}\, \frac{1}{\sqrt{2\pi}\,\tau}\, e^{-\frac{(z-x-\nu)^2}{2\tau^2}}\, dx$

gegeben. Die Substitution $y = \dfrac{x-\mu}{\sigma}$ vereinfacht das zu

$\displaystyle\int_{-\infty}^{\infty} \frac{1}{2\pi\tau}\, e^{-(y^2\tau^2 - (z-\sigma y-\mu-\nu)^2/2\tau^2)}\, dy$ und nun läßt sich der Exponent umfor-

men zu $-\dfrac{\sigma^2+\tau^2}{2\tau^2}\left(y - \dfrac{z-(\mu+\nu)\sigma}{\sigma^2+\tau^2}\right)^2 - \dfrac{(z-(\mu+\nu))^2}{2(\sigma^2+\tau^2)}$; die e-Funktion mit dem

ersteren dieser beiden Summanden als Exponenten ist bis auf einen konstanten Faktor eine Normalverteilungsdichte und ihr Integral nach dy ist
offenbar gleich $\sqrt{2\pi}\,\tau / \sqrt{\sigma^2+\tau^2}$. Daraus folgt

$$g(z) = \frac{1}{\sqrt{2\pi}\sqrt{\sigma^2+\tau^2}}\, e^{-\frac{(z-(\mu+\nu))^2}{2(\sigma^2+\tau^2)}} \, .$$

27) Wegen der 0-Symmetrie der Dichte $\dfrac{1}{\sqrt{2\pi}}\, e^{-x^2/2}$ von $N(0,1)$ gilt

$\displaystyle E[|X|] = 2\int_{0}^{\infty} \frac{x}{\sqrt{2\pi}}\, e^{-x^2/2}\, dx = -\sqrt{\frac{2}{\pi}}\, e^{-x^2/2}\Big|_{0}^{\infty} = \sqrt{\frac{2}{\pi}}$. Die Varianz $V[|X|]$ ist also

$E[|X|^2] - (E[|X|])^2 = E[X^2] - \dfrac{2}{\pi} = 1 - \dfrac{2}{\pi}$.

28) Da $g_1(z) = h\,e^{-hz}$ für $z \geq 0$, $g_1(z) = 0$ für $z < 0$, stimmt die Behauptung für $n=1$.

Wenn $X_1 + \ldots + X_n$ die Dichte $g_n(z) = \dfrac{h^n}{(n-1)!}\, z^{n-1}\, e^{-hz}$ für $z \geq 0$, $g_n(z) = 0$

für $z < 0$ besitzt, dann ist nach (69) eine Dichte von $X_1 + \ldots + X_n + X_{n+1}$

durch $\displaystyle\int_{-\infty}^{\infty} g_n(x)\, g_1(z-x)\, dx$ gegeben. Diese ist 0 für $z < 0$ und gleich

$$\int_{0}^{z} \frac{h^{n+1}}{(n-1)!}\, x^{n-1}\, e^{-hx}\, e^{-h(z-x)}\, dx = h^{n+1}\, e^{-hz} \cdot \frac{1}{(n-1)!} \int_{0}^{z} x^{n-1}\, dx = \frac{h^{n+1}}{n!}\, z^n\, e^{-hz}$$

für $z \geq 0$, also gleich $g_{n+1}(z)$.

29) Hier ist $g(z) = \displaystyle\int_{-\infty}^{\infty} f(x) f(z-x)\, dx$ gleich 0 für $z < 0$ und für $z > 2$; für $0 \leq z \leq 1$

ist $g(z) = \displaystyle\int_{0}^{z} 1\, dx = z$ und für $1 \leq z \leq 2$ ist $g(z) = \displaystyle\int_{z-1}^{1} 1\, dx = 2 - z$.

Man kann $g(z)$ auch über die Verteilungsfunktion $G(z)$
von $X+Y$ bestimmen. Da (X, Y) gleichverteilt im Einheitsquadrat ist, muß $G(z) = W(X+Y \leq z)$ gleich der Fläche im Einheitsquadrat sein, die unterhalb der Geraden
$x+y = z$ liegt (s. Skizze!)

Man beachte, daß $X+Y$ nicht gleichverteilt über dem
Intervall $[0; 2]$ ist!

30) Nach dem Satz von der totalen Wahrscheinlichkeit (vgl. (14)) ist

$W(X \leq x) = W(\text{Element aus 1. Gesamtheit})W(X \leq x | \text{Element aus 1. Ges. }) +$

$+ W(\text{Element aus 2. Ges.})W(X \leq x | \text{Element aus 2. Ges. })$

$= \dfrac{k}{k+1} F(x) + \dfrac{1}{k+1} G(x)$. (X ist dabei der Merkmalswert, den ein der Mischung zufällig entnommenes Element ausweist.) Wenn zu $F(x)$ und $G(x)$ die Dichten $f(x)$ bzw. $g(x)$ gehören, dann ist $\dfrac{k}{k+1} f(x) + \dfrac{1}{k+1} g(x)$ eine Dichte für X.

31) Das gewichtete arithmetische Mittel $\sum\limits_{i=1}^{n} c_i F_i(x)$ ist offenbar eine Funktion mit den Eigenschaften a), b),c) einer Verteilungsfunktion (vgl. 1.4) . Aus $\int\limits_{-\infty}^{\infty} \sum\limits_{i=1}^{n} c_i f_i(x)dx = \sum\limits_{i=1}^{n} c_i \int\limits_{-\infty}^{\infty} f_i(x)dx = 1$ folgt, daß das gewichtete arithmetische Mittel von Dichten wieder eine Dichte ist.

32) Für neue Batterien ist $W(X \leq x) = W(\dfrac{X-1,50}{0,02} \leq \dfrac{x-1,50}{0,02}) = \Phi(50x-75)$, für gelagerte Batterien gilt entsprechend : $W(X \leq x) = \Phi(50x-72)$, falls für letztere der Mittelwert 1,44 Volt ist.
Also ist die Verteilungsfunktion $F(x) = 0,7 \Phi(50x-75) + 0,3 \Phi(50x-72)$ und $E[X] = 0,7 \cdot 1,50 + 0,3 \cdot 1,44 = 1,482$ Volt.
Die Dichte $F'(x)$ ist $35\varphi(50x-75) + 15\varphi(50x-72)$, wobei φ die Dichte der Standard-Normalverteilung ist.
Nach Aufgabe 33) ist die Streuung von X gleich $\sqrt{0,02^2 + 0,06^2 \cdot 0,7 \cdot 0,3} = 0,034$.

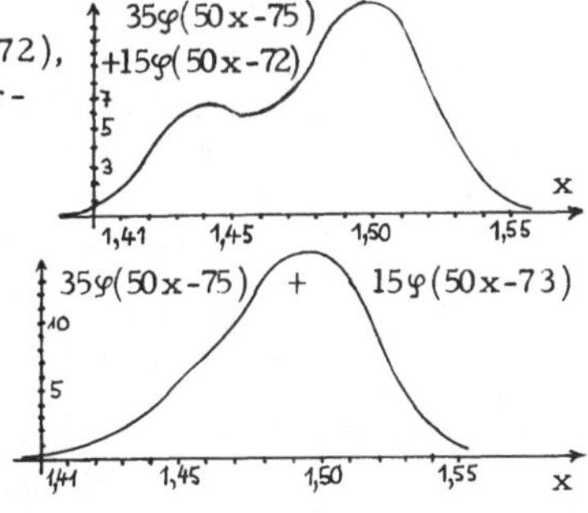

Wenn die gelagerten Batterien einen Mittelwert von 1,46 Volt haben, dann ist $F(x) = 0,7 \Phi(50x-75) + 0,3 \Phi(50x-73)$, $E[X] = 0,7 \cdot 1,50 + 0,3 \cdot 1,46 = 1,488$ Volt, $f(x) = F'(x) = 35\varphi(50x-75) + 15\varphi(50x-73)$.
Wie die Skizzen zeigen, hat die letztere Dichte nur ein Maximum, während die erstere eine sog. "zweigipfelige" Dichte ist!

33) $E[X] = \int\limits_{-\infty}^{\infty} x(pf(x) + q g(x))dx = p \cdot \mu_1 + q \cdot \mu_2$, wobei wir $q = 1-p$ setzen.

Ebenso folgt $E[X^2] = \int\limits_{-\infty}^{\infty} x^2(pf(x) + qg(x))dx = p(\sigma_1^2 + \mu_1^2) + q(\sigma_2^2 + \mu_2^2)$

Also ist $V[X] = E[X^2] - (E[X])^2 = p \sigma_1^2 + q \sigma_2^2 + (\mu_2 - \mu_1)^2 \cdot pq$.

34) Wenn $N(36; 9)$ gilt, ist $W(X < 28) + W(X > 40) = \Phi(-\dfrac{8}{3}) + 1 - \Phi(\dfrac{4}{3}) = 0,0950$,

wenn $N(34; 9)$ gilt, ist $W(X < 28) + W(X > 40) = \Phi(-2) + 1 - \Phi(2) = 2\Phi(-2) = 0,0455$, es werden dann auf lange Sicht also nur noch 4,55 % zurückgewiesen.
Bei $N(34; 9)$ hat der Merkmalswert X eines zum Versand kommenden Stücks die Verteilungsfunktion
$F(x) = W(X \leq x | 28 \leq X \leq 40)$; es folgt $F(x) = 0$ für $x < 28$ und $F(x) = 1$ für $x > 40$.

Für $28 \leq x \leq 40$ ist $F(x) = \dfrac{W(X \leq x) - W(X \leq 28)}{W(X \leq 40) - W(X \leq 28)} = (\Phi(\dfrac{x-34}{3}) - \Phi(-2))/0,9545$.

Zu dieser "zweiseitig gestutzten" Normalverteilung gehört die Dichte $\dfrac{1}{0,9545} \cdot \dfrac{1}{3} \varphi(\dfrac{x-34}{3})$, wobei φ die Dichte der Standard-Normalverteilung ist; da $\varphi(\dfrac{x-34}{3})$ symmetrisch bezüglich 34 ist, folgt

$E[X \mid 28 \leqslant X \leqslant 40] = 34$. Die Varianz von X unter der Bedingung $28 \leqslant X \leqslant 40$ ist

$$\int_{28}^{40} (x-34)^2 \frac{1}{3 \cdot 0,9545} \varphi\left(\frac{x-34}{3}\right) dx = \int_{-2}^{2} \frac{9}{0,9545} y^2 \varphi(y) dy = 6,96 \ .$$

35) Es ist eine Zweipunkte-Bedingung mit $p_\alpha = 0,004$, $\alpha = 0,90$, $p_\beta = 0,040$ und $\beta = 0,10$ gegeben. $\bar{n} \approx 98$, $\bar{c} = 1$ folgt nach Satz 2.4 aus nachstehendem Rechenschema:

c	$\chi^2(0,90;2(c+1))$	$\chi^2(0,10;2(c+1))$	$\frac{1}{0,08}\chi^2(0,90;2(c+1))$	$\frac{1}{0,008}\chi^2(0,10;2(c+1))$
0	4,605	0,211	57,56	26,38
1	7,779	1,064	97,24	133,0

Aus Satz 2.5 folgt, daß auch $L_{98,1}(p)$ und $L_{50\,000,\,98,\,1}(p)$ die Zweipunkte-Bedingung erfüllen; mit Hilfe der in Satz 2.6 genannten Bedingungen 12a) und 12b) folgt, daß die Zweipunkte-Bedingung mit $c = 0$ nicht erfüllbar ist und daß $n^* = 96$, $c^* = 1$ der Prüfplan ist, der die Zweipunkte-Bedingung im Falle von $L_{n,c}(p)$ mit geringstem Stichprobenumfang erfüllt. Daß diese dann auch von $L_{50\,000,\,96,\,1}(p)$ erfüllt wird, ergibt sich wieder aus Satz 2.5 .

36) Hier gibt eine OC-Kurve des binomialen Typs $L_{n,c}(p)$ die exakte Annahmewahrscheinlichkeit an. Als erste Näherung für den gesuchten Prüfplan bestimmen wir $\bar{n} = 156$, $\bar{c} = 3$ aus dem folgenden Rechenschema als denjenigen Prüfplan, der im Fall von $L^*_{n,c}(p)$ die gegebene Zweipunkte-Bedingung mit geringstem Stichprobenumfang erfüllt.

c	$\chi^2(0,95;\ 2(c+1))$	$\chi^2(0,10;\ 2(c+1))$	$\frac{1}{0,10}\cdot\chi^2(0,95;\ 2(c+1))$	$\frac{1}{0,02}\cdot\chi^2(0,10;\ 2(c+1))$
0	5,991	0,211	59,91	10,55
1	9,488	1,064	94,88	53,20
2	12,592	2,204	125,92	110,20
3	15,507	3,490	155,07	174,50

Die Näherung $\bar{n} = 156$, $\bar{c} = 3$ läßt sich mit Hilfe von Satz 2.6 und den dort genannten Bedingungen 12a) und 12b) noch verbessern zu $n^* = 153$, $c^* = 3$. Mit $c \leqslant 2$ ist die Zweipunkte-Bedingung nicht erfüllbar.

37) Die Lösung ist abhängig vom Würfel-Ergebnis.

38) $\alpha = 0,90$, $\beta = 0,05$, also $A = 0,05/0,90 = 0,05556$, $B = 0,95/0,10 = 9,500$;

$$-a = \ln\frac{0,05}{0,90} \Big/ \ln\frac{0,06 \cdot 0,995}{0,005 \cdot 0,94} = -1,137 \ , \quad b = \ln\frac{0,95}{0,10} \Big/ \ln\frac{0,06 \cdot 0,995}{0,005 \cdot 0,94} = 0,8857$$

$$c = \ln\frac{0,995}{0,940} \Big/ \ln\frac{0,06 \cdot 0,995}{0,005 \cdot 0,94} = 0,02237 \ .$$

Aus $\beta = 1 - \alpha$ folgt $A = (1-\alpha)/\alpha$, $B = (1-\beta)/(1-\alpha) = \alpha/(1-\alpha) = 1/A$ und

daher $\ln A = -\ln B$, woraus nach (29) schon $a = b$ folgt.

39) Da sich $p = 0,005$ und $p = 0,06$ deutlich von $c = 0,02237$ unterscheiden, benutzen wir (51) und erhalten

$$E[Z]_{0,005} \approx \frac{-1,137 \cdot 0,90 + 0,8857 \cdot 0,10}{0,005 - 0,02237} = 53,8 \text{ und analog } E[Z]_{0,06} \approx 20,85.$$

Wenn im Fall der Ablehnung eine Totalkontrolle einsetzt, ist der mittlere Prüfumfang $E[Y]_{0,005}$ nach (48) in etwa gleich

$$\frac{-1,137}{0,005-0,02237}\ 0,90 + 0,10\,N = 58,91 + 0,10\,N\ .$$

40) Ein einfacher Prüfplan, der die 2-Punkte-Bedingung $L(0,005) \geq 0,90$ und $L(0,060) \leq 0,05$ für die binomiale OC-Kurve erfüllt, ist z. B. $n = 80$, $c = 1$; man kann ihn bestimmen, indem man die ersten drei Spalten des Rechenschemas von Aufgabe 36 benutzt und dann weiter wie dort verfährt. Es ist

$L_{80,1}(0,005) = 0,995^{80} + 80 \cdot 0,005 \cdot 0,995^{79} = 0,93886$ und $L_{80,1}(0,06)$ ist

$0,94^{80} + 80 \cdot 0,06 \cdot 0,94^{79} = 0,04325$. Nach (16) ist der durchschnittliche Prüfumfang bei abbrechender Kontrolle also für $p = 0,005$ gleich

$$80 \cdot 0,93886 + \frac{2}{0,005}\left(0,06114 - \binom{80}{2}0,005^2 \cdot 0,995^{79} \right) = 78,3 \text{ und für}$$

$$p = 0,060 \text{ gleich } 80 \cdot 0,04325 + \frac{2}{0,06}\left(0,95675 - \binom{80}{2}0,06^2 \cdot 0,94^{79} \right) = 32,45\ .$$

Wenn im Fall der Ablehnung eine Totalkontrolle einsetzt, ist der mittlere Prüfumfang nach (47) gleich $80 \cdot 0,93886 + N \cdot 0,06114 \approx 75,1 + N \cdot 0,061$;

41) $L_{125,\,5}(0,015) = 0,988$, $L_{125,\,3}(0,015) = 0,880$, $L_{50,\,2}(0,015) = 0,961$;

$\quad L_{125,\,5}(0,05) = 0,401$, $L_{125,\,3}(0,05) = 0,1238$, $L_{50,\,2}(0,05) = 0,541$.

42) $L_{225,\,5}(0,015) = 0,875$, $L_{225,\,5}(0,05) = 0,02926$.

43)

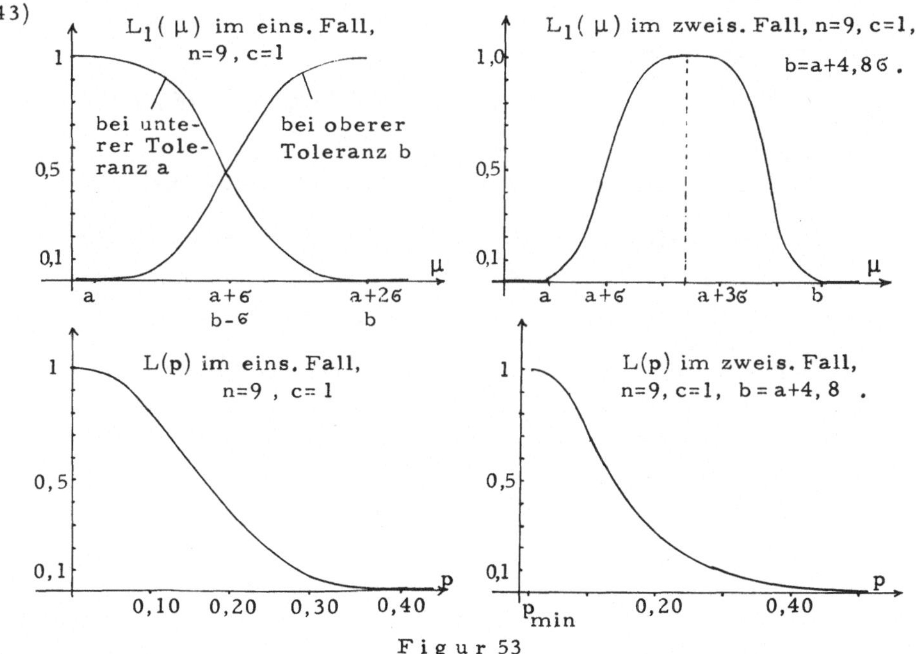

Figur 53

44) Aus der dritten Figur zu 43) lesen wir $L(0,075) \approx 0,90$, $L(0,28) \approx 0,10$ ab;

ein einfacher Prüfplan n, c der Gut-Schlecht-Prüfung, bei dem $L_{n,c}(p)$ diese beiden Bedingungen ebenfalls erfüllt, ist $n = 23$, $c = 3$, und zwar ist $L_{23,3}(0,075) = 0,9108$, $L_{23,3}(0,28) = 0,0797$.

45) Bei exakter Einstellung auf den Mittelwert $700 \, cm^3$ ist $p = \min p(\mu)$ nach (57) gleich $2\Phi((a-b)/2\sigma) = 2\Phi(-5) \approx 7 \cdot 10^{-7}$. Mit Hilfe von (60) erhält man den gesuchten Prüfplan n, $c\sigma$ mit $n = 32$, $c = 2,347$. Man läßt die Maschine also weiterlaufen, wenn das aus 32 Inhalten berechnete Mittel $\overline{X}$ im Intervall $[690 + 2,347\sigma \, ; \, 710 - 2,347\sigma] = [694,69 \, ; \, 705,31]$ liegt. Die Bedingungen von Satz 2.16 sind hier sehr gut erfüllt und damit ist die Verwendung der Formeln (60) für den vorliegenden zweiseitigen Fall gerechtfertigt.

46) Wir können eine obere Toleranzgrenze b willkürlich wählen; wählen wir $b = \mu_0$, dann ist also $\mu_\beta = b = \mu_0$, $\beta = 0,10$, $\mu_\alpha = \mu_0 - \sigma$, $\alpha = 0,90$; der gesuchte Prüfplan n, $c\sigma$ kann nun nach (54) mit

$$n \approx \frac{(2 \cdot 1,282)^2}{\sigma^2} \, \sigma^2 \quad , \text{ also } n = 7 \text{ und } c = 0 + \frac{1,282}{\sqrt{7}} = 0,484$$

bestimmt werden. Praktisch dasselbe erhält man nach (60), wenn man $p_\alpha = p(\mu_\alpha) = p(\mu_0 - \sigma) = 1 - \Phi(1) = 0,1586$ und $p_\beta = p(\mu_\beta) = p(\mu_0) = 0,5$ berechnet und die 2-Punkte-Bedingung für $L_1(\mu)$ in die äquivalente 2-Punkte-Bedingung für $L(p)$ im einseitigen Fall umformt. Wir erhalten dann wieder $n = 7$ und $c = 0,500$. Der kleine Unterschied bei c erklärt sich damit, daß bei (54) der aufgerundete, ganzzahlige Wert von n in die Berechnung von c eingeht.

47) Bei oberer Toleranzgrenze b ist $\Phi^{-1}(p_\alpha) = \frac{\mu_\alpha - b}{\sigma}$, $\Phi^{-1}(p_\beta) = \frac{\mu_\beta - b}{\sigma}$; setzt man dies bei (60) ein, dann erhält man für n dieselbe Formel wie in (54) und für c erhält man zunächst

$$c = \frac{\frac{\mu_\alpha - b}{\sigma} \, \Phi^{-1}(\beta) - \frac{\mu_\beta - b}{\sigma} \, \Phi^{-1}(\alpha)}{\Phi^{-1}(\alpha) - \Phi^{-1}(\beta)} \, , \text{ was zu } c = \frac{b - \mu_\beta}{\sigma} - \Phi^{-1}(\beta) \, / \sqrt{n} \, , \text{ also zu der-}$$

selben Formel für c wie in (54) umgeformt werden kann; dabei ist mit n nicht der aufgerundete ganzzahlige Wert, sondern die Formel für n nach (54) gemeint. Wählt man also statt b die obere Toleranzgrenze $b + \Delta$, dann geht c über in $c + \Delta/\sigma$ und die Schranke $b - c\sigma$ für $\overline{X}$ bleibt unverändert.

48) Die standardisierte Variable $Y = hX - 1$ hat die Verteilungsfunktion $\overline{F}(y) = 1 - e^{-(1+y)}$ für $y \geq -1$, $\overline{F}(y) = 0$ für $y \leq -1$. Bei unterer Toleranzgrenze nimmt man an, falls $\overline{X} \geq a/(1-c)$.
Bei oberer Toleranzgrenze b lauten die (65) entsprechenden Formeln

$$n \approx \left[\frac{\Phi^{-1}(\alpha)(1 + \overline{F}^{-1}(1 - p_\beta)) - \Phi^{-1}(\beta)(1 + \overline{F}^{-1}(1 - p_\alpha))}{\overline{F}^{-1}(1 - p_\alpha) - \overline{F}^{-1}(1 - p_\beta)} \right]^2 ,$$

$$c = \frac{\Phi^{-1}(\alpha) \, \overline{F}^{-1}(1 - p_\beta) - \Phi^{-1}(\beta) \, \overline{F}^{-1}(1 - p_\alpha)}{\Phi^{-1}(\alpha) - \Phi^{-1}(\beta)} \quad ;$$

ersetzt man hier die Argumente $1 - p_\alpha$ und $1 - p_\beta$ durch p_α bzw. p_β , dann erhält man die entsprechende Formel für n und die für $-c$ bei unterer Toleranzgrenze.
Aus $\overline{F}^{-1}(1 - p_\alpha) = \overline{F}^{-1}(0,99) = 3,605$, $\overline{F}(1 - p_\beta) = \overline{F}^{-1}(0,97) = 2,507$, $\Phi^{-1}(\alpha) = 1,282$

$\Phi^{-1}(\beta) = \Phi^{-1}(0,10) = -1,282$ folgt dann $n \approx 89,7$, also $n = 90$ und $c = 3,056$.
Bei oberer Toleranz b ist die 2-Punkte-Bedingung also näherungsweise
erfüllt, falls man genau dann ablehnt, wenn das aus 90 Messungen zu ge-
winnende Mittel $\overline{X}$ größer als $b/4,056$ ausfällt.
Für den Fall einer unteren Toleranz a berechnen wir $\overline{F}^{-1}(p_\alpha) = \overline{F}^{-1}(0,01)$
zu $-0,98995$ und $\overline{F}^{-1}(p_\beta) = \overline{F}^{-1}(0,03) = -0,96954)$ und erhalten $n \approx 6,47$,
also $n = 7$ und $c = 0,9797$. Die 2-Punkte-Bedingung ist hier also in etwa
erfüllt, falls man genau dann ablehnt, wenn das aus 7 Messungen zu ge-
winnende Mittel $\overline{X}$ kleiner als $a/(1-c) = 49,26\, a$ ausfällt.

49) Der Nichtzentralitätsparameter $\delta = \Phi^{-1}(p)\sqrt{n}$ wächst streng monoton mit
p und nach (69) gilt
$$L(p) = W\left(\frac{(\overline{X}-\mu)\sqrt{n}}{S} + \frac{\delta\sigma}{S} \le -c\sqrt{n} \right) ;$$

da die Verteilungen von $(\overline{X}-\mu)/S$ und σ/S nicht von μ, σ und damit auch
nicht von δ abhängen, fällt $L(p)$ streng monoton in δ und somit auch
in p .

50) Dem Nomogramm von Figur 26 ist $n = 7$, $c \approx 2,12$ zu entnehmen, mit den
Formeln (60) erhält man $n \approx 6,48$, also $n = 7$ und $c = 2,15$.
Der Prüfplan $n = 7$, $c\sigma = 2,15\cdot 1,40$ ist bei einem tatsächlichen Wert von
$\sigma = 1,20$ gleichbedeutend mit dem Prüfplan $n = 7$, $c'\sigma = 2,508\cdot 1,20$, denn
$2,15\cdot 1,40 = 2,508\cdot 1,20$.
Nach (58) ist die Annahmewahrscheinlichkeit $L(p) = \Phi(-(c+\Phi^{-1}(p))\sqrt{n})$;

mit $c' = 2,508$ und $n = 7$ erhält man $L(0,004) = \Phi(-(2,508-2,652)\sqrt{7}) = 0,648$
und $L(0,05) = \Phi(-(2,508-1,645)\sqrt{7}) = 0,011$. Durch die Überschätzung von
werden die tatsächlichen Annahmewahrscheinlichkeiten also erheblich
kleiner als 0,90 bzw. 0,10 .
Wenn man σ nicht als bekannt ansieht, erhält man aus dem Nomogramm
$n = 22$, $c \approx 2,12$ und nach den Formeln (74) und (75) folgt $c \approx 2,15$ und
$$n \approx 6,48\left(1+ \frac{c^2}{2}\right) = 21,45 , \text{ also ebenfalls } n = 22 .$$

51) Für $G_0 = 5/40 = 0,125$ gilt $W(\overline{p} > G_0) = 1 - \sum_{k=0}^{5} \binom{40}{k} 0,03^k (0,97)^{40-k} = 0,00116.$

52) Wenn $p = 0,10$, dann ist bei $n = 40$ und $G_0 = 0,125$ die Überschreitungswahrscheinlichkeit 0,2063 . Bei einer Überschreitungswahrscheinlichkeit w
ist der Erwartungswert von h allgemein gleich
$$E[h] = 1\cdot w + 2(1-w)w + 3(1-w)^2 w + \ldots = \frac{1}{w} , \text{ hier also } \frac{1}{0,2063} .$$

53) $G_0 = 11$; wegen $W(Y=0) = e^{-3,4} = 0,0334 > \alpha = 0,002$ gibt es keine untere
Kontrollgrenze.

54) Von den 1000 Stücken werden 425 geprüft und dabei werden 33 defekte
entdeckt. Der Ausschußanteil in der abgefertigten Ware ist also noch
$(90-33)/1000 = 0,057$ oder $5,7\%$. Bei einem Prozeß, der mit $p = 0,09$
unter statistischer Kontrolle ist, würde man auf lange Sicht den Prüfanteil $\overline{a} = 0,391$ und einen AOQ von $0,09(1-0,391) = 0,0548$ oder $5,48\%$
erhalten.

55) T ist 0,057 ; da die Auswahl aus den Fünfergruppen nicht zufällig, son-

dern "zyklisch" ist, werden die Stücke Nr. 1, 7, 13, 19, 25, 26, 32, 38, 44,
50 und 51 geprüft und 51 ist das erste entdeckte defekte Stück. Es gehört zur Fünfergruppe 51-55 und e_{55} = 4/55 ist größer als T. Daher
folgt nun eine Totalkontrolle von Nr. 56 bis 71, denn von den Brüchen
4/56 , 4/57, ... ist 4/71 der erste, der nicht größer als T ist. Dabei
werden die defekten Stücke Nr. 58 und 68 entdeckt, ändern aber d_N nicht.
Von den Fünfergruppen 72-76, 77-81 und 82-86 werden nun die Stücke
73, 79 und 85 geprüft; 85 ist das zweite bei Stichprobenkontrolle entdeckte defekte Stück; da e_{86}=8/86> T,folgt Totalkontrolle für die Stücke
87 bis 141, denn 8/141 ist als erster unter den Brüchen 8/87, 8/88,...
nicht größer als T. Fährt man so fort, dann werden insgesamt 614
Stücke kontrolliert und dabei werden 59 der 90 defekten Stücke entdeckt. In der abgefertigten Ware ist daher der Ausschußanteil 0,031
und der Anteil der geprüften Stücke ist 0,614 .

<u>Bemerkung</u>: Eigentlich müßte man die Auswahl des zu prüfenden Stücks bei
jeder Fünfergruppe zufällig vornehmen und dann hängen die Ergebnisse der Aufgaben 54) und 55) natürlich vom Zufall ab; man könnte die
zufällige Auswahl mit einem Würfel realisieren, indem man das i-te Stück
einer Fünfergruppe prüft, wenn man die Zahl i aus $\{1, 2, 3, 4, 5\}$ gewürfelt
hat.

56) Die Quantile $H_n^{-1}(1-\frac{\alpha}{2})$ und $H_n^{-1}(\frac{\alpha}{2})$ der Verteilungsfunktion $H_n(y)$ sind
für n = 5 und α = 0,01 gleich $-\ln(1-0,995^{0,25})$ und $-\ln(1-0,005^{0,25})$ und
nach (29) ist daher G_o = 2, 5 $(-\ln(1-0,995^{0,25}))$ = 16,71 und G_u ist gleich
$2,5(-\ln(1-0,005^{0,25})$ = 0,773 . Eingegriffen wird also, wenn $\xi_5 - \xi_1 > 16,71$
oder wenn $\xi_5 - \xi_1 < 0,773$ gilt.
Die Operationscharakteristik ist nach (30) gleich

$$L_R(\sigma) = [1-(1-0,995^{0,25})^{2,5/\sigma}]^4 - [1-(1-0,005^{0,25})^{2,5/\sigma}]^4 \; ;$$

wegen $\sigma = 1/h$ kann sie auch als Funktion $\tilde{L}(h)$ geschrieben werden.

Die nebenstehende Skizze zeigt diese
Operationscharakteristik in Abhän-
gigkeit von h = 1/σ .
Wird nur G_o benutzt, dann ist die
Operationscharakteristik gleich

$$L_{R,o}(\sigma) = [1-(1-0,995^{0,25})^{2,5/\sigma}]^4 \; ;$$

die hier in der Figur gestrichelt
angedeutete Funktion ist
$\tilde{L}_o(h) = L_{R,o}(\frac{1}{h})$.

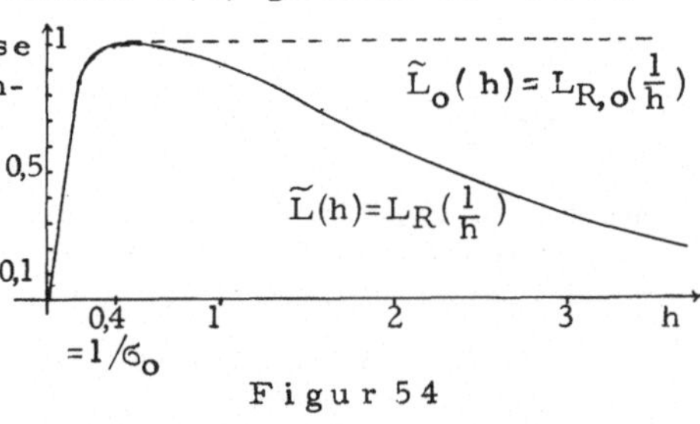

Figur 54

57) Für den Sollwert σ_o = 2,10 ist G_o=3,648 und G_u = 0,6993 . Der sechste und
der dreizehnte der beobachteten S-Werte überschreiten G_o .

58) Für die $\overline{X}$-Karte ist $G_o = \mu_o + \lambda_{0,998} \sigma_o/\sqrt{5}$ =0,100+3,09·0,0040/$\sqrt{5}$ = 0,10553,
G_u = 0,100 -3,09·0,0040/$\sqrt{5}$ = 0,09447.
Für die S-Karte ist $G_o = \sigma_o \cdot 2,149$ = 0,00860 , $G_u = \sigma_o \cdot 0,1507$ = 0,000603
(s. Tab. 7). Wegen der Unabhängigkeit von $\overline{X}$ und S bewirkt eine einzelne Stichprobe mit der Wahrscheinlichkeit $1-(0,998)^2$ =0,003996$\approx 2\alpha$=0,004
ein unnötiges Eingreifen.

59) Wegen $\widetilde{S}_i = S_i + 0,40i$ läßt sich die Skizze leicht mit Hilfe der in Beispiel 8 bereits berechneten S_i-Werte anfertigen. So ist z. B. $\widetilde{S}_{17} = -6,33 + 17 \cdot 0,40 =$ $= 0,47$, $\widetilde{S}_9 = 1,73 + 9 \cdot 0,40 = 5,33$; kein $\widetilde{S}_i$ hat einen Vorgänger, der größer als $\widetilde{S}_i + 5$ wäre und daher wird auch nicht eingegriffen.

Wenn $k = 5,70$ statt $5,80$, dann gilt $\widetilde{S}_i = S_i + 0,50i$ und wir erhalten nun die Werte von $\widetilde{S}_0$ bis $\widetilde{S}_{34}$ zu 0 , 0,16 , -0,21 , 1,82 , 3,10 , 2,87 , 5,51 , 5,32, 5,74 , 6,23 , 5,30 , 5,43 , 5,42 , 4,70 , 4,58 , 3,87 , 2,61 , 2,17 , 3,39 , 4,72 , 5,74 , 5,35 , 4,60 , 6,84 , 6,91 , 8,02 , 9,56 , 9,65 , 10,43 , 11,40 , 12,62 , 13,17 , 14,49 , 14,43 , 15,92 .
Auch hier hat keines der S_i einen um mehr als 4,50 größeren Vorgänger und daher wird auch jetzt nicht wegen Abweichungen nach unten eingegriffen. (Die Karte wäre durch den Übergang von $\widetilde{h} = -5$ zu $\widetilde{h} = -4,50$ sensibler geworden, doch der gleichzeitige Übergang von $\widetilde{k} = 5,80$ zu $\widetilde{k} = 5,70$ gleicht dies offensichtlich mehr als aus!)

60) Das Ereignis $S_N > h$ hat wegen $S_N = S_N - S_0$ zur Folge, daß spätestens bei der N-ten Stichprobe ein Eingriff ausgelöst wird. Die Wahrscheinlichkeit für einen Eingriff noch vor der (N+1)-ten Stichprobe ist also größer oder gleich $W(S_N > h)$ für alle $N = 1, 2, \dots$. Da $\overline{X}_1 + \dots + \overline{X}_N$ nach der Normalverteilung mit dem Mittelwert $N\mu$ und der Streuung $\sigma\sqrt{N/n}$ verteilt ist, folgt allgemein:

$$W(S_N > h) = W(\overline{X}_1 + \dots + \overline{X}_N > h + Nk) = 1 - \Phi\left((h + N(k-\mu)) \frac{\sqrt{n/N}}{\sigma}\right)$$

und dies geht für $N \to \infty$ gegen 1, wenn $\mu > k$, gegen 0 , wenn $\mu < k$ und gegen 0,5 , wenn $\mu = k$. Für $\mu = \mu_0 + 0,5\sigma$, $n = 9$ und $h = 2\sigma$ folgt

$$W(S_{10} > 2\sigma) = 1 - \Phi(-0,947) = 0,823 , \quad W(S_{20} > 2\sigma) = 1 - \Phi(-2,683) = 0,996.$$

61) Die Anzahlen $X_1, X_2, \dots$ sind 5 , 12 , 9 , 5, 3 , 6 , 3 , 4 , 2 , 3 , 4 , 3 , $\dots$

(Formeln und Abkürzungen wie "d. h." fallen weg). Die 5-gliedrigen gleitenden Durchschnitte sind $\hat{X}_5 = 6,8$, $\hat{X}_6 = 7,0$, $\hat{X}_7 = 6,6$, $\dots$ usw. ; der erste Eingriff würde durch $\hat{X}_{28} = 7,6$ (bei dem Wort "Beobachtungen" in der 4. Textzeile) ausgelöst.
Als gewichtete gleitende Durchschnitte für eine WESUM-Karte mit den Gewichten $g_1 = 0,30$, $g_2 = g_3 = g_4 = 0,20$, $g_5 = 0,10$ ergeben sich hier
$\hat{\hat{X}}_5 = 6,60$, $\hat{\hat{X}}_6 = 6,40$, $\hat{\hat{X}}_7 = 4,60$, $\dots$ usw. und nun wäre bereits $\hat{\hat{X}}_{20} = 8,00$ größer als $G_0 = 7,50$ und der Eingriff würde bei dem Wort "arithmetisches" ausgelöst.
Die geometrischen Durchschnitte für $\gamma = 0,10$ sind $Q_1 = 5$, $Q_2 = 5,70$, $Q_3 = 6,03$, $Q_4 = 5,927$, $\dots$ usw. und nun hätten wir den ersten Eingriff erst bei $Q_{44} = 7,5903$, d. h. bei dem Wort "Durchschnitte" in der 6. Textzeile.

62) a) $\alpha = 0,0073$, $\gamma = 0,0181$; ARL ohne Warngrenzen: $1/\alpha = 137$;
   ARL mit Warngrenzen (vgl. (52)): $(1+\gamma)/(1 - (\beta - \gamma)(1+\gamma)) = 131$.

   b) $\alpha = 0,0371$, $\gamma = 0,0536$; ARL ohne Warngrenzen: 26,95 , ARL mit Warngrenzen: 25,1 .

   c) $\alpha = 0,01268$, $\gamma = 0,0346$; ARL ohne Warngrenzen: 78,9 , ARL mit Warngrenzen: 72,3 .

63) Mit $u = -2,96$, $v = -1,14$ gilt $1/2\Phi(u) > 300$, $1/\Phi(v) < 8$ und der nach (51) zu bestimmende Stichprobenumfang ist etwa gleich $n = 19$ (es ist $\Delta_1 = 0$

und $\Delta_2 = 0,4167$). Nach (51) erhält man auch $\lambda_\beta = 2,96$; die Kontrollgrenzen sind also $G_o = 16,00 + 2,96 \cdot 0,12/\sqrt{19} = 16,0815$, $G_u = 15,9185$. Die ARL ist dann für $\mu = 16,00$ gleich 325 , für $\mu = 16,05$ gleich 7,9 . Die 2σ - Warngrenzen sind dann 15,945 und 16,055 ; falls $\mu = 16,00$, ist $\alpha = 0,003076$, $\gamma = 0,04264$ und daraus folgt ARL $= 207$. Wenn $\mu = 16,05$, dann ist $\alpha = 0,1263$, $\gamma = 0,302$ und daher ARL $= 5,09$.

64) Die Parameter b_1 , a_2 und b_2 sind bei $N = 3000$ halb so groß wie in Beispiel 1 mit $N = 6000$ und a_1 ist wieder gleich 0 . Daher haben wir wieder die Trennqualität $p_o = 0,040$, die relativen Prüfkosten d sind nun $\frac{4}{3} 10^{-5}$. Nach Tabelle 8 wird $\hat{c} = 4$, weil $D = 0,0085$ zwischen D_3 und D_4 liegt. Aus (13) bzw. (15) folgt dann $\hat{n} = 113$ und (14) liefert die Näherung für den Minimax-Wert in Höhe von 0,004640 .
Da wir wieder $p_o = 0,040$ haben, können wir mit Hilfe des bei Beispiel 2 angegebenen Tabellenauszugs den kostenoptimalen Prüfplan $n^* = 121$, $c^* = 4$ und den tatsächlichen Minimax-Wert $M(121, 4) = 0,004642$ bestimmen.

65) a) Weil $d \dfrac{2}{p_o^2(2-p_o)} = 0,40 > \pi(0) = 0,054632$, folgt $\bar{c} = 0$ und nach (28) berechnet man $\bar{n} \approx 8,18$, also $\bar{n} = 8$; nach (29) ist $\bar{M}(8,0) = 0,04768$

b) Nach Tab. 10 gehört zu $d/p_o^2 = 0,38$ die Hilfsgröße $\lambda = 0,871$; $p_o = 0,10$ ist größer als die für $\lambda = 0,871$ negative Schranke $2(1 - \dfrac{\lambda}{2+\lambda} e^{1+\lambda})$ und daher ist $\bar{n} \approx (2-p_o)\lambda/2p_o = 8,27$, also $\bar{n} = 8$ und $\bar{c} = 0$. Nach (32) ist der Minimax-Wert von $R(p)$ ungefähr 0,04719 .

66) $V_1(p) = -80\,000 + 280\,000\,p$, $p_o = 0,2857$, $d = 0,0002143$. Offensichtlich haben wir den Normalfall mit $1/N < p_o < 1/2$ und $d2/(p_o^2(2-p_o)) < 0,38274$; daher ist Tabelle 9 und die dazugehörige Vorschrift anzuwenden, welche $\bar{c} = 8$, $\bar{n} = 30$ und $\bar{M}(30, 8) = 0,02007$ liefern. Bei ungünstigstem p hat der Erwartungswert des vermeidbaren Verlusts also den maximalen Wert von etwa $0,02007 \cdot 280\,000 = 5620$ DM .

67) Wegen $p_o = 0,07$, $d = 8 \cdot 10^{-6}$ liegt offensichtlich wieder der Normalfall vor und nach Tabelle 9 und der dazugehörenden Vorschrift folgt $\bar{c} = 13$, $\bar{n} = 195$ und $\bar{M}(195, 13) = 0,004157$; der Minimaxwert des mittleren vermeidbaren Verlusts $V_v(p)$ ist bei Verwendung des Prüfplans $\bar{n} = 195$, $\bar{c} = 13$ also etwa gleich $0,004157 \cdot (b_1 - b_2) + d_2$, wenn die fixen Prüfkosten d_2 gleich 0 sind also $0,004157 \cdot 300\,000 = 1247$ DM .

68) Für $p = \dfrac{M}{N}$ ist
$$L_{N,n,c}(p) = \sum_{k=0}^{c} \frac{\binom{M}{k}\binom{N-M}{n-k}}{\binom{N}{n}} = 1 - \sum_{k=c+1}^{n} \frac{\binom{M}{k}\binom{N-M}{n-k}}{\binom{N}{n}}$$
, was mit $i = n-k$ auch in der Form
$$1 - \sum_{i=0}^{n-c-1} \frac{\binom{N-M}{i}\binom{N-(N-M)}{n-i}}{\binom{N}{n}} = 1 - L_{N,n,\tilde{c}}(\tilde{p})$$
mit $\tilde{c} = n-c-1$ und $\tilde{p} = 1-p = (N-M)/N$ geschrieben werden kann. Durch Einsetzen dieser Symmetrie-Beziehung in $R(p)$ folgt das übrige.

69) Zu $p_o = 0,04$ gehört $\hat{c} = -\phi^{-1}(0,04) = \phi^{-1}(0,96) = 1,7507$ und $\hat{\varphi} = \varphi(1,7507) = 0,08617$. Nach (38) ist daher $\hat{n} \approx 0,193 \, [0,08617/\frac{2}{3}10^{-5}]^{2/3} = 106,3$, also $\hat{n} = 106$. Die Näherung für den Minimax-Regret-Wert ist also

nach (38) gleich $\hat{n}\,d\cdot 0,580/0,193 = 3\hat{n}\,d = 318(2/3)\cdot 10^{-5} = 0,00212$. (Bei Gut-Schlecht-Prüfung (s. Beispiel 2) war $n^{*}=196$, $c^{*}=7$ kostenoptimal für $p_{o}=0{,}04$ und $d=(2/3)\cdot 10^{-5}$ und der zugehörige Minimax-Wert war $0,00369$.)

Figur 55 zeigt $R(p)$ für $\hat{n}=106$ und $\hat{c}=1,7507$; dies ist nach (36) für $0\leqq p\leqq 0,04$ die Funktion

$$(0,04-p)(1-\Phi(-(1,7507+\Phi^{-1}(p))\sqrt{106}) +$$
$$+106(2/3)\cdot 10^{-5}\ ,\ \text{für } 0,04 \leqq p \leqq 1 \text{ die}$$

Funktion
$$(p-0,04)\Phi(-(1,7507+\Phi^{-1}(p))\sqrt{106}) +$$
$$+ 106(2/3)\cdot 10^{-5}\ .$$

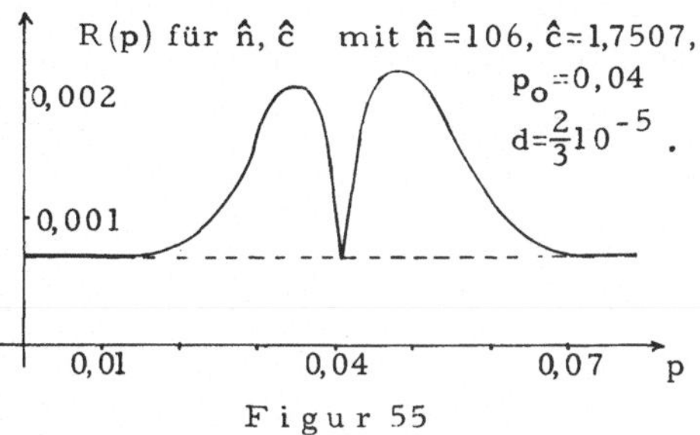

Figur 55

70) Man verfährt wie bei der Herleitung von Satz 4.5; die Lösung geht aus Satz 4.6 hervor.

71) Da die Kosten r genau dann anfallen, wenn die Kosten e anfallen, muß man in der Formel für w^{*}, in (55) und in den Ungleichungen der Sätze 4.6 und 4.7 jeweils e durch e+r ersetzen. So erhält man dann $k^{*}=50$, $w^{*}=0,028$.

72) Wenn die i-te Stichprobe nach Eintritt der Störung zum Eingriff führt, dann ist $\tau_{2}=Z+(i-1)T$, wobei Z die Zeit vom Eintritt der Störung bis zur ersten Stichprobe danach ist. Also ist $E[\tau_{2}]= E[Z]-T+ T\,E[i]$ und wegen $E[i]= 1\cdot(1-\beta)+2(1-\beta)\beta+3(1-\beta)\beta^{2}+ \ldots = 1/(1-\beta)$ folgt $E[\tau_{2}]= E[Z]-T+\dfrac{T}{1-\beta}$. Wegen $0\leqq Z\leqq T$ ist $E[Z]\leqq T$; bei einer Treppenfunktion $F(t)$, die nur an den Stellen kT, $k=0,1,2,\ldots$ Sprungstellen hat, ist Z immer gleich T und deshalb $E[Z]=T$. Daraus folgt die Behauptung.

73) a) Zu $k=16$ ist $i^{*}(16)=8$; der zugehörige Minimax-Wert von $S(p)$ ist $0,0297=$ $= m_{1}(8,16)$ und wird an der Stelle $p_{1}=0,166$ angenommen. Ihm entspricht $0,0297c/p_{o} =0,0297\cdot 60/0,30 = 5,94$ DM/Stück als Minimax-Wert von $R(p)$.

b) Für die ersten 1500 Stücke ist $\bar{a}$ etwa $0,0727$, für die restlichen 2500 Stücke etwa $0,115$. Der Erwartungswert für die Anzahl der ausgelieferten Stücke ist daher ungefähr $1500(1-0,0727) +2500(1-0,115) = 3603$.

c) Prüfkosten und Reklamationskosten haben Erwartungswerte von etwa $1500\cdot 0,0727\cdot 60 + 2500\cdot 0,115\cdot 60 = 23\,793$ DM bzw. $1500(1-0,0727)0,02\cdot 200+ + 2500(1-0,115)0,08\cdot 200 = 40\,964$ DM. Der Erwartungswert des Gewinns ist daher ungefähr $1500(1-0,0727)20 +2500(1-0,115)20 -23\,793 -40\,964 = = 7312$ DM. Dieses magere Ergebnis (angesichts der 80 000 DM Gewinn, die man hätte, wenn kein Ausschuß auftreten könnte und man deshalb nicht kontrollieren müßte) erklärt sich aus der ungünstigen Situation, die nur eine zerstörende Kontrolle zuläßt. Wüßte man, daß p stets kleiner als $p_{o}=0,30$ bleibt, würde man kein Stück kontrollieren und hätte dann einen Erwartungswert des Gewinns von $80\,000 - 1500\cdot 0,02\cdot 200 + -2500\cdot 0,08\cdot 200 = 34\,000$ DM, wenn p zunächst gleich $0,02$ und ab dem Stück Nr. 1500 gleich $0,08$ ist.

VERZEICHNIS DER TABELLEN

b) Tabellenwerke

ARNOLD B. F. : Minimax-Prüfpläne für die Prozeßkontrolle, Heidelberg 1987
ASQ-Stichprobentabellen zur Attributprüfung (Dt. Arbeitsgem. für Statistische Qualitätskontrolle), Frankfurt/M 1960
v. COLLANI E.: Kostenoptimale Prüfpläne für die laufende Kontrolle eines normalverteilten Merkmals; Metrika 28 (1981), 211-236
DODGE H. F. & ROMIG H. G. : Sampling inspection tables; New York 1959 (2. ed)
FISHER R.A. & YATES F. : Statistical tables for biological, agricultural and medical research; Edinburgh-London 1978 (6. ed)
HALD A. : Statistical tables and formulas; New York 1962
LIEBERMANN G. J. & RESNIKOFF G. J. : Sampling plans for inspection by variables; JASA 50 (1955) 457-516
Military Standard 105 D ; U. S. Government Printing Office; Washington 1963
Military Standard 414 ; U. S. Government Printing Office; Washington 1957
OWEN D. B. : Handbook of Statistical Tables ; Reading/Mass. 1962
PEARSON E. S. & HARTLEY H. O. : Biometrika Tables for Statisticians; London 1966 (3. ed)
RESNIKOFF G. J. & LIEBERMAN G. J. : Tables of the noncentral t-distribution; Stanford/Cal. 1959 (2. ed)
UHLMANN W. : Kostenoptimale Prüfpläne; Würzburg 1969
WETZEL W. & JÖHNK M. -D. & NAEVE P. : Statistische Tabellen; Berlin 1967

NOMOGRAMME IM TEXT

VERZEICHNIS DER WICHTIGSTEN ABKÜRZUNGEN UND SYMBOLE

AFI (average fraction inspected) = durchschnittlicher Prüfanteil
AOQ(average outgoing quality) = mittlerer Durchschlupf
AOQL(average outgoing quality limit) = Höchstwert des mittleren Durch-
schlupfs

AQL (acceptable quality level) = Annahmegrenze bzw. Gutgrenze
ARL (average run length) = mittlere Lauflänge
ATI (average total inspection) = mittlerer Prüfumfang (im Fall der Total-
kontrolle bei Ablehnung)
Bi(n, p) = Binomialverteilung mit den Parametern n und p
CSP (continuous sampling plan) = kontinuierlicher Stichprobenplan
$E[X]$ = Erwartungswert einer zufälligen Variablen X
G_o = obere Kontrollgrenze , G_u = untere Kontrollgrenze
LCL (lower control limit) = untere Kontrollgrenze G_u
$L(p)$ = Annahmewahrscheinlichkeit in Abhängigkeit vom Ausschußanteil p ,
genannt Operationscharakteristik, Annahmekennlinie oder OC-Kurve
$L_{n,c}(p)$ = OC-Kurve vom binomialen Typ
$L^*_{n,c}(p)$ = OC-Kurve vom Poisson'schen Typ
$L_{N,n,c}(p)$ = OC-Kurve vom hypergeometrischen Typ

LSL (lower specification limit) = untere Toleranzgrenze a
LTPD (lot tolerance percent defective) = Ablehngrenze bzw. Schlechtgrenze
MLP (multilevel continuous sampling plan) = mehrstufiger kontinuierlicher
Stichprobenplan
p = Ausschußanteil bzw. Defektwahrscheinlichkeit
$\Phi(x)$ = Verteilungsfunktion der Standard-Normalverteilung = $\int\limits_{-\infty}^{x} \frac{1}{\sqrt{2\pi}} e^{-u^2/2} du$
$\varphi(x) = \Phi'(x) = \frac{1}{\sqrt{2\pi}} e^{-x^2/2}$ = Dichte zu $\Phi(x)$

Po(λ) = Poisson-Verteilung mit dem Parameter λ
R (range) = Spannweite
S = empirische Streuung = $\sqrt{\frac{1}{n-1} \sum\limits_{i=1}^{n} (X_i - \bar{X})^2}$

UCL (upper control limit) = obere Kontrollgrenze G_o
USL (upper specification limit) = obere Toleranzgrenze b
$V[X]$ = Varianz einer zufälligen Variablen X
$W(A)$ = Wahrscheinlichkeit eines zufälligen Ereignisses A
$\bar{X}$ = Stichprobenmittel = $\frac{1}{n}(X_1 + \ldots + X_n)$

Ω = Stichprobenraum = Menge aller Elementarereignisse ω.

LITERATURVERZEICHNIS

ANDERSON T. W. & SAMUELS S. M. : Some inequalities among binomial and
Poisson probabilities; Proc. of the Fifth Berkeley Symp. 1(1967), 1-12
ANSCOMBE F. J. :Rectifying inspection of a continuous output; JASA (=Jour-
nal of the American Statistical Association) 53 (1958), 702-719
ARNOLD B. F. : Kostenoptimale Prüfpläne bei garantiertem Höchstausschuß-
anteil; Metrika 30 (1983), 261-281
ARNOLD B. F. : Approximately optimum two-stage sampling plans; Metrika
32 (1985 a), 293-314
ARNOLD B. F. : The sign test in current control; Statistische Hefte 26(1985b)
253-262
ARNOLD B. F. : Procedures to determine optimum two-stage sampling plans
by attributes; Metrika 33 (1986), 93-109
ARNOLD B. F. : Minimax-Prüfpläne für die Prozeßkontrolle;Heidelberg 1987
AROIAN L. & LEVINE H. : The effectiveness of Quality Control Charts;
JASA 45 (1950), 520-529
ASQ -Stichprobentabellen zur Attributprüfung (Dt. Arbeitsgem. für Stat. Qua-
litätskontrolle), Frankfurt/M 1960
AWF-Kontrollkarten (Dt. Arbeitsgem. für Stat. Qualitätskontrolle beim Aus-
schuß für wirtsch. Fertigung = AWF), Frankfurt/M 1964
BARNARD G. A. : Control Charts and Stochastic Processes; Journal Roy.
Statist Soc. B 21(1959), 239-257
BASLER H.: Bestimmung kostenoptimaler Prüfpläne mittels des Minimax-
Prinzips; Diss. Braunschweig 1966 und Metrika 12 (1967/68), 115-154
BASLER H. : Grundbegriffe der Wahrscheinlichkeitsrechnung und Statisti-
schen Methodenlehre; Heidelberg 1986 (9. Aufl.)
BEHL M. : Die messende Prüfung bei Abweichung von der Normalvertei-
lungsannahme; Metrika 28 (1981), 93-107
BEHL M. : Kostenoptimale Prüfpläne für die laufende Kontrolle eines quali-
tativen Merkmals; Diss. Würzburg 1981 und Metrika 32 (1985), 219-252
BLACKWELL D. : Conditional expectation and unbiased sequential estima-
tion; Ann. Math. Statist. 18 (1947), 105-110
CHIU W. K. : Economic design of attribute control charts; Technometrics 17
(1975 a), 81-87
CHIU W. K. : Minimum cost control schemes using np-charts; Int. Journal of
Prod. Research 13 (1975 b), 341-349
CHIU W. K. : On the estimation of data parameters for economic optimum
$\overline{X}$-charts; Metrika 23 (1976), 135-147
CHUNG K. L. : A course in probability theory; New York 1968
v. COLLANI E. : Zur Wahl eines mehrstufigen Stichprobenplans; Metrika 21
(1974) 175-196
v. COLLANI E. : Kostenoptimale Prüfpläne für die laufende Kontrolle eines
normalverteilten Merkmals; Diss. Würzburg 1978 u. Metrika 28(1981), 211-36
v. COLLANI E. : Optimale Wareneingangskontrolle; Stuttgart 1984
v. COLLANI E. : Minimax-Regret Sampling plans with prior Information;
Statistics & Decisions, Suppl. Issue 2 (1985), 275-282
v. COLLANI E. : The α-optimal sampling scheme; Journal of Quality Technology 18 (1986 a), 63-66

v. COLLANI E. : α-optimal sampling plans for large acceptance numbers; Metrika 33(1986 b)257-273

v. COLLANI E. : Approximate α-optimal sampling plans; Statistics 18(1987 a) 333-344

v. COLLANI E. : Eine Modifikation der α-optimalen Stichprobenpläne für große relative Prüfkosten; Allg. Stat. Archiv 71(1987 b), 109-116

v. COLLANI E. : An updated bibliography of economic quality control procedures; Newsletter of Economic Quality Control 3 (1988), 48-62

v. COLLANI E. & ROLLER H. : The economic design of $\overline{X}$-charts — sensitivity and efficiency; Economic Quality Control, Heft 10 (1988)

DAVID H. T. & KRUSKAL W. H. : The WAGR sequential t-test reaches a decision with probability one; Ann. Math. Statist. 27 (1956), 797-805

DERMAN C. & LITTAUER S. & SOLOMON T. : Tightened multilevel continuous sampling plans; Ann. Math. Statist. 28 (1957), 395-404

DODGE H. F. : A sampling inspection plan for continuous production; Ann. Math. Statist. 14 (1943), 264-279

DODGE H. F. & ROMIG H.G. : Sampling Inspection Tables; New York 1959(2.ed)

DODGE H. F. & TORREY M. N. : Additional continuous sampling inspection plans; Industrial Quality Control 7 (1951), 5-9

DUNCAN A. J. : Quality Control and Industrial Statistics; Homewood/Illinois 1965 (3. ed)

DUNCAN A. J. : The economic design of $\overline{X}$-charts used to maintain current control of a process; JASA 51(1956), 228-242

DUNCAN A. J. : The economic design of p-charts to maintain current control of a process — some numerical results; Technometrics 20(1978), 235-243

ELFVING G. : The AOQL of multilevel continuous sampling plans; Zeit. für Wahrsch. und verw. Gebiete 1 (1962/63), 70-81

EWAN W. D. : When and how to use cusum-charts; Technometrics 5(1963), 1-32

FISZ M. : Wahrscheinlichkeitsrechnung und Math. Statistik; Berlin 1962(2.Aufl)

GIBRA I. N. : Recent development in control chart techniques; Journal of Quality Technology 7(1975), 183-192

GIBRA I. N. : Economically optimal determination of the parameters of np-control charts; Journal of Quality Technology 10 (1978), 12-19

GIRSHICK M. A. : A sequential inspection plan for quality control; Tech. Report 16, Stanford Univ. Cal., Applied Math. /Statist. Lab., July 1954

HAHN G. R. & SCHILLING E. G. : An introduction to the MIL STD 105 D acceptance sampling system; ASTM Standardization News 3(1975), 20-30

HALD A.: Statistical Theory of Sampling Inspection by Attributes; London 1981

HRYNIEWICZ O. : The economic design of a certain class of control charts: a general approach ; Economic Quality Control, Heft 11 (1988)

KEMP K. W. : Formulae for calculating the operating characteristic and the average sample number of some sequential tests ; Journal Roy. Stat. Soc. B 20 (1958), 379-386

KEMP K. W. : The average run length of the cumulative sum chart when a V-mask is used; Journal Roy. Statist. Soc. B 23 (1961), 149-153

LADANY S. P.: Optimal use of control charts for controlling current production; Mangement Science 19(1973), 763-772

LAI T. L.: Control charts based on weighted sums; Ann.Statist.2(1974), 134-47

LEHMANN E. L. : Testing statistical hypotheses; New York 1959

LEHMANN E. L. & SCHEFFÉ H. : Completeness, similar regions and unbiased estimation, part 1; Sankhya 10 (1950), 305-340

LEHN J. & WEGMANN H. : Einführung in die Statistik; Stuttgart 1985

LEWIS T.: 99,9 and 0,1% points of the χ^2-distribution ; Biometrika 40(1953),421
-426

LIEBERMAN G. J. : A note on Dodge's continuous inspection plan; Ann. Math.
Statist. 24 (1953), 480-484

LIEBERMAN G. J. & RESNIKOFF G. J. : Sampling plans for inspection by
variables; JASA 50(1955), 457-516

LIEBERMAN G. J. & SOLOMON H. : Multilevel continuous sampling plans;
Ann. Math. Statist. 26 (1955), 686-704

LUDWIG R. : Bestimmung kostenoptimaler Parameter für den kontinuierlichen Stichprobenplan von Dodge;Diss. Würzburg 1972 u. Metrika 21(1974), 83 -126

MÄDER U. : Kostenoptimale Prüfpläne für ein quantitatives Merkmal; Diss.
Würzburg 1982 und Metrika 33(1986),143-163

MOLENAAR W. : Approximations to the Poisson, binomial and hypergeomet-
ric distribution functions ; Amsterdam 1970

MONTGOMERY D. C. : The economic design of control charts; a review and
literature survey ; Journal of Quality Technology 12 (1980), 75-87

MONTGOMERY D. C.: Introduction to Statistical Quality Control; New York 1985

MORIGUTI S. : Notes on sampling inspection plans; Rep. of Statistical Application Res. /Union of Japanese Scientists and Engineers 3(1955), 99-121

PABST W. R. : MIL STD 105 D ; Industrial Quality Control, Nov. 1963

PAGE E. S. : Continuous inspection schemes; Biometrika 41(1954), 100-115

PAGE E. S. : Control charts with warning lines; Biometrika 42(1955),243-257

PAGE E. S. : Cumulative sum charts; Technometrics 3 (1961) 1-9

RÉNYI A. : Probability Theory; Amsterdam 1970

RESNIKOFF G. J . & LIEBERMAN G. J. : Tables of the noncentral t-distribution; Stanford/Cal. 1957 (2. ed)

ROBERTS S. W. : A comparison of some control chart procedures; Technometrics 8 (1966),411-430

SCHILLING E. G. : Acceptance Sampling in Quality Control; New York 1982

SCHMETTERER L. : Einführung in die Mathematische Statistik; Wien 1966

SHEWHART W. A. : Application of statistical method in mass production;
New York 1939

SÖDER A. : Kostenoptimale Prüfpläne für die Messende Prüfung; Diss. Würzburg 1978

STANGE K. : Die Berechnung wirtschaftlicher Pläne für Messende Prüfung;
Metrika 8(1964), 48-82

UHLMANN W. : Ranggrößen als Schätzfunktionen; Metrika 7(1963), 23-40

UHLMANN W. : Vergleich der hypergeometrischen mit der Binomialverteilung; Metrika 10(1966), 145-158

UHLMANN W. : Statistische Schätzverfahren für Dauerfestigkeits-Versuche;
Dt. Luft-und Raumfahrt, Forschungsbericht 67/10 (1967)

UHLMANN W. : Kostenoptimale Prüfpläne ; Würzburg 1969

UHLMANN W. : Kostenoptimale Prüfpläne für die Gut-Schlecht-Prüfung;
Metrika 13 (1968), 206-228

UHLMANN W. : Zum Minimax-Prinzip in der Statistischen Qualitätskontrolle; Metrika 28 (1981), 203-206

UHLMANN W. : Statistische Qualitätskontrolle; Stuttgart 1982 (2. Aufl.)

URA S. : Minimax approach to a single sampling inspection; Rep. of Statist.
Application Res. /Union of Japanese Scientists & Engineers 3(1955), 140-148

VANCE L. C. : A bibliography of statistical quality control chart techniques 1970-1980; Journal of Quality Technology 15 (1983), 59-62
VOGT H. : Minimax regret and continuous sampling; preprint No. 128, Math. Institute der Universität Würzburg, 1985
VOGT H. : Application of the minimax-regret principle to continuous sampling; Statistische Hefte 27 (1986), 279-296
WALD A. : Sequential tests of statistical hypotheses; Ann. Math. Statist. 16 (1945), 117-186
WALD A. : Sequential Analysis ; New York 1947
WALD A. & WOLFOWITZ J. : Sampling inspection plans for continuous production which insure a prescribed limit on the outgoing quality; Ann. Math. Statist. 16 (1945), 30-49
WALDMANN K. -H. : Bounds to the distribution of the run length in general quality control schemes; Statistische Hefte 27 (1986), 37-56
WALLIS W. A. in : Statistical Res. Group Columbia University: Techniques of Statistical Analysis ; New York 1947
WEILER H. : On the most economical sample size for controlling the mean of a population; Ann. Math. Statist. 23 (1952), 247-254
WETHERILL G.B.: Sampling inspection and Quality Control;London 1977(2.ed)
WETHERILL G.B. & CHIU W. K. : A review of acceptance sampling schemes with emphasis on the economic aspect; Int. Stat. Rev. 43 (1975), 191-209
WOODALL W. H. : The statistical design of quality control charts; The Statistician 34 (1985), 155-160

SACHVERZEICHNIS

Teubner Studienbücher zur Statistik

Statistik-Praktikum mit dem PC
Von Dr. rer. nat. L. Afflerbach, Technische Hochschule Darmstadt
198 Seiten mit zahlreichen Abbildungen. Kart. DM 24,80

Grundkurs Stochastik
Eine integrierte Einführung in Wahrscheinlichkeitstheorie und Mathematische Statistik
Von Dr. rer. nat. K. Behnen, Prof. an der Universität Hamburg
und Dr. rer. nat. G. Neuhaus, Prof. an der Universität Hamburg
376 Seiten mit 33 Bildern, 253 Aufgaben und zahlreichen Beispielen. Kart. DM 38,–

Optimale Wareneingangskontrolle
Das Minimax-Regret-Prinzip für Stichprobenpläne beim Ziehen ohne Zurücklegen
Von Dr. rer. nat. habil. E. v. Collani, Priv.-Doz. an der Universität Würzburg
150 Seiten mit 3 Bildern und 18 Tabellen. Kart. DM 29,80

Prinzipien der Stochastik
Von Dr. rer. nat. H. Dinges, Prof. an der Universität Frankfurt
und Dr. rer. nat. H. Rost, Prof. an der Universität Heidelberg
294 Seiten mit 34 Bildern, 98 Aufgaben und zahlreichen Beispielen. Kart. DM 36,–

Maß- und Integrationstheorie
Eine Einführung
Von Dr. rer. nat. K. Floret, Prof. an der Universität Oldenburg
360 Seiten mit 302 Übungen. Kart. DM 38,–

Stochastische Methoden des Operations Research
Von Dr. phil. J. Kohlas, Prof. an der Universität Freiburg i. Ue./Schweiz
192 Seiten mit 107 Beispielen. Kart. DM 26,80

Einführung in die Statistik
Von Dr. rer. nat. J. Lehn, Prof. an der Technischen Hochschule Darmstadt
und Dr. rer. nat. H. Wegmann, Prof. an der Technischen Hochschule Darmstadt
220 Seiten mit zahlreichen Bildern und Beispielen. Kart. DM 24,80

Spieltheorie
Eine Einführung in die mathematische Theorie strategischer Spiele
Von Dr. rer. nat. B. Rauhut, Prof. an der Technischen Hochschule Aachen, Dr. rer. nat.
N. Schmitz, Prof. an der Universität Münster und Dr. rer. nat. E.-W. Zachow, Hamburg
400 Seiten mit 35 Bildern, 50 Aufgaben und zahlreichen Beispielen. Kart. DM 38,–

Informationstheorie
Eine Einführung
Von Dr. phil. F. Topsøe, Universität Kopenhagen
88 Seiten mit 22 Bildern und 21 Tabellen. Kart. DM 18,80

Statistische Qualitätskontrolle
Eine Einführung
Von Dr. rer. nat. W. Uhlmann, Prof. an der Universität Würzburg
2. Aufl. 292 Seiten mit 35 Bildern, 10 Tabellen und 93 Aufgaben. Kart. DM 39,–

Mathematische Statistik
Eine Einführung in Theorie und Methoden
Von Dr. rer. nat. H. Witting, Prof. an der Universität Freiburg
3. Aufl. 223 Seiten mit 7 Bildern, 126 Aufgaben, 82 Beispielen und einem Tabellenanhang.
Kart. DM 28,80

Versicherungsmathematik
Von Priv.-Doz. Dr. rer. nat. K. Wolfsdorf, Bundesaufsichtsamt für das Versicherungswesen
Berlin und Technische Universität Berlin

Teil 1 **Personenversicherung**
491 Seiten mit zahlreichen Bildern, Tabellen und Aufgaben. Kart. DM 42,–

Teil 2 **Theoretische Grundlagen, Risikotheorie, Sachversicherung**
407 Seiten mit zahlreichen Bildern, Tabellen und Aufgaben. Kart. DM 38,–

Preisänderungen vorbehalten

Teubner-Ingenieurmathematik

Burg/Haf/Wille
Höhere Mathematik für Ingenieure
Band 1: Analysis
732 Seiten. DM 44,–

Band 2: Lineare Algebra
448 Seiten. DM 42,–

Band 3: Gewöhnliche Differentialgleichungen, Distributionen,
Integraltransformationen
405 Seiten. DM 38,–

Band 4: Vektoranalysis und Funktionentheorie
ca. 280 Seiten. ca. DM 42,–

Dorninger/Müller
Allgemeine Algebra und Anwendungen
324 Seiten. DM 48,–

v. Finckenstein
Grundkurs Mathematik für Ingenieure
461 Seiten. DM 46,–

Heuser/Wolf
Algebra, Funktionalanalysis und Codierung
168 Seiten. DM 36,–

Kamke
Differentialgleichungen
Lösungsmethoden und Lösungen
Band 1: Gewöhnliche Differentialgleichungen
10. Aufl. 694 Seiten. DM 82,–

Band 2: Partielle Differentialgleichungen erster Ordnung
für eine gesuchte Funktion
6. Aufl. 255 Seiten. DM 62,–

Krabs
Einführung in die lineare und nichtlineare
Optimierung für Ingenieure
232 Seiten. DM 38,–

Schwarz
Numerische Mathematik
2. Aufl. 496 Seiten. DM 48,–

 **B. G. Teubner Stuttgart**